생활과 과학

저자 소개

이재우
인하대학교 물리학과 교수
학위: KAIST, 통계물리학
연구분야: 통계물리학, 복잡계, 경제사회물리학

생활과 과학

초판 발행 2022년 8월 30일

지은이 이재우
펴낸이 류원식
펴낸곳 교문사

편집팀장 김경수 | **책임진행** 심승화 | **표지디자인** 신나리 | **본문편집** OPS디자인

주소 10881, 경기도 파주시 문발로 116
대표전화 031-955-6111 | **팩스** 031-955-0955
홈페이지 www.gyomoon.com | **이메일** genie@gyomoon.com
등록번호 1968.10.28. 제406-2006-000035호

ISBN 978-89-363-2394-3 (93400)
정가 33,000원

LIFE AND SCIENCE

생활과 과학

이재우 지음

교문사

머리말

아침에 일어나면 제일 먼저 핸드폰을 찾아서 카카오톡, 페이스북, 유튜브 등을 본다. 인류가 전자 문명 시대에 들어선 것은 사실 얼마 되지 않은 일이다. 1947년 벨 연구소에서 트랜지스터를 발명함으로써 우리는 실리콘 기반의 전자 문명의 씨앗을 심었으며 그 이후 반도체 소자는 소형화, 저전력화, 고도의 집적화를 이루면서 소형 컴퓨터 시대를 열었다. 트랜지스터는 인류가 만들어낸 인공 발명품이다. 인간의 위대한 점은 자연법칙을 인위적으로 조작하여 자연의 진화과정에서는 볼 수 없는 새로운 인공장치들을 만들어낼 수 있다는 것이다. 아마존의 밀림 숲속을 아무리 돌아다녀도 트랜지스터와 같은 물건은 진화과정에서 저절로 생겨나지 않는다. 인류는 사회를 형성하여 살아가면서 다양한 문명의 진보를 겪었다. 현재와 같은 과학적 사고의 틀 속에서 자연을 이해하기 시작한 것은 17세기 과학혁명 이후라고 할 수 있다. 17세기 이후 인류는 다양한 분야에서 과학을 발전시켰으면 오늘날과 같은 고도의 물질문명을 발전시켰다.

우리가 생활 속에서 당연하게 여기는 것들도 사실은 인류의 과학기술 발전의 산물이다. 17세기부터 19세기까지 '기계론적 세계관'에 바탕을 둔 '결정론적인 과학'이 확립되었다. 이 시기에 형성된 역학, 전자기학, 열역학은 '산업혁명'에 따른 기술, 산업, 통상, 경제의 발전 등과 함께 서로 영향을 주면서 발전하였다. 19세기 말과 20세기 초에 '진화론'의 발전, '화학의 발전', '양자물리학'의 발전은 생명현상과 미시 세계를 이해하는 새로운 창을 열어주었다. 전기·전자 소자들은 모두 양자론적인 원리에 바탕을 두고 동작한다. 심지어 생명체의 세포와 생화학적 작용도 전자기학과 양자론에 기반을 두고 설명해야 한다.

우리 주변에서 볼 수 있는 다양한 현상들은 과학적 기반으로 설명할 수 있을 것이다. 심지어 인간이 모여서 만든 사회 속에서 인간의 행동조차도 과학적으로 설명 가능할 것이다. 다만 그 현상을 설명하기 위한 과학적 법칙이나 도구를 우리가 아직 이해하고 있지 못한 경우가 많아서 어떤 현상들은 설명할 수 없는 것처럼 보인다. 이 책은 저자가 인하대학교에서 수년간 강의한 "생활과 과학" 강의록에 바탕을 두고 집필한 것이다. 이 과목은 학년, 학과에 상관없이 누구나 수강할 수 있는 과목이다. 처음 강의 제목은 "생활 속의 과학"이었다. 그 후에 "인체와 과학" 과목이 추가되었다. 현재는 두 과목을 융합하여 "생활과 과학"으로 개편하여 강의하고 있다. "생활과 과학"은 생활 속에서 접하게 되는 다양한 과학적 현상, 장치, 도구 등에 대해서 간단한 원리를 소개하고 그 동작 원리를 설명함으로써 과학에 대한 친밀감을 높이기 위해서 개설하였다. 이러한 목표에도 불구하고 과학 자체의 딱딱함과 저자의 능력 부족으로 생활과 과학에 대한 다양한 평가를 접하게 되었다. 생활과 과학에 관한 다양한 교재들이 있지만, 일반인이 쉽게 이해하기 어려운 경우가 많고 최근의 과학적 내용이 부족한 경우가 많았다. 이 책은 생활 속의 과학적 현상, 인체와 관련된 현상들을 물리학, 화학, 생물학, 지구과학, 공학 등 자연과학과 공학적 원리에 기반을 두고서 설명하려고 노력하였다.

　책의 전반부는 고전역학으로 설명할 수 있는 내용을 담았다. 뉴턴을 정점으로 결정론적 세계관이 확립되었고 세상의 많은 이치를 과학적으로 해석할 수 있게 되었다. 결정론적 운동방정식에서 발생할 수 있는 혼돈 현상은 인류에게 새로운 시각을 제공하였다. 책의 후반부는 전자기학의 발전과 양자역학 발전에 할애하였다. 전기학과 자기학을 통합함으로써 전하를 가진 세상의 이치를 이해할 수 있게 되었다. 19세기 말에 인류는 고전역학, 전자기학, 통계역학이라는 강력한 과학적 무기를 가지고 자연을 다 이해한 것처럼 보였다. 그러나 19세기 말에 고전역학과 고전 전자기학은 미시적 세계에서 성립하지 않음이 자명해졌다. 새롭게 접하게 된 미시세계를 설명하기 위해서 양자역학이 발전하였다. 양자역학의 출현은 인류에게 전례 없는 새로운 세상을 열어주었으며 전에는 상상할 수 없었던 고도의 전자 문명을 발전시킬 수 있는 길을 열어주었으며 인류는 최첨단 과학기술과 공학으로 무장한 신인류로 다시 태어났다. 이 책은 인류가 발견한 주요한 과학 법칙을 생활 속의 현상과 연결하여 설명하고 있다.

책을 구성할 때 수식을 최대한 줄이려고 노력하였지만 어쩔 수 없이 기본적인 수식을 도입한 경우가 있다. 원리나 현상은 과학의 역사와 그 배경을 설명하려고 노력하였으나 깊이 있게 다루지 못하였다. 많은 과학적 원리들은 지식의 축적 속에서 이루어졌다. 물론 어떤 위대한 과학자가 혁신적인 이론이나 법칙을 발표한 예도 있지만, 그 경우도 그 분야에 많은 과학적 축적이 있었다는 것을 알 수 있다. 우리는 많은 과학자의 도움으로 오늘날 수많은 현상을 설명할 수 있다. 과거에는 신의 뜻이었거나 점쟁이에게 물어보아야 할 것들도 과학적 원리로 설명할 수 있다. 우리는 데카르트, 갈릴레오, 뉴턴, 패러데이, 맥스웰, 다윈, 아보가드로, 볼츠만, 프랑크, 러더퍼드, 보어, 하이젠베르크, 슈뢰딩거 등이 발견한 원리들을 이용하여 다양한 과학적 현상들을 설명할 수 있다.

이 책은 가볍게 읽을 것을 권한다. 잘 이해되지 않는 부분이 있으면 구글링하거나 웹사이트에서 서핑하면서 내용을 찾아볼 수 있을 것이다. 다만 현재의 웹사이트에서 제공하고 있는 많은 내용이 검증되지 않은 것이 많아서 공신력 있는 웹사이트에서 찾은 내용을 비판적으로 받아들일 것을 권한다. 데카르트가 얘기했듯이 모든 것을 회의하고 위대한 과학자가 얘기한 것이라도 비판적 사고로 비평하기를 권한다. 책을 읽다가 오류가 발견하거나 틀린 점이 있으면 혹독한 비판을 해주기를 바랍니다. 생활과 과학 강의록을 책으로 출판하도록 도움을 주신 많은 분께 감사드립니다.

2022년 인천에서
이재우

차례

결정론적 세계관의 종말

퀀텀과 일렉트론

PART

1

결정론적 세계관의 종말

 생활과 과학

1장

우주의 중심은
있는가?

1.1 상대성과 우주의 중심

우주의 크기는 얼마나 될까? 우주의 크기는 어떻게 측정할까? 또 우주의 중심은 있을까? 상대성 이론, 중력 이론, 양자역학, 입자물리학, 물리학은 인류가 우주의 구조를 이해하는 데 커다란 진보를 가져왔다. **표준모형**(standard model)을 바탕으로 가속팽창 우주에 기반을 둔 **빅뱅 이론**(big bang theory, 대폭발 이론)이 현재까지 제안된 우주 모형 중에서 가장 유력한 우주 진화 이론이다. 빅뱅 이론은 우주가 지금으로부터 약 138억 년 전에 매우 높은 에너지의 작은 **특이점**(singularity)에서 폭발하여 진화하고 있다는 이론이다.

인간은 지구를 기반으로 생활하고 있기 때문에 인간의 사고 틀은 많은 경우 지구 중심적인 사고에 머문다. 우리 주변의 많은 물체들은 운동을 하며, 우주에 대한 구조적 틀도 이러한 운동에 기반하고 있다. 물체의 운동을 나타내는 다양한 과학적 방법이 있는데 그중에서 우리에게 가장 친숙한 개념인 '속도'를 생각해 보자. 일상생활에서 우리는 '속도'나 '속력(속도의 크기)'이란 말을 흔히 사용한다. 강속구 투수가 던진 야구공이 타자 앞을 지나갈 때 야구공의 '속도'가 시속 150 km (150 km/hr)가 넘는 경우를 종종 볼 수 있다. KTX를 타고 갈 때 고속열차는 시속 300 km (300 km/hr)의 '속력'을 나타내는 것도 볼 수 있다.

이렇게 친숙한 '속도'나 '속력'도 어디를 기준으로 한 '속도'인가 하는 의문점이 생긴다. 물체의 '속도'를 측정할 때, 우리는 지구에 살고 있기 때문에 우리가 살고 있는 지구표면을 기준으로 물체의 '속도'를 측정할 것이다. 그런데 생각의 폭을 조금 넓혀 보면 '속도'를 정하는 것이 그리 쉬운 일이 아님을 알 수 있다. 왜냐하면 지구가 스스로 자전을 하고 있기 때문이다. 지구는 하루(24시간)에 한 바퀴씩 회전하고 있으며, 지구의 반지름은 약 6,400 km 정도 된다. 지구가 하루에 한 바퀴 회전하면, 회전한 각도는 360도(2π라디안)이다. 물체가 한 바퀴 회전한 각도를 시간으로 나눈 값을 **각속력**(angular speed ω)이라 한다. 지구의 각속력은 $\omega = 7.27 \times 10^{-5}$ rad/s이다.

이 각속력은 1초 동안 변한 각도를 의미한다. 회전하고 있는 지구 위에 정지해 있는 사람의 회전 속도(접선속도라고 함) v는 $v = \omega r$로 구할 수 있다(4장 참조). 여기서 r은 지구의 반지름이다. 즉, 각속력에 지구의 반지름을 곱하면 지표면의 물체가 원의 접선 방향으로 돌아가는 속력을 구할 수 있다. 이 식을 이용하여 지표면의 회전 속도를 구하면 $v = 465$ m/s이다. 이 속도를 시속(km/hr)으로 나타내면 $v = 1,674$ km/hr이다. 지상에 가만히 있는 물체도 지구의 자전 때문에 어마어마한 속력으로 돌고 있다는 것이다. 투수가 던진 150 km/hr의 야구공을 지구 자전 방향으로 던졌다면 지구 중심에서 관찰한 야구공의 속력은 $v = (1,674+150)$ (km/hr) $= 1,824$ (km/hr)가 될 것이다. 그렇다면 이 속력이 야구공의 진짜 속력이 될까? 아니다. 사실 지구는 태양 주위를 1년에 한 번씩 공전한다. 태양에 중심을 둔 관측자에게 야구공의 속력은 이 공전 속력을 더해 주어야 할 것이다. 뿐만 아니라, 태양은 은하수에 속해 있는 우리 은하의 중심에 대해서도 회전을 하고 있다. 이렇듯 많은 물체들은 서로 상대적인 운동을 하고 있다.

운동의 상대성은 일상생활에서 많이 경험한다. 동인천에서 용산행 급행열차를 타고 간석역을 지나칠 때 내가 탄 급행열차가 완행열차를 따라잡아, 두 열차가 같은 방향으로 나란히 달린다. 만약 급행열차와 완행열차의 속력이 비슷하다면 마치 두 열차가 멈추어 있는 것처럼 착각을 한다. 믿거나 말거나한 일화가 있다. 1차 세계대전에서 전투 비행기가 최초로 운용되었다. 당시의 비행기는 조종석의 덮개가 없었다. 한 비행사가 정찰을 하고 있는데 바로 옆으로 조그만 물체가 떠 있는 것을 보고 손으로 잡았더니 이것이 총알이었다고 한다. 상대적 운동을 설명하는 재미있는 일화이다. 이러한 상대적 운동에 따른 속력의 차이를 **상대속도**(relative velocity)라 한다.

우리가 우주여행을 하고 있다고 생각해 보자. 우주선의 창문이 모두 밀폐되어 있어 밖을 볼 수 없다. 우주선이 일정한 속력으로 등속운동하고 있다면 우주선에 타고 있는 승객은 자신이 움직이는지 멈추어 있는지 구분할 수 있을까? 우리는 답을 이미 알고 있다. 전철에서 깜박 졸다가 옆에 나란히 가고 있는 기차를 보는 경우가 있는데, 그때 우리는 두 기차가 마치 정지하고 있는 것 같은 착각을 한 경험이 있을 것이다. 사실 두 기차는 일정한 속력으로 같은 방향으로 나란히 달리고 있는데도 말이다. 즉, 밀폐된 우주선에서 자신이 움직이는지, 움직인다면 얼마의 속력으로 움직이는지 알아낼 방법은 없다.

◉ **질문** 표준모형(standard model)에 대해서 탐색해 보자.

◉ **질문** 가속 팽창하는 우주의 증거들을 제시해 보자.

◉ **질문** 빅뱅이론이란 무엇인가?

절대 기준계와 상대 기준계

만약 기준으로 삼을 수 있는 우주의 중심이 있거나 절대 기준계(reference frame)가 존재한다면, 그 기준계에 대한 절대속도(absolute velocity)를 잴 수 있을 것이다. 우주에 중심이 있다면, 그 중심에 놓여 있는 기준계가 절대 기준계가 될 것이다. 17세기 뉴턴의 역학이 발견된 후 19세기 말까지 과학자들은 절대 기준계가 있다고 생각했다. 뉴턴은 그의 역학 체계를 세울 때, 지동설을 기반으로 절대 기준계가 태양 근처에 있을 것으로 생각하였다. 그 후에 뉴턴의 역학을 계승 발전시킨 과학자들은 그 절대 기준계는 눈에는 보이지 않지만, 우주에 균일하게 분포하는 "에테르(ether)"라고 생각하였다.

1887년에 미국의 두 물리학자 마이켈슨(Albert A. Michelson)과 몰리(Edward W. Morley)는 간섭계를 사용하여 빛의 속도가 지구의 자전 방향에 무관하게 모든 방향에 대해서 같다는 것을 실험적으로 증명하였다. 이 실험은 우주에 에테르와 같은 물질이 존재하지 않는다는 것을 증명한 것이다. 이 실험을 마이켈슨-몰리의 실험이라 하며, 두 사람은 이 업적으로 1907년에 노벨 물리학상을 수상했다. 우주에 절대 기준계가 없다면, 우리는 운동을 상대적으로만 알 수 있다. 아인슈타인의 특수 상대성 이론은 바로 서로 등속 운동하는 상대 기준계 사이의 변환 관계를 담고 있는 이론이다.

◉ **질문** 마이켈슨-몰리 실험을 조사해 보자.

허블상수

현대 우주론에 따르면, 우주의 중심은 존재하지 않는다. 우주는 4차원 이상의 고차원(끈 이론에 따르면, 우주는 11차원이라는 이론이 있음)이고, 우리가 살고 있는 3차원의 우주를 구형 풍선의 표면이라고 상상해 보자. 구형 풍선 표면에 있는 사람들은 중심이 없다. 그러나 표면이라는 관점에서 풍선 표면의 모든 곳이 중심이라고 할 수도 있고, 중심이 없다고 할 수도 있을 것이다. 풍선의 2차원 표면에 살고 있는

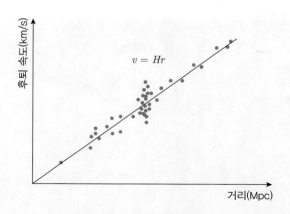

그림 1.1 | 허블의 법칙과 허블 상수. 은하의 후퇴 속도는 거리
가 멀어질수록 빠르고, 관측 결과 후퇴 속도와 거리는 서로 비
례한다(이를 허블의 법칙이라 한다).

사람은 3차원의 구를 상상할 수 없듯이 고차원의 오브젝트인 우주의 3차원 표면에
살고 있는 우리는 중심을 가지고 있지 않다.

    1929년 에드윈 허블(Edwin Hubble, 1889~1953)은 외부 은하들을 관찰하면서 은
하들의 거리가 멀수록 은하들의 후퇴 속도가 빨라진다는 사실을 발견하였다. 허블
은 도플러 효과에 의해서 멀어지는 빛의 적색편이(red shift)를 관찰함으로써 우주가
팽창한다는 사실을 발견하였다. 허블의 법칙은 은하가 멀어지는 속력 v와 은하까지
의 거리 r 사이에 $v = Hr$인 관계가 있다는 것이다. 여기서 H는 허블 상수(Hubble's
constant)이며, 플랑크 우주 망원경으로 관측한 허블 상수는 $H = 67.80$ (km/s)/Mpc
이다. 그림 1.1에서 직선의 기울기가 허블 상수이다. 우주의 팽창속도가 일정하다
고 가정하면, 허블의 법칙을 이용하여 우주의 나이를 대충 예측할 수 있다. 빅뱅
으로부터 현재 우주까지의 나이를 t라 하고, 우주의 크기를 r이라 하면, $t = r/v =$
$r/Hr = 1/H$이다. 즉, 허블 상수의 역수가 우주의 나이가 된다.

● **질문**　천문학에서 사용하는 거리인 1 pc(파섹)은 얼마의 거리를 뜻하는가?

마하의 원리

절대성과 상대성에 대한 생각은 19세기 말부터 20세기 초에 살았던 마하의 견해에

그림 1.2 | 오리가 수면파의 전파 속도보다 빨리 앞으로 나아가면 충격파가 뒤에 형성된다.

크게 자극받았다. 초음속 전투기가 음속을 돌파하면, 전투기의 속도가 공기 중에서 소리의 전파 속력보다 크다. 전투기가 2마하의 속도로 비행한다는 것은 전투기가 소리 속도의 2배로 비행한다는 것이다. 이때 사용하는 단위인 마하가 바로 에른스트 마하(Ernst Mach, 1838~1916)를 기려 붙인 것이다. 전투기가 음속을 돌파하여 초음속 비행을 하는 순간, 전투기에서 만드는 소리들이 중첩하여 충격파(shock wave)를 만들어 내는데 가끔 하늘에서 나는 "쾅"하는 소리가 바로 전투기가 음속을 돌파할 때 발생한다. 잔잔한 수면에서 배가 앞으로 나갈 때 배가 만든 수면파가 콘 모양의 파면을 만드는 것을 볼 수 있는데, 이것이 충격파와 같은 원리이다. 이때 배의 속도는 수면파의 전파 속도보다 크다. 그림 1.2는 오리가 호수에서 앞으로 나아갈 때 오리의 속력이 수면파의 전파 속도보다 클 때 생기는 충격파의 모습을 나타낸 것이다.

마하는 **실증주의**(positivism)를 주장하였고, 20세기 초의 철학적 사조에 큰 영향을 주었다. 마하의 공간 절대성에 대한 부정은 아인슈타인이 상대론을 발견하는 데 영향을 주었다. 그러나 그의 경험에 바탕을 둔 실증주의는 눈에 보이지 않는 원자론을 배격함으로써, 원자론의 옹호자였던 볼츠만을 공격하여 그가 자살하게 만드는 데 기여하였다. 마하는 경험론자였던 18세기의 주교 버클리(George Berkely)의 경험론(empiricism)에 영향을 받았다. 마하는 물질의 실재성을 믿지 않았으며, 물리법칙이란 물질 자체를 다루는 것이 아니라 감각의 관계를 기술하는 것이라고 주장하였다. 이러한 생각은 20세기 초에 비엔나학파(Vienna circle, 빈학파)에 "마하 클럽 (Mach club)"을 형성하는 데 영향을 주었으며 "논리실증주의(logical positivism)"를 탄생시키는 데 영향을 주었다.

뉴턴이 공간의 절대성을 주장하였다면, 마하는 공간의 절대성을 부정하였다. 자전하는 지구는 적도가 극지방보다 부풀어 있다. 이것은 지구가 회전하기 때문이다. 생각을 거꾸로 하여 지구는 정지해 있고, 지구를 제외한 나머지 우주가 회전한다면 지구의 적도는 과연 부풀어 오를까? 비슷한 문제로 양동이에 물을 채우고 돌리지 않으면 수면은 편평하다. 이제 양동이를 제자리에서 회전시켜 보자. 수면이 아래로 고깔 콘처럼 움푹 들어가는 것을 볼 수 있다. 집에서 우리가 직접 시험해 볼 수도 있다. 이러한 현상은 양동이가 회전하기 때문에 발생한다. 자, 이제 양동이는 정지해 있고, 양동이를 둘러싸고 있는 나머지 우주 전체가 회전한다고 하면 양동이의 물은 아까처럼 움푹 들어간 고깔 모양을 이룰까? 뉴턴의 절대공간 개념에 따르면 물체 외의 우주가 회전하는 경우 지구는 부풀지 않을 것이고, 양동이의 물도 움푹 들어가지 않을 것이다. 마하의 주장은 물체를 놔두고 나머지 우주 전체를 돌리면 지구는 부풀고, 양동이 물도 움푹 들어간다는 것이다. 물체 외의 우주의 물질이 지구나 양동이 물의 관성에 영향을 준다는 것이다. 이를 마하의 원리(Mach's principle)라 한다. 마하는 절대공간을 실제로 관찰할 수 없기 때문에 절대공간을 부정하였다. 운동의 절대성이 없으므로 물체의 운동은 상대적이거나 모든 관측자에게 동등하다고 주장하였다. 우주가 정지해 있고 물체가 회전하거나, 물체는 정지해 있고 나머지 우주가 회전하는 것은 서로 똑같다고 주장하였다. 여러분의 생각은 어떤가? 사실 이러한 마하의 상대성에 대한 주장은 아인슈타인의 일반 상대성 이론의 출발점이었다. 즉, 가속 기준틀을 포함해서 "모든 기준틀은 동등하다"라는 일반 상대성 이론의 기본 원리로 진화하였다고 할 수 있다. 그러나 아인슈타인은 마하가 주장한 극도의 실증주의는 받아들이지 않았다. 자! 이제 실제 과학의 발전, 측정, 표준의 제정에 대해서 알아보도록 하자.

● 질문   논리실증주의와 빈학파에 대해서 조사해 보자.

1.2 과학과 측정

인간은 인지 기능을 향상시키면서 끊임없이 과학적 사고력을 키워왔다. 인류는 고대 그리스 시대의 자유로운 사고와 중세 시대의 과학 발전의 더딤을 경험하였으며, 17세기 과학혁명은 과거를 극복하고 인류의 커다란 진보를 가져왔다. 니콜라우스 코페르니쿠스, 갈릴레오 갈릴레이, 요하네스 케플러, 아이작 뉴턴으로 이어지는 역학의 발전은 과학 발전의 전환점이 되었으며, 전환점의 맨 꼭대기에는 아이작 뉴턴이 있다. 그는 물체의 운동 법칙과 만유인력의 법칙을 발견함으로써 물체의 운동뿐만 아니라 행성의 운동 법칙을 설명하였으며, 이를 기반으로 지동설과 결정론적 (deterministic) 세계관(또는 기계론적 세계관)을 확립하는 데 크게 기여하였다.

과학은 "관찰(observation)"과 "측정(measurement)"을 바탕으로 발전하였다. 오늘날 과학자들은 실험실에서 일상적으로 다양한 측정을 한다. 과학은 측정한 값들 사이의 인과관계를 연결해주는 법칙이나 원리를 탐색함으로써 자연현상을 설명한다. 한 과학자가 측정한 값은 동일한 방법으로 다른 과학자가 그 측정 과정을 되풀이하여 다시 재현할 수 있다면 그 진정성을 인정받는다. 즉, 과학적 측정은 재현성 (reproducibility)에 의해서 검증되고 반증된다. 과학은 자연의 특정한 현상을 측정하고, 그 측정을 재현하여 검증하고 측정 결과를 해석한다. 그리고 측정값 사이의 독립변수와 종속변수들 간의 관계를 밝히는 과정을 되풀이한다. 현상을 설명하기 위해서, 과학자들은 어떤 가정 속에서 새로운 이론을 세운다. 새로운 이론에서 예견한

그림 1.3 | 다양한 측정 장치. 저울, 버니어 캘리퍼스, 자 등을 사용하여 길이, 무게 등을 측정한다.

법칙이나 원리가 실험적으로 검증된다면, 그 이론이 맞는다고 확증한다. 다른 과학자들의 이론에 대한 반론과 도전 속에서 그 새로운 이론이 패하지 않고 살아남는다면 그 이론은 어떤 가정 내에서 자연을 설명하는 이론이나 법칙으로 받아들여진다.

사실 이러한 과학적 방법론은 17세기 이후 서양의 과학발전 과정에서 확립되었다. 이러한 과학적 발전은 18세기 이후 여러 가지 면에서 서양 문명이 동양 문명을 앞서는 결과를 초래하였으며, 그 후에 서양 문명이 정신적이고 문명적인 발전을 가속하는 데 기여하였다.

과학적 측정을 할 때 정확도(accuracy)와 정밀도(precision)를 구별해야 한다. '정확도'는 측정값이 참값에 어느 정도 근접해 있는지를 나타낸 것이다. '정밀도'는 참값에 관계없이 측정치의 오차 정도를 나타내며, 측정 장치의 정밀도에 의존한다. 막대자로 잰 손가락의 길이가 8.7 cm였다면, 소수점 첫째 자리에 오차가 들어 있는 정밀도로 측정한 것이다. 표 1.1은 수은주 온도계(A)와 디지털 체온계(B)로 각각 10회씩 한 사람의 체온을 측정한 값을 나타낸 표이다. 사람의 정상 체온은 사람의 연령과 신체의 측정 부위에 따라 다르게 측정된다. 많은 사람의 체온을 측정했을 때 인체의 한 지점의 체온을 36.5°C라고 하자. 이 값이 측정의 참값에 해당한다. 온도계 A

표 1.1 | 정밀도가 다른 두 체온계로 한 사람의 체온을 10회 측정한 값

측정횟수	온도계 A(°C)	온도계 B(°C)
1	36.7	36.65
2	36.9	36.69
3	36.4	36.91
4	37.0	36.85
5	36.5	37.01
6	36.1	36.23
7	37.3	36.79
8	36.4	36.08
9	36.0	36.77
10	36.6	36.63
평균과 표준편차	36.6±0.4	36.66±0.29

표 1.2 | 7개 국제기본단위

물리량	단위(unit)	기호
길이	미터(meter)	m
질량	킬로그램(kilogram)	kg
시간	초(second)	s
전류	암페어(ampere)	A
온도	켈빈(Kelvin)	K
물질량	몰(mole)	mol
광도	칸델라(candela)	cd

는 소수점 첫째 자리에 오차가 포함되어 있으므로 정밀도가 소수점 첫째 자리이다. 반면 온도계 B는 소수점 둘째 자리까지 측정이 되므로 정밀도가 소수점 둘째 자리이다. 측정 오차의 크기는 평균과 표준편차를 표시함으로써 파악할 수 있다.

사람들이 각각 다른 측정 기준을 가지고 물리적인 양을 측정한다면 많은 혼란이 따를 것이다. 과거에 많은 나라들은 안정기에 접어들면, 그 나라의 **도량형**(度量衡)을 통일하곤 했다. 동양의 도량형은 길이를 재는 도(度), 부피를 재는 양(量), 무게를 다는 형(衡)을 합친 단어에서 유래하였다. 측정 기준이 한 종류이면 서로 물건을 사고 팔 때도 싸울 일이 없고, 물건의 양도 쉽게 재거나 비교할 수 있다. 우리나라는 척관법을 확립하였고, 영국은 야드-파운드법(yard-pound)을 사용하였다. 세계적으로 길이의 표준이 제정된 것은 오래된 일이 아니다. 표준(standard)은 '측정의 기준'을 뜻한다. **국제표준단위계**(International Standard of Units, SI)는 7개 기본 단위의 표준을 정의한다. 7개 기본 단위는 표 1.2와 같다.

◉**질문** 동서양의 여러 나라에서 도량형을 통일한 시기를 조사해 보자.

모든 물리량은 이 기본 단위들의 조합으로 표현할 수 있다. 예를 들어, 기본 단위인 길이(m)와 시간(s)을 조합하면 속도의 단위는 m/s이고, 가속도의 단위는 m/s^2이다. 온도의 단위로 우리는 일상적으로 섭씨 °C를 사용하지만, 기본 단위는 켈빈 단

표 1.3 | 과학적 표기법에 사용하는 접두사들. 1보다 큰 접두사는 대문자로, 1보다 작은 접두사는 소문자로 표기함

접두사	기호	크기	접두사	기호	크기
yotta	Y	10^{24}	deci	d	10^{-1}
zetta	Z	10^{21}	centi	c	10^{-2}
exa	E	10^{18}	milli	m	10^{-3}
peta	P	10^{15}	micro	μ	10^{-6}
tera	T	10^{12}	nano	n	10^{-9}
giga	G	10^{9}	pico	p	10^{-12}
mega	M	10^{6}	femto	f	10^{-15}
kilo	k	10^{3}	atto	a	10^{-18}
hecto	H	10^{2}	zepto	z	10^{-21}
deca	D	10^{1}	yocto	y	10^{-24}
−		1			

위인 K를 사용한다. 몰(mole)은 화학이나 생물학에서 많이 사용한다.

뒤에서 살펴보겠지만, 많은 물리적 양들은 크기가 매우 다양하다. 우리는 빅데이터(big data) 시대에 살고 있다. 여러분이 사용하는 핸드폰 요금제는 몇 기가바이트(GB)인가? 여기서 'G'는 크기를 나타내는 접두사 기가(Giga)이고, 'B'는 바이트(Byte)이다. 바이트는 컴퓨터에서 정보를 저장하는 기본 단위로 8비트(bit)를 뜻한다. 보통 영어 문자 한 글자를 컴퓨터에 저장할 때 2 B를 사용한다. 표 1.3은 과학에서 사용하는 다양한 크기를 나타내는 접두사를 나타내었다. 요즘 사용하는 하드디스크의 용량은 테라바이트(TB)를 넘는다. 테라바이트(10^{12} B)는 기가바이트(10^{9} B)의 1,000배이다. 2018년에 전 세계에서 생산된 데이터의 양은 약 16.3 ZB (10^{21} B) 정도된다고 한다. 2025년에는 10배 많은 163 ZB로 성장할 것으로 예상하고 있다. 사물인터넷 등 데이터 생산이 더욱 늘어날 것이기 때문에 폭발적으로 데이터 생산이 일어날 가능성도 더 크다. 이렇듯 오늘날 우리는 매우 큰 수를 많이 다루고 있다.

반면 우리가 사용하는 핸드폰에 들어가는 메모리 반도체에는 많은 반도체 소자들이 들어간다. 우리나라 업체인 삼성 반도체와 SK 하이닉스는 전 세계 반도체

(a)   (b)

그림 1.4 | 우리나라 측정의 기준. (a) 서울 광화문 네거리에 있는 우리나라 "도로원표". (b) 인천시 인하대학교 교정에 설치된 "수준원점". 해발고도의 기준이 되는 지점이다.

시장을 선도하고 있다. 반도체 칩에는 아주 작은 트랜지스터들을 연결해 주는 전선이 있는데, 그 전선의 선폭 크기는 현재 수 나노미터(nm)로 작아졌다. 가장 작은 원자인 수소 원자의 바닥상태에서 반지름은 대략 53 pm쯤 된다. 이렇듯 우리는 아주 작은 크기에서 아주 큰 크기까지 다양한 크기의 세계에 살고 있다. 이렇게 물리량을 크고 작은 숫자로 나타낼 때, 수학에서 숫자를 10의 지수로 표기하는 과학적 표기법을 사용하는 것이 유리하다. 이 때문에 과학에서는 크고 작은 크기를 접두사를 활용하여 표현한다.

측정은 기준이 있어야 혼란이 없다. 그림 1.4는 도로원표와 수준원점을 나타낸다. '도로원표'는 우리나라 도로의 거리를 잴 때 기준이 되는 지점이다. '수준원점'은 높이를 측정할 때 기준높이가 된다. 수준원점은 현재 인천시 소재 인하대학교 교정에 설치되어 있다. 해수면에서 이 수준원점까지의 높이는 26.6871 m이다. 우리나라 여러 곳에 이 수준원점을 기준으로 수준점이 표시되어 있다. 이 수준점을 기준으로 산이나 건물의 높이를 정할 수 있다. 이렇듯 모든 측정은 어떤 기준이나 표준이 있어야 한다. 각 나라마다 저마다의 기준을 가지고 있었지만 세계적으로 길이 표준을 통일할 필요성이 발생하였다.

현재 과학기술에서 사용하는 표준 척도는 미터법(metric system)이다. 보통 MKS 단위라고 부른다. 길이는 미터(meter), 질량은 킬로그램(kilogram), 시간은 초(second)를 사용한다. 국제 표준의 근간을 만든 시기는 프랑스 대혁명이 일어나던 때이다. 1799년에 프랑스에서 1 m 표준길이 막대와 1 kg짜리 질량 원기가 최초로 제작되었다. 1832년에 맥스웰(James C. Maxwell)은 미터계(m, kg, s) 사용을 주장하였다. 1874년에 영국에서 맥스웰과 톰슨(William Thomson)은 cgs 단위계(cm, g, s)를 사용할 것을 주장하였고, BAAS(British Association for the Advancement of Science)는 cgs 단위계를 도입하였다. 1880년에는 BAAS와 ICE(International Electrotechnical Commission)는 Ohm과 Volt 단위를 도입하였다. 그 이후 CGPM(General Conference on Weights and Measures)과 CIPM(International Committee for Weights and Measures)의 주도로 국제표준이 확립되었다. 자세한 표준의 제정은 표 1.4와 같다.

표 1.4 | 시대에 따른 표준의 도입과 변천 과정값

연도	기관	내용
1889	CGPM	m 원기, kg 원기 도입, s 도입
1901	CIPM	전기에 사용되는 단위(ohm, V, A)와 역학단위(m, kg, s)를 서로 결합시킴
1946	CIPM	m, kg, s, A를 기본 단위로 정함
1971	CGPM	m, kg, s, A, K(kelvin), cd(candela), mole을 기본 단위로 택함

1.3 생활과 길이

우리는 생활 속에서 다양한 길이를 만난다. 사람의 키는 대개 2 m를 넘지 않는다. 서울 북한산 백운대의 높이는 837 m이다. 태양과 지구까지의 거리는 얼마나 될까? 가장 작은 바이러스의 길이는 얼마나 될까? 이렇듯 우리 주변에는 무척 다양한 길

이를 갖는 물체나 대상을 볼 수 있다. 전 세계 개별 문명은 자신만의 고유한 길이 척도를 개발하였다. 우리나라는 척관법에 의한 전통길이인 치·자·척을 사용하였다. 우리나라의 전통 길이를 미터법으로 표시하면 다음과 같다.

$$1치 = 3.030 \text{ cm}$$
$$1척(= 1자 = 10치) = 30.30 \text{ cm}$$
$$1보 = 6자 = 1.82 \text{ m}$$

서양에서의 길이 표준에 대한 논의는 프랑스 대혁명기의 프랑스에서 시작되었다. 1789년 프랑스 대혁명 때, 비논리적이고 혼돈스러운 전통 단위 체계를 10의 배수에 기초를 둔 새로운 체계로 바꾸었다. 1790년 프랑스의 샤를 모리스 드 탈레랑(Charles Maurice de Talleyrand)이 "미래에도 영원히 바뀌지 않을 것을 기초로 해서 새로운 단위를 만들자"고 제안한 것이 새로운 체계를 도입케 하는 시작이었다. 1791년 프랑스 국민의회는 프랑스 과학 아카데미로 하여금 프랑스의 무게와 측정에 대해 보고하도록 하였으며, 새로운 체계는 영원히 변하지 않는 자연의 물리적 단위에 기초하도록 결정하였다. 과학 아카데미는 파리를 통과하는 자오선(子吾線) 상에서 지구 원주(圓周)의 1/4의 1/10,000,000을 기본 단위로 하여 길이의 기준을 정했다. 당시에는 자오선의 길이를 정확히 알지 못했기 때문에, 스페인의 바르셀로나에서 프랑스의 됭케르크에 이르는 자오선의 호(弧)의 길이를 직접 측정하였다. 삼각측량법을 이용한 6년간의 측정을 통해 자오선의 일부분을 측정함으로써 1 m의 길이를 정하였다.

미터란 '측정'을 뜻하는 그리스어 'metron'에서 따온 말이다. 1799년 백금으로 만들어진 새로운 단위인 보관소의 '미터와 킬로그램(Metre and Kilogram of the Archives)'이 프랑스의 모든 측정에서 합법적인 표준으로 선포되었다. 이러한 미터법의 목표는 새로운 단위가 프랑스뿐만 아니라 '모든 사람을 위한, 모든 시대를 위한' 것이 되고자 한 것이었다.

1875년 파리에서 국제도량형국(International Bureau of Weights and Measures)을 설립하기 위한 국제위원회가 소집되었으며, 20개 참가국 중 17개국이 서명함으로써 국제적인 미터협약이 체결되었다. 그림 1.5와 같이 백금-이리듐 미터 원기에 의한 표준

그림 1.5 | 미터(길이) 원기. 백금(90%)—이리듐(10%) 합금으로 만든 직선 막대에 1 m 눈금이 새겨져 있다(국제도량형국이 1차 미터 원기를 보관).

은 1889년 제1회 국제 도량형총회에서 90% 백금과 10% 이리듐의 합금으로 만들어진 표준자로 하며, 이것을 국제 미터 원기로 선정한 후 각국에 사용을 권장하였다.

> "길이의 단위는 미터(meter), 기호(m)이며, 프랑스에 보관된
> 미터 원기의 양쪽 위에 표시되어 있는 표선(標線)의
> 두 중앙선 간의 거리를 '1미터'로 규정한다."

1 m에 대한 정의는 과학의 발전에 따라 재정의되었는데, 1960년에 크립톤-86 (^{86}Kr) 동위원소에서 방출되는 빛의 고유한 파장의 길이를 이용하여 정의하였다. 1983년에 1 m의 정의를 진공에서 빛의 전파 거리를 이용하여 정의하였는데, 이는 진공에서 빛의 속력이 매우 정밀하게 측정되었기 때문이다. 1 m는 빛이 진공 중에서 299,792,458분의 1초 동안 이동한 거리로 정의한다.

미터 단위계는 매우 편리하여 국제표준으로 통용되고 있다. 그러나 영국이나 미국을 여행하다 보면 미터법을 쓰지 않음을 볼 수 있다. 특히 미국에서 영국단위계를 고집하는 경향이 뚜렷하다. 영국단위계를 살펴보면, 성인 남성 한 걸음의 길이를 5 ft로 정하였다. 미터법과의 관계는 1 ft = 30.48 cm이고, 1 yd = 3 ft = 91.44 cm이다. 미국과 영국에서 사용하는 길이 단위는 mile과 foot이고, 두 관계는 1 mile = 5,280 ft이다. mile이란 말은 1,000을 나타내는 라틴어에서 비롯되었다. 원래 1 mile은 로마병사가 1,000걸음 걸어간 거리를 뜻하며, 대개 한 걸음은 5 feet에

표 1.5 | 1 m 정의의 변천

연도	길이 표준	내용
1793	자오선 길이	적도로부터 프랑스 파리를 거쳐 북극에 이르는 거리(자오선 길이)의 1,000만분의 1(1 m에 대한 최초 정의)
1889	미터 원기	얼음의 녹는점에서 백금(90%)-이리듐(10%) 합금으로 만든 막대 위의 두 선 사이의 거리
1960	Kr-86의 빛 파장	크립톤-86 (^{86}Kr) 동위원소에서 방출되는 주황색 빛 파장의 1,650,763.73배로 정의
1983	빛의 속력	빛이 진공 중에서 299,792,458분의 1초 동안 이동한 거리로 정의

해당하므로, 로마식 1 mile은 5,000 feet이다. 영국에서 농지를 표준 밭고랑(furrow)의 길이를 나타내는 울타리로 표시하였는데, 이 길이를 furrow-long, 줄여서 furlong이라 부르게 되었다. 1 furlong은 220 yard에 해당한다. 한편 로마로부터 mile을 받아들인 영국인은 로마식 1 mile이 7 내지 8 furlong이라는 것을 알았다. 영국인은 furlong을 표준 길이로 삼았고, 로마식 1 mile의 길이를 조금 늘여 정확히 8 furlong으로 삼은 것이 오늘날 1 mile이다. 영국과 미국에서 현재 사용하는 mile, yard, feet의 관계는 다음과 같다.

$$1 \text{ mile} = 1,760 \text{ yard} = 5,280 \text{ feet} = 1.609 \text{ km}$$

일상생활 속에서 우리는 다양한 길이를 경험하게 된다. 인간의 키는 1~2 m 내외이고, 높은 건물의 높이도 100~400 m 내외이다. 주변에서 볼 수 있는 산의 높이도 1,000 m를 넘지 않는다. 맨눈으로 구별할 수 있는 작은 물체의 크기는 약 0.1 mm 정도인 반면, 맨눈으로 멀리 볼 수 있는 거리는 8 km 정도이다. 표 1.6은 다양한 스케일의 길이를 나타낸 것이다. 우리나라에서 가장 높은 건물은 롯데타워로 123층에 555 m의 높이이다. 지구의 공전 반지름은 1.5×10^{11} m 정도이다. 태양계에서 가장 가까운 항성인 프록시마 센타우리까지의 거리는 약 4×10^{16} m이다. 가장 먼 퀘이사(Quasar)까지의 거리는 10^{26} m에 달한다. 이러한 거리는 우리가 상상할 수 없을 만

표 1.6 | 자연현상에서 나타나는 다양한 길이

자연현상	거리(m)
지금까지 발견한 가장 먼 퀘이사까지의 거리	10^{26}
가장 가까운 대은하까지의 거리	2×10^{22}
은하계까지의 거리	8×10^{20}
가장 가까운 항성까지의 거리	4×10^{16}
명왕성 공전 궤도의 반지름	6×10^{12}
지구 공전 궤도의 반지름	1.5×10^{11}
지구의 지름	1.3×10^{7}
세계에서 가장 깊은 해구인 마리아나 해구의 깊이	1.1×10^{4}
서울 롯데타워 높이(123층)	555
사람의 키	2
육안으로 볼 수 있는 가장 작은 물체의 크기	10^{-4}
적혈구의 지름	8×10^{-6}
바이러스의 지름	10^{-7}
원자의 지름	10^{-10}
양성자의 지름	2×10^{-15}

큼 먼 거리이다.

　반면에 작은 스케일의 물체로 우리 혈액에서 산소를 운반하는 적혈구의 직경은 8×10^{-6} m 정도이다. 원자의 지름은 원자의 종류에 따라서 다르지만, 대략 10^{-10} m = 0.1 nm 정도이다. 원자 모형에 의하면, 원자는 중심에 있는 원자핵과 궤도에 있는 전자로 구성되어 있는데, 원자핵의 지름은 대략 10^{-15} m = 1 fm라 하면, 원자의 구조에서 원자핵의 크기와 원자의 크기 사이의 상대적인 크기를 비교할 수 있다. 그림 1.6은 원자핵과 원자의 크기를 상대적으로 비교한 것이다. 원자핵의 크기를 1이라 하면 원자의 크기는 원자핵보다 대략 100,000배 크다. 즉, 원자의 크기를 결정하는 최외각 전자와 원자핵 사이에는 상대적으로 텅 비어 있다고 할 수 있다.

원자핵
지름: 약 10^{-15} m

원자
지름: 약 10^{-10} m

그림 1.6 | 원자핵의 크기를 탁구공으로 생각한다면, 원자의 크기는 축구장 약 4개를 합친 정도이며 그 중앙에 탁구공이 놓여 있는 형상이다.

예제 1.1 태양의 크기를 1 m라고 비유했을 때, 태양계 행성의 상대적인 거리를 비교해 보자.

풀이

태양의 반지름은 약 6.96×10^8 m이다. 태양의 반지름을 1 m인 공에 비유할 때, 다른 물체의 크기를 비교해 보자. 지구 반지름은 약 1 cm인 공이며, 그림 1.7과 같이 지구와 태양 사이의 거리는 약 200 m에 해당한다. 태양계의 가장 먼 행성인 명왕성(최근에 명왕성은 행성에서 퇴출되어 왜소행성으로 분류됨)과 태양 사이의 거리는 약 10,000 m에 해당한다. 태양과 가장 가까운 행성까지의 거리는 약 100,000 km이다.

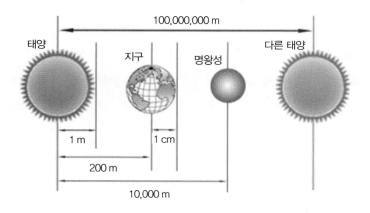

그림 1.7 | 태양의 크기를 1이라고 했을 때 태양계 행성의 상대적 크기와 거리 비유

예제 1.2 지구의 크기와 가장 높은 산과 가장 깊은 해구의 상대적 크기를 비교해 보자.

풀이

지구의 반지름은 약 6,400 km = 6.4×10^6 m이다. 가장 높은 산인 에베레스트(Mt. Everest)의 높이는 8,848 m이고, 가장 깊은 해구인 마리아나 해구(Mariana trench)의 깊이는 11,034 m이다. 그림 1.8과 같이 지구의 반지름을 1이라고 했을 때, 에베레스트는 1.38×10^{-3}이고, 마리아나 해구는 1.72×10^{-3} 정도이다. 비율로 나타내면 에베레스트는 0.14%, 마리아나 해구는 0.17% 정도이다. 농구공의 반지름은 12 cm이다. 지구를 농구공에 비유하면 에베레스트 산은 12 cm×0.14 = 0.17 mm에 해당되어 농구공 표면의 흠집에 불과하다. 마리아나 해구 역시 12 cm×0.17 = 0.20 mm에 해당되는 작은 보푸라기 정도일 것이다. 지구의 입장에서 보면 지표면의 산이나 협곡역시 조그만 흠집에 불과하다. 물론 실제로 지구는 자전 때문에 적도 부분이 부풀어 있어 완전한 구는 아니다.

그림 1.8 | (a) 가장 높은 산과 가장 깊은 해구의 상대적 크기 비교. (b) 지구를 농구공에 비유하면 에베레스트 산이나 마리아나 해구는 농구공 표면의 작은 흠집에 불과하다.

1.4 생활과 시간

빅뱅 이론에 따르면, 대폭발에 의해서 우주가 탄생한 1초 후에 수소 원자핵이 만들어졌으며, 수소 핵융합에 의해서 더 무거운 원자핵이 형성되었다. 빅뱅 이후 약 30만 년에 걸쳐 원자핵이 형성되고 전자와 결합하여 물질을 구성하는 원자들이 탄생

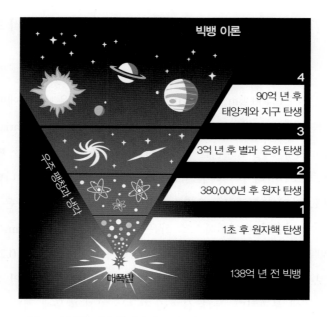

그림 1.9 | 빅뱅 이론에 따른 우주의 진화 과정

하였다. 10억 년 후에 수소가스 구름이 뭉쳐서 은하가 탄생하였다. 현재 우주의 나이는 약 137.9억 년 정도로 추정된다.

인간이 정확한 시간을 가지게 된 것은 오래되지 않았다. 우리가 시간의 단위로 사용하는 시, 분, 초는 고대 메소포타미아 지방에서 사용하던 60진법에 기원을 두고 있다. 고대 바빌로니아인들은 달의 변화를 보고 1년을 12달로 하는 태음력을 만들었다. 다시 하루를 24시간, 1시간을 60분, 1분을 60초로 나누었으며, 이는 60진법에서 착안한 것이다. 따라서 1초는 평균태양일의 1/(24×60×60)로 정의하였다.

시간은 일정하게 운동을 반복하는 현상을 이용하여 잴 수 있다. 진동하는 추의 운동, 달의 주기, 지구의 공전, 사람의 맥박 등 규칙적인 운동을 이용하여 시간을 잰다. 그림 1.10은 인하대학교 교정에 설치되어 있는 **양부일구**(仰釜日晷)이다. 해시계는 계절에 따른 해의 고도 변화를 이용하여 시간을 측정한다. 또한 물시계나 모래시계처럼 일정한 양의 변화를 이용하여 시간을 측정하기도 하였다. 경도가 135도인 우리나라의 표준시간은 **협정세계표준시**(UTC, Coordinated Universal Time)에 따라 영국 그리니치를 통과하는 경도의 표준시간보다 +9시간 앞선 표준시를 택하고 있다.

그림 1.10 | 인하대학교 교정에 설치되어 있는 해시계인 앙부일구(仰釜日晷). 움푹 파
인 내부에 탐침의 그림자가 시간을 나타내도록 시간 선이 그려져 있다.

표 1.7 | 표준시간의 변천 과정

년도	표준의 대상	내용
1900	태양년	태양년의 1/31556925.9747
1967	세슘-133 주기	세슘-133 원자 바닥상태에서의 천이 주기의 9,192,631,770배로 정의됨.
1997	세슘-133 원자시계	세슘 원자시계의 1초가 국제표준시계로 인정됨.

시간의 표준도 과학기술이 발전할수록 좀 더 정밀하게 정의되었다. 표 1.7은 시
간 표준의 변천 과정을 나타낸 표이다. 현재는 **원자시계**(atomic clock)를 이용하여 1
초를 정의하며, 정밀한 원자시계는 각 나라 표준국에 설치되어 있다. 기존 1초의 정
밀도를 높이기 위해서, 1초를 세슘-133 (^{133}Cs)의 에너지 바닥상태에서 2개의 초미세
준위(hyperfine energy level) 사이에서 전이하는 빛 주기의 9,192,631,770배로 재정의
하였다.

자연현상에서 볼 수 있는 다양한 시간들을 표 1.8에 요약하였다. 긴 시간은 빅
뱅 이후 우주의 나이로서 약 138억 년이고, 지구의 나이는 약 50억 년이다. 플루토
늄 (^{94}Pd)의 반감기는 8×10^{11}초로써 사람의 평균수명인 2×10^9초보다 400배 길다.
반감기가 긴 방사성 원소는 오랜 방사능 노출로 인해 인체에 해롭다.

1초보다 짧은 자연현상 또한 다양하다. 인간의 귀로 들을 수 있는 최고 가청 주
파수는 20,000 Hz 정도이며, 주파수 Hz(Hertz라 읽음)는 1초에 1번 진동함을 뜻한
다. 10 Hz는 1초에 똑같은 진동이 10번 반복됨을 뜻하며, Hz 단위로 표현한 주파수

표 1.8 | 다양한 자연현상의 시간들. 1 Hz는 1초에 한 번 진동함을 뜻함

현상	시간(s)	현상	시간(s)
빅뱅 이후의 시간	약 138억 년 (5×10^{17})	인간의 심장박동	1
지구의 나이	50억 년 (1.5×10^{17})	인간 신경계의 반응시간	0.1
태양이 우리 은하 중심을 도는 시간	8×10^{15}	들을 수 있는 가장 높은 소리의 주기	5×10^{-5}
인류의 탄생	6×10^{13}	AM 전파의 주기	$10^{-6}(= 1 \text{ MHz})$
플루토늄의 반감기	8×10^{11}	컴퓨터에서 두 수를 더하는 시간	$10^{-9}(= 1 \text{ GHz})$
사람의 수명	2×10^{9}	분자의 회전 주기	$10^{-12}(= 1 \text{ THz})$
1년	3×10^{7}	실험실에서 만든 가장 짧은 빛 펄스	10^{-15}
1일	9×10^{4}	중성 파이온의 반감기	6×10^{-17}
대륙 간 탄도탄의 비행시간	1×10^{3}	빛이 양성자를 가로지르는 시간	7×10^{-34}

의 역수는 한 진동의 주기가 된다. 최대 가청주파수 20,000 Hz는 5×10^{-5}초가 된다. 인간이 들을 수 있는 최대 가청주파수보다 큰 소리를 '초음파(ultrasound)'라 하며, 박쥐나 고래는 초음파를 이용하여 사물의 위치를 파악한다. 또한 컴퓨터에서 두 수를 더하는 데 걸리는 시간은 10^{-9}초 정도인데 무척 짧은 시간이다.

예제 1.3 1광년은 시간이 단위인가? 우리가 속해 있는 은하수의 크기는 몇 광년인가?

풀이

1광년(light year)은 빛이 1년 동안 진공 상태에서 전파해 간 거리를 뜻한다. 광년에 1년을 뜻하는 년이 붙어 있어서 시간의 단위로 생각할 수 있으나, 사실 거리 단위이다. 주로 천문학적 거리를 나타낼 때 사용한다. 1광년을 m로 나타내면 다음과 같다.

은하수의 구조

그림 1.11 | 태양계가 속해 있는 은하수와 구조

$$1광년 = (빛의 속도) \times 1년 = (3 \times 10^8)\left(\frac{1\,\text{m}}{1\,\text{s}}\right) \times (365 \times 24 \times 3600\,\text{s})$$
$$= 9.45 \times 10^{15}\,\text{m}$$

우리 은하는 은하수(Milky Way Galaxy)에 속해 있다. 그림 1.11은 은하수의 모습을 나타낸 것이다. 은하수는 중앙이 부풀어 있는 UFO 모양을 하고 있다. 은하수에는 약 1,000억 개의 별(항성)이 존재한다. 원반 모양인 은하수의 지름은 약 100,000광년이고, 태양계는 은하의 중심에서 약 25,000광년에 위치하고 있다. 은하의 두께는 약 2,000광년쯤 된다. 태양계는 은하의 중심에 대해서 회전 운동한다.

예제 1.4 북반구에 있는 우리나라는 그림과 같이 뚜렷한 사계절을 가지고 있다. 지구가 사계절을 가지는 이유는 무엇인가?

풀이

계절의 원인은 지구 자전축이 공전 면에 23.5도 기울어져 있기 때문이다. 그림 1.13은 태양을 중심으로 타원궤도를 돌고 있는 기울어진 지구의 **근일점**(periapsis), **원일점**(apoapsis), 춘분, 하지, 추분, 동지에서 지구의 위치를 나타낸다. 북반구에서 지구가 근일점에 있을 때 겨울이고 원일점에 있을 때 여름이다. 타원궤도의 **장축**(apsides)에서 태양과 지구 사이의 거리는 근일점일 때 1.47억 km이고, 원일점일 때는 1.52억

그림 1.12 | 북반구에 속해 있는 대한민국은 뚜렷한 사계절을 가지고 있다(인하대 교정).

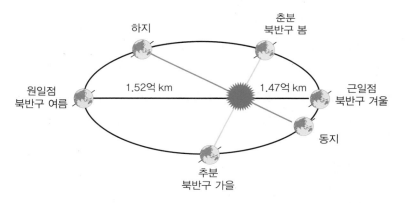

그림 1.13 | 지구의 타원궤도, 근일점, 원일점에서 계절. 북반구에서 근일점일 때 겨울이고 원일점일 때 여름이다.

km로 큰 차이가 나지 않는다. 즉, 타원의 이심률이 매우 작기 때문에 지구의 타원궤도는 원에 가깝다.

지구축이 기울어져 있지 않고 공전 면에 수직하게 공전한다면, 계절의 변화가 생기지 않을 것이다. 지축이 기울어져 있지 않으면, 정오의 해는 적도에서 관찰할 때만 머리 위에 떠 있다. 다음 오른쪽 그림은 지축이 기울어지지 않은 가상적인 지구의 모습을 나타낸 것이다. 적도 위의 관측자만이 정오에 머리 위에서 해를 볼 수 있다. 이 경우 적도의 일조량은 1년 내내 변함이 없다. 적도는 항상 여름이다.

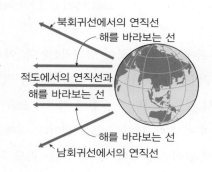

지축이 기울어지지 않은 지구

- 오른쪽의 그림은 지축이 기울어지지 않은 가상적인 지구
- 북회귀선에 있는 사람이 정오에 해를 보기 위해서 남쪽을 바라보아야 함
- 적도 위의 관측자는 머리 수직 위에서 해를 볼 수 있음
- 모든 관측자에게 정오이지만, 적도 위의 관측자만 머리 수직 위에서 해를 볼 수 있음

북회귀선에서의 연직선
해를 바라보는 선
적도에서의 연직선과 해를 바라보는 선
해를 바라보는 선
남회귀선에서의 연직선

지축이 23.5도 기울어져 있다면, 1년 중 언젠가 정오에 머리 위에서 해를 볼 수 있는 관측자의 범위는 북위 23.5도에서 남위 23.5도까지 확대된다. 북회귀선(the Tropic of Cancer)과 남회귀선(the Tropic of Capricorn)은 위도 23.5도인 선을 뜻하는데, 6월 하지 정오에 해가 머리 위에 떠 있는 곳이 북회귀선이고, 12월 동지에 해가 머

지축이 23.5도 기울어져 있는 지구

- 12월에 해가 적도에서 가장 멀리 떨어져 있을 때 남태평양에서 정오를 나타내는 실제 지구
- 남회귀선에 있는 관측자는 정오에 머리 수직 위에서 해를 볼 수 있음
- 적도 위의 관측자는 해를 보기 위해서 남쪽을 바라보아야 함
- 반면에 북반구 또는 북회귀선 위에 있는 관측자는 해를 보기 위해서 상당히 남쪽을 바라보아야 함
- 남회귀선 이남의 남반구의 관측자는 지구가 기울어지지 않았을 경우보다 더 높이 있는 해를 바라봄

적도에서의 연직선
해를 바라보는 선
남회귀선에서의 연직선과 해를 바라보는 선
연직선
남반구의 관측자가 해를 바라보는 선

그림 1.14 | 남반구가 여름일 때 태양 빛이 비추는 모습

리 위에 떠 있는 곳이 남회귀선이다. 아래 오른쪽 그림은 지축이 23.5도 기울어진 지구의 모습을 나타낸다. 12월에 해가 적도에서 가장 멀리 떨어져 있을 때 남태평양에서 정오를 나타내는 실제 지구의 모습이다. 정오에 남회귀선에 서 있는 사람의 머리 수직 위에 태양이 있을 것이다. 이때는 남반구가 여름이고 태양 빛이 남반구에 가장 많이 도달한다. 이 시기에는 적도 위에 서 있는 사람조차 정오에 해를 보기 위해서 남쪽을 바라보아야 한다. 북반구에 있는 사람은 훨씬 더 남쪽을 바라봐야 해를 볼 수 있을 것이다. 즉, 북반구는 겨울이다.

그림 1.14는 북반구가 겨울이고 남반구가 여름인 상태일 때 태양 빛이 지축이 기울어진 지구에 빛을 비추는 모습을 나타낸다. 남반구가 북반구보다 더 많은 태양 빛을 받는 것을 볼 수 있다. 이것이 계절이 생기는 원인인데, 이 그림에서 남반구는 여름이고 북반구는 겨울이다. 우리나라는 위도가 높기 때문에 어느 누구도 1년 내내 정오에 머리 수직 위로 해를 볼 수 없다.

1.5 생활과 질량

질량은 길이나 시간처럼 정교하게 정의되어 있지 않다. 1 kg에 대한 정의는 프랑스 세브르(Sevres)의 국제도량형국에 보관되어 있는 킬로그램 원기로 한다.

> "1 kg은 국제킬로그램 원기의 질량과 같다."

킬로그램 원기는 미터 원기와 마찬가지로 단단하고 부식되지 않으며 밀도가

1차 원기   2차 원기(prototype #72, KRISS 소장)

그림 1.15 | 킬로그램 원기와 2차 원기. 우리나라는 한국표준과학연구원(KRISS)에 2차 원기를 보관하고 있다.

아주 큰 물질인 백금-이리듐 합금으로 제작되었다. 킬로그램 원기를 그대로 복제한 2차 원기들이 각 나라의 표준국에 소장되어 있다. 1 kg의 정의는 1889년 제1차 CGPM 회의에서 국제킬로그램 원기를 공인하고, 1 kg의 질량 원기를 표준으로 채택하였다.

표 1.9는 다양한 자연현상의 질량을 나타낸 것이며, 인간을 기준으로 질량이 큰 것과 작은 것들을 비교할 수 있다. 태양의 질량은 약 2×10^{30} kg에 달한다. 작은 크기의 것으로 혈액에서 산소를 운반하는 적혈구는 10^{-13} kg이고, 원자를 구성하는 양성자와 중성자는 서로 비슷한 질량을 가지며, 전자 하나의 질량은 9.1×10^{-31} kg으로 양성자와 중성자 질량의 약 2000분의 1배 정도 되는 아주 작은 값을 가지고 있다.

표 1.9 | 자연현상에서 나타나는 질량

현상	질량(kg)	현상	질량(kg)
은하수	4×10^{41}	건포도	10^{-3}
태양	2×10^{30}	빗방울	10^{-6}
지구	6×10^{24}	적혈구	10^{-13}
산	2×10^{18}	DNA	2×10^{-18}
747비행기	4×10^{5}	우라늄 원자	4×20^{-25}
소형 자동차	10^{3}	양성자	1.7×20^{-27}
인간	65	전자	9.1×10^{-31}

예제 1.5 다음 식은 올바른 식인가?

$$2.2\,\mathrm{lb} = 1\,\mathrm{kg}$$

풀이

위 식에서 lb는 파운드(pound)를 나타내는 영국 단위계로서, 무게를 나타내는 단위이며, 1 lb는 약 0.45359237 kg이다. 단위로 lb를 쓰는 이유는 pound의 로마식 표현 libra에서 왔기 때문이다. 사실 위 식은 올바른 등식이 아니다. 왜냐하면 lb는 무게(힘의 단위)의 단위이고, kg은 질량의 단위이기 때문이다. 파운드는 N(뉴턴)과 같이 힘 의 단위이다(2장 참조). 무게는 물체의 질량에 중력 가속도 g를 곱한 값이다. 질량 1 kg인 물체는 우주의 어느 곳에 있어도 질량은 변하지 않는다. 그러나 무게는 위치에 따라 달라진다. 예를 들어, 1 kg인 물체를 달 표면에 가져가면 무게는 지구의 1/6로 줄어든다. 그렇지만 파운드는 영국에서 질량의 단위로 일상적으로 통용되고 있다.

예제 1.6 뇌의 세포 수를 어림해 보자.

풀이

성인 뇌의 질량은 대략 1.2~1.4 kg이고 용량은 1130(여성)~1260 cm³(남성) 정도이다. 자, 이제 뇌의 세포 수를 어림해 보자. 편의상 뇌를 10 cm의 정육면체라 가정하자. 그러면 뇌의 부피는

$$V = (10\,\mathrm{cm})^3 = 10^3\,\mathrm{cm}^3 = 10^3\,\mathrm{cm}^3\left(\frac{10^{-2}\,\mathrm{m}}{1\,\mathrm{cm}}\right)^3 = 10^{-3}\,\mathrm{m}^3$$

이다. 인체의 70%는 물로 이루어져 있고, 물의 밀도는 1 g/cm³이므로 뇌의 질량은 약 $\left(1\,\dfrac{\mathrm{g}}{\mathrm{cm}^3}\right) \times (10^3\,\mathrm{cm}^3) = 1\,\mathrm{kg}$이다. 뇌세포를 한 변의 길이가 10^{-5} m인 정육면체라 가정하면 뇌세포 하나의 부피는 10^{-15} m³이다. 따라서 뇌세포의 개수는 다음과 같다.

$$\text{뇌세포의 수} = \frac{10^{-3}\,\mathrm{m}^3}{10^{-15}\,\mathrm{m}^3} = 10^{12}$$

⊕질문 성인 뇌의 뇌세포 수를 문헌에서 조사해 보자.

1.6 표준의 재정의

현재 제정된 표준은 7개의 물리량으로서 미터, 질량, 초, 암페어, 켈빈온도, 몰 수, 광도를 정의하고 있다. 2019년에 SI에 변화가 있었다. 4개의 기본 단위 킬로그램, 암페어, 켈빈, 몰이 각각 4개의 기본 물리상수 플랑크 상수(h), 기본 전하(e), 볼츠만 상수(k_B), 아보가드로 상수(N_A)를 기반으로 정의가 바뀌었다.

7개의 표준을 정의할 때 초(s)는 $\Delta \nu$(주파수)를 사용하는데, 이는 '세슘의 초미세준위 주파수'를 나타낸다. 광도(cd)를 나타내는 K_{cd}는 인간의 '시감 효능'을 나타내는 상수로, 사람의 눈이 빛에 대해 느끼는 민감도를 나타낸다. 이 상수는 기본 물리상수로하지 않고 '기술상수'라 부른다. 칸델라는 광도(빛의 밝기)의 단위에서 유래했다. 인간의 눈은 가시광선을 보기 때문에 인간에게 유용한 단위이지만, 근래에는 적외선, 자외선 등 다양한 광원이 사용되기 때문에 인간을 고려하지 않은 자연현상과 연결된 단위의 필요성이 커지고 있다. 가시광선에 국한된 칸델라보다 '복사도(W/sr)'를 기본 단위로 채택해야 한다는 주장이 대두되고 있다. 여기서 sr은 스테라디안(steradian)으로서 입체 각을 뜻하며, 반지름인 1인 단위 구의 입체각은 4π스테라디안이다.

2019년 기본 단위의 재정의는 인공적으로 만들어진 킬로그램 원기를 사용한 킬로그램을 좀 더 과학적으로 바꾸려는 시도이다. 킬로그램 원기는 보관 과정에서 먼지 등을 닦을 때 마모와 부식 등에 의해 질량이 변하게 된다. 따라서 불변의 물리량

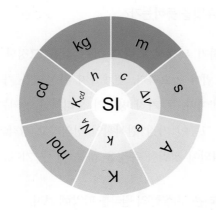

그림 1.16 | SI 표준 단위와 관련된 물리상수

표 1.10 | 2017년 CODATA에서 발표한 4개의 기본 물리상수 값

기본 상수	표기법	값	오차
플랑크 상수 (Planck constant)	h	$6.626\,070\,15 \times 10^{-34}$ Js	1.0×10^{-8}
기본 전하량 (Elementary charge)	e	$1.602\,176\,634 \times 10^{-19}$ C	5.2×10^{-9}
볼츠만 상수 (Boltzmann constant)	k	$1.380\,649 \times 10^{-23}$ J/K	3.7×10^{-7}
아보가드로 상수 (Avogadro constant)	N_A	$6.022\,140\,76 \times 10^{-23}$ mol^{-1}	1.0×10^{-8}

을 기반으로 질량 표준을 정의할 필요성이 대두되었다. 기본단위를 재정의할 때 우리는 지금까지 알려진 기본 물리상수 값을 사용한다. 기본 물리상수는 과학기술데이터위원회(Codata, Committee on Data of the International Science Council)에서 매년 발표하는 정밀한 값을 사용한다. 킬로그램을 재정의할 때 사용하는 플랑크 상수는 표 1.10에서 보는 바와 같이 $h = 6.62607015 \times 10^{-34}$ Js의 값을 고정하여 정의한다. 플랑크 상수의 단위는 J·s인데 에너지 단위인 J을 MKS 단위로 표현하면 Js = kg·m^2·s^{-1}이다. 이 단위에서 미터와 초의 표준은 빛의 속력과 세슘 원자의 초미세준위 주파수로 정밀하게 정의되어 있으므로 질량을 플랑크 상수로 표현할 수 있다.

⊕**질문** 플랑크 상수는 무엇을 뜻하는가?

킬로그램을 재정의하기 위해서 플랑크 상수 값을 고정한 후에 이 값을 이용하여 질량을 측정하는 방법이 필요하다. 현재까지 완성도가 가장 높은 방법은 '키블저울'과 '실리콘 구 실험'이다. 두 가지 방법의 물리적인 논의는 복잡하기 때문에 여기서는 다루지 않는다. 그동안 가장 원시적인 정의라고 생각되었던 질량 원기를 대체할 킬로그램이 재정의되어 정밀한 측정을 하는 데 큰 기여를 할 것이다.

⊕**질문** '키블저울'과 '실리콘 구 실험'의 원리를 파악해 보자.
⊕**질문** 킬로그램 외에 재정의되는 암페어, 켈빈, 몰 수에 대해서 조사해 보자.

2장

결정론의 종말

공중으로 던진 물체는 포물선을 그리면서 떨어진다. 야구에서 투수가 던진 공은 다양한 구질을 보이면서 타석을 지나간다. 지구는 태양을 1년에 한 번 공전하며 달은 지구를 1달에 한 번씩 공전한다. 21세기에 살고 있는 우리는 물체의 운동에 대한 많은 지식을 쌓았고 물체가 어떻게 운동하는지에 대해서 수도 없이 들어왔기 때문에 물체의 독특한 운동들을 매우 당연시 생각하는 경향이 있다. 이 장에서 인류가 물체의 운동에 대해서 어떤 사고 체계로 이해하게 되었는지 살펴본다.

특히 뉴턴에 의해서 정립된 고전역학(classical mechanics) 체계를 살펴볼 것이다. 고전역학이란 뉴턴의 운동법칙 발견 이후 약 300년 동안 뉴턴역학을 수학적으로 정교하게 발전시킨 역학 체계를 이야기한다. 우리는 갈릴레오 갈릴레이와 뉴턴이 수립한 역학 체계의 근간을 살펴보고 일상생활에서 적용되는 예를 살펴볼 것이다. 여러분 중 고전역학이 있으니 현대역학이 있을까 하고 고민하는 사람이 있을 수도 있다. 사실 물리학의 큰 체계는 고전역학, 전자기학과 상대성 이론, 열 및 통계역학, 양자역학으로 나눌 수 있다. 고전역학은 물체의 속력이 광속도에 비해서 느린 운동의 세상을 기술하고, 상대성 이론은 물체의 속력이 광속도에 가까운 운동을 기술한다. 전하와 자석과 같은 현상을 다루는 전자기학은 입자 사이의 상호작용이 광자를 통해서 일어나므로 상대성 이론과 상통해 있다. 열현상과 물질이 많이 모여 있는 시스템을 다루는 열 및 통계역학의 체계는 우리 생활 속에 자연스럽게 스며 있다. 원자, 분자, 소립자와 같은 크기가 작은 입자나 이러한 작은 입자들이 모여서 거시적으로 드러나는 양자역학적 특성은 양자역학 체계로 설명해야 한다.

이 장의 전반부에서는 고전역학이 성립하게 된 역사적 배경을 살펴본다. 케플러, 갈릴레이, 뉴턴이 어떻게 우리의 사고 체계를 바꾸었는지 살펴본다. 후반부에서는 물체의 운동을 성분으로 나누어 해석하는 방법을 통해서 원숭이와 포수 문제를 해결해 본다. 마지막으로 결정론의 붕괴와 혼돈현상에 대해서 살펴본다.

2.1 고전역학

뉴턴 이전의 역학

고대 그리스와 서양의 중세 시대에 물체의 운동에 대한 생각은 매우 제한적이었다. 고대 그리스 시대의 과학적 이해는 매우 낮았지만 몇 가지 주목할 만한 발견이 있었다. 소아시아 이오니아 사모스섬 출신인 피타고라스(BC 560~480)는 직각삼각형에 대한 피타고라스의 정리를 발견하였다. 유클리드의 《원론》 2권에 피타고라스의 정리가 담겨 있다. 피타고라스는 기원전 530년에 이탈리아의 크로톤에 정착하여 철학학교를 세웠다. 당시 이탈리아 남부에서 피타고라스의 영향력이 컸지만 그의 반민주적 사상은 심한 반발을 불러일으켰으며 기원전 500년에 메타폰툼으로 망명하였고 그곳에서 생을 마감하였다. 피타고라스 학파는 자연의 모든 현상을 수와 연관시켰다. 피타고라스 학파는 "수철학"을 발전시켜 우주에서 행성의 운동을 서로 다른 높낮이의 음표와 연관 짓는 "우주조화 이론"을 제안하였다. "구(球)들의 조화"라 부르는 이 이론은 케플러에게 영향을 주었다. 기원전 3세기에 유클리드가 13권의 《원론》에서 제시한 유클리드 기하학은 수학과 과학 발전의 밑거름이 되었다. 《원론》은 정의, 가정, 공리, 정리 등과 같은 수학적인 지식을 바탕으로 기하학을 서술하였다.

고대 그리스는 다양한 세계관을 가지고 있었지만 플라톤의 제자이고 알렉산드로스 대왕의 스승이었던 아리스토텔레스(Aristotle, BC 384~322)에 의해서 완성되었다. 물체의 운동에 대한 그의 생각은 중세의 세계관에 큰 영향을 주었다. 아리스토텔레스는 우주가 4원소(불, 흙, 공기, 물)로 이루어져 있으며 물체의 운동을 사인론(四因論-질료인, 형상인, 작용인, 목적인)으로 설명하였다. 4인이란 물질의 재료적 측면인 질료인, 물체의 형상적 측면인 형상인, 변화와 작용의 측면인 작용인, 사물의 목적적 측면인 목적인을 말한다. 이러한 주장은 사물을 현상적인 측면에서 설명하려는 고대인의 인식의 틀을 보여준다. 아리스토텔레스는 물체의 운동에 대한 개념을 제시하였는데, 현대의 역학적 관점에서는 틀린 주장이며 17세기 초에 갈릴레이에 의해서 도전을 받게 된다. 그러나 이러한 아리스토텔레스의 주장은 고대 그리스와 중세 기독교 세계에서 확고한 사실로 받아들여졌다. 아리스토텔레스가 주장한 중요한 역학적 인식은 다음과 같다.

> "물체가 멈추지 않고 계속 움직이려면
> 그 물체에 추진력이 끊임없이 작용해야 한다."
> "물체가 낙하할 때 무거운 물체가 더 빨리 떨어진다."

아리스토텔레스의 주장은 눈으로 보이는 현상을 그럴듯하게 설명하기 때문에 오랫동안 그 생명력을 유지할 수 있었다. 사실 과학은 본질을 꿰뚫어 보아야 하는데 현상을 보이는 대로 설명함으로써 운동의 본성을 왜곡했다고 할 수 있다.

● **질문** 현대적인 관점에서 불의 본성은 무엇인가?
● **질문** 현대적인 관점에서 물과 공기의 본성은 무언인가?

그리스 시대에 물리학적 현상에 관심을 가졌던 철학자 중에서 아르키메데스(BC 287~212)는 부력을 발견한 것으로 유명하다. 아르키메데스의 부력의 원리는 "유체 속에서 물체가 받는 부력은 그 물체가 유체 속에서 차지한 부피만큼의 유체 무게와 같다"는 것이다(5장 참조). 그리스 물리학에서 오늘날의 이론과 매우 유사한 주장을 한 사람은 데모크리토스(Democritus, BC 약 460~380)이다. 그리스 원자론이라 할 수 있는 데모크리토스의 원자론은 모든 물질이 더 나누어질 수 없는 입자(원자)로 구성되어 있다고 주장하였다. 그러나 그리스 원자론자들은 물질의 성질이나 현상을 원자론을 이용하여 어떤 설명도 할 수 없었기 때문에 더 이상 발전하지 못하였다.

고대에는 물리학과 천문학의 구별이 없었다. 고대 그리스에서는 태양중심설(지동설)과 지구중심설(천동설)이 나타났지만 결국 지구중심설이 헤게모니를 잡게 되고 중세까지 지속되었다. 태양중심설은 사모스의 아리스타르코스(Aristarchos, BC 310~230)가 처음 주장하였지만 받아들여지지 않았다. 아리스토텔레스의 우주관은 고대 그리스와 중세의 우주관을 지배했는데 그는 지구중심설을 주장하였다. 지구는 우주의 중심이며 지구로부터 달까지의 세계를 지상계(terrestial world) 또는 달밑 세계(sublunar world)라고 하고 달부터 그 바깥 세계를 천상계(celestial world) 또는 달

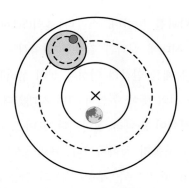

그림 2.1 | 중세 우주관인 지구중심(천동설)에서 대원과 이 대원 주위를 움직이는 소원(주전원)의 조합이다. 그림에서 x가 이심이고 지구는 이심에서 벗어나 있다. 주전원은 이심을 중심으로 돈다고 생각하였다.

윗세계(superlunar world)라고 하였다. 지상계는 흙, 물, 불, 공기의 4원소로 이루어져 있고 천상계는 제5원소인 에테르(ether)로 구성되어 있다고 주장하였다. 이러한 주장은 틀린 주장이지만 17세기 이전 과학혁명이 일어나기 전까지의 세계관을 형성하는 데 지대한 영향을 주었다. 지구중심설은 플라톤, 아리스토텔레스, 히파르코스, 프톨레마이오스로 이어지면서 중세의 세계관에 영향을 주었다. 히파르코스(Hipparchos, BC 190~120)는 동심천구설의 문제점을 개선하기 위해서 주전원의 개념을 도입하였다. 중세의 지구중심 우주관(천동설)을 확립한 사람은 프톨레마이오스(Claudius Ptolemaeus, 83~168)이다. 프톨레마이오스는 이전의 그리스 천문학자들의 주장을 종합한 지구중심 우주관 담고 있는 책 《알마게스트(Almagest)》를 저술하였다.

　프톨레마이오스의 우주구조에 따르면 지구는 우주의 중심에 위치해 있고 맨 바깥의 '항성천구(Stellar sphere)'가 우주의 바깥 경계이다. 항성천구 바로 안쪽부터 행성천구(heavenly sphere)인 토성, 목성, 화성, 태양, 금성, 수성, 달의 순서로 지구를 중심으로 해서 돌고 있다. 프톨레마이오스는 고대부터 지구중심설에 반하는 두 가지 데이터인 **행성의 밝기 문제**와 **역행운동**을 설명하기 위해서 주전원, 대원, 이심 같은 개념을 좀 더 확장시켰다. 이심원은 이심을 중심으로 하는(지구는 중심에서 벗어나 있으며 이심이 천구의 중심) 거대한 원이고, 주전원은 중심이 이심원의 원주를 따라 회전하는 작은 원이다. 태양과 달 그리고 다른 행성들은 각각의 주전원의 원주를 따라 움직인다.

　중세에 들어서면서 스콜라(schola) 철학이 대두되었다. 스콜라는 라틴어로 학교를 뜻하며, 오늘날에는 학파를 뜻한다. 스콜라 철학(Scholasticism, 교부철학)은 6세기부터 15세기까지 중세 시대에 신학과 결부한 철학적 사조를 말한다. 스콜라 철학은 진리, 인식, 자연의 문제를 인간의 이성과 신의 섭리를 연결하는 철학을 말한다. 무엇보다 이 시대에는 신의 뜻이 우선시 되던 시대였다. 대개 중세 유럽의 "그리스도 학교"에서 가르친 철학이 스콜라 철학이다. 토마스 아퀴나스(Thomas Aquinas, 1234~1274) 등이 대표적인 스콜라 철학자이다. 아퀴나스는 아리스토텔레스의 철학을 심화시켜서 '제1동자(第一動者)', 즉 '부동(不動)의 원동자(原動者)'를 만유의 창조 원인인 신으로 파악하였다. "신의 은총은 자연을 파괴하지 않고 오히려 자연을 완성시킨다"는 태도를 견지하였고 은총과 자연, 신앙과 이성 사이에 조화로운 통일을 부여했다. 영국 프란체스코회 수사였던 오캄의 윌리엄(William of Ockham)은 14세기 대표적인 논리학자였다. 그는 오늘날 "오캄의 면도날(Occam's Razor 또는 Ockham's Razor)"이라 부르는 "경제성의 원리(검약성의 원리, principle of economy)", 즉 단순성의 원리를 주장하였다. 1324년에 그는 다음과 같이 주장하였다.

> *"많은 것들을 필요 없이 가정해서는 안 된다."*
> *"보다 적은 수의 논리로 설명이 가능한 경우,*
> *많은 수의 논리를 세우지 말라."*

이러한 오캄의 주장은 아이러니하게 14세기 스콜라 철학의 종지부를 찍는 데 결정적인 기여를 한다. 오캄의 주장은 16세기에 지동설을 주장하는 원동력으로 활용되었다. 중세 기독교에서 아리스토텔레스의 주장과 천동설의 주장은 행성의 운동과 물체의 운동을 설명하기 위해서 날로 복잡해지고 있었다. 오캄의 주장과 동떨어진 방향으로 전개된 것이다. 일단의 과학자들이 오캄의 면도날에 따라서 아리스토텔레스와 프톨레마이오스의 우주론에 의문을 던지게 되었다.

케플러에서 갈릴레이까지

16세기에서 17세기 초반에 걸쳐서 중세 철학에 대한 회의와 새로운 과학적 발견이 이루어진다. 니콜라우스 코페르니쿠스(Nicolaus Copernicus, 1473~1543, 폴란드)

는 "태양 중심적 행성의 운동"을 주장하였는데, 이러한 내용은 그의 사후 1년 후인 1543년에 《변혁(De Revolutionibus)》에 발표하였다. 이러한 지동설은 교회로부터 탄압을 당했기 때문에 많은 과학자들이 공공연하게 주장할 수 없었다. 조르다노 브루노(Giordano Bruno, 1548~1600)는 지동설을 주장하다 화형을 당하였다. 티코 브라헤(Tycho Brahe, 1546~1601)는 덴마크의 프레드리히 2세의 도움으로 덴마크령 벤섬(Hven Island)에 천체 관측소를 만들고 그곳에서 행성운동에 대한 정밀한 관측을 시행하였다. 1576년부터 1597년 사이에 브라헤는 망원경의 도움 없이 맨눈으로 행성운동에 대한 매우 정확하고 방대한 자료를 남긴다. 1599년 독일의 요하네스 케플러(Johannes Kepler, 1571~1630)를 조수로 채용한다. 티코 브라헤는 임종하면서 케플러에게 그의 관측 자료를 분석하여 자신의 "지구중심 이론"을 증명해 줄 것을 유언했다. 1601년 케플러는 신성로마제국의 루돌프 2세에 의해서 제국의 수학자로 임명되어 프라하에서 연구에 몰두할 수 있었다. 당시 제국의 수학자가 하던 주요 업무는 황제의 별점을 쳐주는 일이었다. 그러나 당시 신성로마제국의 국고가 형편없었기 때문에 케플러의 임금은 체불되곤 하였다. 요하네스 케플러는 티코 브라헤의 자료를 거의 20년 동안 분석하여 케플러의 세 가지 법칙을 발견한다. 케플러의 세 가지 법칙은 다음과 같다.

케플러의 제1법칙(궤도의 법칙, 1609년)
"모든 행성은 태양을 하나의 초점으로 하는 타원궤도를 그린다."

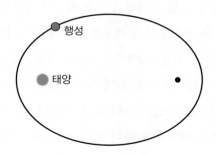

그림 2.2 | 행성은 태양을 한 초점으로 타원궤도를 그린다.

케플러의 제2법칙(면적속도 일정의 법칙, 1609년)

"태양과 행성을 잇는 직선은 일정한 시간 동안

항상 일정한 면적을 휩쓸고 지나간다."

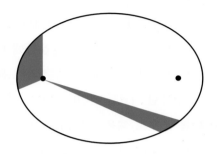

그림 2.3 | 행성이 타원궤도상의 어느 지점에서 일정한 시간 동안 휩쓸고 지나간 면적은 어디서나 같다.

케플러의 제3법칙(조화의 법칙, 1618년)

"행성의 공전 주기의 제곱은 궤도의 장반경의 세제곱에 비례한다."

케플러는 이 세 가지 법칙을 티코 브라헤의 관측 자료를 분석하여 얻었다. 가장 먼저 발견한 법칙은 제2법칙이고 그 다음이 제1법칙이다. 제3법칙은 10년 후에 발견 하였다. 제2법칙은 행성의 운동이 등속운동이 아니라 행성의 위치에 따라서 달라 짐을 의미한다. 면적속도 일정의 법칙은 고전역학에서 "각운동량 보존법칙"과 연결 된다(4장 참조). 케플러의 궤도의 법칙은 그 당시의 중세적 사고를 뒤집는 일대의 혁 신적 발견이었다. 앞에서도 언급했듯이 중세에는 프톨레마이오스 주장을 받아들여 서 모든 행성의 운동이 가장 완벽하고 조화로운 "원운동"을 할 것이라고 생각했다. 행성의 운동은 지구를 중심으로 원궤도를 그린다고 생각했으며 여러 행성의 운동 이 원운동에서 벗어나면 주전원(원궤도를 도는 행성을 중심으로 또 다시 원운동하는 원 궤도)들을 조합하여 행성의 운동을 설명하려 하였다. 케플러는 티코 브라헤의 관측 자료를 이용하여 화성의 궤도를 그려보았다. 그런데 얻은 궤도가 원궤도와 정확히 맞지 않고 약 8분(1분은 60분의 1도)의 오차가 난다는 사실을 발견하였다. 즉, 화성 궤도는 원으로 그려지지 않았다. 8분 정도 작은 불일치를 무시할 수도 있었지만 케플러는 티코 브라헤의 정밀한 관측을 믿었기 때문에 8분의 오차를 무시할 수 없었다. 케플러는 결국 원궤도를 포기하고 화성의 궤도를 타원궤도라고 가정하면 8분의 오차가 없는 궤도를 그릴 수 있었다. 즉, 화성의 궤도는 원에 매우 가까운 타원궤도를 따라 움직임을 발견하였다. 원궤도를 버리고 "타원궤도"를 주장하는 것은 그 당시에 매우 위험한 혁신적인 주장이었다. 제1법칙과 제2법칙을 담고 있는 저작 《신천문학(Astronomia nova)》은 1609년에 완성되었으나 법적 문제로 1611년에 출판된다. 케플러가 타원궤도의 발견으로 갈릴레이처럼 신학적 논쟁에 처하지 않은 것은 그가 이 당시에 프라하에 살고 있었으며 루터교를 믿고 있었기 때문이기도 했다. 1612년 린츠(현 오스트리아 북부 도시)로 옮긴 케플러는 우주의 조화에 대해서 고민하였고 1618년에 제3법칙인 "조화의 법칙"을 발견한다. 케플러의 조화의 법칙은 뉴턴의 운동법칙과 중력법칙을 결합하여 행성 운동에 대한 타원궤도를 물리적으로 증명할 때까지 증명되지 못했다.

물체의 운동에 대한 동역학의 시작은 갈릴레오 갈릴레이(Galileo Galilei, 1565~1642)라고 할 수 있다. 갈릴레이는 이탈리아의 피사에서 태어났으며 케플러와 동시대의 사람이었지만 두 사람은 서로 거의 왕래가 없었다. 갈릴레이는 1592년 피사대학에서 수학을 가르쳤으며 물체의 운동에 대한 많은 업적을 남겼다. 갈릴레이는 실험과 검증에 바탕을 둔 근대적인 물리학의 방법을 제시하였으며 과학을 연구할 때 수량적 분석을 기반으로 수학법칙을 도입해야 함을 보여주었다. 자연법칙의 원리를 이해하는 데 수학의 중요성을 깨달은 근대적 물리학자였다. 갈릴레이는 과학 분야에서 진자의 주기성, 유압저울, 동역학의 원리, 음역의 비례관계, 온도계 등을 발견하였다. 또한 망원경을 개선하여 달의 표면을 관찰하고, 목성의 위성 4개를 발견하였으며, 금성의 모양이 변함을 발견하였다. 특히 달의 표면에 산과 대륙 등이 존재하고 울퉁불퉁한 지구와 비슷한 모양으로 생겼음을 관찰하였고, 이를 통해서 달이 지구와 같은 물질로 이루어져 있을 것으로 추론하였다. 이러한 생각은 당시에 매우 위험한 사상이었다. 천상계의 달이 지구와 같을 수 없고 지구에는 없는 물질로 구성되어 있을 것이라는 것이 교회의 견해였다.

갈릴레이는 물체의 운동에 대한 다양한 실험을 통해서 아리스토텔레스의 운동에 대한 생각이 틀렸음을 알아챘다. 아리스토텔레스는 물체가 운동을 지속하려면 추동력이 계속 작용해야 한다고 생각했다. 추동력이 제거되면 물체는 운동을 멈출 것이라고 주장하였다. 갈릴레이는 다양한 실험, 특히 빗면에서 미끄러져 내려오는 물체의 운동과 매끄러운 표면에서 물체의 운동을 관찰함으로써 물체에 작용하는 추진력을 제거하면 물체가 정지하는 것이 아니라 물체가 일정한 속력으로 움직일 것이고 하였다. 이는 현대 역학의 "관성"과 같은 개념이다. 갈릴레이는 물체가 운동할 때 "마찰력"의 존재를 처음 깨달았다. 같은 높이의 빗면에서 미끄러져 내려오는 물체의 운동을 관찰할 때 물체와 접촉면의 마찰력을 줄이면 물체가 더 멀리까지 미끄러짐을 관찰하였다. 만약 마찰력이 없는 면을 만든다면 수평면에 도달한 물체는 계속 등속운동을 할 것이라고 주장하였다. 이러한 주장은 현대의 역학 개념과 일치하는 주장이다. 갈릴레이는 망원경을 개선하여 행성의 운동을 관찰함으로써 우주의 중심이 지구가 아니라 행성들이 태양을 중심으로 회전하는 지동설이 옳다고 생각하였으며 이러한 생각을 표명하였다. 1610년에 《시데레우스 눈치우스(Sidereus Nuncius)》를 출판하였는데 이 책은 코페르니쿠스 이론을 토대로 자신이 새로 발견한 천문학적 내용을 담고 있었다. 지동설을 주장한 것 때문에 1615년에 교황청의 신앙교리성에 고발당했다. 1616년에 교황청은 코페르니쿠스의 《천체의 회전에 대해서》를 금서목록에 추가하였다. 1623년 자신의 친구인 우르바노 8세가 교황으로 등극한 것에 용기를 얻어 1632년에 지동설의 내용을 담고 있는 《두 가지 주요 세계관에 관한 대화(일명 대화)》를 출판하였다. 우르바노 8세는 갈릴레이가 자신을 배반하였다고 생각하고 책의 배포를 금지하고 그를 종교재판에 회부하였다. 1633년 궐석재판에서 유죄판결을 받고 가택연금 당했다. 이때 갈릴레이가 "그래도 지구는 돈다"라고 말했다는 일화가 전해지지만 확인되지 않았다. 17세기 초는 과학적 주장이 종교에 반할 때 탄압을 당하던 시기였다. 뉴턴이 조금 더 늦게 태어난 것은 크나큰 축복이었다.

2.2 뉴턴역학

뉴턴역학이 출현한 배경

인류가 힘과 운동 사이의 관계를 깨닫게 된 것은 그리 오래된 일이 아니다. 관성 (inertia)의 법칙을 처음 깨달은 사람은 앞에서 살펴보았듯이 갈릴레이이다. 아리스 토텔레스는 "물체를 운동시키려면 계속하여 힘이 작용하여야 한다."고 틀린 주장 을 하였다. 그러나 갈릴레이는 물체와 표면 사이에 작용하는 마찰력(쏠림힘, frictional force)의 존재를 깨닫고, 마찰이 없는 수평면에서 일정한 속도로 운동하는 물체는 운동하는 데 아무 힘이 필요하지 않으며, 그 운동을 지속할 것으로 생각하였다. 갈 릴레이 이전까지는 마찰력의 존재를 깨닫지 못하였으므로, 물체의 운동에 대한 본 성을 이해하기 쉽지 않았다. 결국 물체가 정지하는 원인은 운동하는 동안 물체에 작용하는 마찰력 때문이다. 우리 주변에서 너무 친숙한 현상들은 그 존재 자체를 깨닫는 데 어려움이 따른다. 우리는 매일 숨을 쉬지만 공기의 존재를 잊어버리고 살 기 쉽다. 마찰력과 중력이 이러한 부류에 속하는 것 중의 하나이다. 물체가 땅으로 떨어지는 현상은 일상생활에서 너무나 자연스럽게 일어난다. 뉴턴 이전까지 "사과 는 왜 땅에 떨어지는가?(뉴턴의 사과)"에 대해 의문을 품었던 사람은 아무도 없었다. 갈릴레이는 마찰력의 존재를 알아채고 관성의 개념에 근접했다. 일상생활에서 관성 의 존재는 쉽게 경험할 수 있다.

① 자동차가 정지하고 있다가 갑자기 출발하면 몸이 뒤로 쏠리는 현상. 비슷하 게 일정하게 운동하던 자동차가 갑자기 브레이크를 걸었을 때 몸이 앞으로 쏠리는 현상
② 큰 배가 작은 배보다 풍랑에 덜 흔들리는 현상
③ 대형 여객기가 소행 여객기보다 기류에 적게 흔들리는 현상
④ 회전하는 무거운 바퀴를 멈추게 하기 어려운 현상

⊕ **질문** 일상생활 속에서 관성을 느낄 수 있는 예를 들어보시오.

갈릴레이는 자신이 발견한 다양한 실험 결과를 법칙으로 일반화하지 못했다. 그 일은 뉴턴을 위해서 남겨두었다. 뉴턴에게 큰 영향을 준 사람은 르네 데카르트(René Descartes, 1596~1650)였다. 데카르트는 "나는 생각한다. 고로 존재한다(Cogito, ergo sum, 코기토 에르고 숨)"로 잘 알려져 있다. 데카르트는 수학에서 "좌표(coordinate)"를 처음 발견하였다. 우리는 직각좌표계를 카테시안 좌표(Cartesian coordinate, 데카르트 좌표)라 한다. 데카르트가 30년 전쟁에 참여하다 부상을 당해서 병상에 누워 있는 동안 천장에 기어 다니는 파리의 위치를 나타내기 위해서 좌표를 생각해 냈다는 일화가 있다. 그는 대수학과 기하학을 결합한 해석기하학을 발전시켰다. 철학적 측면에서 감정이나 경험의 불완전성을 제거하기 위해서 "회의론"을 기반으로 진리에 도달하는 "합리주의"를 주창하였다. 데카르트는 자연을 "정확한 수학 법칙에 의해 지배되는 완전한 기계"라는 "기계철학(mechanical philosophy)"을 주장하였다. 자연현상은 눈에 보지지 않는 미세한 물질로 이루어져 있으며 이러한 "입자"의 "운동"과 충돌로 설명할 수 있다고 주장하였다. 자연이 단지 기계에 불과하다는 기계적 세계관은 17세기 과학혁명의 기본 구조를 만들었다.

아이작 뉴턴(Isaac Newton, 1643~1727)은 1643년 잉글랜드 동부 울즈소프라는 작은 마을에서 태어났다. 태어나기도 전에 친아버지가 사망하고 3살 때 어머니가 재혼하는 등 어려운 어린 시절을 보냈다. 삼촌의 권유로 1661년 영국 케임브리지 대학교의 트리니티 칼리지에 입학하면서 철학, 수학, 천문학, 물리학에 몰두할 수 있었다. 1665년 영국에 흑사병이 유행하여 대학이 휴교하자 고향 마을로 낙향하였다. 1665~1666년 2년 동안 울즈소프에 머물면서 뉴턴은 물체의 운동과 중력에 대한 확고한 기반을 다졌다. 과학사에서 가장 중요한 2년이라고 할 수 있다. 이 기간 동안에 뉴턴은 물체의 운동에 대한 뉴턴의 운동법칙, 미적분학, 중력(만유인력), 백색광의 본성 등에 대한 체계를 거의 확립한 것으로 보인다. 뉴턴은 "이러한 모든 일들이 1665년과 1666년 두 해 동안에 일어났는데, 그 두 해가 내 직관의 절정기였으며 그 이후의 어느 때보다 더 수학과 철학에 전념하였다"라고 회상하였다. 뉴턴은 이항정리를 발견하였으며, 원운동을 검토하는 과정에서 달과 행성의 운동을 분석하면서 행성에 작용하는 구심력이 태양까지의 거리의 제곱에 반비례할 것이라는 것을 유도하였다. 뉴턴은 데카르트의 기계철학에서 "운동"의 개념을 받아들였다. 그의 천재성은 입자의 운동 변화의 원인이 "힘"이라는 것을 깨달은 것이다. 물체에 힘이 작용하면 물체의 운동 변화가 일어나는데 그 변화를 가속도(속도의 변화율)와 연결하여 수학적으로 표현하였다.

뉴턴은 만유인력에 대한 발견에서 "물체가 떨어지는 비율은 중력의 세기에 비례하며 중력은 지구중심으로부터 물체까지의 거리의 제곱에 비례하여 감소한다"는 이론을 생각해 내었다. 울즈소프에 머물면서 사과나무 아래에서 "떨어지는 사과를 관찰하면서 지구가 사과를 잡아당기면 사과도 지구를 잡아당긴다고 결론지었다"는 "뉴턴의 사과"가 널리 알려진 일화지만 과학사적으로 이에 대한 언급은 어디에서도 찾을 수 없다고 한다. 후대에 만들어진 얘기일 것이다. 아무튼 뉴턴은 지구가 사과를 잡아당겨 떨어지게 하는 힘이나, 달이 지구 주위를 돌며 달을 궤도에 붙잡아 두는 힘이 똑같은 종류라는 사실을 처음으로 발견하였다. 울즈소프에서 뉴턴은 빛에 대한 다양한 실험을 수행했으며, 빛의 입자설을 생각해 냈다. 프리즘을 통과한 빛은 굴절하였으며 프리즘을 통과한 백색광(태양 빛)은 빨간색, 주홍색, 노랑색, 초록색, 파란색, 남색, 보라색으로 분리되었고 분리된 빛을 다시 모으면 백색광이 됨을 관찰하였다.

1667년 뉴턴은 트리니티 칼리지에 되돌아온 후에 "반사망원경"을 발명하였으며 1669년 자신의 지도교수인 아이작 배로의 뒤를 이어서 트리니티 칼리지의 수학과 교수가 되었다. 1672년 영국의 학술원 회원으로 선출되었으며 광학에 대한 논문을 발표하였다. 그러나 당시 학술원의 지도자였던 로버트 후크(Robert Hooke)는 뉴턴의 논문을 비평하였다. 뉴턴은 다른 사람의 비평을 감내해 내지 못했으며 어떠한 논쟁도 혐오하였다. 1684년에 고트프리트 빌헬름 라이프니츠(Gottfried Wilhelm Leibniz, 1646~1716)가 미적분학에 대한 논문을 발표하였다. 비록 미적분학을 울즈소프에서 발견하였지만 뉴턴은 1704년에야 미적분에 대한 논문을 발표하였다. 이 때문에 라이프니츠와 뉴턴 사이에 미적분학의 발견에 대한 충돌이 일어났다.

1680년대 중반까지 뉴턴은 광학과 역학에 대한 발견을 거의 다 했으나 광학에 대한 논문 몇 편을 제외하곤 거의 발표하지 않았다. 그의 대표적인 업적은 사실 그의 숙적이었던 로버트 후크와의 논쟁에 자극받아 만들어졌다. 후크는 행성들의 운동을 거리의 제곱에 반비례하는 인력으로 설명할 수 있다는 점을 주장하였지만 수학적으로 증명하지 못했다. 핼리혜성을 발견한 뉴턴의 친구인 에드먼드 핼리(Edmond

Halley, 1656~1742)가 어느 날 뉴턴에게 "행성이 태양까지의 거리의 제곱에 따라 행성과 태양 사이의 인력이 감소한다면 행성들의 운동은 어떻게 될까?" 하고 물어보았다. 뉴턴은 즉각 "타원궤도"를 따라 돈다고 대답하였다. 핼리는 깜짝 놀라서 어떻게 알았냐고 물어보았다. 뉴턴은 일전에 자신이 그 궤도를 계산해 보았다고 대답하였다. 핼리는 뉴턴에게 그 계산을 보여 달라고 하면서 그 연구를 책으로 출판한다면 자신이 출판 비용을 부담하겠다고 하였다. 당시에는 책을 출판하는 데에 돈이 많이 들었는데 핼리는 부자였다. 이를 계기로 뉴턴은 책을 쓰기 시작하였다. 마침내 1687년에 《자연철학의 수학적 원리[Philosophiea Naturalis Principia Mathematica(라틴어로 쓰임), 일명 프린키피아(Principia)]》를 출판하였다. 프린키피아는 인간이 손으로 쓴 가장 위대한 과학책으로 알려져 있다. 이 책에서 뉴턴은 만유인력과 뉴턴의 세 가지 운동법칙을 서술하였다. 뉴턴의 역학은 다음 3세기 동안 과학적 관점에서 절대적인 영향력을 발휘하였다. 뉴턴은 운동법칙과 중력법칙으로 케플러의 법칙들을 명쾌하게 증명하였으며 행성의 운동이 태양을 중심으로 타원궤도를 그린다는 것을 수학적으로 증명하였다. 이 책의 출판으로 뉴턴은 당대 최고의 과학자가 되었다.

뉴턴의 운동법칙

뉴턴이 발견한 운동법칙을 살펴보자. 뉴턴의 제1법칙인 관성의 법칙은 갈릴레이가 마찰력의 존재를 깨달으면서 인식하고 있었다. 뉴턴은 갈릴레이의 관성에 대한 개념을 자신의 제1법칙으로 확립하였다. 관성의 법칙(뉴턴 제1법칙)은 다음과 같다.

"외력이 작용하지 않는 한 물체의 운동 상태는 그대로 지속된다."

또는

"물체에 힘이 작용하지 않으면 운동 상태는 달라지지 않는다."

관성의 법칙에서 볼 수 있듯이 운동 상태의 변화의 원인은 힘이다. 뉴턴 역시 마찰력이 물체에 작용하는 힘임을 알고 있었다. 갈릴레이와 마찬가지로 물체에 힘이 작용하지 않으면 물체의 운동 상태에 변화가 없기 때문에 물체는 원래 운동 상태를 유지할 것이다. 이러한 성질을 관성이라 한다. 뉴턴은 힘과 운동 변화의 관계를 명확히 알았으며 그 결과를 서로 연결시켰다. 즉,

물체에 작용하는 합력 ⇒ 운동 상태의 변화

사실 관성의 법칙은 뉴턴의 제2법칙인 운동의 법칙의 특수한 경우로 물체에 작용하는 합력이 없으면 운동 상태의 변화를 나타내는 가속도가 0이다. 가속도가 0인 물체는 등속운동을 한다. 마찰력이 없는 매끄러운 평면에서 물체를 초속도로 밀면 이 물체가 받는 합력은 0이다. 따라서 작용하는 합력이 없으므로 물체의 운동 상태는 변하지 않을 것이다. 물체는 처음 속력을 그대로 유지하는 등속운동을 한다. 만약 평면에 마찰이 조금이라도 있으면 물체는 운동하다 결국 멈춘다. 그림 2.4와 같이 운동 마찰력은 물체가 움직이는 방향에 항상 반대로 작용한다. 일상생활에서 마찰력은 에너지 소모를 일으키는 역할을 한다. 자동차가 브레이크를 걸었을 때 자동차가 멈추는 이유는 마찰력이 작용하기 때문이다. 많은 동력 기계들은 마찰 때문에 많은 에너지를 활용하지 못하고 소모한다.

그림 2.4 | 운동의 방향과 마찰력의 방향. 마찰력의 방향은 항상 운동 방향과 반대이다.

마찰력이 에너지 소모를 동반하기 때문에 우리는 마찰력을 쓸모없는 것으로 생각하기 쉽다. 많은 경우에 우리는 마찰력을 줄이기 위해서 윤활유와 같은 물질을 사용한다. 그러나 우리가 걸어가거나 물건을 움켜쥘 때 물건이 손에서 미끄러져 나가지 않는 이유는 바로 마찰 때문이다. 이 경우에는 마찰력이 유용한 경우이다. 갈릴레이와 뉴턴 시대에 와서야 우리는 마찰력의 본성을 알게 되었으며 관성의 법칙을 발견하게 되었다.

⊕ **질문**　마찰력이 일상생활에서 유용한 역할을 하는 경우의 예를 들어보시오.

2.3　물체의 운동

우리는 매일 움직이고 자동차, 전철, 자전거 등과 같은 운반체를 거의 매일 타고 다닌다. 가만히 정지해 있는 것보다는 만물이 움직이는 것이 더 자연스럽다. 뉴턴과 라이프니츠 이전에는 움직이는 운동을 수학적으로 기술할 방법을 가지지 못하였다. 두 과학자가 발견한 수학적 도구는 무엇이었을까? 바로 **미적분학**이다. 미분은 어떤 양의 변화율(보통 미분값)을 뜻한다. 앞에서 잠깐 언급했듯 18세기 초에 뉴턴이 대학자로 유명해진 다음에 뉴턴과 라이프니츠 사이에 미적분학을 누가 먼저 발견했는가의 논쟁이 있었다. 영국 학술원 회장이었던 뉴턴과 일개 회원이었던 두 사람 사이의 논쟁은 당시에 뉴턴이 이긴 것으로 판명이 났지만 후세의 과학사가들은 미적분학을 두 사람이 독립적으로 발견한 것으로 생각한다. 사실 미적분학에 대한 논문은 뉴턴이 라이프니츠보다 늦게 발표하였다. 운동법칙과 중력법칙을 사용하여 궤도를 구할 때 미적분학은 필수적이었기 때문에 뉴턴은 라이프니츠보다 앞서 미적분학을 알았을 것이다. 아이러니하게도 오늘날 우리가 사용하는 미적분학 기호인 $\frac{d}{dx}$ 나 $\int$ 과 같은 기호는 모두 라이프니츠가 사용하던 표기법이다.

　뉴턴은 물체의 운동 상태의 변화를 힘이 일으킨다는 사실을 인지한 후에 운동 상태의 변화는 무엇일까를 고민했다. 운동 상태의 변화를 알아보기 위해서 먼저 데카르트가 개발한 좌표 위에서 움직이는 물체의 경로를 생각해 보자.

　그림 2.5는 시간 t_0일 때 A점에 있던 물체가 시간 t_1에 B점 위치로 이동한 것을 나타낸다. 이러한 입자의 위치 변화를 어떻게 나타낼 수 있을까? 위치는 좌표계에서 좌표 (x, y, z)로 나타낼 수 있다. 점 A의 위치를 위치벡터 $\vec{r_0}$로 나타낼 수도 있다. 위치벡터는 크기와 방향이 있는 수학적 실체이다. 크기는 선분 $\overline{OA}$의 길이이고 방향은 그림에서 화살표의 방향을 나타낸다. 뉴턴역학에서 시간은 절대적이다. 좌표계 O에 있는 관측자나 다른 곳에 있는 관측자의 시간은 동일하다. 3차원 공간에서 움직이는 물체의 운동은 좀 어려워 보이기 때문에 그림 2.6과 같이 1차원에서 움직이

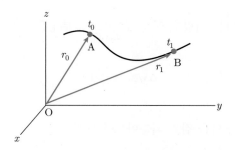

그림 2.5 | 어떤 경로(검은색 실선)를 따라 움직이는 물체의 위치를 직각좌표계에서 나타내었다.

는 물체를 생각해 보자.

그림 2.6에서 시간 t_o에 위치 x_o에 있던 물체는 시간 t_1에 위치 x_1에 도달한다. 물체가 움직이면 원점으로부터 물체까지의 거리가 변함을 알 수 있다. 뉴턴도 이 점을 알고 있었다. 물체의 운동 상태를 묘사할 때 뉴턴은 **속도**(velocity)와 **가속도**(acceleration)의 개념을 생각했다. 1차원에서는 운동 방향이 오른쪽 또는 왼쪽만 가능하므로 물체의 위치를 1차원 좌표값 $x(t)$로 나타낼 수 있다. 위치는 시간에 따라 달라지기 때문에 x는 시간의 함수일 것이다. 속도의 크기를 뜻하는 속력(speed)은 물체가 움직이는 시간 간격의 크기에 대한 위치 변화량으로 정의할 수 있다. 보통 평균속력은

$$\bar{v} = \frac{\Delta x}{\Delta t} = \frac{x_1 - x_o}{t_1 - t_o} \tag{2.1}$$

이다. 여기서 $\Delta t = t_1 - t_o$는 시간 간격이고 $\Delta x = x_1 - x_o$는 위치 변화량이다. 뉴턴은 $\Delta t \to 0$인 극한을 생각했다. 즉, t_1이 시간 t_o에 무한히 근접했을 때 위치 변화량과 시간 변화량의 비를 생각한 것이다. $\Delta t \to 0$일 때 $\Delta x \to 0$이어서 $\Delta x / \Delta t$ 값이 "부정$\left(\dfrac{0}{0}\right)$"

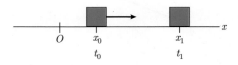

그림 2.6 | 1차원 수평면에서 움직이는 물체이다. 시간 t_o에 물체는 x_o 위치에 있었고 시간 t_1일 때 x_1의 위치에 도달한다.

이 되지 않을까 걱정하는 사람도 있을 것이다. 즉, 부정은

$$\Delta x/\Delta t = 0/0 \tag{2.2}$$

이다. 여러분이 배운 수학을 잠깐 되돌아보면 사실

$$\lim_{\Delta t \to 0} \frac{\Delta x}{\Delta t} = \frac{dx}{dt} = 유한 \tag{2.3}$$

인 극한값을 갖는다. 특히 dx/dt는 $x(t)$ 대 시간 t의 그래프에서 기울기를 뜻하기 때문에 기울기는 유한한 값을 갖는다. 뉴턴은 미분을 "미분율(fluxion)"이라 불렀지만, 라이프니츠는 "도함수(derivative)"라 불렀다. 이와 같이 $\Delta t \to 0$일 때 위치의 도함수를 속력 또는 순간속력이라 정의한다.

$$v = \frac{dx}{dt} = \lim_{\Delta t \to 0} \frac{\Delta x}{\Delta t} \tag{2.4}$$

이제 어떤 순간에 물체가 가지는 위치 변화율은 속력이라는 양을 가지게 되었다. 등속운동이란 매순간마다 속력이 항상 일정한 운동을 말한다. 3차원 공간에서 물체의 속도는 그림 2.7과 같이 물체의 운동경로의 접선 방향이다.

자동차 경주를 하는 경주용 트랙을 달리는 경주용 자동차를 생각해 보자. 출발선에 정지해 있던 자동차들은 출발신호와 함께 급속히 속력을 올린다. 시시각각으

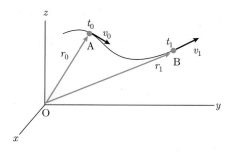

그림 2.7 | 3차원 공간에서 움직이는 입자의 궤도와 순간속도. 한 점에서 입자의 속도벡터는 궤도의 접선 방향을 향한다.

로 자동차의 속력이 변하는 것을 볼 수 있다. 구부러진 곡선 주로를 달릴 때는 차로에서 벗어나지 않기 위해서 속력을 줄여야 한다. 일상생활에서는 일정한 속력의 운동보다는 속도가 변하는 운동이 자연스럽게 일어난다. 뉴턴은 이러한 속도의 변화에 주목하였다. 뉴턴은 운동 상태의 변화를 가속도와 연결시켰다. 갈릴레이가 인식하였듯이 관성의 법칙에 의해서 물체는 운동 상태를 지속하려는 경향이 있다. 뉴턴은 운동 상태의 변화를 초래하는 것이 힘(force)임을 인식하였다. 힘이 운동 상태를 변화시킨다. 자, 그럼 운동 상태의 변화란 무엇일까? 1차원 운동에서 물체의 운동 상태는 $(x(t), v(t))$로 나타낼 수 있었다. 어떤 시간에 물체의 위치와 그 위치에서 물체의 순간속도를 안다면 그 순간에 물체의 운동 상태를 안다고 할 수 있다. 고전역학에서 위치와 속도로 이루어진 공간을 위상공간(phase space) 또는 상태공간(state space)이라 한다. 더 일반적으로 위상공간은 (위치, 선운동량)을 좌표로 갖는 공간이다. 선운동량은 입자의 질량과 속도의 곱이다.

갈릴레이가 관성의 의미를 이해할 때 마찰력이 없으면 물체는 등속도로 운동한다. 마찰력과 같은 힘이 작용하면 물체의 속력은 변하고 물체는 결국 멈춘다. 뉴턴은 속력의 변화에 주목하였다. 자신이 개발한 미분을 활용하여 속력의 변화인 가속도(acceleration) 개념을 창안하였다. 자동차를 운전하다가 60 km/s 속력으로 등속도 운동하던 운전자가 1초 동안에 속력을 65 km/s로 올렸다면 속력변화율은 $(65-60)$ km/s/1 s = 5 km/s^{2}이다. 이렇게 Δt 시간 동안에 Δv 속력 변화가 생겼을 때 평균 가속도는

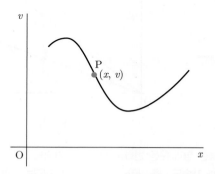

그림 2.8 | 위상공간에서 한 점 P는 어떤 시간 t에서 입자의 상태 (x, v)를 나타낸다. 고전역학에서 입자의 운동은 위상공간에서 입자의 움직임으로 나타낼 수 있다.

$$\bar{a} = \frac{\Delta v}{\Delta t} = \frac{v_1 - v_o}{t_1 - t_o} \tag{2.5}$$

이다. $\Delta t \rightarrow 0$인 극한에서 가속도 또는 순간 가속도는

$$a = \frac{dv}{dt} = \lim_{\Delta t \to 0} \frac{\Delta v}{\Delta t} \tag{2.6}$$

이다.

가속도란 물체 속도의 시간에 따른 변화량을 뜻한다. 속도의 변화가 크면 가속도가 크다고 한다. 지금 시점보다 속도가 커져서 가속도가 양의 값을 가지면 그 경우 물체가 가속한다고 한다. 반대로 현재보다 속도가 작아지면 물체는 감속한다고 한다. 가속도는 가속과 감속을 모두 포함하고 있다. 뉴턴의 위대한 점은 운동 상태의 변화를 가속도와 연결시킨 점이다. 뉴턴의 제2법칙인 "운동의 법칙"은

"물체의 가속도는 물체에 작용하는 알짜 힘에 비례한다."

이다. 여기서 알짜 힘이란 합력, 즉 물체에 작용하는 모든 힘을 합한 합력을 의미한다. 여러분이 물체를 똑같은 힘으로 밀거나 끌 때 물체의 질량이 크면 운동 변화가 작은 것을 볼 수 있다. 반면 질량이 작은 물체는 운동 변화가 쉽게 일어난다. 그림

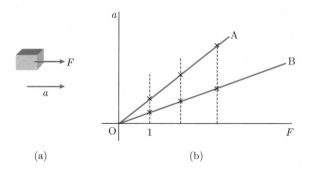

그림 2.9 | 물체에 작용한 힘과 운동 변화를 정량화한 가속도 그림. (a) 물체에 일정한 힘 F 를 가하면 물체가 얻는 가속도 a를 나타낸 그림으로 가속도는 힘의 방향과 같다. (b) 물체의 질량에 따라서 가한 힘과 가속도를 나타낸 그림. B는 A보다 질량이 크다. 질량이 큰 B 는 똑같은 1 N의 힘을 가했을 때 A보다 작은 가속도를 갖는다.

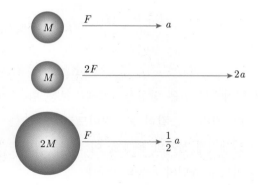

그림 2.10 | 질량 M인 물체에 힘 F가 가해지면 가속도가 a이다. 같은 질량에 $2F$인 힘이 가해지면 가속도는 2배로 증가한다. 반면 힘은 F인데 질량이 $2M$이면 가속도는 $a/2$가 된다.

2.9에서 가로축은 물체에 가한 힘이고 세로축은 물체의 운동 변화를 정량화한 가속도를 나타낸 것이다. 이 그림에서 알 수 있는 것은 가속도는 힘에 비례한다. 그림 2.10에서 볼 수 있듯이 물체의 질량이 2배로 증가하면 같은 힘에 대해서 가속도가 반으로 줄어든다. 즉, 가속도는 물체의 질량에는 반비례한다. 질량 M인 물체에 힘 F가 가해지면 가속도가 a이다. 같은 질량에 $2F$인 힘이 가해지면 가속도는 2배로 증가한다. 반면 힘은 F인데 질량이 $2M$이면 가속도는 $a/2$가 된다.

　물체에 작용하는 힘을 F, 물체의 질량을 m, 물체의 가속도를 a라 하면 뉴턴의 운동법칙은

$$a = \frac{1}{m}F \tag{2.7}$$

이다. 많은 경우에 뉴턴의 운동의 법칙을

$$F = ma \tag{2.8}$$

로 표현하기도 한다. 뉴턴의 운동의 법칙에서 가속도를 일으키는 원인은 물체에 작용하는 힘이다. 오른쪽이 운동의 변화를 주는 '원인'이고 왼쪽의 가속도가 그 '결과'를 나타낸다. 즉,

$$결과 \propto 원인$$

을 나타낸다.

뉴턴의 운동의 법칙에서 힘은 방향을 갖는다. 보통 힘을 가한 방향이 힘의 방향이다. 질량은 크기만 가지는 스칼라 물리량이므로 가속도는 힘과 같은 방향이다. 뉴턴의 운동법칙이 17세기에 물체의 운동을 이해하는 새로운 지평을 열었다. 가속도가 속도의 변화량이므로 뉴턴의 운동의 법칙은

$$\frac{dv}{dt} = \frac{F}{m} \tag{2.9}$$

이다. 힘을 알고 있으며 물체의 운동 상태의 변화인 속력을 알 수 있다. 또 1차원 운동에서 속력은

$$\frac{dx}{dt} = v \tag{2.10}$$

이므로 앞에서 구한 속력으로부터 물체의 위치를 알 수 있다. 위의 두 식은 물체의 운동을 기술하는 방정식으로 "운동 방정식"이라 한다. 물체에 작용하는 힘을 알고, 물체의 초기 위치 $x(0)$와 초기 속력 $v(0)$를 안다고 하자. 여러분은 어떤 방법을 이용하든지 위의 운동 방정식을 풀면 임의의 시간 t에서 물체의 위치 $x(t)$와 물체의 속력 $v(t)$를 구할 수 있다. 즉, 운동 방정식은 물체의 미래 상태를 결정론적으로 규정한다. 뉴턴은 또한 이 식과 나중에 논의할 중력의 법칙을 결합하여 행성의 궤도가 타원 궤도를 돌고 있음을 증명하였다. 뉴턴의 운동법칙을 이용하여 17세기 후반에 그림 2.11과 같이 "지구가 태양 주위를 공전하는 현상", "혜성의 예측", "지표면 근처에서 물체의 운동 궤도"를 알 수 있었다. 오늘날은 인공위성의 궤도를 예측하고 추적하는 데 활용할 수 있다.

힘의 단위는 N(뉴턴)을 사용한다. 1 N은 1 kg의 물체가 1 m/s^{2}의 가속도를 얻을 때 물체에 가해진 힘을 의미한다. 즉, 1 N = 1 kg·m/s^{2}이다. 물체를 지구 위에서 떨어뜨리면 낙하를 하면서 가속한다. 공기 저항이 없을 때 물체가 떨어지면서 얻는

지구가 태양 주위를 공전하는 현상	혜성의 예측
인공위성의 궤도 추적	지표면 근처에서 물체의 운동

그림 2.11 | 뉴턴의 운동법칙으로 설명할 수 있는 다양한 현상들.

가속도를 중력 가속도(gravitational acceleration)라 한다.

"중력 가속도는 물체의 질량과 무관하다."

질량이 큰 아령과 가벼운 깃털을 공기 저항이 없는 진공 상태에서 자유낙하(free falling)시키면 두 물체가 얻는 가속도는 서로 같다. 볼링공과 깃털을 동시에 떨어뜨리면 공기 저항이 없을 때 두 물체는 같이 떨어진다.

"지구 위에서 자유낙하하는 물체의 중력 가속도는 $g = 9.8$ m/s^{2}이다."

물론 지구의 중력 가속도는 지구가 완전한 구가 아니기 때문에 위치에 따라서 조금씩 다르다. 그림 2.12는 자유낙하하는 사과의 운동을 고속 카메라로 찍은 사진이다. 물체가 수직하게 자유낙하하거나 수평으로 일정한 속력으로 발사되더라도 떨어지는 거리는 같음을 볼 수 있다. 두 물체의 수직 방향(지구중심 방향)의 가속도는 동일하며 그 값은 중력 가속도이다. 지구의 중력 가속도는 특별히 기호 g를 써서 나타낸다.

지구에서 중력 가속도가 거의 10 m/s^{2}에 육박하기 때문에 물체의 속력은 거의 1초당 10 m/s씩 증가한다. 물체를 떨어뜨리면 물체의 속력이 빨리 증가하기 때문에 맨눈으로 물체의 운동을 구별하기는 무척 어렵다. 그림 2.12와 같이 고속 카메라로 물체가 떨어지는 것을 찍으면 물체의 운동을 파악하기 쉽다.

그림 2.13과 같이 각도가 θ인 빗면에서 물체를 미끄러져 내려오게 하면(빗면과 물체의 마찰력이 없다고 할 때) 물체의 가속도는 $a = g\sin\theta$로 작아진다. 갈릴레이는 물

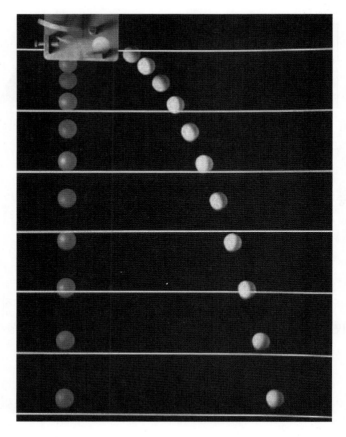

그림 2.12 | 자유낙하하는 물체와 수평으로 일정한 속력으로 발사한 물체의 고속 카메라 촬영 사진. 두 물체의 수직 방향으로의 낙하 거리는 서로 같다.

체의 운동을 실험할 때 이 사실을 이용하였다. 각도가 작은 마찰이 없는 빗면에서 물체가 미끄러져 내려오면 물체의 속력은 천천히 증가하기 때문에 물체의 운동을 관찰하기 쉽다. 예를 들면, 물체가 미끄러져 내려온 거리와 그때까지의 시간 등을 맨눈으로도 결정할 수 있다. 뉴턴의 운동법칙에 따르면 질량을 갖는 물체가 가속도

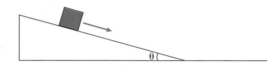

그림 2.13 | 마찰력이 없는 빗면에서 미끄러지는 물체의 가속도는 자유낙하할 때 보다 작아진다.

표 2.1 | 여러 가지 물리적 상황에서 인체가 느끼는 가속도의 크기

물리적 상황	인체가 느끼는 가속도
낙하산이 지면에 닿을 때 충격	1.5~4 g
항공모함 탑재기의 발진 충격	3~7 g
낙하산이 펴질 때의 충격	6~30 g
전투기의 비상 좌석 방출	10 g
헬멧을 쓴 머리의 충격 한계	15~40 g
소방대 인명 구조 그물에 떨어질 때의 충격	20 g
똑바로 선 자세에서 막대처럼 넘어졌을 때 머리에 미치는 충격	170 g
목숨을 건진 낙하의 예(낙하거리 15~20 m)	25~250 g
자동차 중대 사고	100 g 이상
대략적으로 목숨을 건지는 한계	175~200 g

를 가지면 힘을 받는다. 인체가 받는 가속에 의한 충격을 생각해 보자. 보통 가속도가 중력 가속도보다 클 때 가속도의 효과를 중력 가속도의 배수로 표현한다. 표 2.1은 NASA가 발표한 여러 가지 상황에서 인체가 받는 가속도의 크기를 나타낸 것이다. 일정한 가속도가 작용할 때 인간이 견딜 수 있는 가속도의 크기는 가속 지속시간에 따라서 달라진다.

표 2.1에서 볼 수 있듯이 낙하산을 편 채로 지면에 착륙할 때 보통 1.5~4 g의 가속도를 받는다. 헬멧을 쓰고 머리가 부딪칠 때 받는 충격의 한계는 약 15~40 g 정도이다. 특히 똑바로 선 자세에서 몸이 막대처럼 넘어졌을 때 머리가 받는 충격은 약 170 g이다. 따라서 사람이 갑자기 의식을 잃어서 넘어질 때 머리가 받는 충격이 매우 큼을 알 수 있다. 그림 2.14는 자동차가 일정한 가속도로 가속할 때 가속의 지속시간 대 가속도의 크기에 따른 인체의 안전 영역을 나타낸다. 가속 지속시간이 길어지면 인체가 견딜 수 있는 가속도 값이 급격하게 작아짐을 볼 수 있다. 그림의 점선 위쪽 영역은 인체가 심각한 부상을 입는 영역이다.

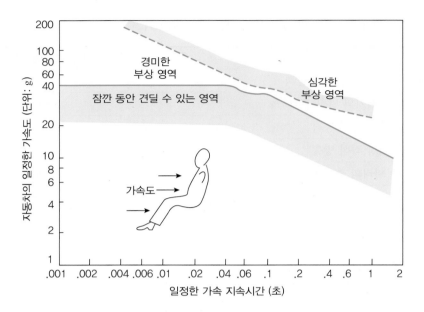

그림 2.14 | 일정한 가속도의 지속시간에 대한 자동차에 타고 있는 승객이 느끼는 가속도와 안전 영역.

예제 2.1 시장에 갔더니 비슷한 크기의 배 2개는 가격이 같았다. 무게를 잴 수 있는 정밀한 저울이 없을 때 2개의 배 중에서 더 무거운 것을 고르려면 어떻게 해야 할까?

풀이

두 배를 양손에 들고서 위아래로 흔들어 보면 된다. 정밀한 저울이 있다면 두 물체의 무게를 재서 서로 비교해 볼 것이다. 저울이 없는 경우에 무게가 비슷한 물체 중에서 어느 것이 더 무거운지 비교해 볼 때 우리는 두 물체를 들고서 위아래로 흔들어 본다. 이것은 뉴턴의 제2법칙인 운동의 법칙을 경험적으로 적용해 보는 경우에 해당한다. 물체를 가속시켜 보아 물체가 힘에 저항하는 정도인 관성을 측정하는 것이다. 저항이 더 큰 물체의 무게가 더

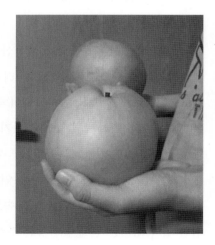

그림 2.15 | 비슷한 물건의 무게를 비교할 때 양손에 들고 위아래로 흔들어 본다.

70

무거우므로 결국 물체의 운동을 통해서 물체의 질량을 측정하는 것이다.

예제 2.2 자유낙하하는 비행체에 타고 있는 사람은 어떤 경험을 하게 될까?

풀이

잠깐 동안 무중력 상태를 경험하는 방법은 놀이 공원에서 자이로드롭과 같은 자유낙하체를 타는 것이다. 좀 더 돈을 들이면 무중력 체험 비행기를 타고 고공으로 올라가서 무중력을 경험할 수 있다. 이 체험에서 고공으로 상승한 비행기는 일시적으로 자유낙하를 하며 이때 비행기에 타고 있는 승객들은 무중력을 경험하게 된다.

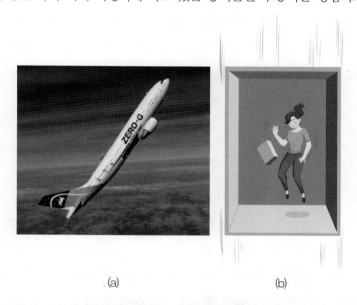

(a)   (b)

그림 2.16 | 무중력 체험. (a) 무중력 체험 비행기를 타고 자유낙하, (b) 엘리베이터의 자유낙하이다.

우리가 일상적으로 사용하는 엘리베이터(승강기)는 강철줄에 매달려 모터로 위아래로 움직인다. 엘리베이터가 상승을 시작할 때, 상승하다 멈출 때 여러분은 자신의 몸무게의 변화를 느끼게 된다. 반대로 엘리베이터가 하강을 시작할 때, 또 하강하다 멈출 때도 비슷한 경험을 하게 된다. 엘리베이터는 줄이 끊어져도 안전장치가 있어서 멈추게 된다. 가상의 엘리베이터에 우리가 타고 있다가 줄이 끊어져서 자유낙하한다면 우리는 무중력 체험 비행기와 비슷한 경험을 하게 될 것이다. 멈춰 있

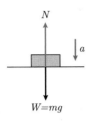

그림 2.17 | 엘리베이터 바닥의 저울에 놓인 물체가 받는 힘

는 엘리베이터 안에 몸무게를 재는 저울이 놓여 있을 때 저울의 눈금은 정확히 우리의 몸무게를 가리킨다. 저울이 가리키는 무게는 저울 내부의 스프링이 압축되어 힘을 잰 것이다. 이때 저울이 가리키는 힘은 $N = W = mg$ 이다. 여기서 W는 무게로 사람의 질량 m에 중력 가속도 g를 곱한 값이다. N은 저울이 잰 무게이다. 힘은 방향이 있으므로 그림 2.17과 같이 힘 그림을 그릴 수 있다. 여기서 수직력 N이 실제로 저울에 작용한 힘으로 저울의 눈금을 결정한다.

이제 엘리베이터가 자유낙하한다고 생각해 보자. 그림 2.17에서 아래쪽 방향을 + 방향으로 택하면 가속도 a는 양(+) 값을 갖는 양이다. 뉴턴의 운동법칙은 물체가 받는 합력이 물체의 질량과 가속도의 곱과 같다. 따라서 운동법칙은

$$W - N = ma \tag{2.11}$$

이고

$$N = W - ma = mg - ma = m(g - a) \tag{2.12}$$

이다. 수직력이 위쪽 방향이므로 음수 값이다. 엘리베이터가 자유낙하를 하면 $a = g$가 되므로 물체가 받는 수직력 $N = 0$이다. 즉, 엘리베이터 내에 놓여 있는 저울이 가리키는 눈금은 0을 가리킬 것이다. 엘리베이터와 함께 자유낙하하는 사람은 자신의 몸무게가 없는 것처럼 느낀다. 즉, 무중력을 경험하게 된다. 엘리베이터가 멈춘 상태에서 아래로 내려가기 시작하면 가속도가 생기므로 $N < mg$보다 작게 되어 몸이 가벼워진 것 같은 느낌을 받는다.

✏ **예제 2.3** 모래가 모두 바닥에 떨어진 모래시계를 저울에 올려놓고 무게를 잰다. 자, 이제 모래시계를 뒤집어 보자. 모래가 흘러내릴 때 저울의 눈금은 변하겠는가?

풀이

저울의 눈금은 변화가 없다. 모래시계는 공기 중으로 떨어지는 모래에 수직력이 작

용하지 않는다. 그러므로 눈금이 작아질 것이라고 생각할 수 있다. 그러나 이 사라진 무게는 모래가 모래시계의 바닥을 때리는 힘에 의해서 재생된다. 뉴턴의 제2법칙에 의해 모래시계의 바닥은 모래의 무게보다 더 큰 위로 향하는 힘을 모래에 작용해서 떨어지는 모래가 정지하도록 한다. 이것이 정확하게 공기 중에 있는 모래의 무게를 대체하게 되어 눈금의 변화는 없다. 물론 모래가 떨어지는 처음과 끝에서 약간의 요동이 있을 것이다. 처음에 약간의 모래가 공기 중에 있고 아직 바닥을 때리지 못한 짧은 시간 동안에는 눈금이 약간 줄어들 것이다.

그림 2.18 | 모래 시계에서 모래가 떨어질 때 저울의 눈금은 변할까?

2.4 원숭이의 딜레마

뉴턴의 운동법칙에서 물체에 작용하는 힘을 알면 물체의 운동을 예측할 수 있다. 공기 저항을 무시할 때 지표면 근처에서 물체의 초기 위치, 초속도를 알면 임의의 시간에서 물체의 위치와 속도를 예측할 수 있다. 지표면에서 물체는 일정한 크기의 중력을 받기 때문에 물체의 가속도는 항상 일정하다. 고등학교에서 물체는 포물선 운동을 한다고 배웠을 것이다. 지표면에서 중력은 항상 지구중심 방향을 향하고 있다. 따라서 물체가 운동하는 동안 속도의 변화는 지구중심 방향 쪽으로 일어난다. 지표면에 평행한 방향을 X축, 지표면에 수직한 방향을 Y축이라 하면, 물체에 작용하는 힘은 Y축 방향의 힘만 존재한다. 따라서 운동의 변화는 Y축에서만 일어나고, X축의 운동은 처음 운동을 계속 지속한다. 이처럼 물체의 운동을 각 축으로 분해하여 생각하면 편리하다.

그림 2.19와 같이 나뭇가지에 매달린 원숭이를 향해서 포수가 총을 겨누고 있다. 포수가 총을 발사하는 순간 영리한 원숭이가 손을 놓아 나무에서 떨어지면(자유낙하) 원숭이는 총에 맞을까?

그림 2.19의 왼쪽 그림은 총과 원숭이가 같은 높이에 있는 경우이고, 오른쪽 그림은 원숭이가 높은 나뭇가지에 매달려 있고 땅에 있는 포수가 원숭이를 겨냥하여

그림 2.19 │ 원숭이와 포수 문제. 포수가 총을 쏘는 순간 원숭이는 나무에서 떨어진다. 원숭이는 총에 맞을까?

총을 발사하는 경우이다. 왼쪽 그림에서, 중력이 없으면 총알은 발사한 방향으로 곧장 날아간다. 그러나 지구의 중력 때문에 총알이 운동하는 동안 총알이 떨어진 거리와 원숭이가 떨어진 거리는 같다. 따라서 원숭이는 총에 맞는다. 오른쪽 그림에서, 총알의 수평 초속도가 충분히 커서 원숭이가 있는 지점에 도달할 수 있다면 원숭이는 역시 총에 맞는다. 즉, 총알이 포물선 운동하여 원숭이가 있던 나무 위치에 도달하는 순간 떨어진 원숭이는 바로 총알이 있는 위치에 도달한다. 이런 신기한 현상은 물체의 수직 방향 운동은 그 물체의 수평 방향 운동과 아무런 상관이 없기 때문에 일어난다.

2.5 작용과 반작용의 법칙

자연에 존재하는 힘은 두 물체 간의 상호작용(interaction) 형태로 작용하며, 한 물체에만 힘이 작용하는 일은 없다. 뉴턴이 발견한 뉴턴의 세 번째 법칙이 바로 작용-반작용의 법칙이다.

"물체 A가 물체 B에 힘을 작용하면
물체 B도 물체 A에 크기는 같고 방향이 반대인 힘을 작용한다."

그림 2.20 | "내가 너를 밀면 너도 나를 민다". 얼음판에서 두 사람이 손을 맞대고 서로 밀면 작용–반작용 힘에 의해서 서로 밀려 난다.

작용-반작용의 법칙에 따르면 힘은 물체 사이에 존재하며 항상 쌍으로 존재한다. 한 물체에 작용하는 힘을 작용이라 하면, 상대방 물체에 작용하는 힘은 반작용이다.

"힘은 작용과 반작용의 쌍으로 존재하며 각각 상대방 물체에 작용한다."
"작용과 반작용 힘은 힘의 크기가 서로 같고 방향은 서로 반대이다."

따라서 **작용력과 반작용력은 각각 서로 다른 물체에 작용한다.**

"작용과 반작용 힘의 쌍은 같은 물체에 동시에 작용할 수 없다."

이 사실을 깨닫지 못하여 가끔 엉뚱한 해석을 하는 경우가 있으므로 조심해야 한다. 작용-반작용의 법칙은 궁극적으로 총선운동량 보존법칙과 연결되며, 이는 기준계의 공간에 대해서 물리법칙이 대칭이라는 병진 대칭성(translational symmetry)과 연관되어 있다. 물리학은 입자들 사이의 상호작용, 즉 힘에 기반을 두고서 발전하였다. 현대 물리학에서 발견한 기본 힘(기본 상호작용)은 4가지이다. 기본 힘에 속하지 않는 힘들은 기본 힘들의 다체적 특성이다. 4대 기본 힘은 표 2.2와 같다. 이러한 상호작용들은 모두 입자들 사이에 서로 상호작용한다.

표 2.2 │ 자연에서 발견한 기본 상호작용과 특징

상호작용	상대적 세기	작용 거리(m)	매개 입자
중력(graviational force)	1	장거리($\propto 1/r^2$)	중력장(graviton)
약력(약한 핵력, weak force)	10^{25}	10^{-18}	W/Z 보존
전자기력 (electromagnetic force)	10^{36}	장거리($\propto 1/r^2$)	광자(전자기파)
강력(강한 핵력, strong force)	10^{38}	10^{-15}	글루온(gluon)

예제 2.4 탁자 위에 놓여 있는 물체에 작용하는 힘들의 작용-반작용 쌍을 찾으시오.

풀이

그림 2.21은 탁자 위에 놓여 있는 물체를 나타낸다. 물체의 무게는 W이다. 이 물체는 위쪽으로 탁자가 떠받치는 수직력 N을 받는다. 물체가 정지해 있으므로 N과 W는 크기는 같고, 방향이 반대여서 서로 비기고 있다. 따라서 물체에 작용하는 알짜 힘이 없으며 물체는 정지해 있다. 물체가 탁자를 미는 힘은 N'이다. 이 힘은 탁자에 작용한다. N과 W는 같은 물체에 작용하므로 작용-반작용 쌍이 아니다. W의 반작용 힘은 사실 물체가 지구 중심을 잡아당기는 W'이다. 수직력 N의 반작용은 탁자가 받는 N'이다.

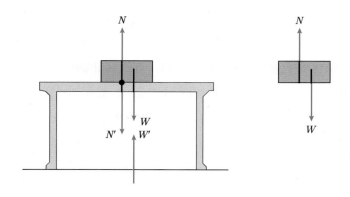

그림 2.21 │ 탁자 위에 놓인 물체에 작용하는 힘과 작용–반작용 힘 쌍

예제 2.5 말과 마차를 생각해 보자. 말이 마차를 끌면 작용-반작용에 의해서 마차도 말을 반대로 끈다. 두 힘은 서로 크기는 같고 서로 방향이 반대이므로 말과 마차는 움직일 수 없다. 이 말은 옳은가 틀린가?

풀이

뉴턴의 제3법칙을 잘못 이해한 대표적인 예이다. 모든 작용에는 반드시 반작용 힘이 존재한다. 그런데 작용과 반작용 힘은 항상 서로 다른 물체에 작용한다. 서로 다른 물체에 작용하는 힘은 서로 상쇄될 수 없다. 따라서 물체의 운동을 설명할 때 그 물체에만 작용하는 힘을 합하여 알짜 힘을 구해야 한다. 말과 마차를 가속시키는 힘은 지구와 말발굽 사이의 마찰력이고, 말이 지구를 뒤쪽으로 미는 힘이 반작용 힘이다. 그러므로 말의 근육에 의한 힘에 의해서 말발굽이 지구를 밀면(이 힘은 지구가 받는다), 같은 크기의 반대 방향으로 작용하는 마찰력에 의한 힘이 말에게 작용한다. 따라서 말이 받는 알짜 힘은 앞으로 나가게 하는 힘에서 마차가 받는 마찰력을 빼면 된다. 합한 알짜 힘이 0보다 크므로 말과 마차는 앞으로 움직인다.

그림 2.22 | 말이 마차를 끄는 힘이 F이고 마차가 말에 작용하는 반작용력은 말에게 작용한다.

예제 2.6 헬리콥터는 왜 주날개와 꼬리 쪽의 보조날개를 가지는가? 주날개 한 세트만 있어도 되지 않을까?

풀이

헬리콥터의 날개가 하나만 있는 경우를 생각해 보자. 날개가 회전하기 시작하면 뉴턴의 제3법칙에 따라 날개의 회전은 헬리콥터 본체에 반작용 힘을 가한다. 따라서 헬리콥터 본체는 날개의 회전 방향과 반대 방향으로 돌게 된다. 이러한 본체의 회전을 막기 위하여 두 번째 세트의 날개를 장착하여 반대 방향으로 회전시킨다. 대부분

그림 2.23 │ 주날개의 회전 방향과 꼬리 보조날개의 회전 방향은 반대이다.

의 헬리콥터에는 주날개의 회전 방향과 반대 방향으로 토크(돌림힘)를 가하는 보조 날개가 본체 꼬리 부분에 장착되어 있다. 돌림힘은 다음 장에서 자세히 다룰 예정이다.

예제 2.7 "우주 공간에서 로켓을 점화하면 공기 같은 밀 것이 없기 때문에 전혀 움직이지 않는다." 이 말은 옳은가 틀린가?

풀이

로켓에서 나온 추진가스가 지구를 밀기 때문에 로켓이 발사된다고 믿는 것은 흔히 범하기 쉬운 잘못이다. 로켓의 추진력은 뉴턴의 제3법칙으로 설명할 수 있다. 로켓이

그림 2.24 │ 우주 공간에서 로켓은 로켓 추진력으로 가속과 감속을 한다.

추진가스를 뒤쪽으로 밀어내면, 추진가스는 다시 로켓을 앞으로 민다. 이런 작용과 반작용은 로켓이 우주의 어느 곳에 있든 상관없으며 오히려 대기 중에서 운동할 때 마찰력을 극복해야 하기 때문에 별도의 힘이 필요하다. 로켓의 추진력은 뿜어내는 가스의 속력이 크면 클수록 큰 힘을 낼 수 있다.

2.6 충돌과 충격

일상생활에서 우리는 많은 충돌 현상을 목격한다. 자동차 사고는 흔하게 볼 수 있는 충돌이고 여러분이 당구를 친다면 두 개의 당구공을 충돌시킨다. 스포츠 경기에서도 많은 충돌 현상을 볼 수 있다. 야구공이나 테니스공을 쳤을 때 충돌 순간에 공은 크게 변형되는 것을 볼 수 있다. 그림 2.25는 테니스공과 라켓의 충돌 순간을 포착하여 찍은 사진이다. 공과 라켓이 크게 변형된 것을 볼 수 있다.

충돌 현상에서 충돌은 매우 짧은 시간 동안에 일어난다.

충돌 = 짧은 시간 동안(충돌 시간)에 물체들 사이에 매우 큰 힘이 작용

충돌에서 짧은 시간이란 상대적인 뜻을 가지고 있다. 예를 들면, 자동차 충돌은 매

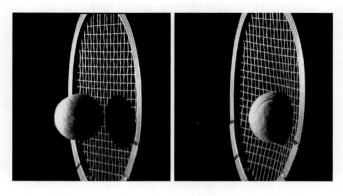

그림 2.25 | 테니스공이 라켓에 충돌할 때의 사진. 테니스공은 크게 변형된다.

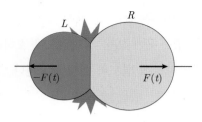

그림 2.26 | 구형의 두 물체가 충돌할 때 서로 큰 힘을 받는 모습. 충돌은 짧은 시간 동안 일어나며 순간적으로 물체는 크게 변형된다. 각 물체는 작용–반작용의 힘을 받는다.

우 짧은 시간에 일어나지만, 은하와 은하의 충돌은 매우 긴 시간 동안 일어난다. 그러나 우주의 시간으로 볼 때 은하와 은하의 충돌은 매우 짧은 시간에 해당한다. 충돌이 일어나면 충돌하는 물체에 큰 힘이 가해질 뿐만 아니라 물체의 운동에 변화를 초래한다.

충돌할 때 물체의 질량에 변화가 없는 경우에 물체가 받는 힘을 **충격력**(impulsive force)이라 한다.

$$\text{충격력} = (\text{물체의 질량}) \frac{(\text{충돌 후의 속력} - \text{충돌 전의 속력})}{(\text{충돌 시간})}$$

충격력의 정의는 충돌하는 한 물체가 받는 물체의 질량에 충돌 전후의 속력의 차이를 곱하고 충돌 시간으로 나눈 값이다. 물체의 질량과 속도의 곱을 (선)운동량 (linear momentum)이라 한다.

$$\text{운동량} = (\text{질량})(\text{속도})$$

따라서 충격력에 대한 표현은

$$\text{충격력} = \frac{(\text{나중 운동량} - \text{처음 운동량})}{(\text{충돌시간})} = \frac{(\text{운동량 변화})}{(\text{충돌시간})}$$

이다.

표 2.3 | 충돌 상황에 따른 충격력 감소의 원리

충돌 상황	내용	원리
착지	다리를 구부림	충돌시간 늘림
자동차 충돌	에어백 작동	충돌시간 늘림
낙하산	낙하산 폄	충돌시간 늘림, 마찰력 이용
헬멧 착용	헬멧이 머리 보호	충돌시간 늘림, 완충효과

충돌할 때 충격력을 줄이려면 운동량 변화를 작게 하고, 충돌시간을 길게 하면 된다. 일상생활에서 우리는 경험적으로 충격력을 줄이는 행동을 한다. 표 2.3은 여러 충돌 상황에서 행동이나 보호 장구가 충격력을 줄이는 현상을 나타낸다. 대부분 충돌시간을 늘림으로써 충격력을 줄인다.

인체가 충돌할 때 충돌 속도와 감속거리에 따른 인체의 생존 한계곡선을 그림 2.27에 나타내었다. 충돌 속도가 작고 감속거리가 길면 인체의 생존 확률은 커진다. 반면 감속거리가 짧아지면 생존 가능성이 급격히 줄어든다.

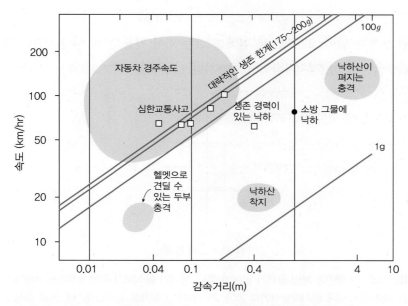

그림 2.27 | 충돌 현상에서 속도 대 감속거리 그래프. 대략적인 생존 한계선을 넘으면 심각한 부상을 입을 수 있다. x축은 로그 스케일로 그렸다.

2.7 마찰력

17세기 이전에 인류는 마찰의 존재를 인식하지 못하였다. 갈릴레이가 처음으로 마찰의 존재를 인식하면서 관성의 법칙에 가까이 접근할 수 있었다. 뉴턴은 마찰력의 존재를 정확히 인식하고 관성의 법칙과 운동의 법칙을 발전시킬 수 있었다. 일상생활에서 마찰은 에너지 소모를 동반하기 때문에 불필요한 존재로 인식하곤 한다. 그러나 다른 측면에서 마찰은 우리에게 없어서는 안 될 존재이기도 하다. 마찰력(쓸림힘, frictional force)은 다른 물체와 접촉한 물체가 움직이려고 하거나, 움직이고 있을 때 나타나는 힘이다. 물체가 접촉할 때 나타나는 마찰력은 정지마찰력과 운동마찰력이 있다.

"정지마찰력은 물체가 움직이려고 하지만 움직이지 않고
정지한 상태에서 작용하는 마찰력이다.
운동마찰력은 물체가 미끄러지고 있는 상태에서
작용하는 마찰력이다."

그림 2.28과 같이 오른쪽으로 물체를 끄는 힘이 작용할 때 힘이 작으면 물체는 끌려오지 않는다. 즉, 정치마찰력이 작용한다. 그림 2.29의 그래프에서 볼 수 있듯이

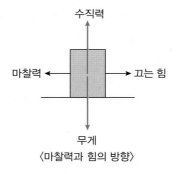

〈마찰력과 힘의 방향〉

그림 2.28 │ 수평면에 놓인 물체가 받는 마찰력. 물체가 움직이기 직전에 물체에 작용하는 정지마찰력을 최대 정지마찰력이라 한다. 여러분이 큰 물체를 밀거나 끌 때, 힘을 점점 크게 가하면 어느 순간 물체가 밀리거나 끌리게 된다. 물체가 밀리기 바로 직전에 작용하는 마찰력이 최대 정지마찰력이다.

물체를 끄는 힘을 증가시면 물체가 정지해 있는 동안에 끄는 힘과 같은 크기의 정지마찰력이 물체를 끄는 방향과 반대 방향으로 작용한다. 끄는 힘을 점점 증가시켜서 끄는 힘이 최대 정지마력을 넘어서는 순간 물체는 비로소 움직인다. 일단 물체가 움직이면 물체에는 일정한 크기의 운동마찰력이 작용한다. 그림 2.29는 마찰력에 대한 끄는 힘의 그래프이다. 운동마찰력이 작용할 때 그래프가 x축에 수평한 것을 볼 수 있다. 정지마찰력이든 운동 마찰력이든 간에 마찰력의 크기는 수직력(normal force)에 비례한다. 수직력은 물체가 접촉하는 평면에 수직한 방향으로 작용하는 힘이다. 그림 2.28에서 물체의 무게와 수직력이 서로 비기고 있기 때문에 수직축 방향으로 물체의 운동은 일어나지 않는다. 즉, 갑자기 물체가 저절로 수직 방향으로 튀어오르거나 하는 일은 없다. 물체가 운동하고 있을 때 운동마찰력의 비례상수를 운동마찰계수라 한다.

운동마찰력 = (운동 마찰계수)(수직력)

그런데 일단 물체가 밀리면 최대 정지마찰력보다 작은 힘으로 물체를 밀어도 물체가 계속 밀린다. 즉, 운동마찰력은 최대 정지마찰력보다 항상 작거나 같다.

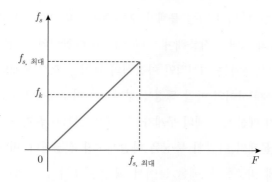

그림 2.29 | 물체를 끄는 힘(F)에 대한 물체가 받는 마찰력. 정지마찰력은 물체가 움직이기 직전까지 끄는 힘에 비례해서 증가한다. 일단 물체가 움직이기 시작하면 물체는 최대 정지마찰력보다 작은 운동마찰력이 작용한다.

그림 2.30 | 접촉하고 있는 두 물체면의 고분해능 사진. 한 물체가 접촉면에서 미끄러지면 접촉면 사이의 전기적인 분자력이 두 물체를 강하게 결합시킨다. 오른쪽 그림과 같이 접촉 분자력을 끊어야만 물체가 오른쪽으로 미끄러질 수 있다.

최대 정지마찰력의 크기는 다음과 같다.

$$최대\ 정지마찰력 = (정지마찰계수)(수직력)$$

물체가 움직일 때 운동마찰력은 물체의 운동 방향과 반대 방향을 향한다. 마찰계수는 두 마찰면의 성질에 의존한다. 물체의 두 면이 접촉하여 발생하는 마찰력을 보통 **마른마찰력**이라 한다. 그림 2.30은 접촉면에서 마찰력이 발생하는 원인을 보여준다. 고분해능으로 찍은 접촉면의 사진을 보면 접촉면이 고르지 않고 매우 거친 것을 볼 수 있다. 접촉한 면의 어느 지점은 매우 가까워서 두 물체의 분자 사이에 강한 전기적인 접촉력이 발생한다. 위에 있는 물체가 오른쪽으로 미끄러지기 위해서는 이러한 접촉력을 끊을 만큼의 외력이 작용해야 한다. 이것이 마찰력의 원인이다. 이러한 미시적인 요인에 의해서 발생하는 거시적인 마찰력의 크기는 오직 물체의 수직력의 크기에만 비례하고 두 물체 사이의 마찰 특징을 결정하는 마찰계수에만 의존한다. 마찰력이 수직력에 비례하기 때문에 물체의 무게가 무거우면 밀거나 끌기가 어렵다.

접촉하는 두 물체의 마찰의 특성은 마찰계수가 결정한다. 마찰계수는 접촉하는 두 물체의 종류에 의존한다. 예를 들어서 책상 위에서 같은 무게의 고무 덩어리를 끌 때와 나무토막을 끌 때 전혀 다른 마찰력을 느낀다. 그런데 마찰계수는 다음과 같은 특징이 있다.

표 2.4 | 접촉면과 그 위에 놓인 물체 사이의 정지마찰계수

물질	정지마찰계수
철 위의 철	0.15
마른 콘크리트 위의 고무타이어	1.00
젖은 콘크리트 위의 고무타이어	0.7
얼음 위의 철	0.03
힘줄(tendon)과 건초(sheath)	0.013
건강한 관절	0.003

① 마찰계수는 두 물체의 접촉면적에 무관
② 마찰계수는 물체가 미끄러지는 속도에 무관
③ 마찰계수는 단위가 없는 양

건조한 콘크리트 위에 고무신발이 접촉할 때 마찰계수는 거의 1에 가까워 마찰력이 몸무게와 같다. 따라서 콘크리트 도로를 걸어갈 때에는 잘 미끄러지지 않는다. 반대로 얼음이나 기름이 칠해져 있는 면은 마찰계수가 매우 작기 때문에 쉽게 미끄러진다. 표 2.4는 다양한 접촉면과 물체 사이의 정지마찰계수를 나타낸 것이다.

물체가 유체(물, 기름, 공기 등) 속에서 움직일 때도 마찰력이 존재한다. 이때 작용하는 마찰력을 **속마찰력**이라 부른다. 보통 속마찰력의 크기는 물체의 속도에 비례한다. 유체에서 물체의 속도가 커지면 속마찰력은 속도에 따라 복잡하게 변한다. 유체와 마찰력 때문에 물체가 낙하하는 동안 **끝속도**(종단속도)가 생기게 된다. 낙하산을 펴고 떨어지면 처음에는 속도가 증가하지만, 어느 속력에 도달하면 더 이상 속도가 증가하지 않고 일정한 속력으로 떨어진다. 물체가 끝속도에 도달하는 순간 마찰력의 크기와 낙하하는 물체의 무게가 정확히 같아서 물체에 작용하는 알짜힘이 없다. 알짜힘이 없으면 물체는 등속운동을 하므로 물체는 끝속도를 가지고 계속 떨어진다. 만약 끝속도가 없다면 낙하산은 무용지물이 될 것이다. 마찰력이 생기는 궁극적인 이유는 접촉면에서 두 물체 사이에 작용하는 전기적인 상호작용 때문이다.

그림 2.31 │ 식물 잎에 떨어진 빗방울. 식물의 잎은 빗방울을 맞아도 뚫어지지 않는다.

예제 2.8 사람이나 식물의 잎은 빗방울을 맞아도 파괴되지 않는다. 그 이유는 무엇일까?

풀이

빗방울(raindrop)은 구름 속에서 형성되어 어느 정도 커지면 낙하한다. 빗방울이 구름 속에서 움직일 때는 주변의 물방울을 붙잡아서 방울이 더 커지지만 구름을 벗어나면 일부가 증발한다. 비가 올 때에는 대개 공기 중의 수증기가 포화 상태이기 때문에 빗방울이 낙하하는 동안 방울의 크기가 거의 변하지 않는다. 그림 2.32의 왼쪽은 구름 속에서 물방울의 크기 분포를 색깔로 나타낸 것이다. 구름의 상층부와 고공에서 생긴 물방울은 상대적으로 작은 크기이고 구름의 하단부에서는 큰 크기의 빗방울이 형성된다. 빗방울이 형성되려면 씨앗에 해당하는 미립자들이 있어야

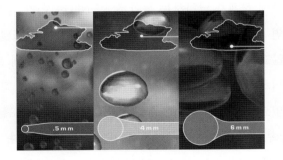

그림 2.32 │ 구름 속의 위치에 따라서 형성된 빗방울의 크기. 내리는 빗방울의 크기는 대략 0.5～6 mm 사이이다(NASA).

표 2.5 | 비의 종류와 빗방울의 지름 및 끝속도

비 형태	크기	지름(mm)	끝속도(m/s)
이슬비(1 mm/hr)	작은 빗방울	0.5	2.06
	큰 빗방울	2.0	6.49
보통비(6 mm/hr)	작은 빗방울	1.0	4.03
	큰 빗방울	2.6	7.57
소나기(25 mm/hr)	작은 빗방울	1.2	4.64
	큰 빗방울	4.0	8.83
	가장 큰 빗방울	5.0	9.09
우박	작은 우박	10	10.0
	큰 우박	40	20.0

하는데 미립자의 크기는 대략 10~100 μm이다. 빗방울의 크기는 지름이 0.1~6 mm 정도로 다양하며, 6 mm 이상이 되는 큰 것도 있다. 내리는 빗방울을 관찰해보면 약 1 mm 정도의 빗방울이 가장 많다.

공기 마찰이 없다면 빗방울이 지상에 떨어지면서 작용하는 충격력은 매우 크다. 표 2.5는 빗방울의 형태에 따른 빗방울 크기와 끝속도를 나타낸다. 보통 끝속도는 2~9 m/s이다. 이러한 큰 충격력을 견디기 위해서 생물체는 더 두꺼운 피부를 가져야 할 것이다. 그러나 지구의 공기 때문에 빗방울은 속마찰력을 받고 빗방울의 최대 속도는 기껏해야 끝속도가 된다. 따라서 지구상의 생명체는 끝속도 정도의 빗방울이 주는 충격력을 견딜 정도의 피부를 갖도록 진화한 것이다. 더 두꺼운 피부를 갖는 것은 더 많은 자원과 에너지를 낭비하는 것이기 때문에 생명체는 이러한 환경에 최적인 상태로 진화하였는데, 그 모습이 현재 지구상의 우리의 모습이다.

예제 2.9 많은 경주용 자동차 바퀴는 접지 홈이 없다. 그 이유는 무엇인가?

풀이

자동차 바퀴의 접지 홈은 젖은 도로에서 견인력을 증가시키기 위한 것이다. 즉, 바퀴 밑의 물이 효과적으로 빠져나가서 바퀴가 도로와 접촉이 잘 되도록 고안한 것

그림 2.33 | 접지 홈이 없는 경주용 자동차의 타이어.

이다. 자동차 경기는 비 오는 날 열리지 않는다. 따라서 자동차 경주에서 도로에 착 달라붙는 접지 홈이 없는 바퀴를 사용하는 것이 오히려 도로와의 마찰력을 증가시 키므로 효과적이다.

예제 2.10 자동차가 빙판 길에서 미끄러질 때 왜 브레이크를 밟으면 안 되는가?

풀이

바퀴가 도로 위를 구를 때, 타이어의 아랫부분이 도로와 접촉하는 동안 도로와 타 이어 사이에는 미끄러짐이 없으므로 정지마찰력이 작용한다. 그러나 브레이크가 걸 리면 고무바퀴가 도로 위를 미끄러지는 운동마찰력이 작용하게 된다. 운동마찰계 수는 정지마찰계수보다 작으므로, 바퀴가 미끄러지면 바퀴가 굴러갈 때보다 상대 적으로 운전자의 통제 능력이 떨어진다. 따라서 브레이크를 밟았다 떼었다 하는 동 작을 반복하여 바퀴가 미끄러지지 않고 굴러가게 하는 것이 자동차를 통제하는 데 더 유리하다. 이것이 ABS(Anti-Breaking System)의 원리이다.

그림 2.34와 같이 자동차가 미끄러질 때 운동마찰력이 작용하기 시작하는데, 이 때 미끄러지는 반대 방향으로 핸들을 틀면 자동차 바퀴와 미끄러지는 방향 사이 의 각도가 커져서 바퀴가 구를 수 없게 되므로 운동마찰력만이 작용하게 된다. 만 약 미끄러지는 방향으로 핸들을 틀면 자동차 바퀴가 미끄러지는 방향으로 향하기 때문에 구름이 가능하며 정지마찰력이 작용한다. 따라서 큰 마찰력 때문에 자동차 방향을 서서히 안전하게 바꿀 수 있게 된다.

(a) 미끄러지는 방향으로 핸들 조작

(b) 미끄러지는 반대 방향으로 핸들 조작

그림 2.34 | 빗길, 눈길과 같은 미끄러운 길에서 자동차가 미끄러질 때 핸들 조작 방향에 따른 자동차의 안정성과 회전.

예제 2.11 빙판 위에서 스케이트를 타는 사람은 왜 앞으로 잘 나아가는가?

풀이

얼음판 위에서 스케이트는 왜 마찰을 줄어들게 할까? 마찰력은 접촉 면적의 크기와 관계가 없기 때문에, '접촉 면적이 줄어들기 때문'이라는 것은 옳은 답이 아니다. 널리 알려진 한 가지 설명은 높은 압력이 가해졌을 때 얼음이 녹는다는 "되얼음 효과"이다. 얇은 스케이트 날에 의해 수막이 형성되어 얼음의 마찰력이 줄어들기 때문에 마찰력이 줄어든다는 설명이다. 이론의 계산에 의하면 80 kg인 사람의 압력에 의해서 얼음의 녹는점은 단 0.6°C 낮아진다고 한다. 따라서 되얼음 효과는 적합한 설명이 되지 못한다. 얼음 위에서 스케이팅이 가능한 것은 얼음 표면이 녹아 있기 때문이다. 실험에 의하면 얼음 위에 형성된 수막의 두께는 0°C에서 40 nm이고, 영하 35°C에서 0.5 nm 정도이다. 결국 얼음 위의 마찰력이 줄어드는 주된 이유는 얼음 표면에 형성된 얇은 수막 때문이다.

걸어갈 때 마찰력

그림 2.35와 같이 걸어갈 때 발에 작용하는 힘을 생각해 보자. 발뒤꿈치가 땅에 닿을 때 발에서 땅으로 힘이 전달된다. 반대로 땅은 작용-반작용의 법칙에 의해서 그림 2.35(a)와 같이 힘 R을 발에 작용하여 발이 미끄러지지 않게 한다. 이 힘 R은 지면에 수직한 힘인 수직력 N과 수평으로 작용하는 마찰력 F_a의 합과 같다. 그림

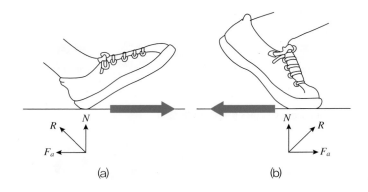

그림 2.35 | 걸어갈 때 지면에 작용하는 힘과 발이 받는 마찰력.

2.35(b)와 같이 발을 딛고 나갈 때 발은 땅에 힘을 가하고 땅은 그 반작용력을 발에 가한다. 따라서 발은 R 방향으로 앞으로 나아가는 힘을 받게 되어 걸어갈 수 있다.

2.8 행성운동의 근원

중력은 질량을 가진 물체 사이에 작용하는 인력이다. 중력은 뉴턴에 의해서 처음 발견되었다. 뉴턴은 사과가 땅에 떨어지는 힘과 달이 지구 주위를 돌게 하는 힘이 같은 힘이라는 사실을 처음 깨달았다고 하지만 이를 입증할 수 있는 자료는 없다고 한다. 뉴턴과 동시대에 활동했던 로버트 후크는 '원거리 작용' 개념과 지구와 달 사이에 잡아당기는 힘의 존재를 주장하였다. 뉴턴이 중력법칙을 확립하기 전에 후크는 거리의 제곱에 반비례하는 중력을 주장하였으며, 1680년에 뉴턴이 중력법칙을 확립하고 그로부터 행성의 타원궤도를 계산하는 데 큰 영향을 주었다. 뉴턴보다 7살이 많은 후크와 뉴턴은 서로 관계가 좋지 않았다. 특히 뉴턴 바로 전에 영국왕립협회 회장을 역임했던 후크의 초상화는 뉴턴이 회장이 된 후에 분실되었다. 왕립협회를 이전하는 과정에서 다른 전임회장들의 초상은 모두 이전되었지만 유독 후크의 초상화만 없었다고 한다. 뉴턴이 발견한 중력법칙(gravitational law) 또는 만유인력의 법칙은 다음과 같다.

"중력의 크기는 두 물체의 질량에 비례하고,

두 물체의 중심 사이 거리의 제곱에 반비례한다."

물체 1의 질량을 m_1, 물체 2의 질량을 m_2라 하고 두 물체의 중심 사이의 거리를 r이라 하면, 중력또는 만유인력의 크기 F는

$$F = G\frac{m_1 m_2}{r^2}$$

이다. 여기서 G는 **중력상수**(gravitational constant)라 부르는 상수이다. 이는 영국의 물리학자 캐번디시(Henry Cavendish)가 1789년에 처음으로 측정하였다. 중력은 항상 서로 잡아당기는 힘이고, 중력의 방향은 두 물체의 중심을 잇는 직선 위에 놓인다. 중력상수는

$$G = 6.67 \times 10^{-11} \ \text{N·m}^2/\text{kg}^2$$

이다. 중력상수값이 매우 작기 때문에 질량이 작은 물체들 사이의 중력의 크기는 일상생활에서 잘 느낄 수 없다. 마찰력에 의해서 중력의 크기가 드러나지 않는다. 반면에 질량이 큰 행성들 사이의 중력은 커서 행성의 운동을 지배한다.

📝 예제 2.12 블랙홀이란 무엇인가?

풀이

블랙홀은 매우 무거운 별의 마지막 상태이다. 별은 우주 공간의 많은 입자들의 인력에 의해서 형성된다. 별이 형성되면 별의 내부에서 핵융합이 일어난다. 별의 중심에서 바깥쪽으로 퍼져나가는 전자기 복사력과 안쪽으로 작용하는 중력이 서로 비기면 별은 안정한 상태를 이룬다. 그러나 핵융합을 위한 연료가 소진되면 바깥쪽으로 작용하는 힘이 약해지므로 별은 다시 수축한다. 별이 매우 무거워지면 별 내부의 물질들이 중력에 의해서 매우 단단히 압축되어 전자와 양성자가 결합하여 중성자가 되는 **중성자별**(neutron star)이 된다.

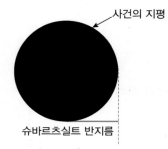

사건의 지평

슈바르츠실트 반지름

그림 2.36 | 회전하지 않는 블랙홀의 사건의 지평과 슈바르츠실트 반지름.

어떤 질량의 범위에서는 중력과 양자역학적 반발력 사이에 평형을 이루게 되지만, 별의 질량이 이 한계를 넘어서면 중력 때문에 계속해서 수축하다가 중심부의 매우 작은 구역에 모이게 된다. 이렇게 형성된 별은 밀도가 엄청나게 크고 무겁기 때문에 중력이 매우 커서 빛조차 빠져 나올 수 없게 된다. 따라서 별은 완전히 검게 보이기 때문에 블랙홀(black hole)이라 부른다. 아인슈타인의 일반상대성 이론에 따르면 질량이 커지면 공간이 휘어지게 된다. 블랙홀은 중력이 너무 커서 블랙홀 내부의 빛이 바깥으로 빠져나올 수 없는 경계가 존재하는데 이를 사건의 지평(event horizon)이라 한다. 질량 M인 별이 블랙홀이 되기 위한 임계반지름인 슈바르츠실트 반지름(Schwarzschild radius)은 $r_s = 2GM/c^2$으로 주어진다. 여기서 c는 진공에서 광속이다. 블랙홀의 존재는 블랙홀 근처의 별이나 은하가 블랙홀에 빨려 들어가는 것을 관찰함으로써 확인할 수 있다.

◉ **질문** 별의 진화과정을 조사해 보시오.

✎ **예제 2.13** 작은 크기의 땅콩과 큰 땅콩이 섞여 있는 통을 흔들면 어떻게 될까? (브라질넛과 반중력)

풀이

커다란 땅콩이 위쪽으로 올라온다. 이러한 현상을 브라질넛 문제(brazil nut problem)라 하며 요즘도 통계물리학 분야에서 잘 알려진 문제 중의 하나이다. 무거운 땅콩이 가벼운 땅콩보다 위로 올라오는 이유는 무엇일까? 이 현상을 설명하기 위해서는 통계적인 접근이 필요하다. 통을 흔들면 땅콩들 사이의 틈이 매 순간 좁아지거나 넓어진다. 따라서 땅콩 통을 흔드는 동안 작은 땅콩들은 좁은 구멍으로 떨어져 아래쪽으로 이동한다. 반면 커다란 땅콩 크기의 구멍이 생길 가능성이 매우 적으므로, 결국 작은 땅콩들이 아래로 떨어지면서 큰 땅콩은 위쪽으로 올라가게 된다. 브라질넛 현상은 땅콩뿐만 아니라 크기가 다른 물체의 혼합물을 흔들어 줄 때 일어난다. 그림 2.37(a)는 전형적인 브라질넛 현상 모습이다.

시간

그림 2.37 | 브라질넛(a)과 역브라질넛(b) 실험.

그림 2.37(b)는 반대로 통을 흔들어 주면 큰 물체가 아래로 내려가는 현상을 나타내고 있는데, 이것을 역브라질넛(inverse brazil nut) 현상이라 한다. 브라질넛과 역브라질넛 현상은 통을 흔들어 주는 진동수와 진폭, 두 물질의 밀도 비 등에 의해서 결정된다.

2.9 결정론의 종말과 나비효과

뉴턴의 운동법칙이 발표된 이후 17세기 말부터 19세기 말까지 고전역학은 눈부신 발전을 거듭하였다. 오일러, 라플라스, 해밀턴, 라그랑주 등 기라성 같은 물리학자 및 수학자들이 고전역학 체계를 다듬었다. 뉴턴역학과 그 후 200년 동안 이루어진 역학 체계를 고전역학이라 한다. 고전역학 체계는 결정론적(deterministic) 역학 또는 기계론적(mechanical) 역학이라 한다. 뉴턴의 역학 체계로부터 행성의 운동, 일식과 월식의 정밀한 예측을 할 수 있게 되었다. 결정론적 역학이란 한 물체가 받는 힘을 정확히 알고 물체가 운동을 시작하는 초기 상태를 알게 되면 물체의 미래의 운동을 정확히 알 수 있다는 뜻이다. 물체의 초기 상태란 보통 시간이 0일 때 물체의 위치와 속도를 의미한다. 여러분이 공중으로 던진 물체의 위치와 초속도를 알고 물체가 중력만 받고 운동한다고 하면 지상에서 물체의 운동은 정확히 포물선을 그리게 되고 여러분은 임의의 시간에 물체의 미래의 운동 상태를 정확히 알 수 있다. 그림

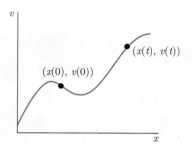

그림 2.38 | 1차원 운동하는 입자의 위상공간(위치, 속도 공간)에서 궤도 모습. 초기 상태를 알면 결정론적 뉴턴역학에 의해서 미래를 알 수 있다.

2.38은 1차원에서 움직이는 물체의 위상공간에서 궤도를 나타낸다. 위상공간은 위치와 속도를 좌표축으로 하는 공간을 말한다. 시간이 0일 때 물체의 위치와 속도를 정확히 알고 있다면 물체의 미래는 뉴턴의 운동 방정식에 의해서 알 수 있다.

이러한 결정론적 세계관은 17세기 이후 유럽의 철학적 사조에도 큰 영향을 주었다. 뉴턴역학의 틀이 완성되자 피에르 시몽 드 라플라스(Pierre-Simon de Laplace, 1749~1827, 프랑스의 수학자 겸 물리학자)는 다음과 같이 주장하였다. "우주의 모든 입자의 초기 상태만 알면 우주의 과거와 미래는 정확히 알 수 있다." 이것은 뉴턴역학에서 얻은 자신감이었다. 그런데 고전역학에서도 어려운 문제가 있었다. 그것은 소위 "삼체문제(three body problem)"라고 불리는 문제이다. 가령 행성의 운동에서 태양, 지구, 달 3개의 행성을 동시에 다룰 경우에 지구나 달의 궤도를 정확히 계산할 수 있을까? 사실 이 문제는 고전역학을 연구하는 연구자들에게 굉장히 골치 아픈 문제였다. 라플라스와 조제프 루이 라그랑주(Joseph-Louis Lagrange) 등이 연구하였지만 정확한 해를 구할 수 없었다. 1890년에 앙리 푸앵카레(Henry Poincare)는 "삼체문제에서 일반해를 구하는 것은 불가능함"을 증명하였다. 삼체문제는 전형적인 "비선형 동역학(nonlinear dynamics)" 문제이다. 비선형은 어떤 양의 증가나 감소가 비례관계에서 벗어나는 항을 가지고 있음을 말한다. 20세기 중반까지 고전역학은 과학자들의 관심에서 벗어나게 된다. 20세기 초는 양자역학이라는 새로운 물리학의 분야가 출현하여 대부분의 과학자들이 이 분야에 집중하고 있었으며 고전역학은 더 이상 연구할 문제가 남아 있지 않다고 생각했다.

1960년대 초에 기상학자인 에드워드 노턴 로렌츠(Edward Norton Lorenz,

1917~2008)는 대기의 기상현상을 3개의 변수로 표현되는 3개의 결합된 비선형 미분 방정식을 유도하였다. 이 방정식은 손으로 풀 수 없었기 때문에 컴퓨터를 사용해서 답을 구하려 하였다. 당시의 컴퓨터 성능은 매우 형편없어서 오늘날의 PC보다도 성능이 훨씬 떨어졌다. 로렌츠는 로렌츠 방정식이라 부르는 기상모형을 많은 공을 들여서 컴퓨터로 풀었다. 로렌츠는 계산결과를 검증하기 위해서 똑같은 데이터를 초기값으로 여러 차례 반복 계산해 보았다. 어느 날 컴퓨터에 계산을 시켜 놓고 출력된 값을 점검하고 계산의 마지막 결과를 새로운 초기값으로 하여 기상모형을 다시 계산했다. 그런데 초기값의 미세한 차이는 계산결과에 큰 영향을 주지 않을 것이라 생각하고 소수점 아래 몇 자리는 입력하지 않고 계산을 다시 돌렸다. 로렌츠는 새로 계산한 결과와 원래 결과를 하나의 그림에 같이 그려 보았다. 로렌츠는 두 결과의 차이가 별로 나지 않을 것이라고 예상했다. 그러나 두 결과는 전혀 다른 모습을 보여주었다. 이것이 인류 최초로 비선형 결정론적인 동역학 방정식에서 혼돈현상의 한 특징인 '나비효과(butterfly effect)'를 최초로 관찰한 것이다. 로렌츠는 이 결과를 1963년 〈대기과학〉이란 잡지에 "결정론적인 비주기적 유동(deterministic nonperiodic flow)"이란 제목의 논문으로 발표하였다. 그림 2.39는 로렌츠 방정식에서 관찰한 '로렌츠 끌개(Lorenz attractor)'를 보여준다. 위상공간에서 끌개의 모습이 마치 나비의 두

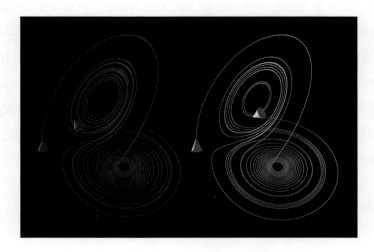

그림 2.39 | 로렌츠가 처음 관찰했던 로렌츠 방정식의 나비효과를 보여주는 그림. 초기조건의 사소한 차이는 비선형 동역학 시스템에서 미래에 크게 증폭되어 전혀 다른 결과를 준다.

날개 모양처럼 생겼다. 로렌츠는 1969년에 이 로렌츠 끌개를 나비효과라고 불렀다. 이것이 비선형 동역학 시스템에서 혼돈현상의 가장 큰 특징 중의 하나인 '초기조건의 민감성(initial condition sensitivity)'을 보여준 첫 연구이다.

이러한 작은 초기값 차이의 지수 함수적 증폭은 비선형 시스템의 특징이다. 선형 시스템에서는 이러한 현상이 일어나지 않는다. 선형 시스템에서 초기조건의 차이는 미래에도 그 차이가 유지된다. 나비효과의 예를 들면서 "브라질 우림의 나비 한 마리의 날갯짓이 일주일 후에 뉴욕에 폭풍우를 일으킨다"는 것은 작은 차이가 지수 함수적으로 증폭된다는 것을 강조하기 위한 문장일 뿐이다. 사실 혼돈현상이 일어나기 위해서는 비선형 동역학 방정식의 조절 변수가 혼돈현상이 일어나는 영역에 있어야 한다.

나비효과와 혼돈현상이 1970년대 이후에 많은 과학자들에 던진 메시지는 몇 개되지 않는 동역학 방정식에서 '예측 불가능'이 발생한다는 것이었다. 그 당시까지만 하더라도 동역학적 복잡성은 시스템이 복잡해져서 시스템을 기술하는 좌표의 수가 엄청나게 많을 때 예측 불가능한 무질서가 발생한다고 생각했다. 그러한 경우의 대표적인 예가 유체에서 난류가 생기는 현상이었다. 그러나 로렌츠 방정식은 단 3개의 방정식으로 표현되고 단 3개의 변수를 가지는 매우 단순한 동역학 시스템이었다. 로렌츠의 나비효과가 발견된 이후 혼돈을 보여주는 시스템이 자연계에서 수없이 발견되었다. 1976년에 로버트 메이(Robert May)는 한 섬에 살고 있는 토끼 수의 매년 변화를 단순한 병참본뜨기(logistic map)로 나타냈다. 그림 2.40은 조절변수 값에 따른 토끼 수의 변화를 연도에 따라 나타낸 것이다. 어떤 해의 토끼 수 비율 x_n은 그 해의 토끼 수를 섬이 수용할 수 있는 최대 토끼 수로 나눈 값이다. 즉, $x_n = N_n/N_{max}$이다. 여기서 n은 연도를 나타낸다. x_n은 최대값으로 나누었기 때문에 $0 \leq x_n \leq 1$이다. 메이는 토끼 수의 변화를

$$x_{(n+1)} = rx_n(1-x_n)$$

으로 표현하였다. 이 식을 병참본뜨기라 한다. 여기서 r은 토끼의 성장률을 뜻한다. 이 식에서 오른쪽의 첫째 항은 토끼의 성장률(reproduction)을 나타내고 둘째

항은 토끼 수가 많아졌을 때 토끼들의 먹이 경쟁 때문에 토끼들의 굶어 죽는 양 (starvation)을 나타낸다. 병참본뜨기는 1차원의 점화식이다. 이 식은 변수가 토끼 수 하나이고 **조절변수**(control parameter)는 성장률 r에 따라 결과 값이 달라진다.

조절변수가 작을 때는 주기 2인 상태가 보이다가 조절변수 r을 키우면 주기 4인 상태가 나타난다. 이렇게 주기가 2배씩 늘어나는데, 이를 **주기배가**(periodic doubling)

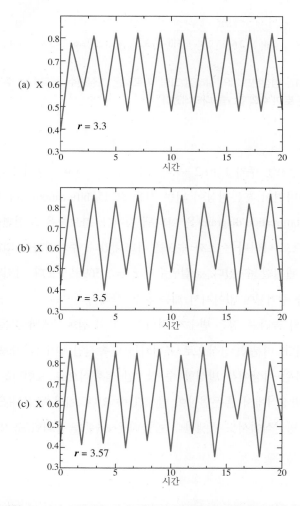

그림 2.40 | 병참본뜨기의 조절변수 값에 따른 토끼의 수의 변화를 나타냄. (a)는 주기가 2년, (b)는 주기 4년이고 (c)는 주기가 없다. 조절변수를 조금씩 증가시키면서 토끼 수의 동역학적 변화를 관찰하면 주기가 2배씩 증가하는 주기배가(periodic doubling)에 의한 가지치기(bifurcation) 과정에 따라 주기 없는 혼돈 상태로 들어간다.

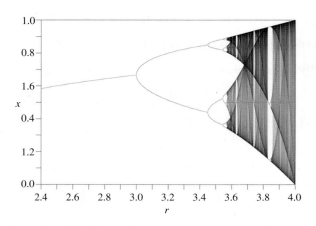

그림 2.41 │ 병참본뜨기의 갈래질 그림. 가로축은 조절변수, 세로축은 주기적으로 나타나는 토끼 수의 값 x를 나타내었다.

라 한다. 사실 주기는 주기 $1 \rightarrow 2 \rightarrow 4 \rightarrow 8 \rightarrow \cdots \rightarrow \infty$ 상태가 된다. 이런 식으로 주기가 늘어나면서 혼돈현상이 되는 것을 갈래질(bifurcation)이라 한다. 그림 2.41은 갈래질 그림(bifurcation diagram)을 나타낸 것이다. 가로축을 조절변수 r로 하고 세로축은 주기적으로 나타나는 토끼 수 x를 나타내었다. 주기배가에 의한 갈래질의 전형적인 모습을 관찰할 수 있다. 조절변수가 $r_c = 3.56995\cdots$보다 커지면 주기성이 무한대가 되어, 즉 주기성이 없어져서 계는 혼돈 상태가 된다.

병참본뜨기의 놀라운 점은 변수가 하나인 1차원 점화식에서 혼돈현상이 발생할 수 있다는 것이다. 미분 방정식으로 표현되는 연속적인 변수를 가지는 시스템에서 혼돈현상은 3차원 이상에서 발생할 수 있지만 점화식으로 표현되는 본뜨기에서는 1차원 비선형 방정식에서 혼돈현상이 발생할 수 있다. 계의 무질서(혼돈)는 1차원의 단순한 동역학 방정식에서도 발생한다는 놀라운 사실을 목격할 수 있다.

3장

화석연료의 종말

생명은 태양 에너지의 지속적인 공급에 의해서 유지될 수 있다. 인류는 진화과정에서 문명을 발전시키고 다양한 형태의 에너지를 사용했다. 원시시대에는 난방을 위해서 불을 사용했으며, 그 후에 물을 이용한 방앗간, 풍력을 이용한 풍차, 동물을 이용한 여러 가지 농기구를 발명하였다. 증기기관이 발명되면서 석탄, 석유 등의 화석 에너지를 동력으로 사용할 수 있게 되었다. **제4차 산업혁명**은 다양한 에너지원과 과학기술의 발전에 의해서 견인되었다. 많은 논란이 있지만 제4차 산업까지의 발전은 그림 3.1과 같다.

제1차 산업혁명은 증기기관의 발명과 석탄/석유 등의 화석연료의 사용에 의해서 발전하였다. 인간의 노동력을 기계가 대체하면서 엄청난 생산성의 향상과 철도 건설에 따라 대량의 물류가 전 세계로 퍼져 나갔다. 제2차 산업혁명은 19세기 말부터 20세기 초에 걸쳐서 전기와 통신의 발명으로 전기를 이용한 대량생산, 전신, 무선, 전화기를 이용한 정보의 세계화가 이루어지면서 발전하였다. 제3차 산업혁명은 20세기 중후반에 트랜지스터의 발명과 그 응용으로 컴퓨터가 발명되고, 전자통신 기술의 발전으로 산업의 자동화와 정보의 대중화가 이루어지면서 정보사회를 이끌었다. 제4차 산업혁명이 도래한 것인지에 대한 논란이 있지만 정보사회에서 지능사회로의 이전을 제4차 산업혁명이라 할 수 있다. 인터넷, 핸드폰 등 정보기기의 대중화로 대량의 정보가 소비되는 사회인 소프트웨어 중심사회로의 변화가 급속히 일어나고 있다. 제4차 산업혁명에서는 **지능형 ICT**(Information and Communication Technology)에 기반한 **사이버 물리시스템**(cyber physical system), 첨단나노기술, 첨단 바

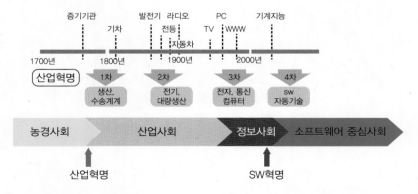

그림 3.1 | 제4차 산업혁명은 소프트웨어와 지능기술의 발전에 기반하고 있다.

이오 기술 등이 기술혁명을 이끌 것이다. 이번 장에서는 다양한 과학기술 변화를 촉발했던 에너지와 일에 대해서 살펴보고 인류의 에너지원에 대해서 생각해 본다.

3.1 일과 에너지

에너지란 개념을 처음 생각해 낸 것은 그리 오래된 일이 아니다. 뉴턴역학이 확립되고 나서 역학 체계를 좀 더 정밀하게 완성하려는 시도가 17~19세기에 있었다. 앞으로 소개할 운동 에너지, 위치 에너지, 역학 에너지 개념은 마이어, 줄, 오일러, 라플라스, 해밀턴, 라그랑주 등에 의해서 확립되었다. 라그랑주는 뉴턴의 운동법칙이 아니라 "에너지의 개념"에서 출발하여 뉴턴역학을 유도해 냈다. 해밀턴은 "**최소작용의 원리**(least action principle)"로부터 해밀턴의 운동 방정식을 유도했으며 그 방정식은 뉴턴의 운동법칙과 동등한 결과를 주었다. 비슷하게 라그랑주는 변분법을 이용하여 라그랑주 방정식을 유도하였는데 뉴턴의 운동법칙에서 유도한 방정식과 동등한 결과를 주었다. 에너지에 대한 개념이 광범위하게 쓰이게 된 것은 증기기관이 발명되고 나서부터이다. 자연계에서 에너지는 일상생활에서 돈에 비유할 수 있다. 즉, 에너지를 자연화폐로 비유하겠다.

> **에너지 = 자연화폐**

경제활동을 통해서 돈이 전달되고 저축되듯이 자연에서 일어나는 여러 가지 과정을 통해서 에너지는 전달되고 저장된다. 일상생활에서 돈을 벌려면 일을 해야 한다. 자연계에서도 마찬가지이다. 어떤 물리적 일을 하려면 에너지(돈)가 필요하다.

"에너지는 저장되거나 전달 또는 변환된다."

우리가 일상생활에서 돈을 예금, 현금, 증권 구입 등에 사용할 수 있듯이 에너지도 다양한 형태로 저장할 수 있다.

표 3.1 | 에너지의 저장형태와 의미

에너지	의미	예
운동 에너지	물체가 운동할 때 갖는 에너지	움직이는 물체의 에너지
퍼텐셜 에너지 (위치 에너지)	물체의 상대적 위치/방향에 따라 저장되는 에너지	중력 위치 에너지 전기 위치 에너지 핵력에 의한 위치 에너지 용수철의 퍼텐셜 에너지
내부 에너지	분자의 운동 에너지와 퍼텐셜 에너지로 저장된 에너지	기체의 에너지

화석연료의 화학 퍼텐셜 에너지는 분자들의 화학 결합에 저장된 전기 퍼텐셜 에너지의 한 형태이다. 화학 퍼텐셜 에너지를 일로 변환하여야 실생활에 쓸 수 있다. 과학에서 일은 아주 엄격하게 정의된다. 일이 존재하려면 물체에 힘이 작용해야 하고 물체의 이동이 있어야 한다.

$$일 = (이동방향의\ 힘\ 성분의\ 크기)(이동거리)$$

그림 3.2는 사람이 고양이를 들고 이동할 때 일정한 크기의 힘이 한 일을 나타낸 것이다. 일을 얘기할 때 우리는 어떤 힘이 한 일인가를 물어야 한다. 일상생활에서 "오늘 일을 많이 했다"와 같은 표현은 과학적으로 모호한 표현이다. 그림 3.2에서 땅에 있던 고양이를 들어 올릴 때, 사람은 힘 F를 위로 가해야 한다. 고양이의 무게를 이기는 힘을 가해야 고양이를 들어 올릴 수 있다. 바닥에 있는 고양이를 사람이 들어 올리지 않으면, 고양이는 저절로 높은 위치로 올라가지 못한다. 물론 고양이 스스로 점프하여 높은 곳으로 뛰는 경우는 고양이의 내부 에너지를 소모하여 일을 한 것이다.

그림 3.2는 사람이 힘 F를 가해서 고양이를 들어 올리는 과정, 고양이를 들고 수평면을 따라서 일정한 거리를 움직이는 상황, 다시 고양이를 내려놓는 상황을 묘사하고 있다. 이때 힘 F가 한 일은 표 3.2와 같다.

그림 3.2의 상황에서 가해준 힘이 일정한 경우에 앞에서 정의한 일에 대한 표현을 쓸 수 있다. 일반적으로 짧은 이동거리 $d\vec{s}$ 동안에 힘 F를 가하면 힘이 한 일은

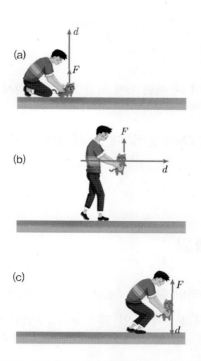

그림 3.2 | 사람이 고양이를 들어서 (a) 옮기고 (b) 내려놓을 때 (c) 한 일.

표 3.2 | 고양이를 옮기는 과정에서 힘 F가 한 일의 부호

상황	이동	힘 F가 한 일의 부호
(a)	힘 F의 방향과 물체의 이동 방향이 같음	힘과 이동 방향이 같으므로 양(+)의 일을 함
(b)	힘 F와 이동 방향이 수직	힘이 한 일은 0
(c)	고양이를 아래로 내릴 때 힘 F가 한 일	힘 F와 이동 방향이 반대이므로 힘 F가 한 일은 음(−)

$dW = \vec{F} \cdot \vec{ds} = Fds\cos\theta$와 같이 정의한다. 여기서 각도 θ는 힘 $\vec{F}$와 변위벡터 $\vec{ds}$ 사이의 사이 각이다. 일의 단위는 줄(J: Joule)을 사용한다.

1 J(줄) = 1 N(뉴턴)의 힘이 꾸준히 작용하여

물체를 1 m 이동시킬 때 한 일

또는

$$1 \text{ J} = 1 \text{ Nm}$$

이다. 물리적인 일을 말할 때 어떤 힘에 의한 일인지를 명시하여야 한다.

● **질문** "어떤 학생이 학교까지 걸어갈 때 한 일은 얼마인가?"와 같은 질문은 올바른 질문일까?

3.2 운동 에너지와 일

물체에 알짜 힘이 작용하면 물체의 속도가 변하여 가속한다. 물체에 일정한 힘이 작용하면 가속도 a 역시 일정하다. 이 힘이 물체를 x만큼 이동시켰다면 힘 F가 한 일 W는

$$W = Fx = (ma)x$$

이다. 가속도는 물체의 초속도와 나중 속도로 표현할 수 있다. 초속도 v_o인 물체가 일정한 힘을 받아서 등가속도 운동할 때 시간 t에서 물체의 속도는 $v = v_o + at$이다. 여기서 a는 등가속도 운동의 가속도이다. 이때 물체의 움직인 거리는 $x = \frac{(v_o + v)}{2} t$로 주어진다. 물체의 가속도와 위치에 대한 식을 대입하면 $W = m \frac{(v - v_o)}{t} \frac{(v + v_o)}{2} t = \frac{1}{2} mv^2 - \frac{1}{2} mv_o^2$이 된다. 여기서 $K = \frac{1}{2} mv^2$은 **운동 에너지**(kinetic energy)라 부른다. 질량이 있는 물체가 속도 v로 운동하면 에너지를 갖게 되는데, 그 크기가 운동 에너지에 해당한다. 일은 운동 에너지의 변화량과 같다.

일 = 운동 에너지의 변화 ➡ 이 관계를 **일-에너지 정리**라고 한다.

운동 에너지 = (질량)(속력의 제곱)/2 ➡ **운동 에너지**

물체가 가지는 운동 에너지의 특성은 다음과 같다.

- 질량을 갖는 물체가 운동을 하면 물체는 운동 에너지를 갖는다.
- 물체의 운동 에너지는 물체의 질량에 비례하고, 속력의 제곱에 비례한다.
- 물체의 속력이 클수록 물체의 운동 에너지는 커진다.
- 물체에 작용하는 힘이 한 일은 물체의 운동 에너지의 변화를 일으킨다.

물체가 가지는 에너지는

일을 할 수 있는 능력

을 의미하며, 물체에 한 일은 운동 에너지의 형태로 남게 된다. 운동 에너지는 다른 형태의 에너지나 일로 변할 수 있다.

물체에 작용한 힘이 한 일은 물체의 운동 에너지로 변환된다.

운동 에너지는 항상 양(+)의 값을 가진다. 그러나 운동 에너지의 크기는 절대적인 양이 아니다. 모든 물체의 속도는 항상 상대속도이므로 관측자에 따라 값이 달라진다. 1장에서는 절대 기준계가 없고 항상 상대적인 기준계만 생각했다. 예를 들어, 한 물체의 속도를 지상에서 관측한 사람과 운동하는 물체와 같은 방향으로 움직이는 기차에 타고 있는 사람이 관측한 속도는 서로 다르다. 따라서 두 관측자는 물체의 운동 에너지를 서로 다르게 측정한다. 보통 물체에는 한꺼번에 여러 힘이 동시에 작용한다. 떨어지는 빗방울에는 중력과 마찰력이 동시에 작용한다. 물체에 작용하는 힘의 합을 알짜 힘(합력)이라 한다. 따라서 일반적인 일과 운동 에너지 사이의 관계는

물체에 작용한 알짜 힘이 한 일은 물체의 운동 에너지 변화와 같다.

이며, 이 관계를 일—에너지 정리(work-energy theorem)라 한다. 힘이 물체에 일을 하면 그 효과는 운동 에너지의 변화로 나타난다.

일률

에너지의 변환은 일정한 시간 간격 동안에 일어난다. 같은 양의 에너지라도 변환되는 시간 간격이 다르면 그 효율이 달라진다. 한 사람이 100 J의 일을 1초 걸려서 한 것과 1시간 걸려서 한 것은 일의 효율이 다른 것이다. 에너지 변화량과 시간 간격의 비를 에너지 변환율 또는 일률(power)이라 한다. 에너지 변환율 또는 일률(power) P 는

$$P = \frac{\Delta W}{\Delta t}$$

이다. 여기서 ΔW는 Δt 시간 동안에 물체에 작용한 알짜 힘이 물체에 해준 일의 양이다. 일률의 단위는 와트(Watt)이고 1 W = 1 J/s이다. 여기서 W는 와트라고 읽는다. 일상생활에서 전기요금표를 보면 kWh(킬로와트시 또는 킬로와트 아우어) 단위를 사용하며, Wh는 일률에 시간을 곱한 값이므로 에너지의 단위를 가진다.

$$1\,\text{Wh} = 1\left(\frac{\text{J}}{\text{s}}\right)(1\,\text{h}) = 1\left(\frac{\text{J}}{\text{s}}\right)(1\,\text{h})\left(\frac{3{,}600\,\text{s}}{1\,\text{h}}\right) = 3{,}600\,\text{J}$$

이며, 1 kWh = 1000 Wh이므로

$$1\,\text{kWh} = 3.6 \times 10^6\,\text{J}$$

이다. 즉, 1 kWh = 3.6 MJ이다.

 예제 3.1 어느 여름에 한 가정의 전기 사용량은 400 kWh였다. 사용한 에너지를 J로 표시해 보자.

풀이

앞에서 1 kWh = 3.6×10^6 J이므로 전기 사용량 400 kWh는

$$\text{전기 사용량} = 400 \text{ kWh} = (4{\times}10^2)(3.6{\times}10^6 \text{ J}) = 1.44{\times}10^9 \text{ J}$$

이다.

그림 3.3은 식물이 광합성(photosynthesis)을 하여 태양의 빛 에너지를 녹말과 같은 생화학 물질에 축적하는 과정을 나타낸 것이다. 동물은 식물을 섭취함으로써 식물이 저장하고 있던 화학 결합 에너지를 산화 과정으로 꺼내 쓴다. 동물은 섭취한 음식에 담겨 있는 내부 에너지의 일부 ΔU를 꺼내서 자신의 체온을 유지하는 열 ΔQ와 움직이는 데 필요한 일 ΔW의 형태로 전환한다. 따라서 생명체의 에너지 변화율은 다음과 같이 표현된다.

$$\frac{\Delta U}{\Delta t} = \frac{\Delta Q}{\Delta t} - \frac{\Delta W}{\Delta t}$$

$\Delta U/\Delta t$ = 에너지의 변화량

$\Delta Q/\Delta t$ = 열손실 또는 이득의 변화율

$\Delta W/\Delta t$ = 일의 변화량

세 물리량은 모두 (에너지)/(시간)의 단위로서, 일률의 단위를 갖는다. 음식을 섭

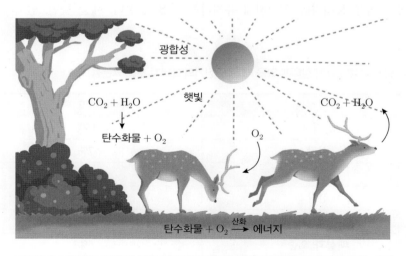

그림 3.3 | 동물은 식물이 광합성에 의해 축적한 화학적 결합 에너지를 산화 과정을 통해 꺼내 쓴다.

취하여 꺼낸 에너지 중에서 실제 역학적 일로는 생명체의 체온을 유지하는 데 필요한 열과 인체의 각종 장기를 유지하는 데 필요한 에너지를 뺀 만큼만 쓸 수 있다.

⊕ **질문**　휴식을 취하고 있는 성인 남성의 일률은 몇 W쯤 될까?

인체의 에너지 소모

인간은 매일 음식을 먹고 소화시키며, 음식에서 에너지를 얻는다. 먹지 않고 살 수는 없다. 섭취한 음식에 저장된 화학적 내부 에너지는 세포 내에서 일어나는 산화 과정을 통해 인체에게 에너지를 주며, 인체가 얻은 에너지는 우리 몸의 각종 장기를 유지하는 데 사용된다. 표 3.3은 인체 주요 기관의 에너지 소모 백분율을 나타낸 것이다. 휴식 상태란 아무런 외부적인 일을 하지 않고 편안하게 쉬고 있을 때를 말하는데, 가만히 있어도 우리 몸의 각종 장기들은 살아 있기 위해서 에너지를 소모한다. 간과 비장이 가장 에너지를 많이 소모하는데, 간은 화학 처리 공장과 같은 역할을 하기 때문에 에너지 소모가 크다. 다음으로 에너지를 많이 쓰는 곳이 뇌이며, 거의 20% 가까이를 쓴다. 뇌는 우리 몸의 각종 장기를 조절하기 때문에 휴식 상태에서도 많은 에너지를 쓴다.

인체가 흡수한 에너지는 인체의 항상성(homeostasis)을 유지하는 데 사용된다. 항상성이란 어떤 물리량을 일정하게 유지하는 것을 말한다. 예를 들면, 인체의 체온

표 3.3 | 성인 남성이 휴식 상태에 있을 때 주요 장기의 에너지 소모 백분율

신체 부위	에너지 소모 백분율
골격근	18%
심장	7%
뇌	19%
신장	10%
간과 비장(spleen)	27%
배설과 오줌	5%
나머지	9%

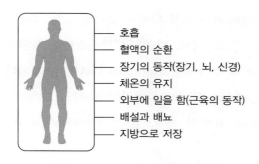

그림 3.4 | 인체에서 에너지의 쓰임새.

은 주요 핵심 부위에서 36°C를 일정하게 유지한다. 그림 3.4는 인체에서 흡수한 에너지가 인체에서 어떤 역할을 하는지 나타낸 것이다. 인체에서 에너지는 1차적으로 각종 장기를 유지하는 데 쓰이며, 그 외에 인체가 일상적으로 살아 있기 위한 동작인 호흡, 혈액 순환, 체온 유지, 배뇨와 배설 및 인체가 외부에 하는 일의 형태로 나타난다. 이렇게 쓰고도 남은 에너지는 지방의 형태로 몸에 축적되며, 지방은 필요할 때 분해해서 다시 에너지원으로 쓴다. 그렇지만 불필요하게 에너지를 많이 섭취하게 되면, 쓰지 않는 에너지를 계속 지방으로 축적하기 때문에 우리 몸은 비만이 된다. 필요한 만큼의 음식만 섭취하는 것이 건강에 좋다.

그림 3.5는 3대 영양소인 **단백질**(protein), **탄수화물**(carbohydrate)과 **다당류**

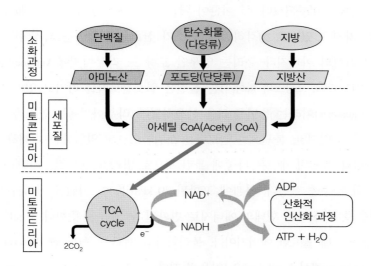

그림 3.5 | 3대 영양소가 세포에서 에너지원으로 변화하는 산화환원 대사작용(redox metabolism).

(polysaccharides), 지방(fat)의 소화를 나타낸 것이다. 소화 과정에서 단백질은 아미노산으로, 탄수화물은 포도당으로, 지방은 지방산으로 변환된다. 변환된 물질은 미토콘드리아와 세포질에서 아세틸 코아(Acetyl CoA)로 변환된다. TCA 사이클에서 NAD(Nicotinamide Adenine Dinucleotide)가 NADH로 환원되고, 아데노신 이인산(Adenosine Diphosphate, ADP)이 아데노신 삼인산(Adenosine Triphosphate, ATP)으로 산화된다.

예제 3.2 사과 하나의 칼로리 70 kcal는 무엇을 뜻하는가?

그림 3.6 | 칼로리가 70 kcal인 사과.

풀이

cal(칼로리, calorie)는 J(줄, joule)과 같은 에너지의 단위이며, 칼로리란 열에 관한 초창기의 이론에서 비롯되었다. 열 이론이 처음 나올 때에 물체는 칼로릭(caloric)이라는 유체를 가지고 있다고 생각하였다. 연소가 산소와 결합되는 과정이란 것을 발견한 근대 화학의 아버지라 불리는 앙투안 로랑 드 라부아지에(Antoine-Laurent de Lavoisier, 1743~1794, 프랑스의 화학자)는 물질은 열소칼로릭를 가지고 있다고 주장하면서 칼로릭(caloric)이라는 용어를 처음 사용하였다. 라부아지에는 연소가 산화라는 옳은 주장을 하였지만, 불필요한 칼로릭을 도입함으로써 열현상을 이해하는 데 어려움을 주었다. 칼로릭 개념은 나중에 틀린 것으로 밝혀졌으나, 칼로리라는 말은 에너지의 단위로 종종 쓰인다. 사과에 포함된 70 kcal란, 이 퍼텐셜 에너지가 인체의 소화과정을 통해서 다른 형태의 에너지로 변환될 수 있음을 뜻한다. 1 cal는 물 1 g을 1°C 높이는 데 필요한 에너지이다. 물리학자인 제임스 줄(James Prescott Joule)은 정교한 실험을 통해서 1 cal = 4.2 J임을 밝혔다.

예제 3.3 줄다리기를 하고 있는 사람들은 많은 일을 하고 있다. 이 말은 올바른 표현인가?

그림 3.7 | 줄다리기를 하고 있는 사람들은 일을 하고 있을까?

풀이

이 말이 옳은지 틀린지를 알아보려면 문제를 바라보는 관점에 주의해야 한다. 줄다리기 시합을 할 때 많은 힘을 가하지만 줄은 거의 평형 상태에 놓여 있다. 양편의 힘이 균형을 이룸으로써 계의 합력은 0이며, 합력이 한 일은 0이라고 판단할 수 있다. 그러나 이러한 추론은 전체 물리계를 너무 단순화한 결과이다. 줄다리기 시합을 할 때 인체의 생물학적 측면을 살펴보면 상황은 매우 다르다. 줄을 당기기 위해서는 인체 내부의 여러 생화학적 과정이 필요하다. 심장이 가하는 힘에 의해 동맥으로 혈액이 흐르므로 심장은 혈액에 일을 하고 있다. 또한 공기를 빨아들이기 위해 폐 역시 일을 하고 있으며, 근육도 힘을 발휘하기 위해서 많은 에너지를 순간적으로 소모한다. 따라서 줄다리기를 하고 있는 각 사람은 많은 일을 하고 있다.

예제 3.4 1 km 거리를 달리는 것보다 자전거를 타고 가는 것이 에너지 소모가 더 적은 이유는 무엇인가?

그림 3.8 | 같은 거리를 걷지 않고 자전거를 타고 가면 에너지 소모가 적다. 그 이유는 무엇일까?

풀이

달리기를 하든, 자전거를 타든 인체는 내부 에너지를 이용하여 1 km를 움직인다. 다만 에너지 변환 과정에 따라 힘이 드는 정도가 달라진다. 자전거 타기는 인체의 에너지를 운동 에너지로 바꾸는 효율적인 방법이다. 달리기를 할 때 인체는 땅과 발의 마찰로 인해 에너지를 많이 소모한다. 자전거를 탈 때에는 주로 다리만 움직이게 되며, 원운동을 지속적으로 한다. 반면 달리기를 할 때에는 한 발걸음마다 정지한 다리를 들어 올려 움직인 다음 땅을 디딜 때 다시 발을 정지시킨다. 따라서 다리는 속도 변화를 급격히 받게 되며 계속적인 가속과 감속이 있어야 한다. 이러한 과정에서 근육의 생화학적 에너지가 많이 소모되며, 또한 상체의 팔도 흔들어야 균형을 잡기 때문에 이때에도 에너지 소모가 일어난다. 따라서 자전거가 걷기보다 더 효율적이다.

3.3 위치 에너지와 역학 에너지

여러분은 양수 발전소(남는 전력을 사용하여 물을 산꼭대기의 호수로 퍼 올려, 전기가 부족할 때 다시 발전을 하는 발전소)나 수력 발전소를 본 적이 있을 것이다. 요즘은 에너지 저장시스템(ESS, Energy Storage System)에 대한 관심이 높아지고 있다. 수력 발전은 물이 높은 곳에서 낮은 곳으로 떨어지는 낙차를 이용하여 전기 에너지를 얻는다. 여기서 주목할 것은 바로 "물이 높은 곳에서 낮은 곳으로 떨어질 때 에너지를 얻는다"는 것이다. 우리는 지구에 살고 있고, 물체가 높은 곳에서 낮은 곳으로 떨어지는 원인이 중력에 의한 힘임을 알고 있다.

즉, 물체가 높은 곳에서 낮은 곳으로 떨어질 때 중력이 일을 한다. 반대로 물체를 낮은 곳에서 높은 곳으로 올리기 위해서 중력에 대항해서 사람이나 기계가 일을 해야 한다. 이렇게 외부에서 해준 일은 다시 높이 차이에 의한 에너지로 저장된다. 물체를 더 높이 올리려면 더 많은 일을 해주어야 한다. 이와 같이 중력 하에서 높이 차이에 의해서 생기는 에너지를 "중력 위치 에너지 또는 퍼텐셜 에너지(potential energy)"라 한다. 중력 위치 에너지는 물체의 질량, 중력 가속도, 지상으로부터의 높이에 의해서 결정된다.

그림 3.9 | 수력 발전이나 양수 발전은 물이 높은 곳에서 낮은 곳으로 떨어질 때의 낙차를 이용하여 에너지를 얻는다. 그 원리는 무엇일까?

중력 위치 에너지 = (질량)(중력 가속도)(높이)

질량 m인 물체를 높이 h만큼 들어 올릴 때 중력에 대항해서 힘이 해준 일은 중력 위치 에너지 = (무게)(높이) = mgh이다. 물체가 다시 땅으로 떨어지면 위치 에너지는 운동 에너지로 변한다. 물체의 운동 에너지는 수력 발전소에서 터빈을 돌리는 일로 쓰이며, 위치 에너지가 운동 에너지로, 운동 에너지가 전기 에너지로 에너지 형태가 변한다.

중력과 같은 힘은 물체가 어떤 위치에 있을 때, 그 물체의 위치 에너지와 운동 에너지를 합하면 항상 일정한 성질을 가진다. 이러한 성질을 가지는 힘을 **보존력**(conservative force)이라 부른다.

역학 에너지 = 위치 에너지 + 운동 에너지

물체를 공중으로 던졌을 때 공기 저항이 없다면, 물체가 임의의 위치에 있더라도 그 물체의 위치 에너지와 운동 에너지의 합인 **역학 에너지**(mechanical energy)는 일정하다. 이렇게 역학 에너지가 일정한 현상을 **역학 에너지 보존법칙**(conservation law of mechanical energy)이라 한다.

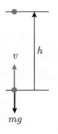

그림 3.10 | 질량 m인 물체를 속력 v로 던져 올리면 물체는 높이 h까지 올라가서 순간적으로 멈추고 반대로 떨어진다. 이 과정에서 역학 에너지는 보존된다.

역학 에너지가 보존되는 또 다른 보존력이 스프링에 의한 탄성력이다. 스프링에 매달린 물체를 평형 위치에서 x만큼 잡아 늘였을 때 위치 에너지는

$$U(x) = \frac{1}{2}\,kx^2$$

여기서 k는 스프링 상수라 하고, k가 클수록 스프링은 잡아 늘이기 어렵다.

우리가 에너지를 사용할 때 일부의 에너지는 유용하게 쓰이지만 일부의 에너지는 쓸모없는 형태의 에너지로(예를 들면 내부 에너지, 열에너지) 변환된다. 그런데 이렇게 쓸모없는 형태의 에너지를 다시 우리가 쓸 수 있는 유용한 에너지의 형태로 완전히 변환하는 것은 불가능하다(열역학 제2법칙). 하나의 고립된 계에서 에너지는 운동 에너지, 위치 에너지, 열, 일 등 여러 가지 형태로 바뀔 수 있다. 시스템이 처음 상태(initial state)에서 나중 상태(final state)로 변하는 경우를 생각해 보자. 예를 들어, 절벽 위에서 돌멩이를 떨어뜨리기 직전의 순간이 초기 상태이고, 돌멩이가 떨어져

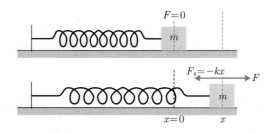

그림 3.11 | 마찰이 없는 수평면에서, 질량 m인 물체를 매단 스프링을 거리 x만큼 잡아당긴다. 여기서 스프링에는 $-kx$인 복원력이 작용한다.

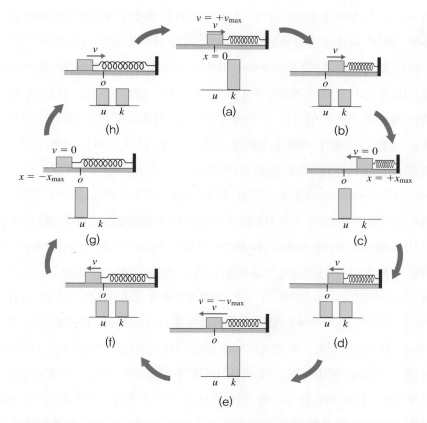

그림 3.12 | 물체–스프링 계의 진동. 마찰이 없는 면에서 진동하면 위치 에너지(U)와 운동 에너지(K)의 합은 일정하다. 따라서 모든 그림에서 $U + K$의 값은 모두 같다.

서 바닥에 떨어져 멈춘 상태가 나중 상태이다. 고립된 계에서 에너지는 형태만 바뀔 뿐이기 때문에 처음 에너지와 나중 에너지는 같아야 하며, 이를 에너지 보존법칙 (law of energy conservation)이라 한다.

초기 상태 총에너지 = 나중 상태 총에너지

절벽에서 돌멩이가 떨어지는 경우를 생각해 보면, 절벽의 높이에 있는 물체의 위치 에너지가 낙하하면서 속도가 커지면 위치 에너지는 감소하고 운동 에너지는 증가한다. 낙하하는 동안 마찰이 없다면 운동 에너지와 위치 에너지의 합인 역학

에너지는 초기 상태의 물체의 위치 에너지와 같다. 물체가 바닥에 떨어져서 완전히 멈추면 물체가 바닥에 충돌하는 과정에서 소리가 나므로 일부 에너지는 음파의 파동 에너지로 변하였고, 충돌과정에서 바닥과 물체의 온도가 올라가므로 에너지가 열로 변화하였다. 만약 충돌과정에서 물체나 바닥이 변형되었다면 에너지의 일부는 물체의 형상에 저장된 전기적 위치 에너지로 변화되었다. 이렇듯 에너지는 다른 모습으로 변한다. 물체가 바닥에 떨어져 멈추었을 때, 다른 형태로 변형된 에너지를 모두 합하면 초기 상태 계의 총에너지와 같다.

에너지 보존법칙은 나중에 공부할 열역학 제1법칙의 다른 이름이다. 열역학 제1법칙은 다체계(구성입자가 많은 시스템)에서 에너지 보존법칙을 뜻한다. **율리우스 로베르트 마이어**(Julius Robert Mayer, 1814~1878, 독일의 물리학자이자 의사)는 에너지 보존법칙에 대한 논문을 1842년에 발표하였다. 그는 운동과 열이 자연에서 동일한 실체이며 서로 바뀌어 나타나지만 그 양은 변환과정에서 보존된다는 이론을 확립했다. 마이어는 동인도로 항해하는 네덜란드 상선에서 의사로 1년을 보냈다. 그는 입항한 지 얼마 되지 않은 선원들의 혈액이 매우 붉은색을 띰을 발견하였는데, 선원들의 혈액이 붉은 이유는 열대기후의 열 때문이라고 추정하였다. 무더운 열대 기후에서는 신진대사가 느려도 체온을 유지할 수 있으므로 동맥의 혈액이 산소를 덜 사용할 것이었다. 마이어는 음식의 산화가 동물이 열을 얻는 방법임을 알고 있었으며, 음식의 화학 에너지는 음식의 산화로부터 얻는 열의 양과 같다고 생각했다. 따라서 근육이 사용하는 에너지와 체온의 열은 음식에 들어 있는 화학 에너지로부터 오며, 동물의 음식물 섭취량과 에너지 소모가 평형을 이룬다면, 이 에너지는 보존될 것이라고 생각하였다. 1845년에 마이어는 보존 원리를 자기 에너지, 전기 에너지, 화학 에너지로 확장하였다. 태양 에너지가 식물에서 화학 에너지로 바뀌고, 이 에너지가 음식을 섭취한 동물에게 전달되어 사용된다. 그 결과로 동물은 체온을 유지하고 움직이는 데 필요한 역학적 에너지를 얻는다고 주장하였다. 마이어가 발표한 논문은 그 당시에 주목을 끌지 못했다. 당시의 물리학자들은 그의 주장에 주목하지 않았다. 그의 주장은 헬름홀츠 코일(Helmholtz coil)로 유명한 **헤르만 폰 헬름홀츠**(Hermann von Helmholtz)가 1847년에 마이어의 초기 논문을 읽은 후, 그 중요성을 물리학계에 널리 홍보하면서 알려졌다. 그 후에 마이어의 에너지 보존 원리는 과학계에 확고한 틀

을 잡게 되었지만, 마이어의 논문은 수학적으로 표현되지 않았기 때문에 다른 과학
자들에게 별로 유용하지 않았다.

우리는 일상생활에서 휘발유를 태울 때, 우리에게 유용한 화학적 퍼텐셜 에너
지를 "쓸모없는" 내부 에너지의 형태로 끊임없이 변환하고 있다. 물론 휘발유를 태
워서 일부는 기계를 돌리는 데 사용하지만, 항상 우리가 쓸 수 없는 **쓰레기 열**(waste
heat)을 방출해야 한다. 따라서 우리가 사용할 수 있는 유용한 에너지는 지구상에서
끊임없이 줄어들고 있다. 즉, 에너지 고갈은 피할 수 없다. 특히 인간이 사용하는 에
너지의 양은 식물이나 식물성 플랑크톤이 빛 에너지를 화학적 에너지로 저장하고
그 사체가 쌓여서 화석 에너지로 변환되는 양보다 훨씬 많기 때문이다.

> "에너지 고갈을 해결할 수 있는 방법은 인공태양을 만드는 것이다.
> 핵융합 기술을 완성한다면 인류는 에너지 걱정에서 해방될 것이다."

지구의 생명체들이 사용하는 에너지의 대부분은 태양으로부터 온 에너지를 사용
하는 것이다. 식물은 빛 에너지를 생화학 작용으로 분자 에너지로 전환한다. 생명체
들은 먹이 사슬망을 통해서 에너지를 순환한다. 석유와 석탄 같은 화석연료는 죽은
생물체가 축적되어 만들어진 것이므로 궁극적인 에너지는 태양으로부터 온 것이다.
그림 3.13은 에너지의 변환과정을 나타낸 것이다. 태양 에너지가 유기체에 축적되고,

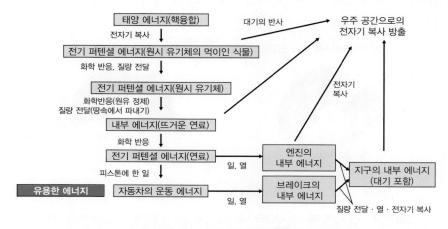

그림 3.13 | 태양 에너지가 지구에서 유용한 에너지로 변환되어 사용되고 폐기되는 과정.

화석연료를 산화시키는 과정에서 우리는 유용한 에너지를 얻는다. 이렇게 얻은 에너지의 일부는 우리가 사용할 수 있는 "유용한 에너지"로 전환하고 그렇지 못한 에너지는 "쓰레기 열"로 방출하게 된다.

3.4 화석연료의 종말

일상생활에서 우리는 다양한 에너지원에서 에너지를 생성하여 사용하며, 석유, 석탄, 원자력, LNG, 수력 등에서 에너지를 얻는다. 2025년과 2040년 세계 에너지 수요를 전망한 것은 그림 3.14와 같다.

전 세계의 에너지 점유율을 살펴보면 여전히 화석연료가 차지하는 비율이 높으나, 신재생에너지의 점유 비율이 점차로 증가하고 있다. 전 세계 에너지원으로 석유, 천연가스, 석탄의 비중이 앞으로도 높을 것으로 본다.

석유, 석탄, 천연가스 등과 같은 화석연료는 어느 시점에 고갈되어 사용할 수 없다. 화석연료가 고갈된다면, 인류는 심각한 에너지 문제에 봉착할 것이며, 이에 대비하는 것이 필요하다. 우라늄을 사용하는 원자력 역시 우라늄의 매장량이 유한하기 때문에 고갈될 것이다. 인류는 바야흐로 에너지 위기에 직면할 것이다. 또한 화석연료의 사용으로 지구의 기온이 날로 상승하여 지구온난화에 의한 지구 생태계의 엄청난 변화가 초래될 것이며, 이런 이유 때문에 대체에너지와 신에너지에 대한

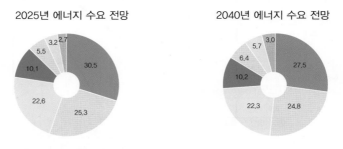

그림 3.14 | 전 세계 에너지 수요와 에너지 사용량에서 화석연료 점유 비율. 2040년 에너지 전망은 에너지 기술의 발전과 정부의 에너지 정책에 크게 의존할 것이다.

표 3.4 | 대표적인 화석 연료의 연소열

연료	연소열(kJ/kg)
수소	121
메테인(메탄)	50.1
에테인(에탄)	47.6
프로페인	45.8
가솔린	45
무연탄	30.5
에탄올	29.7
메탄올	20
포도당	16
나무	10~14

수요가 급증하고 있다. 산업혁명 이후에 인류는 석탄, 석유, 천연가스와 같은 연료들을 사용하였다. 표 3.4는 대표적인 연료들의 연소열을 나타낸 것이다. 가솔린의 연소열이 45 kJ/kg으로 상대적으로 높은 것을 볼 수 있다. 나무의 연소열은 10 kJ/kg이기 때문에, 석유를 사용하는 것이 에너지적인 측면에서 더 효율적인 것을 알 수 있다. 표에서 수소의 연소열이 다른 탄화수소나 알코올보다 월등히 높다. 탄화수소 계열의 연료는 대개 1 g당 연소열이 비슷하다.

석유

유전에서 채취한 원유를 정제하면 다양한 연료를 얻을 수 있다. 끓는점이 올라가면서 가솔린, 등유, 경유, 윤활유로 정제된다. 석유의 정제는 대개 **분별증류**(fractional distillation) 방법을 사용하며, 분별증류는 각 성분의 끓는점의 차이를 이용한 것이다. 증류에서 얻은 성분들은 여전히 수백 개의 탄화수소 혼합물인데, 이를 석유분획(petroleum fraction)이라 한다. 표 3.5는 원유에서 얻어지는 탄화수소 분획을 나타낸 표이다.

원유는 해저에 가라앉은 유기물의 부패로, 100만 년 이상의 세월이 흐른 후 만

표 3.5 | 원유에서 얻은 탄화수소 분획

분획	분자의 크기	끓는점(°C)	용도
기체	$C_1 \sim C_4$	$0 \sim 30$	기체 연료
가솔린	$C_5 \sim C_{12}$	$30 \sim 200$	자동차 연료
등유	$C_{12} \sim C_{16}$	$180 \sim 300$	제트기 연료, 디젤연료
경유	$C_{16} \sim C_{18}$	300 이상	디젤연료, 열분해 원료
윤활유	$C_{18} \sim C_{20}$	300 이상	윤활유, 열분해 원료
파라핀	$C_{20} \sim C_{40}$	용융점 낮은 고체	초, 왁스종이
아스팔트	C_{40} 이상	끈끈한 잔유물	아스팔트, 타르

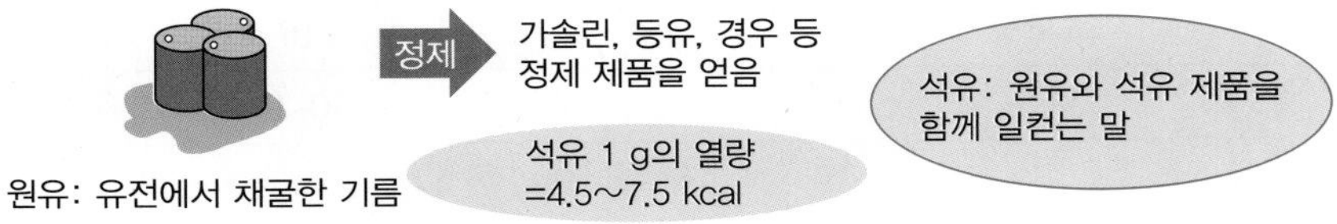

원유: 유전에서 채굴한 기름

정제 → 가솔린, 등유, 경우 등 정제 제품을 얻음

석유 1 g의 열량 =4.5~7.5 kcal

석유: 원유와 석유 제품을 함께 일컫는 말

그림 3.15 | 원유를 정제하면 가솔린, 등유, 경유 등 다양한 석유 제품을 얻는다.

들어져 암반에 퇴적물로 저장되어 있다. 이를 "유기물 기원설"이라 한다. **석유**는 자동차, 항공기, 발전소 등에서 연료로 사용되며 플라스틱, 합성섬유, 약품 등의 원료로 사용된다. 석유와 천연가스를 원료로 하는 탄화수소 촉매 열분해에서 에틸렌, 뷰틸렌, 아세틸렌, 프로필렌이 생성된다. 그런데 연료의 수요를 보면 등유보다 가솔린(휘발유)의 수요가 더 크다. 따라서 석유분획으로 얻은 탄화수소를 **열분화** (cracking) 공정을 이용하여 등유가 많이 함유된 분획을 가솔린 영역의 분자들로 변환시킨다. 촉매를 사용하는 **촉매분해공정**(catalytic cracking process)은 "제올라이트" 촉매를 사용하며, 공기가 없는 조건에서 포화 탄화수소를 가열한다. 이 과정에서 탄화수소는 짧은 사슬의 알케인이나 알칸으로 분해된다. 화학 반응식은 다음과 같다.

$$C_{16}H_{34} \xrightarrow{\text{열, 입력}} C_8H_{16} + C_8H_{18}$$

알케인   가솔린 영역   가솔린 영역
                  알켄   알케인

표 3.6 | 전 세계 원유 추정 매장량(단위: bbl)

중동	북미	중남미	아프리카	비OECD 유럽	아시아 및 대양주	OECD 유럽
894억	120억	112억	83억	79억	61억	22억
65.4%	8.7%	7.8%	6.2%	5.9%	4.4%	1.6%

현재 전 세계의 원유의 추정 매장량은 약 1,373억 bbl(배럴)이고, 원유의 단위인 배럴은 1 bbl = 158.9 L이다. 추정 가채년수는 약 43년으로 추정하는데, 전 세계적으로 아직도 발굴하지 않은 유전과 채굴기술의 발전으로 추정 매장량과 가채년수는 매우 유동적이다.

표 3.6은 전 세계에 매장되어 있는 원유 매장량을 각 대륙별로 나타낸 것이다. 대부분의 원유가 중동 지역에 집중되어 있다. 전 세계가 석유를 중동에 의존하는 이유도 이 때문이다. 북미와 중남미에도 상당량의 원유가 매장되어 있다.

천연가스

천연가스는 지각에 붙잡혀 있는 기체 혼합물이고 석유와 함께 매장되어 있는 유정(oil well)이나 가스정(gas well)에서 채굴된다. 천연가스의 주성분은 80~85%가 메테인(메탄, CH_4)이다. 천연가스는 공해물질이 적고 에너지 효율이 높기 때문에 청정에너지로 각광을 받고 있다. 그러나 천연가스는 연소할 때 가스 상태로 연소하기 때문에 폭발의 위험성이 있다. 천연가스의 추정 매장량은 약 141조 m^3이고, 가채년수는 약 66.4년이다. 천연가스의 추정 매장량과 가채년수 역시 매우 유동적이다. 천연가스 매장량은 표 3.7과 같다. 러시아의 천연가스 매장량이 많기 때문에 OECD 유럽의 매장량이 OPEC 가입국의 매장량과 비슷한 수준이다. 러시아의 천연가스가 대규모 공급 라인으로 여러 유럽 국가에 공급되는 이유는 러시아의 천연가스 매장량과 채굴량이 크기 때문이다.

천연가스의 주성분은 메테인이지만 그 외의 성분들도 소량씩 들어 있다. 천연가스의 주요 성분은 표 3.8과 같이 메테인, 에테인, 프로페인, 질소, 이산화탄소, H_2S 등의 기체가 포함되어 있다.

표 3.7 | 전 세계 천연가스 매장량과 점유율

OPEC국	OECD 유럽국	그 외 OECD국	기타
57.6조 m^3	56.7조 m^3	14.9조 m^3	11.8조 m^3
40.8%	40.2%	10.6%	8.4%

표 3.8 | 천연가스의 주요 성분

메테인 (메탄, CH_4)	에테인 (에탄, C_2H_4)	프로페인 (프로판, C_3H_8)	질소 (N_2)	노멀부탄 (nC_4H_{10})	이소부탄 (iC_4H_{10})	펜탄 (C_5H_{12})
89.83%	5.89%	2.92%	0.02%	0.56%	0.56%	0.04%

액화천연가스(LNG, liquified natural gas)란 수분과 질소와 같은 불순물을 제거하고 영하 162°C에서 액화시킨 천연가스를 말한다. LNG가 수입기지에서 재기화(액체에서 기체 상태로 변화)될 때 흡수하는 열을 **냉열**이라 하며, 이때 1 kg당 200 kcal의 냉열이 발생한다. 즉, 재기화하면서 열을 흡수하므로 주위의 공기를 냉각시킨다. 냉열을 이용하여 발전을 하거나 공기를 액화시켜 액체 산소, 액체 질소 및 액체 드라이아이스 등을 만들 수 있다. 또한 식품의 냉동, 고무, 플라스틱 및 금속을 저온 분쇄하여 가공 처리하는 데 사용할 수 있다.

석탄

석탄(石炭, coal)은 식물의 셀룰로오스(cellulose, $(C_6H_{10}O_5)_n$) 구조로 식물 세포벽의 주요 구성 성분)와 리그닌(lignin, 나무의 목질부를 이루는 성분)을 주성분으로 한 수목이 두껍게 쌓여서 만들어진 층이 큰 압력을 받아 탄화되어 생성된 것이다. 탄화 정도에 따라 이탄, 토탄, 갈탄, 역청탄, 무연탄이 있다. 석탄은 중국에서 기원전 4000년 무렵부터 사용했다는 기록이 있으며, 유럽에서는 11~12세기부터 사용되기 시작하였고, 17세기 산업혁명이 시작되면서 대규모로 사용되었다. 석탄 질량의 약 85%는 탄소를 함유한 탄화수소 복합물이다. 적은 양의 황도 포함하고 있다. 석탄은 탄소 접합 고리(fused rings)를 많이 함유하고 있다.

전 세계에서 채굴된 석탄의 약 88%가 전기를 생산하는 데 쓰이며, 약 1%만이

가정 및 산업용으로 쓰인다. 석탄은 공기오염의 주요한 원인이며, 최근에는 미세먼지의 주요 원인으로 등장하고 있다. 노천 석탄은 채굴이 거의 끝났다. 지하 석탄은 채굴 위험을 감수해야 하며 채굴한 석탄을 노천에 쌓아두기 때문에 2차적인 환경 오염을 일으킬 수 있다. 세계의 총 석탄 매장량은 약 10,010억 톤에 달하며, 세계 화석연료 매장량의 91%를 차지한다. 천연가스와 석유는 대략 9%를 차지한다. 석탄 매장량의 대부분은 미국(23%), 러시아(23%), 중국(11%) 등에 집중되어 있으며, 독일, 오스트레일리아, 남아프리카 공화국, 인도 및 아프리카와 중동에도 5% 이상 매장되어 있다. 석탄의 가채년수는 약 230년이다.

원자력에너지

원자력은 우라늄(U, 원자번호 92)을 원료로 원자로에서 에너지를 생산하는 방식을 말하며, 원자로의 설계·운전방식에 따라 우라늄의 에너지 생산 효율이 변한다. 우라늄은 우라늄-235, 우라늄-238이라는 2개의 동위원소가 있으며, 그 자체로는 거의 이용가치가 없으나 원자로 속에 들어가면 비로소 에너지로서의 역할을 할 수 있다. 원차로 속에서 일어나는 현상으로는 다음 세 가지의 기본적인 반응이 있다.

1. 우라늄-235(^{235}U) + 중성자 → 핵분열 에너지 + 2 또는 3개의 중성자
2. 우라늄-238(^{238}U) + 중성자 → 플루토늄
3. 플루토늄 + 중성자 → 핵분열 에너지 + 2 또는 3개의 중성자

그림 3.16은 우라늄-235가 중성자를 흡수하여 핵분열(nuclear fission)하는 핵반응의 모식도를 그린 것이다. 중성자를 흡수한 우라늄-236은 매우 불안정하여 크립톤(Kr)과 바륨(Ba)으로 쪼개지며, 이때 약 200 MeV의 에너지가 발생한다. 이 에너지는 핵분열 과정에서 질량결손 때문에 발생한다. 우라늄의 핵분열은 1938년 오토 한(Otto Hahn, 1879~1968, 독일의 화학자, 1944년 핵분열 발견으로 노벨 화학상 수상)과 그의 조수 프리츠 스트라스만(Fritz Strassmann, 1902~1980, 독일의 화학자)이 우라늄에 중성자를 쪼였을 때 샘플에는 없던 바륨이 생겨난 것을 발견함으로써 알게 되었다. 이것이

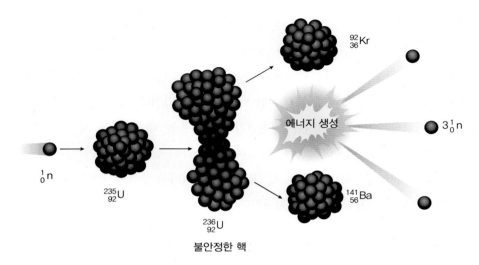

그림 3.16 | 우라늄−235가 열중성자를 흡수하여 불안정한 핵이 되었다가 핵분열하는 그림. 우라늄은 크립톤(Kr)과 바륨(Ba)으로 분열하면서 200 MeV의 에너지를 방출한다.

큰 원자핵에서 일어나는 핵분열을 최초로 실험적으로 관찰한 사건이었다. 제임스 채드윅(James Chadwick, 1891~1974, 영국의 물리학자, 중성자 발견으로 1935년에 노벨 물리학상 수상)은 1932년에 중성자를 발견하였다. 한편 오토 한과 함께 연구하던 물리학자 리제 마이트너(Lise Meitner, 1878~1968, 오스트리아-스웨덴의 여성 물리학자)는 1938년 나치의 오스트리아 합병으로 유태인 탄압에 위기를 느껴서, 스웨덴으로 탈출하여 연구하고 있었다. 같은 시기에 우연히 마이트너의 사촌 오토 로버트 프리쉬(Otto Robert Frisch, 1904~1979, 오스트리아의 물리학자) 역시 스웨덴으로 탈출하였다. 마이트너와 프리쉬는 함께 연구를 하였는데, 1938년에 마이트너는 오토 한과의 서신 교환으로 우라늄에서 바륨이 생겨난다는 사실을 알게 되었다. 프리쉬는 이 발견을 믿을 수 없다고 의심하였지만, 마이트너는 오토 한이 매우 뛰어난 화학자이기 때문에 그의 발견을 전적으로 신뢰하였다. 그래서 우라늄에서 바륨이 생겨나는 원리를 고민했으며, 1939년에 마이트너와 프리쉬는 결국 중성자를 흡수한 우라늄이 핵분열하여 바륨과 크립톤으로 분열한다는 이론을 제안하였다. 특히 질량결손이 양성자 질량의 1/4이고, 그때 발생하는 에너지가 약 200 MeV임을 이론적으로 계산하였다. 1 eV(electron volt, 전자볼트)는 정지한 전자가 1 V의 전압에 의해서 가속될 때 얻는 운동 에너지로 1 eV $= 1.6 \times 10^{-19}$ J이다.

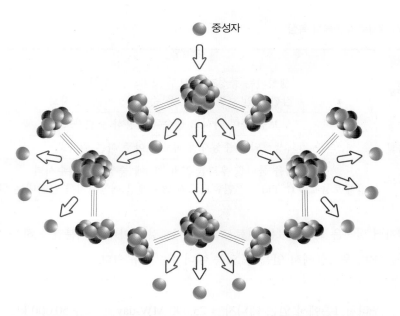

중성자

그림 3.17 | 우라늄의 연쇄반응. 중성자를 흡수한 우라늄은 분열하면서 추가로 2개의 중성자가 발생하고, 이 중성자들이 다른 우라늄 원자들에 흡수됨으로써 계속적인 연쇄반응이 발생한다. 원자로는 중성자를 흡수하는 물질로 만들어진 제어봉을 원자로에 넣었다 뺐다 함으로써 이 연쇄반응의 중성자 수를 일정하게 유지한다.

원자로란 핵분열에 의하여 생기는 중성자의 수와 소비되는 중성자의 수가 균형을 이루도록 설계 운전되는 장치를 말한다. 그림 3.17은 우라늄-235의 연쇄반응을 나타낸 것이다. 핵분열 과정에서 생성된 중성자가 다른 우라늄-235를 계속해서 분열시키면서 급격하게 핵분열 반응이 늘어난다. 원자로는 제어봉을 사용하여 중성자의 개수를 항상 일정한 수준으로 유지함으로써 연쇄반응을 제어하면서 에너지를 얻는다. 반면 원자폭탄은 연쇄반응을 제어하지 않음으로써 급격한 폭발이 일어나게 한다. 원자로는 표 3.9와 같이 4종류가 운영 중이다. 경수로는 우라늄 1톤 중에 우라늄-235가 약 25 kg 포함된 연료(나머지 975 kg은 우라늄-238이고, 이를 농축도 2.5%의 농축우라늄이라 한다)를 사용한다.

증식로의 가치는 핵분열을 일으키는 우라늄-235보다 플루토늄을 생산하는 우라늄-238 쪽에 있다. 그러나 증식로는 안정성이 낮다. 2018년에 일본은 고속증식로인 몬주를 폐기하기로 결정했는데, 그 이유는 경제성과 안정성을 확보할 수 없었기 때문이다.

표 3.9 | 원자로의 종류와 특징

원자로	특징
경수로	생성되는 중성자가 모두 소비되는 것이 아니고 잠깐 동안 보통의 물속을 순환하도록 한 원자로
중수로	보통 물이 아니고 중수를 사용하는 원자로
고속로	생성되는 중성자의 속도가 아주 빠른 원자로
증식로	노심을 둘러싼 우라늄-238(^{238}U)에 중성자를 흡수시켜 플루토늄-239 (^{239}Pu)로 전환함으로써 연료에서 핵에너지를 끌어내는 원자로

원자력 발전은 화석연료를 원료로 사용하는 것이 아니라 핵분열을 하는 우라늄을 사용하며, 우라늄에서 얻을 수 있는 에너지는 매우 크다.

$$우라늄\ 1톤에서\ 얻는\ 에너지 = 25{,}000\ MW\text{-}day = 석유\ 50{,}000\ kL$$

에너지 단위인 MW-day는 하루에 발전소가 1 MW의 전력을 생산한다는 의미의 단위이고, 약 2,000만 kcal에 해당하는 에너지이다. 석유의 비중을 대략 1이라고 한다면, 우라늄은 석유의 5만 배 정도의 에너지 밀도를 가지고 있다. 원자로를 운전할 때 연료 1톤에 포함된 우라늄-235의 25 kg이 전부 없어지는 것이 아니다. 원자로에서 나오는 우라늄을 조사해 보면 역시 10 kg 가까운 우라늄-235가 남아 있는 것을 알 수 있다. 결국 우라늄-235 자신의 에너지 생산은 약 60%이고 나머지 40%는 우라늄-235 이외의 물질, 즉 플루토늄에 의한 것이라는 사실을 알 수 있다. 원래, 원자로 속에 들어가기 전의 우라늄에는 플루토늄이 포함되어 있지 않다. 이것은 원자로 속에서 생겨 증식된 것으로 원래의 우라늄과 견줄 만한 정도까지 성장하는 것이다. 자연적으로 존재하는 우라늄에는 우라늄-235가 1% 미만밖에 포함되어 있지 않다. 나머지 99% 이상은 우라늄-238이다. 따라서 원리적으로는 증식로라면 똑같은 질량의 우라늄 에너지 생산량을 100배 이상으로 하는 것이 가능하다. 그렇지만 증식로는 매우 불안정하다.

● **질문**　우라늄-235와 우라늄-238의 차이는 무엇인가?

● **질문** 우리나라가 현재 운영 중인 원자력 발전소는 몇 개이고, 전체 전력 생산의 몇 %
　　　　를 차지하는가?

3.5 신에너지와 대체에너지

태양 에너지는 인류가 이용해 온 에너지 중 가장 오래된 것이다. 지구가 태양으로부
터 받는 에너지는 상상조차 할 수 없는 막대한 양으로서, 이것은 석유, 석탄 및 우
라늄과 같은 지하자원과 달리 계속 사용하더라도 고갈되지 않는 영구적인 에너지
이다. 태양의 수명이 약 50억 년이므로 지구의 생명체는 그때까지 태양의 에너지를
이용할 것이다. 태양 에너지를 이용할 때는 열을 이용하는 것과 빛을 이용하는 것
으로 나눌 수 있다.

- 태양열 이용: 건물의 냉난방 및 온수, 급탕, 농수산물의 재배, 건조, 태양열
  발전
- 빛 이용: 태양 전지(도서 지방의 전원 공급, 등대, 통신 중개소, 가로등, 가정용 전
  기, 소형 계산기 전원, 태양광 발전)

태양에서 발생한 에너지가 지구에 도달할 때 대기권 밖에서 받는 태양의 에너지 밀
도는 1 m²당 1.35 kW이다. 여기에 지구의 단면적을 곱하면 지구가 받는 총에너지
양을 구할 수 있다. 지구가 받는 총에너지양은 1.48×10^{17} kcal인데, 이 중 약 30%는

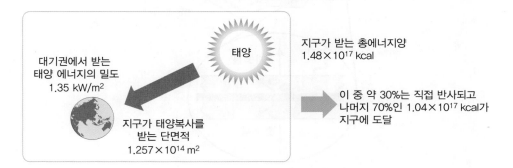

그림 3.18 | 태양으로부터 지구가 받는 에너지 약 30%가 대기에서 반사되고 70%가 지면에 도달한다.

지구 대기의 상층부에서 반사되고, 약 70%인 1.04×10^{17} kcal만 전달된다.

태양광 발전

태양 전지는 그림 3.19와 같이 p형(+극) 반도체와 n형(−극) 반도체를 접합하여 만들고, 태양 전지에 빛을 비추면 광전효과(photoelectric effect)에 의해서 전자(−)와 구멍(+) 쌍(electron-hole pair)이 생성된다. 이렇게 생성된 전자와 구멍이 이동하여 n층과 p층을 가로질러 전류를 흐르게 하는 광기전력 효과(photovoltaic effect)에 의해 기전력(起電力)이 발생하여 외부에 접속된 부하(負荷)에 전류를 흐르게 한다. 이러한 태양 전지는 필요에 따라 직렬 또는 병렬 연결하여 태양 전지 모듈(solar cell module)로 만들며, 태양광 발전은 이러한 태양 전지 모듈을 연결하여 만든다.

태양광 발전은 많은 장점을 가지고 있다. 태양 에너지는 거의 무한하고 공해가 없는 무공해의 에너지이며, 연료를 태워야 할 필요가 없어 연료비가 들지 않는다. 따라서 대기오염이나 폐기물이 발생하지 않는다. 태양 전지는 반도체 소자이고, 제어부 역시 전자 부품을 사용하므로 기계적 진동이나 소음이 거의 없다. 태양 전지

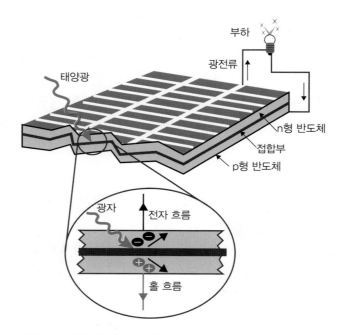

그림 3.19 | 태양 전지(solar cell).

의 수명은 약 20년 이상이고 발전 시스템을 자동화할 수 있기 때문에, 운전과 유지
보수 비용을 최소화할 수 있다. 반면에 태양광 발전 시스템을 설치하는 데 초기 투
자비용이 상당히 높아서 발전단가가 아직 높은 편이라는 점이 해결해야 할 단점이
지만, 가장 큰 문제는 지역별로 일사량의 편차가 있어서 안정적인 전력 공급에 어려
움이 있다는 점이다. 이를 보완하기 위해서 전기 충전장치와 같은 부가적인 장치가
필요하다. 또한 태양 전지의 수명보다 그 주변 장치의 수명이 짧은데, 이것도 기술적
으로 해결해야 할 문제이다.

현재 사용하는 태양 전지는 반도체 화합물 소자이다. 태양 전지에 많이 사용하
는 반도체 물질은 실리콘(Si)과 갈륨아세나이드(GaAs)이며, 그중 실리콘이 가장 많
이 활용되고 있다. 그러나 최근에는 카드뮴 텔러라이드(CdTe)와 카파인디움다이셀
레나이드($CuInSe_2$: CIS) 반도체들이 활용되고 있기도 하다.

실리콘 태양 전지 ⎰ 단결정 실리콘(monocrystalline silicon) 태양 전지
　　　　　　　　⎨ 다결정 실리콘(multicrystalline silicon) 태양 전지
　　　　　　　　⎱ 비정질 실리콘(amorphous silicon) 태양 전지

실리콘 태양 전지의 경우에는 단결정, 다결정, 비정질 실리콘 태양 전지를 사용하
며, 가격은 비정질보다 단결정이 더 비싸다. 단결정(crystal)이란 고체의 구조를 형성하
는 원자들이 매우 질서정연하게 어떤 구조를 반복하면서 만들어진 것을 말한다. 다이
아몬드와 같은 많은 보석이 단결정이고 첨가된 약간의 불순물에 따라 다양한 색깔을
낸다. 또한 비정질(amorphous material) 구조는 규칙적인 구조가 없는 고체를 말한다.

풍력 에너지

풍력 에너지는 기원전부터 인류가 사용한 에너지로써, 물을 퍼내거나 곡식을 찧거
나 또는 배를 움직이게 하는 데 사용하였다. 바람은 대기층이나 지구 표면이 더워
지면서 일어나는 공기의 흐름과 지구의 회전 때문에 발생한다. 풍력 발전기를 이용

하여 바람으로부터 가능한 많은 에너지를 얻기 위해서는 바람의 방향 및 속도 그리고 풍력 발전기의 형태 등이 신중하게 검토되어야 한다. 바람은 지상 10 m 이상의 높이에서 난류현상이 없어지며, 풍속이 급격하게 증가되기 때문에, 풍력 발전기는 일반적으로 지상으로부터 최소 10 m 이상에 설치해야 한다.

풍력 발전은 공기가 흐를 때 공기가 가진 운동 에너지의 공기역학적(aerodynamic) 특성을 이용하여 회전자(rotor)를 회전시켜 기계적 에너지로 변환하고, 이 기계적 에너지로 전기를 얻는 기술이다. 풍력 발전기는 날개와 허브로 구성된 회전자(rotor), 회전을 증속하여 발전기를 구동하는 증속 장치(gear box), 안전 제어 장치, 유압 브레이크, 전력 제어 장치 및 철탑으로 구성되어 있다.

풍력 발전은 무공해이고 환경에 미치는 영향이 적으며 점유 면적이 작다는 장점을 가지고 있다. 반면 발전단가가 아직 높고 바람이 지역과 계절에 따라 다르다는 단점을 가지고 있다. 또한 구동할 때 큰 소음이 발생하기 때문에 사람이 살지 않는 곳에 설치해야 하고 미관을 해칠 수 있다.

수소 에너지와 연료 전지

수소 에너지는 미래의 청정 에너지 가운데 하나이다. 왜 수소가 미래의 궁극적인 대체 에너지원으로 꼽힐까? 그것은 현재의 화석연료나 원자력 등이 따라갈 수 없는 장점을 갖고 있기 때문이다. 수소는 연소 시 극소량의 질소가 생성되는 것을 제외하고는 공해물질이 배출되지 않는다. 직접 연소를 위한 연료로 사용하거나 연료 전지 등의 연료로 사용이 간편하다. 무한정인 물을 원료로 하여 제조할 수 있으며, 가스나 액체로 쉽게 저장·수송할 수 있는 장점이 있다. 산업용 기초 소재에서부터 일반 연료, 자동차, 비행기, 연료 전지 등 현재의 에너지 시스템에서 사용되는 거의 모든 분야에 응용되어 미래의 에너지 시스템에 가장 적합한 에너지원으로 평가되고 있다.

연료 전지는 수소와 산소가 가진 화학적 에너지를 직접 전기 에너지로 변환시키는 전기화학적 장치로서 수소와 산소를 양극과 음극에 공급하여 연속적으로 전기를 생산하는 새로운 발전 기술이다. 이러한 연료 전지는 작동 온도와 주 연료의 형태에 따라 알칼리형, 인산염형, 용융 탄산염형, 고체 전해질형, 고분자 전해질형 등으로 구분된다.

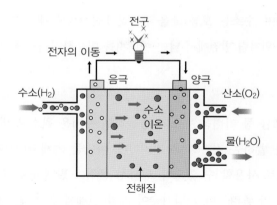

그림 3.20 | 수소 연료 전지의 개념도.

연료가 전기화학적으로 반응하여 전기를 생산하는 과정에서 열도 발생하므로 총효율을 80% 이상의 고효율 발전이 가능하며, 기존의 화력 발전에 비해 효율이 높으므로 발전용 연료의 절감이 가능하고 열병합 발전도 가능하다. NO_x와 CO_2의 배출량이 석탄 화력 발전의 1/38과 1/3 정도이며, 소음도 매우 적어 공해 배출 요인이 거의 없는 무공해 에너지 기술이다.

두 전극은 모두 탄소 또는 금속을 사용하며, 전극의 표면적을 증대시키기 위해 다공질(多孔質, porous material)로 되어 있다. 전해액은 수산화칼륨(KOH) 용액 등을 사용한다. 수소 가스는 1~10기압으로 주입된다. 아래 화학 반응식에서 볼 수 있듯이 수산화 이온(OH^-)의 농도는 변하지 않고 단지 수소와 산소로 물이 만들어진다. 이것은 수소가 공기 중에서 연소하여 물이 되는 변화와 동일하다.

음극(-극, 연료극):　　$2H_2 + 2OH^- \rightarrow 2H_2O + 2H^+ + 4e^-$

양극(+극, 공기극):　$O_2 + 2H^+ + 4e^- \rightarrow 2OH^-$

전체 반응:　　　　　　$2H_2 + O_2 \rightarrow 2H_2O$

수소 연료 전지의 단점은 수소를 다량으로 확보해야 하며, 수소를 가두어 둘 특수 용기가 필요하다는 것이다. 수소는 산소를 만나면 폭발적으로 반응하므로 주의해서 다루어야 하며, 수소는 보통 물을 전기분해해서 얻는데 이때에 전기 에너지를 넣어 주어야 한다. 원자력 발전에서 남는 에너지를 이용하여 수소를 확보할 수 있다.

핵융합

핵융합은 수소, 헬륨 등 가벼운 원소가 충돌하여 무거운 원소로 바뀌는 반응을 말하며, 태양이 열을 발하는 것과 같은 원리이다. 바닷물 속에 0.015%의 비율로 포함된 중수소를 연료로 사용할 수 있으며, 방사성 물질이 발생하지 않는 등 장점이 많으나, 고온, 고밀도의 플라즈마 처리기술이 개발 단계에 있어 실용화되기까지는 아직도 상당한 시일이 필요하다. 표 3.10은 핵융합을 화석연료와 원자력 발전과 비교한 것이다. 화석연료는 탄화수소 물질을 산화시킬 때 발생하는 화학 결합 에너지를 이용한다. 역청탄(bituminous coal, 탄소함유량 60~80%)이 탈 때 발생하는 열은 1 kg당 약 3.3×10^7 J이다. 원자력 발전은 핵분열을 이용한다. 대표적인 우라늄-235가 분열하여 바륨(Ba)과 크립톤(Kr)으로 분열할 때 질량손실에 의한 에너지와 열중성자가 발생한다. 핵융합은 중수소와 삼중수소가 결합하여 헬륨이 생성될 때 질량결손에 의해서 에너지가 발생한다. 핵융합은 핵분열보다 100배 이상 에너지가 많이 발생한다.

중수소와 삼중수소를 절대온도 1억 도의 온도로 가열하면 핵융합 반응이 일어나면서 질량결손이 발생하는데 결손질량만큼의 에너지가 발생하는 것을 이용하는 것이 핵융합로이다. 그러나 중수소를 절대온도 1억 도로 올리는 과정이 매우 어려워

표 3.10 | 화석연료, 원자력 발전, 핵융합의 비교

항목	화학반응	핵분열(fission)	핵융합(fusion)
대표적 반응	$C + O_2 \rightarrow CO_2$	$n + {}^{235}U \rightarrow$ ${}^{143}Ba + {}^{91}Kr + 2n$	${}^2H + {}^3H \rightarrow {}^4He + n$
대표적 사용 연료	역청탄 (bituminous coal)	UO_2 (3% ${}^{235}U$ + 97% ${}^{238}U$)	중수소 또는 리튬
동작온도(K)	700	1,000	10^8
연료 1 kg에서 발생하는 에너지 (J/kg)	3.3×10^7	2.1×10^{12}	3.4×10^{14}

실용화하기가 쉽지 않다. 즉, 지구상에는 절대온도 1억 도를 가둬 놓을 물질이 없기 때문에, 그 대안으로 강력한 자기장을 만들어 그 안에 가둬 놓는 방법을 고안하여 실험해 왔다. 이와 같은 방식의 핵융합실험장치를 토카마크(tokamak)라고 하며 1968년 소련의 아시모비치(Lev Artsimovich) 교수 팀이 처음으로 개발하였는데, 유럽공동체의 JET, 미국의 TFTR, 일본의 JT6O, 러시아의 T10M이 유명한 토카마크 핵융합실험장치로 꼽힌다. 우리나라는 국가핵융합연구소에서 KSTAR와 ITER(International Thermonuclear Experimental Reactor)를 운용하고 있다.

인공 핵융합과 태양에서 핵융합 반응을 그림 3.21에 나타내었다. 핵융합 실험 장치에서 주로 사용하는 것은 핵융합 연쇄과정이다. 중수소와 삼중수소를 융합하여 헬륨을 만들 때 질량결손 에너지가 생기면서 큰 에너지가 생성되는 양전기를 띠고 있는 중수소와 삼중수소가 전기적 반발력을 극복하고 매우 가까워져서 강한 핵력(강력)으로 결합하여 헬륨이 된다. 이렇게 두 원자가 서로 충돌하여 매우 가까워지기 위해서는 매우 빠른 속도를 가져야 한다. 그래서 원자들을 매우 뜨겁게 하면, 매우 빠른 속도의 원자들이 충돌하여 결합한다. 태양에서 일어나는 핵융합은 양성자와 양성자가 충돌해서 중수소가 되고 중수소와 양성자가 충돌하여 헬륨3이 되는 것이 주된 반응이다. 헬륨3 2개가 충돌하면 베릴륨6이 되는데 베릴륨6은 불안정하기 때문에 붕괴하여 양성자와 헬륨4가 형성된다. 이 과정에서 많은 에너지가 발생한다. 인류는 이러한 태양의 핵융합에서 발생하는 에너지의 혜택을 입고 진화하였다.

$D + T \rightarrow {}^4He + n$: 핵융합 반응   "p–p": 태양 핵융합 반응

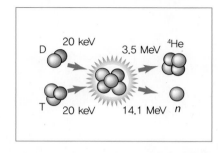 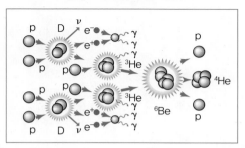

그림 3.21 │ 중수소와 삼중수소의 핵융합 반응과 태양에서 일어나는 양성자–양성자 핵융합 반응이다.

생활과 과학

4장

돌고 도는 세상

세상에 멈추어 있는 것이 있을까? 모든 것이 움직인다면 회전하지 않는 것이 있을까? 우리 주변에서 일어나는 많은 운동 현상은 회전 운동과 관련되어 있다. 바퀴의 회전, 놀이 기구의 회전, 지구의 자전, 심지어 눈에 보이지 않는 원자나 분자들도 회전을 한다. 회전 운동에 관하여 다음 물음에 대해 생각해 보자.

"빨리 달리는 자전거가 왜 더 안정할까?"

"롤러코스터가 뒤집혔을 때 왜 탑승객은 안전한가?

"컬링 선수들은 컬링 구를 왜 조금씩 회전시키면서 밀까?"

"자전거는 왜 바퀴가 2개일까?

"자전거 손잡이에서 손을 떼고 탈 수 있는 이유는 무엇일까?"

이러한 질문들은 우리가 일상생활에서 친숙한 현상들이지만 그 이유가 무엇인지 선뜻 답하기 어려운 질문들이다. 이 장에서 우리는 이러한 질문들에 대해서 답을 얻을 수 있을 것이다. 회전 현상을 설명하는 데 꼭 필요한 몇 가지 과학적 원리들을 살펴보자.

4.1 회전 운동

물체의 운동을 자세히 살펴보면 매우 복잡함을 알 수 있다. 예를 들어, 공중으로 던진 망치는 회전 운동을 하는데, 망치의 중심점은 포물선 운동을 한다. 다이빙 선수가 몸을 돌리면서 다이빙할 때, 다이빙 선수의 중심점 역시 포물선 운동을 한다. 물론 다이빙 선수의 몸은 이 중심점을 중심으로 회전하고 있다. 이와 같이 물체를 대표하면서 공중으로 던졌을 때 포물선 운동을 하는 점을 **질량중심**(center of mass)이라 한다. 따라서 물체의 운동은 질량중심점의 **병진 운동**(translational motion)과 질량중심점을 중심으로 회전하는 **회전 운동**(rotational motion)의 합성으로 해석할 수 있다.

고대 그리스 시대와 유럽의 중세시대에는 모든 행성이 지구를 중심으로 원운동한다고 생각하였다. 이 세상에서 가장 완벽한 기하학적 구조가 원이기 때문에 천상의 운동은 가장 완벽한 운동을 할 것이라고 생각했다. 이 생각은 16~17세기에 위대한 과학자들에 의해서 틀린 생각임이 증명되었다. 앞에서 살펴본 케플러의 제1법칙에 의하면 행성은 태양을 중심으로 타원운동을 한다. 그렇지만 여전히 가장 간단한 회전 운동은 원운동이다. 원운동 중에서 회전하는 속도가 일정한 등속 원운동을 생각해 보자. 등속 원운동(또는 고른 원운동)은 일정한 반지름의 원을 따라 물체가 일정한 크기의 속력으로 운동하는 상태를 말한다. 앞에서 병진 운동의 가속도를 살펴보았다. 물체가 회전 운동할 때 가속도는 어떻게 될까? 2장에서 배운 내용을 되돌아보면 물체의 가속도는 속도(방향과 크기를 가진 벡터)의 변화에 의해서 생긴다. 물체가 회전할 때 속도의 변화가 생길까? 물체가 회전하면 속도의 변화가 생기고 가속도가 생긴다.

> 가속도란 속도(속도는 벡터로 크기와 방향을 가짐)의 변화를 뜻한다.

그림 4.1과 같이 등속 원운동하는 물체의 순간 속도 벡터의 크기는 일정하지만, 방향은 계속 변한다. 즉, 속도가 시간에 따라 변하므로 물체가 등속 원운동하는 동안 가속도가 생긴다. 즉,

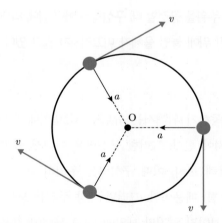

그림 4.1 │ 일정한 속력 v로 등속 원운동하는 물체는 가속하며, 구심 가속도의 방향은 원의 중심을 향한다.

"등속 원운동하는 물체는 가속된다."

이때 생기는 가속도를 **구심 가속도**(centripetal acceleration)라 한다. 구심 가속도는 물체가 원운동하면서 물체의 속도(방향이 있는 벡터임)가 그림 4.1과 같이 계속 바뀌기 때문에 생기며, 구심력의 방향은 그림과 같이 원의 중심을 향한다. 또한 구심력의 크기는 속도의 제곱에 비례하고 반지름에 반비례한다.

구심 가속도의 크기 = (속도의 제곱)/반지름

물체가 가속한다는 것은 물체가 힘을 받고 있기 때문이다. 이 힘이 바로 물체를 원운동하도록 붙잡아 주는 힘인데, 이를 **구심력**(centripetal force)이라 한다. 구심력의 방향은 구심 가속도와 같은 방향이고, 구심력의 크기는 물체의 질량에 구심 가속도의 크기를 곱한 값이다.

구심력의 크기 = (물체의 질량)(구심 가속도의 크기)

● **질문**　지구가 태양 주위를 공전할 때 구심력은 어떤 힘에 의해서 생기는가?
● **질문**　회전하는 원판 위에 놓인 물체가 미끄러지지 않고 있다. 이 물체의 구심력은 무엇인가?

물체가 등속 원운동하기 위해서는 뉴턴의 제2법칙에 의해서 구심 가속도를 주는 힘이 물체에 가해져야 한다. 그러한 구심력은 어디서 올까? 우리가 물체를 줄에 매달아 돌린다고 생각해 보자. 이때 구심력은 우리의 근육이 줄에 작용하는 장력(tension, 줄에 작용하는 힘) 때문이다. 그러면 태양 주위를 도는 지구의 구심력은 무엇일까? 그것은 눈에는 보이지 않지만 태양과 지구 사이에 작용하는 중력(만유인력)이다. 결국, 지구가 태양 주변을 타원궤도로 도는 근원은 중력이 구심력의 역할을 하기 때문이다. 원자의 세계로 가면, 고전적으로 원자의 전자(−전기를 띰)는 원자핵(+ 전기를 띰)과 전기력(쿨롱의 힘)을 작용한다. 전자와 원자핵의 양성자는 서로 전하의 부호가 다르기 때문에 인력이 작용한다. 따라서 전자가 받는 전기력이 구심력의 역할을 하기 때문에 전자가 원자핵 주변을 회전한다고 할 수 있다. 물론 마지막 장에서 살펴보겠지만 양자역학에 의하면 전자는 원자핵 주변에서 확률적인 상태로 존재한다.

📎 예제 4.1 고속도로 주변에는 왜 파손된 타이어 조각이 많을까?

풀이

대형 트럭은 재생 타이어를 많이 사용한다. 재생 타이어는 헌 타이어 위에 새 타이어 조각을 접착제로 붙여서 만든다. 타이어가 회전할 때 재생 타이어가 받는 구심 가속도를 계산해 보자. 트럭 바퀴의 반지름은 50 cm 정도이고, 트럭의 속력이 80 km/h라 하자. 트럭의 속력을 환산하면 약 22 m/s이다. 따라서 접착된 타이어에 가해지는 구심 가속도는

$$구심\ 가속도 = \frac{(속력)^2}{반지름} = \frac{(22\ m/s)^2}{(0.5\ m)} = 968\ m/s^2$$

이 가속도는 중력 가속도의 약 100배 정도이다. 만약 새로 붙인 타이어 조각의 질량이 10 kg이면 타이어가 회전할 때 받는 구심 가속도는 9,680 N이다. 만약 타이어 조각의 접착력이 이 정도의 힘을 견디지 못하면 타이어 조각은 떨어져 나갈 것이다. 구심 가속도는 속력의 제곱에 비례하므로 트럭이 더 큰 속력으로 운행한다면 더 쉽게 타이어 조각이 떨어져 나갈 것이다. 이러한 이유 때문에 우리는 고속도로 주변에서 파손된 타이어 조각을 자주 볼 수 있는 것이다.

4.2 원심력

우리가 놀이공원에서 회전하는 원판에 서 있으면, 원의 중심에서 바깥쪽으로 밀리는 힘을 느끼게 된다. 이 힘을 원심력(centrifugal force)이라 부른다. 원심력은 관성에 의한 가상의 힘(fictitious force)이다. 한국물리학회의 물리학 용어집에는 영어 fictitious force와 apparent force를 모두 "겉보기 힘"으로 표현한다. 본 책에서는 관성력을 "가상의 힘(fictitious force)"으로 표현하고, 무게와 가상의 힘을 합한 것이 우리가 비관성계에 타고 있을 때 느끼는 힘이므로 겉보기 힘(apparent force) 또는 "겉보기 무게"라고 한다.

뉴턴의 관성의 법칙에 따르면 물체는 직선상의 운동을 하고 싶어 한다. 회전판이 중심을 향하여 가속될 때, 원판 위의 사람은 계속 직선상의 운동을 하려고 하기 때문에, 마치 어떤 힘이 사람을 바깥쪽으로 밀어내는 것처럼 느끼게 된다. 그림 4.2와 같이 자동차의 가속 페달을 갑자기 밟았을 때, 자동차에 타고 있는 사람이 자동차의 뒤쪽으로 밀리는 것과 같은 현상이다. 이때 뒤쪽으로 밀어내는 어떤 힘도 존재하지 않는다. 좌석의 등받이가 우리를 밀고 있으며 우리를 가속시키고 있다. 즉, 우리 몸의 관성으로 인하여 자동차에 타고 있는 사람이 뒤로 밀린다고 느끼게 된다. 이러한 비관성계(non-inertial frame of reference)에 있는 물체는 뉴턴의 운동법칙을 $a = F/m$로 쓸 수 없다. 원래 뉴턴의 운동법칙은 정지해 있거나 등속 운동하는, 즉 가속하지 않는 기준계인 관성기준계(inertia frame of reference)에서 성립한다. 비관성 기준계에서 물체의 가속도는 가속하는 기준계의 가속도를 고려해야 한다. 비관성 기준계에서 운동법칙을 관성기준계의 운동법칙처럼 쓰려면, 가속 기준틀에 해당하는 가속도만큼 가상 힘을 오른쪽 힘의 항에 더해주면 된다. 즉, $a' = (F+F_a)/m$이고

그림 4.2 | 자동차가 가속하거나 감속할 때 자동차에 타고 있는 사람은 관성을 느낀다.

이때 오른쪽에 더해준 힘이 비관성기준계의 관성력이라 부르는 가상의 힘(fictitious force) F_a이다. 따라서 이 힘은 사실 운동의 법칙을 관성기준계처럼 표현하기 위해서 도입한 가상의 힘이고 관성력(inertial force)이라고 한다.

가속도가 존재할 때 언제나 그 가속계에 타고 있는 관측자는 "가상의 힘"을 느끼게 된다. 로켓을 발사할 때 우주 비행사가 큰 가속도로 인하여 큰 가상의 힘을 느끼듯이, 이러한 상황의 효과는 물론 실제로 존재한다. 그러나 이러한 겉보기 힘은 계의 가속에 의한 효과에 지나지 않는다. 등속 원운동을 할 때 물체는 계속 원의 중심 쪽으로 구심력을 받기 때문에, 회전하는 원판 위에 타고 있는 사람은 계속해서 "원의 바깥 방향으로" 가상의 힘인 원심력을 느끼게 된다.

> **가속하는 기준계의 관측자는 가상의 힘을 느낀다.**

원운동에서 나타나는 또 다른 겉보기 효과가 코리올리의 힘(Coriolis' force)이다. 이 효과는 원운동하는 물체의 궤도 반지름이 변할 때 나타나는 가상의 힘이다. 수직으로 발사된 로켓은 지구상의 관측자에게 마치 측면에서 힘을 받는 것처럼 직선 경로를 벗어나는 것으로 보인다. 그러나 우주 공간의 관측자에게는 로켓이 직선 경로를 따라 움직이는 것으로 보인다. 비슷하게 원판 위의 양편에 서 있는 두 사람이 공을 서로 주고받는다면, 마치 공에 힘이 작용하여 옆으로 휘는 것처럼 느끼게 된다. 그러나 회전축에 서 있는 사람에게는 공은 완전한 직선 운동을 하고 있는 것으로 보인다. 공을 주고받는 사람들의 원운동으로 말미암아 그들이 공의 경로에서 벗어나는 것이다.

✏ 예제 4.2 입구가 넓은 병을 뒤집어 구슬 또는 탁구공을 덮고 돌린다. 병을 살짝 들어 올리면 구슬이 병을 따라 들릴까?

풀이

병 입구의 반지름이 병 몸체의 반지름보다 작은 병을 택한다. 구슬을 들어올리기 위해서 병을 잘 회전시킨다. 구슬이 병의 안쪽을 따라 돌도록 한다. 구슬이 충분히 빨리 돌고 있을 때 병을 살짝 들어준다. 구슬은 병의 입구 안쪽을 따라 계속 돌면서 병과 함께 올라오기 때문에 구슬을 집어 올릴 수 있다.

4.3 각속도와 각가속도

물체가 회전하면 각도가 변한다. 따라서 어떤 기준선을 중심으로 물체가 현재 있는 위치까지의 각도와 반지름을 알면 물체의 위치를 알 수 있다. 그림 4.3은 고정된 축에 대해서 회전하는 강체를 나타낸다. 강체(rigid body)란 물체가 회전할 때 모양이 변하지 않는 물체를 말한다. 보통 딱딱한 물체가 강체이고, 고무줄처럼 늘어나거나 수돗물 같은 유체는 강체가 아니다. 그림 4.3에서 강체 위의 한 점은 고정축에 대해서 회전할 때 원운동을 한다. 좌표축에 고정된 기준선에서 강체의 한 점이 돌아간 각이 θ, 반지름이 r, 호의 길이가 s이면, 반지름과 호의 길이가 모두 거리이므로 각은 단위가 없는 양이 된다. 보통 각은 라디안으로 표현하는데 라디안은 순수한 숫자를 뜻한다.

그림 4.4에서 반지름 r인 원에서 원주 위의 한 점이 원을 따라서 돌아간 거리가 s일 때 돌아간 각도는

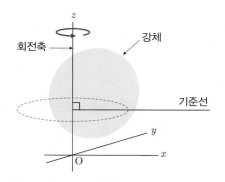

그림 4.3 │ 강체의 회전. 강체는 물체가 회전할 때 모양이 변하는 않는 물체를 말하며, 강체가 고정축에 대해서 회전할 때 강체의 한 점은 원운동(점선)을 한다.

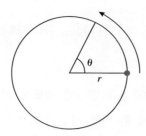

그림 4.4 | 반지름 r인 원 둘레를 일정한 각속력으로 회전하는 물체.

$$\theta = \frac{s}{r}$$

이다. 이 식을 호의 길이와 반지름의 관계식으로 나타내면 $s = r\theta$로 우리가 잘 알고 있는 식이 된다. 즉, 물체가 반지름 r인 원을 따라서 각도 θ만큼 돌아갔을 때 호의 길이를 나타낸다.

● **질문** 라디안은 어떻게 정의되는 각인가?

원운동하는 물체의 각도는 시간에 따라 변한다. **각속도**(angular velocity)는 시간에 따른 각도의 변화율로 정의한다.

각속도 = 단위 시간당 각의 변화량

각속도를 알면 시간에 따른 회전하는 물체의 각도를 알 수 있다. 회전 운동에서의 각속도는 병진 운동에서의 속력에 대응하는 값이다. 각속도 역시 시간에 따라 변할 수 있다. 속도가 변하면 가속도가 생기듯이 각속도가 시간에 따라 변하면 각**가속도**(angular acceleration)가 생긴다.

각가속도 = 단위 시간당 각속도의 변화량

물체가 시간 T 동안에 각도 θ를 일정한 속도로 회전하면 각속도 ω는 $\omega = \dfrac{\theta}{T}$ 로 쓸 수 있다. 지구는 하루에 한 번씩 자전하며, 각도 360°(= 2π라디안) 회전하는 데 24시간이 걸린다. 지구 자전 시간은 T = 24 h = 24×60 min = 24×60×60 s = 86,400 s이다. 따라서 지구의 자전 각속도는

$$지구\ 자전\ 각속도 = \frac{2\pi}{86,400\ \text{s}} = 7.27 \times 10^{-5}\ \text{rad/s}$$

이다.

비슷하게 지구가 태양 주위를 공전하는 속도를 계산할 수 있다. 지구가 태양 주위를 등속 원운동한다고 가정하자. 지구는 1년에 1회 태양 주위를 공전하므로 공전 시간은 $T_{공전}$ = 1 yr = (365)(24 hr) = (365)(86,400 s) = 31,536,000 s이다. 따라서 지구의 공전 각속도는

$$지구\ 공전\ 각속도 = \frac{2\pi}{3.15 \times 10^{7}\ \text{s}} = 1.99 \times 10^{-7}\ \text{rad/s}$$

이다.

지구의 자전 각속도와 공전 각속도는 매우 작게 느껴진다. 그렇지만 이 값은 1초 동안 돌아간 각의 비율을 나타낸 것이다. 지구가 자전할 때 적도 위에 있는 사람을 생각해 보자. 그림 4.4는 반지름 r인 원 둘레를 일정한 각속력(또는 일정한 속력)으로 원운동하는 물체를 나타낸다. 이 물체가 ΔT 시간 동안에 돌아간 각도가 $\Delta\theta$이면 물체가 원 둘레를 따라 돌아간 원 둘레의 길이 Δs는

$$\Delta s = r\Delta\theta$$

이다. 즉, 원주의 길이는 반지름 곱하기 각도이다.

위 식을 시간으로 나누면 각속도를 정할 수 있다. 즉,

$$\frac{\Delta s}{\Delta t} = r\frac{\Delta \theta}{\Delta t} \Rightarrow \lim_{\Delta t \to 0} \frac{\Delta s}{\Delta t} = r \lim_{\Delta t \to 0} \frac{\Delta \theta}{\Delta t}$$

이다. 여기서 시간 간격 $\Delta t \to 0$의 극한을 취하면 왼쪽은 입자의 (접선)속력이다. 각속력은

$$\omega = \lim_{\Delta t \to 0} \frac{\Delta \theta}{\Delta t}$$

으로 정의한다. 물체의 회전 빠르기는 각속력으로 나타낸다. 물체가 빠르게 돌면 각속력이 크고, 천천히 돌면 각속력은 작다. 선속력 v과 각속력 ω은

$$v = r\omega$$

인 관계를 따른다. 즉, 입자가 원운동할 때 원주를 따라 도는 속력은 반지름 곱하기 각속도이다.

● **질문** 지구 위에 서 있는 여러분은 지구중심에 대해서 선속력이 얼마인가?

✏ **예제 4.3** 단거리 경주에서 출발선의 위치가 서로 다르게 어긋나 있는 이유는 무엇인가?

풀이

단거리 경주의 트랙은 곡선 부분을 포함하고 있고, 선수는 자신의 주로를 따라서 달려야 한다. 경주로의 일부가 반원형의 곡선인 곳에서 바깥쪽 트랙을 달리는 선수의 거리는 늘어나게 된다. 따라서 이 거리를 보정해 주기 위해서 출발선의 위치를 어긋나게 한다. 반면 선수들이 자신의 트랙을 고수할 필요가 없는 장거리 달리기에서는 출발선을 어긋나게 할 필요가 없으며, 따라서 선수들은 첫 번째 곡선 경주로를 만나기 직전에 안쪽으로 들어오려고 할 것이다.

예제 4.4 놀이공원의 롤러코스터를 탈 때, 사람이 거꾸로 뒤집혀도 떨어지지 않는다. 그 이유는 무엇인가?

그림 4.5 | 롤러코스터는 거꾸로 뒤집혀도 사람이 떨어지지 않게 설계되어 있다.

풀이

롤러코스터가 거꾸로 뒤집혔을 때 사람이 떨어지지 않는 이유는 구심 가속도가 중력 가속도보다 커지도록 롤러코스터가 충분히 빠르게 원궤도를 달리기 때문이다. 사람의 몸무게보다 더 큰 구심력이 있어야 하는데, 이 힘은 좌석이 몸에 작용하는 수직한 힘으로 제공된다. 다른 풀이 방법은 다음과 같다. 원형 궤도의 꼭대기에서 사람의 속도가 수평한 방향만 존재한다면, 사람은 포물선 궤도를 그리며 땅에 떨어질 것이다. 열차의 원궤도가 이 포물선 궤도보다 더 빨리 아래 방향을 향하여 굽어 있다면, 사람은 열차에 앉아 있게 된다.

예제 4.5 왜 굽은 도로는 경사지게 만들었는가?

풀이

굽은 도로를 달리면, 굽은 도로의 원 중심을 향하는 구심 가속도가 있어야 한다. 도로가 평탄하면 자동차 바퀴와 도로 사이의 정지마찰력이 구심력 역할을 한다. 그러나 도로에 물기가 있거나 얼어 있으면 정지마찰력이 줄어들기 때문에 충분한 구심 가속도를 제공할 수 없다. 이때에는 자동차가 원의 접선 방향을 따라 직선으로

그림 4.6 | 자동차가 빨리 달리는 도로에서 굽은 도로는 경사지게
만들어 자동차의 미끄러짐을 방지한다.

움직이려 할 것이다. 따라서 자동차는 미끄러지면서 도로를 벗어나게 된다. 도로를
경사지게 만들면, 경사면에 수직한 힘의 구심 방향 성분이 존재하여, 정지마찰력과
더불어 자동차에 부가적인 구심력을 제공한다. 굽은 도로를 만들 때, 자동차가 규
정 속도로 달릴 때 안전하게 회전할 수 있도록 정지마찰력에 상관없이 수직력의 성
분만으로 충분한 구심력을 제공할 수 있도록 경사 각도를 정한다.

예제 4.6 한국형 발사체를 발사하는 발사기지는 왜 고흥반도 끝에 위치하고 있을까?
풀이

로켓을 지구 궤도에 올려놓기 위해서는 7,600 m/s에 이르는 매우 큰 속도가 필요하
다. 따라서 이러한 속도를 얻기 위해서 다양한 아이디어가 동원되었다. 지구의 자전
때문에 적도에서 지구의 표면은 대략 447 m/s의 속도로 동쪽으로 돌아가고 있다.
따라서 적도에서 동쪽으로 로켓을 발사하면, 이미 필요한 속도의 6%에 해당하는
속도를 자동으로 얻은 셈이 된다. 반대로 서쪽을 행해서 로켓을 발사하면 447 m/s
에 해당하는 속력이 상쇄되므로 7,600 m/s를 얻기 위해서 더 많은 연료를 소모해
야 한다. 한국은 적도에서 벗어나 있으므로 지리적 이점을 살리기 위해서는 한국의
최남단에 발사기지를 두고 로켓을 동쪽으로 발사하면 효과를 극대화할 수 있다. 그
런데 로켓을 발사해서 사고가 발생했을 때 로켓의 잔해가 인구 밀집 지역에 떨어질
수 있다. 따라서 추진체와 잔해가 인구 밀집 지역과 인접 국가에 떨어지지 않게 하

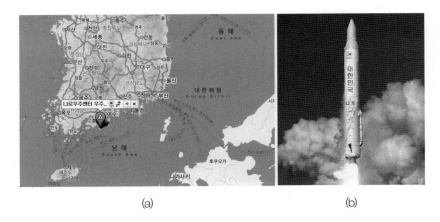

(a)   (b)

그림 4.7 | 나로우주센터가 위치한 (a) 고흥반도의 외나로도 위치와 (b) 나로호의 발사 모습.

기 위해서 선택한 최적지가 바로 그림 4.7과 같이 고흥반도의 외나로도이다.

4.4 롤러코스터와 겉보기 힘

롤러코스터가 가속할 때마다 탑승자는 가속도의 방향과 반대인 가상의 힘을 느끼며, 이 가상의 힘은 아래 방향으로 작용하는 중력과는 별개의 힘이다. 물체가 가속하면 가상의 힘(또는 겉보기 힘)은 항상 가속도의 반대 방향으로 작용한다. 따라서 탑승자는 자신의 무게에 해당하는 아래 방향으로 작용하는 중력과 가속도의 반대 방향으로 작용하는 가상의 힘을 합하여 겉보기 힘(= 무게+가상의 힘)을 느낀다. 사람이나 물체가 자유낙하하면 중력 가속도의 크기로 아래로 가속된다. 따라서 위쪽 방향(중력 반대 방향)으로 무게와 정확히 같은 크기의 가상의 힘이 작용하면 자유낙하하는 사람은 무중력 상태를 느끼게 된다. 우리는 놀이공원에서 자이로드롭이란 놀이기구를 탈 때, 매우 짧은 시간 동안 자유낙하하게 된다.

롤러코스터 탑승객이 느끼는 겉보기 힘은 자신의 몸무게와 가상의 힘의 벡터합(힘의 방향을 고려하여 더함)으로 주어진다.

겉보기 힘(탑승자가 실제로 느끼는 힘) = 무게 + 가상의 힘

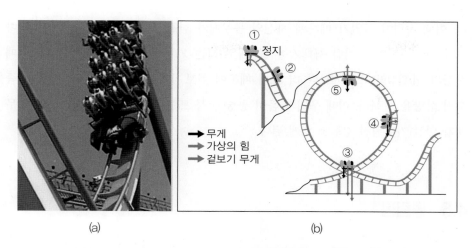

(a)   (b)

그림 4.8 │ 롤러코스터에 타고 있는 사람이 느끼는 힘. 롤러코스터의 위치에 따라 승객이 느끼는 겉보기 무게가 변한다.

그림 4.8에서처럼 롤러코스터가 여러 위치에 있을 때, 가상의 힘과 겉보기 힘의 방향을 표 4.1에 요약하였다. 하강이 시작하는 ②의 선로는 거의 직선으로 하강하므로 가상의 힘은 기차의 뒤에도 작용한다. 무게와 가상의 힘의 합인 겉보기 힘은 선로의 안쪽을 향한다. 롤러코스터가 그림의 ③과 같이 루프의 최하단에 도착하면 가상의 힘은 루프의 바깥쪽 방향을 향하므로 겉보기 힘 역시 루프의 바깥쪽 방향을 향한다. 이때 승객이 느끼는 겉보기 가속도는 약 2~3 g 정도가 된다. 이때 우리는 아래쪽으로 내려누르는 것 같은 느낌을 가지게 되며, 마치 자신의 몸무게가 늘어난 것처럼 느끼게 된다. 그림의 ④처럼 상승하는 중간 루프에 위치하면 가상의 힘은 루프의 반지름 바깥 방향을 향하며, 겉보기 힘 역시 루프의 바깥 방향을 향한

표 4.1 │ 롤러코스터의 위치에 따른 가상 힘과 겉보기 힘

번호	상태	가상의 힘	겉보기 힘
①	정지	0	수직하방
②	하강 시작	기차의 뒤	선로의 안쪽
③	최하단	루프의 바깥 방향	루프의 바깥 방향
④	중간	루프의 바깥 방향	루프의 바깥 방향
⑤	최상단	수직 상방	수직 상방

다. 이때 속력이 줄었기 때문에 자신의 몸무게가 한결 가벼워진 느낌을 가진다. 마지막으로 그림의 ⑤처럼 꼭대기를 돌 때 우리는 기차에서 떨어지지 않는다. 이때 가상의 힘(원심력)이 무게보다 더 크기 때문에 겉보기 힘은 여전히 루프의 바깥, 즉 수직 상방을 향한다. 이때 우리의 몸이 공중에 붕 뜨는 기분을 느끼며, 자신의 몸무게가 한결 가벼워진 경험을 하게 된다.

4.5 돌림힘

직선운동에서 물체의 가속도는 물체에 힘이 가해질 때 생기며, 이때 물체의 운동 상태가 변한다. 비슷하게 회전 운동에 변화를 일으키려면 물체에 힘과 같은 외부 영향이 작용해야 하는데, 이 외부 영향을 돌림힘(또는 토크, torque)이라 한다.

돌림힘(토크) = 회전 운동에 변화를 주는 원인

돌림힘은 물체에 작용한 힘이 물체를 얼마나 효과적으로 회전시킬 수 있는지를 나타내는 양이다.

그림 4.9와 같이 회전축으로부터 힘이 작용하는 곳까지의 거리를 r, 작용하는 힘의 크기를 F라 하며, 그림과 같이 힘이 작용하는 방향으로 그은 직선을 힘의 작용

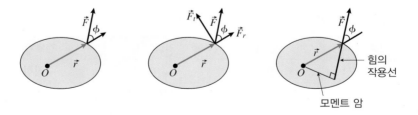

그림 4.9 | 회전축 O(종이면에 수직인 축)에 대해서 위치벡터 $\vec{r}$인 점에 힘 $\vec{F}$가 작용할 때 돌림힘. ϕ는 위치벡터와 힘 사이의 각도이다. 이 돌림힘은 물체의 반시계 방향 회전 변화를 일으킨다.

선이라 한다. 회전축으로부터 힘의 작용선까지의 수직거리는 그림에 나타내었고, 이 때 돌림힘의 크기는 다음과 같다.

돌림힘의 크기 = (힘의 크기)(회전축으로부터 힘의 작용선까지의 수직거리)

돌림힘은 회전축으로부터 힘이 작용하는 거리와 상관이 있다. 회전문을 열 때 돌쩌귀에서 가까운 쪽을 밀면 문이 잘 열리지 않지만, 돌쩌귀에서 먼 쪽을 밀면 문이 쉽게 열린다. 또한 물체의 회전은 회전축의 선택에 따라 달라지며, 돌림힘은 크기뿐만 아니라 방향도 가지고 있다. 돌림힘의 방향은 회전축으로부터 힘이 작용하는 점까지의 위치벡터에 오른손을 맞추어 손을 편 다음, 네 손가락을 힘의 방향으로 감아쥐었을 때 세운 엄지손가락의 방향이며(오른손의 법칙), 이 돌림힘은 네 손가락 방향으로 회전 변화를 일으키려 한다.

그림 4.10은 지렛대에 작용하는 힘을 나타낸 것이다. 그림에서 네 힘의 크기는 같다고 가정한다. 어느 위치에서 어느 방향으로 작용하는 돌림힘이 가장 커서 왼쪽의 물체를 쉽게 들어 올릴까? 앞에서 정의한 돌림힘에 따르면 회전축으로부터 거리가 멀수록 돌림힘이 크다. 이 지렛대에서 회전축은 받침점 O에 있다. 따라서 회전축에 가까운 힘 F_4는 상대적으로 돌림힘이 작다. 또한 돌림힘은 회전축으로부터 힘이 작용하는 점 사이의 거리에 수직일수록 크다. 따라서 힘 F_1, F_2, F_3 중에서 힘 F_2에 의한 돌림힘이 가장 크다. 일상 경험에서 지렛대의 원리를 사용하는 공구들이 많이 있다. 특히 나사(볼트나 너트)를 돌리는 렌치(wrench) 같은 경우 렌치의 머리로부터 먼 곳을 잡고 돌리는 경우 쉽게 나사를 돌릴 수 있다.

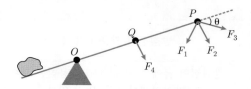

그림 4.10 | 지렛대에 작용하는 힘에 의한 돌림힘. 그림에서 네 힘의 크기는 같으며, 돌림힘의 방향 역시 모두 같다. 그러나 힘 F_2에 의한 돌림힘의 크기가 가장 크다.

이제 물체의 역학적 평형을 얘기해 보자. 물체가 평형 상태에 있으려면 두 가지 조건을 동시에 만족해야 하며, 이는 물체에 작용하는 힘과 돌림힘이 각각 0이 되는 것이다. 즉, 물체의 정적평형 조건은 힘의 평형과 회전평형을 동시에 만족한다. 정적 상태는 물체의 질량중심이 정지해 있고 회전도 하지 않는 상태이다. 힘과 돌림힘이 0이어도 물체의 질량중심이 일정한 속력으로 움직이고 일정한 각속력으로 돌 수 있다. 이러한 평형을 동적평형이라고 한다.

힘의 평형	힘의 합이 0이다.
회전평형	돌림힘의 합이 0이다.

인체에서 힘의 평형은 지렛대의 평형으로 해석할 수 있다. 인체의 각종 근육과 골격은 지렛대와 같다. 표 4.2는 인체에서 흔히 발견할 수 있는 지렛대의 종류를 나타낸다. 받침점의 위치, 근육에 작용하는 힘, 무게(부하)의 위치에 따라 1급 지레, 2급 지레, 3급 지레로 나뉜다.

3급 지레	〉	2급 지레	〉	1급 지레

인체에서 골격과 근육의 구조에 따라서 많이 발견되는 인체 지렛대의 개수는 3

표 4.2 | 인체에서 나타나는 지렛대의 종류

지레의 종류	구조	예제
1급 지레 (first class)	받침점이 가운데 있음	머리
2급 지레 (second class)	받침점이 끝에 있고 근육에 작용하는 힘이 받침점에서 가장 멀리 있음	발
3급 지레 (third class)	받침점이 끝에 있고 근육에 작용하는 힘이 받침점 가까이 있음	팔

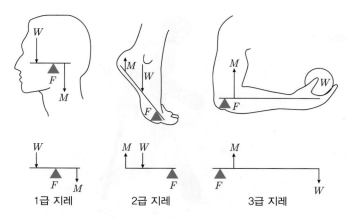

그림 4.11 | 인체에서 흔히 볼 수 있는 지렛대의 세 가지 유형. 1급 지레는 머리와 같이 힘의 받침점이 중간에 있고, 2급 지레는 발에 작용하는 힘과 같이 받침점이 오른쪽 끝에 있고, 근육에 작용하는 힘이 가장 멀리 있다. 3급 지레는 물건을 들고 있는 팔과 같이 받침점은 왼쪽 끝에 있고 근육에 작용하는 힘이 받침점에 가까이 있다. W는 무게, M은 근육에 작용하는 힘, F는 받침점이 떠받치는 힘이다.

급 지레가 가장 많고, 그 다음이 2급 지레, 마지막으로 1급 지레 순이다. 그림 4.11는 1급 지레, 2급 지레, 3급 지레의 받침점, 근육, 무게의 위치와 힘의 방향을 나타내었다. 우리 몸의 근육과 골격은 각 부위의 무게와 부하를 지레의 원리로 지탱한다.

🔪 **예제 4.7** 지팡이는 보행에 얼마나 도움이 될까?

풀이

등산을 할 때 등산용 지팡이를 사용하는 경우가 많다. 연세가 많은 분들 중에서 지팡이에 의지해서 보행을 하는 경우를 자주 볼 수 있다. 역학적으로 지팡이는 얼마나 도움이 될까? 그림 4.12는 지팡이를 짚을 때 인체가 받는 힘과 지팡이에 작용하는 힘을 나타낸 것이다. W는 사람의 무게를 나타낸다. N은 발이 받는 수직력이고, F는 지팡이가 받는 위쪽 방향 힘이다. 그림과 같이 지팡이를 짚고 걸어갈 때, 질량 중심에서 발까지의 거리 c는 약 6 cm이고, 질량중심에서 지팡이까지의 거리 d는 약 30 cm이다. 지팡이를 짚는 순간을 순간적인 정적 평형 상태라 하면, 힘의 평형과 돌림힘의 평형을 만족해야 한다. 힘의 평형 조건은

그림 4.12 | 지팡이를 짚었을 때 발과 지팡이가 받는 힘. 발을 내딛을 때 발이 받는 수직력과 지팡이에 작용하는 힘이 사람의 무게와 평형을 이룬다.

$$\vec{W} + \vec{N} + \vec{F} = 0 \implies W = N + F$$

이다. 질량중심 점에 대한 돌림힘의 평형(지렛대의 원리와 같음)은

$$cN = dF$$

이다.

두 식을 풀면 발에 작용하는 수직력은

$$N = \frac{5}{6}W$$

로 줄어들고, 지팡이에 작용하는 힘은

$$F = \frac{W}{1 + \dfrac{d}{c}} = \frac{W}{1 + \dfrac{30}{6}} = \frac{W}{6}$$

이다.

즉, 지팡이가 몸무게의 1/6을 분산하여 발이 받는 하중을 분산시킨다. 지팡이를 짚었을 때 발이 받는 부담을 크게 줄일 수 있다. 이것은 등산하는 사람에게 큰 도움이 된다. 지팡이를 사용함으로써 발과 무릎 관절에 작용하는 부담을 크게 줄일 수 있다. 따라서 등산할 때 등산용 지팡이를 사용하는 것이 좋다.

4.6 각운동량

물체가 병진 운동(회전하지 않는 운동)할 때 뉴턴의 제2법칙에 의하면 힘은 질량 곱하기 가속도와 같다. 회전 운동에서 돌림힘이 가해지면 물체에 각가속도가 생긴다. 그런데 병진 운동에서 질량과 유사한 관성이 회전 현상에도 존재하는데 회전 운동에 대한 관성을 회전 관성(rotational inertia)이라 한다.

> 회전 관성 = 회전 운동의 변화에 대한 관성

회전 관성은 회전하는 물체의 질량이 회전축에 대해서 어떻게 분포되어 있는가에 따라 달라진다. 예를 들어, 무거운 쇠막대를 회전시킬 때 쇠막대의 끝을 잡고 돌리는 경우와 쇠막대의 중심을 잡고 돌리는 경우 중 쇠막대의 중심을 잡고 돌리는 것이 더 쉽다. 회전 관성은 회전축으로부터 물체까지의 수직거리의 제곱과 물체의 질량에 비례한다. 물체의 질량이 회전축에 가까이 분포하면 회전 관성이 작고, 반대

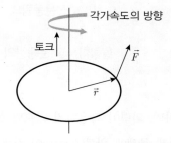

그림 4.13 │ 강체에 작용하는 힘에 의한 돌림힘(토크)과 각가속도.

로 회전축으로부터 질량이 멀리 분포하면 회전 관성이 크다.

뉴턴의 제2법칙과 유사하게 회전 운동에서도 다음과 같은 관계가 성립한다.

돌림힘 = (회전 관성)(각가속도)

한편 물체의 회전은 각운동량(angular momentum)을 도입하면 회전을 쉽게 설명할 수 있다.

각운동량의 크기 = (질량)(속력)(회전축으로부터 속도까지의 수직거리)

각운동량 역시 방향이 있는데, 돌림힘의 방향을 결정할 때와 유사하게 각운동량의 방향은 회전축으로부터 위치 벡터와 물체의 속도 벡터 사이에 오른손 법칙을 적용하면 된다. 태양 주위를 도는 지구의 각운동량은 태양에 있는 관측자(가상적인 관측자)가 측정한 지구의 운동량(= 질량 곱하기 속력)에 태양과 지구 사이의 거리의 곱이다. 각운동량의 방향으로 물체가 오른쪽과 왼쪽으로 도는 경우를 구별할 수 있다. 위에서 내려다보았을 때, 물체가 시계 방향으로 돌면 각운동량 방향은 바닥면을 향한 것으로 정의한다. 병진 운동에서 힘이 운동량과 관련 있는 것처럼 회전 운동에서 돌림힘은 각운동량과 관련 있다.

병진 운동	힘 = 선운동량의 시간 변화율
회전 운동	돌림힘 = 각운동량의 시간 변화율

운동량 보존 법칙에 의하면, 외력이 작용하지 않으면 물체의 운동량이 보존되어 일정한 값을 가진다. 비슷하게 물체에 외부 돌림힘이 작용하지 않으면 계의 각운동

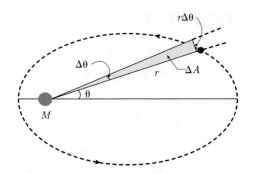

그림 4.14 | 태양과 행성을 잇는 직선이 일정한 시간 동안 휩쓸고 지나간 면적은 행성의 위치에 상관없이 일정하다.

량은 보존된다. 즉, 계의 각운동량은 일정한 값을 유지한다. 이를 **각운동량 보존법칙** (conservation law of angular momentum)이라 한다.

케플러의 제2법칙인 면적속도 일정의 법칙은 "행성이 태양을 초점으로 타원운동할 때, 태양과 행성을 잇는 직선이 일정한 시간 동안 휩쓸고 지나간 면적은 행성의 위치에 상관없이 동일하다"이다. 사실 이 케플러의 제2법칙은 각운동량 보존 법칙의 다른 표현이다. 케플러는 이 법칙을 티코 브라헤의 행성 관측 자료를 분석하여 발견하였다. 그러나 이러한 법칙이 각운동량의 보존과 관련되어 있음을 알지 못하였다. 그 해답을 제공한 사람은 바로 뉴턴이다. 태양과 행성만으로 구성된 두 물체 시스템을 생각해 보자. 이 시스템에서 중력은 각 물체에 작용하며, 그 힘들은 작용-반작용의 쌍이다. 즉, 중력은 내력이다. 내력의 합은 전체 시스템의 각운동량을 변화시킬 수 없으며, 오로지 외부에서 작용하는 외력만이 시스템의 전체 각운동량을 변화시킬 수 있다. 따라서 태양-행성 시스템의 각운동량은 보존된다. 이제 그림 4.14와 같이 태양과 행성을 직선으로 연결하는 직선이 일정한 시간 간격 Δt 동안 타원궤도를 따라 진행할 때, 연결 직선이 휩쓸고 지나간 면적을 생각해 보자. 짧은 시간 동안 직선이 휩쓸고 지나간 면적은 호의 면적과 같다. 두 직선이 이루는 각을 $\Delta\theta$라 하면 호의 높이는 $r\Delta\theta$로 근사할 수 있다. 시간이 짧으면 호의 면적은 그림 4.14에서 삼각형의 면적과 같다. 따라서 면적 ΔA는

$$\Delta A = \left(\frac{1}{2}r\right)(r\Delta\theta) = \frac{1}{2}r^2\,\Delta\theta$$

이다. 따라서 Δt 시간 동안 면적의 변화량은

$$\frac{\Delta A}{\Delta t} = \frac{1}{2}r^2\frac{\Delta \theta}{\Delta t} = \frac{1}{2}r^2\omega$$

이다. 그런데 행성의 각운동량은 $L = mr^2\omega$이다. 여기서 m은 행성의 질량이다. 따라서

$$\frac{\Delta A}{\Delta t} = 일정 = \frac{1}{2}r^2\omega = \frac{L}{2m}$$

이다. 각운동량이 보존된다면 일정한 시간 간격 동안 태양과 행성을 잇는 직선이 휩쓸고 지나간 면적의 비는 일정하다. 즉, 케플러의 제2법칙과 같다.

태양계에서 멀리 떨어져 있는 행성들을 제외하곤 대부분의 행성들은 하나의 평면상에서 타원운동을 한다. 왜 그럴까? 초기의 태양계는 태양과 가스 덩어리들이 뭉치고 흩어지면서 형성되었다. 태양계 전체를 생각해 보면 태양과 나머지 행성들로 이루어진 시스템에서 총각운동량이 보존된다. 태양계 전체의 각운동량은 행성들이 공전하는 평면에 수직이다. 태양계 외부에서 물체가 태양계의 행성들을 타격하지 않는다면, 즉 외력이 작용하지 않으면 태양계의 각운동량은 변하지 않고 보존된다. 따라서 초기에 형성된 태양계의 행성들은 대부분 같은 평면상에서 놓이고 총각운동량 역시 이 평면에 수직한 방향이다. 태양계의 행성이 형성된 후에 행성들 사이의 거대한 융합이나 외부에서 큰 소행성이 태양계로 진입하지 않는다면, 태양

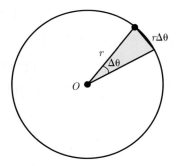

그림 4.15 | 원운동하는 행성의 경우 원의 중심 O에 태양이 위치해 있고 행성이 휩쓸고 지나간 호의 면적은 $\Delta A = 1/2\,r^2\Delta\theta$이다.

계의 행성들은 계속 궤도 운동을 유지한다. 그림 4.15와 같이 만약 행성의 궤도가 원운동을 한다면(지구를 포함하여 지구보다 가까운 내행성들은 궤도가 거의 원운동에 가깝다) 면적속도 일정의 법칙이 성립함을 더 쉽게 알 수 있다. 원은 타원과 달리 초점이 하나이고 그 초점이 원의 중심이다. 따라서 반지름이 휩쓸고 지나간 호의 면적은

$$\Delta A = \frac{1}{2}r(r\Delta\theta) = \frac{1}{2}r^2\Delta\theta$$

이다. 이 식은 타원궤도의 면적과 같은 식이다. 따라서 원운동할 경우에도 케플러의 제2법칙이 성립한다.

예제 4.8 엔진에 왜 플라이휠(flywheel, 회전속도 조절용 바퀴)이 붙어 있는가?
풀이

플라이휠은 엔진 실린더의 불연속적인 충격을 완화시키기 위하여 관성의 원리를 이용한 장치이다. 만약 플라이휠이 없다면 각 실린더 안에서 폭발이 생길 때마다 크랭크축이 덜컹거릴 것이다. 도자기를 만들 때 회전틀도 같은 원리를 이용한 것이다.

예제 4.9 북반구에서 세면대의 물이 빠질 때는 오른쪽으로 돌면서 빠지고, 남반구에서 왼쪽으로 돌면서 빠진다. 이것은 옳은 이야기인가?
풀이

세면대의 물이 빠질 때나 물을 채울 때 어떠한 회전력이 가해지지 않는다면, 코리올리의 힘에 의해서 북반구에서는 물이 오른쪽으로 돌면서, 남반구에서는 왼쪽으로 돌면서 빠진다. 그러나 일상생활에서 물을 빼낼 때는 외부에서 회전력이 가해지게 되므로, 각운동량의 보존으로 인하여 물이 빠지는 동안 각속도가 증가하는 방향으로 회전하게 된다. 이때의 회전 방향은 처음에 주어진 외부 회전력의 방향에 따라 달라진다. 처음의 회전 방향이 코리올리 힘의 회전 방향과 반대 방향이어도, 코리올리 힘의 크기가 너무 작기 때문에 물의 회전 방향을 바꿀 수는 없다. 실제로 물이 빠져나갈 때 코리올리 힘에 의한 회전을 관찰하는 것은 거의 불가능하다.

예제 4.10 미식축구 시합에서 쿼터백은 왜 공을 회전시켜서 던질까?

풀이

회전하는 공의 각운동량은 보존된다. 회전축이 고정되어, 공이 떨리는 것을 막고 공기의 저항을 줄여서 방향과 거리를 조절하기 쉽기 때문이다.

예제 4.11 피겨스케이트 선수가 어떻게 빠르게 회전할 수 있는가?

풀이

각운동량이 보존되기 때문이다. 피겨스케이트 선수는 돌기 시작한 후에 팔을 몸 쪽으로 움츠려 회전 관성을 줄어들게 한다. 각운동량은 회전 관성과 각속도의 곱이다. 그런데 각운동량이 일정하게 보존되려면, 줄어든 회전 관성을 각속도의 증가로 보상해야 된다. 따라서 선수는 빠르게 회전한다.

예제 4.12 동전 하나를 바람 빠진 풍선 속에 넣고 공기를 불어넣은 다음, 풍선 입구를 붙잡고 돌려보자. 동전이 풍선 안쪽을 따라 똑바로 서서 구르게 될 것이다. 왜 동전이 서서 구르는가?

풀이

처음에는 동전이 풍선 안에서 튀어 다닌다. 이때 안쪽 벽과 충돌하면서 생긴 돌림힘 때문에 동전이 회전 운동을 하게 된다. 만약 동전의 회전 운동에 대응하는 각운동량 벡터가 풍선 벽과 나란하지 않으면 안쪽 벽과의 충돌로 생기는 돌림힘은 회전 운동을 방해할 것이다. 따라서 각운동량 벡터의 방향이 풍선 표면과 나란한 운동이 일어나고 동전이 풍선 표면을 따라 구르게 된다. 이와 같이 구르는 경우 벽에서 동전의 중심을 잇는 수직힘은 동전의 반지름 방향과 평행하고, 돌림힘이 0이 되어 각운동량이 보존되므로 각운동량 벡터의 방향이 일정한 상태로 구르게 된다. 한편 동전이 풍선 내부를 한 바퀴 도는 시간만큼의 주기로 풍선을 돌려주면 공명이 일어나서 에너지가 공급되므로 동전이 계속해서 서서 구르게 된다.

4.7   회전 운동 에너지

물체가 회전하면 회전 운동 에너지를 갖는다. 큰 바퀴가 굴러갈 때 그 바퀴를 멈추게 하거나, 멈추어 있는 바퀴를 돌리려면 외부에서 힘을 가해서 일을 해 주어야 한다. 일-에너지 정리에 의하면 물체에 일을 해주면 그 일은 물체의 운동 에너지에 변화를 준다. 그림 4.16은 순수하게 원운동하는 질량 m인 입자를 나타낸 것이다. 이 입자의 운동 에너지는

$$K = \frac{1}{2}mv^2$$

이다. 입자가 회전할 때 각속력을 ω 라 하면, 속도는 $v = r\omega$이다. 따라서 회전하는 입자의 **회전 운동 에너지**(rotational kinetic energy)는

$$K = \frac{1}{2}mv^2 = \frac{1}{2}m(r\omega)^2 = \frac{1}{2}(mr^2)\omega^2$$

이다. 이때 입자의 **회전 관성**(inertial moment)은

$$I = mr^2$$

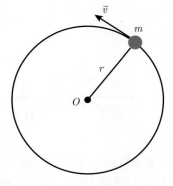

그림 4.16 | 각속력 v로 회전하는 입자의 선속력은 $v = r\omega$이고 회전 운동 에너지는 $K = I\omega^2/2$이다.

으로 정의하고, 물체의 회전 운동 에너지는

$$K = \frac{1}{2} I\omega^2$$

이 된다. 물체가 회전할 때 관성의 역할을 하는 양이 회전 관성 I이다. 그런데 회전 관성은 $I = mr^2$이므로, 입자의 질량과 회전축으로부터 물체까지의 수직거리인 r의 제곱에 비례한다.

실제 물체들은 입자가 아니고 덩치(부피)가 있다. 덩치가 있는 물체들이 회전할 때 이 물체들을 입자로 취급할 수 있는 작은 입자들의 모임이라고 본다면, 입자의 회전에 대한 식을 덩치가 있는 물체에 대한 식으로 확장할 수 있다. 작은 크기의 원자나 분자도 회전할까? 원자나 분자들도 회전을 한다. 그림 4.17은 물 분자가 회전하는 세 가지 방식을 나타낸 것이다. 물의 온도가 높아지면 물 분자들은 회전을 하게 되며 대칭인 축에 대해서 쉽게 회전할 수 있으므로 회전 운동 에너지가 낮고 비대칭 축에 대한 회전 운동 에너지는 높다. 분자에 빛을 쪼였을 때 분자가 흡수하는 흡수 스펙트럼을 조사해 보면 회전 운동 에너지를 나타내는 흡수 스펙트럼을 관찰할 수 있다. 물 분자의 구조는 그림 4.17과 같은 구조를 하고 있기 때문에 독특한 물리적, 화학적 성질을 갖는다. 물 분자는 전기적 극성을 가지고 있는 극성 분자인데, 산소 원자가 상대적으로 음의 전기 극성을 갖고 수소 원자들이 양의 전기 극성을 갖고 있다.

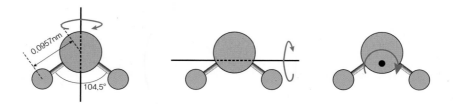

그림 4.17 | 물 분자의 세 가지 회전 방식. 물 분자는 산소 1개와 수소 2개가 공유결합한 모양이다. 산소 원자와 수소 원자 사이의 거리는 약 0.0957 nm이고 두 수소 원자 사이의 각도는 약 104.5°이다.

✏️ 예제 4.13 열대성 저기압은 무엇인가?

풀이

열대성 저기압(tropical cyclone)은 적도로부터 위도 5도 이상(약 555 km)에서 해수면의 온도가 약 26.5°C(깊이 50 m까지의 온도)일 때 발생한다. 대부분의 열대성 저기압은 위도 10도에서 30도 사이에서 형성된다. 열대성 저기압은 지역에 따라서 다른 이름을 가지고 있다. 아시아에 인접한 태평양상에서 발생한 열대성 저기압은 **태풍**(typhoon)이라 하고, 북대서양과 북동태평양에서 발생하는 열대성 저기압을 **허리케인**(hurricane)이라 한다. 인도양에서 발생한 열대성 저기압을 **싸이클론**(cyclone)이라고 하고, 남반구에서 발생하는 열대성 저기압을 **윌리윌리**(wily-wily)라 부르는데 요즈음은 싸이클론이라고 한다. 우리나라 기상청은 표 4.3과 같이 바람의 10분 평균 풍속에 따라 열대성 저기압을 열대 저압(tropic depression), 열대 폭풍(tropic storm), 강한 열대 폭풍(severe tropic storm), 태풍(typhoon)으로 분류한다. 평균 풍속이 64 m/s 이상 되었을 때 열대성 저기압을 태풍이라 한다. 미국 기상청은 태풍을 1급 허리케인부터 5급 허리케인까지 좀 더 세분화한다.

태풍은 바람이 일정하게 불 때는 발생하지 않는다. 그림 4.18과 같이 적도와 위도 30도 사이에는 **무역풍**이 분다. 일정하게 부는 무역풍에서 태풍은 발생하지 않으며, 그림 4.18(b)와 같이 무역풍의 국소적인 수렴과 발산하는 바람이 불면 바람의 불안정성이 발생한다. 만약 바다의 온도가 충분히 높아서 저기압이 형성되고 바람의 불안정성이 발생하면 회전하는 바람이 형성되면서 태풍이 발생한다. 북반구에서 태풍은 반시계 방향으로 돌며, 반대로 남반구에서는 시계 방향으로 돈다.

그림 4.19는 북반구에서 태풍이 형성되었을 때 바람이 부는 모습을 나타낸 것이

표 4.3 | 열대성 저기압은 풍속에 따라서 여러 가지 명칭으로 부름. 우리나라는 10분간 평균 풍속으로 판정한다.

풍속(10분 평균)(m/s)	풍속(km/hr)	명칭
< 33	<119	열대 저압
34~47	120~169	열대 폭풍
48~63	170~227	강한 열대 폭풍
> 64	> 228	태풍

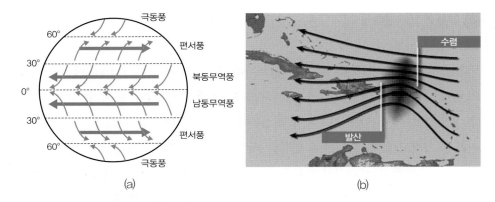

그림 4.18 | 바람의 방향과 대서양에서 무역풍의 흐름. 무역풍이 수렴하는 부분과 발산하는 부분이 생겨서 바람의 불안정성이 발생하고 허리케인의 발생원이 된다.

다. 뜨거운 바다에서 형성된 뜨거운 공기는 저기압을 형성하면서 바람이 태풍의 눈의 벽을 따라 반시계 방향으로 회전하면서 상승한다. 바람이 반시계 방향으로 도는 이유는 코리올리의 효과 때문이다. 태풍 상층부의 차가운 공기는 그림과 같이 아래로 하강하면서 데워지고 다시 순환하게 된다. 강한 태풍은 뚜렷한 태풍의 눈을 형성한다. 바람은 눈의 벽 바깥쪽에서 불기 때문에 태풍의 눈 내부에서는 바람이 불지 않고 고요한 상태를 유지한다. 저위도의 열대 해역에서 형성된 태풍은 세력이 커지면서 북쪽으로 이동한다. 주변의 기압 배치에 따라서 태풍의 방향이 매우 유동적

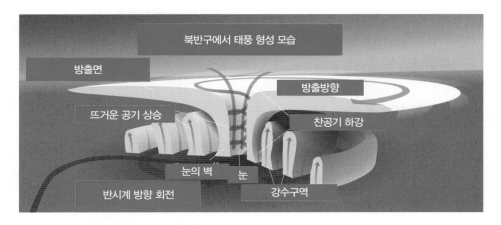

그림 4.19 | 북반구에서 태풍의 형성 모습. 반시계 방향으로 회전하는 상승 기류가 태풍의 눈의 벽을 따라 상승하고 위쪽의 차가운 공기가 하강하면서 태풍이 형성된다.

이기 때문에 태풍의 진로를 정확히 예측하는 것은 매우 어렵다.

4.8 자전거는 왜 빨리 달릴수록 안정한가?

훨씬 더 안정적으로 보이는 세발자전거보다 두발자전거가 더 선호되는 이유는 무엇인가? 왜 자전거는 몸을 기울이는 쪽으로 방향을 바꿀까? 손잡이에서 손을 떼고도 자전거를 탈 수 있는 이유는 무엇인가? 이와 같은 질문을 생각해보면서 자전거의 회전, 각운동량, 돌림힘과의 관계를 살펴보자.

두발자전거를 선호하는 이유는 안정성에서 그 답을 찾을 수 있다. 물체가 정지해 있을 때의 안정성을 정적 안정성이라 하고, 물체가 움직이고 있는 상태에서의 안정성을 동적 안정성이라 한다. 세발자전거와 두발자전거를 안정성의 관점에서 비교해 보자. 의자의 다리가 3개 또는 4개인 이유 중 하나가 안정성이다. 세 다리 의자는 지면이 평평하지 않아도 흔들리지 않고 안정한 상태를 유지하며, 바퀴가 달린 운반체에도 동일한 원리가 적용된다.

움직이지 않을 때 세발자전거는 잘 넘어지지 않고 안정하기 때문에 어린이를 위한 세발자전거가 많다. 그러나 세발자전거는 빠른 속도로 달리거나, 급한 언덕을 내려오다 방향을 바꾸면 쉽게 넘어지는 것을 볼 수 있다. 즉, 세발자전거는 급속한 가속을 하지 않으면 안정하지만, 빠른 속도로 달릴 때는 불안정하다. 세발자전거가 방향을 바꾸려면 측면 가속도가 필요한데, 그 힘은 바퀴와 도로 사이의 마찰력에 의해서 생긴다.

그림 4.20은 회전할 때 세발자전거에 작용하는 가속도와 돌림힘(토크)을 나타낸다. 회전이 너무 갑자기 일어나면 바퀴가 회전하는 동안 사람의 운동량은 직선 방향으로 유지되어 쓰러지고 만다. 즉, 세발자전거는 동적 안정상태가 좋지 못하다. 세발자전거의 문제는 바퀴가 방향을 트는 동안 영향을 주는 마찰력에 의한 돌림힘을 조절할 수 없다는 것이다. 세발자전거가 회전하는 동안 자전거를 가속시키는 수평 마찰력은 세발자전거의 아래쪽과 질량중심에 영향을 미친다. 마찰력은 질량중심에 대해서 돌림힘을 가하고 세발자전거는 넘어진다.

마찰에 의한 토크

질량중심

질량중심

마찰

가속도

(a)   (b)

그림 4.20 | 어린이가 세발자전거를 타고 가다가 오른쪽으로 회전할 때 받는 토크.

회전에 대한 뉴턴 제2법칙에 따르면 "단위 시간 동안의 각운동량 변화량은 돌림힘과 같다". 이 사실을 이용하여 두발자전거의 안정성을 생각해 보자. 자전거가 북쪽 방향으로 달린다고 할 때, 자전거는 회전하는 바퀴의 축 방향의 각운동량을 가진다.

그림 4.21과 같이 자전거를 위에서 내려다보면 각운동량은 왼쪽서쪽 방향이다. 이때 자전거가 기울어지지 않으면 사람에게 작용하는 중력과 수직힘에 의한 돌림힘은 0이며, 자전거는 직진한다. 그러나 자전거가 오른쪽으로 기울어지면 자전거와 사람의 중심에 작용하는 중력에 의한 돌림힘은 자전거의 진행 방향북쪽을 향하게 된다. 자전거가 기울어졌으므로 각운동량의 방향은 서쪽에서 북서쪽 방향으로 이동한다. 돌림힘은 각운동량의 변화량과 같은 방향이므로 돌림힘은 자전거의 진행 방향을 향하게 된다. 또, 돌림힘은 각운동량의 변화량과 같은 방향이므로 각운동량 방향은 서쪽에서 북서쪽 방향으로 약간 이동한다. 각운동량 방향이 약간 오른쪽으로 이동한 것은 자전거 진행 방향이 바뀐 것을 뜻한다. 따라서 오른쪽으로 몸을 굽힌 사람이 탄 자전거는 오른쪽으로 방향을 바꾼다. 이런 기술은 자전거 손잡이를 놓고 진행 방향을 바꾸는 잘 알려진 기술이다. 자전거 속도가 빨라지면 각운동량의 크기가 더 커지므로, 몸을 약간 오른쪽을 틀었을 때 토크의 작용에 의한 각운동량 변화는 상대적으로 작다. 따라서 빠르게 운동하는 자전거는 몸의 중심에 약간의 이동이 있어도 자전거 진행 방향이 거의 변하지 않고 안정된 상태로 자전거를 탈 수

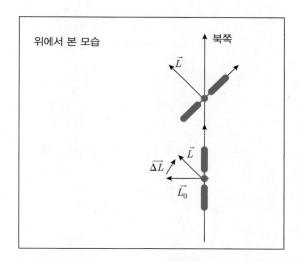

그림 4.21 | 직진하는 자전거를 위에서 내려다본 모습. 직진하다가
몸을 오른쪽으로 기울였을 때 각운동량의 변화 그림이다.

있다. 반대로 느리게 운동하는 자전거는 약간의 중심만 흐트러져도 쉽게 각운동량
의 변화를 초래하여 진행 방향이 불안정해져서 넘어지게 된다. 자전거를 처음 타는
사람은 이 점을 체득하지 못해서 잘 넘어진다. 넘어지지 않으려면 어느 정도 속도를
내야 한다.

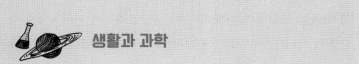 생활과 과학

5장

물의 행성
지구

유체는 액체와 기체를 말한다. 높은 산을 등산하거나, 깊이 다이빙하는 경우 유체에 의한 압력의 영향을 느낀 적이 있을 것이다. 배를 물 위에 뜨게 하는 부력, 인체 내에서 혈관 및 심장의 압력 등과 같이 유체와 관련된 현상들은 매우 다양하고, 우리의 일상생활과 밀접하게 연관되어 있다. 지구는 물의 행성이라 할 수 있다. 바닷물이 지구의 약 70%를 차지하고 있으며 모든 생물들은 물을 기반으로 생명활동을 영위한다. 태초의 생명체도 물을 기반으로 진화하였을 것으로 믿고 있다.

물은 다른 유체와는 달리 다양한 성질을 갖는다. 물의 전기적, 광학적 성질은 후반부에서 살펴보고 여기서는 유체의 물리적 특성을 살펴볼 것이다. 기체는 용기에 담아서 피스톤으로 압축하면 쉽게 압축된다. 이런 기체를 **압축성 유체**(compressible fluid)라고 한다. 반면 액체는 쉽게 압축되지 않는 **비압축성 유체**(noncompressible fluid)이다. 기체의 성질은 다음 장에서 약간 다룰 것이므로 여기서는 액체의 성질에 대해서 살펴본다.

물은 순환 과정을 통해서 하늘, 땅, 바다로 순환한다. 물이 증발하여 구름이 되고, 구름이 응결하면 비가 내려서, 냇물과 강을 형성한다. 강물은 흘러 바다로 들어간다. 물은 증발하여 다시 구름이 된다. 지구는 지각이 암석으로 되어 있기 때문에 지구 내부로 빨려 들어가지 않고 지구 표면에 떠 있을 수 있다. 생명이 진화할 수 있는 여건을 마련해 준 것이다. 지구가 태양으로부터 적당한 거리에 있어 생명이 진화할 수 있는 **골디락스 존**(Goldilocks zone)에 위치해 있는 것은 지구의 생명체에게 축복이며 생명의 어머니인 태양에게 감사할 일이다. 골디락스라는 용어를 사용하는 이유는 다음과 같다. 어린이 동화 〈곰 세 마리〉에서 한 소녀가 산책 나간 곰의 집에 들어갔을 때 식탁 위에 죽 세 그릇이 놓여 있었다. 가장 양이 많은 아빠 곰의 죽은 너무 뜨거웠고, 엄마 곰의 죽은 너무 차가웠지만, 아기 곰의 죽은 먹기에 적당한 온도였다. 즉, 어떤 일이 이루어지기에 적당한 상태를 말한다. 물론 소녀는 아기 곰의 죽을 모두 먹어버렸다. 산책에서 돌아온 아기 곰은 어떻게 되었을까? 즉, 지구는 생명이 진화하기에 적당한 상태라는 것을 말한다. 자, 이제 유체의 다양한 성질을 살펴보자.

5.1 밀도

우리는 매일 물을 마시고 다양한 유체를 사용한다. 유체(fluid)라 함은 물체가 유동성흐르는 성질을 가지고 있는 상태를 말한다. 유체는 움직일 수 있으므로 용기그릇에 담아 두어야 그 정적인 상태를 유지할 수 있으며, 유체의 밀도(density, ρ)는 다음과 같이 정의한다. 유체의 질량을 M, 유체의 부피를 V라 하면,

$$\rho = \frac{M}{V}$$

밀도의 단위는 kg/m^3이다. 기체는 쉽게 압축될 수 있으므로 밀도가 압력에 따라서 변한다. 액체는 쉽게 압축되지 않으므로 밀도가 압력에 관계없이 거의 일정하다.

표 5.1 | 다양한 물질의 밀도. 별들은 밀도가 매우 높음

물질	밀도(kg/m^3)
공기(1기압, 20℃)	1.20
물	1×10^3
얼음	0.92×10^3
철	7.8×10^3
금	19.3×10^3
백색왜성	10^{10}
중성자 별	10^{18}

📝 **예제 5.1** 호수가 표면부터 어는 이유는 무엇인가?

풀이

그림 5.1은 물의 부피가 온도에 따라서 변하는 모양을 나타낸 그래프이다. 물은 특이하게도 4℃ 근처에서 밀도가 가장 크다(즉, 부피가 가장 작다). 그림의 세로축에서

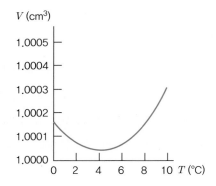

그림 5.1 | 물 1 g의 온도에 따른 부피 변화. 세로축의 소수점 이하 넷째 자리에서 차이가 생기지만 이렇게 작은 차이가 큰 변화를 만든다.

밀도가 소수점 이하 넷째 자리에서 차이가 생기지만, 이러한 작은 차이가 물의 거시적 특징에 큰 변화를 가져온다. 겨울날 호수 표면으로 차가운 공기가 불어오면 호수 표면의 온도가 내려가 4°C에 도달한다. 밀도가 큰 호수 표면의 4°C 물이 아래로 내려가고, 밀도가 작은 호수 안쪽의 물이 표면으로 상승한다. 결국 호수 전체의 온도가 4°C에 도달하게 된다. 사실 물의 밀도차가 생기면 밀도가 큰 물은 아래로 가라앉고 밀도가 작은 물은 위로 올라온다. 겨울철에 차가운 바람이 호수 표면을 계속 냉각하면 호수의 표면부터 얼기 시작하여 얼음이 호수 안쪽으로 성장하게 된다. 물의 이러한 특이성 때문에 물속의 생명체가 빙하기 때에 살아남았을 것으로 추정할 수 있다.

● **질문** 얼음의 밀도는 왜 물보다 작을까?
● **질문** 주변의 다양한 물질의 밀도를 조사해 보자.

5.2 압력

우리는 유체(공기) 속에서 살고 있다. 등산을 하거나 수영을 할 때 압력의 변화를 경험한다. 압력(pressure)의 정의는 매우 간단하지만 압력의 효과는 매우 흥미로우며,

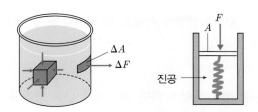

그림 5.2 | 압력은 유체의 단면에 작용하는 힘을 단면적으로 나눈 것이다. 단면에 작용하는 힘은 그림과 같은 압력 측정 장치에서 수축한 스프링의 길이로 측정할 수 있다.

많은 경우 사람들은 압력의 영향을 잘못 이해하고 있는 경우가 많다. 압력은 한 단면에 작용하는 힘을 그 단면의 면적으로 나눈 것으로 정의한다.

$$압력 = \frac{힘}{면적}$$

압력의 단위는 1 Pa = 1 N/m²이며, Pa는 **파스칼**(Pascal)이라 읽는다. 1 m²의 면적에 1 N의 힘이 작용할 경우 압력을 1 Pa (pascal)이라 한다.

🖊 **예제 5.2** 샴페인 병마개를 철사로 묶어두는 이유는 무엇인가?

풀이

샴페인의 온도가 올라가거나 샴페인 병을 흔들면 샴페인에 녹아 있던 이산화탄소가 기체가 된다. 따라서 샴페인 병의 압력이 급격히 증가하므로 병뚜껑을 철사 줄로 묶어두지 않으면 병마개가 튕겨나갈 것이다.

🖊 **예제 5.3** 창과 주사기가 뾰족한 이유는 무엇인가?

풀이

창, 주사기는 모두 표면을 뚫고 들어가도록 뾰족하게 만들었다. 표면에 큰 압력이 작용하면 그 표면을 뚫기 쉽다. 창, 주사기의 끝을 뾰족하게 만들면 힘이 작용하는 단면적이 작아지므로 큰 압력을 가할 수 있다.

예제 5.4 모래 함정이나 갯벌에 빠졌을 때 빠져나올 수 있는 가장 좋은 방법은 무엇인가?

풀이

정답은 "뒤로 눕는다"이다. 이렇게 하면 몸무게가 넓은 면적에 작용하므로 모래에 가해지는 압력이 줄어든다. 따라서 가라앉는 속도를 줄일 수 있다. 뒤로 누운 다음 빠진 발을 빼고, 모래가 없는 곳으로 굴러서 나오면 된다.

예제 5.5 처음에 풍선을 불기 어려운 이유는 무엇인가?

풀이

풍선은 처음에는 불기가 어려우나, 일단 풍선이 부풀어 오르면 불기가 쉽다. 그 이유는 무엇일까? 풍선 내부의 압력을 결정하는 가장 중요한 요소는 풍선 표면에 작용하는 표면장력이다. 그림 5.3은 풍선이 크게 부풀었을 때와 풍선이 작은 크기일 때 풍선 표면을 따라서 작용하는 표면장력과 반지름을 나타낸 것이다. 작은 풍선은 표면이 많이 휘어 있으므로 곡면의 반지름이 작다. 따라서 단위면적당 원의 중심을 향하는 표면장력이 커서 풍선의 압력이 크다. 바로 이런 이유 때문에 처음에 풍선을 불기 어려운 것이다. "거품이나 풍선의 내부 압력은 표면장력에 비례하고 반지름에 반비례"하는데 이를 라플라스의 법칙(Laplace's law)이라 한다.

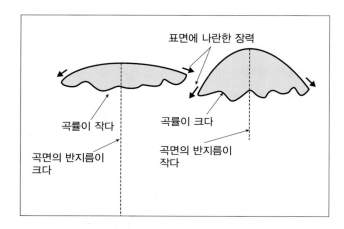

그림 5.3 | 풍선을 부풀 때 곡률과 표면장력. 오른쪽처럼 곡률 반지름이 작으면 장력이 커서 풍선을 불기 어렵다.

5.2.1 기체의 압력과 용해

기체의 부피와 압력

인체는 주로 고체와 액체로 구성되어 있으므로, 잠수할 때 압력에 의해서 거의 영향을 받지 않는다. 그러나 기체는 압력이 변하면 부피가 변한다. 온도가 일정할 때 기체의 부피 V와 압력 P의 관계는 **보일의 법칙**(Boyle's law)으로 주어진다.

> **보일의 법칙:** (기체의 압력) × (기체의 부피) = 일정

● **질문** 보일의 법칙이 성립하는 조건은 무엇일까?

기체의 용해

기체의 산소 분압이 2배 증가하면 혈액에 용해되는 산소의 양은 2배 증가한다. 기체의 용해도는 기체의 종류에 따라 다르다. 산소는 혈액과 물에서 잘 녹지 않지만 이산화탄소는 산소보다 더 잘 녹는다. 용액에 녹는 기체의 양은 그 기체의 분압에 비례하는데, 이를 헨리의 기체 용해도 법칙 또는 **헨리의 법칙**(Henry's law)이라 한다.

> **헨리의 법칙:** 용액에 녹은 기체의 양은 기체의 분압에 비례

✎ **예제 5.6** 질소 중독증(잠수병)이란 무엇인가?

풀이

잠수병[blends or decompression sickness 또는 caisson disease(케송병)]은 물속 깊숙이 잠수하였다가 물 위로 상승할 때 발생하는 질병이다. 잠수를 하면 질소의 분압이 증가하여 혈액과 조직에 질소가 많이 녹는다. "액체에 녹는 기체의 양은 기체의 부분 압력에 비례한다는 헨리의 법칙(Henry's law)"에 따라 기체의 용해도는 분압이 증가하면 비례해서 증가하기 때문이다. 잠수병은 잠수부들이 30 m의 물속에 잠수하였다가 상승할 때 발생할 수 있다. 다이버의 혈액 속에 과잉 녹아 있던 질소는 다이

버가 수면으로 상승할 때 폐에서 제거되어야 한다. 그러나 질소가 제거되는 과정은 녹는 과정보다 훨씬 느리게 일어난다. 다이버가 너무 빨리 물속에서 상승하면 혈액에 녹아 있던 질소가 조직과 관절에서 기체 상태로 생성되어 잠수병을 발생시키며, 잠수병은 극심한 고통을 수반한다. 잠수병에 걸리면 잠수부를 압력 용기에 넣고 압력을 천천히 낮추어 혈액과 폐에서 질소를 제거해야 한다.

5.3 대기압

공기에 의한 압력은 엄청나다. 그런 공기 속에서 살아가는 우리들은 어떻게 안전할 수 있을까? 물속으로 10 m 들어갈 때마다 압력은 얼마씩 증가할까?

대기압은 무엇인가?

대기압은 궁극적으로 단위 면적당 대기에 의한 공기의 무게가 내려누르는 힘이다. 일상생활에서 우리는 대기압의 존재를 느끼지 못하고 산다. 그러나 높은 산으로 등산을 가거나 깊은 물속으로 잠수를 하고 다시 상승할 때 대기압의 존재를 느끼게 된다.

대기압을 처음으로 측정한 사람은 누구일까?

바로 이탈리아의 에반젤리스타 토리첼리(Evangelista Torricelli, 1608~1647)이다. 그는 얇은 유리관을 수은에 잠기도록 한 다음, 똑바로 세우면 수은이 유리관을 따라 76 cm 올라간다는 사실을 발견하였다.

> "단면적 1 cm²인 한쪽 끝이 막힌 길이 1 m의 유리관 안에 수은을 가득 채운 다음, 수은이 담긴 그릇 안에 거꾸로 세우면, 유리관 안의 수은주는 그릇에 담겨 있는 수은의 표면으로부터 76 cm의 높이를 항상 유지하게 된다."

수은 기둥을 밀어 올리는 힘은 대기압이 수은 표면을 누르는 힘 때문이다. 수

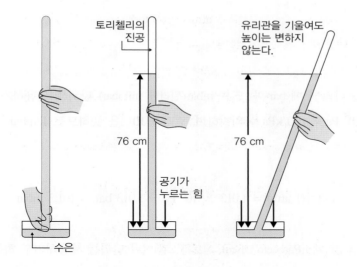

그림 5.4 | 토리첼리 실험에서 수은주 기둥의 높이. 관이 누워 있을 때 수은을 가득 채운 다음 관을 세우면 수은은 기둥을 따라 76 cm만 올라간다. 관의 길이가 76 cm보다 길면 관의 윗부분은 거의 진공 상태가 된다.

은의 밀도는 13.6 g/cm³이다. 따라서 수은 대신 물로 토리첼리 실험을 하면 물은 유리관을 따라서 10 m 이상 올라간다. 수은주 관을 세우면 수은 기둥 위에 빈 공간이 생기는데 그 공간은 공기가 없는 진공 상태가 되며, 토리첼리의 관을 토리첼리 튜브(Torricellian tube)라고 하고 관의 빈 공간의 진공을 **토리첼리 진공**(Torricellian vacuum)이라 한다. 수은 기둥의 높이로 대기압을 내타낼 때

$$1 \text{ atm} = 76 \text{ cmHg} = 760 \text{ mmHg}$$

이고, 압력의 단위로 사용하는 torr(토르)는

$$1 \text{ torr} = 1 \text{ mmHg}$$

이므로 1기압은

177

$$1 \text{ atm} = 760 \text{ torr}$$

이다.

기압을 나타낼 때 bar(바) 또는 mbar(밀리바, millibar) 단위를 사용하기도 하는데 1 bar = 10^5 Pa = 100 kPa을 의미하며, 밀리는 10^{-3}을 뜻하므로 1 mbar = 10^{-3} bar 이다.

$$1기압(1 \text{ atm}) = 1.013 \times 10^5 \text{ Pa} = 1.013 \text{ bar} = 101.3 \text{ mbar}$$

일기예보를 할 때 hPa(hecto Pascal, 헥토파스칼)이란 단위를 사용하기도 하는데

$$1 \text{ hPa} = 100 \text{ Pa}$$

을 의미한다. 따라서 대기압은 1013 hPa이다. 태풍과 같은 강한 열대성 저기압은 950 hPa처럼 기압이 낮다.

● 질문　대기압을 측정하기 위해서 토리첼리는 왜 액체 수은을 사용했을까?

대기압이 미치는 힘의 크기는 1654년 오토 폰 게리케(Otto von Guericke, 1602~1686)가 레겐스부르크(Regensburg, 독일 남부 바이에른주의 도시)에서 보헤미아(보헤미아 왕국은 1198년~1806년까지 신성로마제국에 속했던 왕관령으로 현재는 체코에 속함) 황제 페르디난트 3세 앞에서 구리로 만든 지름 50 cm 반구 2개의 내부 공기를 자신이 만든 진공 펌프로 제거한 후 반구의 양쪽에서 30마리의 말로 끌게 해도 반구가 떨어지지 않음을 보여주었다. 그러나 반구의 마개를 열자 반구는 쉽게 떨어졌다. 게리케는 1656년 마그데부르크(Magdeburg, 독일 작센-안할트주의 도시, 한자동맹의 맹주 노릇을 한 도시)의 시장(major)이 되면서 같은 실험을 그림 5.5와 같이 말 16마리를 가지고 재현하여 큰 인기를 끌었다. 현재는 **마그데부르크 반구**(Magdeburg hemisphere)로 더 잘 알려졌다. 게리케의 진공 펌프를 알게 된 로버트 보일은 성능이 더 좋은

그림 5.5 | 게리케의 마그데부르크 반구 실험. 두 반구를 결합하고 진공 펌프를 이용하여 내부를 진공 상태로 만든 후 여러 필의 말이 양쪽에서 끌고 있다. 대기압의 위력을 실증하는 모습

공기 펌프를 발명하여 기체의 성질을 조사하는 데 사용하였다.

예제 5.7 가로 세로 각각 1 m인 마룻바닥이 받는 대기압에 의한 힘은 얼마인가?

풀이

그림 5.6과 같이 지구 대기 대부분의 질량은 고도 6 km 이내의 층에 있으며, 지구의 지름이 12,700 km이므로 대기층은 상대적으로 매우 얇다. 대기는 중력 때문에 지구 표면에 머물고, 공기의 밀도는 지표면 근처에서 크며, 고도가 올라갈수록 작아진다. 그림 5.6은 밑면의 면적이 1 m²인 공기 기둥을 나타낸 것이다. 이 바닥 면은 약 100,000 N의 힘을 받고 있다. 100,000 N은 1 kg짜리 벽돌 약 10,000개를 쌓아 놓았을 때 받는 힘과 같다. 따라서 지표면 근처의 공기층은 큰 압력 때문에 압축되어 밀도가 크며, 고도가 높아지면 지탱해야 하는 위쪽 공기가 작아지므로 공기 밀도도 작아진다.

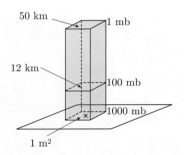

그림 5.6 | 단면적 1 m²인 정사각형 바닥과 여러 높이에서 대기의 무게에 의해서 받은 힘.

기압계

기압계는 그림 5.7과 같이 U자 모양의 관에 액체가 채워져 있다. 왼쪽은 대기에 노출되어 있고 오른쪽 관은 압력을 측정하려는 곳에 연결한다. 액체가 올라간 기둥의 높이를 측정하여 압력을 알 수 있다. 정지한 유체에서 같은 높이에 있는 유체의 각 부분의 압력은 같다. 그림 5.7에서 오른쪽의 기체와 유체가 만나는 곳의 압력은 $P_{측정}$이며, 이 압력은 U관의 오른쪽 높이와 같은 모든 높이에서 압력이 서로 같다. 따라서

$$P_{측정} = P_{대기압} + \rho gh$$

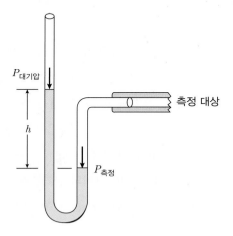

그림 5.7 | 기압계의 원리. U자형 관에 밀도를 알고 있는 유체를 채운다. 왼쪽은 대기에 노출되어 있고, 압력을 측정하고 싶은 기체를 오른쪽에 연결하고 액체의 높이차 h를 측정하여 압력을 구한다.

180

이다. 유체의 밀도 ρ는 알고 있는 값이고 $g = 9.8$ m/s²이다. 따라서 높이 h를 알면 압력 $P_{측정}$을 구할 수 있다. 사용한 유체가 수은이나 물이라면 밀도는 다음과 같다.

$$\rho_{Hg} = 13.6 \text{ g/cm}^3 (수은)$$

$$\rho_{H_2O} = 0.998 \text{ g/cm}^3 (물)$$

토리첼리의 실험에서 대기압을 측정할 때 수은을 사용하였는데, 수은은 상온에서 액체 상태이며 밀도가 아주 높다. 수은이 증발하여 생긴 수은 증기는 인체에 해롭기 때문에 요즘은 압력 측정 장치에서 수은을 잘 사용하지 않는다.

인간은 1기압의 공기 속에 살고 있으므로, **절대 압력**(absolute pressure)을 사용하는 것보다 대기압에 대한 상대적인 압력인 **계기 압력**(gauge pressure)을 사용하는 것이 편리하다. 절대 압력을 P라 하면, 계기 압력은 P_g로 쓸 수 있다.

$$P_g = P - P_a$$

여기서 P_a는 대기압을 뜻한다. 앞으로 특별한 언급이 없으면 이 장의 모든 압력은 계기 압력을 뜻한다.

인체의 압력

인체 내부의 곳곳에서 압력은 다양한 값을 갖는다. 인체는 여러 가지 방법으로 압력의 변화를 감지하며, 대표적인 부위가 외이의 고막에서 압력 변화이다. 고막의 압력 변화는 여러 상황에서 느낄 수 있다. 우리는 고속으로 올라가는 엘리베이터를 타거나 높은 산을 등산할 때 귀가 먹먹해지면서 압력 변화를 느낀다. 간혹 음식을 삼킬 때도 귀가 먹먹해진다. 고막의 밖은 공기에 노출되어 있고 고막의 내부는 중이에 차 있는 공기에 노출되어 있다. 평상 시에 내이의 안과 밖의 압력은 대기압으로 같다. 손등의 정맥을 보고서도 압력의 변화를 감지할 수도 있다. 손등을 심장 높이보다 높게 하면 정맥의 압력이 낮아져 정맥의 크기가 줄어든다. 민감한 사람은 이 변

표 5.2 | 인체 주요 부위의 계기 압력. 대부분의 부위는 압력이 대기압보다 높다. 흉강의 압력은 대기압보다 약간 낮다.

인체의 주요 부위의 압력	(kPa)	(mmHg)
동맥 압력: 최대(수축기)	13~18	100~140
동맥 압력: 최저(이완기)	8~12	60~90
정맥 압력	0.4~0.9	3~7
대정맥	< 0.1	< 1
모세혈관 압력: 동맥측 끝	4	30
모세혈관 압력: 정맥측 끝	1.3	10
중이 압력	< 0.1	< 1
눈 압력: 전방수	2.6	20
뇌의 뇌척수액 압력(누워 있는 자세)	0.6~1.6	7~15
위장관	1.3~2.6	10~20
흉강 내 압력(폐와 흉벽 사이)	−1.3	−10

화를 감지할 수 있다. 인체 내에서 대기압보다 압력이 낮은(음 압력) 부위와 대기압보다 높은(양 압력) 부위가 있다.

펌프 작용을 하는 동맥의 압력은 매우 높다. 반면 인체에서 정맥, 대정맥, 모세혈관의 압력은 매우 낮으며, 흉강의 압력은 대기압보다 약간 낮다.

🖋 **예제 5.8** 인체의 눈은 어떤 방식으로 일정한 압력을 유지하는가? 또 녹내장이란 무엇인가?

풀이

눈의 안압이 유지되는 방식을 알아보기 위해서, 그림 5.8에 눈의 모양과 방수가 생성되고 배수되는 눈의 **배수 시스템**(drainage system)을 나타내었다. 후강에 채워져 있는 유리체액과 전강에 채워져 있는 방수의 압력이 균형을 이루어, 눈의 안압은 일정하게 유지된다. 눈은 수정체가 렌즈 역할을 하는 카메라와 같은 구조를 하고 있다. 각막을 통해서 들어온 빛은 동공으로 들어와서 방수, 수정체, 유리체액을 지난 다음, 초점이 맞추어져 망막에 상을 맺는다. 망막의 시신경은 빛을 전기신호로 변화하여 시신경 다발을 통해서 뇌에 전달한다. 망막에서 시신경이 밀집해 있는 곳이 중심와이다. 반면 시신경과 혈관이 들어오는 곳에는 시신경이 없는 **맹점**(blind spot)이 존재한다. 만약 상이 맹점에 맺히면 물체가 잘 보이지 않는다.

안구 내에는 투명한 액체인 **유리체액**(vitreous humor)과 **방수**(aqueous humor)가 채워져 있다. 유리체액은 젤 성분이고 방수는 대부분 물이다. 그림 5.9와 같이 유리체액과 방수의 안압에 의해서 눈의 모양이 일정하게 유지된다. 정상인인 경우에 안압은 10~21 mmHg로 대기압보다 약간 높다. 안압은 안압계를 이용하여 측정하는데 대개 각막(cornea)의 곡률을 이용하여 측정한다. 안압의 증가로 인한 눈 모양의 작

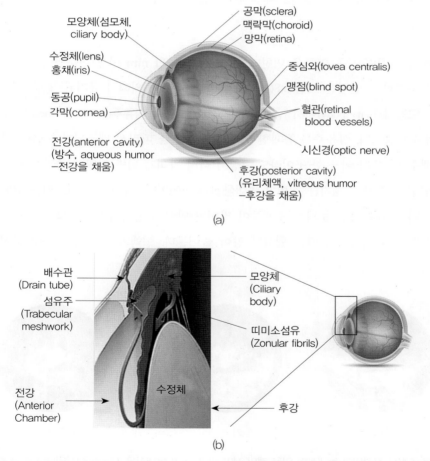

(a)

(b)

그림 5.8 | (a) 눈의 구조와 주요 부위. (b) 눈의 배수 시스템. 모양체에서 생성된 방수는 섬유주를 통해서 배출되어 눈의 안압을 유지한다.

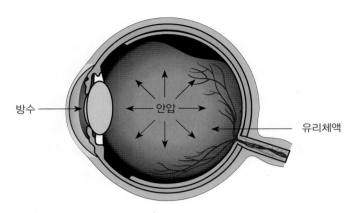

그림 5.9 | 수정체 양쪽의 유리체액과 방수의 압력이 균형을 이루어 눈의 안압이 유지된다. 안압의 작은 변화는 시력에 큰 변화를 초래한다.

은 변화는 시력에 큰 영향을 미친다. 눈의 직경이 0.1 mm 이상 변하면 큰 시력 변화를 동반한다. 안압은 그림 5.8(b)와 같은 배수계통에 의해서 유지된다. 방수는 대부분 **모양체**(ciliary body)에서 생성되며 전강을 지나서 **섬유주**(trabecular meshwork)를 통해서 배출되며, 섬유주를 통과한 방수는 배수관을 따라서 배출되어 눈물이 된다. 이 배수계통에서 어느 한 곳이라도 고장이 나서 막히게 되면 안압이 증가한다.

안압의 증가로 생기는 질병이 **녹내장**(glaucoma)이며, 녹내장을 일으키는 요인은 매우 다양하다. 보통 눈의 배수계통이 막히면 안압이 증가하고, 안압의 증가는 혈관을 누르게 되어 공급되는 혈액의 양이 줄어든다. 혈액의 양이 줄어들면 시신경

정상인   초기 녹내장   중증 녹내장

그림 5.10 | 정상인과 녹내장이 있을 때의 시야 비교. 초기 녹내장은 시야가 정상인보다 조금 줄어든다. 반면 중증 녹내장은 시야가 아주 좁아져서 터널시야를 갖게 된다.

세포들이 죽게 되어 시야가 좁아지는데, 이런 증상이 녹내장이다. 그림 5.10은 정상인과 녹내장을 겪고 있는 환자의 시야를 비교한 것이다. 초기 녹내장은 시야가 약간 좁아진다. 초기에 이러한 작은 시야 변화는 환자들이 잘 느끼지 못하기 때문에 녹내장의 예방을 어렵게 만든다. 녹내장이 심해지면 시야가 아주 좁아져서 마치 터널을 통해서 사물을 보는 것과 같은 터널시야(tunnel vision)를 갖게 된다. 녹내장에 의해서 죽은 시신경 세포는 다시 재생되지 않기 때문에 시력을 회복하기 어렵다. 녹내장을 예방하는 방법은 주기적인 안과 검진을 통해서 안압을 측정하고, 안압이 증가하였으면 안압을 낮추는 치료를 받는 것이다.

수압

물은 공기보다 밀도가 크기 때문에 물속에 깊이 들어갈수록 압력이 빨리 증가한다. 물속에서 압력은 깊이 1 m당 10,000 Pa의 비율로 증가한다. 깊이가 10 m가 되면 압력은 100,000 Pa (약 1기압) 증가한다.

> "물속에서 10 m 깊어질 때 약 1기압씩 증가한다."

깊이 100 m의 물속에서 압력은 약 11기압에 달한다. 유체의 밀도를 ρ, 중력 가속도를 g, 대기압을 P_o라 하고 유체 내부의 깊이 h인 지점에서 압력을 P라 하면,

$$P = P_o + \rho g h$$

이다. 그림 5.11은 물속에서 깊이에 따른 압력을 나타낸 것이다. 압력은 단위 면적이 받는 힘인데, 유체 내부의 단위 면적이 받는 힘은 바로 단위 면적 위쪽에 세운 육각기둥의 유체와 공기의 무게이다. 공기의 무게에 의한 압력이 대기압이고,

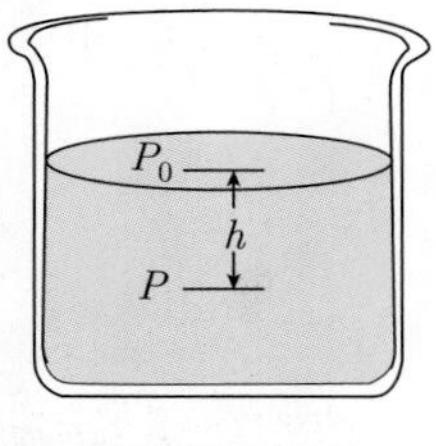

그림 5.11 | 물속 깊이가 h인 지점에서의 압력은 대기압보다 $\rho_물 g h$ 만큼 높다.

수면에서 깊이 h인 지점 사이의 유체의 무게는 $mg = $ (질량)(중력 가속도)이다. 그런데 밑면이 단위 면적이고 높이가 h인 육각기둥에 채워진 유체의 무게는 (부피)(밀

도)(g) = (밑면적×높이)×(밀도)(g) = $(1\ \mathrm{m}^2)(h)(\rho)(g)$ = $\rho g h$이다. 따라서 위 식이 성립한다.

예제 5.9 대기압은 $1\ \mathrm{m}^2$당 약 100,000 N의 힘을 작용한다. 이 값을 인체의 표면적에 곱하면 엄청난 크기의 힘 때문에 인체는 찌그러져야 하지 않는가? 대기압에 의해서 인체가 찌그러지지 않는 이유는 무엇인가?

풀이

인체의 표면적은 약 $1.8\ \mathrm{m}^2$이다. 따라서 인체의 표면이 받는 힘은 약 180,000 N이다. 그런데 이 힘은 인체의 외부에 작용하는 힘이다. 사람의 경우 인체의 내부는 혈액과 같은 액체로 되어 있으므로 인체의 내부 압력과 외부 압력이 균형을 이룬다. 따라서 인체는 찌그러지지 않는다.

인체에서 압력의 효과를 쉽게 느낄 수 있는 곳이 있는데 바로 귀의 유스타키오관(이관)이다. 외이는 고막에 의해서 외부 공기와 외이 내부의 공기로 나뉜다. 보통 바깥과 고막 안쪽의 압력은 서로 같아 균형을 이룬다. 그런데 터널을 지나갈 때나 엘리베이터를 탈 때나 높은 산으로 등산할 때와 같이 갑자기 압력이 낮아지면, 바

그림 5.12 | 인체가 받는 압력. 대기압에 인체의 표면적을 곱한 값이 인체 표면이 받는 총 힘이다.

깥과 고막 안쪽의 압력 차이가 생겨서 귀가 먹먹해지는 것을 느낄 수 있다. 이때 하품을 하거나 입을 크게 열면 입과 통해져 있는 유스타키오관으로 외부 공기가 들어가서 고막 양쪽의 압력이 같아져 먹먹한 것이 없어진다.

✐ 예제 5.10 인간은 잠수장비 없이 물속 깊숙이 잠수할 수 없다. 물속 깊이 잠수할 때 인체는 어떤 영향을 받는가?

풀이

물 깊이가 10 m 증가할 때마다 1기압씩 증가한다. 우리는 숨을 쉬어야 하기 때문에 인체의 모든 부위가 혈액이나 림프액으로 채워져 있지 않다. 대표적인 부위가 귀와 폐이다. 사람이 물속 30 m까지 잠수했다면 수압이 4기압이 넘는다. 따라서 인체의 표면도 4기압에 해당하는 힘을 받는다. 귀의 내이와 폐의 내부는 대기압에 잘 적응되어 있으나, 반면 물속에서 고막과 폐는 압력에 의해서 큰 힘을 받게 된다. 폐는 압력에 의해서 쪼그라들 것이며 호흡에 심각한 영향을 받는다.

✐ 예제 5.11 자전거 바퀴의 공기압이 자동차 바퀴의 공기압보다 큰 이유는 무엇인가?

풀이

자전거 바퀴에 걸리는 무게는 자동차 바퀴에 작용하는 무게에 비해서 20~30배 정도 작다. 그러나 바퀴가 도로와 접촉하는 면적은 크게 차이가 난다. 자전거 바퀴는 자동차 바퀴에 비해서 훨씬 가늘고 바퀴도 2개뿐이다. 따라서 자전거 바퀴의 접촉면적은 자동차에 비해서 40~50배 작다. 압력은 단위 면적당 작용하는 무게이므로 자전거 바퀴에 가해지는 압력은 자동차 바퀴에 비해서 더 크다. 자전거 바퀴의 공기압력이 낮으면 바퀴가 납작해지고 접촉면적이 증가하므로 자동차와 유사한 상황이 된다. 자전거가 주행할 때, **구름저항**(rolling resistance)은 바퀴가 얇을수록 작고, 타이어 공기압이 높을수록 작아진다. 보통 구름저항은 바퀴가 굴러갈 때 바퀴의 변형, 바퀴의 미끄러짐, 마찰력 등의 여러 요인에 의해서 결정된다. 따라서 자전거 타이어는 구름저항과 탈 때의 안락함 등을 고려한 사람의 몸무게에 따라서 적정한 압력이 정해져 있다.

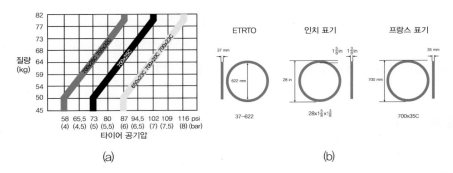

그림 5.13 | 자전거의 타이어 공기압과 바퀴 크기 표기법. (a) 타이어의 공기압은 바퀴의 두께, 크기, 탑승자의 몸무게에 따라 달라진다. (b) 타이어의 크기와 두께를 표기하는 세 가지 방식. 국제표준(ISO) 표기인 ETRTO(European Tyre and Rim Technical Organization), 인치 표기, 프랑스 표기

$$1 \text{ psi} = 1 \text{ pounds/in}^2$$
$$1 \text{ psi} = 0.068 \text{기압} = 68.9 \text{ hPa}$$
$$1 \text{ bar} = 1 \text{기압} = 1013 \text{ hPa}$$

자전거 타이어의 압력은 psi(pound per square inch) 단위로 표시한다. 1 psi는 약 0.068기압이다. 자전거 타이어의 적당한 공기 압력은 그림 5.13(a)에 나타낸 것과 같이 타이어의 크기, 두께, 탑승자의 몸무게에 따라 달라진다. 그림 5.13(b)는 세계적으로 통용되고 있는 타이어의 크기에 대한 표현이다. 프랑스 표기법으로 700×35C는 타이어의 외부 지름이 700 mm이고 타이어 두께가 35 mm임을 뜻한다. 산악자전거인 MTB(Mountain Bike)인 경우에 650C(27.5 in)와 700C(29 in)를 많이 사용한다. 바퀴가 작은 MTB 자전거는 순간 가속 능력이 좋다. 반면 바퀴가 큰 자전거는 장애물을 쉽게 넘을 수 있다.

5.4 타이타닉호의 비극

그리스 시대에 물리학적 현상에 관심을 가졌던 철학자 중에서 아르키메데스

(Archimedes, BC 287~212)는 부력을 발견한 것으로 유명하다. 아르키메데스의 (Buoyant force)은 다음과 같다.

"유체에 잠긴 물체가 받는 부력은 그 물체가
유체에서 차지한 부피만큼의 유체 무게와 같다."

아르키메데스는 금관에 대한 일화로 유명하다. 히에론 2세는 금 세공사에게 금관을 만들도록 했다. 왕은 금 세공사가 금관을 만드는 데 금을 모두 사용하지 않았을 것으로 의심했다. 왕은 아르키메데스에게 금관을 파괴하지 않고 금 세공사가 금을 전부 사용했는지 아니면 금관에 이물질을 섞었는지 알아내도록 했다. 이 문제를 해결하기 위해서 고민하던 아르키메데스는 어느 날 물이 가득 찬 목욕탕에 몸을 담그는 순간 물이 넘쳐나는 것을 보았다. 이것을 보고 아르키메데스는 물질의 밀도에 따라 물질의 비중이 다르다는 것을 발견하였고, 목욕탕에서 옷도 걸치지 않고 "유레카!(찾았다)"라고 외치며 거리로 달려 나왔다고 한다. 서로 다른 물질은 같은 질량을 가질지라도 차지하는 부피가 다르므로 물속에 집어넣었을 때 서로 다른 비중을 갖게 된다.

비중 = 단위 부피 물질의 밀도/단위 부피의 기준 물질(물)의 밀도

비중을 정할 때 기준 물질은 4℃, 1기압의 물이고 물의 밀도는 1 g/cm^{3}이다. 따라서 비중이 1보다 큰 물질은 물속에 가라앉지만, 비중이 1보다 작은 물질은 물 위에 뜨게 된다.

아르키메데스가 금관의 무게를 알아낸 과정은 다음과 같다. 그림 5.14와 같이 먼저 금관과 같은 무게의 금덩어리를 만든다. 금 세공사는 원래 금덩어리에서 금을 떼어낸 다음 같은 무게의 다른 물질을 섞었을 것이다. 물이 가득 찬 용기에 왕관을 넣고 넘친 물의 양을 잰다. 이번에는 물이 가득 찬 용기에 같은 무게의 금덩어리를 넣고 넘친 물의 양을 잰다. 만약 금관을 넣었을 때 넘친 물의 양이 더 적었다면 금관을 만들 때 금에 밀도가 큰 이물질을 넣은 것이다. 이물질을 넣지 않고 금관을 만

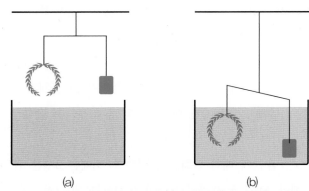

그림 5.14 | 아르키메데스의 원리와 금관. (a) 공기 중에서 금관과 같은 무게의 금덩어리를 준비한다. (b) 두 물체를 물속에 담갔을 때 균형을 유지하지 않는다면 두 물체의 비중이 다른 것이다.

들었다면 넘친 물의 양은 같을 것이다. 그림 5.14(b)와 같이 금관을 만들 때 금을 전부 사용하지 않고 가벼운 다른 물질을 넣어 금관을 만들었다면 물속에서 금관이 그림 5.14(a)의 금덩어리보다 가벼울 것이다. 따라서 금 세공업자는 금을 착복한 것이 된다. 아르키메데스는 금관을 파괴하지 않고 금세공업자가 금을 덜 사용하였음을 알아냈다.

1912년 4월 14일 북대서양에서 타이타닉호가 침몰하였다. 그 당시 세계 최대 여객선 타이타닉(S. S. Titanic)호는 영국의 사우스햄튼항을 출항하여 뉴욕항으로 첫 항해를 하던 중이었다. 오후 11시 40분경 유빙(流氷)과 충돌하여, 다음 날인 15일 오전 2시 20분경 뉴펀들랜드에서 북위 41도 46분 서경 50도 14분 지점에서 침몰하였다. 영국은 타이타닉호를 절대로 가라앉지 않는 불침선(不沈船)이라고 장담했었다. 높이 30 m, 너비 28 m, 길이 270 m, 무게 4만 6천 톤으로 당시 최대의 여객선이었다. 그러나 이 배는 영국을 떠나 미국으로 첫 항해에 나선 지 겨우 4일 17시간 30분 만에 침몰하였다. 이 사고로 배에 탔던 2,208명 가운데 1,513명이 목숨을 잃었다. 타이타닉호가 침몰한 원인은 빙산과의 충돌인데, 부력에 의해서 떠 있는 빙산에 대해서 알아보자. 타이타닉호가 침몰한 1912년에는 아직 레이다가 개발되지 않았기 때문에, 떠다니는 빙산을 선원들이 망원경으로 찾아야 했다. 빙산의 약 90%는 물속에 잠겨 있고 약 10%만이 물 위에 떠 있기 때문에, 빙산을 피하려면 크게 우회하여

그림 5.15 │ 영화 타이타닉의 포스터. 타이타닉호는 첫 항해에서 빙산과 충돌하여 침몰하였다.

야 한다. 그러나 타이타닉호의 선체는 워낙 커서 우회 시도가 실패하여 빙산과 충돌할 수밖에 없었다.

부력은 그림 5.16과 같이 원래 물이 있어야 할 곳을 다른 물체가 차지하기 때문에 생긴다. 다른 물체가 원래 물이 있는 공간을 차지하지 않으면 사방에서 받는 압력 차이에 의한 힘과 물의 무게가 서로 상쇄되어 물은 정지해 있게 된다. 물체의 밀도를 ρ, 물의 밀도를 ρ_W라 하자. 물체가 물에 뜰지 가라앉을지는 밀도에 의해서 결정된다.

그림 5.16의 맨 왼쪽 그림과 같이 오른쪽의 물체 모양과 같은 유체 속의 가상적인 부피를 생각해 보자. 만약 이 가상의 부피 속의 유체가 정지해 있다면, 그 유체

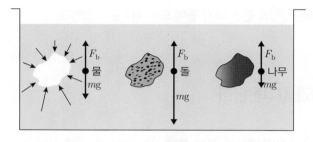

그림 5.16 │ 부력의 원리. 왼쪽 그림은 물체의 모양과 같은 유체 속의 가상적인 부피를 나타낸다.

가 받는 합력은 0이다. 즉, 위쪽 부분과 아래쪽 부분의 압력차에 의해서 생기는 부력과 유체의 무게가 정확히 균형을 이룬다. 그림 5.16의 가운데와 오른쪽 그림과 같이 물체가 유체에 잠겨 있으면 물체의 밀도에 따라서 떠오르거나 가라앉는다. 물체의 밀도가 유체의 밀도보다 작으면 물체는 떠오르고, 물체의 밀도가 유체의 무게보다 크면 유체는 가라앉는다. 따라서 "부력은 물체가 유체 속에서 밀어낸 부피(유체에 잠긴 부피)에 해당하는 유체의 무게와 같다." 즉, **부력**(buoyant force) B는 다음과 같다.

부력(B) = 유체에 잠긴 물체의 부피에 해당하는 유체의 무게

$\rho < \rho_w$: 물체가 유체에 뜨고, 물체의 일부분만 유체에 잠긴다.

$\rho = \rho_w$: 물체가 유체 속에 넣어준 위치에 그대로 머문다.

$\rho > \rho_w$: 물체가 유체 속으로 가라앉는다.

물체의 전체 부피를 V_o라 하고, 물체가 유체에 잠겨 있는 부분의 부피를 V라 하면 부력은

$$B = m_\omega g = \rho_\omega V g$$

이다.

- **질문** 기구가 뜨는 이유를 설명하시오.
- **질문** 무거운 강철로 만든 배가 물에 뜨는 이유는 무엇인가?

5.5 빙산과 지구온난화

그림 5.17과 같이 얼음덩이가 물에 뜨면 10%만이 물 위에 보인다. 앞에서 공부한 부력을 사용하여 얼음이 물 위에 보이는 비율을 계산해 보자. 얼음의 밀도 $\rho = 917$

그림 5.17 | 물 위에 떠 있는 빙산. 빙산은 전체 부피의 약 10%만 물 위에 보인다.

kg/cm^{3}이며, 물의 밀도는 ρ_W = 1024 kg/cm^3(해수의 밀도)이다. 얼음덩이 전체의 부피를 V_o라 하고, 물 위에 보이는 얼음의 부피를 V라 한다.

$$\text{얼음덩이의 무게: } W = \rho V_o g$$
$$\text{부력: } B = \rho_W(V_o - V)g$$

얼음덩이가 물에 떠서 균형을 유지하므로 $W = B$이며, $\dfrac{\rho}{\rho_W} = \dfrac{V_o - V}{V_o}$이다. 따라서 물 위에 보이는 얼음의 부피 비,

$$\frac{V}{V_o} = 1 - \frac{\rho}{\rho_W} = 1 - \frac{917}{1024} = 0.10$$

즉, 전체 얼음의 10%만이 물 위에 보인다.

예제 5.12 컵에 담겨 있는 0°C의 물에 0°C의 얼음 덩어리가 떠 있다. 이때 수면의 눈금을 네임펜으로 표시해 놓았다. 이제 얼음이 전부 녹아 0°C의 물이 되었다.

수면의 눈금은 변하는가?

풀이

수면의 높이는 변함이 없다. 부력은 물속에 잠겨 있는 얼음 부분이 차지하고 있는 물의 무게와 정확히 같다. 그런데 이 무게는 정확히 얼음의 무게와 같다. 얼음이 모두 녹으면 정확하게 물속에 잠겨 있는 얼음의 부피에 해당하는 물과 같은 부피가 된다. 따라서 수면의 높이는 변함이 없다.

지구온난화에 의한 해수면 상승

기후 전문가들에 따르면 산업화(1840년~현재) 이후 지구의 기온은 평균 1°C 상승하였다고 한다. 기후변화에 관한 정부 간 협의체인 IPCC(Intergovernmental Panel on Climate Change)에 따르면 2100년까지 인류는 현재(2010년 기준) 약 2°C의 예상 기온 상승을 약 1.5°C로 억제하려고 하고 있다. 인간에 의한 지구온난화가 가속하고 있어서 인류가 생태계에 큰 영향을 주는 인류세(Anthropocene)에 들어섰다는 전문가들의 주장이 대두되고 있다.

앞의 예제에서 살펴보았듯이 물 위에 떠 있는 얼음이 녹더라도 해수면의 상승은 없다. 그런데 지구온난화 때문에 해수면 상승이 급격히 일어날 것이고 이에 따라 해안가 저지대가 침수될 것이란 얘기는 무엇인가? 지구온난화에 따른 해수면 상승의 요인은 여러 가지가 있다. 대륙에 있는 빙하가 녹아서 바다로 흘러들면 물의 양이 증가하므로 당연히 해수면이 상승할 것이다. 또한 이러한 물의 절대량의 증가 외에 다른 요인에 의한 해수면 상승이 가능하다.

⑴ 온실가스 증가에 의한 지구온난화

온실가스(greenhouse gas)가 증가하면, 온실효과(greenhouse effect)에 의해서 지구의 온도가 높아진다. 대표적인 온실가스는 이산화탄소, 메탄, 프레온가스 등이 있으며, 석탄, 석유와 같은 화석연료를 태울 때 이산화탄소가 많이 발생한다. 이산화탄소는 전체 온실가스 배출량의 77%(화석연료 사용 57%, 산림 벌채 및 벌목 17%, 기타 3%)를 차지하고 있는데, 19세기 이전에 이산화탄소의 양은 약 260~280 ppm으로 거의 일정 수준으로 유지하고 있었다. 그러나 산업혁명 이후에 화석연료의 대량 사용은 이산화탄소 배출을 대폭 늘렸다. 메탄은 이산화탄소보다 전체량은 적지만 같은 양의 이산화탄소와 비교했을 때 10배 이상의 온실효과를 보이며, 산업혁명 이전에 비해 대기 중의 메탄 농도는 150% 증가하였다.

인류는 지구온난화를 막기 위해서 여러 가지 노력을 하고 있다. 1997년 일본 교토에서 개최된 "제3차 기후변화협약회의"에서 채택한 "교토의정서"는 온실가스 감축에 대한 구체적인 내용을 담고 있다. 교토의정서에서 선진국인 미국은 온실가스를 7%, 유럽은 8% 감축하는 것을 권고하였다. 선진국이 개발도상국보다 더 많은 온실가스를 감축하도록 하였다. 2015년에 파리에서 열린 "유엔 기후변화회의"에서 협정된 "파리 기후 협정(Paris Agreement)"은 195개국이 참가하였는데, 이 협약은 개발도상국도 온실가스 감축에 참여하도록 하였다. 지구의 평균 상승온도를 산업화 이전 대비 $2^\circ C$ 이하로 유지하고 더 나아가 온도 상승을 $1.5^\circ C$ 이하가 되도록 노력한다는 국제협약이다.

2013년 IPCC 5차 평가보고서는 온실가스 농도 전망으로 "대표농도경로(RCP, Representative Concentration Pathway)"를 채택하였다. RCP는 인류의 활동과 저감 활동에 따른 온실가스 방출의 정도를 나타낸다. 표 5.3은 대표적인 RCP 농도를 나타낸다.

RCP 배출 시나리오에 의하면, 예측 모형에 따라 2100년까지 온실가스 농도를 예측한 결과는 그림 5.18과 같다. 산업화 이후에 이산화탄소 농도는 꾸준히 증가하고 있으며, 2017년에 이산화탄소 농도는 405.5 ppm (WMO 발표 자료)이다. RCP2.6 예측 시나리오에 따르면 이산화탄소 농도는 21세기 중반 이후부터 거의 일정하게 유지되며 2100년에 420 ppm에 도달할 것이다. RCP4.5 시나리오는 이산화탄소 농

표 5.3 | IPCC가 채택한 대표농도경로(RCP)

RCP	미래 시나리오	2100년 기준 CO_2 농도(ppm)
RCP 2.6	인간의 영향을 지구 스스로 회복함	420
RCP 4.5	온실가스 저감 정책이 상당히 실현됨	540
RCP 6.0	온실가스 저감 정책이 어느 정도 실현됨	670
RCP 8.5	현재 추세로 온실가스가 배출됨	940

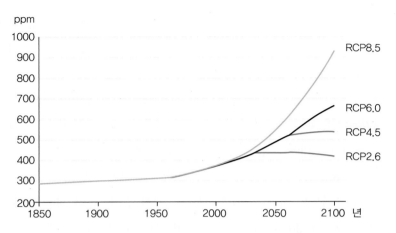

그림 5.18 | 과거 이산화탄소 농도(1850~2010년)의 추세를 고려하고 인간의 온실가스 저감 노력을 반영하여 모델 시뮬레이션으로 얻은 2100년까지의 이산화탄소 농도 예측

도가 지속적으로 증가하다가 2070년 이후에 거의 일정하게 유지되어 2100년에 540 ppm에 도달할 것으로 예측한다. RCP6.0와 RCP8.5 시나리오는 이산화탄소 농도가 지속적으로 증가하여 2100년에 이산화탄소 농도가 각각 670 ppm과 940 ppm에 도달할 것으로 예측하고 있다. 기후 변동 시나리오는 21세기 전반기인 2021~2040년 사이에 모델 사이의 변동성이 거의 같고 그 이후에 급속히 달라진다.

이산화탄소 농도의 증가에 따른 지구의 연평균기온은 따라서 증가할 것이다. 표 5.4는 현재 기후(1981~2010년) 대비 21세기 후반부(2071~2100년)의 온도 증가량을 나타낸다. 현재 대비 21세기 후반의 온도는 RCP2.6 시나리오에서 1.3°C 증가할 것으로 예측하며, RCP8.5 시나리오는 4.0°C 증가할 것으로 예측한다.

그림 5.19는 RCP 이산화탄소 농도의 예측 시나리오와 1860년부터 1980년까지

표 5.4 | 현재(1981~2010년) 대비 21세기 후반(2071~2100년) 지구 연평균기온 변화량과 연간강수량 증가량 전망

RCP	RCP2.6	RCP4.5	RCP6.0	RCP8.5
이산화탄소 농도(ppm) (2100년경)	420	540	670	940
기온(°C)	1.3	2.4	2.7	4.0
강수량(%)	2.4	4.0	3.6	4.5

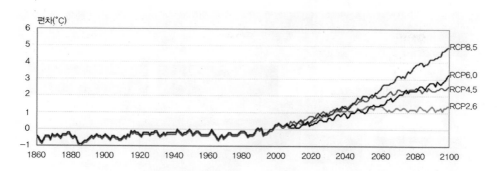

그림 5.19 | 과거 이산화탄소 농도 추세 모형과 1860년부터 1980년까지의 온도 자료를 바탕으로 2100년까지의 온도 변화를 시뮬레이션한 결과. 인간의 온실가스 저감 노력에 따라서 온도 변화의 편차가 크다. 이산화탄소 농도 예측 시나리오와 유사하게 RCP2.6은 2050년 이후 온도 변화의 편차가 일정하게 수렴하여 약 1.3℃ 가량의 온도 증가를 나타내고 있다.

의 지구 평균기온을 바탕으로 기후변화 예측 모형으로 예측한 2100년까지의 지구 평균기온 증가량을 시뮬레이션한 결과를 나타낸다. RCP2.6은 인류의 온실가스 저감 노력이 성과를 나타내어 이산화탄소 농도가 420 ppm 수준으로 증가하는 것을 고려한 것이다. 지구의 환경은 이 정도의 이산화탄소 농도에서는 스스로 조절하여 온도 상승이 급격하지 않고 인류가 목표로 하는 1.5℃ 상승 내에서 온도 상승이 유지된다. 반면 나머지 이산화탄소 증가 시나리오들은 2060년 이후 급격한 온도 상승을 유발하여 세 시나리오 모두 2100년까지 온도 상승이 2℃를 넘어선다. 특히 인류가 온실가스 저감 노력에 실패하여 현재와 같은 온실가스 배출이 유지되는 RCP8.5의 경우, 2100년에 약 4.0℃의 평균기온 상승이 예측되며, 이러한 경우 인류는 온도 상승에 따른 새로운 환경적 국면을 맞이할 것이다. 만약 이러한 시나리오가 현실화된다면 우리나라는 완연한 아열대 기후가 될 것이고, 저위도 국가에서 고위도 국가로 대규모 인구 이동이 발생하는 "신노마드(new nomad) 시대"가 나타날 수도 있다. 그렇다면 현재를 살고 있는 우리는 어떤 준비를 해야 할까?

◉ **질문** 온실효과란 무엇인가?
◉ **질문** RCP 시나리오 중 어떤 시나리오가 가장 가능성이 높을까?

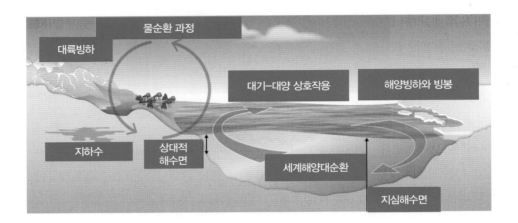

그림 5.20 | 물의 순환과정 그림. 대륙의 빙하는 녹아서 강, 담수, 지하수, 바다로 흘러간다. 물은 증발하여 대기의 순환 과정에 의해서 비와 눈으로 지상에 내린다. 빙하는 눈이 쌓이는 비율과 녹는 비율에 따라 크기가 변한다. 대기와 해양의 상호작용에서 의해서 세계해양대순환이 일어난다. 빙상(ice sheet), 빙붕 등이 지구온난화로 점점 줄어들고 있다. 이에 따라 해수면의 상승이 일어난다.

온실효과에 따른 지구기온의 상승 등은 지구의 물순환에 막대한 영향을 초래할 것이다. 그림 5.20은 해수면 상승에 영향을 줄 수 있는 다양한 요소 중에서 중요한 요소들을 나타낸 것이다. 물은 순환 과정에 의해서 순환한다. 강, 담수, 바다, 식물 등에서 증발한 물은 구름으로 응결되고 결국 비와 눈으로 다시 지상으로 내리며, 지상에 내린 눈은 대륙빙하(glacier), 해양빙하를 성장시킨다. 반대로 지구온난화는 빙하를 녹게 한다. 빙하, 강, 호수, 지하수 등은 바다로 흘러들거나 증발한다. 대양은 대기-대양 상호작용에 의해서 해수면을 유지하며, "세계해양대순환"에 의해서 심해의 물과 표층의 물이 서로 순환한다. 대개 수심 150~200 m의 표층수는 지구온난화에 의해서 온도가 변하지만, 심해수의 온도는 거의 변함이 없다. 지구온난화는 해양 빙하와 빙붕(ice shelves)의 변화를 초래한다.

(2) 열팽창

앞에서 살펴보았듯이 물이 4°C 이상이 되면 온도가 상승할 때 부피가 팽창한다. 20°C의 물이 열팽창할 때 부피팽창 계수는 약 2.07×10^{-4}/°C이다. 물의 열팽창 계수는 온도에 따라서 달라지기 때문에 해양의 열팽창을 고려할 때는 해수의 온도 역시 중요한 요소이다. 앞의 그림 5.20에서 살펴보았듯이 지구온난화에 의해서 바닷물의 온도 상승은 해수면 상승의 가장 중요한 요소이다. 그림 5.21은 IPCC에서 예측한 지구의 평균해수면 상승을 기후 변화 시나리오에 따라 나타내며, 1986~2005년 지구 평균온도 대비 2081~2100년 지구평균온도 상승에 따른 해수면 상승에 영향을 주는 요소들을 나타낸다. 해수면 상승(sea level rise)의 주요 요소들은 열팽창, 빙하의 해빙, 지표수 유입 등이다. 특히 그린란드(Grenland)와 남극 빙하의 해빙은 담수의 절대량이 증가하기 때문에, 해수면 상승에 직접적인 영향을 준다. 그림에서 RCP 외에 A1B는 IPCC에서 발행한 "2000 Special Report on Emission Scenarios(SRES)"의 미래기후 프로젝트의 시나리오이다. SRES 시나리오는 세계가 더 통합될 것인지 아니면 더 분할될 것인지와 같은 여러 가지 가정에 기반을 두고 설계된 기후예측 시나리오이다. 그에 비해서 RCP는 단순히 인류가 지구온난화 물질들을 관리할 수 있는 수준에 따라 기후예측을 한 것이다. IPCC의 예측에 따르면 RCP8.5인 경우에 2100년에 거의 1 m 정도의 해수면 상승이 예상된다. 인류가 2100년에 지구의 평균

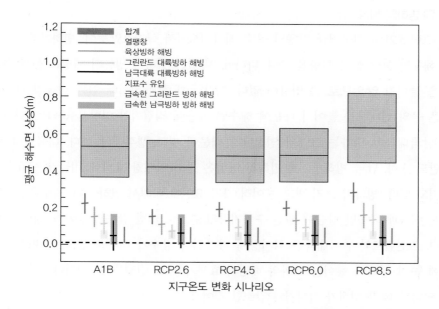

그림 5.21 | 1986~2005년 지구 평균온도 대비 2081~2100년 지구 평균온도 상승에 따른 해수면 상승에 영향을 주는 요소들의 기여도 및 총합. 상자 중앙의 검은색 선이 모든 요소의 총합을 나타내고 상자의 크기는 오차의 범위를 나타낸다. 모든 시나리오에서 열팽창에 의한 기여가 가장 크다.

온도 상승을 1.5°C 이하로 유지시키기 위해서는 RCP2.6 시나리오를 달성해야 한다. 이 목표를 달성하기 위해서 "제24차 당사국총회(COP24)"에서 제시한 다섯 가지 조건은 다음과 같다.

- 전 세계의 이산화탄소 배출량을 2030년까지 2010년의 45% 수준으로 감소시켜야 함
- 2050년까지 재생 에너지를 전 세계 전력 공급의 85% 수준으로 높여야 함
- 석탄 사용 제로 달성
- 700 km^{2}의 땅(호주 대륙보다 약간 작음)에 에너지 작물을 재배
- 2050년 전 세계 이산화탄소 순배출량 제로 달성

인류가 후손을 위해서 지금부터 이러한 노력을 하지 않으면 지구의 환경은 더 열악해지고 파괴될 것이다.

(3) 빙하의 해빙

그림 5.21의 지구평균 기온의 상승 시나리오에서 살펴보았듯이, 빙하가 녹는 것은 해수면 상승에 큰 영향을 준다. 바다에 떠 있는 빙하나 빙붕의 해빙은 물의 절대량을 늘이지 않으므로 큰 영향이 없다. 그러나 대륙에 위치해 있는 대륙빙하의 해빙은 물의 절대량을 늘이기 때문에 해수면 상승에 직접적인 영향을 준다. 그린란드와 남극대륙의 빙하는 크기가 엄청나기 때문에 따로 생각해야 한다. 대륙빙하, 그린란드 빙하, 남극 빙하 등 세 빙하의 영향은 물의 열팽창 효과에 버금가는 효과를 가지고 있다. 빙하의 크기 변화는 여러 가지 요인에 의해서 변하는데, 지구온난화에 의한 해빙과 해수면 상승에 의한 수증기량의 증가로 인한 강수의 증가에 영향을 받는다. 그린란드와 남극대륙은 극지방에 가까워서 강수가 대부분 눈으로 내리기 때문에 눈이 빙하에 쌓이는 효과와 해빙의 효과가 서로 경쟁을 할 것이다. 어느 효과가 크냐에 따라 빙하가 커지거나 감소할 것이다.

● 질문   인류세(Anthropocene)란 무엇인가?

● 질문 인류는 2100년까지 지구 평균기온 상승을 몇 도로 억제할 수 있을까?

● 질문 온실가스를 줄이기 위해서 우리는 어떤 노력을 해야 할까?

5.6 급류와 난류

강이 넓으면 물이 천천히 흐르고, 강의 폭이 좁아지면 급류가 흐르는 것을 흔히 볼 수 있다. 임진왜란 중에 이순신 장군은 전남 진도의 화원반도와 진도 사이 울돌목의 빠른 물살을 이용하여 왜군을 물리쳤다. 수돗물 호스의 끝 부분을 좁게 하면 나오는 물줄기가 더 강해진다. 즉, 뿜어져 나오는 물의 유속이 빨라진다. 이러한 현상은 왜 일어날까?

그림 5.22와 같이 단면적이 줄어드는 관을 생각해 보자. 물, 기름과 같은 유체는 거의 압축되지 않는다. 따라서 어떤 시간 동안 하천의 어떤 부분을 통과하는 유체의 양은 같은 시간 동안에 하천의 다른 부분을 통과하는 유체의 양과 같다. 이것을 식으로 나타내면

단면적×속력 = 일정

이다. 이 식을 유체의 "연속 방정식"이라 하는데, 관의 면적이 A_1인 곳에서 유체의 속력이 v_1이고, 면적이 A_2인 곳에서 유체의 속력이 v_2이면 연속 방정식은 $A_1 v_1 = A_2 v_2$임을 의미한다. 관에서 흘러들어간 유체는 관 내부에 쌓이지 않고 모두

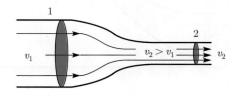

그림 5.22 | 관에서 유체의 흐름. 1초 동안에 1번 단면으로 흘러들어간 유체는 관을 따라 흘러가서 2번 단면으로 모두 흘러나온다.

흘러나오기 때문이다. 또한 흐르는 유체의 질량이 보존되기 때문이다.

이 식은 소용돌이가 없는 하천의 모든 곳에서 성립한다. 따라서 단면적이 넓은 곳에서 물이 천천히 흐르고, 면적이 좁아지면 물이 빨리 흐른다.

베르누이 정리

유체가 흘러갈 때 관이나 강의 면적이 변하고 높이도 변하며, 유체의 속력이 큰 곳은 속력이 작은 곳보다 압력이 낮다. 이러한 현상을 설명할 수 있는 이론이 "베르누이 정리(Bernoulli's theorem)"이다. 그림 5.23과 같이 높이와 면적이 다른 관을 생각해보자. 높이 h_1인 지점에서 유체의 속력은 v_1이고 압력은 P_1이며, 높이 h_2인 지점에서 유체의 속력은 v_2이고 압력은 P_2이다. 베르누이 정리는 다음과 같이 쓸 수 있다.

$$P_1 + \rho g h_1 + \frac{1}{2} \rho v_1^2 = P_2 + \rho g h_2 + \frac{1}{2} \rho v_2^2$$

여기서 ρ는 유체의 밀도이고, 유체는 흘러가는 동안 압축되지 않아서 유체의 밀도가 일정하다. 왼쪽과 오른쪽이 같아야 하므로 유체의 속력이 큰 곳에서 압력은 작아져야 한다. 이 식에서 그림 5.23의 위치 2는 관의 어떤 곳이어도 성립하므로 일반적으로 다음 식이 성립한다.

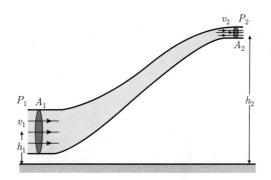

그림 5.23 | 비압축성 유체가 관을 따라 흘러갈 때 베르누이 정리가 성립한다. 관의 높이가 낮고 넓은 곳에서의 압력 P_1과 관이 높고 좁은 곳에서 압력 P_2는 베르누이 정리에 의해서 결정된다.

$$P + \frac{1}{2}\rho v^2 + \rho g h = 일정$$

만약 관의 높이가 같다면, 높이에 해당하는 항이 없기 때문에 베르누이 정리는 $P_1 + \rho v_1^2/2 = P_2 + \rho v_2^2/2$로 쓸 수 있다. 소용돌이가 없고 높낮이도 없는 넓은 강물이 좁아지면 연속 방정식에 의해서 유속이 빨라진다. 이렇게 유속이 빠른 곳이 유속이 느린 곳보다 압력이 낮다. 압력이 높은 곳과 낮은 곳이 있으면, 단위 면적당 높은 압력에서 낮은 압력 쪽으로 힘을 받는다. 베르누이 정리로 설명할 수 있는 다양한 일상생활의 사례는 많다. 샤워 커튼은 항상 샤워 물줄기 쪽으로 끌려온다. 대롱에 바람을 불고 위쪽에 가벼운 탁구공을 놓으면 탁구공이 바람 줄기에 머무는 이유도 베르누이 정리 때문이다.

예제 5.13 얇은 종이 위에 바람을 불면 종이는 어느 방향으로 움직이는가?

풀이

얇은 종이를 들고서 입으로 종이 위쪽에 강한 바람을 불면, 종이가 위쪽으로 들리는 것을 흔히 볼 수 있다. 그 이유는 바로 베르누이 정리 때문이다. 바람의 속력이 큰 곳의 압력이 낮기 때문에, 종이는 아래쪽에서 위쪽으로 압력 차이에 해당하는 힘을 받는다. 따라서 종이는 위쪽으로 들린다. 무거운 종이는 무게 때문에 잘 들리지 않는다.

5.7 인체의 혈액 순환

인체의 혈액은 심장으로부터 폐, 혈관으로 흘러서 인체를 일주한 후에 다시 심장으로 되돌아온다. 심장은 혈액이 혈관으로 흘러가도록 압력을 생성하는 펌프와 같은 역할을 한다. 폐(허파)는 온몸을 순환하여 이산화탄소를 많이 가지고 있는 혈액에 산소를 공급해 주는 역할을 한다. 신선한 공기를 흡입한 허파꽈리의 공기는 혈액보다 산소의 농도가 훨씬 높다. 산소 농도의 차이는 허파꽈리의 조직을 통해서 산소가 조직 내부로 확산되도록 한다. 온몸을 순환한 후 이산화탄소를 많이 함유한 혈액은 폐에서 산소를 공급받은 후 인체의 강력한 펌프인 좌심방과 좌심실에서 대동맥으로 신선한 혈액을 강하게 공급한다. 그림 5.24는 인체의 주된 2개의 순환계인 폐순환(허파순환, pulmonary circulation)과 체순환(온몸순환, systemic circulation)을 나타낸 것이다. 좌심실에서 출발한 산소를 많이 함유한 신선한 혈액은 인체를 순회한 후에 우심방, 우심실을 거쳐서 폐로 되돌아와 다시 산소를 공급받고 순환을 되풀이한다. 강력한 펌프인 좌심실의 벽두께는 강력한 힘을 내야 하기 때문에 보통 우심실에 비해서 세 배 정도 두껍다.

그림 5.24의 ①과 같이 인체를 순환한 후 이산화탄소를 많이 함유하고 있는 혈액은 폐동맥(동맥이지만 이산화탄소가 많은 혈액을 함유)에서 폐로 유입된다. 호흡에 의해서 폐에 신선한 공기가 유입되면, 혈액의 이산화탄소와 산소의 교환이 일어나고 산소를 많이 함유하고 있는 혈액은 그림의 ②와 같이 폐정맥으로 흘러간다. 산소가 풍부한 혈액은 그림의 ③과 같이 좌심방으로 들어간다. 좌심방의 박동에 의해서 그림의 ④와 같이 강력한 펌프인 좌심실로 이전된다. 좌심실의 강력한 박동은 산소가 풍부한 혈액을 인체의 곳곳으로 보낸다. 대동맥 ⑤에서 상체인 머리와 팔로 흘러간 혈액은 모세혈관을 지나면서 조직 ⑥에 산소를 공급한 후 정맥으로 흘러간다. 목정맥으로 흘러간 혈액은 상대정맥 ⑦을 지난 후 우심방 ⑧으로 들어간다. 우심방의 박동에 의해서 혈액은 우심실 ⑨로 흘러간다. 우심실의 박동은 이산화탄소를 많이 함유한 혈액을 다시 폐순환계로 보내서 혈액이 순환하도록 한다. 한편 대동맥 ⑤에서 하체 ⑪인 몸통과 다리로 쪽으로 흘러간 혈액은 여러 동맥으로 흘러가서 결국 몸통의 모세혈관에서 산소를 인체에 공급한 후 이산화탄소를 얻은 혈액을 정맥으로 보낸다. 정맥에서 모인 혈액은 하대정맥 ⑫에서 우심방으로 흘러가서 다시 순환한다.

그림 5.25는 심장이 박동할 때 혈압을 나타낸 것이다. 나타낸 압력은 계기압력을 나타낸다. 정상인의 경우에 좌심실이 박동할 때 심장은 최대 압력인 120 mmHg에 달한다. 이 압력은 대동맥까지 전달되며 동맥에서 소동맥으로 전달될 때 80 mmHg로 줄어든다. 병원에서 정상인의 혈압이 80~120이라고 할 때의 압력이 바로 이 압력이다. 혈액이 소동맥에서 모세혈관으로 유입될 때 압력은 25 mmHg로 줄어든다.

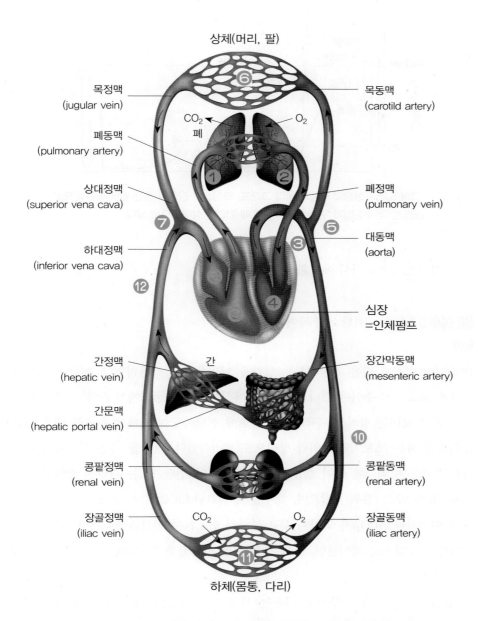

상체(머리, 팔)

목정맥
(jugular vein)

목동맥
(carotild artery)

CO_2
폐
O_2

폐동맥
(pulmonary artery)

상대정맥
(superior vena cava)

폐정맥
(pulmonary vein)

하대정맥
(inferior vena cava)

대동맥
(aorta)

심장
=인체펌프

간정맥
(hepatic vein)

간

장간막동맥
(mesenteric artery)

간문맥
(hepatic portal vein)

콩팥정맥
(renal vein)

콩팥동맥
(renal artery)

장골정맥
(iliac vein)

CO_2

O_2

장골동맥
(iliac artery)

하체(몸통, 다리)

그림 5.24 | 인체의 혈액 순환. 혈액은 폐순환과 체순환 과정으로 온몸을 한 바퀴 순환한다. 인체 주요 혈관의 명칭을 나타낸다.

혈액이 정맥으로 흐를 때 압력은 10 mmHg 이하가 된다. 혈액이 우심실로 유입될 때 압력은 다시 25 mmHg로 회복되고 혈액은 폐로 흘러들어 폐순환을 한 후에 다

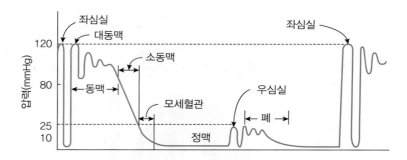

그림 5.25 | 심장의 박동과 혈압 그래프. 좌심실의 강한 박동은 혈액을 온몸으로 펌핑한다. 우심방과 우심실이 박동할 때 혈압은 상대적으로 낮다.

시 좌심방으로 흘러가서 체순환계로 보내진다.

예제 5.14 일산화탄소 중독이란 무엇인가?

풀이

1980년대 이전에 많은 가정에서는 연탄을 난방용으로 사용하였다. 연탄은 하루에 3~4번 정도 갈아주어야 했다. 옛날 가정에서는 연탄아궁이에서 온돌로 직접 뜨거운 기운을 보내는 방식을 채택하다가 나중에 연탄아궁이 위에서 온수를 데운 다음 순환하게 하는 초보적인 보일러 방식으로 발전하였다. 연탄을 사용하는 재래식 온돌의 문제는 방바닥에 금이 갔을 경우에 발생한다. 연탄가스는 갈라진 방바닥의 금으로 새어나오는 경우가 많으며, 대부분 일산화탄소(CO)이다. 산소가 완전히 산화하여 이산화탄소(CO_2)가 되지 못하고 불완전 연소하여 일산화탄소가 된 것이다. 일산화탄소가 방으로 새어들면, 밤에 잠을 자던 사람들은 일산화탄소 중독으로 사망할 수 있다.

일산화탄소 중독이 무서운 이유는 무엇일까? 산소는 헤모글로빈 분자와 결합하여 운송된다. 그림 5.26은 모세혈관, 원반 모양의 적혈구, 적혈구에 포함된 헤모글로빈 분자와 헤모글로빈의 헤메(heme) 그룹에 결합된 산소 분자의 모습을 나타낸다. 헤모글로빈의 지름은 약 7 μm이고, 혈액 1 mm^3에는 적혈구 분자가 약 400~500만 개 들어 있다. 적혈구 1개당 300만 개 정도의 헤모글로빈 분자를 가지고 있다. 적혈구에서 산소와 결합된 헤모글로빈은 옥시헤모글로빈(oxyhemoglobin)이

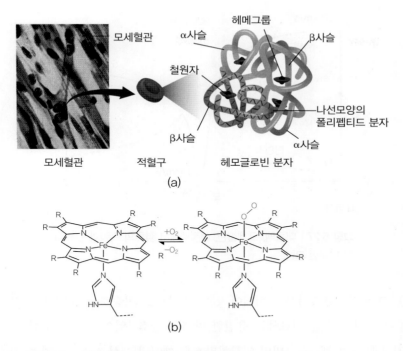

그림 5.26 | 모세혈관에서 헤모글로빈 분자의 산소 교환

라 하고 밝은 붉은색을 띤다. 이산화탄소와 결합한 헤모글로빈은 카복시헤모글로 빈(carboxyhemoglobin)이라고 하고 검붉은색을 띤다. 모세혈관의 평균 지름은 약 20 μm이고, 최소 지름은 약 5 μm이다. 그림 5.26(a)에서 보듯이 지름 5 μm의 모세혈관 을 지나갈 때 헤모글로빈은 타원 모양으로 변형되어 모세혈관을 지나간다.

헤모글로빈의 헤메그룹(heme group)의 중심에는 그림 5.26(b)와 같이 철 원자가 위치해 있고 철 원자는 산소 또는 이산화탄소와 쉽게 결합한다. 혈액이 붉은 이유 는 바로 헤모글로빈에 철이 함유되어 있기 때문이다. 연탄가스가 방안으로 스며들 면 공기 중에 일산화탄소 농도가 급격히 증가한다. 일산화탄소를 흡입하면 헤메그 룹의 철 원자에 산소가 결합할 자리를 일산화탄소가 결합한다. 그런데 일산화탄소 가 철 원자와 결합하는 세기는 산소와 결합하는 세기보다 250배 강하다. 따라서 일 산화탄소와 결합한 철 원자에서 일산화탄소를 쉽게 떼어낼 수 없다. 결국 일산화탄 소를 많이 호흡한 사람은 산소 부족으로 사망할 수 있다.

1970~1980년대의 겨울철 아침에 일산화탄소 중독에 걸린 사람을 발견하면 환

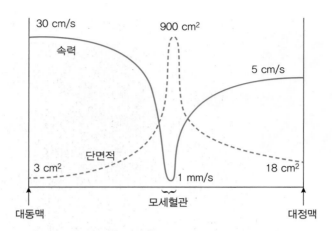

그림 5.27 | 대동맥, 모세혈관, 대정맥에서 혈류의 속력과 단면적을 비교한 그림.

자들을 고압 산소호흡기가 설치되어 있는 병원으로 이송하곤 하였다. 일산화탄소 중독증에 걸린 사람을 치료하는 유일한 방법은 산소분압이 높은 고압산소를 환자가 흡입하게 하여 헤모글로빈의 일산화탄소를 떼어내고 산소로 치환하는 것이었다. 요즘은 난방용으로 연탄을 사용하는 가정이 대폭 줄어들었으니 그나마 다행이다.

심장과 연결된 대동맥(aorta)의 단면적은 3 cm³이고, 실핏줄(모세혈관, capillary)의 단면적은 대동맥 단면적의 1/1000만 정도이다. 그림 5.27과 같이 대동맥에서 혈액의 속력은 30 cm/s이며, 이를 km/h로 나타내면 약 1.1 km/h의 속력이다. 그런데 실핏줄의 개수는 약 60억 개 정도이다. 실핏줄의 총 단면적이 대동맥의 단면적보다 훨씬 크기 때문에 실핏줄에서 혈액의 속력이 작다. 모세혈관에서 혈류의 속력은 약 1 mm/s이다.

유체의 속력이 느릴 때는 유체가 일정하게 흐른다. 그런데 강이나 강가에서 유체는 유체 사이의 점성 때문에 마찰을 받아, 위치에 따라서 흐르는 속력이 다르다. 특히 강가에서 물의 속력은 강의 중심부보다 훨씬 느리다. 관에서도 비슷한 현상이 발생한다. 그림 5.28은 유체의 속력에 따른 유체의 흐름을 나타낸 것이다. 유체가 느리게 흐르면 유체는 층류(laminar flow)를 형성한다. 유체의 점성이 없다면 층류일 때 유체의 모든 곳에서 유속은 같을 것이다. 그러나 유체는 점성을 가지고 있기 때문에 유체 내부에 마찰이 있고 이 마찰 때문에 관 내부의 위치에 따라서 유속이 달

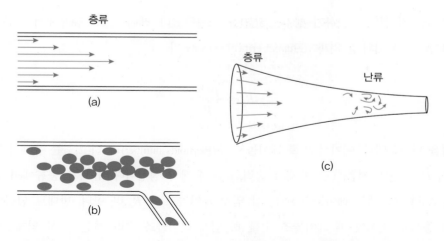

그림 5.28 | 관에서 유체의 흐름. 유체의 속력이 느릴 경우에는 층류를 형성한다. (a) 점성 때문에 유속은 관의 중심에서 빠르고 관의 벽에서 느리다. (b) 혈관에서 은폐효과. 작은 혈관에서 적혈구의 농도가 낮다. (c) 관이 좁아지면 유속이 빨라지고 유속이 임계값을 넘으면 소용돌이가 생기는 난류를 형성한다.

라진다.

그림 5.28(a)에서 관의 중심부의 유속은 빠르고 관의 벽으로 갈수록 유속이 느려진다. 이러한 층류의 흐름 때문에 혈관에서 혈액을 따라 헤모글로빈이 함께 움직일 때 은폐효과가 발생한다. 그림 5.28(b)와 같이 유속이 빠른 곳에서 헤모글로빈의 농도가 높고 벽으로 갈수록 농도가 낮아진다. 그런데 작은 혈관 또는 모세혈관은 혈관의 벽에서 분기되기 때문에 큰 혈관보다 작은 혈관에서 헤모글로빈의 농도가 낮아진다. 이를 **은폐효과**(skimming effect)라 한다. 은폐효과 때문에 인체의 말단인 손끝, 발끝과 같은 끝단 혈관의 적혈구 비율은 대동맥에서 적혈구 비율보다 낮다. 이를 **끝단효과**(extremities effect)라 한다. 이것이 손끝이나 발끝이 시린 이유가 될 수 있다.

여름철 장마가 와서 강물이 많아지고 빨리 흐르면 강물에 소용돌이(vortex)가 형성되는 것을 볼 수 있다. 소용돌이는 느리게 흐르는 유체에서는 볼 수 없다. 1883년에 오스본 레이놀즈(Osborne Reynolds)는 원형 관에서 유속이 증가할 때 유체의 흐름이 층류에서 **난류**로 바뀌는 조건을 발견하였다. 레이놀즈는 지름 약 12 mm인 유리관에 착색된 유체를 흘려주고 아래쪽으로 구부린 부분에 밸브를 설치하여 밸브를 조금씩 열면서 난류가 생기는 조건을 조사하였다. 레이놀즈는 층류에서 난류로 전이하는 유체의 **상 임계속도**(upper critical velocity)가

$$R_e = \frac{\rho D v}{\mu}$$

임을 발견하였다. 여기서 R_e를 레이놀즈 수(Reynolds number)라 하고, ρ는 유체의 밀도, D는 관의 지름, v는 유체의 속력, μ는 유체의 점성이다. 유체가 층류에서 난류로 전이할 때의 레이놀즈 수를 상 임계 레이놀즈 수 R_{ec}라 한다. 반대로 난류에서 층류로 전이할 때 레이놀즈 수를 하 임계 레이놀즈 수라 하는데, 상 임계수와 하 임계수는 서로 다른 값을 갖는다. 레이놀즈의 실험에서 상 임계 레이놀즈 수는 $R_{ec} = 10,000$ 정도였다. 1939년 쉴러(L. Schiller)가 측정한 하 임계 레이놀즈 수는 약 2,320이었다. 임계 레이놀즈 수는 관의 모양에 따라 다른 값을 가지며, 육면체 관에서 임계 레이놀즈 수는 약 1,000이고, 강과 같이 자유표면을 갖는 흐름에서 임계 레이놀즈 수는 약 500이다.

난류는 혈액의 흐름에서도 관찰된다. 그림 5.29는 심장의 좌심실이 박동할 때 밸브 역할을 하는 심장판막이 열리고 닫힐 때, 혈압과 심음(심장의 소리)을 나타낸 것이다. 좌심실이 박동을 하여 펌핑한 혈액의 속력은 대동맥에서 $0 < v < 0.5$ m/s의

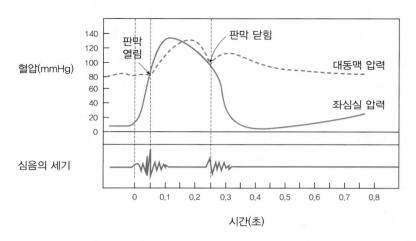

그림 5.29 | 심장에서 발생하는 K-sound인 심음의 발생과 심장에서 판막의 열리고 닫힘

범위에 놓인다. 대동맥의 혈류 속력의 기준은 좌심실의 판막이 열리고 닫힐 때이며, 난류가 발생하는 임계속력은 $v_c = 0.4$ m/s이다. 심장의 수축기(systole)에 난류가 발생하고, 혈액 흐름에 소용돌이를 발생시킨다. 일시적으로 형성된 소용돌이가 심장 판막, 심장벽, 혈관을 진동시켜서 심장에서 발생하는 소리인 심음의 요인이 된다. 심장에서 발생하는 소리를 K-sound라고 한다. 그림 5.29에서 심음은 판막이 열리고 닫힐 때 집중적으로 발생한다. 심음의 진동수는 보통 20~200 Hz 정도이지만 우리 귀로 들을 수 없는 낮은 진동수의 소리도 발생한다.

5.8 내 속에 내가 너무도 많아

저자가 대학원에 입학한 1980년대 중반에 과학의 한 분야에서 아주 신기한 구조에 대한 연구가 막 시작되고 있었다. 다름 아닌 자기닮음성(self-similarity)을 가진 구조인 프랙탈(fractal)이 바로 그것이다. 저자는 국내에서 프랙탈 구조를 초창기에 연구한 물리학자 중 한 명이다. 프랙탈 구조는 자연과 기하학적 구조에서 아주 쉽게 볼 수 있는 구조이다. 어느 가수가 노래한 "내 속에 내가 너무도 많아서 당신의 쉴 곳 없네...."의 노래 가사에 자기 닮음성의 의미가 담겨 있다.

우리 몸속의 여러 장기도 프랙탈 구조인데, 대표적인 예가 앞 절에서 언급한 폐의 구조이다. 그림 5.30과 같은 신장의 혈관 구조 역시 프랙탈 구조이다. 19세기에 다양한 구조의 프랙탈 구조가 알려졌지만, 그러한 구조가 자기닮음성을 가진 구조임을 인식하지 못했다. 1967년에 브누아 망델브로(Benoit Mandelbro)는 〈사이언스(Science)〉지에 "영국의 해안선은 얼마나 길까? 통계적 자기닮음성과 프랙탈 차원(How Long Is the Coast of Britain? Statistical Self-Similarity and Fractional Dimension)"이란 논문을 발표하였다. 이 논문이 자기닮음성과 프랙탈 구조에 대한 내용을 담고 있는 최초의 논문이다.

1975년에 망델브로는 자기 닮음 구조를 "프랙탈(fractal)"이라 명명하였다. 이 구조는 기존의 기하학적 구조와 전혀 다른 구조임이 밝혀졌다. 망델브로는 1982년에 저서 《자연의 프랙탈 기하학(The Fractal Geometry of Nature)》에서 다양한 구조의 프

 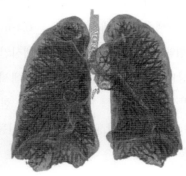

그림 5.30 | 인체에서 볼 수 있는 프랙탈 구조. 왼쪽은 신장의 혈관 구조를 찍은 것이고 오른쪽은 폐의 허파꽈리 구조를 찍은 것이다. 이들은 자기닮음성을 가진 프랙탈 구조이다. 인체는 왜 이러한 구조를 진화과정에서 학습하였을까?

랙탈 구조를 종합하였고, 프랙탈 구조를 특징 짓는 프랙탈 차원을 논의하였다.

그럼 프랙탈 구조는 어떻게 생성될까? 그림 5.31은 수학적인 사상(mapping)에 의해서 프랙탈 구조를 생성하는 과정을 나타낸 것이다. 스웨덴의 수학자 코흐(H. von Koch, 1870~1924)는 자신의 이름이 붙은 **코흐 곡선**(Koch curve)을 발견하였다. 코흐 곡선은 그림 5.31과 같이 만들 수 있다. **창시자**(initiator)는 길이 1인 직선이다. **생성자**(generator)는 직선을 같은 길이로 삼등분한 구조이다. 가운데 도막을 지우고 그림과 같이 두 변이 정삼각형의 변이 되도록 꺾어 올린다. 이 과정을 무한히 반복하여 얻은 세트(set)가 코흐 곡선이다. 코흐 곡선을 생성하는 과정에서 곡선의 길이는 4/3배씩 계속 길어진다. 생성과정을 무한히 반복한다면 코흐 곡선의 길이는

$$L_{n \to \infty} = \lim_{n \to \infty} \left(\frac{4}{3} \right)^n \to \infty$$

이다. 유한한 공간에서 무한대의 길이를 갖는 구조가 생성된다.

또한 코흐 곡선은 자기닮음성을 가지고 있다. 그림 5.31과 같이 단계 $n = 4$의 한 부분을 3배 확대하면 부분의 모양이 $n = 3$일 때와 똑같은 모습이다. 즉, **축척**(scaling)에 대해서 **불변성**(invariance)을 가지는 구조이다. 이러한 성질을 **축척 불변성**(scaling invariance)이라 한다. 코흐 곡선처럼 정확한 수학적 사상에 의해서 만들어지

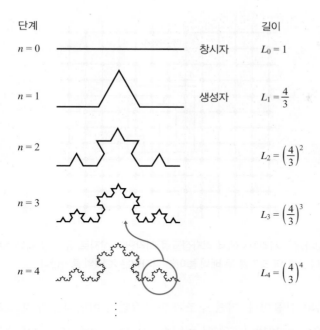

단계   길이

$n = 0$ 창시자 $L_0 = 1$

$n = 1$ 생성자 $L_1 = \dfrac{4}{3}$

$n = 2$ $L_2 = \left(\dfrac{4}{3}\right)^2$

$n = 3$ $L_3 = \left(\dfrac{4}{3}\right)^3$

$n = 4$ $L_4 = \left(\dfrac{4}{3}\right)^4$

그림 5.31 | 프랙탈 구조인 코흐 곡선(Koch curve)를 생성하는 과정. 이 과정을 무한히 반복하여 얻은 구조가 프랙탈이다.

는 프랙탈을 **수학적 프랙탈**(mathematical fractal)이라 한다.

● **질문** 수학적 프랙탈들을 조사해 보자.

신장의 혈관 구조나 허파꽈리의 구조는 정확한 수학적 사상을 따르지 않는다. 그렇지만 이런 구조들 역시 프랙탈인데, 이런 종류의 프랙탈을 **통계적 프랙탈**(statistial fractal)이라 한다. 신장이나 폐가 프랙탈 구조를 가지게 된 것은 진화 과정의 실수와 선택에 의해서일 것이다. 유한한 공간에서 표면적이 큰 구조를 생성하는 방법은 그 구조가 프랙탈일 때 가능하다. 신장은 인체의 노폐물을 체외로 배출해야 하므로 표면적이 클수록 좋다. 폐 역시 신선한 공기를 혈관으로 공급하고 이산화탄소를 많이 포함한 공기를 배출해야 하므로 표면적이 넓을수록 효율이 높을 것이다. 자연의 진화과정에서 자연은 비효율적인 구조를 실수와 선택의 끊임없는 과정을 통해서 자연선택(natural selection)을 했을 것이다. 지금 우리가 보고 있는 신장과 폐

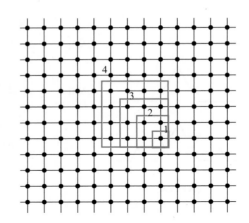

그림 5.32 | 2차원의 사각격자에서 격자점들을 사각형의 상자로 덮고 그 속에 속한 격자
점의 수를 센다. 상자의 크기를 두 배씩 늘이면 격자점은 22배씩 증가한다.

의 구조가 진화의 산물이다. 어떤 구조가 프랙탈인지 아닌지는 무엇으로 판별할까?
가장 널리 사용되는 방법이 **프랙탈 차원**(fractal dimension) 또는 **하우스도르프 차원**
(Hausdorff dimension)을 구해 보는 것이다.

유클리드 공간이나 격자 공간에서 차원의 의미를 생각해 보자. 그림 5.32는
유클리드 공간 위에 놓여 있는 사각격자(square lattice)를 나타낸다. 사각격자 위
의 격자점(lattice point)에 입자들이 놓여 있다. 이제 정사각형 상자로 격자점들
을 덮어보자. 첫 단계 $n = 1$일 때, 상자의 길이는 $L_1 = 1$이고 상자 속의 격자점 수
는 $N_1 = 1$이다. 단계 $n = 2$일 때, 상자의 길이는 $L_2 = 2$이고 상자 속의 격자점 수
는 $N_2 = 2^2 = 4$이다. 단계 $n = 3$일 때 상자의 길이는 $L_3 = 3$이고, 격자점의 개수
는 $N_3 = 3^2 = 9$이다. 단계 $n = 4$일 때 상자의 길이는 $L_4 = 4$이고, 격자점의 개수는
$N_4 = 4^2 = 16$이다. 2차원 사각격자일 때 사각형의 길이와 격자점의 수는

$$N = L^2$$

이다. 즉, 격자점의 수는 상자의 길이에서 대해서 지수 $d = 2$로 축척(scaling)한다. 상
자의 길이를 늘이거나 줄여나가도 같은 축척을 갖는다.

우리는 지수가 2라는 것에 주목해야 한다. 사각격자는 2차원을 채우는 규칙적

214

표 5.5 | 코흐 곡선의 각 단계마다 선분의 길이와 선분의 개수

단계	선분의 길이	선분의 개수
$n = 1$	$L_1 = 1/3$	$N_1 = 4$
$n = 2$	$L_2 = 1/3^2$	$N_2 = 4^2$
$n = 3$	$L_3 = 1/3^3$	$N_3 = 4^3$
$\vdots$		
n	$L_n = 1/3^n$	$N_n = 4^n$
$\vdots$		

인 유클리드 구조(Euclidean structure)이다. 일반적으로 유클리드 공간에서 규칙적인 구조들은 격자점의 수가 길이에 대해서

$$N = L^d$$

으로 축적한다. 여기서 d는 유클리드 공간의 **차원**(dimension)이다. 우리가 통상적으로 공간의 차원이라고 부르는 그 차원이다.

그렇다면 프랙탈 구조는 어떤 축척 구조를 가질까? 그림 5.31의 코흐 곡선에 대해서 축척을 줄여가면서 구조의 변화를 생각해 보자. 코흐 곡선에서 꺾어지는 각 선분의 길이는 모두 같다. 이제 축척을 1/3씩 줄여가면서 꺾이는 선분의 개수를 세어 보자. 표 5.5는 각 축척을 줄여갈 때 선분의 개수, 한 선분의 길이를 나타낸 것이다.

코흐 곡선에서는 축척을 줄여나가면서 선분을 센 것이다. 만약 각 단계마다 그 단계의 선분 길이를 갖는 상자로 코흐 곡선을 덮으면서 코흐 곡선을 덮는 상자의 수를 세면, 결국 길이와 덮는 상자 수의 **축척관계**(scaling relation)를 구한 것이다. 그 축척관계는

$$N_n = \frac{1}{L_n^d}$$

이다. 축척을 줄여가기 때문에 길이가 분모에 나타난다. 코흐 곡선에서 차원에 해당

하는 d를 구해 보자. 단계 n에서

$$4^n = \frac{1}{(1/3^n)^d}$$

이다. 즉,

$$4^n = 3^{nd}$$

이다. 양변에 로그를 취하면

$$\ln 4^n = \ln(3^{nd})$$

이므로

$$n\ln 4 = nd \ln 3$$

이다. 정리하면

$$d = \frac{\ln 4}{\ln 3} = 1.2619\cdots$$

이다. 코흐 곡선의 차원은 정수가 아닌 실수값을 갖는 구조이다.

이렇듯 프랙탈 구조는 그 구조의 차원이 정수가 아니고 실수인 값을 갖는다. 프랙탈 구조의 실수 차원을 프랙탈 차원(fractal dimension) 또는 하우스도르프 차원 (Hausdorff dimension)이라 한다. 축척을 줄여나갈 때 프랙탈 차원은 일반적으로

$$N = \frac{1}{L^{d_f}}$$

로 정의한다. 즉,

$$d_f = \frac{\ln N}{\ln L}$$

이다. 코흐 곡선에서 축척을 줄여나감으로써 $L_n = 1/3^n$의 분수로 표현되므로 식에서 마이너스 기호가 앞에 붙어 있고 프랙탈 차원은 양수가 된다. 사실 프랙탈 차원은 차원을 일반화한 것이라 할 수 있다.

"프랙탈은 차원이 실수이고 축척 대칭성을 가진 구조이다."

20세기 중반에 프랙탈 구조가 자연에 많이 있는 것이 발견되고, 다양한 분야에서 프랙탈 구조가 발견되었다. 앞에서 예를 든 인체의 프랙탈 구조도 대표적인 예이다. 더 흔히 볼 수 있는 통계적 프랙탈은 나무 구조이다. 그림 5.33은 나무 구조의 축척 대칭성을 보여준다. 나무의 가지 부분을 잘라서 원래 나무 크기만큼 확대하면 원래 나무와 비슷한 구조를 보인다. 자연에서 볼 수 있는 다른 프랙탈의 예로 산맥의 구조, 강줄기의 구조, 다양한 식물의 잎사귀, 콜리플라워(cauliflower)와 같은 꽃, 번개 모습, 해안선의 길이, 우주에서 별의 분포, 혼돈현상에서 이상한 끌개(strange attractor) 등 다양한 분야에서 발견된다.

그림 5.33 | 나무의 프랙탈 구조와 축척 대칭성. 나무의 부분이 전체의 모습과 닮아 있다. 오른쪽은 왼쪽의 한 부분을 잘라서 같은 크기로 확대한 것이다. 두 모습이 서로 흡사하다.

(a)   (b)

그림 5.34 | 실제 마타리꽃과 가지치기 과정으로 생성한 프랙탈. (a) 가지치기 구조의 마타리꽃, (b) 가지치기 과정으로 얻은 프랙탈 구조의 자기닮음성

그림 5.34는 실제 꽃인 마타리꽃의 프랙탈 구조와 수학적 사상으로 얻은 프랙탈 구조를 비교한 것이다. 오른쪽의 프랙탈 구조는 가지치기 과정(branching process)과 자기닮음성을 가지고, 축척 불변성을 갖도록 사상한 구조이다. 또 다른 흥미 있는 프랙탈 구조는 시계열(time series)에 숨어 있는 프랙탈 구조이다. 그림 5.35는 건강한 사람의 분당 심박수(heart beat rate)를 나타낸다. 심장 박동수의 시계열이 시간 축척에 대해서 통계적인 유사성을 가지고 있다. 시계열이 프랙탈 구조를 가지고 있는 것이다. 건강한 사람의 심박수와 심장에 이상이 있는 사람의 심박수 시계열의 프랙탈 구조가 다르기 때문에, 프랙탈 구조를 파악함으로써 심장 질병을 진단하는 데 사용할 수 있다.

◉**질문** 시얼핀스키 개스켓(Sierpinski Gasket)의 프랙탈 차원을 구해 보자.
◉**질문** 프랙탈 뮤직을 조사해 보자.

1963년에 망델브로는 면화가격(cotton price) 변동 시계열에서 자기닮음성을 관찰하였으며, 시계열에서 프랙탈 성질을 최초로 발견하였다. 그림 5.36은 어떤 회사의 주식가격 시계열을 나타낸 것이다. 월별 시계열의 일부를 잘라서 일별축척을 바꿈으로 그려보면 시계열의 구조가 통계적 프랙탈 구조를 보여준다. 주식가격은 시간 축

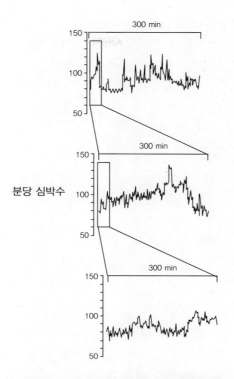

그림 5.35 │ 건강한 사람의 심장박동수 시계열. 시계열의 일부를 확대해서 보면 확대하기 전과 닮아 있다. 심장박동수 시계열은 프랙탈 구조이다.

척에 대해서 자기닮음성을 가진 프랙탈 구조이다. 시계열이 프랙탈 구조라면 프랙탈 차원은 얼마일까? 이 질문에 대한 답은 좀 어렵기 때문에 답을 하지 않고 남겨둔다. 관심 있는 독자들은 스스로 자료를 찾아보면 흥미로울 것이다.

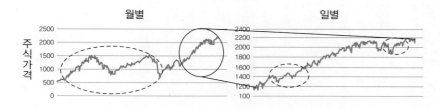

그림 5.36 │ 주식가격의 자기 닮음성. 월별 주식가격의 일부 시계열을 확대하여 일별로 그리면 모습이 거의 비슷하다.

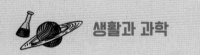 생활과 과학

6장

시간의
화살

17세기 이후 역학 혁명으로 세계관을 바꾼 서양 세계는 열역학 혁명을 통해서 산업혁명으로의 도약을 준비한다. 과학적 사고방식이 서양 사회와 문화 속으로 퍼지면서 서양은 과학기술적 혁신과 생산방식의 공학적 혁신을 이룩한다. 그에 따른 생산물의 확대로 경제가 활성화되면서 시장경제와 자본주의가 발전한다. 시장경제의 활성화 과정에서 성장과 분배의 문제에 직면하게 되고 이를 극복하기 위한 세계 시민의 투쟁 속에서 민주주의의 개념이 형성된다. 제국주의와 20세기 초의 세계대전은 유럽 사회 발전의 모순을 함축적으로 보여주는 사례이다. 유럽의 선진국들은 산업적 성장과 민주주의의 성장을 동시에 이룩해낸다. 물론 유럽 사회는 많은 진통을 겪었다. 우리나라는 산업화와 민주주의를 동시에 이루어낸 아시아의 유일한 국가이니 자부심을 가져도 좋다.

18세기 산업혁명의 급속한 발전은 열기관의 발전에 의해서 추동되었다. 열기관의 발전과 열역학의 발전은 함께 했다. 어떤 경우에는 기계의 발명이 먼저 이루어지고, 그 원리를 설명하기 위해서 열역학의 과학적 원리가 발견되기도 했다. 반면 열역학 제2법칙의 발견은 다양한 열기관의 효율을 높이거나 영구기관이 원리적으로 불가능함을 입증함으로써 사람들이 쓸데없는 노력을 하지 않고 합리적으로 사고할 수 있는 길을 제시하였다.

인류는 불을 발견하면서부터 열이 유용한 존재임을 인식했다. 불을 발견함으로써 인류는 겨울철에 난방을 해결할 수 있었다. 우리나라와 동북아시아에서 발전한 독특한 난방 구조인 "온돌"은 북위도 지방에서 겨울을 견디는 데 크게 기여하였다. 산업혁명이 유럽 사회에서 발생했으므로 열역학의 발전을 이끈 화석연료의 발전과 공학적 발전을 살펴본다. 또한 18세기와 19세기의 열역학 발전을 살펴본다.

깨진 유리컵은 아무리 기다려도 저절로 다시 원래 컵으로 되아오지 않는다. 물에 떨어진 잉크 방울은 한 번 퍼진 후 다시 저절로 원래 모양으로 되돌아오지 않는다. 자연에서 발생하는 많은 현상들은 방향성을 가지고 있다. 시간이 한쪽 방향(시간의 화살, arrow of time)으로 흐르듯이 자연계의 거시적 현상에는 방향성이 있다. 열역학 법칙은 이러한 자연의 방향성을 잘 설명하고 있다.

⊕ 질문   열(heat)이란 무엇인가?

222

6.1 화석연료와 산업혁명

17세기 이후 산업혁명의 씨앗은 석탄을 필두로 한 화석연료의 사용에서 시작되었다. 20세기 초에는 석유가 널리 쓰이면서 석탄과 석유가 인류의 중요한 연료로 등장하였다. 인류가 석탄을 사용한 것은 긴 역사를 가지고 있다. 기원전 315년에 그리스 테오프라스토스(Theophrastos)가 남긴 기록에 석탄을 사용한 기록이 남아 있다. 표 6.1은 석탄, 석유, 열기관의 발명, 주요한 세계사를 요약한 것이다. 9세기에 영국에서 석탄을 사용한 기록이 남아 있다. 12세기 중국의 송나라에서는 석탄을 가정용 연료로 사용하였다. 석탄의 본격적인 사용은 13세기 영국의 뉴캐슬(New Castle) 지방에서 석탄의 상업적 채굴이 시작되면서부터이다. 당시 영국왕 헨리(Henry) 3세는 석탄채굴 허가권을 발행함으로써 개발업자들에게 힘을 실어주었다.

석탄의 본격적인 이용은 18세기 들어서면서 시작되었다. 1712년 뉴커먼(Thomas Newcomen)이 증기기관의 일종인 뉴커먼 기관을 만들었다. 뉴커먼 기관은 광산에서 배수를 돕는 데 사용되었다. 뉴커먼 기관은 '광부의 친구'라 불렸으며 많은 광산에서 이용되었다. 그런데 뉴커먼 기관은 증기에서 발생한 많은 수증기를 그냥 버렸으며 고장이 잦았다. 석탄의 본격적인 이용은 공기를 차단한 상태에서 석탄을 가열하면 탄소를 많이 함유한 코크스가 되는 것을 발견하면서 시작되었다고 할 수 있다.

코크스는 중국에서 4세기에 발견되어 9세기 이후에 요리에 사용되었다. 11세기경에는 황하유역에서 철 생산에 코크스를 이용한 용광로가 쓰였다. 1709년 영국의 아브라함 다비(A. Darby) 1세는 주철을 생산하는 데 코크스(cokes)를 연료로 사용하였다. 손쉬운 철의 생산은 산업혁명의 도화선이 되었다. 1769년 제임스 와트(James Watt)는 뉴커먼 기관의 단점을 보완한 와트의 증기기관을 발명함으로써 동력혁명을 촉발하였다. 1792년에 머독(William Murdock)이 석탄가스를 제조하였고 그후에 런던에서 가스등이 설치되었다.

석유는 아주 오래전부터 인류가 알고 있던 물질이다. 원유를 정제하면 액화석유가스(LPG, liquid petroleum gas), 납사(naphtha), 휘발유(gasoline), 등유(kerosene), 경유(light oil), 중유(heavy oil), 윤활유(lubricating oil), 아스팔트(asphalt)로 분리된다. 기원전 3000년경 메소포타미아의 수메르인들은 아스팔트를 이용하여 조각상을 만들었

표 6.1 | 인류가 석탄, 석유를 이용한 주요한 역사

연도	시대	주요 기록과 발견
BC 315	고대 그리스	테오프라스토스가 그리스의 대장간에서 석탄을 사용한 기록
9C	영국	영국에서 석탄 사용 기록
12C	중국 송나라	중국 송대에 석탄을 가정용 연료로 사용하고 세금 부과
13C	영국	영국 뉴캐슬 지방에서 석탄의 상업적 채굴. 영국 헨리 3세 석탄 채굴권 허가 부여
1709	영국	아브라함 다비 1세가 주철 생산에 코크스 이용
1712	영국	토머스 뉴커먼이 스팀엔진 개발('광부의 친구'라 불림)
1724	조선	영조 즉위, 영조 탕평책 시행
1769	영국	제임스 와트가 증기기관 특허 취득
1776	영국	최초의 증기기관 설치
1789~1799	프랑스	프랑스 대혁명
1792	영국	윌리엄 머독이 석탄가스 제조
1796	조선 정조	수원화성 완공
1807	영국	런던에서 최초의 가스등 설치
1816	영국	로버트 스털링(Robert Stirling)이 엔진 발명
1840	영국-청나라	아편전쟁
1851	미국	사무엘 키어(Samuel Kier)가 케러신(Kerosene)을 램프 등유로 판매(고래기름 대체)
1856	영국	석탄가스에서 타르와 암모니아 회수법 발견
1857	미국	에드윈 드레이크(Edwin Drake)가 드라이브파이프 공법으로 원유채굴 시작
1858	영국	바킨이 콜타르를 원료로 합성염료 합성
1859	미국	에드윈 드레이크(석유의 아버지)가 펜실베이니아 오일크릭에서 원유채굴 성공, 동부의 오일러시를 일으킴
1861	미국	미국 남북전쟁
1870	미국	록펠러가 스탠더드오일(Standard Oil) 설립
1876	독일	오토 릴리엔탈(Otto Lilienthal)이 엔진 발명
1884	조선	갑신정변

(계속)

표 6.1 | 인류가 석탄, 석유를 이용한 주요한 역사 (계속)

연도	시대	주요 기록과 발견
1884	영국	찰스 파슨스(Charles A. Parsons)가 증기터빈(steam turbine) 발명
1885	독일	고틀리프 다임러가 휘발유를 사용하는 내연기관 발명(폭발기관)
1894	조선	동학혁명
1897	독일	루돌프 디젤이 디젤엔진 발명
1903	미국	라이트(Wright) 형제가 프로펠러 장착 글라이더 비행 성공
1906	독일	프리츠 하버(Fritz Haber)가 석탄가스를 원료로 암모니아 합성 성공
1908	미국	포드 T 모델 대량 생산
1911	미국	록펠러의 스탠더드오일사 석유 시장의 88% 장악. 반독점법(anti-trust)으로 스탠더드오일이 34개 회사로 분리됨. 엑손(Exxon), 모빌(Mobil) 등이 이때 분리됨
1939	독일	가솔린을 연료로 사용한 제트엔진 장착 비행기 탄생

으며 2000년경 수메르의 마법사들은 석유의 분출을 이용하여 점을 쳤다. 바빌로니아 우르시대의 성벽은 흙을 구워 만든 벽돌을 역청으로 접착하여 쌓았다.

산업혁명 시대에 석유를 본격적으로 사용한 것은 1850년 미국에서 일어난 오일러시(oil rush)와 가솔린엔진, 디젤엔진의 발명 때문이다. 미국에서 석유산업을 촉발하는 데 결정적인 역할을 한 세 사람은 비셀(George Bissel, 1821~1884, 미국 석유산업의 아버지라 불림), 실리먼 2세(Benjamin Silliman, Jr. 1816~1885, 미국의 화학자), 드레이크(Edwin Drake, 1819~1820, 미국, 최초로 원유의 수직채굴에 성공한 인물)이다. 1853년 비셀은 미국의 펜실베이니아를 휴양차 방문하였는데, 그 지방 사람들이 원유로 등불을 밝히는 것을 보았다. 비셀은 석유를 조명용 연료로 사용할 수 있음을 깨달았다. 사실 조명용 연료로 사용하는 석유의 성분은 등유(燈油, kerosene)로 '등불을 밝히는 기름'이란 뜻이다. 비셀은 예일대학교의 화학자 실리먼에게 석유의 성분 분석을 의뢰한다. 실리먼의 아버지 역시 예일대학교의 화학과 교수였고 석유의 분별증류법을 발견한 인물이다. 석유 성분 분석에 성공한 실리먼은 석유의 가치를 깨닫고 비셀에게 동업을 제의하였다. 비셀은 실리먼의 분석 보고서를 바탕으로 투자자를 모을 수 있었고, 1856년에 Pennsylvania Rock Oil Company(후에 Seneca Oil로 불림)를 설립한다. 비셀은 펜실베이니아의 타이터스빌(Titusville) 인근의 하천이 '오일크릭(oil creek)'으로 불림을 알게 되었고, 그 일대의 땅을 매입하여 드릴(drilling) 공법으로 오일 채취를 시도한다.

Seneca Oil은 석유 채취를 위해서 철도원 출신의 드레이크를 석유탐사 책임자로 고용한다. 드레이크는 드릴공법을 사용하여 오일크릭의 한 작은 섬에서 시추를 시도하였다. 당시의 채굴은 드릴 구멍을 수직으로 뚫는 것이었다. 구멍을 수직으로 5 m 정도 뚫었을 때 벽이 무너져 내렸다. 드레이크는 이에 굴하지 않고 **드라이브 파이프**(drive pipe) 공법을 창안하여 시추에 성공한다. 드라이브 파이프 공법은 시추 드릴만으로 구멍을 뚫을 때 흙이 무너지는 것을 방지하는 공법으로, 먼저 드라이브 파이프와 시추 드릴을 함께 사용함으로써 흙이 무너지는 것을 방지하면서 구멍을 뚫을 수 있다. 이 공법은 원유 시추의 일반적인 방법으로 자리를 잡는다.

1859년에 드레이크는 인류 최초로 수직 굴착기로 원유 채취에 성공한다. 드레이크가 오일크릭에서 시추에 성공한 시추공을 드레이크 유정(Drake well)이라 한다. 드레이크는 드라이브 파이프 시추공법의 특허를 취득하지 않아서 획기적인 공법을 개발하고 인류 최초로 원유를 시추공법으로 채취했지만 가난하게 삶을 마감하였다. 드레이크의 성공 이후 1860년대에 펜실베이니아에 오일러시(oil rush)가 일어난다. 석유는 맥주통인 배럴에 채워 운반하였기 때문에 오늘날 석유의 단위로 배럴(barrel, 1 bbl 5 약 159 L)을 사용한다. 1870년대에는 철도 화차를 이용하여 석유를 이동하고 비축 기지에 석유를 저장하였다.

1863년에 록펠러(John Davison Rockefeller)는 석유의 가치를 알아보고 석유산업에 뛰어 들었다. 그는 석유산업에서 철도를 이용한 수송이 관건임을 깨닫고 철도회사와 원유수송 계약을 독점한다. 1863년에 록펠러는 **스탠더드오일**(Standard Oil)을 설립하여 석유회사를 사들이고 탱크 화차의 소유권을 독점한다. 1881년에는 독자적인 송유관을 부설한다. 록펠러는 미국 석유시장을 독점하여 거대한 부를 쌓는다. 이에 대한 반작용으로 1911년 반독점법(anti-trust)이 제정되어 스탠더드오일은 34개의 작은 회사로 분리된다.

19세기 후반까지 석유의 주된 용도는 등유를 이용한 가정용으로 조명, 난방, 요리에 이용되었다. 초창기에 휘발유는 사용되지 않고 강에 버려졌다. 휘발유의 본격적인 사용은 가솔린 기관이 발명된 후부터이다. 1885년에 독일의 다임러(Gottlieb Daimler)는 휘발유를 사용하여 폭발기관이라 부른 내연기관(gasoline engine)을 발명하였다. 1897년에 독일의 디젤(Rudolf Diesel)은 디젤엔진을 발명하였다. 1908년 포드(Henry Ford)는 분업 생산방식을 발명하여 포드 T 모델을 대량생산하여 석유를 이용한 운송 수단의 대중화에 기여하였다. 20세기 초까지 석탄과 석유가 서로 경쟁하였으며 결국 석유가 우위를 차지하게 되었다.

6.2 온도

두 물체가 열 접촉하고 있을 때, 두 물체 사이에 알짜 에너지 전달이 없으면 두 물체의 온도는 같다. 열이란 온도가 다른 두 물체 사이에서 전달되는 에너지를 뜻한다. 온도는 다체계(many body system)에서 정의되는 양으로, 대부분의 경우 온도는 입자계의 평균 에너지와 직접적인 관계가 있다. 특히 기체에서 온도는 기체 입자의 평균 운동 에너지에 비례한다.

온도 = 입자계에 전달된 에너지의 측정치

온도가 높은 기체는 온도가 낮은 기체보다 기체 분자의 평균 운동 에너지가 크다. 운동 에너지는 입자의 속력의 제곱에 비례하므로 온도가 높으면 속력이 큰 기체 분자가 많아짐을 의미한다.

기체인 경우 어떤 온도에서 기체 분자들의 속력은 일정한 값을 가지는 것이 아니라 그림 6.1과 같이 맥스웰–볼츠만 분포(Maxwell-Boltzmann Distribution)를 따른다. 즉, 평균 속력에 해당하는 분자들이 많고, 느리거나 빠른 분자들은 상대적으로 적다. 평균 운동 에너지란 모든 분자들의 속력의 크기(양의 수)를 더한 다음 분자수로

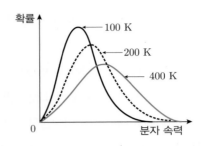

그림 6.1 | 기체의 맥스웰–볼츠만 속력분포함수. 온도가 높은 기체는 속력이 큰 쪽의 분포가 커짐

나눈 값으로 생각하면 된다. 맥스웰-볼츠만 분포는 원자의 본성을 이해하는 데 중요한 변화를 가져온다.

맥스웰(James Clerk Maxwell, 1831~1979, 스코틀랜드)은 고전 전자기학을 완성한 맥스웰 방정식으로 유명하다. 20세기 초까지 많은 과학자들은 원자론을 믿지 않았다. 이러한 분위기에서 맥스웰은 기체를 충돌하는 알갱이(원자)로 생각하였다. 맥스웰은 주어진 온도에서 특정 속력으로 움직이는 기체의 비율을 생각했다. **기체 운동론**(kinetic theory)으로 알려진 그의 이론에 따르면 온도와 열이 기체의 무작위한 운동에 직접적인 영향을 주는 요소이다.

1859년부터 1866년 사이에 맥스웰은 기체 운동론을 바탕으로 기체 분자의 속력분포함수를 제안하였다. 맥스웰의 생각을 발전시킨 과학자가 **루드비히 볼츠만**(Ludwig Eduard Boltzmann, 1844~1906, 오스트리아)이다. 볼츠만은 통계역학의 기반을 닦은 과학자로 "통계역학의 아버지"라 할 수 있다. 볼츠만은 맥스웰의 기체 운동론을 발전시켜서 기체의 분포함수를 정확히 유도하였다. 기체 분자들은 주어진 온도에서 정확히 맥스웰-볼츠만 분포를 따른다. 볼츠만의 이러한 주장은 기체가 원자라는 가정을 바탕으로 한 것이었다.

19세기 말에 대부분의 과학자들은 **원자론**을 믿지 않았다. 마하(Ernst Mach)를 위시한 많은 과학자들이 **에너지론**을 믿었다. 당대의 최고 명성을 날리고 있던 과학자이며 철학자였던 마하는 볼츠만의 원자론을 격렬하게 비판하였다. 1808년에 돌턴(John Dalton)이 제안한 원자론은 그다지 지지를 받지 못했다. 일단의 화학자, 맥스웰, 볼츠만, 깁스 정도가 원자론을 발전시켰다. 20세기 초에 러더퍼드(Ernest Rutherford)

가 알파선 산란실험으로 원자핵을 발견함으로써 원자의 존재가 규명될 때까지 사람들은 원자를 믿지 않았다.

맥스웰은 기체 운동론의 개념에 따라 일정한 온도의 기체 분자들의 무질서한 충돌에 착안하였다. 기체가 알갱이 모양의 원자 또는 분자로 구성되어 있다면 그들이 서로 충돌할 때 에너지와 운동량을 서로 교환할 것이다. 평형 상태에서 특정한 속력을 갖는 기체 분자들은 확실히 어떤 비율로 존재해야 한다. 즉, 속력분포함수를 생각해야 한다. 분포함수는 확률을 의미한다. 이것이 열역학에 확률을 도입한 최초의 예라고 할 수 있다.

맥스웰과 볼츠만은 기체와 같이 많은 입자들로 이루어진 다체계를 확률적으로 취급할 수 있음을 처음으로 깨달은 것이다. 이러한 확률적 사고를 아인슈타인을 비롯한 많은 과학자들은 받아들이지 않았다. 그러나 볼츠만은 이에 굴하지 않고 다체계의 확률적 기술을 밀고 나갔고, 오늘날 다체계를 확률적 방법으로 이해하는 데 결정적인 기여를 하였다. 그러나 불행하게도 마하를 위시한 에너지론자들의 비판에 볼츠만은 결국 1906년 이탈리아의 트리에스테에서 여름 휴가를 보내던 중에 자살한다. 볼츠만은 맥스웰-볼츠만 분포함수 외에도 볼츠만 인자, 볼츠만 분포, 볼츠만의 엔트로피, 볼츠만 운송 방정식, 스테판-볼츠만 법칙, H-이론 등을 발견하였다.

기체 분자들이 맥스웰-볼츠만 분포를 따르기 때문에 지구의 대기에서 수소와 헬륨이 거의 없는 현상을 이해할 수 있다. 지구 대기 상층부는 온도가 매우 높다. 가벼운 입자들은 무거운 입자들과 충돌하여 아주 큰 속력을 갖게 된다. 기체 분자들이 맥스웰-볼츠만 분포를 따르므로, 그림 6.1의 분포함수에서 꼬리 부분의 속력이 큰 분자들은 수소 또는 헬륨이다. 기체의 온도가 높을수록 분포함수에서 꼬리 부분이 두터워진다. 즉, 확률이 커지므로 속력이 큰 분자들이 더 많아진다. 따라서 가벼운 분자들의 속력은 매우 커서 지구의 탈출속도보다 더 커진다. 가벼운 분자들은 시간이 지나면서 지구 밖으로 탈출하므로 지구 대기에서 고갈된다. 이러한 과정으로 지구 대기에서는 가벼운 수소와 헬륨이 사라지게 된다. 화성과 같은 중력이 작은 행성은 수소나 헬륨뿐만 아니라 질소와 산소도 붙잡아 둘 수 없었다. 지금은 약간의 이산화탄소만이 화성의 대기를 형성하고 있다.

기체가 아닌 고체나 생명체 물질은 그 물질을 구성하는 원자 또는 분자들이 기체처럼 자유롭게 움직일 수 없다. 이때 물질의 온도는 다음과 같은 의미를 갖는다.

> 온도 = 물질을 구성하는 분자(기본 단위)의 평균 역학에너지의 척도

액체 또는 고체에서 온도는 기본 구성단위들이 제한된 범위에서 무작위하게 움직일 때 구성단위의 평균 역학에너지의 크기에 비례한다. 즉, 온도가 높으면 액체 또는 고체를 구성하는 분자의 평균적 역학 에너지가 큼을 의미한다.

● **질문** 온도계는 어떻게 만드는가?

● **질문** 극저온(액체 질소 또는 액체 헬륨) 또는 고온(용광로와 같은)은 어떻게 측정할 수 있는가?

● **질문** 태양의 온도는 어떻게 알 수 있는가?

6.3 표준온도

표준온도는 다음과 같이 정의한다. 물, 얼음, 수증기가 공존하는 상태인 "물의 삼중점(triple point)"에서 온도를 273.16 K로 정의한다. 여기서 K는 켈빈(Kelvin)이라 읽으며 절대온도의 단위이다. 따라서 1 K은 물의 삼중점 온도의 1/273.16이다. 온도를 이렇게 정의하면 무슨 말인지 이해하기 어렵다. 사실 우리는 일상생활에서 여러 온도계를 사용하여 온도를 잰다. 체온계, 막대 온도계, 디지털로 표시되는 온도계 등 다양한 온도계를 사용한다. 온도계는 온도에 따라서 변하는 물질의 물리적 특성을 사용해서 만든다. 수은주 온도계와 같은 막대 온도계는 온도가 올라갈 때 수은의 부피 팽창을 이용한 온도계이다.

온도 변화에 따른 물체의 특성 변화를 이용

철 막대의 길이 변화, 기체의 부피 또는 압력 변화, 도선의 전기 저항 변화, 뜨거운 물체에서 나오는 전자기 스펙트럼 등을 이용하여 온도를 측정할 수 있다. 어떤 물체

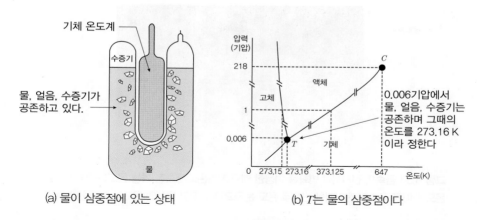

(a) 물이 삼중점에 있는 상태　　　　　　　　(b) *T*는 물의 삼중점이다

그림 6.2 | 물의 삼중점과 절대온도의 기준. (a) 삼중점에서는 물, 얼음, 수증기가 공존한다. (b) 물의 삼중점에서의 온도를 273.16 K라 정의한다. 압력−온도 상도표에서 삼중점은 0.006기압이고 온도는 273.16 K이다.

의 온도를 측정하는 과정은 다음과 같다.

① 물체에 온도계(철막대/기체/도선)를 접촉시킨다.
② 온도계와 물체가 열평형을 이룰 때까지 기다린다.
③ 온도계의 눈금(길이 변화, 부피 변화 등)을 읽는다.

　온도를 측정할 때 온도계를 물체에 열접촉시킨다. 만약 물체와 온도계의 온도가 다르면, 물체와 온도계 사이에 열이 이동하여 두 물체의 온도는 서로 같아진다. 좋은 온도계는 측정 대상의 온도를 교란하지 않는 온도계이다. 만약 온도계가 많은 열을 빼앗아 간다면 측정 대상의 원래 온도가 아닌 다른 온도를 측정하게 될 것이다. 온도계는 빨리 측정 대상의 온도와 같아져야 한다. 온도계의 온도가 변하지 않는 상태에 도달하는 시간을 완화시간(relaxation time)이라 한다. 수은주 온도계나 알코올 온도계는 온도계를 입에 물거나 겨드랑이에 꽂고 상당한 시간을 기다려야 했다. 즉, 완화시간이 상당히 긴 온도계이다. 요즘 많이 사용하는 디지털 온도계는 귀에 대고 바로 온도를 측정한다. 완화시간이 아주 짧은 온도계이다. 좋은 온도계는 온도 눈금 변화에 대응하는 물리적 특성(길이 변화, 부피 변화, 전기저항의 변화 등)이

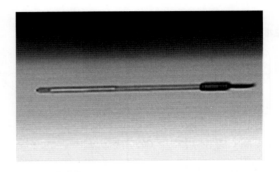

그림 6.3 | 금속의 전기저항 변화를 이용한 백금 저항온도계(측정 가능 온도: −260~ 630℃). 온도에 따른 금속의 전기저항 변화를 온도 눈금으로 바꾸어 물체의 온도를 측정한다.

넓은 범위에서 선형적으로 변한다.

정적 기체 온도계

그림 6.4는 정적 기체 온도계를 나타낸 것이다. 기체의 부피는 일정하고 온도가 올라가면 기체의 압력을 측정할 수 있다. 이 정적 기체 온도계를 사용해서 온도를 측정할 수 있다. 보일-샤를의 법칙에서 기체의 부피가 일정하면 'P/T = 일정'이다. 온도의 표준인 삼중점에서 온도는 273.16 K이고 압력은 0.006기압이다. 따라서

$$\frac{P}{T} = \frac{0.006 \text{ atm}}{273.16 \text{ K}}$$

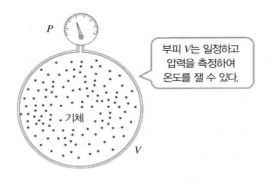

부피 V는 일정하고 압력을 측정하여 온도를 잴 수 있다.

그림 6.4 | 정적 기체 온도계. 이 온도계를 사용하면 기체의 압력을 측정함으로써 계의 온도를 측정할 수 있다.

이다. 측정하려는 물체에 정적 기체 온도계를 접촉한 후 압력을 읽으면 온도는

$$T(측정) = (273.16\,\mathrm{K})\,\frac{P(측정)}{0.006\,\mathrm{atm}}$$

으로 결정된다.

📝 예제 6.1 우주의 온도는 얼마인가?

풀이

온도는 입자들이 무질서하게 움직일 때 평균 에너지에 비례한다. 우주 공간에는 입자들이 거의 없으므로 우주 공간에서 온도를 정의하기는 어렵다. 온도계의 눈금은 우주선의 위치에 따라서 변한다. 우주선이 별에서 멀리 떨어져 있으면, 온도계가 흡수하는 열보다 방출하는 에너지가 많으므로 온도계의 눈금은 내려간다. 별 근처에 있으면 온도계가 많은 양의 에너지를 흡수하므로 온도계의 눈금은 올라간다.

온도계가 흡수하는 에너지와 방출하는 에너지가 같을 때 온도계의 눈금이 최종적인 우주의 온도이다. 별이 없는 우주에서 온도는 사실 절대 영도가 아니다. 우주에서 방출되는 전자기파 복사 에너지 때문에 우주는 2.725 K의 우주배경복사(cosmic background radiation)를 하고 있다. 기체가 팽창을 하면 온도가 내려가서 기체가 식는다. 우주배경복사도 비슷한 이유이다. 표준이론(standard model)에 따르면, 시간을 되

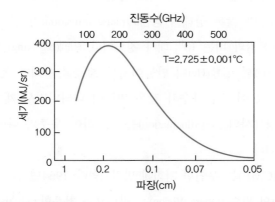

그림 6.5 | 우주배경복사 스펙트럼. 우주에서 오는 마이크로파의 세기를 측정하면 파장에 따라 분포함수를 나타낸다. 분포함수가 이런 모양일 때 우주의 온도는 2.725 K이다.

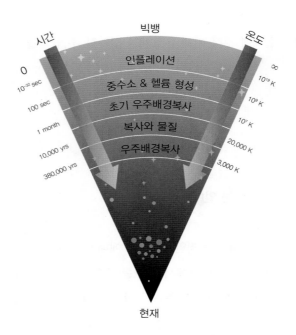

그림 6.6 | 빅뱅 이후 우주의 진화과정. 우주는 팽창하면서 식어 현재의 우주가 되었으며 현재 우주의 온도는 우주배경복사로 측정할 수 있다.

돌려 우주가 시작되는 시간이 0일 때 우주는 무한대의 밀도를 가지고 있는 **특이점**(singularity) 상태에 있었다. 이 상태에서 우주가 팽창하기 시작한다.

그림 6.6과 같이 10^{-32} s까지 우주는 지수적으로 급격히 팽창하는데 이를 **코스믹 인플레이션**(cosmic inflation)이라 한다. 그 후에 계속 식어가면서 다양한 입자와 우주의 형태가 생겨났다. 인플레이션의 어느 순간에 **물질**(matter, baryon)이 **반물질**(anti-matter, anti-baryon)보다 많은 상태의 **상전이**(phase transition)가 일어났다. 오늘날 우주에서 물질과 반물질의 비는 10^{10} 대 1 정도이다. **빅뱅**(big bang) 이후 100초 정도가 지나면 중수소(D)와 헬륨(He)이 만들어져서, 오늘날 우리가 볼 수 있는 물질의 근간이 생겨난다. 그 이후 은하수와 같은 별들이 나타나면서 계속 식고 있다. 우주배경복사와 배경복사의 요동(fluctuation)을 고려하여 우주의 나이를 추정하면 약 137.99억 년 정도이다.

우주배경복사(CMB)는 우연한 기회에 발견되었다. 1964년 전파천문학자인 펜지아스(Arno Penzias)와 윌슨(Robert Wilson)은 라디오파 천문학(radiometer astronomy) 용도로 15 m 크기의 혼안테나(horn antenna)를 이용하여 우주에서 오는 마이크로파를 조사하였다. 이 전파 안테나는 미국의 뉴저지 인근의 벨연구소에 설치되어 있었다. 1964년 5월경에 펜지아스와 윌슨은 안테나로 측정한 신호에서 라디오파 노이즈(radio noise)를 관찰하였다. 그 노이즈의 분포함수가 바로 그림 6.5이다.

처음에 이들은 이 신호가 은하수(milky way)에서 온다고 생각했으나 안테나를 우주의 어느 곳을 향해도 같은 잡음신호가 잡히는 것을 발견했다. 우주의 모든 곳에서 등방향으로 신호가 오고 있었다. 혹시 가까이 있는 뉴욕시에서 오는 것이 아닌가 하고 조사해 보았으나 그것도 아니었다. 잡음의 다른 원인을 찾을 수 없어서 혹시 안테나 내부의 이물질 때문이 아닐까 의심했다. 안테나 내부에는 박쥐와 비둘기의 똥이 많았다. 그들은 박쥐와 비둘기 똥을 깨끗이 치우고 우주에서 오는 신호를 수신했는데, 여전히 똑같은 잡음이 포착되었다.

두 사람은 물리학자인 로버트 디크(Robert Dicke)에게 자문을 구했고, 그는 그 신호가 빅뱅 이후 우주가 식으면서 내놓은 우주배경복사일 것이라 하였다. 디크는 우주배경복사에 대한 연구를 하고 있었으며 그 전에 다른 과학자들의 연구 결과를 알고 있었다. 결국 두 사람은 관측 결과를 〈Astrophysical Journal〉에 발표하였다. 이것으로 그들은 인류 최초로 빅뱅의 증거인 우주배경복사를 발견한 공로를 차지하게 되었다. 펜지아스와 윌슨은 1978년에 노벨 물리학상을 공동으로 수상하였다. 새똥을 잘 치우고 작은 잡음도 놓치지 않고 그 근원을 찾으려는 노력이 그들이 우주배경복사를 발견한 이유라 할 수 있다.

🎤 예제 6.2 절대 영도는 어떤 의미인가?

풀이

온도가 분자들의 불규칙한 운동에 의한 평균 운동 에너지에 비례하므로, 절대온도에서 분자들은 운동을 멈출까? 그렇지 않다. 절대 영도(absolute zero temperature)에서 계는 가질 수 있는 에너지의 최솟값을 갖는다. 절대 영도를 결정하는 방법 중 하나는 그림 6.7과 같이 부피가 일정한 기체의 압력을 온도에 따라 그려서 결정한다. 밀도가 매우 작은 기체는 이상기체의 상태 방정식($PV = nRT$)을 만족한다. 직선은 실험에서 구한 것이다. 직선을 낮은 온도로 연장해 그리면 기체의 종류와 기체의 처음 상태에 상관없이 모든 직선이 한 점에서 만난다. 음의 온도는 무의미하기 때문에 연

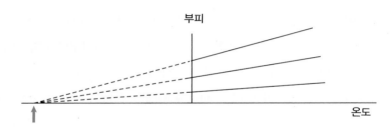

그림 6.7 | 이상기체의 부피 대 온도 그림. 이상기체는 $V = (nR/P)T$ 인 상태 방정식을 따르므로 부피는 온도에 비례한다. 계의 몰수 n과 압력 P 에 따라서 직선의 기울기는 다르지만 직선의 연장선이 한 점으로 수렴하며, 그 수렴하는 점이 절대 영도에 해당한다.

장한 직선이 만나는 점이 가장 낮은 온도에 해당하고, 이 온도를 절대 영도라 부른다.

그런데 절대온도 $T = 0$ K에서 기체의 압력이 0이어야 한다. 19세기의 많은 과학자들은 절대 영도에서 실제로 0이 되는 것은 기체의 부피라고 생각했다. 그러나 부피가 0인 물체는 생각할 수 없으므로 이 생각은 틀린 것이다. 20세기에 들어서 절대 영도에서 실제로 0이 되는 것은 부피가 아니라 계의 에너지임을 발견하였다. 그러나 하이젠베르크의 "불확정성 원리"에 의하면 절대 영도에서 물체의 에너지는 0이 될 수 없고 영점에너지(zero point energy)라 부르는 최소 에너지를 갖게 된다.

6.4 열, 일 그리고 에너지

열은 에너지의 한 형태이다. 과학에서 열의 의미는 우리가 일상생활에서 사용하는 열의 의미와 조금 다르다. 일상생활에서 열은 에너지가 저장된 형태로 사용되는 경우가 많다. "이 물체는 열이 많다"와 같은 표현은 물리적으로 잘못된 표현이다. 열(heat)은 에너지를 전달하는 수단이지 에너지를 저장하는 것은 아니다. 열은 일과 같은 부류에 속하며 열의 크기는 전달된 에너지의 양을 뜻한다. 열이 에너지 저장을 뜻하지 않는다면, 온도가 높은 물체의 에너지는 무엇인가? 그것은 물체가 가지고 있는 알짜 에너지(운동 에너지 + 퍼텐셜 에너지)인 내부 에너지(internal energy)를 뜻한다. 외부로부터 물체에 열이 전달되면 내부 에너지는 증가하고, 반대로 물체에서 외부로 열이 빠져나가면 내부 에너지는 감소한다.

> 열 = 두 물체 사이에 **온도 차이**가 있을 때 전달되는 에너지의 한 형태

내부 에너지의 변화는 열과 일에 의해서 일어난다. 일상생활에서 열이 많다는 말은 사실 내부 에너지가 크다는 말과 같은 의미이다. 물체에 열을 가하면 물체의 온도가 올라간다. 그런데 물체에 열을 가했음에도 온도는 올라가지 않고, 물체의 상태가 변하는 경우가 있다. 예를 들면, 얼음에 열을 가하면 온도는 올라가지 않으면서 얼음이 물로 변한다. 이때 온도는 0°C를 유지하지만 얼음은 물로 변한다. 이와 같이 얼음 상태를 물 상태로 바꾸려면 얼음 상태를 유지하는 물 분자들 사이의 분자 결합을 깨뜨려야 하는데, 이때 열이 필요하다.

> 내부 에너지 = 물체가 가지고 있는 알짜 에너지

열은 온도를 증가시킬 뿐만 아니라, 물체의 상태를 변화시킬 수 있다. 이와 같이 물체의 상을 변화시키는 데 필요한 열을 잠열(latent heat)이라 하는데, 고체가 액체로 변할 때는 액화열이라 하고, 액체가 기체로 바뀔 때는 기화열이라 한다. 그런데 물체의 상을 변화시키는 데 열이 필요하지 않은 상변화도 있다. 이러한 상변화를 연속 상전이(또는 2차 상전이)라고 한다.

예제 6.3 태양에 더 가까운 높은 산으로 올라갔는데 산 위의 온도는 왜 더 낮을까?

풀이

물론 높은 산은 태양에 더 가깝다. 지구와 태양 사이의 거리는 약 1억 5,000만 km 이다. 천문학에서 지구와 태양 사이의 거리를 1 AU(astronomical unit)라 하며, 1 AU는 약 1억 4,959만 7,870 km이다. 산 높이는 10,000 m 이하로써 태양과 지구 사이

의 거리에 비해 무시할 수 있을 정도이므로, 온도에 거의 영향을 주지 않는다. 실제 산에서 공기가 찬 이유는 오히려 기체가 높이 올라갈수록 기체가 팽창하기 때문이다. 위로 올라갈수록 공기의 밀도가 낮으므로, 산봉우리로 올라가는 공기는 주위의 공기에 일을 하면서 팽창한다. 기체가 외부에 일을 하므로 공기의 내부 에너지는 줄어든다. 기체의 내부 에너지는 온도에 비례하므로 내부 에너지가 줄어드는 것은 온도가 내려감을 의미한다.

3장에서 에너지와 일률의 단위에 대해서 알아보았다. 에너지와 일의 단위는 줄 J을 사용한다. 1 J은 1 N의 힘으로 물체를 힘의 방향으로 1 m 이동시켰을 때 힘이 한 일로 정의한다.

$$1 \text{ J} = 1 \text{ N의 힘으로 물체를 1 m 이동할 때 힘이 한 일}$$

앞에서 힘이 일을 하면 물체의 운동 에너지가 변함을 살펴보았다. 일과 에너지의 동일성을 인식한 사람은 제임스 프레스콧 줄(James Prescott Joule, 1818~1889, 영국의 물리학자, 양조업자)이다. 제임스 줄은 어릴 때 형과 함께 존 돌턴에게 개인 교습을 받았는데, 그는 2년 동안 당시 68세였던 돌턴으로부터 산술과 기하학을 배웠다. 줄의 아버지는 양조업자로 상당한 부자였다. 줄의 연구는 전자기에 관한 연구로부터 시작되었는데, 그는 아버지가 양조장을 팔기 전에 양조장에서 매니저 일을 하면서, 양조장의 증기 엔진을 새로운 전기모터로 바꾸는 것에 대한 가능성을 조사하고 연구했다. 그는 증기기관보다 좋은 효율을 가진 전기모터를 만들고 싶어 했지만 성공하지는 못했다.

줄의 전기에 관한 첫 논문은 1838년 존 데이비스의 동료인 윌리엄 스터전(William Sturgeon)이 창간한 전기 연보 학술지에 논문을 기고하면서 시작되었다. 줄은 1840년 실험에서 전류의 발열 작용에 대한 줄의 법칙을 발견하였으며, 1843년에 열의 발생이 장치의 다른 부분에서 온 것이 아니라 도체로부터 발생한 열이라는 내용을 담고 있는 논문을 출판하였다. 이 내용은 열은 생성되거나 사라지지 않는다는 '열소설'에 관한 직접적인 도전이었다. '열소설'은 열이 '열소'라는 물질로 이루어져 있다는 가설로서, 그 당시 명성이 자자했던 앙투안 라부아지에가 소개했던 주장으로 당시 과학계에서 당연하게 받아들여지고 있었다. 라부아지에의 명성에 지배받고 있던 이 주장은 공학 분야에서 연구하던 어린 줄이 힘든 길을 걷게 된 요소이기도 했다.

열의 역학적 일당량 측정

줄은 끈질긴 연구를 통해서 물 1파운드(= 0.453 kg)를 화씨로 1도 올리는데, 필요한 열의 양이 약 838 ft·lbf 임을 발견하였다. 물 1단위를 1°C 올리는 것을 열의 일당량이라 한다. 단위 파운드힘(lbf = pound force)은 과거 영국에서 사용하던 힘의 단위로, 1 lbf는 중력 가속도에서 받는 힘을 의미한다. 즉, 1 lbf = 4.448 N이다. 줄은 이 결과를 1843년 코크에서 비밀리에 열린 영국 과학진흥협회 화학 분야에서 발표하였다.

줄은 일이 열로 전환되는 과정에 관한 역학적 증명을 찾기 시작했다. 구멍난 실린더를 통해 물에 힘을 가함으로써, 그는 유체가 가지는 약간의 점성가열을 측정할 수 있었다. 이 방법을 써서 열의 일당량이 770 ft·lbf/Btu (= 4.14 J/cal)라는 값을 얻었다. 줄은 순수하게 전기적, 역학적으로 얻어진 이 값들이 일이 열로 변하는 현상의 근거라고 생각했다. 1845년 줄은 케임브리지에서 열렸던 British Association Meeting에서 "열의 역학적 동등성에 관하여(On the Mechanical Equivalent of Heat)"라는 논문을 발표하였다. 이 논문이 그의 가장 유명한 발견 내용을 담고 있었다.

줄은 무게를 가진 물체가 떨어지면서 발생한 일로 절연된 물통 안의 바람개비가 돌면서 물의 온도를 증가시키는 실험을 수행했다. 즉, 일이 열로 변환될 수 있음을 보인 것이다. 줄은 이 방법을 써서 열의 일당량이 819 ft·lbf/Btu (= 4.41 J/cal)임을 발견하였다. 1850년에는 더욱 정밀한 실험으로 물의 일당량이 약 772.1 ft·lbf/Btu (= 4.157 J/cal)임을 발견하였으며, 이 값은 20세기에 측정한 값과 비슷하다.

줄의 이름이 들어간 법칙이 두 가지 있다. 하나는 도체에 전류가 흐를 때 생성되는 열에 관한 법칙이고, 다른 하나는 기체가 작은 구멍을 지나면서 팽창할 때 냉각되는 효과에 대한 것이다. 먼저 "줄 효과(Joule effect)"로 알려진 줄의 법칙은 도체에 전류가 흐를 때 생성되는 열에 대해 표현한 물리적인 법칙이다. 줄은 이 법칙을 1840년에 발견하였다. 이 법칙은 줄-렌츠 법칙이라고도 부르는데, 렌츠도 독자적으로 이 법칙을 발견하였다. 전기저항 R에 전류 I를 t시간 동안 흘려줄 때 발생한 열

Q는

$$Q = I^2 Rt$$

이다. 전류와 전기저항은 나중에 다룰 것이다.

두 번째 법칙은 '줄–톰슨 효과(Joule-Thomson effect)'라 한다. 압축한 기체를 단열된 좁은 통로를 통해 빠져나가게 하면, 빠져나가기 전후의 기체의 엔탈피(enthalpy)는 같다. 실제 기체의 경우는 분자 간 상호작용 때문에 기체가 단열 팽창할 때 온도 변화가 생긴다. 이를 줄-톰슨 효과라고 한다. 이 효과는 헬륨 등의 기체 냉각이나 액화, 에어컨이나 냉장고 등 냉매의 냉각에 널리 사용되고 있다. 줄-톰슨 효과의 발견으로 공기를 냉각시켜서 액화시키는 기술이 급격히 발전하여 '저온물리학'이 생겨났다. 20세기 초에 온네스(Heike Kamerlingh Onnes)가 수은에서 초전도 현상을 발견한 것은 이러한 냉각기술이 발전한 덕이었다.

열을 정량적으로 나타내는 단위는 칼로리(calory)이다. 칼로리는 다음과 같이 정의한다.

"1 cal(칼로리)는 물 1 g을 14.5°C에서 15.5°C로
온도 1°C 올리는 데 전달해 주어야 하는 에너지이다"

줄은 물 1 g을 1°C 올리기 위해서 얼마만큼의 일을 해 주어야 하는지를 그림 6.8과 같은 유명한 장치를 이용하여 측정하였다. 그림에서 추가 낙하하는 동안 실이 바람개비를 돌린다. 바람개비와 물과의 마찰 때문에 발생한 열은 물의 온도를 높인다. 물에 대한 열의 일당량 J는

$$W = JQ$$

으로 정의한다. 일과 열이 모두 에너지 단위를 가지므로 J는 단위가 없는 양이다. 현대적 측정에 의하면

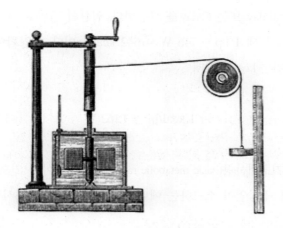

그림 6.8 | 줄의 실험장치. 추가 낙하하면서 바람개비를 돌리는 일은 바람개비와 유체 사이의 마찰에 의한 열로 변하고 물의 온도가 올라간다. 물이 1℃ 올라갈 때 낙하한 추의 높이를 측정하면 물에 대한 열당량을 측정할 수 있다.

$$1 \text{ cal} = 4.184 \text{ J}$$

이다. 따라서 물의 일당량은 $J = 4.184$이다.

일상생활에서 우리는 다양한 에너지와 일률의 단위를 사용한다. 자주 사용하는 단위가 킬로칼로리(kcal)이다. 킬로가 천을 뜻하므로 1 kcal = 4184 J이다. 영양학에서 1 kcal = 1 Cal = 1 C로 나타내기도 한다. 힘이 일을 하거나 열이 다른 에너지로 전환될 때 시간을 고려해야 한다. 단위 시간 동안 한 일을 **일률**(power)이라 한다. 시간 t 동안에 일정한 일 W를 하였다면 일률 P는

$$P = \frac{W}{t}$$

로 쓸 수 있다. 과학에서 일률의 단위는 와트(Watt)를 사용한다. 1초 동안에 1 J의 일을 하였다면 일률은 1 W이다.

$$1 \text{ W} = 1 \frac{\text{J}}{\text{s}}$$

일률의 단위는 다양한 분야에서 사용되는데 생리학에서는 kcal/min을 선호하며,

영양학에서는 kcal/day 또는 C/day를 사용한다. 일률의 단위로 마력(hp, horse power)을 사용하기도 하는데 1 hp = 746 W = 642 kcal/hr이다. 영양학이나 의료에서 흔히 사용하는 단위는 kcal/hr인데

$$1 \text{ kcal/hr} = 1.162 \text{ W}$$

이다. 의학에서 기초대사량(basic metabolic rate)은 사람이 아무 일도 하지 않고 편안히 쉬고 있을 때, 정상인이 소모하는 에너지를 의미한다. 기초대사량의 단위로 Met을 사용하는데

$$1 \text{ Met} = \text{정상적인 사람이 쉬고 있을 때의 에너지 소비율}$$

이다. 정상인의 경우에

$$1 \text{ Met} = 50 \text{ kcal/m}^2\text{hr} = 58 \text{ W/m}^2$$

이다.

인체는 음식으로 섭취한 영양분을 대사작용에 의해서 포도당으로 변환한다. 포도당은 세포 내에서 산소와 결합하여 산화하면서 인체가 사용할 수 있는 에너지로 변환한다. 음식의 산화를 최초로 주장한 사람은 라부아지에(1784년)이다. 사실 음식이 산화하는 것이 아니라 포도당이 산화하는 것이다. 포도당 산화 과정의 화학식은 다음과 같다.

$$C_6H_{12}O_6 + 6O_2 \rightarrow 6H_2O + 6CO_2 + 686 \text{ kcal}$$

포도당 1몰이 산소 6몰과 산화 반응하여 물 6몰, 이산화탄소 6몰 그리고 열 686 kcal를 방출한다. 포도당의 분자량은 180 g이다. 참고로 1몰의 의미는 다음과 같다.

"표준온도(25°C)와 1기압에서 1몰의 기체는 22.4 L의 부피를 차지한다."

사실 1몰이란 표준 상태에서 어떤 원자 또는 분자를 아보가드로 수만큼 모아놓은 것이다. 화학 시간에 배운 원소의 분자량은 그 원소가 1몰일 때 질량을 의미한다. 따라서 탄소의 분자량은 12이며, 탄소 원자 1몰의 질량은 12 g이다. 이는 탄소 원자를 아보가드로 수만큼 모아놓았을 때의 질량에 해당한다. 포도당을 연료라고 생각하면 연료 1 g을 산화시킬 때 사용된 산소와 방출되는 이산화탄소의 양을 구할 수 있다.

- 포도당 1 g에서 발생하는 에너지 = 686 kcal/(180 g) = 3.80 kcal/g
- 산소 1 L당 발생하는 에너지 = 686/(22.4×6) = 5.1 kcal/L
- 연료 1 g당 사용된 산소의 양 = 6×22.4 L/(180 g) = 0.75 L/g
- 연료 1 g당 생산되는 이산화탄소의 양 = 6×22.4 L/(180 g) = 0.75 L/g

생물체나 화학반응에서 호흡지수(R, respiratory quotient)는 반응에 사용된 "산소의 몰"과 생산된 "이산화탄소의 몰" 비로 정의한다.

$$호흡지수(R) = \frac{사용한\ 산소의\ 몰수}{생성된\ 이산화탄소의\ 몰수}$$

따라서 포도당 산화반응의 호흡지수 R = 1이다. 유기 호흡에서 1몰의 포도당 분자가 36몰의 ATP를 생성하며, ATP(adenosine triphosphate, 아데노신 삼인산)는 세포 내에서 에너지를 저장하고 공급하는 고에너지 화합물이다. 포도당이 산화반응에서 발생한 열은 세포의 여러 반응에 직접 쓰이지 않고, ATP를 합성하는 데 일부 사용된다. 1몰의 ATP를 생성하는 데 7.3 kcal가 필요하다. 유기 호흡에서 포도당의 효율 η을 구해 보자. 포도당의 효율은

$$효율 = \frac{ATP\ 생성에\ 사용된\ 에너지}{포도당이\ 산화할\ 때\ 방출한\ 에너지}$$

로 정의한다. 따라서 포도당의 효율은

$$\eta = \frac{36 \times 7.3 \text{ kcal}}{686 \text{ kcal}} \times 100\% = 38\%$$

이다. 세포호흡의 효율은 약 38%이다.

6.5 열팽창

물체의 온도가 올라가면 대부분의 물체는 길이와 부피가 늘어난다. 이와 같이 온도가 올라갈 때 물체의 길이가 늘어나는 것을 선팽창, 부피가 늘어나는 것을 부피팽창이라 하며, 이들을 열팽창이라 한다.

> **대부분의 물질은 열을 가하면 팽창한다.**

물체가 열팽창하는 이유는 온도가 올라가면 물체를 구성하는 이웃한 분자 사이의 거리가 멀어지기 때문이다. 고체의 온도를 녹는점까지 올리면 이웃한 분자들이 멀어져서 고체의 형태를 유지할 수 없게 된다. 선팽창이나 부피팽창은 많은 구조물에 영향을 준다. 여름에는 기온이 많이 상승하기 때문에 물체의 열팽창이 많이 일어난다. 그림 6.9는 다리의 열변형을 방지하기 위해서 교량에 설치한 열이음매로서, 금속 이음매에 틈새를 두어 열팽창이 일어나더라도 교량이 변형되는 것을 방지한다.

그러나 온도가 올라가면 모든 물체가 팽창하는 것은 아니다. 물은 온도가 올라갈 때 수축하는 물질이다. 4°C 이상의 물은 온도가 올라가면 팽창하지만, 4°C 이하의 물은 온도가 내려갈수록 부피가 커진다. 그림 6.10은 물의 부피를 온도의 함수로 나타낸 것이다. 일정한 질량의 물의 온도를 낮추면 4°C에서 부피가 가장 작다. 즉, "밀도 = 질량/부피"이므로 4°C에서 물의 밀도가 가장 크다.

◉ **질문** 물이 얼 때 표면부터 어는 이유를 물의 밀도와 관련지어 생각해 보자.

그림 6.9 | 다리에 설치한 열이음매. 약간의 틈새를 주어 여름철에 다리의 구조물이 팽창하여도 열변형력을 줄일 수 있다.

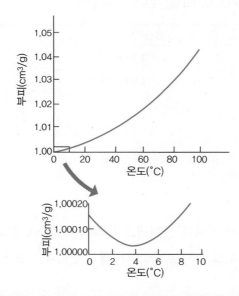

그림 6.10 | 물의 온도에 따른 부피 변화. 온도 0~4℃에서 온도가 증가하면 부피는 줄어든다. 따라서 이 구간에서 온도가 올라갈 때 밀도는 증가하고 4℃에서 밀도가 가장 크다.

예제 6.4 보통 유리컵에 뜨거운 물을 부으면 깨지기 쉽다. 그러나 파이렉스 유리로 만든 유리컵은 뜨거운 물을 부어도 깨지지 않는다. 그 이유는 무엇인가?

풀이

유리컵에 뜨거운 물을 부었을 때 유리컵이 깨지는 이유는 유리컵의 안쪽과 바깥쪽 사이의 온도 차이 때문이다. 안쪽은 뜨거우므로 바깥쪽보다 크게 팽창한다. 따라서 유리컵은 큰 열변형력을 받게 된다. 이 열변형력을 지탱하지 못하면 컵은 깨진다. 유리컵을 깨지지 않게 하려면, 유리의 열전도도가 커서 안과 밖의 온도차를 줄이거나 유리의 선팽창계수를 줄여서 열변형력을 줄이면 된다. 열전도도의 면에서 보통유리는 파이렉스 유리보다 17% 정도 좋다. 그러나 선팽창계수를 보면 보통유리가 파이렉스 유리보다 3배 더 크게 열팽창을 한다. 비록 보통유리가 파이렉스 유리보다 열전도도는 좋지만 선팽창계수가 훨씬 크기 때문에 큰 열변형력을 받게 되어 쉽게 깨진다.

표 6.2 │ 보통유리와 파이렉스 유리의 열전도도와 선팽창계수

종류	열전도도(J/m · ℃)	선팽창계수(/℃)
보통유리	1.32×10^5	9×10^{-6}
파이렉스 유리	1.09×10^5	3×10^{-6}

6.6 열전달

열에 의해서 에너지가 전달되는 과정은 **대류**(convection), **전도**(conductance), **복사**(radiation)의 세 가지로 크게 나눌 수 있다. 열전달 방식을 간단히 설명하면 다음과 같다.

> 대류는 온도가 높은 유체(액체 또는 기체)가 한 곳에서 다른 곳으로 이동하면서 에너지를 운반하는 과정이다. 즉, 물질의 직접적인 이동에 의해서 열이 전달된다. 주전자에 물을 끓이면 불과 직접 접하는 부분의 물이 뜨거워지고, 뜨거운 물은 밀도가 작아지므로 위로 올라가게 되고 위쪽의 차가운 물이 아래로 내려오게 된다. 기상 현상, 해류의 대류 등을 자연대류라 하고, 선풍기, 냉난방기 등에 의한 대류를 강제대류라 한다.

은 젓가락을 뜨거운 국에 담그면 금방 손에 뜨거운 기운이 전달된다. 이러한 현상은 대류와는 달리 직접적인 물질의 이동에 의해서 열이 전달되는 것이 아니라 물질을 통해서 열이 전달되기 때문이다. 이러한 열전달을 전도라고 한다. 온도가 높은 쪽의 물질 내부 분자들의 무질서한 운동이 증가하고, 열적으로 들뜬 분자들이 이웃한 분자들과 충돌하여 이웃한 분자들의 무질서한 운동을 증가시킨다. 이러한 과정이 온도가 낮은 쪽으로 연쇄적으로 발생하면서 열전달이 일어난다.

온도를 가진 물체는 전자기파를 내보낸다. 또한 물체는 외부에서 들어오는 전자기파를 흡수한다. 전자기파를 흡수하면 물체의 온도가 올라간다. 태양 빛을 쬐었을 때 따뜻해지는 이유가 바로 빛(전자기파)의 복사 때문이다.

예제 6.5 은은 열전도도가 좋은 금속인데도 불구하고 보온병 안쪽에는 왜 은 도금을 할까?

풀이

은은 좋은 열전도체이다. 보온병은 그림 6.11과 같이 유리벽 또는 금속벽 사이에 진공층이 있어 열전달을 차단한다. 열의 전도와 대류는 물질의 분자 운동과 관련이 있다. 그런데 진공에는 물질이 없으므로 전도와 대류에 의한 열전달이 일어나지 않는다. 전도와 대류에 의한 열전달이 없더라도 복사에 의한 열전달이 있을 수 있다. 은은 복사 에너지의 방출을 막는다. 그 이유는 무엇일까? 은은 복사선(가시광선, 적외선)을 잘 반사한다. 뜨거운 유체는 대부분 적외선을 방출하는데 은이 적외선을 잘 반사하므로 복사에 의해 열이 빠져나가기 어렵다. 한편 은의 온도가 높아지더라

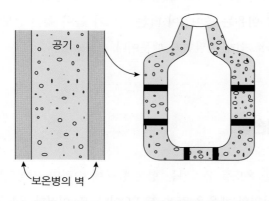

그림 6.11 | 보온병의 내부 구조(오른쪽)와 유리벽 사이의 진공층

도 은 자체가 외부로 전자기파를 방출하는 방출률이 낮기 때문에 또한 열 손실을 더 막을 수 있다.

● **질문** 감자를 구울 때 젓가락을 찔러두면, 왜 빨리 익을까?

● **질문** 마룻바닥은 왜 카펫보다 더 차가울까?

✎ **예제 6.6** 물을 약간 넣은 종이컵을 손집게로 잡고 알코올램프로 가열하면 종이는 타지 않고 종이컵의 물은 끓는다. 그 이유는 무엇일까?

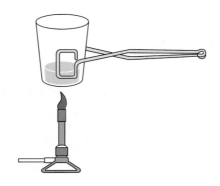

그림 6.12 | 종이컵에 물을 채운 다음 바닥을 가열하면 종이컵을 태우지 않고 물을 끓일 수 있다.

풀이

물을 약간 넣은 종이컵을 손집게로 잡고 촛불이나 버너 위에 올려놓아 보자. 이때 불길이 종이컵의 바닥에만 닿도록 조심하자. 몇 분 후 종이컵은 타지 않은 채 물만 끓게 될 것이다. 그 이유는 종이컵이 타는 온도가 물이 끓는 온도인 100°C보다 높고, 불길의 열을 물로 쉽게 전달하기 때문이다.

6.7 인체의 열손실

인체는 항상 일정한 온도를 유지하는 항온 동물에 속하며, 정상인의 체온은 36.6°C라 한다. 사실 정상인의 체온은 35.8~37.2°C이다. 또 이러한 온도는 인체의 심장과 같은 핵심 부위의 온도이며, 피부의 온도는 약 34°C이다. 인체가 일정한 온도를 유지하기 위한 에너지는 음식으로부터 얻는다. 소화 과정에서 음식에 속해 있는 생물체의 생체 고분자에 축적되어 있던 에너지는 인체 내에서 사용 가능한 형태로 바뀐다. 이런 에너지를 이용하여 인체는 체온을 유지한다.

주변 환경의 온도가 낮으면 체온과 환경 사이의 온도차 때문에 열이 외부로 방출된다. 인체의 온도 조절은 뇌의 "시상하부(hypothalamus)"에서 담당한다. 성인 남성은 하루에 약 2,400 kcal를 섭취한다. 따라서 성인의 열생산율(=일률)은 약 1.7 kcal/min 또는 120 W이다. 물론 이 값은 사람이 아무 일도 하지 않고 편안히 있는 상태에서 소모하는 에너지 양이다. 우리가 가만히 있어도 우리 몸 내부의 장기들이 살아 있기 위해서 에너지를 소비해야 한다. 심장의 박동, 호흡 등의 역학적인 일을 하는 데도 에너지가 쓰인다. 그런데 인체의 에너지 손실 중 가장 큰 부분을 차지하는 것은 복사에 의한 열손실이다. 인체가 체온 항상성을 유지하기 위해서, 몸과 주변 환경 사이의 온도 차이에 비례하는 에너지 손실이 수반된다. 인체가 에너지를 잃는 방법은 복사, 대류, 증발(발한과 호흡에 의한 증발) 세 가지가 대표적이다. 여름에 환경의 온도가 체온보다 높을 때는 복사에 의해서 에너지를 잃을 수 없기 때문에 땀을 흘리는 발한에 의한 에너지 손실이 증가한다. 땀의 물이 수증기로 변할 때 증발열로 열을 빼앗아 가기 때문에 체온을 효과적으로 낮출 수 있다.

온도를 가진 물체는 주변으로 복사로 에너지를 방출하며, 인체도 주변 환경으로 에너지 복사에 의해서 에너지를 잃는다. 주변 환경도 온도를 가지고 있으므로 환경으로부터 우리 몸으로 복사에 의한 에너지를 받는다.

복사에 의한 에너지 손실률 = 인체가 외부로 복사에 의해서 방출하는 에너지
                            − 외부 환경의 복사로부터 받는 에너지

그림 6.13 | 인체의 에너지 손실 방법과 비율. 에너지 손실은 복사 50%, 대류 25%, 증발 21%(호흡에 의한 증발 14%, 발한 7%) 정도이다.

인체의 복사율

공기 온도가 25°C, 피부 온도가 34°C이고, 유효 체표면적이 1.8 m²일 때 복사에 의한 열손실률은 54 kcal/hr이다. 온도 T인 물체가 복사에 의해서 방출하는 총에너지는 슈테판-볼츠만 법칙(Stefan-Boltzmann law)에 의해서 온도의 네제곱에 비례한다.

슈테판–볼츠만 법칙

$$H_r = \epsilon A \sigma T^4$$

A = 표면적 ϵ = 방출률 ($0 < \epsilon \le 1$)

σ = 슈테판–볼츠만 상수 T = 절대온도

인체의 에너지 손실 중에서 복사가 차지하는 비율이 가장 크며, 약 50%를 차지한다. 인체 에너지 손실 비율 중에서 가장 큰 비율을 차지한다.

"에너지 손실의 약 50%는 복사 때문에 일어난다."

대류에 의한 열 손실

우리는 공기에 노출되어 있기 때문에 공기의 온도와 인체의 온도가 다르면 공기가 직접 인체의 에너지를 빼앗아 가며, 대류에 의한 에너지 손실이 생긴다. 공기 온도가 25°C이고, 피부 온도가 34°C이고, 유효 체표면적이 1.8 m²일 때, 복사에 의한 열손실률은 25 kcal/hr이다.

대류에 의한 에너지 손실은 두 번째로 큰 비중을 갖는다. 대류에 의한 인체의 에너지 손실은 약 25%를 차지한다.

"에너지 손실의 약 25%는 대류 때문에 일어난다."

증발에 의한 열 손실

인체의 에너지 손실 중에서 세 번째 요인은 증발에 의한 열 손실이다. 물 1 kg이 100°C에서 기화할 때 기화열은 540 kcal이다. 물이 기화할 때 열이 필요하다. 즉, 인체에서 물이 기화할 때 열을 빼앗아 간다. 평상시에 증발에 의한 열 손실은 복사나

대류에 비해서 작다. 그러나 심한 운동을 하면 땀이 많이 나며 땀이 증발하면서 증발에 의한 손실은 크게 증가한다. 극심한 운동을 할 때 사람은 평균적으로 약 1 L의 땀을 흘린다. 인체가 땀을 흘리지 않더라도 발한(perspiration)에 의한 손실이 있다.

"발한에 의한 손실률은 약 7 kcal/hr이며,
인체 열 손실의 약 7%에 해당한다."

증발에 의한 열 손실은 기도와 폐에서도 발생한다. 건조한 공기를 흡입하더라도 숨을 내쉴 때 수분을 배출한다. 즉, 폐에서 수분이 증발한다. 호흡을 할 때 증발에 의한 열 손실이 발생한다.

"호흡에 의한 총열손실은 약 14%이다."

6.8 열역학 법칙

열 현상은 열역학 법칙의 지배를 받는다. 열역학 법칙 중 중요한 의미를 가지는 제1법칙과 제2법칙을 살펴보자.

> **열역학 제1법칙(에너지 보존법칙)**
>
> 물체의 내부에너지 변화량은 그 물체에 유입된 열에서
> 물체가 외부에 해준 일을 뺀 것과 같다.

열역학 제1법칙을 식으로 쓰면

내부 에너지 변화량 = 물체가 얻거나 잃은 열 − 물체가 얻거나 외부에 한 일

이다. 물체의 내부 에너지는 열과 일에 의해서 다른 에너지의 형태로 바뀔 뿐이지

소멸되거나 생성되지 않는다. 열역학 제1법칙은 "에너지 보존법칙"을 입자가 많은 계에 적용한 것이다. 자연에 공짜가 없듯이, 고립된 계에서 한 에너지가 다른 에너지로 변화할 수 있지만 에너지는 저절로 생겨나거나 소멸되지 않고 항상 일정한 값을 유지한다.

인체를 하나의 계로 생각해 보자. 우리가 음식을 먹으면 에너지열를 얻는다. 반면 피부 등을 통해서 인체는 열을 끊임없이 잃고 있다. 이와 같이 열을 얻으면 내부 에너지는 증가하고, 반대로 열을 잃으면 내부 에너지는 감소한다. 인체가 외부에 일을 하면 인체의 내부 에너지는 감소하며, 반대로 외부에서 일을 얻으면 인체의 내부 에너지는 증가할 것이다. 다체계를 다룰 때 계가 어떤 상태에 있는지 고려해야 한다. 계(system)는 외부 환경(environment)과 구분되는 우리의 관심 대상이다. 외부 환경은 다른 말로 열원(heat bath) 또는 열저장체(heat reservoir)라 부르기도 한다. 열저장체(환경, 열원)는 계의 외부 환경이며, 우리가 고려하고 있는 계보다 아주 큰 시스템을 말한다. 따라서 계에서 열저장체로 입자나 열이 출입하더라도, 열저장체의 온도나 압력은 변함이 없다. 계와 외부 환경 사이에 열과 입자의 교환이 일어나는 것에 따라, 고립계, 닫힌계, 열린계로 구분하며, 인체는 열과 입자를 교환하는 열린계이다.

- 고립계(isolated system): 외부 환경과 계 사이에 열, 입자 등의 교환이 일어나지 않는 계
- 닫힌계(closed system): 외부 환경과 계 사이에 열 교환은 있지만 입자의 교환이 일어나지 않는 계
- 열린계(open system): 외부 환경과 계 사이에 열, 입자 등의 교환이 자유롭게 일어나는 계

인체에서 에너지 보존법칙

인체에 축적된 에너지는 인체의 자연적인 열 손실과 인체가 한 일로 변환된다. 인체가 한 일은 생존해 있기 위해서 필요한 열과 인체가 외부에 하는 일로 나눌 수 있다.

몸에 축적된 에너지 변화 = 열 손실 − 인체가 한 일

$$\Delta U = \Delta Q - \Delta W$$

ΔU = 인체에 저장된 에너지의 변화량

ΔQ = 인체가 잃거나 얻은 열(heat)

ΔW = 인체가 한 일

	양의 값(+)	음의 값(−)
열	인체가 열을 얻음	인체가 열을 잃음
일	인체가 외부에 일을 함	인체가 외부에서 일을 받음

열은 인체와 주위 환경 사이에 온도 차이가 있을 때 생긴다. 주위 환경의 온도가 체온보다 낮으면, 인체는 열을 잃게 되므로 열은 음수 값을 가진다. 물체에 힘을 가해서 물체의 위치가 변했다면 일을 했다고 말한다. 엄격하게 말하면, 물체가 움직인 거리(변위)와 물체가 움직인 방향의 힘 성분의 곱을 일로 정의한다.

열역학 제2법칙(엔트로피 증가의 법칙)
열적으로 고립된 계의 엔트로피는 결코 감소하지 않는다.

열역학 제2법칙은 물리 현상의 방향성(시간의 화살, arrow of time)을 결정한다. 질서화된 에너지(ordered energy)는 (무질서한) 열에너지로 바꾸기 쉬우나, 그 반대의 과정이 저절로 일어나기는 어렵다. 나무가 타면 연기와 재로 변한다. 질서 있는 나무는 무질서한 상태인 연기와 재로 자연스럽게 변한다. 그러나 한 번 흩어진 연기와 재는 다시 원래 상태로 되돌아가지 않는다. 계가 가질 수 있는 상태의 수를 '무질서도'라 한다. 고립계에서 '무질서도'는 절대 감소하지 않는다. 어떤 계의 총 '무질서도'를 계의 엔트로피(entropy)라 한다. 열적으로 고립된 계에서 엔트로피는 항상 증가하거나 변하지 않는다. 즉, 고립된 계에서 엔트로피가 감소하는 경우는 일어나지 않는다. 계가 열려 있으면(열린계) 계의 엔트로피는 감소할 수 있다. 그러나 계와 외부 환경을 합한 전체 계의 엔트로피는 여전히 증가하거나 변함이 없다. 즉, 열린계에서 엔트로피가 감소하면 주위 환경의 엔트로피는 더 빨리 증가한다.

엔트로피 증가의 법칙과 시간의 화살

에너지 보존법칙이나 에너지 변환율은 변환 과정에서 보존되는 양에 관한 정보만 줄 뿐, 에너지 변환이 어느 방향으로 일어날 것인지에 대한 정보를 주지 않는다. 예를 들어, 일정한 열이 체내로 들어오면, 그만큼의 화학적 에너지 또는 일이 생성될 것이다. 즉, 따뜻한 난로 앞에 앉아 있으면 저절로 인체에 에너지가 축적되지 않을까? 사실 이런 일은 일어나지 않는다.

열역학 제2법칙은 열역학 과정이 어느 방향으로 자연스럽게 진행될지를 결정한다. 물 컵에 잉크를 한 방울 떨어뜨리면 시간이 흐르면서 물 컵 전체에 골고루 퍼진다. 한 번 퍼진 잉크가 저절로 다시 한 곳으로 모이는 일은 없다. 잉크가 퍼져서 잉크가 골고루 퍼져 있는 상태가 무질서도가 가장 큰 상태인 엔트로피가 최대인 상태이다. 열역학 제2법칙은 바로 다체계의 물리적 방향성, 즉 시간의 화살(arrow of time)을 결정한다. 열역학 제2법칙은 여러 개의 다른 표현을 가지고 있다.

- 열역학 제2법칙의 다른 표현들
  - 영구기관은 존재하지 않는다.
  - 영구냉동기관은 존재하지 않는다.
  - 열효율이 100%인 열기관은 존재하지 않는다.

시간의 방향

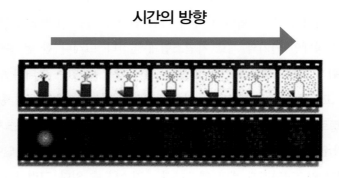

그림 6.14 │ 병에 든 향수는 퍼져나가는 것이 자연스러운 현상이다.
시간의 화살(시간이 증가하는 방향)과 향수가 퍼지는 방향이 같다.

- 카르노 엔진의 효율이 가장 좋다.
- 높은 온도의 열저장체에서 추출한 열을 모두 일로 바꿀 수 없다.
- 낮은 온도의 열저장체에서 열이 저절로 높은 온도의 열저장체로 전달되지 않는다.
- 열은 높은 온도의 열저장체에서 낮은 온도의 열저장체로 자연스럽게 전달된다.

예제 6.7 인체는 매우 조직화된(질서 있는) 계이다. 자연에서 생명체가 출현한 것은 열역학 제2법칙에 위배되는 것이 아닌가?

풀이

그렇지 않다. 이러한 주장은 열역학 제2법칙을 잘못 이해한 결과이다. 인체는 고립된 계가 아니다. 인간은 음식을 먹고, 일을 하고 열을 내놓으며 노폐물을 방출한다. 이와 같이 열과 물질의 출입이 있는 계는 고립된 계가 아니다. 열린계인 인체는 보다 질서 있는 상태가 되었지만 인체를 둘러싸고 있는 외부 환경(지구, 공기)의 엔트로피는 더 많이 증가한다. 따라서 열역학 제2법칙에 위배됨이 없이 생명체가 출현할 수 있는 것이다. 사실 지구 자체도 열린계이다. 지구는 태양으로부터 열과 입자들을 받아들이고, 우주로 열과 입자를 방출하고 있다. 따라서 지구에서 진화 과정이 일어나는 것은 오히려 자연스럽다.

예제 6.8 에어컨의 원리는 무엇인가?

풀이

자연스러운 열 흐름은 뜨거운 물체에서 차가운 물체로 열이 흐르는 것이다. 그러나 에어컨, 냉장고 등은 열을 그림 6.15와 같이 차가운 곳에서 바깥쪽으로 이동시킨다. 열 흐름이 반대이고 더운 바깥 공기로 열을 방출할 때 생성하는 무질서가 차가운 실내 공기를 떠날 때 생성되는 질서보다 작기 때문에 엔트로피는 감소하여 열역학 제2법칙에 위배되는 것처럼 보인다. 그러나 여기서 에어컨의 주요 작동 요소 하나를 빠뜨렸다. 실제로 차가운 온도에서 높은 온도로 열을 퍼내기 위해서는 모터를 돌려서 일을 해야 한다. 즉, 전기 에너지에 의한 전력을 고려하여야 한다. 전력까지 고려

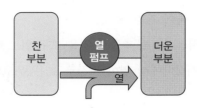

그림 6.15 | 냉장고는 냉장고 내부의 열을 뽑아서 온도가 높은 바깥으로 방출한다. 열은 차가운 부분에서 뜨거운 부분으로 자연스럽게 흐르지 않으므로 전력을 사용하여 열펌프를 가동하여 일을 함으로써 엔트로피를 증가시키므로 열역학 제2법칙을 위배하지 않는다.

하면 에어컨이 작동할 때 전체 엔트로피는 증가한다. 즉, 열역학 제2법칙을 위배하지 않는다. 에어컨의 증발기에서 냉매가 기화되면서 열을 빼앗고, 증발된 기체가 압축기에서 모터의 작동으로 다시 액화되면서 열을 외부로 방출한다. 이 과정이 순환되면서 실내 온도를 떨어뜨린다.

예제 6.9 여름에 냉장고의 문을 열어두면 방 안을 시원하게 할 수 있을까?

풀이

냉장고는 열을 실내로 방출한다. 냉장고 문을 열어두면 냉장고 내부방과 통한의 열을 실내로 퍼내면서 모터에 의한 일이 더해진다. 따라서 냉각 순환 과정에서 전기 에너지가 더해지므로 방 안은 시원해지는 것이 아니라 더워지게 된다. 물론 냉장고

그림 6.16 | 냉장고 문을 열어두면 방 안을 시원하게 할 수 있을까? 문을 여는 순간 일시적으로 시원하지만 시간이 지나면서 방 안의 온도는 더 올라간다.

문을 여는 순간에 냉장고 주변은 순간적으로 시원해지지만, 시간이 지나면 실내의 온도는 결국 올라가게 된다.

영구기관

열역학 제2법칙에 따르면 영구기관은 존재할 수 없다. 열역학 법칙의 의미를 다시 살펴보자. 고립계에서 새로운 에너지를 창조할 수 없다. 즉, 고립계의 에너지는 일정하다(열역학 제1법칙). 열기관의 출력은 입력보다 항상 작다. 출력으로 사용할 수 없는 쓰레기 열(waste heat)을 낮은 온도의 환경으로 버린다. 효율이 가장 좋은 열기관은 카르노 엔진이고, 카르노 엔진이라도 효율은 항상 1보다 작다(열역학 제2법칙). 실제 엔진의 효율은 카르노 엔진의 효율보다 작다(실제 열기관은 비가역적으로 동작한다).

영구기관의 종류

- 제1종 영구기관

  입력 에너지 없이도 일(work)을 생산할 수 있는 기관을 제1종 영구기관이라 한다. 이 영구기관은 열역학 제1법칙을 위배하므로 불가능하다. 무에서 유를 창조할 수 없으며, 자연에 공짜는 없다.

- 제2종 영구기관

  열에너지를 자발적으로 역학적 일로 바꿀 수 있는 기관을 제2종 영구기관이라 한다. 이러한 엔진은 하나의 열저장체에서 작동해야 한다. 보통 열기관은 높은 온도의 열저장체와 낮은 온도의 열저장체 사이에서 동작한다. 그러나 열역학 제2법칙에 의하면 열을 유용한 일로 바꾸기 위해서는 높은 온도의 열저장체와 낮은 온도의 열저장체에서 엔진이 동작해야 하며, 높은 온도의 열저장체에서 추출한 열의 일부만 역학적 일로 바뀌며, 나머지 열(쓰레기 열)은 낮은 온도의 열저장체로 저절로 흘러간다. 제2종 영구기관은 열역학 제2법칙을 위배하므로 불가능하다.

6.9 비평형과 생명

지구의 나이는 약 46억 년쯤이다. 지구는 산소, 질소, 이산화탄소가 탈출할 수 없는 알맞은 크기의 중력을 가지고 있다. 지구의 중력 가속도는 $g = 9.8$ m/s^{2}이고, 지구의 탈출 속도는 약 11 km/s이다. 화성(Mars)은 반지름이 지구 반지름의 0.531배이고, 질량은 지구 질량의 0.107배 정도이다. 화성 표면에서 중력은 0.376 g이고, 탈출 속도는 5 km/s이다. 따라서 화성은 산소나 질소와 같은 기체를 붙잡아 둘 수 없고, 이산화탄소가 대부분인 얇은 대기를 가지고 있다. 지구는 태양까지의 거리가 생명체가 출현할 수 있는 딱 알맞은 거리인 **골디락스 존**(Goldilocks zone)에 위치해 있다. 지구는 생명체가 출현할 수 있는 적당한 온도, 알맞은 대기, 물이 존재한다. 지구는 태양으로부터 끊임없이 빛과 입자를 공급받고 있으며 우주로 전자기파를 내보내고 있어서 **열린계**(open system)이다. 열린계는 생명체와 같은 엔트로피가 낮은 것들이 생성될 수 있는 계이다.

초기 지구 대기의 조성은 지금과 매우 달랐다. 초기 대기는 수증기, 질소, 이산화탄소, 소량의 수소, 일산화탄소(CO), 적은 양의 산소가 있었을 것으로 추정하고 있다. 초기 지구의 대기는 매우 뜨거웠고 두꺼운 구름층으로 덮여 있었다. 지구가 식으면서 수증기는 비가 되어 내렸다. 대기의 가스는 비에 용해되어 바다로 흘러들었다. 초기 지구의 에너지원은 화산 활동으로 발생하는 열, 운석에서 유입된 에너지, 방사선 붕괴로 발생한 열, 번개, 태양의 복사 에너지가 큰 부분을 차지했다.

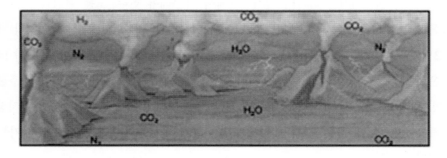

그림 6.17 | 초기 지구의 대기 조성은 현재와 매우 달랐다. 수증기, 질소, 이산화탄소, 소량의 수소, 일산화탄소(CO), 적은 양의 산소가 있었을 것으로 추정하고 있다.

화산 활동과 번개는 원시 지구의 기체들이 서로 반응하여 작은 크기의 유기 화합물들을 형성하는 데 기여하였다. 유기 화합물들이 바다에 축적되어 다양한 유기체 화합물을 포함한 유기체죽(organic soup)이 형성되었다. 작은 크기의 유기 화합물들이 반응하여 더 큰 유기 화합물이 형성되었다. 특히 친수성(물을 선호함)과 소수성(물을 싫어함)을 동시에 가지고 있는 지질(lipid)들은 자기 조립과정(self-organization process)으로 공 모양의 세포막(membrane)을 형성하였는데, 이것이 원시세포(protocell)가 출현하는 데 큰 역할을 하였다.

세포막을 형성하는 지질은 인지질(phospholipid)이다. 인지질은 비극성인 지방산으로 형성된 부분과 친수성인 극성을 가진 인산기로 이루어져 있다. 반면 지질의 일종인 지방은 무극성이다. 원시세포가 발전하여 마침내 유기체가 형성된다. 초창기의 원시 유기체는 혐기성(嫌氣性, anaerobic) 세포였다. 그러다가 어느 순간 광합성을 하는 세포들이 출현하여 산소를 생산하기 시작한다. 광합성을 하는 세포들은 지구 대기에 대량의 산소를 공급하여 대기의 산소가 풍부해진다. 대기의 산소를 활용하는 산소호흡 유기체들이 진화하면서 지구는 진화 과정의 새로운 도약기에 접어든다.

산소는 매우 반응성이 크기 때문에 보통은 해로운 역할을 한다. 예를 들어, 철이 산소에 노출되면 녹이 슬고, 불에 타기 쉬운 물질들은 적절한 조건에서 산소와 격렬히 반응하면 불이 된다. 생명체 내부에서 활성산소는 생화학 반응을 방해하거나 DNA 사슬 가닥을 끊기도 한다. 생명체가 세포 내에서 산소를 유용하게 이용한 것은 진화 과정의 큰 진보였다. 식물이나 동물이 두꺼운 피부를 형성하고 있는 것도 어찌 보면 산소를 차단하기 위한 하나의 보호 수단이라 할 수 있다.

원시세포들은 지질-단백질 세포막(lipid-protein membrane)을 가지고 있었으며 에너지 대사작용(metabolism)을 하였다. 원시세포는 반투과형의 물방울 모양을 하고 있었다. 인지질(phospholipid)은 물이 있는 환경에 놓이면 물방울 모양의 리포좀(liposome)을 자동으로 형성한다. 효소 역할과 유전물질의 역할을 동시에 수행하는 RNA(ribonucleic acid)가 생명 복제를 도왔을 것으로 추측한다. 원시세포들은 영양분을 섭취하여 성장하였다. 초기의 원시세포들은 바다에 존재하는 영양분을 섭취하는 유기 종속생명체(heterotroph)였다. 이 세포들은 진화하여 스스로 먹이를 생성하는 독립 영양생명체(autotroph)로 발전하였다.

지구에 출현한 생명체들은 **자기 복제 시스템**(self-replication system)을 가지고 있다. 유기체의 자기 복제 시스템에는 여러 가지 이론이 있는데 RNA 기원설, 단백질 기원설, DNA(deoxyribonucleic acid) 기원설이 대표적이다. RNA는 아데닌(A, adenine), 구아닌(G, guanine), 시토신(C, cytosine), 우라실(U, uracil) 아미노산이 나선 모양으로 연결된 중합체이다. DNA는 우라실 대신에 티민(T, thymine), 즉 A, G, C, T로 구성된 나선 모양이 중합체이다.

DNA의 구조를 그림 6.18에 나타내었다. DNA 사슬의 폭은 약 2.0 nm이고 길이 방향의 기본 단위의 길이는 약 3.4 nm이다. 그림 6.19는 RNA와 DNA 구조를 비교한 것이다. 두 중합체의 기본 단위는 뉴클레오티드(nucleotide)이다. 뉴클레오티드는 오탄당(pentose sugar), 인(phosphate), 질소 염기(nitrogen base)가 결합한 구조이다. RNA의 오탄당은 리보오스(ribose)이고 DNA의 오탄당은 디옥시리보오스(deoxyribose)이다. RNA는 한 가닥의 사슬 구조이고 DNA는 두 가닥의 사슬 구조를 하고 있다. DNA가 4개의 염기(A, C, G, T)를 암호로 사용하기 때문에 DNA는 4진수로 정보를

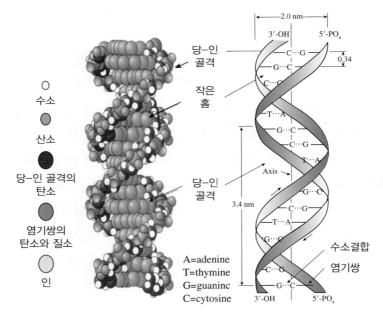

그림 6.18 | DNA의 나선 모양과 구성물질. 두 가닥의 당-인 골격 사이에 A–T, G–C 염기쌍이 수소결합으로 연결되어 있다.

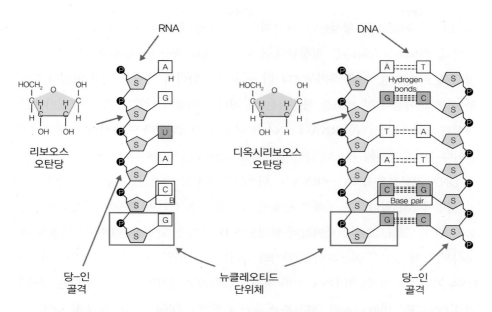

그림 6.19 | 생명체 설계도의 두 기본 단위인 RNA와 DNA를 펼쳐 그린 모습. 뉴클레오티드는 오탄당-인-질소 염기 기본 단위체가 반복된 구조이다. RNA는 리보오스 오탄당이 기본 단위이고 DNA는 디옥시리보오스 오탄당이 기본 단위이다.

표현하고 있다.

생명 기원설에서 RNA 기원설은 생명이 출현하기 위해서 RNA가 먼저 출현하였다는 주장이다. RNA 기원설이 힘은 얻은 이유 중의 하나는 RNA이면서 스스로 촉매(catalysis) 작용을 하는 **리보자임**(ribozyme)이 발견되었기 때문이다. 세포에서 화학반응을 촉진하는 촉매 작용은 대부분 **단백질**(protein, 효소)이 그 역할을 담당한다. 오늘날 몇 종의 바이러스는 RNA를 유전물질로 사용한다. RNA 기원설을 주장하는 과학자들은 40억 년 전의 지구는 RNA 세계(RNA world)라고 주장한다.

시드니 팍스(Sidney W. Fox, 1912~1998, 미국의 생화학자)는 두 전극 사이에 무기분자들을 두고 방전시키면 생명체의 기본 단위인 **아미노산**(amino acid)이 생성됨을 발견하였다. 원시 지구에서 무기물로부터 유기물의 기본 단위가 생성될 수 있는 가능성을 실험실에서 구현한 것이다. 이 발견은 무기물로부터 유기물의 **중합체**(polymer)가 형성될 수 있음을 밝힌 것이다.

얇은 웅덩이에 모여 있던 아미노산들은 태양열을 받아 효소 작용을 하는 프로티노이드(proteinoid)를 형성한다. 프로티노이드가 물에 녹아서 세포의 특성을 갖는 단백질 공(protein sphere)을 형성한다. 중합체인 폴리펩티드(polypeptide)는 효소의 특징을 갖고 있으며, 다른 유기물보다 더 우수한 생화학적 특징을 갖고 있었다. 이러한 선택적 이점이 첫 세포를 형성하는 데 커다란 이점이 되었다. 즉, 단백질이 먼저 생성된 후에 유전물질인 RNA나 DNA가 나중에 생성되었다는 주장이 단백질 기원설이다. DNA 복제에 필요한 물질이 단백질 효소라는 주장이다.

DNA 기원설은 DNA → RNA → 단백질의 순서로 생성되었다는 주장이다. 오늘날 생명체에서 일어나는 생화학 반응을 조절하는 효소인 단백질이 없으면 생명 활동을 할 수 없다. 그런데 단백질의 설계도는 DNA이다. 단백질은 DNA에서 RNA로 복사되고 이 정보를 이용하여 20가지의 아미노산을 연결하여 단백질이 만들어진다. DNA 기원설은 설계도인 DNA가 맨 처음 만들어지고 유기체가 형성되었다는 것이다. 이를 DNA 도그마(dogma)라 한다. 현재 많은 과학자는 DNA 도그마를 믿고 있다.

생명체는 어떤 원소들로 구성되었을까? 아마도 지구에서 가장 풍부한 원소들을 활용하였을 것이다. 그림 6.20은 우주, 지각, 인체를 구성하고 있는 구성 원소의 비율을 나타낸 것이다. 인체의 구성 원소는 우주와 지각의 구성 성분과 비슷하다. 특히 인체는 지각의 구성 성분과 더 흡사하다. 우주에 존재하는 100여 개의 원소 중에서 생명체는 몇 개의 원소를 사용할까? 지구상의 생명체 구성 원소를 조사해 보면 31개(전체의 28%)의 원소만을 사용한다. 그림 6.21은 생명 주기율표를 나타낸 것

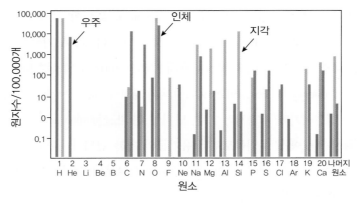

그림 6.20 | 우주, 인체, 지각의 구성 원소 비율. 인체의 구성 원소는 지각의 구성 원소 비율과 흡사하다.

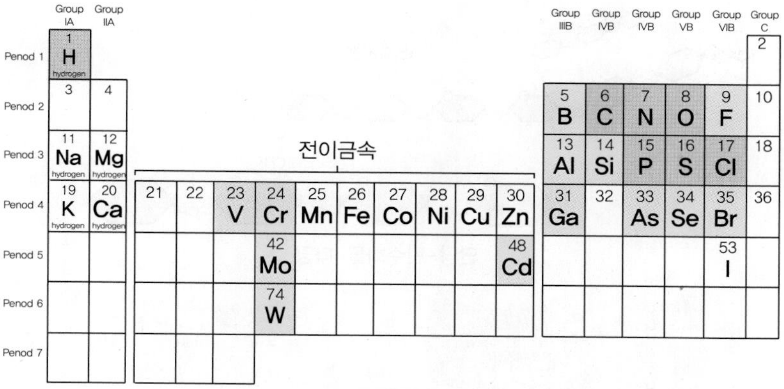

그림 6.21 | 생명 주기율표. 생명에 필요한 원소는 필수원소, 미량원소, 극미량원소로 분류된다.

이다.

인체를 구성하는 원소들은 진화과정의 선택 결과이다. 생명 활동에서 4대 생체 고분자인 탄수화물(carbohydrate), 지질(lipid), 단백질(protein), 핵산(nucleic acid)은 필수원소(essential element)인 C, H, N, O, P, S로 구성되어 있다. 이 필수원소들은 별의 진화 과정에서 수소, 중수소, 삼중수소들이 핵융합하여 더 무거운 원소들이 생성될 때 연쇄 핵융합 반응의 산물들이다. 탄수화물은 육탄당 구조의 글루코오스(glucose)들이 산소를 매개로 염주알처럼 연속해서 연결된 구조를 하고 있다. 그림 6.22의 다당(polysaccharide) 구조는 녹말(starch)의 구조를 나타낸 것이다.

녹말은 식물과 동물에서 글루코오스를 저장하는 형태이다. 지질은 글리세롤(glycerol)과 지방산이 결합하여 형성된다. 지질은 인체에서 다양한 기능을 한다. 지질은 인체의 "에너지 저장", "인체의 열 손실을 막는 단열제", "주요 장기의 충격 완화" 등의 기능을 한다.

단백질은 아미노산들이 결합한 폴리펩티드로 구성되어 있다. 효소(enzyme) 단백질은 생화학 반응을 촉진하는 촉매 역할을 한다. 케라틴 단백질(keratin protein)은 머리카락이나 손톱을 형성한다. 콜라겐(collagen)은 인대, 관절, 뼈, 힘줄을 연결하는 연결조직이 된다. 근육섬유를 형성하는 미오신과 액틴 단백질은 근육의 이완과 수축을 담당한다. 뉴클레오티드(nucleotide)는 세포의 설계도인 DNA를 구성하는 핵심

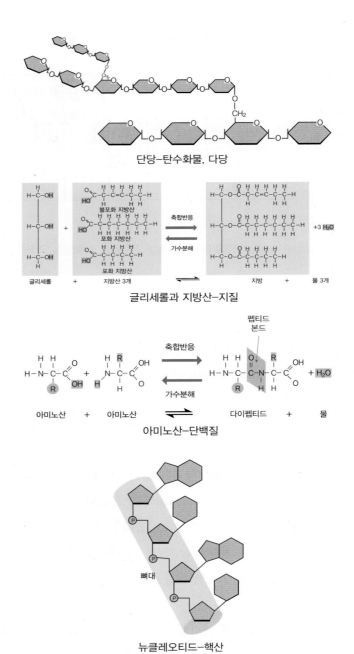

단당-탄수화물, 다당

글리세롤과 지방산-지질

아미노산-단백질

뉴클레오티드-핵산

그림 6.22 │ 유기 화합물을 구성하는 모노머(monomer)와 대응하는 폴리머(polymer)

단위이다. 핵산은 뉴클레오티드들이 연속해서 결합하면서 형성된다. 유전자는 유기체의 성장과 생식에서 핵심적 역할을 한다.

생명체의 92%는 필수원소로 구성되어 있다. 칼슘, 마그네슘, 철, 인 등은 인체를 구성하는 미량원소들이다. 미량원소들은 대부분의 생명체에서 발견된다. 각각의 미량원소들은 생명체에서 이온으로 존재하거나 유기 화합물에서 특별한 역할을 한다. 철 원자는 헤모글로빈 단백질에서 산소를 붙잡아 인체로 공급하는 역할을 한다. 비소(As), 브로민(Br, 브롬), 몰리브덴(Mo) 등은 극미량 원소이다. 극미량 원소는 일부 유기체에서 발견되는 원소들이다.

지구에서 풍부한 원소들과 이 원소들이 특별한 환경에서 자기 조립과정으로 생체 고분자를 형성하여 생명이 진화할 수 있는 환경이 형성되었다. 지구는 열린계이므로 질서 구조를 가진 유기 고분자와 생명체가 발생할 수 있었다. 엔트로피가 줄어든 생명체가 저절로 지구에서 생겨났다. 사실 태양, 지구, 우주의 환경을 모두 포함하는 더 큰 계를 생각하면 전체 계의 엔트로피는 여전히 증가하고 있으므로 열역학 제2법칙을 위배하지 않는다. 자연의 법칙을 거스르지 않으면서 생명이 출현할 수 있는 길이 열린 것이다.

 생활과 과학

7장

진동하는
세상

우리 주위에서 진동, 파동, 음파 등 다양한 형태의 진동과 파동 현상을 목격한다. 진동은 반복적인 운동을 뜻한다. 줄, 관, 막의 진동을 통해서 다양한 음악을 들을 수 있으며, 공기로 전달되는 소리를 통해서 의사소통을 할 수 있다. 전자기파에 의해서 먼 거리의 정보를 전달할 수도 있다. 오늘날 정보 전달 기술은 파동의 변형에 의해서 이루어지고 있다. 사실 진동을 멈추게 하기는 쉽지 않다. 교량 위에 서 있으면 교량이 가볍게 진동하는 것을 느낄 수 있다. 공학적으로도 교량이 진동하는 것이 더 안전하다.

원자나 분자 수준의 작은 크기에서도 진동은 일어난다. 분자들은 주변의 온도에 따라 진동하는 크기가 다르다. 철과 같은 금속이 아주 높은 온도에서 녹는 이유는 철을 구성하고 있는 원자들의 진동이 격심하기 때문이다. 우리가 귀로 소리를 들을 수 있는 것은 다양한 곳에서 발생한 소리가 귀의 막을 진동시키기 때문이다. 고막의 진동은 내이로 전달되어 전정기관과 달팽이관에서 내림프액을 진동시키고 내림프액의 진동은 청각세포에서 전기신호를 발생하게 한다. 이 전기신호가 청신경을 통해 뇌로 전달되어 소리를 인식하게 된다. 이 장에서는 진동, 단순조화 진동, 음파의 전파, 소리 등에 대해 알아보며, 마지막 부분에서는 비선형 진동에서 혼돈 현상을 어떻게 이해할 수 있는지 살펴볼 것이다.

7.1 단순조화 진동

추의 진동, 놀이동산에서 바이킹, 회전목마 등은 일정한 운동을 반복한다. 가장 간단한 진동은 스프링에 물체를 매달아 당겼다 놓으면 물체가 진동하다가 멈추는 것이다. 진동이 멈추는 이유는 마찰에 의한 에너지 손실 때문이다. 만약 마찰이 없다면 진동은 멈추지 않고 계속될 것이다. 실에 물체를 매달고 물체를 옆으로 밀었다 놓으면 추가 진동한다. 이러한 진동은 어떻게 표현할 수 있을까?

"세상에서 가장 간단한 진동은 '단순조화 진동'이다."

단순조화 진동(simple harmonic oscillation)은 일정한 방법과 일정한 간격으로 반복되는 운동을 뜻한다. 마찰이 없는 면에서 스프링에 매달려 진동하는 물체, 작은 각도로 진동하는 진자(단진자, simple pendulum)는 단순조화 진동에 속한다. 이러한 단순조화 진동은 수학적으로 사인 곡선 또는 코사인 곡선으로 나타낼 수 있다.

- 진동(oscillation): 반복되는 운동
- 조화(harmonic): 일정한 간격으로 되풀이
- 단순(simple): 일정한 방법으로 되풀이

그림 7.1은 단순조화 진동하는 물체의 위치를 시간의 함수로 나타낸 것이다. 단진동은 사인이나 코사인과 같은 삼각함수로 나타낼 수 있다. 물체의 위치는 진폭(amplitude) $+A$와 $-A$ 사이에서 사인함수로 진동한다. 물체가 진동하면서 출발한 위치에서 다시 같은 위치로 되돌아오는 데 걸리는 시간을 주기(period) T라 한다.

단순조화 진동을 과학적으로 표현하는 양으로 주기, 진동수, 진폭, 위상 등이 있다.

- 주기: 진동이 한 번 일어나는 데 걸리는 시간
- 진동수(주파수): 단위 시간당 진동의 횟수(1초 동안 반복된 진동의 횟수)
- 진폭: 평형점으로부터 진동의 최대 변위

주기의 단위는 시간(초)이고, 진동수의 단위는 헤르츠(Hz, 1/초 = 1 Hz)이며, 진폭은 길이의 단위를 갖는다. 진동수가 60 Hz란 1초 동안에 똑같은 진동이 60회 반복됨을 의미한다. 우리나라의 발전소에서 송전하는 전기의 전압은 60 Hz의 교류이다.

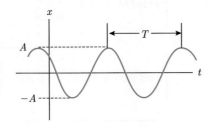

그림 7.1 │ 단순조화 진동은 사인곡선으로 표현할 수 있다. 시간에 따른 변위는 진폭 A로 시간 T의 주기로 진동을 반복한다.

단순조화 진동하는 물체의 진동수는 진동계를 구성하는 물리량에 의해서 결정된다.

"단순조화 진동하는 계의 진동수를 고유 진동수라 한다."

그림 7.2는 단순조화 진동하는 진자와 마찰력이 없는 면에서 진동하는 스프링-물체 단순조화 진동을 나타낸 것이다. 줄에 매단 진자를 작은 각도로 들어 올린 다음 놓으면 진자는 주기적인 운동을 한다. 진동 각도가 작을 때의 진동을 단진동(simple oscillation)이라 한다. 그림 7.2의 왼쪽에 나타낸 그림이 단진동을 나타낸 것이다.

마찰이 없는 면에서 벽에 고정된 탄성 스프링에 연결되어 진동하는 물체는 단순조화 진동한다. 그림 7.2의 오른쪽이 스프링에 매여 진동하는 물체가 단순조화 진동하는 모습을 나타낸다. 스프링을 잡아 늘이지 않으면 스프링은 평형 위치에 있

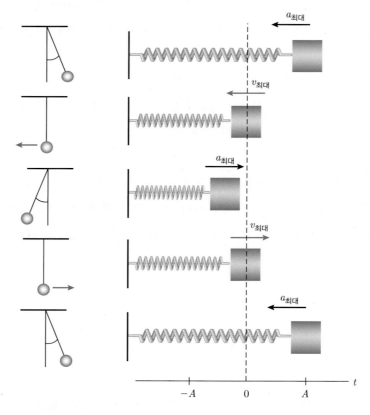

그림 7.2 | 단순조화 진동하는 진자(왼쪽)와 스프링에 매달려 단순조화 진동하는 물체.

다. 스프링에 물체를 매단 다음, 힘 F를 가해서 평형 위치에서 스프링을 x만큼 당기면 스프링은 원래 상태로 되돌아가려는 **복원력**(restoring force)을 받는다. 스프링의 복원력은 $F = -kx$로 표현된다. 여기서 k를 **스프링 상수**(spring constant)라 한다. 스프링의 복원력에 대한 이 표현은 **후크의 법칙**(Hook's law)이라 한다. 복원력에서 부호가 음수인 것은 변위 x가 양수(스프링 늘임)일 때, 스프링을 늘인 방향과 반대 방향으로 힘을 받음을 의미한다. 그런 의미에서 스프링의 힘을 복원력이라 한다. 스프링-물체 단순조화 진동에서 물체의 진동수는 스프링 상수와 물체의 질량에만 의존한다. 이 단순조화 진동의 진동수는

스프링–물체 단순조화 진동의 고유 진동수 f

$$f = \frac{1}{2\pi} \sqrt{\frac{\text{스프링 상수}}{\text{물체의 질량}}}$$

이다. 스프링 상수가 커지면 진동수가 증가한다. 물체의 질량이 커지면 진동하기 어렵기 때문에 진동수는 작아진다. 한편 단진자의 고유 진동수는 추를 매단 줄의 길이와 진자가 놓여 있는 곳의 중력 가속도의 크기만의 함수로 주어진다. 단진동의 진동수는

단진자(실에 매달린 추)의 고유 진동수 f

$$f = \frac{1}{2\pi} \sqrt{\frac{\text{중력 가속도}}{\text{실의 길이}}}$$

이다. 실의 길이가 길면 진동수는 줄어든다. 중력 가속도가 증가하면 단진자의 진동수도 증가한다. 단진자의 진동수가 실에 매단 진자의 질량에 무관한 것이 흥미롭다. 줄의 길이가 같다면, 진자의 질량에 상관없이 진동 진동수 또는 주기는 서로 같다. 단진자의 진동수는 중력 가속도에 의존하기 때문에 줄의 길이가 같은 단진자라고 하여도 지구 위에서 진동수와 달에서 진동수는 서로 다르다. 달은 지구보다 중

력 가속도가 작기 때문에 진동수가 더 작다.

외부에서 진동계를 강제로 진동시킬 때 외부 구동 진동수가 계의 고유 진동수와 같아지면 진동의 진폭이 매우 커진다. 이러한 현상을 **공명**(resonance, 공진, 껴울림)이라 한다. 그네를 밀어줄 때 그네의 주기와 밀어주는 주기가 일치하면 그네를 더 높이 흔들 수 있다.

● **질문** 마찰을 무시할 때 스프링-물체 또는 단진자에서 단순조화 진동을 유지하는 원동력은 무엇인가?

7.2 진동이 인체에 미치는 영향

공명 현상은 다양한 곳에서 영향을 준다. 자동차를 운전하다 보면 민감한 사람은 자동차의 진동을 느낄 수 있다. 보통 자동차는 8 Hz 이하의 느린 진동을 한다. 20 Hz 이하의 진동이나 저음파는 인체에 피로감과 불편감을 일으킨다. 자동차의 진동이나 배를 탔을 때의 진동은 멀미의 요인이 된다. 인체의 많은 장기는 그 장기의 고유한 진동수를 가지고 있다. 자동차나 배의 진동과 같은 외부 진동이 인체의 각종 장기와 공명을 일으키면 사람에 따라서 매우 불편한 느낌을 갖게 된다.

그림 7.3은 인체 주요 부위의 고유 진동수를 나타낸다. 두통은 13~20 Hz 사이에서 생긴다. 복통은 4.5~10 Hz 사이에서 발생할 수 있다. 진동수 1~3 Hz의 느린 진동은 호흡에 고통을 준다. 외부의 진동이 저주파의 진동을 하게 되면 외부의 진동과 인체 장기의 고유 진동수가 서로 일치하여 공명 현상을 일으키고 그로 인해 사람은 불편감을 느끼게 된다.

🖋 **예제 7.1** 진자(pendulum)는 단순조화 진동하는가?

풀이

단진자(simple pendulum)의 진동은 조화함수(사인함수)로 나타낼 수 있다. 단진자의 진동 방정식은 스프링-물체 단순조화 진동과 같은 모습으로 표현되므로 단진자는 단순

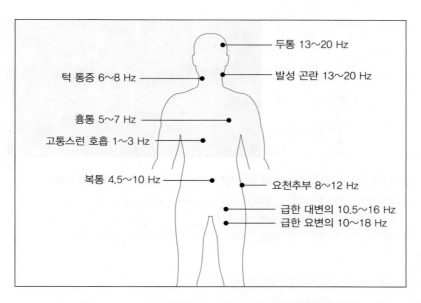

그림 7.3 | 인체 주요 장기의 고유 진동수. 대개 20 Hz 이하의 진동수를 가지고 있다. 외부의 진동이 20 Hz 이하이면 인체와 외부 진동이 공명을 일으켜 불편감을 준다.

조화 진동한다. 그러나 진자(진자와 단진자를 구별해야 함)의 진동은 엄밀한 의미에서 단순조화 진동하지 않는다. 진자가 진동할 때, 진동 각도가 매우 작을 때 복원력은 후크의 법칙과 같은 운동 방정식을 따른다. 매우 작은 각도로 진동하는 진자는 단순조화 진동이고 그림 7.4와 같이 매우 큰 각도로 진동할 때는 단순조화 진동이 아니다.

그림에서 장력은 $T = mg\cos\theta$이고, 중력의 접선 방향 성분이 복원력이며, 복원력은 $F_r = -mg\sin\theta$이다. 진동 각도가 아주 작을 때 $\sin\theta \approx \theta$이고, 복원력은 $F_r \approx -mg\theta$이므로, 복원력이 후크의 법칙과 같은 모양이다. 단진동의 진동 주기는 진동의 진폭과 무관하다. 단순조화 진동에서 벗어나면 진동 주기는 진폭에 의존한다.

예제 7.2 1940년 미국 워싱턴주 타코마(Tacoma) 협곡의 현수교가 다리를 가로지르는 세찬 바람에 의해서 큰 진폭으로 진동하다 무너졌다. 타코마 다리(Tacoma bridge)의 붕괴 원인은 무엇인가?

풀이

미국 워싱턴주 타코마에 건설된 타코마 다리는 협곡을 가로질러 건설된 현수교이

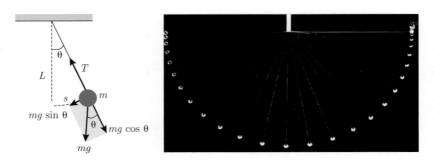

그림 7.4 | 줄의 길이 L인 진자가 받는 힘과 힘의 분해(왼쪽)와 큰 각도로 진동하는 진자 모습(오른쪽). 줄에 작용하는 장력은 T이고, 질량 m인 물체가 받는 힘은 중력 mg이다. 중력을 줄 방향 성분과 수직한 성분으로 분해하면 장력은 중력의 반지름 방향 성분 $mg \cos \theta$와 비긴다. 중력의 접선 방향 성분은 $mg \sin \theta$이고, 이 힘 성분이 복원력이다.

고, 1940년 3월에 완공되어 개통한 지 4개월 후인 1940년 7월에 붕괴되었다. 타코마 현수교는 풍압을 정하중(static load)으로 가정하였을 때 풍속 53 m/s에 견딜 수 있도록 설계되었다. 그러나 다리가 붕괴되던 날 풍속은 19 m/s로 그다지 강하지 않았다. 이 사고는 현수교를 설계할 때 동적 하중(dynamic load)의 중요성을 부각시키고 있다.

타코마 다리의 붕괴를 설명할 때는 공명이 주요한 원인으로 꼽힌다. 바람이 다리를 가로질러 불면 공기의 요동이 다리를 가로질러 다리가 깃발에 나부끼듯이 펄럭거린다. 다리가 붕괴되던 날 바람에 의한 진동이 다리의 비틀림 고유 진동수와 일

그림 7.5 | 1940년 완공된 타코마 현수교는 견딜 수 있는 최대 풍속보다 훨씬 작은 바람에 무너졌다. 현수교의 진동 진폭이 점점 커지자 다리의 비틀어짐이 커졌고, 너무 큰 비틀림 진동은 결국 다리를 무너뜨렸다.

치하여 공명이 일어났고, 진동 진폭이 다리가 견딜 수 있는 한계를 넘어서자 다리가 붕괴하였다는 것이다. 최근에는 다리가 붕괴된 원인이 공명이라는 설명은 너무 단순한 생각이며, 오히려 다리가 비선형적으로 흔들리는 혼돈적(chaotic) 운동에 의해서 붕괴되었다는 주장이 제기되고 있다.

실제 타코마 다리의 붕괴 모형에서 공명은 붕괴 원인의 단지 20%에 불과하다는 연구결과가 발표되었다. 현재는 타코마 다리의 붕괴 원인이 공명과 비선형적 진동의 복합적인 결과일 것으로 추정하고 있다.

7.3 파동

팽팽한 줄을 퉁기면 파가 형성되어 줄을 따라서 진행한다. 고요한 호수에서 수면을 손으로 위아래로 진동시키면 수면파가 발생하여 수면을 따라서 진행하는 것을 볼 수 있다. 이렇게 진행하는 파를 **진행파**(traveling wave)라 한다. 그림 7.6은 수면에서 퍼져나가는 수면파의 파동 모양을 나타낸 것이다. 수면파는 밖으로 퍼져나가며, 시간에 따라 움직인다. 수면파에서 위로 볼록한 최고점을 **마루**라 하고 가장 아래로 꺼져 있는 곳을 **골**이라 한다. 파동은 골과 마루가 주기적으로 반복되어 있다.

파동은 진행할 때 **에너지**를 전달한다. 진행하는 파동은 입자의 질량을 전달하지 않는다. 그림 7.7은 줄의 한쪽 끝을 벽에 고정한 후 팽팽하게 잡아당긴 다음 반대쪽 끝

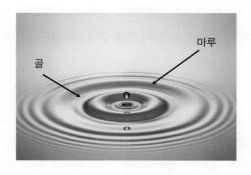

그림 7.6 | 물 위에 떨어진 물방울에 의해서 형성된 진행파의 모습. 파동은 사방으로 파형을 이루면서 전파한다. 움푹 들어간 곳이 골이고 볼록 나온 곳이 마루이다.

275

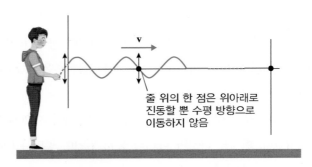

줄 위의 한 점은 위아래로
진동할 뿐 수평 방향으로
이동하지 않음

그림 7.7 | 줄의 한 끝은 벽에 고정하고 팽팽하게 한 다음, 위아래로 흔들면 줄에 진행파가 형성된다. 줄 위의 한 지점은 진행파가 전파할 때 위아래로 진동할 뿐 줄을 따라서 이동하지는 않는다.

에서 줄을 위아래로 진동하면 줄에 진행파가 형성되어 오른쪽으로 진행하는 모습을 나타낸 것이다. 줄에 형성된 진행파는 일정한 속력 v로 오른쪽으로 진행한다. 줄 위의 한 지점을 관찰해 보면 줄 위의 점은 진행파가 오른쪽으로 진행할 때 위아래로 진동할 뿐 진행파를 따라 오른쪽으로 이동하지는 않는다. 파가 진행할 때 입자의 이동은 없고 다만 진동이 진행할 뿐이다. 입자가 진동하면 움직일 때 운동 에너지와 줄이 원래 상태로 복원될 때 탄성 위치 에너지가 있기 때문에 에너지가 전달된다.

파동은 파의 진동 방향과 전파 방향에 따라 <u>종파</u>(가로파)와 <u>횡파</u>(세로파)로 나눈다. 세로파는 진동 방향과 파의 진행 방향이 서로 수직인 파이고, 가로파는 파의 진동 방향과 파의 진행 방향이 나란한 파이다. 그림 7.7과 같이 줄에 형성된 진행파는 대표적인 횡파이다. 파동의 진행 방향은 오른쪽이고, 줄 위 입자들의 진동 방향은 파가 진행하는 방향에 수직하게 진동한다. 진행파의 모습이 사인함수와 같은 삼각함수로 표현될 때 파의 속력은 파장과 진동수의 곱에 비례한다.

$$파의 속력 = (파의 진동수)(파의 파장)$$

그림 7.8은 x축을 따라 진행하는 횡파의 모양을 어떤 순간에 포착하여 나타낸 것이다. 그림에서 같은 높이의 점이 다시 같은 높이로 되돌아올 때의 거리를 파장이라 한다. 또는 파의 마루와 마루 사이의 거리를 '파장'이라 한다. 진동파의 최대

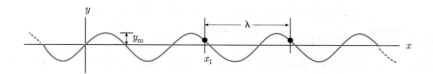

그림 7.8 | x축을 따라 진행하는 횡파의 진행 모습을 어떤 시간 t에 표현한 그림. 파동의 모양은 x에 대해서 사인함수로 나타낼 수 있다.

변위를 진폭 y_m으로 나타내었다.

횡파에서 줄 위의 한 점이 진동하여 다시 제자리로 되돌아오는 데 걸리는 시간

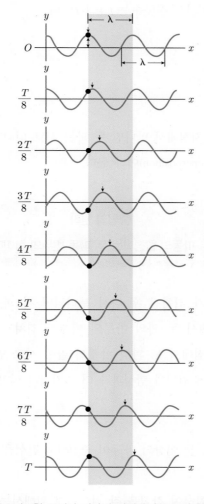

그림 7.9 | 횡파의 진동 모습. 한 주기가 지나면 진행파의 모습이 원래 모습과 같아진다.

인 파의 주기를 T라 하고 주기의 역수를 진동수라 한다. 진행하는 파의 속력은 파장과 진동수의 곱과 같다.

그림 7.9는 진행하는 횡파의 파형 변화 모습을 $T/8$초 간격으로 그린 것이다. 시간 0초일 때 파동의 순간적인 모습은 코사인함수와 같다. 진행파가 오른쪽으로 진행할 때 마루에 있던 줄 위의 검은색 점은 아래쪽으로 진동한다. 시간 0초일 때 최고점의 위치를 화살표로 나타내었다. 시간이 지나면서 최고점은 오른쪽으로 이동한다. 한 주기 T가 지나면, 검은색 점은 한 번의 왕복운동을 한 후 원래 위치로 되돌아온다. 이때 화살표는 파장만큼 오른쪽으로 이동해 있다. 따라서 파동의 이동속도는 $v = \lambda/T = \lambda f$이다. 여기서 진동수는 $f = 1/T$이다.

7.4 정상파

2개 이상의 파동이 한 지점에서 만나면 두 파는 서로 더해진다. 이와 같이 두 파가 합쳐지는 현상을 **중첩**(superposition)이라 한다.

중첩의 원리

두 파동의 합성파는 두 파동 변위의 합이다.

같은 모양의 두 파가 겹쳐진 후 다시 분리되면 각 파동은 원래 모습을 그대로 유지한다. 한 지점에서 두 파의 마루와 마루가 겹쳐지면 합쳐진 파의 마루는 더 커진다. 만약 한 지점에서 두 파의 마루와 골이 서로 만나면 합성파는 약해진다. 이와 같이 두 파가 중첩되어 합성파가 더 커지거나 약해지는 현상을 파의 **간섭**(interference)이라 한다.

- **결맞음**(coherence): 둘 이상의 파동이 중첩되어 간섭을 잘 일으키는 정도

2개 이상의 파동이 중첩하여 간섭을 잘 일으키기 위해서는 파동의 진동수와 파장

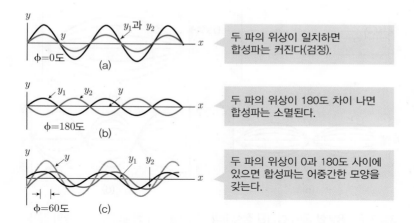

두 파의 위상이 일치하면
합성파는 커진다(검정).

두 파의 위상이 180도 차이 나면
합성파는 소멸된다.

두 파의 위상이 0과 180도 사이에
있으면 합성파는 어중간한 모양을
갖는다.

그림 7.10 | 두 파가 중첩한 모습. 결맞는 두 파가 서로 어긋난 정도는 위상차 ϕ로 나타낼 수 있다. (a) 위상차가 없는 두 결맞는 파가 중첩하면 보강간섭이 일어나서 합성파는 진폭이 2배 커진다. (b) 반대로 위상차가 180도인 두 파가 간섭하면 소멸간섭하여 진폭이 0이 된다. (c) 위상차가 60도일 때 두 파의 합성파 모습

이 같아야 한다. 파동의 진폭이 같으면 중첩된 파동을 쉽게 더할 수 있다.

두 파동의 모양이 똑같고 단지 서로 반대로 진행하는 파가 서로 겹쳐져서 중첩하여 생긴 파는 **정상파**(또는 정지파, standing wave)를 형성한다.

줄로 정상파를 쉽게 만들 수 있다. 양 끝이 고정된 줄 또는 한 끝은 고정되어 있고 반대쪽 끝을 손으로 잡고 흔들 때 정상파가 형성되는 것을 볼 수 있다. 그림 7.11과 같이 정상파에서 줄의 움직이지 않고 정지된 부분을 **마디**(node)라 하고, 줄이 최대로 진동하는 부분을 **마루**(anti-node)라 한다.

줄에서 정상파가 형성될 때 마디의 수는 줄의 길이와 정상파 파동의 파장 길이

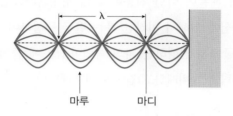

마루   마디

그림 7.11 | 줄에 형성된 정상파의 모습. 진행파와 그 진행파의 반사파가 서로 중첩하여 정상파가 생성된다.

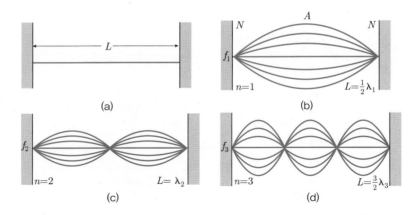

그림 7.12 | 팽팽한 줄에 형성된 정상파의 모습. (a) 파가 형성되기 전의 줄의 길이는 L이다. (b) 고유 진동, (c) $n = 2$인 조화파, (d) $n = 3$인 조화파

에 의해서 결정된다. 정상파의 파장 길이는 줄의 길이, 줄의 장력에 의해서 결정된다. 양 끝이 고정된 줄에서(예를 들면, 기타 줄, 피아노 줄) 양 끝은 항상 마디가 된다. 관악기는 관의 끝이 열려 있는 것과 막혀 있는 것에 따라서 정상파의 파장 길이가 다르다. 다양한 현악기 및 관악기에서 고유한 진동수의 소리가 나는 것은 줄과 관에서 발생하는 정상파에 의해서 소리가 발생하기 때문이다. 줄과 관에서 생기는 정상파 중에서 진동수가 가장 작은(파장이 가장 긴) 정상파를 **고유 진동**(기본 진동, 어울림 진동, fundamental mode or first harmonic)이라 부른다.

그림 7.12(b)에서 볼 수 있듯이 고유 진동의 파장길이는 $\lambda_1 = 2L$이다. 정상파의 속력이 $v = f_1\lambda_1$이므로 고유 진동수는 다음 식과 같이 주어진다. 줄의 길이가 고정되어 있으면, 그 줄에서 발생할 수 있는 정상파들은 고유 진동수의 정수배에 해당하는 진동만이 가능하다. 고유 진동의 정수배인 진동을 **배음**(화음, overtone)이라 한다. 사실 고유 진동과 배음이 아닌 진동이 줄에 형성되더라도 줄에서 생긴 진행파와 반사파 사이의 중첩에 의해서 이러한 파는 결국 중첩하여 사라지게 된다. 양 끝이 고정된 길이 L인 줄에서 진행하는 파의 속력이 v일 때 줄에 형성된 정상파의 고유 진동수는 파의 속력에는 비례하고 길이에 반비례한다.

양 끝이 고정된 줄에서 고유 진동수

$$f_1 = \frac{v}{2L}$$

v = 줄에서 파의 속력
L = 줄의 길이

고유 진동의 배음에 해당하는 진동수

$$f_n = \frac{v}{\lambda_n} = n\,\frac{v}{2L}$$

$n = 1, 2, 3, 4 \cdots$이다.

그림 7.13은 관악기에서 발생한 소리를 **푸리에 변환**(Fourier transformation)하여 진동수에 따른 소리의 세기(진폭)를 나타낸 **스펙트럼**(spectrum)이다. 핸드폰에서 스펙트럼 애널라이저 또는 소리 스펙트럼으로 키워드 검색하면 다양한 무료 앱을 볼 수 있다. 실제 악기에서 나는 소리에 대한 스펙트럼 분석을 해 보면 그림 7.13과 비슷한 모양을 볼 수 있다. 그림 7.13은 관악기인 플루트(flute)와 클라리넷(clarinet)의 스펙트

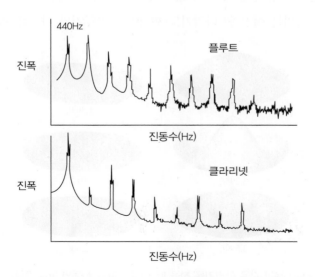

그림 7.13 | 관악기인 플루트와 클라리넷에서 발생하는 기본 진동과 배음의 스펙트럼. 고유 진동수 440 Hz와 그 배음들이 발생하는 것을 볼 수 있다. 악기의 구조 때문에 고유 진동과 배음 세기에 상대적 차이가 나타난다.

럼을 나타낸 것이다. 세로축의 진폭은 상대적 세기를 나타낸 것이다. 관악기는 악기의 끝이 막혀 있는 것과 열려 있는 구조에 따라서 마디와 배의 형성 모양이 다르다. 보통 막힌 끝이 마디가 되고 열린 끝이 진동의 배가 된다. 그림 7.13에서 플루트의 고유 진동수는 f_1 = 440 Hz이다. 이 고유 진동의 정수배인 곳에서 화음이 생기는 것을 볼 수 있는데, 높은 화음의 소리는 세기가 점점 줄어드는 것을 볼 수 있다. 즉, 높은 화음인 경우 강한 소리를 내기 어렵다는 뜻이다. 화음 세기의 상대적 차이가 나타나는데 이는 악기의 구조와 재질에 따른 고유한 특징이다. 악기를 불었을 때 기본 진동과 화음이 동시에 발생한다. 화음의 세기 차이가 **음색**(tone)이다. 악기마다 고유 진동수와 음색이 다르기 때문에 우리는 다양한 음악을 즐길 수 있는 것이다.

● **질문** 양 끝이 고정된 줄에서 생기는 정상파의 고유 진동수는 줄의 길이와 어떤 관계가 있을까?

● **질문** 왜 현이 긴 악기들은 저음을 낼까?

  현악기의 화음은 줄의 고유 진동과 배음으로 이해할 수 있고, 관악기는 악기의 통에서 형성된 음파의 정상파로써 고유 진동과 화음을 이해할 수 있다. 그러면 그림 7.14와 같은 타악기는 어떨까? 타악기도 현악기나 관악기와 비슷하지만 면 또는 막

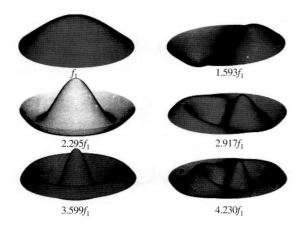

f_1

$1.593f_1$

$2.295f_1$

$2.917f_1$

$3.599f_1$

$4.230f_1$

그림 7.14 | 북과 같은 타악기를 쳤을 때 형성된 고유 진동의 모습. 면이 진동하는 타악기는 북의 테두리가 마디가 된다. 화음은 기본 진동의 정수배가 아니라 실수배이다.

이 진동한다는 차이점이 있다. 그림 7.14는 북의 막이 진동하는 모습을 나타낸 것이다. 막의 테두리가 고정된 북과 같은 타악기인 경우에 막이 고정된 테두리가 정상파의 마디가 된다. 마디가 한 점이 아니라 테두리 원의 원주가 모두 마디가 된다.

그림 7.14에서 f_1이 북의 고유 진동이다. 2차원 막이 진동할 때 배음의 특징은 줄이나 관악기와는 달리 배음이 고유 진동의 실수(real number) 배라는 것이다. 타악기의 배음은 막의 구조와 모양에 따라서 달라질 것이다. 따라서 타악기의 화음과 음색은 타악기를 만드는 장인의 손끝에서 나온다고 해도 과언이 아니다.

🖊 **예제 7.3** 기타 줄 받침대의 간격은 왜 일정하지 않은가?

풀이

기타 줄의 받침대는 기본 진동수를 갖는 정상파가 생기도록 위치가 정해져 있다. 받침대가 동일한 간격이 아닌 이유는 다음과 같다.

- 정상파의 기본 진동수가 기타 줄의 길이에 역비례하기 때문이다.
- 음악적인 이유 때문이다. 현재 사용하고 있는 서양 음계의 옥타브는 진동수의 비로 결정되어 있다. 각 옥타브의 비는 2이다. 즉, 높은 도가 낮은 도보다 진동수가 2배 크다. 한 옥타브에는 반음이 12개 있으며 각 반음의 진동수의 비는 2의 12제곱근($2^{1/12}$)이다.

서양 음계에서 평균율(equal temperament)은 두 반음 사이의 주파수 비를 일정하게 유지하는 것이다. 이웃한 반음 사이의 주파수 비를 $f_{i+1}/f_i = a$라 하자. 서양 음계에서 한 옥타브(octave) 사이에는 반음이 12개 존재한다. 다음 표 7.1은 4옥타브 라(A4) 음에서 한 옥타브 높은 라(A5) 사이의 음계를 나타낸 것이다. 오보에의 라(A)는

표 7.1 | 서양 음계에서 한 옥타브 사이에 12개의 반음이 존재한다. 4옥타브의 라(A4)는 연주의 기준음이고 주파수는 440 Hz이다.

음계	f_1	f_2	f_3	f_4	f_5	f_6	f_7	f_8	f_9	f_{10}	f_{11}	f_{12}	f_{13}
	라A	라A#	시B	도C	도C#	레D	레D#	미E	파F	파F#	솔G	솔G#	라A
주파수	440	466	494	523	554	587	622	659	698	740	784	831	880

약 440 Hz에 해당하고 오케스트라가 음을 맞출 때 기준음으로 삼는다.

한 옥타브 사이의 진동수 비는 $f_{13}/f_1 = 2$이다. 즉, 한 옥타브 사이의 주파수비는 2배이다. 4옥타브 라(A4)는 주파수가 440 Hz이고 5옥타브 라(A5)의 주파수는 880 Hz이다. 표 7.1에서 보듯이

$$\frac{f_2}{f_1} \frac{f_3}{f_2} \cdots \frac{f_{13}}{f_{12}} = a \times a \cdots \times a = a^{12} = 2$$

이다. 따라서 인접한 반음 사이의 주파수 비는 $a = \sqrt[12]{2} = 1.0595\cdots$이다.

예제 7.4 색소폰이나 트럼펫과 같은 관악기를 연주할 때, 온도가 올라가면 음의 진동수가 증가한다. 그러나 기타와 같은 현악기는 온도가 올라가면 오히려 진동수가 줄어든다. 그 이유는 무엇인가?

풀이

관악기에서 진동수는 악기의 공명관에서 생기는 정상파에 의한 소리의 파동에 의해 발생한다. 이때 진동은 관 안의 공기의 진동에 의해서 형성된다. 공기의 온도가 올라가면 소리의 속력이 증가하여 정상파의 진동수가 증가한다. 즉, 관악기에서 정상파의 진동수는 음파의 속력에 비례하고, 관의 길이에 역비례한다. 한편, 현악기의 경우 정상파의 진동수는 현의 장력의 제곱근에 비례한다. 그런데 온도가 올라가면 장력이 줄어든다(줄이 처진다). 따라서 정상파의 진동수가 줄어든다.

예제 7.5 바닷물에 떠 있는 물체는 파도에 따라 위아래로 까딱거린다. 따라서 파도는 횡파가 아닌가?

풀이

파장이 짧은 잔물결은 수면을 평평하게 하려는 표면장력이 복원력 역할을 한다. 그러나 파장이 긴 파도는 중력이 복원력 역할을 한다. 수면에서 위아래로 출렁이는 물체를 살펴보면 물체가 물 분자와 함께 원운동을 한다. 바닷물의 표면은 가로운동과 세로운동이 결합하여 원운동을 한다. 원의 반지름은 수면 파동의 진폭의 크기와 같다. 따라서 파도는 순수한 횡파라 할 수 없다.

7.5 음파

음파는 기체, 액체, 고체의 매질을 통해서 전달된다. 음파는 매질에서 압력 변화에 의해서 발생한다. 그림 7.15와 같이 피스톤을 좌우로 진동시키면 공기 입자의 밀도로 인해(입자의 밀도가 작은 곳의 압력이 낮다) 진동이 발생하면서 음파가 전파된다. 압력이 큰 곳에서 밀도가 증가하고 압력이 낮은 곳의 공기 밀도는 작다. 밀도 차가 발생하면 복원력에 의해서 공기가 진동한다. 즉, 압력이 시간과 공간에 따라서 변하며 전달된다. 따라서 음파를 압력파라 부르기도 한다.

실온의 공기에서 음파의 전달 속력은, 음파의 속력 = 345 m/s이다. 온도가 높아지면 음파의 속력은(공기 중에서) 비례해서 커진다.

$$\text{음파의 속력} = (331 + 0.6\,T)\,\text{m/s}$$

여기서 T는 공기의 온도이며, 단위는 $^\circ$C이다.

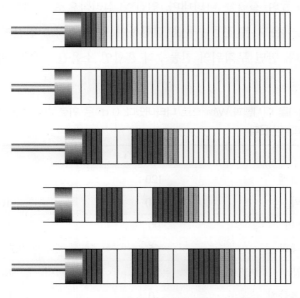

그림 7.15 | 피스톤의 진동에 의해서 공기에 압력파가 형성되는 모습. 압력에 의해서 밀도의 변화가 음파를 발생시킨다.

소리와 청각

소리의 세기는 단위 시간당 단위 면적의 공간을 지나는 소리의 에너지에 의해서 결정되며, 음파의 세기는 데시벨(dB)로 나타낸다. 음파의 세기는 기준 세기(1,000 Hz의 소리를 귀로 들을 수 있는 한계 세기) $I_o = 10^{-12}$ W/m^{2}에 대해서 정의한다.

음파의 데시벨 눈금

$$(10\,\text{dB})\,\log\left(\frac{I}{I_o}\right)$$

따라서 30 dB의 음파는 10 dB의 소리보다 100배 강하다. 표 7.2는 여러 소리의 세기를 나타낸 것이다. 귀로 들을 수 있는 소리는 진동수 20 Hz에서 20,000 Hz 사이의 음파이다. 소리를 들을 때 음의 높낮이는 진동수에 의해서 결정된다. 소리의 세기는 진폭과 진동수에 따라서 달라진다. 진동수가 30,000 Hz인 초음파는 아무리 세기가 강해도 귀로 들을 수 없다. 인간이 가청 주파수를 갖는 이유는 귀와 청신경 등의 해부학적인 구조 때문이다. 소리는 여러 가지 진동수가 섞여 있다. 소리의 스펙트럼은 진동수들의 결합을 나타내며, 인간이 심리적으로 느끼는 반응을 음질(음색)이라 한다. 음악은 기본 진동수들을 결합하여 얻은 소리로 인간이 들었을 때 감정을 느끼게 한다. 반면 무작위의 진동수의 혼합인 소음은 들었을 때 불편한 기분

표 7.2 | 소리의 세기를 데시벨과 W/m^{2}으로 나타내었다. 0 dB은 귀로 겨우 들을 수 있는 소리이고 120 dB이 넘으면 고통이 온다.

소리	데시벨(dB)	세기(W/m^2)
고통의 한계	120	1
락 음악	110	10^{-1}
기차 소리	90	10^{-3}
보통의 대화	65	3.2×10^{-6}
속삭임	20	10^{-10}
나뭇잎의 흔들림	10	10^{-11}
들을 수 있는 한계	0	10^{-12}

을 느끼게 한다.

귀의 민감도

소리에 대한 귀의 민감도는 귀의 구조에 의존한다. **외이도**(auditory canal)는 귓바퀴에서 **고막**(tympanic membrane)까지를 말한다. 외이도의 길이는 약 2.5 cm이고, 지름은 연필의 지름과 비슷하다. 외이도는 한쪽 끝이 막힌 관과 같다. 외이를 길이 2.5 cm의 한쪽 끝이 막힌 관으로 생각하면 공명 주파수는 약 3,300 Hz이다. 그런데 외이도는 완벽한 직선의 관이 아니기 때문에 귀가 가장 민감한 소리의 주파수는 약 3,000 Hz이다.

그림 7.16과 같이 고막은 **이소골**(ossicles)의 **망치뼈**(malleus)와 연결되어 있다. 망치뼈는 망치 모양이며, 모루 모양의 **모루뼈**(incus)와 연결되어 있다. 모루뼈는 인체에서 가장 작은 뼈이며, 등자쇠 모양인 **등자뼈**(stapes)와 연결되어 있다. 등자뼈는 내이의 **난원창**(oval window)이라 부르는 내이의 막에 연결되어 소리의 진동을 내이에 전달

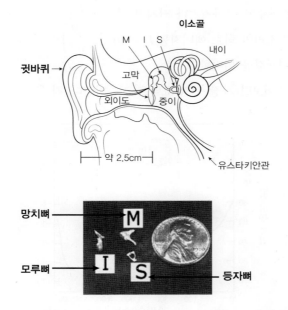

그림 7.16 | 외이와 중이의 구조. 외이와 중이 사이에 고막이 있으며, 고막은 망치뼈에 연결되어 있다. 중이의 이소골은 망치 모양의 망치뼈, 모루 모양의 모루뼈, 등자쇠 모양의 등자뼈가 일렬로 연결되어 있고, 등자뼈는 내이의 난원창에 연결되어 있다.

한다. 중이의 이소골은 마치 지렛대처럼 작용하여 소리의 진동을 증폭한다. 이소골은 망치뼈, 모루뼈, 등자뼈를 합쳐서 부르는 명칭이다. 이소골은 고막의 진동을 20배 정도 증폭한다. 한편 너무 큰 소리를 들었을 때는 소리로부터 귀를 보호해야 한다. 큰 소리로부터 귀를 보호하는 방식은 이소골에 붙어 있는 근육을 이용하는 것이다. 등자뼈에 붙어 있는 **등자근**(stapedius muscle)과 망치뼈에 붙어 있는 **고막장근**(tensor tympanic muscle)은 큰 소리로부터 귀를 보호한다. 중이에 큰 소리가 전달되면 중이의 근육이 이소골을 옆으로 밀어서 내이로 전달되는 소리를 약화시킨다. 중이 근육이 반응하는 시간은 약 15 ms이고, 약 15 dB 정도 소리를 감소시킬 수 있다. 주기가 15 ms보다 짧거나 너무 큰 소리에 노출되면 내이의 청각세포가 손상되어 청력을 잃을 수 있다.

사람이 들을 수 있는 소리의 영역은 0 dB에서 120 dB 사이이다. 그런데 사람은 소리의 주파수에 따라서 민감도가 다르다. 그림 7.17은 소리의 주파수에 따른 **청각역치**(hearing threshold)를 나타낸 그래프이다. 청각역치는 사람의 귀로 겨우 들을 수 있는 최소 세기의 소리를 의미한다. 그림에서 볼 수 있듯이 3,000 Hz 근처의 소리에 가장 민감하며 주파수가 작아지거나 커지면 청각역치가 급격히 증가한다. 데시벨의 단위를 정의할 때 소리의 최소 에너지를 $I_o = 10^{-12} \left(\dfrac{\text{W}}{\text{m}^2} \right)$으로 택한 것은 겨우 들을 수 있는 소리의 평균값을 의미한다.

소리가 귀에 들어오면 가장 먼저 고막을 진동시킨다. 각 주파수의 청각역치에서

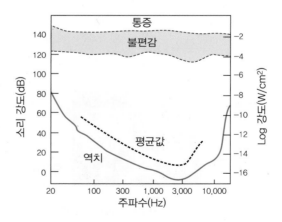

그림 7.17 | 귀의 민감도는 소리의 주파수에 따라 다르다. 각 주파수에서 귀가 들을 수 있는 가장 약한 소리를 청각역치라 하고 그림에서 색선으로 나타내었다.

고막은 아주 작은 진폭으로 진동한다. 주파수 3,000 Hz에서 청력 한계치로 진동할 때, 고막의 떨림 진폭은 수소 원자의 크기보다 작다. 주파수가 20 Hz일 때 청각 한계치에서 고막의 떨림 진폭은 가시광선의 파장 길이보다 작다. 귀가 소리에 얼마나 민감한 감각인지 알 수 있다.

- 주파수 3,000 Hz의 청력 한계치(hearing threshold, 청각역치)에서 고막은 10^{-11} m 진동한다(수소 원자의 크기보다 작다).
- 주파수 20 Hz에서 고막은 10^{-7} m 진동한다(가시광선의 파장보다 작다).
- 160 dB 이상의 소리에서 고막은 파열되며, 파열된 고막은 다시 정상적으로 치유된다.

7.6 도플러 효과

우리가 길가나 기찻길 옆에 서 있을 때 자동차나 기차가 경적을 울리면서 다가오거나 멀어지면 소리의 진동수가 변하는 것을 경험한다. 즉, 관측자와 음원이 서로 상대적으로 움직이면, 들려오는 소리의 변화가 발생한다. 이러한 현상을 도플러 효과(Doppler effect)라 한다.

> "음원은 정지해 있고 사람이 음원으로 접근하는 경우에
> 소리의 진동수는 커진다."

즉, 음원과 관측자가 정지해 있을 때보다 더 큰 진동수의 소리를 듣게 된다. 그림 7.18에서 동심원은 소리의 파원을 나타낸 것이다. 파원과 파원 사이의 거리는 한 파장의 거리이고 한 파원이 인접한 파원까지 가는 데 걸리는 시간은 주기이다. 그림 7.18(a)와 같이 정지한 음원에 다가가면 사람이 다가가는 속도의 크기에 따라서 인접한 파원의 도달 시간이 짧아지므로 마치 소리의 주기가 짧아진 것과 같은 효과를 느낀다. 즉, 주기가 짧아졌으므로 진동수가 커진 것이다.

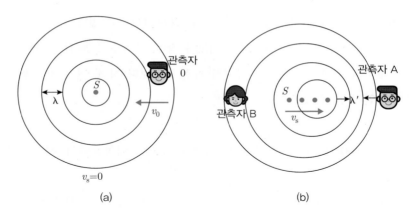

그림 7.18 | 도플러 효과. (a) 음원은 정지해 있고 관측자가 음원에 다가가는 경우, (b) 관측자는 정지해 있고 음원이 다가오는 경우

<blockquote>"사람은 정지해 있고 음원이 사람에게 접근하면 진동수가 커진다."</blockquote>

그림 7.18(b)의 오른쪽 관측자와 같은 경우로 관측자는 정지해 있는데 음원이 다가 오는 경우이다. 이 경우 음원이 다가오면서 소리를 내기 때문에 파원과 파원 사이 의 거리인 파장의 길이가 줄어든 것과 같은 효과가 생긴다. 음파의 속력은 $v = f\lambda$이 므로 파장이 줄어들면 진동수가 커진다.

● 질문 도플러 효과를 응용하는 실생활 예를 조사해 보자.

🔬 예제 7.6 경주용 자동차가 스쳐 지나가 멀어지는 소리를 들어보자. 진동수가 줄어든 굉음이 들릴 것이다. 왜 그런가?

풀이

바로 도플러 효과 때문이다. 파원이 가까이 다가오면 파장이 압축되고 진동수가 증 가한다. 반대로 파원이 멀어지면 파장이 늘어나고 진동수가 감소한다. 따라서 자동 차가 다가오다 멀어지면 진동수가 높아졌다 낮아진다. 이 때문에 경주용 자동차가 스쳐 지나갈 때 굉음을 듣게 된다.

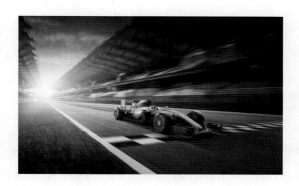

그림 7.19 | 자동차 경주장에서 굉음을 내고 다가오거나, 멀어지는 자동차 소리의 진동수 변화는 도플러 효과 때문이다.

🖊️ 예제 7.7 조개껍질을 귓가에 대면 소리가 나는 것은 무엇 때문인가?

풀이

사람의 귀가 소리를 들을 수 있는 문턱 압력은 고막이 원자 지름의 1/10 정도 움직이는 압력에 해당한다. 주위에서 부드러운 소리가 조개껍질 안에 들어오면 그 소리의 일부는 조개껍질의 공명 진동수와 일치하는 소리를 가지고 있다. 뿔고둥 껍질이 **헬름홀츠 공명기**(Helmholtz resonator) 역할을 하기 때문에 조개껍질을 귀에 대면 공명 진동수와 일치하는 소리가 조개껍질 내에서 정상파를 형성하며, 이렇게 증폭된 소리는 들을 수 있는 문턱 압력 이상의 압력을 갖기 때문에 귀로 소리를 들을 수 있다. 조개껍질의 내부가 복잡한 구조를 가지므로 공명 진동수들이 결합한 파는 조화롭지 못하다. 따라서 합쳐진 소리는 "백색소음"과 비슷하게 들린다. 백색소음은 모든 진동수들이 같은 세기로 혼합되어 있는 소음을 뜻하며, 일상적인 소음이 이에 속한다. 백색소음을 푸리에 변환해 보면 스펙트럼이 모든 진동수에 대해서 일정하

그림 7.20 | 뿔고둥 껍질을 귀에 대면 소리를 들을 수 있다.

게 나온다.

7.7 비선형 진동과 혼돈

앞에서 혼돈 현상의 발견과 병참본뜨기에서 발생하는 혼돈 현상을 살펴보았다. 혼돈 현상의 놀라운 점은 매우 단순한 동역학 시스템에서 예측 불가능하고 복잡한 현상이 나타날 수 있다는 것이다. 혼돈 현상이 발견되기 전에 시스템이 복잡해지는 과정은 시스템의 자유도가 많아지기 때문이라고 생각했다. 자유도란 시스템의 상태를 미시적으로 표현하기 위해서 필요한 독립적인 좌표의 개수이다.

20세기 중반까지 과학자들은 자유도가 큰 유체의 난류(turbulence)와 같은 방식으로 복잡한 현상이 일어난다고 생각했다. 물과 같은 유체는 많은 입자로 구성되어 있으므로, 시스템의 자유도가 아보가드로 수보다 훨씬 크다. 유체가 느리게 흐를 때는 층흐름(laminar flow)을 보인다. 유체의 속력이 레이놀즈 수(Raynolds number)보다 커지면, 유체의 흐름은 소용돌이를 만들면서 매우 무질서한 흐름을 나타낸다. 이러한 난류로의 전이가 복잡성과 무질서한 운동의 전형이라고 생각하였다. 난류 흐름에서 다음 상태의 예측은 매우 어려운 일이 된다. 따라서 자유도가 작은 시스템에서 혼돈스러운 운동은 없을 것이라 생각했다.

그런데 1963년 에드워드 로렌츠가 발견한 로렌츠 방정식에서 나타난 나비효과는 단순한 시스템에서 혼돈 현상이 나타날 수 있음을 보여주었다. 로렌츠 방정식은 단지 3개의 자유도를 가진 비선형 동역학 시스템이다. 대기의 대류를 고려한 기후 예측 모형인 로렌츠의 방정식은 다음과 같이 표현된다. 변수 x, y, z는 대기의 상태를 나타내는 변수들이다.

$$\frac{dx}{dt} = \sigma(y - x)$$

$$\frac{dx}{dt} = x(\rho - z) - y$$

$$\frac{dx}{dt} = xy - \beta z$$

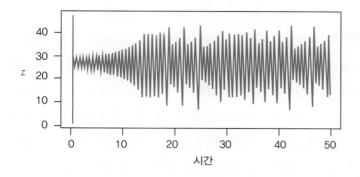

그림 7.21 │ 컴퓨터를 이용하여 로렌츠 방정식을 수치적으로 풀었을 때, 변수 z의 변화 모습

조절 매개변수(control parameter) σ, ρ, β는 상수이고 대기의 조건을 나타내는 조절변수이다. 이 방정식은 오른쪽의 비선형 항 때문에 해석적인 해를 구할 수 없다. 그림 7.21은 조절변수를 $\sigma = 10$, $\rho = 28$, $\beta = 8/3$으로 놓고 로렌츠 방정식을 컴퓨터를 이용하여 수치적으로 푼 것을 나타낸다. 변수 z는 시간에 따라서 매우 불규칙하게 변한다.

그림 7.22는 로렌츠가 처음 발견한 초기 조건의 민감성을 나타낸 그래프이다. 로렌츠는 어느 날 로렌츠 방정식을 컴퓨터로 풀다가 컴퓨터를 잠시 멈추고 프로그램을 다시 풀어보기로 했다. 프로그램을 멈추었을 때 원래 값은 $z = 76.853$이었다. 로렌츠는 풀던 프로그램을 다시 시작할 때 모든 것은 똑같은데, 단 하나 $z = 76.8$로 소수점을 버리고 방정식을 다시 풀었다. 커피를 가지러 잠시 아래층으로 갔다가 1시

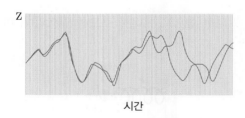

그림 7.22 │ 로렌츠가 발견한 초기 조건의 민감성. 초기값의 작은 차이는 시간에 따라서 증폭되어 나중에는 전혀 다른 상태가 된다. 이를 나비효과라 한다.

간 후에 돌아와서 원래 상태로 풀었던 결과와 소수점을 몇 자리 버리고 풀었던 결과를 비교해 보았더니, 그림 7.22와 같은 결과를 얻었다. 시간이 지나면서 작은 차이가 크게 증폭하여, 시간이 더 지나자 전혀 다른 값이 되었다. 즉, 미래의 기후가 전혀 다른 상태로 예측된 것이다. 기후는 초기값에 극도로 민감하다는 것을 깨달았다. 이것이 바로 **나비효과**(butterfly effect)이다. 로렌츠 방정식이 혼돈적 상태에 놓일 때, 변수는 초기 조건에 극도로 민감하다. 기후를 예측할 때 나비의 날갯짓과 같은 사소한 상태를 고려하지 않는다면 기후 예측은 실패할 것이다.

로렌츠가 나비효과를 발견한 후 다양한 시스템에서 혼돈 현상이 관찰되었다. 혼돈 현상을 나타내는 **비선형 진동자**(nonlinear oscillator) 중에 **더핑 진동자**(Duffing oscillator)가 있다. 더핑 진동자는 **감쇠**(damping)하는 비선형 스프링에 매달린 물체의 진동을 묘사한다. 비선형 진동자를 강제로 **구동**(driven)하는 더핑 진동자 방정식은

$$\ddot{x} + \delta\dot{x} + \alpha x + \beta x^3 = A\sin(\omega t)$$

로 표현된다.

더핑 진동자는 그림 7.23과 같은 강제로 구동되고 에너지를 소모하는 감쇠가 있는 비선형 스프링 진동자이다. 스프링에 매달린 단위 질량 m의 물체가 받는 힘은

$$F = m\ddot{x} = -\delta\dot{x} - (\alpha x + \beta x^3) + A\sin(\omega t)$$

$$\underset{\text{감쇠항}}{\uparrow} \qquad \underset{\text{비선형 스프링}}{\uparrow} \qquad \underset{\text{구동항}}{\uparrow}$$

이다. 감쇠항은 마찰에 의한 힘으로 에너지 소모를 일으킨다. 비선형 스프링은 복원

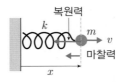

그림 7.23 | 마찰력을 받는 감쇠 진동자를 강제로 구동시킨 더핑 진동자. 질량 m인 물체를 사인함수 힘으로 강제 구동시킨다.

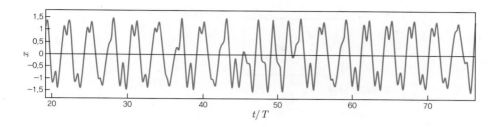

그림 7.24 | 더핑 진동자가 혼돈 영역에서 진동하는 모습. 주기성을 찾을 수 없다. 진자의 변수는 $\delta = 0.3$, $\alpha = -1$, $\beta = 1$, $\omega = 1.2$이고 $A = 0.37$인 혼돈 상태를 나타낸 것이다.

력이 변위에만 비례하는 것이 아니라, 변위의 세제곱에도 의존하는 비선형 복원력을 나타낸다. 구동항은 외부에서 흔들어 주는 힘으로 사인함수로 구동시킨다.

그림 7.24는 더핑 진동자를 수치적으로 풀어서, 변위 x를 시간의 함수로 나타낸 것이다. 강제 진동의 주기는 T이고, $\omega = 2\pi/T$이다. 그림 7.24에서 진동자의 각 변수는 $\delta = 0.3$, $\alpha = -1$, $\beta = 1$, $\omega = 1.2$로 놓았다. 강제 진동의 진폭 A를 변화시키면서 진동자의 진동 모습을 관찰하면 주기적인 운동에서 혼돈 운동으로 전이하는 것을 관찰할 수 있다. 그림 7.24는 $A = 0.37$일 때 혼돈 현상을 나타낸 것이다. 이 진동자를 풀 때 입자의 질량은 $m = 1$이고 초기조건은 $x(0) = 0$, $\dot{x}(0) = 1.0$으로 놓았다.

푸앵카레 단면

혼돈 현상을 파악하는 한 가지 방법은 동역학적 운동을 한 차원 낮은 단면에 투영하여 보는 것이다. 그림 7.25는 동역학적 운동을 투영한 **푸앵카레 단면**(Poincare section)을 나타낸 그림이다. 그림 7.25의 운동은 원래 3차원 공간의 궤도 운동이다. 이 운동을 그림과 같이 한 차원 낮은 2차원 공간에서 관찰할 수 있다. 궤도가 푸앵카레 단면의 뒤쪽에서 앞쪽으로 뚫고 나올 때 단면과 만나는 곳에 점을 찍는다. 그림 7.25에서 주기적인 운동은 푸앵카레 단면에서 항상 한 점을 지나게 된다. 3차원의 운동을 어떤 푸앵카레 단면에 투영하여 보았을 때, 한 점만 찍히면 3차원 운동은 주기가 1인 주기 운동을 한다고 할 수 있다. 그림에 그린 비주기 운동은 궤도가 계속 진행되는 동안에 푸앵카레 단면을 여러 번 지나간다.

혼돈 현상은 다양한 비선형 진동자에서 관찰되었다. 특히 혼돈 현상은 심장의

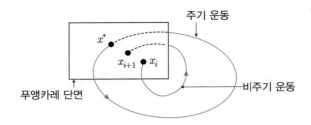

그림 7.25 | 푸앵카레 단면. 주기 운동과 비주기 운동이 푸앵 카레 단면을 지나가는 모습

박동이나 신경세포의 전기신호 발화 현상에서도 관찰된다. 자연계에서 주기적 운동, 혼돈 운동, 무질서한 운동은 서로 넘나들면서 서로 공존한다.

PART

2

퀀텀과 일렉트론

생활과 과학

8장

전자 문명과
과학기술의 미래

과학기술이 오늘날의 첨단과학 문명을 탄생시켰음은 누구도 부정할 수 없는 상식이다. 첨단 과학기술이 시작된 시점은 언제일까? 과학기술에서 어떤 시점을 정확히 얘기하기는 매우 어렵다. 과학기술은 이전의 지식이 꾸준히 축적하면서 발전하기 때문이다. 그렇지만 전환의 시점이 되는 발견이나 사건은 존재한다. 뉴턴이 프린키피아를 발표하기 전과 후에 인류는 전혀 다른 세계관을 가졌다. 뉴턴의 운동법칙과 중력법칙의 발견은 지상에서 일어나는 운동과 천상에서 일어나는 운동에 같은 물리법칙이 적용됨을 보였으며 물체에 작용하는 힘과 초기조건을 알면 물체의 미래를 정확하게 예측할 수 있었다. 이로써 기계론적인 세계관이 형성되었다. 1925년에 하이젠베르크의 행렬역학과 1926년의 슈뢰딩거 파동방정식의 발견은 인류가 미시세계를 탐색할 수 있는 양자역학이란 도구를 갖도록 하였다.

날씨가 건조해지면 정전기가 쉽게 일어나며 광산에서 자석을 띤 철광석을 쉽게 발견할 수 있다. 18세기에 들어서면서 인류는 전기와 자기 현상에 눈을 뜨게 되었다. 알렉산드로 볼타(Alessandro Giuseppe Antonio Anastasio Volta, 1745~1827)는 1800년에 볼타전지를 발명함으로써 과학자들이 전기를 쉽게 생산하여 실험할 수 있는 길을 열었다. 볼타전지는 전기회로에서 전류를 흘려줄 수 있는 강력한 도구가 되어 전기학과 자기학의 발전을 이끌었다. 한스 외르스테드(Hans Christian Ørsted, 1777~1851)는 1820년에 대중 강연에서 전기회로 실험을 하던 도중 전기회로 옆에 놓인 나침반이 전기회로에 전류를 흘려주면 나침반의 바늘이 북극이 아닌 다른 방향을 향하는 것을 관찰하고 깜짝 놀랐다. 이 실험은 전기(전류 = 전하의 흐름) 현상과 자기(나침반 = 자석) 현상이 서로 연관이 있음을 나타낸 것이다. 전기는 자기를 유도하고, 자기는 전기를 유도한다는 사실은 19세기 과학자들에 의해서 발견되었다. 특히 마이클 패러데이(Michael Faraday, 1791~1867)는 1822년 전지가 연결되지 않은 폐회로에 자석을 통과시키면 전류가 유도된다는 전자기 유도현상을 발견하였다. 만약 자석을 폐회로에서 계속 반복적으로 통과시키면 교류가 만들어진다. 패러데이는 발전기의 원리를 발견한 것이다. 이로써 인류는 역학적인 움직임을 전기로 변환하는 방법을 알게 되었다. 발전소에서 터빈은 폐회로에서 자석을 움직이게 하여 전기를 발전한다. 마침내 인류는 전기 문명으로 들어설 수 있는 계기를 마련하였다.

19세기 말의 과학자들에게 빛과 원자의 특성은 이해하기 어려운 문제였다. 1865년에 제임스 맥스웰(James Clerk Maxwell, 1831~1879)은 전자기학 법칙들을 통합하여 전자기학에 대한 맥스웰 방정식(Maxwell's equation)을 발견하였다. 맥스웰의 발견으로부터 인류는 빛의 본성을 이해하게 되었다. 빛은 다름 아닌 전자기파(전파)의 한 종류에 불과했다. 전자기파는 전파하는데 매질이 필요 없으므로 진공상태에서 잘 전파한다. 맥스웰의 발견으로 빛이 전자기파임을 알아냈지만 19세기 말에 과학자를 괴롭히는 문제가 남아 있었다. 태양에서 오는 빛에는 다양한 진동수의 빛(가시광선의 경우 무지개색)이 섞여 있으며, 어떤 진동수의 빛은 더 강한 강도로 나오며 어떤 진동수의 빛은 약하게 나온다. 빛의 진동수에 따른 세기 분포를 복사 스펙트럼(radiation spectrum)이라 한다. 모든 물체는 온도를 가지고 있으며 온도에 따라서 다양한 전자기파를 흡수하기도 하고 방출하기도 한다. 용광로에서 뜨겁게 달군 쇳물은 거의 흰색에 가까운 빛을 낸다. 과학자들은 물질이 방출하는 복사 스펙트럼은 흑체(black body)의 복사 문제로 바꾸어 생각했다. 흑체는 외부에서 들어오는 빛을 모두 흡수하며 흑체에 구멍을 내면 흑체 내에 있는 모든 진동수의 빛을 외부로 내보낼 수 있는 물체이다. 태양을 흑체로 생각하면 비슷한 비유가 된다. 문제는 이러한 흑체에서 나오는 복사 스펙트럼의 분포를 실험으로 잘 측정하여 과학자들이 잘 알고 있었다. 그러나 이론적으로 복사 스펙트럼을 설명할 길이 없었다. 이것이 19세기 말에 과학자들의 머리를 아프게 한 문제였다. 많은 유명한 과학자들이 이 문제를 풀기 위해서 도전했지만 번번이 실패했다. 이 문제는 막스 플랑크를 위해서 1900까지 풀리지 않고 남겨져 있었다.

막스 플랑크는 열역학 방법, 전자기학, 복사 스펙트럼에 대한 실험식 등을 결합하여 마침내 20세기가 시작되는 1900년에 흑체의 복사 스펙트럼을 정확하게 설명하는 플랑크의 복사공식(Planck's radiation formulus)을 발견하였다. 이 방정식에는 자연의 비밀을 간직한 상수인 플랑크 상수(Planck constant) h가 포함되어 있었다. 플랑크는 복사 공식을 설명하기 위해서 흑체에 들어있는 전자기파의 에너지가 $E = nh\nu$ ($n = 1, 2, 3, \cdots$)로 양자화(Quantization)되어 있다고 가정하면 복사 공식이 자연스럽게 설명됨을 알게 되었다. 여기서 ν는 빛의 진동수이다. 즉 빛의 에너지가 불연속적으로 존재한다. 이렇게 불연속적인 에너지를 갖는 물리적 실체를 양자(quantum)라 불렀다.

맥스웰의 방정식에 의하면 빛은 전자(electron)나 전하를 띤 입자가 가속운동을 할 때 방출된다. 이렇게 생성된 빛이 흑체에 갇혀 있을 때 연속적인 에너지를 갖지 않고 불연속적인 에너지를 갖는 양자의 형태로 존재한다는 사실을 플랑크가 최초로 발견한 것이다. 20세기가 들어설 때 양자(퀀텀)가 발견되고 양자역학의 세계가 어렴풋이 과학자들의 눈에 들어오기 시작했다. 20세기 초는 내로라하는 과학자들이 나타나서 양자역학을 확립하는데 기여했다. 양자의 발견은 진공관, 다이오드, 트랜지스터, 집적회로(IC, Integrated Circuit), 인터넷(Internet), 월드와이드웹(WWW, World Wide Web), 무선통신, 폴리머와 플라스틱, 단백질, DNA, 나노 물질, 핸드폰 등의 발전으로 이어지면서 인류의 첨단기술로 이어졌다. 이 모든 과학기술은 퀀텀의 원리를 포함하고 있다. 앞으로 출현할 또 다른 첨단과학기술은 미래 세계를 더욱 변화시킬 것이다. 그중에서 가장 중요한 과학기술로 간주하고 있는 나노, 인터넷, 빅데이터 등에 대해서 살펴보자.

8.1 나노와 나노 과학기술

나노에 대한 개념과 나노기술(NT: Nano Technology)이란 용어는 언제 출현하였을까? 자연의 물질들은 나노 크기의 구조가 많지만, 인류가 나노 크기의 중요성을 인식한

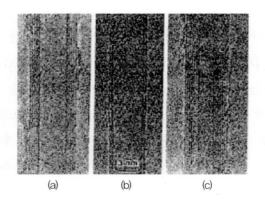

(a)　　　　(b)　　　　(c)

그림 8.1 | 다중 겹 탄소나노튜브의 투과전자현미경 사진. 나노 기술에 대한 관심을 폭발적으로 일으키는 촉매제가 된다.

자료: S. Iijima, "Helical microtubes of graphitic carbon", Nature 354, 56 (1991).

나노(nano)는 '난쟁이'라는 뜻의 고대 그리스어 '나노스'에서 유래하였다.

그림 8.2 | 나노 용어의 유래. 나노는 난쟁이를 뜻하는 그리스어 나노스에서 유래하였다.

것은 20세기 들어서면서이다. 20세기 초에 양자역학과 화학이 발전하면서 나노 크기의 세계를 인식하기 시작하였다. 나노 세계에 관한 관심을 불러온 과학자는 여러분도 잘 알고 있는 리처드 파인먼(Richard Feynmann)이다. 파인먼은 1959년 미국물리학회 연례회의 강연에서 처음으로 나노 세계의 중요성을 피력하였다. 그가 주장한 "작은 크기에는 많은 가능성이 열려 있다(There's plenty of room at the bottom)"라는 문장은 나노의 세계의 중요성을 말한 것이다. 파인먼은 0.1 mm 정육면체에 2천4백만 권의 책의 내용을 기록할 수 있다고 주장하였다.

그림 8.1은 1991년 일본의 이지마 박사가 최초로 발견한 탄소나노튜브(carbon nanotube)의 투과전자현미경 사진을 나타낸 것이다. 나노 과학기술은 원자, 분자 결합체의 물리적, 화학적, 기계적 성질을 규명하고 나노 크기의 구조와 구성요소들을 제어하고 조절하는 과학기술을 말한다. 나노 크기에서는 거시적 세계에서 발견할 수 없는 전혀 새로운 물리적, 화학적, 기계적, 생물학적 특성이 나타난다. 이러한 특성을 이용하여 새로운 물질, 기계, 나노 시스템을 만들어낼 수 있다. 나노(Nano)라는 용어는 그리스어 나노스(nanos)에서 유래했는데 그 뜻은 "난쟁이"란 뜻이다.

1959년 파인먼은 개별 원자들을 조작하여 원하는 화합 물질을 합성하는 기술을 제안하였다. 파인먼은 나노 수준에서 원자들을 조작한다면 더 고밀도의 컴퓨터 회로를 만들 수 있으며, 전자현미경보다 더 작은 부분을 볼 수 있는 현미경을 만들 수 있다고 주장하였다. 또한 원자들을 원하는 대로 배열하여 나노기계(nano machine)를 만들 수 있다고 제안하였다. 이러한 파인먼의 몇 가지 제안은 오늘날 실현되었다. 나노 선폭을 갖는 반도체의 집적회로(IC, integrated circuit)를 만들고 있으며, 원자

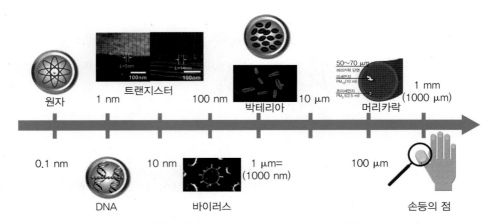

그림 8.3 | 나노에서 밀리미터 사이에서 볼 수 있는 다양한 구조들. 약 0.1 nm의 수소 원자의 지름부터 지름 1 mm인 손등에 찍힌 점을 볼 수 있다.

의 구조를 관찰할 수 있는 주사전자현미경(scanning tunneling microscope)이 만들어졌다. 나노 로봇에 관한 연구는 나노기계의 가능성을 열고 있다. 미세전자 기계시스템(Micro Electro Mechanical Systems, MEMS)은 나노 크기의 미세구조, 회로, 센서, 액추에이터(actuator)를 실리콘 기판에 집적화한 소형 마이크로 머신으로 물리와 기계공학 분야에서 활발하게 연구되고 있다.

나노의 세계는 어느 정도의 크기를 말하는 것일까? 1 nm는 10억 분의 1미터(10^{-9} m)를 뜻한다. 뒤에서 살펴볼 탄소 구조에서 탄소 원자와 탄소 원자 사이의 평균 길이는 약 0.12~0.15 nm이다.

그림 8.3에 자연과 인공 구조물에서 볼 수 있는 다양한 크기를 나노미터부터 밀리미터까지 나타내었다. 가장 작은 원자인 수소 원자의 지름은 약 0.1 nm이다. 바닥 상태에서 수소 원자의 반지름은 약 0.53 Å다. 1옹스트롬은 1 Å = 10^{-10} m이다. 수소 원자 10개를 나란히 늘어놓으면 약 1 nm가 된다. 세포의 염색체에 들어 있으며 유전암호를 저장하고 있는 DNA 분자의 폭은 약 2.5 nm이다. 컴퓨터의 메모리칩에 들어가는 트랜지스터의 선폭은 계속 줄어들고 있다. 그림 8.3에서 선폭 5 nm와 14 nm의 선폭을 갖는 구조를 볼 수 있다. 생명현상은 자연적으로 나노 크기의 구조를 이용하고 있다. 바이러스(virus)의 지름은 약 20~300 nm 정도이다. 바이러스는 세균이나 생명체에 기생하는 생명체이다. 세균이라 불리는 박테리아(bacteria)의 길

이는 약 1 μm 정도이고 다양한 구조와 길이, 폭을 가지고 있다. 먼지 중에서 지름이 2.5 μm 이하를 초미세먼지(PM2.5)라 하고 지름 10 μm 이하의 먼지를 미세먼지(particulate matter, PM10)라 한다. 사람의 머리카락의 지름은 약 50~70 μm 정도이다. 손가락에 찍힌 검은 점의 지름은 약 1 mm 정도이다.

크기가 나노 수준의 세계가 되면 지금까지 공부한 고전물리학의 세계는 더 이상 성립하지 않고 양자역학(quantum mechanics)의 원리를 적용해야 한다. 반도체, 나노화학, 나노 생체고분자, 멤스와 같은 최첨단 과학, 공학 분야에서 일하기 위해서는 양자물리학의 원리를 꼭 알아야 한다. 나노의 세계에서 양자 크기효과(quantum size effect)가 생겨서 양자적 특성이 발현한다. 양자크기 효과는 대상의 크기가 작아서 물리적 특성을 이해하려면 양자역학을 사용해야 하는 크기를 말한다.

나노공학(Nano Technology, NT)이란 용어는 1974년 노리오 다니구치(Norio Taniguchi, 1912~1999)가 처음 사용하였다. 나노공학에 관한 관심을 불러일으킨 것은 1986년 드렉슬러(K. E. Drexler, 1955~)가 "창조 엔진: 다가오는 나노공학 시대(Engines of Creation: The Coming Era of Nanotechnology)"에서 자기 자신을 스스로 복제하고 조립할 수 있는 나노 "어셈블러(assembler)"를 제안한 후부터이다.

나노과학 기술의 혁신을 이끈 장치는 주사전자현경(Scanning Tunneling Microscope, STM)의 발명이다. 주사전자현미경은 원자힘현미경(Atomic Force Microscope, ATM)과 함께 원자 수준의 구조를 볼 수 있는 나노 세계의 눈이다. STM은 1981년 IBM Zurih Research Lab. 소속의 비닝(Gerd Binning)과 로레(Heinrich Rohrer)가 발명하였다. STM의 대략적인 개념은 그림 8.4와 같다. 핵심 구조는 팁과 기판 사이의 짧은 거리를 압전소자(piezoelectric component)를 이용하여 조절한다. 압전소자는 압력을 가하면 전압이 발생하거나, 전압을 가하면 변형(역압전효과)이 일어나는 소자이다. 팁은 텅스텐, 플래티늄-이리듐 합금 또는 금 등을 사용한다. 팁과 샘플 기판 사이의 거리는 0.4~0.7 nm 정도이다. 회로에 흐르는 전류는 약 1nA이다. 이 전류는 팁과 기판 사이에 걸린 강한 전기장에 의한 터널링 효과(tunneling effect)에 의해서 발생한다. 팁과 기판 사이의 퍼텐셜 언덕을 전자가 터널링에 의해서 통과한다. 이렇게 발생한 미세한 전류를 증폭하여 컴퓨터로 처리한 다음 이미지를 화면에 표시한다. STM은 약 0.1 nm의 수평 해상도와 약 0.01 nm의 깊이 해상도를 갖고 있다.

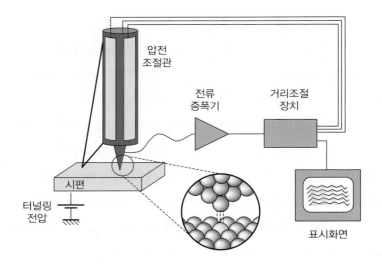

그림 8.4 | 주사전자현미경(STM)의 개념도. 뾰족한 팁(tip)과 기판 사이에 걸린 강한 전기장 때문에 팁과 기판 사이에 전류가 흐른다. 이 전류의 크기를 증폭하여 검출함으로써 기판의 원자구조를 볼 수 있다.

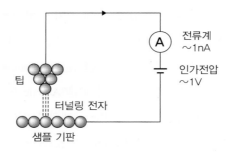

그림 8.5 | 샘플 기판과 팁 사이에 걸린 인가전압과 터널링 전자의 흐름. 인가전압은 약 1 V이지만 팁과 기판 사이의 거리가 아주 가까워서 터널링 효과에 의해서 전자가 팁과 기판 사이를 투과한다.

STM은 원자 크기의 세계를 볼 수 있게 해 주었다. 그림 8.6은 주사전자현미경을 사용하여 찍은 고체 표면의 사진을 나타낸 것이다. 그림에서 실리콘 Si(111) 표면과 플래티늄 Pt(100) 표면의 모습을 나타낸 것이다. 여기서 (111) 표면이란 고체의 격자구조를 육면체라고 상상했을 때 대각선 방향 (111) 방향으로 면을 잘랐을 때 보이는 면의 모습을 의미한다. (100) 표면은 육방체의 x축 방향에서 본 면의 모습을 뜻

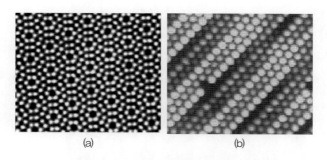

그림 8.6 | 주사전자현미경으로 찍은 고체 표면의 원자 배열 모습. (a) 실리콘 Si(111) 표면은 육각형 구조로 배열된 원자구조를 볼 수 있고, (b) 플래티늄 Pt(100) 표면은 원자들이 일렬로 규칙적으로 배열되어 있다.

한다. STM이나 AFM이 발명되기 이전에는 전자현미경, X-선 분광 등을 이용하여 미세한 고체 구조를 관찰하였다. 이러한 장치들은 원자 하나의 구조는 파악할 수 없었다. STM이 발명되고 나서 고체를 형성하고 있는 원자 하나의 모습을 파악할 수 있게 되었다. 원자의 모습을 본다는 것은 고체를 구성하고 있는 원자의 전자 배열 모습을 본다는 의미이다. 그림 8.6에서 밝은색 이미지는 원자 근방에 전자구름의 밀도가 높다는 의미이다. 그림 8.6(b)에서 규칙적으로 배열된 플래티늄(Pt) 원자구조에서 중간에 검은색 점들이 있는데 이는 원자가 빠진 결함이나, 불순물 원자가 그 자리를 차지하고 있기 때문이라고 해석할 수 있다. 이렇듯 고체의 표면에서 원자들의 배열 모습을 STM 이미지로 관찰함으로써 고체의 표면의 물리적, 화학적, 기계적 성질을 이해하는 데 커다란 도움이 된다. 고체의 대칭적인 배열 모습을 바탕으로 고체의 물성을 과학적으로 이해할 수 있는 실마리를 얻을 수 있다.

자연은 진화과정에서 다양한 나노구조를 사용하고 있다. 인체 내부의 많은 세포기관은 나노구조물로 만들어져 있다. 그림 8.7은 광합성을 담당하는 식물의 엽록체(chloroplast)를 구성하고 있는 나노구조물을 나타낸 것이다. 틸라코이드 디스크(thylakoid disk)들은 지름이 수백 나노미터에 달한다. 수백 나노미터 지름의 틸라코이드들이 적층된 구조를 하고 있으며 식물의 광합성 동화작용을 담당한다.

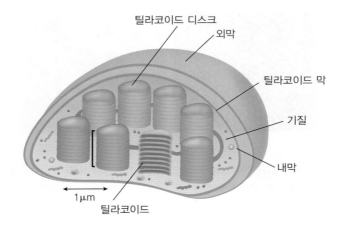

그림 8.7 | 생명체의 나노 구조 예. 엽록체의 내부의 나노구조물이다.

8.2 나노기술의 발전

나노기술의 발전은 전자소자 기술의 발전과 함께 발전하였다. 1950~1960년대에 트랜지스터 기술이 발전하면서 집적회로에 대한 발전이 이루어졌다. 이때 소자의 크기는 약 1 mm 정도였다. 1980년대에는 약 10 μm 크기의 양자점(quantum dot), 플러렌(탄소공)이 발견되었다(Kroto et al 1985). 그림 8.8은 시대별로 발전한 양자 소자들을 나타낸 것이다. 1990년대에는 약 100 nm 크기의 단일 전자 트랜지스터와 양자우물(quantum well)이 개발되었다. 2000년대에 들어서면서 약 1 nm 정도의 나노선과 탄소나노튜브(carbon nanotube)가 발견되었다.

탄소는 자연계에서 다양한 구조를 형성한다. 흑연, 다이아몬드는 탄소들이 결합하여 형성된다. 생체고분자 물질들은 C-C, C-H들의 결합으로 다양한 구조가 가능하고 생명체는 화학결합에 축적된 에너지를 이용하고 있다. 1985년에 서식스대학의 크로토(Harold Kroto), 라이스대학의 컬(Robert Curl)과 스몰리(Richard Smallery)는 헬륨 분위기에서 탄소를 증발시켜 만든 검댕 잔해물에서 플러렌(fullerene, C_{60})을 발견하였다. 질량 분석 스펙트럼에서 탄소 60개 또는 70개가 결합한 구조에 해당하는 위치에서 불연속적 정점을 관찰하였다. 이 정점은 탄소가 축구공 모양의 구조를 형성해야 발생할 수 있었다. 이 세 명의 과학자는 이에 대한 공로로 1996에 노벨화학

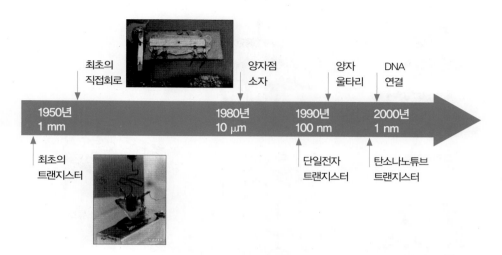

그림 8.8 | 나노 기술과 양자 소자의 발전. 트랜지스터, 직접 회로, 양자점, 양자 우물, 탄소나노튜브 등이 발견되었다.

상을 수상한다. C_{60}는 버크민스터풀러렌(Buckminsterfullerene)이라고 불렀는데 이는 건축가 버크민스터 풀러(Buckminster Fuller)가 만든 측지돔(geodesic dome) 구조를 하고 있기 때문이다. 지금은 풀러렌(fullerene) 또는 버키볼(buckyball)이라고 부른다.

풀러렌 구조가 발견되고 나서 탄소가 만드는 구조에 관한 관심이 높아졌다. 나노기술에 대한 과학기술자들의 관심을 불러일으킨 계기는 탄소나노튜브의 발견에서 찾을 수 있다. 1991년 NEC 연구소의 이지마(S. Iijima) 박사는 Nature 학술지에 인류 최초로 탄소나노튜브를 발견한 투과전자현미경 사진을 발표하였다(Ijima 1991). 탄소 원자들은 3개의 이웃한 다른 탄소 원자들과 결합하여 육각형의 벌집(honeycomb) 구조를 형성한다. 그림 8.10의 오른쪽 그림처럼 벌집 구조가 말려서 튜브 형태가 되면 탄소나노튜브가 된다. 탄소나노튜브는 말리는 각도에 따라서 전기전도도의 특징이 금속이 되기도 하고 반도체가 되기도 한다. 탄

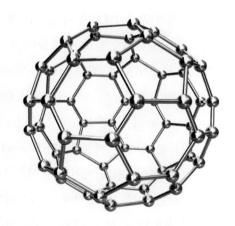

그림 8.9 | 풀러렌 구조. 탄소 60개가 육각형과 오각형 구조로 결합한 축구공 모양을 하고 있으며, C_{60}라고 표현한다.

309

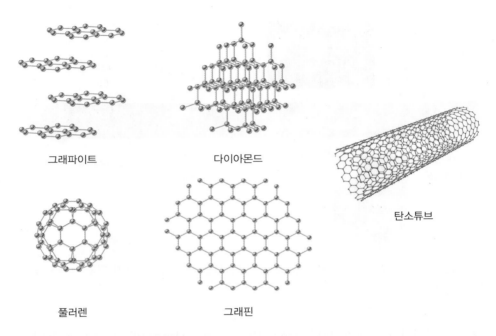

그래파이트   다이아몬드

탄소튜브

풀러렌   그래핀

그림 8.10 │ 탄소가 만드는 구조. 1991년에 이지마 박사가 발견한 탄소나노튜브는 탄소 나노 구조에 관한 관심을 불러일으켰다.

소나노튜브가 튜브 형태로 말렸을 때 튜브의 지름은 100 nm 이하이다. 탄소나노튜브는 탄성, 열 전도성, 전기전도성에서 다양한 특성을 나타내기 때문에 한동안 활발하게 연구되었으며 나노 구조에 관한 연구를 촉진하였다.

1940년대에 탄소 분자들이 만드는 이차원 구조에 대한 이론적 예측 연구가 있었다. 1947년에 월라스(P. R. Wallace)는 그래핀(Graphene) 이론을 제시하였다. 맨체스터 대학교의 앤드루 가임(Andre Geim)과 콘스탄틴 노보셸레로프(Konstantin Novoselov)는 그림 8.11과 같이 스카치 테이프를 이용하여 검댕에서 탄소 한 층을 분리하는 실험을 시행하였다(Novoselov et al 2004). 탄소 검댕에 스카치테이프를 붙인 다음 조심스럽게 떼어내면 탄소 1층이 스카치테이프에 붙어서 떨어질 수 있다. 두 사람은 수백 번 검댕에 스카치테이프를 붙였다 떼어내기를 반복하다가 2004년에 마침내 탄소 한 층만으로 이루어진 이차원 구조인 그래핀 구조를 만들어내는 데 성공한다. 어떤 사람들은 그래핀 구조를 벗겨내는 것을 빗대어 "스카치테이프 물리학"이라 부르기도 한다. 이들은 2010년에 이 업적으로 노벨 물리학상을 수상한다.

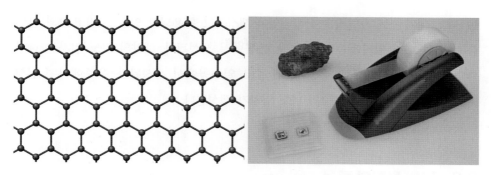

그림 8.11 | 가임과 노보셀로프가 발견한 그래핀 구조. 이들은 탄소 검댕에서 스카치테이프를 이용하여 탄소 한 층을 분리하는 데 성공하였다.

그래핀은 벌집 모양의 육각형 구조들이 이차원에서 연속적으로 결합한 구조를 하고 있다. 그래핀 구조에서 이웃한 탄소 사이의 거리는 약 0.142 nm이다. 그래핀은 특이한 물성 때문에 많은 과학자의 관심을 끌었다. 그래핀의 결합 강도는 강철보다 200배 강하고, 전기전도도는 구리보다 100배 크다. 가시광선 550 nm에서 빛의 투과율이 97.7%이므로 투과성이 좋다. 그래핀은 다양한 물리적 성질 때문에 꿈의 나노 물질로 여겨지고 있어서 이에 대한 응용 연구가 활발히 진행 중이다.

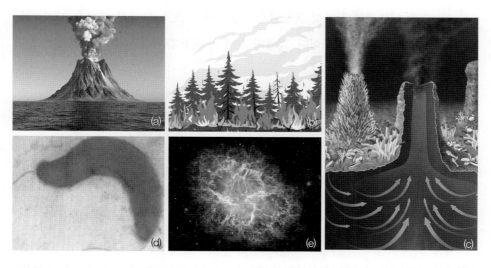

그림 8.12 | 자연계의 나노 입자. 공기 중의 나노 입자는 (a) 화산, (b) 산불에서 생성되고, (c) 해양의 나노 입자는 열수공에서 생성된다. 나노 입자는 (d) 박테리아가 생성하기도 하는데 자성 나노 입자를 생성한 민물 박테리아는 몸속에 나노 입자(검은 점)를 가지고 있다. 대량의 나노 입자는 (d) 초신성이 폭발할 때 발생한다. 게자리 성운의 초신성 폭발 때 많은 나노 입자가 우주에 방출되었다.

나노 입자들은 자연계에서 끊임없이 생성되고 활용되고 있다. 그림 8.12와 같이 대기 중의 나노 입자들은 화산활동, 산불에서 생성된다. 해양의 나노 입자는 해양 에어로졸(aerosol) 형태로 생성되는데 주로 열수공에서 생성된다. 우주에서 초신성 (spuernova)이 폭발할 때 대량의 나노 입자가 생성된다.

8.3 나노 물질의 특성

나노 물질이 가지는 과학적 성질을 살펴보자. 그림 8.13은 강자성(일상생활에서 자석 이라 부르는 물질들은 모두 강자성임) 물질의 구조를 나타낸 것이다. 자석은 크기가 줄 어들어 임계 크기인 100 nm 이하일 때는 단일 자기구역(magnetic domain, 미세 자석 이 모두 한 방향을 향함)으로 존재한다. 자석의 크기가 임계 크기 이상이 되면 그림 8.13 (c)와 같이 자석은 여러 개의 자기구역을 형성한다.

자기구역 하나는 한 개의 자석이라 생각할 수 있다. 큰 자성 물질 내부에는 그 림 8.13과 같이 많은 자기구역이 형성되어 있다. 높은 온도에서 자기구역의 자성은 멋대로 배열되어 있어서 물질 전체의 알짜 자성은 영에 가깝게 되어 강자성을 띠지 않는다. 철은 대표적인 강자성 물질이지만 상온에서 스스로 강한 자성을 띠지 않는 데 바로 자기구역 효과 때문이다. 그런데 철에 전선을 감아서 강한 직류전류를 흘려

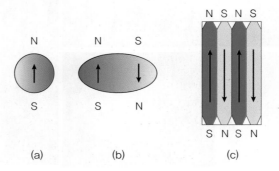

그림 8.13 | 강자성을 나타내는 물질의 자성 구조. (a) 자석의 기본단위인 자기쌍극자는 분자 크기의 작은 자석이다. (b) 두 개의 자석 단위의 극성이 서로 반대 방향으로 배열되어 있다. (c) 물질의 작은 단위들이 자기구역을 형성하고 있다.

주거나 아주 강한 자석 옆에 놓으면 자성을 띠지 않던 철도 스스로 강자성을 띠게 된다. 이는 자석과 같은 방향의 자기구역은 확대하여 커지고 반대 방향의 자기구역은 축소되어 작아지기 때문이며 외부 자기장을 제거하여도 자기구역의 경계가 원래 상태로 잘 돌아오지 않기 때문이다.

그림 8.14는 자성 박테리아(Magnetic Bacterium) 내부에 형성된 나노 입자와 일렬로 배열된 입자들을 나타낸 것이다. 이 나노 입자는 하나의 자석이며 박테리아가 사는 곳의 지구자기장 방향을 따라서 배열되어 있다. 이 박테리아는 이 나노 자석을 이용하여 어떤 기능을 수행하고 있을 것으로 추정하고 있다.

나노 물질은 역학적인 물성이 매우 뛰어나다. 나노 물질은 물질의 상태를 변형시키는 변형력에 대해서 견디는 강도가 매우 강하다. 물체가 한 번 변형되어 다시 원래 상태를 복원할 수 없는 한계인 항복 강도(yield strength)가 다른 물질에 비해서 매우 크다. 경도(굳기, hardness)는 물질을 서로 문질렀을 때 마모되는 정도를 나타낸다. 나노 물질은 다른 물질에 비해서 경도가 큰 경향성을 갖는다. 마모저항(wear resistance)은 두 물질이 서로 접촉했을 때 부식되는 비율을 나타낸다. 나노 물질은 다른 물질에 비해서 마모저항이 크다. 즉 다른 물질에 비해서 잘 부식되지 않는다.

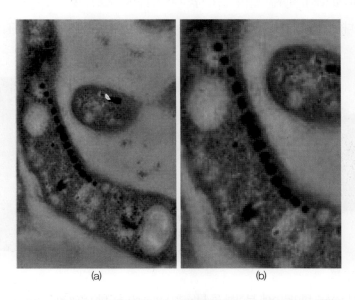

(a)　　　　　　　　(b)

그림 8.14 | (a) 자성 박테리아, (b) 자성 박테리아 내부에 일렬로 배열된 자성 나노 입자이다.

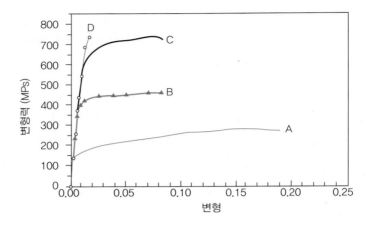

그림 8.15 | 금속과 나노 물질의 탄성 강도 비교. A는 알루미늄 합금, B~D는 크기 약 30 nm의 나노 알갱이로 만들어진 알루미늄 합금으로 보통 알루미늄보다 탄성 강도가 4배 이상이다.

그림 8.15는 물질에 작용한 변형력(stress)-변형(strain)을 그린 그래프이다. 나노 물질을 첨가한 알루미늄 합금은 보통 알루미늄과 비교해서 탄성 강도가 4배 이상 크다.

나노 물질의 또 다른 특징으로 화학적 성질을 들 수 있다. 나노 구조는 화학 반응성(chemical reactivity)을 많이 증가시킨다. 따라서 나노 물질들은 생체와 강하게 상호작용한다. 나노 입자는 크기가 작아서 표면적/부피의 비가 매우 크다. 즉, 부피와

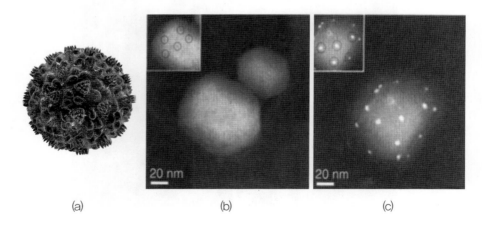

그림 8.16 | HIV-1 바이러스에 부착된 은 나노 입자. (a) HIV-1 바이러스의 그래픽, (b) 은 나노 입자에 노출되기 전의 바이러스, (c) 은 나노 입자에 노출된 바이러스이다.

314

비교해서 표면적이 매우 넓다. 크기 1~10 nm의 나노 입자는 생체의 외 세포막을 쉽게 통과할 수 있다. 어떤 나노 물질은 생체 내부에 들어가서 독성(toxic)으로 작용하거나 환경 호르몬으로 작용한다.

8.4 나노기술과 디지털 기술의 미래

나노기술(NT)은 IT(Information Technology), BT(Bio Technology), ST(Space Technology), ET(Environmental Technology), CT(Curtural Technology), IoT(Internt of Things), AI(Artificial Intelligence) 등과 함께 미래기술로 많은 관심을 끌고 있다. 반도체 메모리 제조 공정 등에는 이미 다양한 나노기술들이 사용되고 있다. 양자컴퓨터(quantum computer), 분자 컴퓨터(molecular computer) 등과 같은 차세대 전자소자에서 나노기술의 응용이 필수적인 조건이 되고 있다.

첨단 반도체 분야에서 무어의 법칙(Moore's law)은 잘 알려져 있다. 무어의 법칙은 반도체 집적회로의 집적도는 약 18개월에 2배씩 증가한다는 것이다. 그림 8.17은

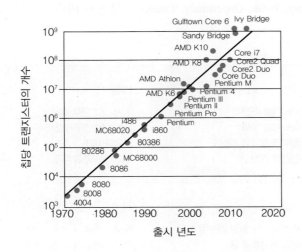

그림 8.17 | 반도체 집적회로 칩의 집적도는 무어의 법칙을 따른다. 무어의 법칙은 1년에 반도체 집적회로의 집적도가 2배씩 늘어난다는 것이나 실제 데이터는 약 18개월에 2배씩 증가한다. 최근에는 기술적 한계 때문에 집적도가 무어의 법칙에서 벗어난다.

1970년대 초부터 2020년 근처까지 칩에 집적된 트랜지스터의 수를 출시 연도에 따라 그린 것이다. 2020년 근처에서 요동이 심해지지만 대체로 무어의 법칙이 성립하는 것을 볼 수 있다. 최근에 반도체 선폭을 줄이는 데 한계가 있어서 무어의 법칙이 깨질 것으로 예상한다. 반도체의 선폭을 줄이는 데 물리적인 한계가 있어서 요즘은 적층 형태의 반도체 칩을 만들고 있다.

나노기술의 중요성

나노기술은 종래의 기술과는 전혀 다른 혁신기술(breakthrough technology)이다. 나노기술은 원자, 분자 수준에서 물질을 물리적, 화학적, 기계적으로 제어하여 유용한 구조와 기능을 발현시키는 기술이며, 이를 통해서 종래와는 전혀 다른 원리의 디바이스를 구축할 수 있다. 나노기술이 성공적으로 실현되었을 때 미래 사회에 커다란 변화를 가져올 것이다.

나노기술은 21세기 가장 중요한 전략적 중요성을 가진 기술의 하나가 될 것으로 예측되며 제조, 의약, 국방, 에너지, 운송, 통신, 컴퓨터 교육 등에서 영향을 줄 것이다. 나노기술은 다른 기술에 비해서 발전 속도가 훨씬 빠르며 어느 나라가 중요한 기술을 확보하느냐 하는 것이 관건이 되고 있다. 그림 8.18은 우리나라 나노기술에 대한 SWOT(Strong, Weak, Oppertunity, Threat) 분석을 나타낸 것이다. 강점은 상대적

강점	약점
나노기술 선진국 나노기술 우위 정부의 적극적 지원 민간의 관심	IT, BT, ST 등에 집중 중소기업 연구개발 부족 산업화 미미 연구인력 공급 부족
기회	위협
세계적 시장 형성 가능성 높음 산업 파급효과 큼 고용창출	중국의 추격 다른 나라들의 대규모 투자 경쟁의 심화

그림 8.18 │ 나노기술에 대한 대한민국의 SWOT 분석

으로 나노 기술 선진국에 속해 있다. 정부와 민간이 NT에 대해서 관심이 있는 것 또한 강점(Strong)이다. 반면 약점(Weak)은 중소기업에서 나노기술에 대한 연구개발이 취약하고 연구개발 인력의 공급이 제한적이라는 것이다. NT 기술을 산업화하여 생산에 직접 연결하는 것이 급선무이다. 기회(Opportunity) 요소는 세계적으로 새로운 시장의 형성 가능성이 크고 산업에서 파급효과가 클 것이다. 위협(Threat) 요인은 중국 등 신흥국의 추격이 심화하고 있으며 다른 선진국의 투자가 일어나서 경쟁이 심화할 것이다.

나나노는 다양한 분야에 응용된다. 심지어 나노 입자를 먹는다. 나노 하이브리드 구조에 비타민 C를 넣은 나노 캡슐인 '비타브리드 C(Vitabrid-C)'를 식빵에 넣어 먹을 수 있다. 이 식빵은 기존 식빵과 비교해서 부피가 10~20% 크며, 빵의 조직감을 향상해 더 쫄깃한 식감을 준다. 도마뱀의 한 종류인 게코(Gecko) 도마뱀은 유리나 나무에 거꾸로 매달릴 수 있다. 게코 도마뱀의 발을 전자현미경으로 찍어보면 주걱 모양의 털 세포가 발달해 있다. 털 세포는 나노 크기이다. 나노기술을 이용하여 게코 도마뱀 물질과 유사한 나노 물질을 만든다면 강력한 접착력을 가진 테이프를 만들 수 있을 것이다. 나비의 날개는 매우 다양한 색깔을 낼 수 있는데 그 이유는 나비 비늘의 구조가 나노 구조이기 때문이다. 나노 구조를 이용한 다양한 천연색을 내게 하는 연구가 활발히 진행 중이다. 화장품에 다양한 크기의 나노 입자들을 첨가하고 있다. 로션, 크림, 샴푸 등에 나노 입자를 첨가한다. 산화아연(zinc oxide) 입자는 선크림에 사용한다. 나노 입자는 햇빛의 자외선을 잘 흡수하고, 로션의 투명성과 매끄러운 촉감을 증대시킨다. 산화티타늄(titanium oxide) 나노 입자를 코팅한 유리는 빛을 받으면 때를 파괴하는 화학반응을 유발한다. 비가 오면 물방울이 생기지 않고 때와 함께 흘러내리기 때문에 유리창이 저절로 청소된다.

공상 과학처럼 들리겠지만 나노로봇인 나노봇(nanobot)에 관한 연구가 활발하다. 나노 크기의 나노봇에 암세포를 파괴하는 레이저를 장착한다면 암을 정복할 수도 있을 것이다. 특히 나노봇이 스스로 자기복제를 할 수 있다면 또 다른 세상이 열릴 것이다. 나노봇은 크기가 작아서 동력을 전달하기 어렵다. 나노봇이 주변의 환경을 이용하여 스스로 에너지를 수집하여 스스로 추진력을 가지는 기술이 관건이다. 컴퓨터 스크린, 핸드폰의 디스플레이는 액정표시(LCD, Liquid Crystal Diode)에도 나노기술이 사용된다. 최근에는 양자점을 이용한 표시장치와 유기발광다이오드(OLED, Organic Light-Emitting Diode)를 디스플레이로 많이 사용한다. 유기발광다이오드는 수 나노미터의 얇은 유기 발광 물질에 전류를 흐려서 스스로 빛을 내는 다이오드이다.

1947년 인류 최초로 트랜지스터가 발명되고 컴퓨터는 반도체 칩을 기반으로 발전하였다. 메모리 반도체와 프로세싱 칩의 발전은 컴퓨터를 더욱 작고 빠른 속도로 동작할 수 있게 하였다. 우리가 사용하는 핸드폰은 작은 컴퓨터이다. 컴퓨터, 인터넷, 핸드폰, 소셜 네트워크의 발전은 우리 사회를 초연결 사회(Hyper-connected society)로 바꾸었다. 4차 산업혁명을 이야기할 때 ICBM(IoT, Cloud, Big Data, Mobile) 또는 DNA(Data, Network, Artificial Intelligence)라는 용어를 사용한다. 블록체인, 플랫폼, 엣지 컴퓨팅, 가상현실(VR, Virtual Reality), 증강현실(AR, Augmented Reality), 융합현실(MR, Mixed Reality), 메타버스(metaverse), 로봇기술 등 다양한 첨단기술이 나타나고 있다. 대표적인 디지털 기술인 인공지능(Artificial Intelligence), 빅데이터(Big Data), 사물인터넷(IoT, Internet of Things) 등이 미래 사회의 변화에 어떤 영향을 줄 것인지 살펴보자.

8.5 반도체가 이끈 혁신

나노기술, 디지털 기술, 빅데이터 기술은 반도체 기술의 혁신적 발전, 인터넷과 월드와이드웹 기술의 발전 덕분이었다. 이러한 기술적 혁신을 이끈 반도체의 발전을 살펴보자. 20세기 초에 다양한 전자소자들이 발견되었고 양자역학이 발전하면서 그 소자들의 동작 특성을 과학적으로 이해하게 되었다. 1879년 헬름홀츠(Hermann von Helmhotz, 1821~1894, 독일의 물리학자)는 하인리히 헤르츠(Heinrich Rudolf Hertz, 1857~1894)에게 맥스웰의 이론을 검증해 볼 것을 박사학위 과제로 부과하였다. 헤르츠는 박사학위를 끝낸 다음에도 전자기파 문제를 계속 탐구하여 1888년에 두 개의 가까이 배치한 도체 구 사이에 강한 전압을 가해주면 방전이 일어나면서 라디오파(radio wave)가 발생함을 발견하였다. 과학관에 가면 큰 구에서 번개가 치는 것을 볼 수 있는데 그런 큰 도체 구를 이용하여 전파를 발생시켰다. 마르코니는 헤르츠의 발견을 이용하여 무선통신에 성공하였다. 이로써 전기현상을 이용한 통신이 발전할 수 있는 계기가 마련되었다. 전자기파를 이용한 통신이 발전하면서 디지털 통신의 기반이 되는 과학적 발견이 일어났다.

디지털 시대를 여는데 이론적인 기반을 마련한 세 명의 과학자를 뽑는다면 클로드 새넌(Claude Elwood Shannon, 1916~2001), 앨런 튜링(Alan Mathison Turing, 1912~1954), 존 폰 노이만(John von Neumann, 1903~1957)이다. 새넌은 1936년 미시간 대학교에서 수학과 전기공학을 전공하였다. 2차 세계대전 후에 벨연구소에서 일하던 새넌은 1945년에 〈암호학의 수학적 기반〉이란 보고서를 작성하였다. 1948년에 "통신의 수학이론(A mathematical theory of communication)"이란 논문을 〈Bell System Technolgy Journal〉에 발표하였다. 이 논문이 통신과 컴퓨터 분야에서 정보이론의 기초를 놓은 논문이었다. 새넌은 정보의 양을 정의하였는데 그 표현은 통계역학에서 엔트로피와 같은 의미였다. 앨런 튜링은 괴델의 불완전성정리(incompleteness theory)를 결정 가능성 문제로 환원하여 증명하였다. 불완전성정리는 어떤 수학적 공리계에서 참인 명제 일부를 증명할 수 없으며 스스로 무모순성을 증명할 수 없다는 정리이다. 즉 완전하고 무 모순적인 공리체계는 존재하지 않는다는 것이다. 튜링은 계산과 알고리즘으로 동작하는 튜링기계(Turing machine)를 도입하였으며 프로그램할 수 있는 보편적 계산 모형을 확립하여 컴퓨터 과학의 기초를 놓았다. 1947년에 지능을 가진 지능 기계(intelligent machine) 개념을 소개했으면 1950년에는 인공지능(artificial intelligence) 개념을 소개하였다. 폰 노이만은 20세기 초의 천재적인 수학자이며 물리학자이다. 1932년에 《양자역학의 수학적 기초(Mathematical foundations of quantum mechanics)》란 책을 출판하였다. 1944년에 경제행위에서 게임이론을 소개하였고, 1945년에 컴퓨터 구조의 틀인 폰 노이만 아키텍처를 제시하여 컴퓨터를 만드는 데 크게 이바지하였다.

컴퓨터의 개발은 컴퓨터의 기본 소자인 논리소자(logic gate)가 발명되었기 때문에 가능했다. 반도체보다 먼저 개발된 진공관(vacuum tube) 소자는 전자공학의 기본 소자인 다이오드(diode)와 트랜지스터(transistor)의 기능이 있었다. 1904년에 플레밍(John A. Fleming, 1849~1945)은 다이오드 기능을 가지는 진공관을 개발하였다. 다이오드는 순방향으로 문턱전압(knee voltage) 이상의 전압을 걸면 회로에 전류를 흐르게 하지만, 역방향으로 전압을 걸면 전류를 차단하는 스위치 기능을 가진 소자이다. 증폭 기능을 갖는 3극 진공관인 트라이오드(triode)는 1906년에 포레스트(Lee de Forest, 1873~1961)가 발명하였다. 진공관을 이용한 컴퓨터의 원형은 1943년 영국에서 만든 콜로서스(Colossus)로써 제1세대 프로그램 가능한 디지털 컴퓨터였다. 콜로서스는 2차 세계대전 중에 독일의 암호를 해독할 목적으로 개발되었다. 이후에 진공관을 이용한 컴퓨터인 ENIAC(Electronic Numerical Integrator AND Computer), Mark I, EDVAC(Electronic Discrete Variable Automatic Computer) 등이 속속 개발되었다. 그런데 진공관은 여러 가지 단점을 가지고 있었다. 진공관은 외부가 유리로 덮여 있었고 내부는 진공상태로 유지해야 했다. 유리관은 깨지기 쉬우므로 매우 불편했다. 진공관이 동작할 때 열이 많이 발생했으며 많은 전력을 소모하였다.

1936년에 벨연구소의 마빈 켈리(Marvin Kelly)는 "고체 물리 디바이스 그룹(Solid State Device Group)"을 조직하였다. 초기의 구성원은 쇼클리(William Bradford Shockley), 러셀 올(Russel Ohl), 잭 스캐프(Jack Scaff) 등이었다. 켈리는 진공관을 소형화할 수 없다고 생각했으며 전자공학의 궁극적인 소자가 아니라고 생각했다. 이러한 진공관의 단점을 보완하기 위해서 벨연구소(Bell Laboratory)에서 깨지지 않고 소형화할 수 있는 "진공관을 대체할 고체소자(solid-state device)에 관한 연구"를 시작하였다. 고체소자 연구의 선임 연구자는 브래튼(W. H. Brattain)이었고 신참 연구자는 러셀 올(Russel Ohl)이었다. 고체소자를 만들기 위해서 실리콘을 이용한 단결정을 만들어야 했는데 그 당시 단결정 연구는 쉽지 않았다. 연구가 난관에 부딪히자 브래튼은 고체소자 연구를 포기하려 하였다. 브래튼은 "진공관이 우리의 미래다(Vacuum tubes are the futures)"라고 선언할 정도였다. 그러나 신진연구자였던 러셀 올은 단결정 연구를 계속하여 1940년에 99.8%의 순도를 갖는 실리콘 결정을 얻고 결정을 성장시킬 때 불순물을 주입하여 pn-접합 다이오드(pn-junction) 개발에 성공하였다. 이 고체소자는 진공관 다이오드와 기능이 같으면서 소형이고, 저전력으로 동작하는 고체소자이다. 진공관 연구를 주장하던 브래튼은 러셀 올 연구의 중요성을 금방 깨달았다. 비록 처음에는 고체소자 연구에 반대했지만 이제 고체소자 연구를 전폭적으로 지지하게 되었다. 러셀 올이 발견한 pn-접합 다이오드는 표면에 빛을 비추면 광전압을 발생시키는 광기전력효과(photovoltaric effect)도 나타내었다.

2차 세계대전 이후에도 벨연구소는 깨지기 쉬운 진공관을 대체할 고체소자에 관한 연구를 꾸준히 지속하였다. 세계대전이 끝나자 전쟁 중에 다양한 분야에서 전쟁 관련 연구를 하던 많은 과학자가 벨연구소에 복귀하였다. 벨연구소에서 고체소자에 관한 연구는 물리학자들 사이의 협력과 반목을 보여주는 대표적인 사례이다. 벨연구소는 벨 전화회사(Bell Telephone Company, 현 AT&T)가 설립한 민간 연구소였지만 당시 많은 연구비를 물리학, 화학 등의 기초 연구에 연구비를 지원했으며 많은 과학자가 연구하고 있었다. 2차 세계대전 후에 벨연구소에 복귀한 켈리는 1946년에 고체소자 연구를 재개한다. 새로 구축한 고체 물리 연구 그룹(Solid-state physics group)은 물리학자 쇼클리(William Shockley)와 화학자 스텔리 모건(Stanley Morgan)이 이끌게 되었으며 브래튼, 바딘(John Bardeen, 1908-1991), 무어(Bert Moore), 기브니(Robert Gibney), 피어슨(John Pearson)으로 구성되었다. 이 연구실은 실험 초창기에 아주 중요한 결정을 하였는데 많은 반도체 물질 중에서 가장 단순한 반도체 물질인 실리콘(silicon)과 게르마늄(Germanium)에 집중하기로 했다. 한편 쇼클리는 "전기장 효과 디바이스(Field-Effect Device)"에 대한 아이디어를 가지고 있었다.

초창기의 연구는 쇼클리의 아이디어인 외부 전기장이 반도체의 전기전도에 영향을 줄 것이라는 가정을 기반으로 소자를 만들었지만 계속 실패했다. 고체소자 연구의 돌파구는 이론물리학자 존 바딘의 아이디어에서 돌파구를 찾았다. 바딘은 고체의 표면 상태를 이용하는 아이디어를 냈다. 바딘이 표면 상태를 생각하게 된 것은 2차 세계대전 중에 레이다의 발전과 더 좋은 레이다를 개선하기 위한 노력과 연관이 있다. 영국 해안의 날씨는 매우 좋지 않았는데 레이다의 해상도를 높이기 위해 더 높은 진동수의 마이크로파가 필요했다. 2차 세계대전 중에 퍼듀대학교 전파연구실(Perdue University Radiation Lab)은 레이다 성능을 개선하기 위해서 실리콘과 게르마늄 결정을 향상시키려는 연구를 진행했다. 퍼듀대학교에서 반도체 결정에 관해서 한 연구는 바로 바딘이 "표면 상태"와 "확산저항(spreading resistance)"를 생각하게 하는 데 기여하였다. 바딘은 반도체에 전기장을 걸면 전기전도도가 변할 것으로 예측했으며, 간단한 계산을 통해서 반도체 표면 근처의 반도체 내부에서 전기 스크리닝(screening)이 일어날 것이라고 제안하였다.

바딘의 제안은 연구의 급진전을 가져왔다. 1947년 12월 23일은 미국 뉴저지주 머레이 힐(Murray Hill)에 위치한 벨연구소 1번 빌딩 4층에서 브래튼, 쇼클리, 바딘,

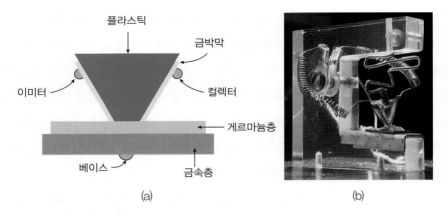

플라스틱

금박막

이미터

컬렉터

게르마늄층

베이스

금속층

(a)

(b)

그림 8.19 | 점 접촉 트랜지스터. (a) 점 접촉 트랜지스터의 개념도. 반도체인 게르마늄(Ge)이 이미터, 컬렉터, 베이스 금속 전극에 연결되어 있다. (b) 1947년 12월 23일에 발명된 최초의 고체 트랜지스터이다.

무어(Bert Moore), 기브니(Robert Gibney), 피어슨(John Pearson)이 점 접촉 트랜지스터(point-contact transistor)를 최초로 발명하였다. 벨연구소는 이 발견을 벨연구소의 "기적의 달"이라고 부른다. 쇼클리는 가장 "위대한 크리스마스 이브"라고 하였다.

그림 8.19는 게르마늄(Ge, Germanium) 반도체에 세 개의 금속 전극인 이미터(emitter), 컬렉터(collector), 베이스(base lead)를 연결한 점 접촉 트랜지스터의 개념도와 벨연구소에서 최초로 만든 고체 트랜지스터의 실물 사진을 나타낸 것이다. 그림에서 쐐기모양의 역삼각형 변의 길이는 1.25인치(약 3.2 cm)이다. 인류 최초의 고체 트랜지스터는 크기가 상당히 큰 소자였다. 점 접촉 트랜지스터를 발명한 후에 바딘과 브래튼은 군대와 협의하여 특허를 출원하였으며 1948년 6월 30일 뉴욕에서 열린 학술회의에서 이 발견을 공표하였다. 이 학회에서 이 트랜지스터를 이용하여 목소리를 증폭하는 회로를 공개하였다.

벨연구소는 점 접촉 트랜지스터에 대한 특허를 바딘, 브래튼, 기브니(Robert Gibney, 1911~?)의 이름으로 출원하였다. 트랜지스터에 대한 발견 후에 연구원들 사이에 분란이 일어났다. 쇼클리는 단기 연구년을 유럽에서 보내고 있었지만, 트랜지스터가 발견되던 크리스마스 전에 연구실에 돌아와 있었다. 하지만 발견의 순간에 참여하지 못한 것에 대해서 분통을 터뜨렸다. 바딘이 반도체의 표면층에서 전기전도의 변화가 트랜지스터 증폭의 원인이라고 생각하는 데 반해서 쇼클리는 그러한 변화가 반도체 결정의 덩치 내부에서 전기전도도의 변화 때문이라고 생각했다. 다음 두 달 동안 쇼클리는 **접합형 트랜지스터**(bipolar junction transistor)에 대한 개념을 확립하고 이론을 확립하였다. 1948년 2월에 벨연구소의 존 시브(John N. Shive, 1913~1984)는 이미터와 컬렉터 사이에 얇은 게르마늄 결정 구조를 만들어 표면효과를 제거한 구조를 만들었다. 쇼클리의 아이디어를 실현한 소자가 탄생한 것이다. 쇼클리는 1948년 6월 26일에 접합형 트랜지스터 특허를 출원하였다. 1950년 4월 12일에 벨연구소의 쇼클리, 브래튼, 고든 틸(Gordon Teal, 1907~2003), 모간 스파크스(Morgan Sparks, 1916~2008)는 완벽하게 동작하는 npn-접합 트랜지스터를 만들고 동작하는 것을 확인하였다. 접합 트랜지스터는 순수한 게르마늄을 용융하여 결정 구조의 고체를 만들어야 했고 만드는 동안에 n-형 또는 p-형의 반도체를 만들기 위해서 녹아 있는 상태에서 불순물을 주입해야 했다. 게르마늄 결정을 만들 때 **쵸크랄스키 방법**(Czochralski method)을 사용하였다. 쵸크랄스키(Jan Czochralski)는 순수한 물질을 녹인 다음 조그만 씨앗(seed)을 담근 다음 아주 천천히 빼내면 물질이 식으면서 단결정(crystal)으로 성장하는 방법이다. 순수한 실리콘을 녹였다가 쵸크랄스키 방법으로 만든 실리콘 결정 기둥을 **잉곳**(Ingot)이라 하고 이 단결정 기둥을 얇게 자르면 실리콘 **웨이퍼**(wafer)가 만들어진다. 그림 8.20과 같이 실리콘, 게르마늄은 14족 원소이고 이러한 물질로 만든 단결정을 진성 반도체(intrinsic semiconductor)라 한다.

13	14	15
5 B	6 C	7 N
13 Al	14 Si	15 P
31 Ga	32 Ge	33 As
49 In	50 Sn	51 Sb

그림 8.20 | 진성 반도체인 실리콘, 게르마늄은 14족 원소이다. 실리콘이나 게르마늄 단결정에 13족 원소인 붕소(B)나 알루미늄(Al)을 주입하면 p–형(+) 반도체가 되고 15족 원소인 인(P)이나 비소(As)를 주입하면 n–형(–) 반도체가 된다.

14족 원소는 가전자가 4개이고, 13족은 가전자가 3개이다. 13족 원소는 14족에 비해서 전자가 하나 부족하고 15족 원소는 가전자가 5개이므로 14족에 비해서 전자가 하나 많다. 실리콘이나 게르마늄 단결정에 13족 원소인 붕소(B)나 알루미늄(Al)을 소량 주입하면 p-형 반도체가 된다. p-형은 14족에 비해서 전자가 하나 부족하므로 양공(hole, +전하를 띰)이 전하 운반자(electric carrier)가 된다. n-형은 15족 원소를 불순물로 주입하기 때문에 전자가 더 풍부하여 전자(electron)가 전하 운반자가 된다.

그림 8.21은 npn-형 접합 트랜지스터의 구조를 나타낸 것이다. 이 구조에서 베이스(base)는 매우 얇은 구조를 하고 있다. 접합형 트랜지스터는 "샌드위치(sandwich)"형의 트랜지스터라 불린다. 모든 특허 출원을 끝낸 1951년 7월 4일에 벨연구소(Bell Lab)는 공식적으로 접합 트랜지스터의 발명을 발표하였다(Prabhu 2021). 쇼클리는 후에《반도체에서 전자와 양공(Electron and Hole in Semiconductor)》이란 책을 저술하였으며 당시 반도체 분야에서 바이블 같은 책이 되었다. 반도체의 동작 원리는 전적으로 양자역학과 통계역학을 기반으로 설명할 수 있었다. 20세 전반기에 발전한 양자역학과 통계역학이 전자소자의 기본이 되는 원리를 설명한 것이다.

1954년에 텍사스에 소재한 텍사스 인스트루먼츠(Texas Instrument)사에서 접합 트랜지스터를 이용한 휴대용 라디오를 출시되는 등 접합 트랜지스터가 일반적으로 쓰이기 시작했다. 1955년 쇼클리는 버크만 인스트루먼츠(Beckman Instruments)에서 만들어준 "쇼클리 반도체 실험실(Shockley Semiconductor Laboratory)"로 이직하였다. 이 연구소는 캘리포니아 실리콘밸리(Silicon valley)에 있었다. 쇼클리는 당시 많은 젊

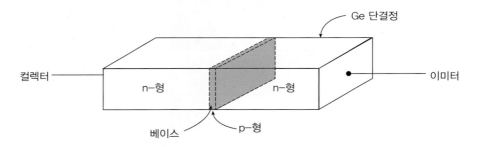

그림 8.21 | npn-형 접합 트랜지스터. Ge 단결정에 불순물을 주입하여 p-형과 n-형 반도체를 형성한다. p-형인 베이스는 매우 얇고 베이스 전극이 붙어 있고, n-형 양쪽에는 컬렉터와 이미터 전극이 붙어 있다.

은 인재들을 영입하였다. 쇼클리의 간섭이 심해지자 8명의 연구자가 버크만 인스트루먼츠를 떠났으면 주로 페어차일드 반도체(Fairchild Semiconductor)로 이직하였다. 이 중에는 후에 인텔(Intel)의 공동 창업자인 고든 무어(Gordon Moore)와 로버트 노이스(Robert Noyce)도 포함되어 있었다. 초창기 반도체 연구의 주역들이 미국 반도체와 컴퓨터 회사의 주축으로 성장한 것을 알 수 있다. 브래튼, 쇼클리, 바딘은 트랜지스터를 발명한 공로로 1956년에 노벨 물리학상을 받았다. 바딘은 나중에 "저온 초전도체에 대한 이론인 BCS 이론"으로 두 번째 노벨 물리학상을 수상한다. 접합 반도체는 금속 산화 반도체 장효과 트랜지스터(MOSMET, metal-oxide semiconductor field-effect transistor)로 진화하였다. 요즘 반도체는 실리콘 기판에 반도체 소자를 집적한 집적회로(IC, Integrated Circuit)를 사용하며 컴퓨터의 CPU에 들어가는 트랜지스터의 수는 수천~수억 개에 달하며 반도체에 들어가는 회로의 선폭은 수 nm로 줄어들고 있다. 인텔의 i9 10세대 칩(2019)은 선폭 14 nm에 트랜지스터 2억 9천만 개가 집적되어 있고 AMD THREADRIPPER 3990X(2020)는 선폭 12 nm에 38억 개의 트랜지스터가 집적되었다.

표 8.1은 진공관, 반도체 기술의 발전과 초기 컴퓨터의 발전을 요약한 것이다. 반도체 기술의 혁신적인 발달로 반도체 칩은 크기는 작아지고 더 많은 트랜지스터가 집적되어 더 좋은 성능을 발휘한다. 오늘날 반도체 기술의 발전은 컴퓨터, 인터넷, 핸드폰 등과 같은 디지털 시대를 여는 가장 중요한 기술이며 거의 모든 전자장치에 반도체가 들어간다. 그야말로 반도체 없는 세상은 상상할 수도 없게 되었다. 인류는 이렇듯 과학적 원리를 발견하고 그 원리를 응용하여 인공적인 장치들을 만들어냄으로써 새로운 단계로 진화하고 있다.

8.6 인터넷과 월드와이드웹

오늘날 우리는 인터넷과 월드와이드웹을 너무 쉽게 접근하기 때문에 그러한 기술이 당연한 듯이 사용하고 있다. 사실 인터넷과 월드와이드웹은 탄생한 지 얼마 되지 않은 기술이다. 컴퓨터를 네트워크로 연결하려는 개념은 1962년 8월에 MIT의

표 8.1 | 진공관, 반도체, 초기 컴퓨터의 발전과 관련 있는 사건들 요약

년도	발견 또는 명칭	진공관	고체 반도체 소자
1904	John A. Fleming	진공관(diode) 발명	
1906	Lee De Forest	Triode 발명	
1919	W. H. Schottky	Tetrode 발명	
1934	T. Flowers	3000개의 진공관으로 전자 스위치 만듦	
1939	Mervin Kelly		Bell Labs Solid-State Group
1940	Russel Ohl		실리콘 결정으로 pn-접합 다이오드
1943	Colossus(영국)	제1세대 프로그램 가능 전자 디지털 컴퓨터	
1945	ENIAC	1st large-scale general purpose programmable electronic digital computer	
1947	W. Brattain W. Shockley J. Bardeen		Point-Contact Transistor 발명 (벨연구소 기적의 달)
1949	EDSAC	케임브리지대학교에 설치한 최초의 실용적 프로그램 내장 컴퓨터	
1949	EDVAC	University of Pennsilvaina 에 설치한 1st stored progam computer	
1950	W. Shockley W. Brattain G. Teal M. Sparks		npn-junction transistor 발명
1954	TRADIC		미공군을 위해서 벨연구소가 만든 최초의 트랜지스터 컴퓨터
1955	Harwell CADET		유럽에서 만든 최초의 트랜지스터 컴퓨터
1959	IBM 1620		보급형 Scietific Computer
1974	Personal Computer		앨테어(Altair) 8800

리클라이더(J. C. R. Licklider, 1919~1990)가 제시한 "은하 네트워크(Galactic network)"에서 찾을 수 있다(Leiner 1997). 그는 모든 사용자가 컴퓨터에 접속하여 데이터 처리와 프로그램 수행을 하는 네트워크 개념을 제시했다. 리클라이더는 1962년 10월에 DARPA(Defense Department's Advanced Research Project Agency)의 컴퓨터 연구프로그램의 책임자가 되었다. 그가 이곳에 머무는 동안 DARPA의 두 과학자 이반 서덜랜드(Ivan Sutherland), 밥 테일러(Bob Taylor)와 MIT 연구원 로렌스 로버트(Lawrence G. Robert)에게 네트워크 개념을 확립해 주었다. 1961년에 MIT의 클라인록(Leonard Kleinrock)은 "패킷 스위치 이론(packet switching theory, 데이터를 작은 블록으로 전송하는 기술)"을 발표하고 로버트에게 이 이론을 통신에 적용하도록 설득하였다. 1965년에 로버트는 토마스 메릴(Thomas Merril)과 함께 미국 매세츄세츠의 TX-2 컴퓨터와 캘리포니아의 Q-32 컴퓨터를 저속의 다이얼 전화선으로 연결하였다. 이것이 최초의 장거리 컴퓨터 네트워크 연결이다. 1966년에 로버트는 DARPA로 옮겨와서 컴퓨터 네트워크 개발에 참여한다.

1967년에 DARPA는 패킷 네트워크 개념을 채택한 ARPANET(Advanced Research Projects Agency Network)을 도입한다. 1968년에 DARPA는 ARPANET을 구현하는 연구 공모를 시행하였다. 이 제안서에서 패킷 스위치는 IMP(Interface Message Processor)이라고 명명되었다. 이 공모는 BBN(Bolt Beranek and Newman)사의 프랑크 하트(Frank Heart) 그룹이 수주하고 ARPANET 아키텍처 디자인에 주된 역할을 하는 로버트 칸(Robert E. Kahn, 1938~)과 협업을 한다. 네트워크 디자인이 끝나자 1969년 패킷 스위치 개념을 처음 제시하고 UCLA에서 교수로 재직하던 클라인록 그룹의 UCLA(Network Measurement Center)가 ARPANET의 첫 컴퓨터 연결 노드로 선정되었다. 두 번째 컴퓨터 노드는 스탠퍼드 연구소(SRI, Stanford Research Institute)의 네트워크 정보 센터(Network Information Center)의 컴퓨터가 선정되었다. 1969년에 두 컴퓨터는 host-to-host message로 서로 접속할 수 있었다. 그 후에 UC Santa Barbara와 유타대학교의 컴퓨터가 추가로 연결되어 네트워크 연결이 성공하였다. 이것이 최초의 ARPANET이고 인터넷의 원형이 되었다. 1972년에 칸(Khan)은 ICCC(International Computer Communication Conference)에서 ARPANET의 데모 시연을 성공적으로 마쳤다.

컴퓨터 네트워크의 첫 응용 프로그램은 전자메일(electronic mail)이었다. 1972년 3월 BBN의 레이 톰린슨(Ray Tomlinson)은 전자메일 소프트웨어를 완성하였다. ARPARNET이 오픈 아키텍처 네트워크(open architecture networking)로 발전하는 데는 로버트 칸의 역할이 컸다. 로버트 칸은 열린 네트워크(Open Network)를 구성하기 위해서 새로운 통신 프로토콜인 TCP/IP(Transmission Control Protocol/Internet Protocol, 인터넷 통신 규약으로 http, ftp 등은 이 규약을 이용한다)를 개발하였다. 로버트 칸이 이 프로토콜을 만들 때 네 개의 규칙을 생각했는데 오늘날 인터넷에 그대로 적용되는 개념이다. 첫째는 각 독립적인 네트워크는 독립적으로 동작하면서 다른 네트워크에 연결되어야 한다. 둘째 한 패킷이 목적지에 도달하지 못하면 송신지에서 다시 메시지를 재전송해야 한다. 셋째 블랙박스(게이트웨이(gateway)와 라우터(router)로 발전)가 네트워크 연결을 보장한다. 게이트웨이는 패킷 흐름을 유지할 뿐 정보를 저장하지 않는다. 마지막으로 전역적인 제어를 할 필요가 없어야 한다. TCP/IP 통신은 인터넷이 오픈 네트워크로 발전하는 데 결정적인 역할을 한 기술이다. 인터넷(Internet)이란 용어는 1973년 빈트 서프(Vinton Gray Cerf, 1943~)와 로버트 칸이 모든 컴퓨터를 하나의 네트워크로 연결한다는 뜻의 International Network를 줄여서 "인터넷(Internet)"이라고 명명하였다.

1983년 1월 1일에 ARPARNET의 host protocol이 TCP/IP로 전환된다. ARPARNET은 지속적으로 팽창하였고 1983년에 개방형 ARPARNET과 군이 사용하는 MILNET이 물리적으로 분리되었다. 1985년 이후 인터넷은 연구자들의 연결을 돕는 기술로 자리를 잡게 된다. 1970년 중반 이후에 다양한 인터넷망이 출현한다. 미국 에너지국(DoE, Department of Energy)은 자기 융합에너지(Magnetic Fusion Energy) 연구자를 위한 MFENet을 만들고, DOE의 고에너지 물리학자(High Energy Physicists)를 위한 HEPNet이 만들어진다. 나사(NASA)의 물리학자를 위한 SPAN(Space Physics Analysis Network)이 만들어졌다. 인터넷의 초창기에 많은 물리학자를 연결하는 인터넷이 먼저 만들어진 것은 매우 흥미롭다. 첨단 물리학 연구에서 정보의 교환을 같은 실수를 반복하지 않고 연구 자금을 낭비하지 않는 데 큰 도움을 주기 때문이다. 미국의 연구재단(NSF, National Science Foundation)은 학계와 산업계의 컴퓨터 과학 단체(Computer Science Community)를 위해서 CSNET 설립을 지원

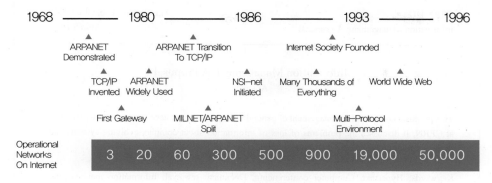

그림 8.22 | 인터넷의 발전 과정.

하였다. AT&T 사는 UNIX 컴퓨터에서 동작하는 USENET을 구축하였다. 1981년에 USENET에서 학계의 메인프레임 컴퓨터와 접속할 수 있는 BITNET으로 분리되었다. 초창기의 인터넷들은 목적 지향적이었고 전문가들을 위한 네트워크였다. 인터넷의 급격한 발전은 다양한 자료와 소프트웨어를 무료로 개방했기 때문에 가능했다. 1980년대 중후반에는 많은 회사가 인터넷 관련 소프트웨어와 제품을 출시함으로써 인터넷은 보편적인 연결 수단이 되었다. 그림 8.22는 인터넷의 개략적인 발전 과정을 나타낸 것이다.

우리나라의 인터넷은 1982년 한국전자통신연구수소(ETRI)와 서울대학교 사이에 구축한 네트워크가 최초이다. 1993년부터 인터넷 서비스가 시작되었으며 PC와 초고속 인터넷이 보급되면서 급속히 확산하였다. 1997년 김대중 정부는 초고속 인터넷 서비스를 시작하여 우리나라가 세계적인 인터넷 강국으로 도약하는 데 일조하였다.

월드와이드웹(WWW, World Wide Web)은 인터넷의 발전과 함께 탄생하였다. WWW은 유럽입자물리연구소(CERN, Conseil Europeenne pour la Recherche Nucleaire)에서 탄생하였다. 물리학자들의 데이터 처리와 정보 공유에 대한 수요는 다양한 기술 발전을 이끌었다. CERN에서 입자 충돌실험을 하면 엄청난 양의 빅데이터가 생성되며 이 데이터를 여러 나라에 있는 컴퓨터에 분산저장하고 다시 데이터에 접속하여 처리해야 한다. 1989년에 CERN에 근무하던 팀 버너스리(Tim Berners-Lee, 1955~)는 그림 8.23과 같은 WWW 개념에 대한 첫 제안서를 제출한다. 사실 WWW

CERN DD/OC
Information Management: A Proposal

Tim Berners-Lee, CERN/DD
March 1989

Information Management: A Proposal
Abstract

This proposal concerns the management of general information about accelerators and experiments at CERN. It discusses the problems of loss of information about complex evolving systems and derives a solution based on a distributed hypertext sytstem.

Keywords: Hypertext, Computer conferencing, Document retrieval, Information management, Project control

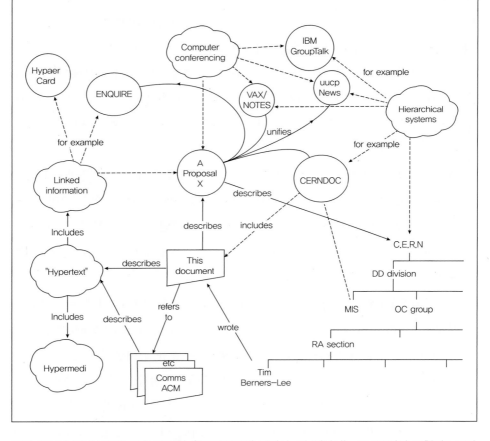

그림 8.23 | 버너스리가 처음 제안한 월드와이드웹 제안서. 이 제안서는 CERN에서 구현됨으로써 WWW 세상을 열었다.

자료: Leiner et al 1997.

가 탄생하는데 필요한 3요소가 그 당시에는 갖추어져 있었다. 그 3요소란 PC, 컴퓨터 네트워크, 하이퍼텍스트(HyperText) 기술이다. 1990년에 버너스리와 벨기에 시스템 공학자 로버트 카이리아우(Robert Caililiau, 1947~)는 하이퍼텍스트 기반의 실행 계획 문서를 제출한다. 이 계획은 "하이퍼텍스트 프로젝트(hypertext project)"를 설명하고 있었는데 하이퍼 텍스트문서를 브라우저(browser)에서 볼 수 있는 웹(web)을 "월드와이드웹(World Wide Web)"이라 불렀다. 1999년에 버너스리는 CERN의 NeXT 컴퓨터에서 동작하는 세계 최초의 브라우저 코드를 개발하여 실행시키는 데 성공하였다. 그는 누가 컴퓨터를 끄지 못하도록 다음과 같은 경고문을 붙여 놓았다. "이 컴퓨터는 서버입니다. 전원을 끄지 마세요(This is a server, DO NOT POWER IT DOWN!!)". 이것이 WWW의 탄생이다. 세계 최초의 웹사이트 주소는 info.cern.ch였다. 이 사이트는 WWW 프로젝트에 대한 정보, 하이퍼텍스트에 대한 설명, 웹서버에 대한 기술적 설명 등을 포함하고 있었다.

초창기 WWW은 과학자들이 정보에 쉽게 접근할 수 있도록 설계되었으며, 키워드 검색만 가능했다. 버너스리의 웹브라우저는 NeXT 컴퓨터에서만 동작했으며 소수의 인원만 접속 가능했다. 더 많은 사람이 컴퓨터의 종류에 상관없이 쉽게 웹에 접속할 수 있어야 했다. 1990년 11월에 버너스리는 단기 학생연구원인 니콜라 페로우(Nicola Pellow)를 영입하여 더 단순하고 여러 컴퓨터에서 동작하는 "Line Mode Browser"를 개발하였다. 1991년에 버너스리는 line-mode browser, 웹서버 소프트웨어, 개발자를 위한 라이브러리를 포함한 WWW 소프트웨어를 공개하였다. 처음에는 CERN 컴퓨터 사용자에게 공개했지만 1991년 8월에 Internet Newsgroup에 WWW 소프트웨어를 공개함으로써 오픈 소프트웨어가 되었고 WWW이 세계화하는데 크게 기여하였다.

1991년에 폴 쿤츠(Paul Kun)와 루이스 아디스(Louise Addis)는 미국의 스탠포드 선형가속기센터(Stanford Linear Accelerator Center, SLAC)에 첫 웹서버를 설치하였다. 이후에 다양한 웹브라우저가 탄생한다. 1993년에 일리노이대학교의 NCSA(National Center for Supercomputing Applicaitons)는 Mosaic 브라우저를 공개한다. 이전의 브라우저가 텍스트 기반이었다면 모자이크는 이미지를 표시할 수 있는 최초의 브라우저였다. 이후 1994년에 네트스케이프사는 Netscape 브라우저를 공개하였고, 1995

년에 마이크로소프트사는 윈도 운영체제에서 동작하는 인터넷 익스플로러(Internet Explorer)를 마이크로소프트 윈도 OS에 포함했다. 2002년에 모질라 코퍼레이션은 모질라 파이어폭스(Mozila Firefox) 브라우저를 개발하였다. 2008년에 구글은 크롬(Chrome) 브라우저를 발표하였다. 이제 인터넷과 WWW이 없는 세상을 상상하기도 어렵다. 이러한 디지털 기술들이 발전하면서 다양한 플랫폼 사업과 인터넷 회사들이 생겨나서 세계 기업의 판도를 바꾸고 있다.

8.7 빅데이터

앞에서 급격히 증가하는 빅데이터(Big Data)의 특징을 살펴보았다. 빅데이터는 2005년에 페이스북(Facebook), 유튜브(YouTube), 카카오톡(Kakao Talk) 등 온라인 소셜 네트워크를 급속히 사용하면서 많은 데이터가 축적되기 시작하면서 그 중요성을 깨닫게 되었다. 빅데이터를 저장하고 데이터 파일을 분산 처리하는 오픈 소스인 하둡(Hadoop)이 나타나면서 빅데이터 처리에 새로운 장을 열었다. 비슷한 시기에 빅데이터를 저장할 수 있는 데이터베이스인 NoSQL(Non SQL)도 널리 사용되기 시작하였다.

빅데이터의 특징은 3V(Volume, Velocity, Variety), 4V(Volume, Velocity, Variety, Veracity), 5V(3V+Value, Veracity), 6V(5V+Visualization), 7V(6V+Volatility) 등이 있다(최재경). 빅데이터의 규모(Volume)는 상상을 초월한다. 스몰 데이터(Small Data)는 병원, 학교, 행정부, 금융회사 등 다양한 기관에서 정형화된 형태로 생산되고 있다. 대표적인 정형이고 스몰 데이터는 엑셀 형식으로 저장한 데이터이다. 최근의 초연결 사회에서 데이터는 문자, 음성, 동영상, 그림의 형태로 대량으로 생성된다. 물리학 분야에서 입자가속기의 충돌실험에서 대량의 측정 데이터가 생성된다. 유럽 입자물리 연구소의 입자 충돌실험이 한 번 시행되면 발생하는 측정 데이터는 한 번 실험에서 수 페타바이트(PB)에 달한다. 일찍이 물리학자들은 이러한 빅데이터를 신속하게 분산저장하고, 불필요한 노이즈 데이터를 걸러내고, 각 나라의 컴퓨터 클러스터에 분산저장하고, 저장한 데이터를 다시 끄집어내어 분석하는 방법을 개발해 왔다. 물리학자들의 이러한 빅데이터 처리 방법은 현재의 빅데이터 연구에 많은 도움을 주고 있다. 초연결 사회에서 사용자 개인들이 생성하는 많은 데이터는 많은 다국적 회사들의 데이터 센터에 축적되고 있다. 2002년 이후 이러한 데이터의 양이 폭발적으로 증가하여 빅데이터의 시대가 열렸으며 이를 이용한 머신러닝과 딥러닝이 가능해졌다.

빅데이터는 데이터의 생성 속도(Velocity)가 매우 빠르다. 또한 데이터를 빠르게 처리해서 사용자들에게 그 결과를 제공해야 한다. 소셜 네트워크에서 생성되는 데이터는 실시간으로 많은 양이 생성된다. 앞으로 사물인터넷이 늘어나면 각종 사물인터넷 센서에서 실시간으로 많은 양의 데이터가 생성될 것이다. 요즘 생성되는 데이터들은 다양성(Variety)이 매우 높다. 우리가 사용하는 카카오톡, 유튜브, 페이스북, 트위터, 인스타그램 등에서 생성되는 데이터들은 유형(type)이 다양하다. 이러한 데이터들은 형식이 정해지지 않은 비정형 데이터(Unstructured Data)들이다. 빅데이터 분석을 하기 위해서 비정형 데이터를 정형 데이터(Structured Data)로 변환해주는 과정이 필요하다. 보통 빅데이터의 규모(Volume), 속도(Velocity), 다양성(Variety)을 3V라 한다. 3V는 빅데이터 연구의 초창기 개념이고 이 세 가지를 속성을 가진 데이터를 빅데이터라 한다.

최근에는 진실성(Veracity)과 가치(Value)를 추가하여 5V라 한다. 빅데이터를 수집해보면 데이터의 편향성(bias)이 존재하고 노이즈(noise)를 포함하고 있다. 어떤 경우에는 수집한 데이터가 참인지 거짓인지 판별하기 어려운 때도 있다. 빅데이터 처리를 할 때는 데이터의 진실성(Veracity)에 대한 고려를 꼭 해야 한다. 빅데이터 분석

표 8.2 | 빅데이터의 6V. 빅데이터는 규모, 속도, 다양성, 가치, 진실성, 시각화의 속성을 가짐

	규모 (Volume)	속도 (Velocity)	다양성 (Variety)	가치 (Value)	진실성 (Veracity)	시각화 (Visualization)
속성	데이터의 크기 큼	데이터 생성 속도가 빠름	데이터 유형 다양, 정형/비정형	가치있는 데이터와 쓰레기 데이터 구분	데이터의 신뢰성, 바이어스와 노이즈 처리	사용자가 이해할 수 있는 시각화
예시	데라바이트, 페타바이트	실시간 데이터 생성 및 데이터 처리	카카오톡, 유튜브, 이미지	비즈니스에 활용 가능한 데이터	전처리, 삭제, 클리닝 과정 필요	그림, 도표, 애니메이션

을 하는 이유는 데이터로부터 가치(Value)를 찾아내어 사용자가 사용할 수 있게 하는 것이다. 최근의 클라우드 컴퓨팅(Cloud Computing), 플랫폼들은 빅데이터를 분석, 처리하여 가치를 발견할 수 있도록 도와주고 있어서 사용자들이 빅데이터를 더 손쉽게 처리할 수 있게 해 준다.

빅데이터는 많은 정보를 이용하여 답을 구하기 때문에 더 정확한 정보를 제공하고 더 완전한 답을 구할 수 있다. 데이터의 양이 많아서 통계적인 오차를 줄일 수 있어서 데이터 신뢰도를 높일 수 있는 장점이 있다. 반면 빅데이터 수집, 분산저장, 분석, 가치 발견의 과정이 한 사람의 **데이터 사이언티스트**(Data Scientists)나 **빅데이터 분석가**(Big Data Analyst)에 의해서 수행하기 어렵고 큰 비용이 든다는 단점이 있다. 무엇보다 신뢰할 수 있는 빅데이터 수집이 필수적이다. 빅데이터 연구는 데이터의 통계적 처리에만 국한되지 않는다. 그림 8.24는 빅데이터 분석의 흐름을 나타낸다.

빅데이터는 데이터를 분석하는 데이터 분석가에 그치는 개념이 아니다. 그림 8.24와 같이 데이터 생성, 데이터 저장 과정에서 빅데이터가 저장장치에 축적된다. 데이터의 생성은 소셜 네트워크, 트위터, 카카오톡, IoT 센서 등에서 발생한 신호 데이터, 스마트 팩토리 등에서 생산되는 각종 계측 신호, 스마트 팜 등에서 생성되는 각종 환경 데이터, 주식시장에서 생성되는 거래 데이터, 외환을 사고팔 때의 거래 데이터 등 다양한 곳에서 발생한다. 각 데이터는 그 데이터의 특성에 맞게 저장되

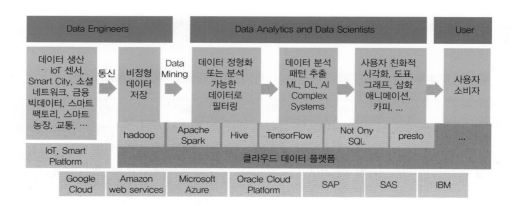

그림 8.24 | 빅데이터 흐름도. 생산된 데이터는 저장과 마이닝을 통해서 분석 가능한 형태로 가공한다. 데이터 아날리틱스와 데이터 사이언티스트는 다양한 방법을 사용하여 데이터를 분석하고 사용자가 이해할 수 있는 형태로 표현한다.

는데 그 형태가 다양할 뿐만 아니라 데이터 분석자에게 적합한 형태가 아닐 경우가 많다. 예를 들어, 페이스북에서 발생한 문자 데이터는 문장으로 되어 있어서 분석에 필요한 데이터를 얻기 위한 데이터 마이닝 작업이 필요하다. 이렇듯 비정형의 빅데이터를 저장하고 축적하기 위한 클라우드 시스템들이 많이 생겨났다. 요즘은 개인용 컴퓨터도 수 테라바이트의 하드디스크를 장착하기 때문에 작은 크기의 빅데이터를 처리할 수 있다. 규모가 더 크고 데이터의 발생 속도가 큰 경우에는 전문적인 빅데이터 저장장치들을 활용해야 한다. Hadoop과 같은 **분산형 파일관리 시스템**(distributed file management system)을 사용하면 편리하다.

비정형의 빅데이터를 분석하기 위해서 데이터 과학자들이 분석할 수 있는 형태로 처리해야 하는데 이를 **전처리**라 한다. 비정형 데이터를 정형 데이터로 만들어야 분석할 수 있다. 문장으로 되어 있는 문자 데이터를 **자연어 처리**(우리가 일상적으로 사용하는 언어인 자연어를 처리하여 컴퓨터가 처리할 수 있는 형태로 바꿈)를 하여 중심어(keyword)와 출현 빈도 중심의 데이터로 변환하여 엑셀 시트에 표현하였다면 비정형 데이터를 정형화한 예가 될 것이다. 이러한 처리는 컴퓨터 프로그래머, 데이터 엔지니어 등의 도움을 받는 경우가 많지만, 프로그램을 잘하는 사용자는 스스로 이 과정을 수행하기도 한다.

빅데이터를 분석 가능한 형태의 정형 데이터로 변환된 다음에 데이터 과학자, 데이터 분석가, 일반 사용자가 하는 일은 데이터로부터 의미 있는 정보, 즉 가치를 끄집어내는 것이다. 이때 사용하는 방법이 스몰 데이터 분석에 많이 적용했던 통계적 분석(보통 통계학과에서 가르치는 분석 방법), 머신러닝, 딥러닝, 인공지능(자연과학, 공학 등 다양한 분야에서 활용되는 방법), 복잡계 과학의 분석 방법 등을 사용한다. 따라서 데이터 분석에도 한 전공의 전문가가 아니라 다양한 분석 방법을 알고 있는 사람들 간의 협업이 필요하다. 정형 데이터 분석이 끝나면 데이터의 가치를 판단할 수 있다.

"빅데이터에서 가치를 끄집어냈을 때 진정한 의미가 있다."

데이터 분석이 끝나서 어떤 결과를 얻었더라도 그 결과를 사용자에게 쉽게 전달하기 위해서 **시각화**(visualization)가 필요하다. 보통 얻은 결과는 어떤 패턴이나 수치이다. 사용자에게 그 결과를 설명하기 위해서 수치를 그래프로 표현하거나, 그림으로 표현한다. 필요하면 애니메이션 영상을 만들어서 사용자의 이해를 쉽게 표현할 수 있다. 이러한 전 과정을 빅데이터 처리라 할 수 있다. 많은 경우 그림 8.24의 빅데이터 처리의 전체 과정에서 일부분인 데이터 분석 부분을 담당하면서 빅데이터를 하고 있다고 하는 경우가 많은데 이는 협소한 시각이다.

빅데이터를 성공적으로 사용한 사례를 몇 가지 소개한다. 미국 저가 항공의 대명사인 사우스웨스트 항공(Southwest Airline)은 초간편 탑승 절차로 유명하다. 자석 배정도 First Come, First Served로 온 순서로 승객 마음대로 자리를 선택할 수 있다. 사우스웨스트 항공은 미국인 96%, 전 세계 5억 명의 고객 정보를 보유한 액시엄(Acxiom)사의 데이터베이스를 이용하여 탑승객의 구매패턴을 분석하여 맞춤형 최적 광고를 제공하고 저렴한 항공 요금으로 미국 저가 항공시장을 장악하고 있다.

미국 할인 매장업계 2위인 타겟(Target)은 빅데이터 분석으로 고객 맞춤 상품 추천으로 유명하다. 유명한 일화는 '부모보다 먼저 임신 사실을 알게 된 할인매장'이다(머니투데이 2013). 타겟은 한 고객으로부터 거센 항의를 받았다. 왜냐하면 고등학생인 딸에게 유아용품 할인쿠폰을 보냈기 때문이었다. 타겟의 담당자는 "예비 엄마들에게 보내야 할 할인쿠폰을 잘못 보냈다"라며 사과했다. 타겟의 빅데이터 분석에 따르면 임신 초기의 임산부는 초기에 영양제, 중기에 로션, 말기에 유아용품을 샀다. 그런데 여학생은 영양제, 로션 순으로 상품을 구매했다. 타겟은 이 구매자의 출산이 얼마 남지 않았을 것으로 판단하고 유아용품 쿠폰을 발송했다. 그런데 사실 이 여학생은 진짜로 임신 중이었고 부모에게 감추고 있었다. 부모도 모르고 있던 딸의 임신 사실을 타겟은 알고 있었다. 이 모든 정보는 빅데이터 분석으로 알게 되었으며 마케팅에 이용하였다. 이 사건 이후 빅데이터 분석의 '개인정보 오남용과 개인의 프라이버시 침해' 이슈가 크게 부각 되었다.

의류업체인 자라(Zara)는 전 세계 매장의 판매 현황을 실시간으로 분석하여 인기 있는 의류를 실시간으로 공급하는 체계를 구축하여 재고 부담을 줄이면서 매출을 높이고 있다(Nathan). 자라는 POS(Point of Sales) 단말기(편의점이나 가게에서 계산기), e-커머스(e-Commerce, 전자상거래, 인터넷이나 핸드폰 등을 이용한 거래) 판매, 고객 설문조사, PDA 단말기 정보, 옷에 부착한 RFID(Radio Frequency Identification, 일명 전자태그) 태그 정보 등을 수집하여 분석하였다. RFID 전자태그 신호를 이용하여 고객이 피팅룸에서 입어보는 옷을 파악함으로써 옷의 선호도를 파악할 수 있었다. 또한 자라는 인스타그램, 설문조사, 온라인 소셜 미디어 정보 등도 수집한다. 수집한 모든 데이터는 스페인의 아텍시오(Artexio)에 위치한 Inditex Data Center에 축적하고 데이터 과학자들이 분석한다. 이 분석을 토대로 재고량, 생산량, 배송 계획, 새로운 디자인 등에 대한 정보를 관리자들에게 제공한다. 자라의 빅데이터 사용 과정을 보면 정보의 수집, 저장, 처리, 결과의 활용 등의 전체적인 과정이 체계적으로 수행되고 있음을 볼 수 있다. 사실 빅데이터 활용에 성공하려면 이러한 일괄 체계가 수립되어 있어야 한다. 경영자가 단편적인 일부분만 보고 빅데이터를 하겠다고 하면 실패할 개연성이 높다.

빅데이터 이용의 대표적인 성공 사례 중의 하나가 아마존의 "예측 배송(anticipatory shipping)"이다. 아마존은 2013년 회원 수 2천5백만 명의 소셜 네트워크 회사인 Goodreads를 인수한다. 이 회사에 축적되어 있던 책에 대한 고객들의 토의 내용을 머신러닝을 이용하여 맥락(Context) 분석하였다. 이를 토대로 고객 맞춤형 구매 추천이 가능해졌다. 예측배송은 고객이 어떤 것을 주문할지 모르지만, 예측 시스템의 판단에 따라 예측한 상품을 고객 주소에 최인접한 물류창고로 미리 배송하는 시스템이다. 아마존은 고객들의 주문 데이터, 검색 내용, 쇼핑 카트 내용, 위시 리스트, 반품 내용, 아마존 홈페이지에서 사용자의 커서가 머무는 시간 등을 분석하여 '수요를 예측'하고, '가격을 최적화' 한다. 예측배송은 '배송 시간'을 획기적으로 단축하였으며 재고율을 대폭 낮추었다. 아마존은 이러한 빅데이터 분석 시스템을 활용하여 매출을 30% 이상 신장시킬 수 있었다. 아마존은 이제 온라인 서점에서 다양한 물건을 파는 플랫폼으로 발전하였으며, AWS(Amazon Web Services) 플랫폼을 구축하여 더 향상된 서비스를 제공하고 있다.

8.7 사물인터넷

사물인터넷(Internet of Things, IoT) 또는 만물 인터넷(Internet of Everything)이 디지털 세

상을 크게 변화시킬 것이다. 사물인터넷은 사물에 센서(sensor)를 매립하여 사물과 사물, 사물과 사람, 사람과 사람 간에 정보를 교류하고 소통하는 인프라와 서비스 기술을 말한다. 사물은 가전제품, 모바일 장치, 웨어러블 디바이스, 자율주행 자동차 등 다양한 임베디드 시스템(Embedded System)을 의미하며 IP 주소와 OID(Object IDentifier)의 고유 식별자로 식별된다. 2019년에 연결 사물 수는 약 266억 개이고 2025년에 754억 개로 증가할 것이다.(Statista) 2030년 사람 한 명당 약 15개의 연결 사물을 소유할 것으로 예측된다(Future@MarTech). 이렇듯 센서, 통신, 플랫폼 기술의 급속한 발전은 사물인터넷의 상용화를 가속할 것이다. 사물인터넷의 확산은 인류가 지금까지 경험해보지 못한 새로운 디지털 세상을 펼칠 것이다. 인간이 소통하고 상호작용할 대상은 더는 사람이나 애완동물에 국한되지 않을 것이다. 인류는 지능 사물, 지능 로봇, 인공지능 소프트웨어와 소통하는 세상을 맞이할 것이다.

사물인터넷은 디바이스, 네트워크, 플랫폼, 서비스의 4대 요소로 구성된다. 그림 8.25는 사물인터넷의 구성과 정보의 흐름을 나타낸 것이다. **디바이스**(device)는 사물에서 데이터를 수집하는 센서, 사물을 구동시키는 액추에이터, 수집한 정보를 전달하는 통신 모듈로 되어 있다. 디바이스는 보통 사물에 매립되거나 부착된다. **네트워크**는 근거리, 장거리 무선통신, 유선통신으로 구성된다. **플랫폼**은 수집된 데이터를 분석하는 하드웨어와 소프트웨어로 구성된다. 사물에서 수집된 스몰 데이터, 빅데이터, 비정형 데이터를 저장, 분석, 처리하여 사용자가 이해할 수 있는 형태로 가공

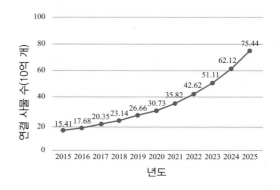

그림 8.25 | 년도별 연결 사물 수의 증가와 예측. 2025년에 연결사물 수는 약 754억 개에 달할 것이다.
출처: Statista.

한다. 데이터를 분석할 때 인공지능, 머신러닝, 통계학적 분석, 복잡계 과학적 분석법, 비선형 동력학적 분석, 복잡계 네트워크 분석법 등 다양한 분석 방법을 적용하여 데이터를 분석한다. 서비스는 플랫폼에서 분석한 정보를 사용자들이 이용할 수 있는 형태로 제공된다. 사용자들은 제공된 정보를 이용하여 의사결정, 사물의 제어, 엔터테인먼트, 학습 등 다양한 활동을 한다. 서비스의 예로 스마트 헬스케어, 스마트 홈, 스마트 건설, 환경감시, 원격제어 등을 예로 들 수 있다.

IoT 디바이스는 사물이나 주변 환경에서 온도, 습도, 위치, 동작, 가스누출 등의 자료를 수집한다. 센서는 물리, 화학, 생물학적 정보를 수집하고 측정한 데이터를 통신 모듈로 전송한다. 센서의 동작과 데이터 전송을 위해서 배터리나 전원이 필요하며 송수신 통신 모듈이 필요하다. 디바이스가 오래 동작하기 위해서는 저전력 기술이 필수적이다. 디바이스에서 수집한 정보는 통신 모듈을 통해서 다음 단계로 전달된다. 유선, 근거리 통신, 장거리 통신을 이용하여 통신이 이루어진다. 유선통신은 이써넷(Ethernet) 등 인터넷, 전용회선 등의 물리적 연결망을 이용한다. 무선통신은 WiFi, Zigbee, Bluetooth, Z-Wave, RFID 등의 근거리 통신과 LTE-M, NB-IoT, SigFox, LoRa(Long-Range), 4G, 5G, 6G 등의 장거리 통신을 이용한다. 사물인터넷 통신에서 저전력·광역통신망(Low Power Wide Area Network, LPWAN)은 필수적 요

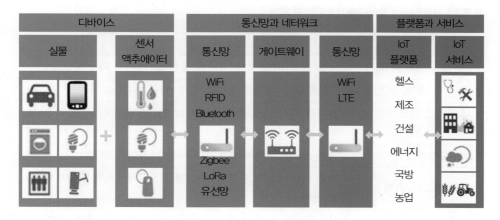

그림 8.26 | 사물인터넷의 구성과 개념. 디바이스는 사물에 매립된 센서를 통해서 정보를 습득하고 액추에이터로 사물을 조정한다. 사물에서 수집된 데이터는 통신망과 네트워크를 통해서 플랫폼에 전달된다. 플랫폼에서 분석된 데이터는 사용자에게 제공되거나 사물에 전달되어 사물을 조절한다.

소이다.

게이트웨이는 IoT 디바이스에서 수집한 데이터를 네트워크 서버에 전달한다. 디바이스의 낮은 성능과 메모리 한계를 보완해 준다. 앞의 통신 모듈에서 사용한 유선, 근거리, 장거리 무선통신 방식을 모두 사용할 수 있다. 게이트웨이의 주요한 기능은 표 8.3과 같다.

플랫폼(Platform)은 사물(물건, 기기, 데이터 등)과 사람 사이의 상호작용을 수행하는 시스템으로 하드웨어, 네트워크 및 소프트웨어로 구성되어 있다. 플랫폼이 하는 기능은 표 8.4와 같다. 사물인터넷 서비스는 디바이스, 통신과 네트워크, 플랫폼과 서비스 기능이 효과적으로 작동할 때 그 효율성이 나타난다. 무엇보다 사물인터넷 서비스에 대한 수요와 경제성의 확보가 시장 확대에 결정적인 영향을 준다.

많은 전문가가 IoT 기술이 급격히 발전할 것으로 예측했으나 생각보다 그 발전 속도가 늦다. 이는 핸드폰, 메타버스, 컴퓨터, 인터넷 등 디지털기기와 인간의 아날로그적 연결이 아직 큰 힘을 발휘하고 있기 때문으로 추정되고 있다. 사물에 매립되어 값싸고 오래 쓸 수 있는 센서의 개발이 부족한 것도 한 가지 요인이다. 또 센서에서 생성된 신호를 처리하여 사람이 유용하게 쓸 수 있도록 가공하고 서비스할 수 있는 소규모 플랫폼과 전체를 총괄하는 대형 사물인터넷 플랫폼 기술의 발전이

표 8.3 | 사물인터넷 게이트웨이의 기능과 의미

기능	내용
연결과 메시지 교환	사물 및 서버 플랫폼 사이의 통신 및 메시지 라우팅 기능
데이터 처리 및 전송	사물로부터 수신한 정보를 합병, 가공, 외부로 전송
네트워크 프로토콜 간 변환	저전력 센서 네트워크, CoAP, HTTP, 인터넷 등 서로 다른 프로토콜 사이의 변환 기능
디바이스 관리	연결 소프트웨어와 연동하여 사물 디바이스 관리
리소스 관리	사물 디바이스 프로파일, 수집한 정보, 게이트웨이 내부의 정보 관리
서버 플랫폼 연동	사물인터넷 서버 플랫폼과 연동하여 정보수집, 제어 서비스 제공
보안	사이버 공격에 대응하는 보안

표 8.4 | 사물인터넷 플랫폼의 기능

기능	내용
보안/인증	사용자 인증, 권한관리, 보안관리
리소스/서비스 관리	서비스 및 리소스 관리, 디바이스 관리
연결 및 네트워크 관리	디바이스 프로토콜, 게이트웨이, 네트워크 연결 관리
데이터 처리	수집한 데이터 파싱, 가공, 저장, 분석, 결과처리, 서비스

따라오지 못하기 때문이다. 사물 인터넷은 생각보다 발전은 늦지만 기술 발전에 따라서 꾸준히 성장할 수 있는 분야이다. 스마트 팩토리, 스파트 팜, 스마트 센싱(교량, 건축물에서 신호를 검출하여 이상 징후 발견) 등의 분야에서 점차 발전하여 만물이 연결되는 만물 연결 시대로 발전해 나갈 것이다.

생활과 과학

9장

음양의 조화

현대 과학기술은 전기 문명이라 하여도 과언이 아니다. 어느 날 갑자기 전기가 들어오지 않는다면 우리의 생활은 어떻게 변할까? 아침에 일어나 눈을 뜨면 전등을 켜고 핸드폰을 보거나 텔레비전을 켤 것이다. 전등은 켜는 전력은 화력 발전소, 원자력 발전소, 태양열 발전소 등에서 발전한 전력을 고압선으로 송전을 한 후에 가정에 공급한다. 전등, 텔레비전, 핸드폰의 동력은 발전소에서 생산한 전력이다. 사실 인류가 전기를 동력으로 사용한 역사는 길지 않다. 발전기의 원리인 패러데이의 유도 법칙은 1831년에 처음 발견되었다. 전기를 만드는 발전의 원리를 발견한지 채 200년도 되지 않았지만, 인류는 고도의 전기 문명을 이룩하였다. 과연 이러한 전기 문명은 어떻게 가능하게 되었을까? 미국 동부지역에서 일어난 대규모 정전 사태에서 볼 수 있듯이 전력이 없는 생활을 생각하기 힘들다.

인류가 전기를 본격적으로 사용한 것은 19세기 말부터이다. 표 9.1은 전기 과학기술 발전의 전환점이 된 사건들을 나타낸 것이다. 전기에 관한 연구는 1800년에 알

표 9.1 | 전기 과학기술의 발전 역사

년도	발명자/장소	전기기술 발전에 기여한 사건들
1800	볼타	볼타전지 발명. 전기와 자기 연구 확산
1831	패러데이	패러데이 유도 법칙 발견. 발전기와 전동기의 원리
1879	에디슨	탄소 필라멘트를 이용하여 전구발명. 14시간 동안 작동
1880	펠톤	수력을 이용한 터빈(turbine)으로 전기 생산
1882	에디슨	첫 상업 발전소 설립(미국 위스콘신주 애플톤(appleton)). 50 W 전구 250개에 전력 공급
1895	웨스팅하우스	나이아가라 폭포에 수력발전소 설치. 최초의 교류 발전으로 장거리 전력 수송
1951	아이다호 아코	첫 실험용 핵발전소
1956	덴마크 해변	첫 풍력터빈 발전. 200 kW 생산
1959	일본 샤프	첫 태양전지 셀 생산
1965	캐나다 퀘벡	수력발전에서 생산한 전력을 600 km 떨어진 곳까지 700 kV로 송전
2020	EU	유럽의 가정과 공장에 스마트 미터(smart meter) 설치
미래	?	최초의 핵융합발전 성공

레산드로 볼타(Alessandro Volta, 1745~1827)가 볼타전지를 만들면서 급속히 확대되었다. 이제 전기 회로에 전류를 흘려줄 수 있는 전지를 갖게 된 것이다. 1831년에 마이클 패러데이(Michael Faraday, 1971~1867)는 "전자기 유도 법칙"을 발견함으로써 기계적인 운동을 전기 에너지로 바꿀 수 있게 되었다. 이 법칙을 이용하여 발전기와 전동기를 만들게 되었다. 1879년 토머스 에디슨(Thomas Edison, 1847~1931)은 탄소 필라멘트를 이용하여 최초의 전구를 발명하였으며 전구는 14시간 동안 동작하였다. 1880년에 레스터 펠튼(Lester Alan Pelton, 1829~1908)은 물의 낙차를 이용한 최초의 수력 터빈을 이용하여 전력을 생산하였다. 1882년에 에디슨은 상업적 발전소를 설립하여 전구 250개에 전력을 공급하였다. 1895년에 나이아가라 폭포에 수력발전소가 설립되어 교류 발전이 상용화되었고 장거리 송전이 성공하였다. 이를 계기로 에디슨의 직류보다는 니콜라 테슬라(Nikola Tesla, 1856~1943)의 교류가 대세가 되었다. 1951년에 미국 아이다호주에 최초의 실험용 핵발전소가 설립되었다. 1959년 일본의 샤프전자는 실리콘 단결정을 이용한 태양전지(photoelectric cell)를 상용화하였다. 이러한 과학기술의 발전이 현재의 전자·전기 문명을 가능하게 하였다.

　동양에서 자연과 인간을 이해하는 주된 원리 중의 하나가 음양 사상이다. 모든 자연의 현상에는 두 개의 극성이 있다는 것이다. 대한민국의 태극기에 태극 문양은 하늘을 뜻하는 빨간색과 땅을 뜻하는 파란색이 어울려 있다. 높은 곳이 있으면 낮은 곳이 있고, 따듯한 곳이 있으면 차가운 곳이 있다. 사람도 여성이 있으면 남성이 있다. 착한 사람이 있는가 하면 악한 사람이 있고, 천사도 있지만, 악마도 있다. 이렇듯 동양의 음양 사상은 항상 서로 대비되는 두 개가 서로 어울려 있다. 이 세상은 음과 양이 서로 조화를 이루고 있다고 생각하였다. 이러한 동양은 음양 사상은 인간의 본성과 자연을 이해하려는 하나의 사고 체계이다. 우리 주변의 다양한 전기 현상이 양전기와 음전기의 두 극성에 의해서 생겨난다는 것은 동양의 음양 사상과 상통해 있다.

9.1 전하와 전기력

동양의 음양 사상은 서양에서 전기와 자기 현상에서 재발견되었다. 전기 현상은 사실 우리에게 너무 친숙한 현상이다. 건조한 날에 발생하는 정전기, 비가 오는 날의 번개 등은 흔히 볼 수 있는 전기 현상이다. 전기 현상을 탐구하면서 전기는 두 개의 극성, 즉 양의 극성(+)과 음의 극성(−)이 있다는 것을 발견하였다. 전기 현상은 전하(electric charge)가 기본 단위이다. 건전지의 음극과 양극에서 흔히 음양의 두 전하를 볼 수 있다.

"양전하는 건전지의 + 극의 전하이고, 음전기는 −극의 전하이다."

전하는 양극과 음극의 두 개의 극성을 갖는다. +극의 전하를 양전하(positive charge)라 하고, −극의 전하를 음전하(negative charge)라 한다. 동양 사상의 음양에 대응한다고 할 수 있다.

전기 현상에서 같은 극의 전하는 서로 반발력을 작용하고 서로 다른 극의 전하는 서로 끌어당기는 힘을 작용한다. 같은 극끼리는 서로 싫어하고 다른 극은 서로 좋아한다고 할 수 있다.

"같은 극의 전하는 서로 반발력을 작용하고,
다른 극의 전하는 서로 인력을 작용한다."

평상시에 물체 대부분은 전기적으로 중성이다. 양전하와 음전하가 서로 고르게 분포되어 전하들이 서로 분리되어 나타나지 않는다. 그림 9.2는 전기적으로 중성인

그림 9.1 │ 태극은 음양의 조화를 뜻한다. 물리학에서 태극은 2개의 극성을 뜻한다. 전기 현상에서 양극(+)과 음극(−)은 2개의 극성을 뜻하며 자연은 2개의 전기 극성을 자연스럽게 가진다.

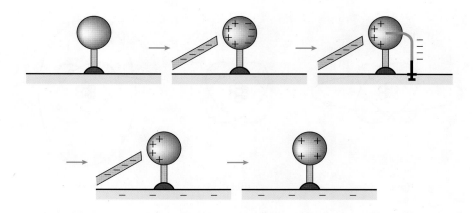

그림 9.2 | 절연된 도체 구는 전기적으로 중성이다. 음으로 대전된 막대를 도체 구에 가까이 가져가면 양전하가 막대 쪽으로 끌려와 분포한다. 구의 반쪽은 음전기를 띤다. 음전기를 띤 곳과 지면을 연결하면 음전하는 땅으로 흘러간다. 지면과 연결했던 전선을 제거하면 도체 구는 양전기를 띠게 된다.

도체 구를 양전기로 대전시키는 상황을 나타낸 것이다. 바닥이 고무로 되어 있어서 절연된(전기를 통하지 않음) 받침대 위에 금속 구를 세워 보자. 유리막대를 털에 문지르면 유리막대가 정전기 현상에 의해서 음극을 띠게 된다. 음의 전기를 띤 막대를 금속 구에 가까이 가져가면 서로 다른 극성의 전하는 서로 끌어당기므로 음전기를 띤 막대 쪽은 양전기를 띤다. 상대적으로 금속 구의 반대쪽은 음전기를 띤다. 이제 음전기를 띠고 있는 금속 구의 오른쪽과 지면을 전선으로 연결하면 금속 구의 음전하가 지면으로 흘러간다. 다시 전선을 제거하면 금속 구는 양전하를 띠게 된다.

전하의 양을 전하량(electric charge)이라 한다. 한 가지 종류의 전하가 가질 수 있는 가장 작은 전하량을 기본 전하량이라 한다. 자연에 존재하는 전하량은 기본 전하량의 정수배의 값만 존재한다. 이를 전하의 양자화(quantization) 현상이라 한다. 전하량은 불연속적인 값을 갖는다. 그림 9.3은 요즘 배터리에 많이 쓰이는 리튬(Li) 원자를 나타낸다. 리튬은 원자번호 3번으로 핵에 양전하를 띤 양성자 3개와 전하를 띠지 않은 중성자 3개를 가지고 있다. 리튬의 외각에 음전하를 띤 3개의 전자가 전자구름 상태로 확률적으로 분포한다. 리튬이 전자 하나를 잃거나 얻으면 이온화된다. 전자 하나를 잃으면 양전하가 되며, 반대로 전자 하나를 얻으면 음전하를 띠게

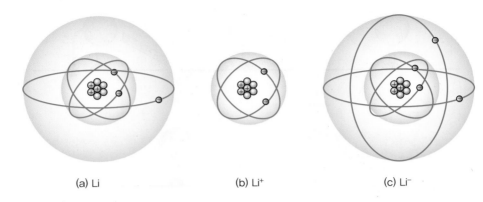

(a) Li   (b) Li+   (c) Li-

그림 9.3 | 리튬(Li) 원자는 원자번호가 3번이다. 핵은 양전하를 띠고 있고 음전하를 띠고 있는 세 개의 전자는 태양계의 축소판처럼 핵 주위를 돌고 있다. 원자가 전기적으로 중성인 상태와 전자를 하나 잃어 전체적으로 양전하를 띤 상태, 전자를 하나 얻어 전체적으로 음전기를 띤 상태를 나타내었다.

된다. 리튬은 원자번호가 3번으로 매우 가벼운 원소이다. 요즘 배터리는 리튬이온전지를 많이 사용한다. 전기자동차에 사용되는 리튬이온전지의 수요가 급증하고 있으며 리튬에 대한 수요도 폭발적으로 증가하고 있다. 리튬은 특정 리튬 광산에서 채굴됨으로 많은 나라가 리튬을 확보하려는 노력을 기울이고 있다. 리튬 원자에서 전자는 사실 그림과 같은 행성 모양으로 돌지 않는다. 마지막 장에서 살펴보겠지만 전자는 슈뢰딩거 파동함수의 제곱에 비례하는 전자구름으로 궤도에 따라 다른 모습으로 퍼져 있다.

　　전하 사이 상호작용의 크기를 처음으로 발견한 과학자는 쿨롱(Charles-Augustin de Coulomb, 1736~1806)이다. 쿨롱이 발견한 전기력에 대한 **쿨롱 법칙**은 다음과 같다.

"두 전하 사이에 작용하는 전기력은 두 점 전하 사이 거리의 제곱에
반비례하고, 두 전하의 전하량의 곱에 비례한다."

이 말을 수식으로 쓰면

$$F = \frac{1}{4\pi\epsilon_0} \frac{q_1 q_2}{r^2}$$

이고, 여기서 q_1, q_2는 각각 두 전하의 전하량이고, r은 두 점 전하의 중심 사이의 직선거리이고, ϵ_0는 진공에서 유전율(electric permittivity)로 상수이다. 전하의 전하량의 단위는 쿨롱(C, Coulomb)을 사용한다. 유전율은 실험적으로 측정할 수 있으며 $\epsilon_0 = 8.854\times10^{-12}$ C²/N·m²이다. 쿨롱의 법칙에서 비례상수 $1/4\pi\epsilon_0 = 9\times10^9$ N·m²/C²이다. 전하량 1 C인 두 양전하 구가 1 m 떨어져 있을 때 한 구가 받는 반발력은 $F = 9\times10^9$ N이다. 질량 1 kg인 물체가 지구로부터 받는 힘인 무게는 약 $F_g = 10$ N 것에 비교하면 얼마나 큰 힘인지 알 수 있다. 이렇게 큰 쿨롱 반발력이 작용하는 이유는 전하량 1 C이 매우 큰 값이기 때문이다. 쿨롱의 법칙은 1785년에 쿨롱이 비틀림 추를 이용하여 발견하였다. 쿨롱은 "같은 전기를 띤 두 추는 서로 밀치며 그 힘의 크기는 두 추 사이 거리의 제곱에 반비례"함을 발견하였다. 전하 사이에 작용하는 전기력과 두 물체 사이에 작용하는 중력(만유인력)은 서로 매우 흡사한 면이 많다. 힘의 크기는 두 물체 사이 직선거리의 제곱에 반비례하는 공통점을 갖는다. 중력과 전기력은 거리에 대해서 멱함수 법칙을 따른다. 중력은 항상 인력으로 작용한데 비해서, 전기력은 두 전하의 종류에 따라서 인력과 척력의 형태로 나타난다. 전기력은 거리의 제곱에 반비례함으로 두 전하 사이의 거리가 멀어져도 크기는 작지만 상호작용한다. 먼 거리까지 상호작용하는 성질을 장거리 상호작용한다고 한다. 한 전하가 다른 전하와 상호작용하는 것은 전하가 자기 주변에 전기장을 형성하고 다른 전하가 그 전기장에 반응하여 힘을 받기 때문이다. 역선의 개념은 마이클 패러데이가 처음 제안했지만, 장의 개념은 맥스웰이 처음으로 제안하였다.

> "한 공간에 전하가 놓여있을 때 그 전하가 그 공간에 놓여있다는 사실을
> 전기장(electric field)의 형태로 나타낸다."

즉, 전하는 자기 주위에 "전기장"을 형성하여 자신의 존재를 다른 전하에게 알려준다. 전하 1이 전하 2의 주위에 놓여 있을 때, 전하 1이 전하 2가 만드는 전기장의 존재를 감지하여 전하 2가 자기 주위에 놓여 있음을 알게 된다. 전하가 한 지점에서 다른 지점으로 이동하면 공간에 형성한 전기장의 모양도 변하게 되는데 이러한 변화에 대한 정보는 광속으로 전달된다.

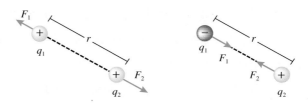

그림 9.4 | 두 전하의 정전기력. (a) 두 양전하는 서로 밀치는 전기력을 작용한다. (b) 음전하와 양전하는 서로 당기는 인력을 작용한다.

📝 예제 9.1 피뢰침

피뢰침은 왜 뾰족할까? 피뢰침에 벼락이 떨어지는 이유는 무엇일까?

풀이

피뢰침이 뾰족할수록 큰 표면 전하밀도를 갖게 된다. 큰 표면 전하밀도는 주위에 강한 전기장을 만들고, 그 주위 공기를 이온화시킨다. 공기가 이온화되면 전하가 쉽게 이동(전류)할 수 있으므로 구름에서 발생한 전하가 표면 전하밀도가 큰 뾰족한 피뢰

그림 9.5 | 오른쪽 그림에 형성된 적란운은 많은 전하를 띤다. 이때 구름과 지면 사이에 강한 전기장이 형성되며, 오른쪽과 같은 공기에 전기가 통하는 길이 열리면서 번개가 친다. 부도체인 공기가 강한 전기장에 의해서 순간적으로 전기를 통하는 도체가 된다.

침에 떨어지고, 이때 엄청난 전류(전하의 흐름)가 땅으로 흐르게 된다.

예제 9.2 형광등

전선 없이 형광등을 켤 수 있을까?

풀이

건조한 날 고무풍선을 머리카락에 문질러 풍선을 형광등 가까이 가져가면 작은 반짝임이 일어나면서 형광등에 불이 들어온다. 이것은 풍선을 문지를 때 정전기에 의해서 전하가 발생하기 때문이다. 풍선을 문지르기 전에 풍선은 양전하와 음전하가 서로 같고, 균일하게 섞여 있어 전기적으로 중성이다. 풍선을 머리카락에 문지르면 이러한 전기적 중성이 깨지게 되어 풍선이 전하를 띠게 된다. 풍선을 형광등에 가까이 가져가면 전하가 전구의 한쪽 끝으로 이동하면서 섬광이 일어난다. 즉, 형광등 내의 전하가 전기력에 의해서 풍선 쪽으로 힘을 받아 이동한다. 이때 전구 양 끝 사이에 전위차가 생기고, 전구

그림 9.6 | 풍선을 머리에 문지른 다음 형광등에 가까이 가져가면 형광등에 잠깐 섬광이 생긴다. 어두운 곳에서 시도하면 섬광을 더 잘 볼 수 있다.

내의 기체를 통해 전류가 잠깐 흐르면서 형광등에 섬광이 생긴다.

예제 9.3 번개 치면 차로 대피

'번개 치는 날, 차 안에 있는 것이 안전한 이유는 타이어가 부도체이기 때문이다.' 이것은 맞는 말일까?

풀이

틀린 말이다. 번개 치는 날 자동차 속에 있는 것은 안전하다. 하지만 그 이유는 타이어가 부도체이기 때문이 아니다. 차 내부가 번개에 안전한 것은 도체 표면(차의 몸체) 안쪽의 전기장은 거의 0 이기 때문이다. 전기장이 있어야 전하가 전기장을 따라서 움직일 수 있다. 자동차 내부의 전기장의 0 이기 때문에 번개가 쳐도, 차의 내

그림 9.7 | 자동차에 번개가 쳐도 전류는 사람에게 흐르지 않고 금속 자체를 따라 흐른 다음 바퀴에서 땅으로 흘러간다. 금속의 내부는 전기장이 영이므로 전하의 흐름이 없으며 번개에 안전한 장소이다.

부 공간으로 전하가 흐르는 것이 아니라, 차체 금속의 표면을 따라서 흐르게 되고 자동차의 하체에서 땅으로 방전하여 전류가 흘러간다. 따라서 자동차 내부는 안전하다. 자동차 내가 안전한 것은 타이어가 부도체이기 때문이 아니다. 그림 9.7에서 바퀴에서 땅으로 번개의 전류가 흘러가면서 섬광을 내는 것을 볼 수 있다.

9.2 전류가 바꾼 세상

건전지에 꼬마전구를 연결하면 전구에 불이 들어오지만, 전구를 건전지에서 분리하면 불이 들어오지 않는다. 왜 그럴까? 건전지는 전하에 일종의 낙차(전압 또는 전위차)를 만들어 준다. 전압은 단위 전하가 느끼는 전기 위치 에너지의 차이를 의미한다. 그림 9.8과 같이 역학에서 질량 m인 입자가 높이 h인 곳에 있으면 중력 위치 에너지는 mgh이다. 바닥에 있던 질량 m인 물체를 높이 h로 높이기 위해서는 누군가 물체를 들어 올려 일을 해 주어야 한다. 외부에서 해 준 일은 위치 에너지로 변화되어 저장된다. 그림 9.8의 왼쪽 그림과 같이 물체가 마찰이 있는 유체를 지나서 위치 에너지가 낮은 바닥으로 도달할 때 위치 에너지는 물체와 유체의 마찰에 의한 열과 물체가 바닥에 도달할 때의 운동 에너지로 변환된다.

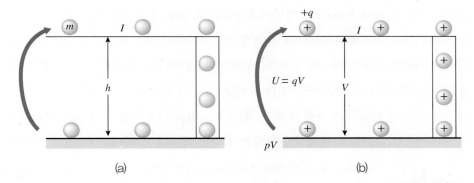

그림 9.8 | 중력 위치 에너지와 전기 위치 에너지 비교. (a) 질량 m인 물체가 높이 h인 곳에 있으면 중력 위치 에너지는 $U = mgh$이다. (b) 바닥이 0 V이고 전위가 V인 지점 사이의 전기 위치 에너지는 $U = qV$이다. 따라서 전위는 $V = U/q$이다. 낮은 전위에 놓여있던 양전하를 높은 전위로 이동시키기 위해서는 외부에서 일해주어야 한다. 건전지–꼬마전구 회로에서 건전지가 전하를 높은 전위로 이동시켜준다.

자료: 권민정 외, 대학물리학, 교문사.

그림 9.8의 오른쪽은 전기 위치 에너지를 나타낸 것이다. 전위가 0 V(volt)인 아래쪽에 놓여 있는 양전하 $+q$를 높은 전위 쪽으로 이동시키기 위해서는 외부에서 전하에 일을 해주어야 한다. 만약 건전지가 붙어 있는 회로라면 건전지가 그러한 일을 한다. 건전지는 내부의 화학적 반응으로 전하를 이동시킬 수 있는 일을 생성한다. 아래쪽의 전기 위치 에너지를 0이라 하고 위쪽을 전기 위치 에너지를 U라 하면 $U = qV$로 정의한다. 전위는 $V = U/q$로 단위 전하가 느끼는 전기 위치 에너지의 차이이다. 전위 또는 전압의 단위는 볼트(V, Volt)로써 1 V = 1 J/C이다. 전하는 종류가 두 가지이므로 음전하는 전기 위치 에너지를 양전하와 반대로 느낀다. 만약 그림 9.8의 위쪽이 $V = +1$ V이고 아래쪽이 0 V일 때, $q = -1$ C의 전하가 느끼는 전기 위치 에너지는 위쪽이 $U = -1$ CV $= -1$ J이고, 아래쪽은 $U = 0$ J이다. 즉 음전하는 아래쪽의 위치 에너지가 더 높게 느껴진다. 따라서 음전하일 때 위쪽에 놓인 음전하를 아래쪽으로 이동시키기 위해서 오히려 일해주어야 한다.

볼타전지

18세기 말부터 19세기 초에 전기와 자기 현상에 관한 연구를 획기적으로 가능하게

353

한 것이 전지(electric battery)의 발견이다. **전지**(battery)란 용어는 1749년 벤저민 프랭클린(Benjamin Franklin, 1705~1790, 미국 정치인, 과학자)이 자신이 고안한 축전기를 배터리(battery)라고 부르면서 명명되었다. 1780년에 갈바니(Luigi Galvani, 1737~1798, 이탈리아 물리학자)는 구리와 아연 전극을 죽은 개구리 다리에 접촉한 후 닫힌회로를 만들면 개구리 다리가 수축하여 펄쩍 움직이는 것을 관찰하였다. 개구리 다리에서 생체전기를 처음 관찰한 것이다. 갈바니는 이 전기 현상을 동물 전기유체(animal electric fluid)라는 개념으로 설명하려 하였다. 동물에 전기 유체가 함유되어 있어서 전극을 연결하였을 때 수축한다고 생각하였다. 갈바니의 발견을 알게 된 볼타는 갈바니와는 다른 생각을 가졌다. 전기 현상이 생체에서 오는 것이 아니라 전극과 전해액에서 전기화학 반응(chemical reaction) 때문일 것으로 생각하였다. 1799년에 볼타는 그림 9.9와 같이 소금수용액과 묽은 황산을 포함한 천을 구리판과 아연판 사이에 삽입하였다. 이러한 단위 층을 여러 개 적층한 볼타 더미(Volta pile)를 만들었다. 이것이 인류 최초의 전기 배터리(electric battery)이다. 볼타는 1788년에 메테인(methane, 메탄)도 발견하였다. **볼타전지**(Volta battery)의 화학반응은 다음과 같다.

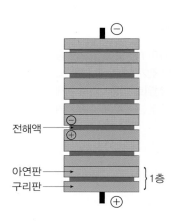

그림 9.9 | 볼타전지. 구리(Cu)판과 아연(Zn)판 사이에 전해액을 적신 헝겊 층이 있으며, 기본 적층 구조를 직렬로 연결하여 전위차를 얻는다.

$$\text{Zn}(-극,\ 아연판):\ \text{Zn}\ \rightarrow\ \text{Zn}^{2+}\ +\ 2e^-$$
$$\text{Cu}(+극,\ 구리판):\ 2\text{H}^+\ +\ 2e^-\ \rightarrow\ \text{H}_2\ (\text{gas})$$

볼타가 전지를 발견한 후에 전기를 쉽게 생산하여 전기 회로를 만들 수 있었기 때문에 전기 현상에 대한 발전을 이끌었다. 볼타전지는 보나파르트 나폴레옹의 관심을 끌었기 때문에 볼타는 황제 앞에서 전지를 이용한 시연 실험을 하였다. 전위차의 단위는 볼트(volt)인데 볼타를 기려서 붙인 단위이다. 볼타전지와 그를 개선한 많은 전지를 이용하여 많은 전기 현상이 발견되었는데 1800년에 윌리엄 니콜슨(William Nicholson, 1753~1815, 영국, 화학자)과 앤서니 칼라일(Anthony Carlisle,

1768~1840, 영국, 의사)은 물을 산소와 수소로 분해한 전기분해(electrolysis)를 발견하였다. 전기분해란 용어는 마이클 패러데이가 처음 사용하였다. 전기분해를 이용하여 험프리 데이비(Humphry Davy, 1778~1829, 영국 콘웰 지방의 남작, 물리학자, 전기화학자, 발명가)는 1807년에 포타슘(K), 소디움(Na)을 발견하고 1808년에 칼슘(Ca), 스트론튬(Sr), 바륨(Ba), 마그네슘(Mg), 붕소(B)를 발견한다. 1810년에 염소(Cl)가 원소임을 발견하고 Chloride라고 명명하였다. 염소는 1774년 스웨덴의 화학자 쉘레(Carl Wilhelm Scheele, 1742~1786)가 염소를 발견하였지만, 산화물이라고 생각했다. 데이비는 1812년에 삼염화 질산(Nitrogen trichloride, NCl_3)으로 실험하다가 폭발사고로 손가락 2개와 한쪽 눈을 실명한다. 이 폭발사고에서 회복한 데이비는 1813년에 마이클 패러데이를 조수로 채용한다. 전자기학에 지대한 공헌을 한 패러데이가 드디어 데이비와 함께 일하면서 그의 꿈을 펼칠 기회를 잡게 된 것이다. 패러데이는 가난하여 정규교육을 받지 못했지만, 데이비의 조수로 일하면서 다양한 실험 경험을 할 수 있었고 전자기학과 전기화학 분야에 지대한 공헌을 하였다.

전압(전위차)은 전기 회로에서 전하를 움직이게 하는 요인으로 전기 위치 에너지의 높이에 해당한다. 꼬마전구와 건전지를 직렬로 연결하였을 때 건전지는 건전지 양단에 전위차(예를 들면 1.5 V)를 일정하게 유지해준다. 건전지에서 음극의 전압이 0 V라면 양극의 전압이 1.5 V이다. 금속 도선에 전압을 가하고 닫힌회로를 형성하면 전류가 흐른다. 기전력(예를 들면 건전지), 전기 소자들이 연결된 닫힌회로를 전기회로(electrical circuit)라 한다. 전위가 높은 곳에서 낮은 곳으로 전기장이 형성된다. 전기장이 있는 곳에 양전하를 놓으면 양전하는 전기장의 방향으로 전기력을 받으므로 전기장 방향으로 움직인다. 만약 전기장이 진공 상태에서 형성되어 있으면 전하가 움직일 때 방해할 아무런 물질도 없으므로 양전하는 전기장 방향으로 전기력을 받아서 가속한다. 하지만 물질세계에서는 다르다. 전하가 물질 내에서 움직이게 되면 물질을 구성하고 있는 원자들이 전하의 운동을 방해한다. 이때 전하의 운동은 마치 기울어져 있는 핀 볼에서 막대 사이를 구슬이 움직이는 것과 비슷하게 움직인다. 기울어진 핀 볼에서 공은 앞뒤 좌우로 마구 튕기지만 결국 중력에 의해서 경사의 아래쪽으로 내려간다. 전기 현상에서 전압이 걸리면 전하에게 핀 볼의 기울어진 면과 같은 전위의 기울기를 준다고 생각할 수 있다. 전하가 물질 내부에서 전위의

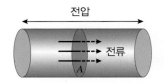

그림 9.10 | 전압이 걸린 도선에서 전류가 흐른다. 금속 도선에서 자유전자는 전류의 방향과 반대의 방향으로 흐른다.

기울기 때문에 운동할 때 원자(핀 볼 막대로 생각할 수 있음)들에 마구 충돌하여 되튕기지만 결국 전위가 낮은 쪽으로 차츰 움직여 간다. 이러한 전하의 흐름이 **전류**(electric current)이다. 일상생활에서 전류를 잘 통하는 물질은 도체인데 금속이 대표적인 도체이다. 전류를 통하는 속성에 따라 물질은 도체, 부도체(전류를 통하지 않음), 반도체(일정한 전압 이상이 걸리면 전류를 잘 통하지만, 그 이하에서는 전류를 통하지 않음) 등으로 분류할 수 있다.

금속 도선에 전압을 걸어 주면 전류가 흐른다. 전압을 걸어 주면 높은 전위에서 낮은 전위 쪽으로 금속 도선 내부에 전기장이 형성된다. 만약 높은 전위에서 낮은 전위 쪽으로 양전하가 흘러간다면 전류는 도선의 한 단면에서 단위 시간(= 1초) 동안 그 단면을 지나간 총 전하량으로 정의한다.

전류 = 단위 시간당 공간의 한 단면을 지나가는 전하량

일정한 시간 동안에 단면을 지나간 전하량을 알면 전류는 전하량을 시간으로 나눈 양이다.

$$전류 = \frac{전하량}{시간}$$

전류의 단위는 A(Ampere)인데 암페어라고 읽는다. 1 A는 1초 동안 1 C의 전하량이 한 단면을 지나간 값이다.

"전류 1 A는 도선의 한 단면을 1초 동안에 이동한 전하량이 1 C이다."

전기 회로에서 전압(전위차)은 전하를 밀어주는 역할을 하므로 전압이 걸리면 형성된 전기장에 의해서 양전하가 전기장 방향으로 전기력을 받아 움직인다. 전기가 잘 통하는 금속에서 전류를 흐르게 하는 것은 금속 내에서 자유롭게 움직일 수 있

는 자유전자(free electron)다. 실제 전류를 흘려주는 데 참여하는 입자들을 전하 운반자(charge carrier)라 한다. 금속에서 전하 운반자는 전자이지만 전해액과 같은 액체에서 전하 운반자는 이온들이다. 물에 소금을 녹이면 소금 분자 NaCl은 물속에서 Na^+ 이온과 Cl^- 이온으로 분리된다. 주변에 있는 물분자들이 소금 분자를 이온으로 분리한다. 소금 용액에 두 개의 금속 전극을 넣고 회로를 만들고 건전지를 붙여주면 전기회로가 형성된다. 이때 소금 용액에서 전류가 흐르는데 Na^+ 이온은 음극 쪽으로 움직이고 Cl^- 이온은 양극 쪽으로 움직인다. 소금 용액에서 전하 운반자는 Na^+ 이온과 Cl^- 이온 모두이다.

금속에서 자유 전자들은 음전하를 띠기 때문에 전압에 의해서 형성된 전기장의 반대 방향으로 힘을 받는다. 금속 내의 자유전자들은 아주 특별한 성질을 갖고 있다. 금속을 구성하는 원자들은 전기적으로 중성인데 금속을 형성할 때 원자의 최외각에 있는 전자들을 몇 개 내놓고 원자들은 양전하를 띤다. 양전하를 띤 원자들은 격자구조의 격자점에 거의 고정되어 있다고 생각할 수 있다. 바둑판에서 선이 교차하는 점에 양전하가 머물러 있다고 비유할 수 있다. 물론 완전히 멈추어 있는 것은 아니고 그 자리에서 마구 진동하고 있다. 금속 원자에서 떨어져 나온 전자들을 자유전자라 한다. 이 자유전자들은 금속 내부를 자유롭게 돌아다닐 수 있어서 자유전자라는 이름을 붙였다. 자유전자들은 금속의 표면을 벗어나지 못하고 금속에 갇혀 있다. 전선을 서로 연결하는 경우 다른 전선으로 넘어갈 수는 있지만, 여전히 금속 내에 머문다. 금속에 전압을 걸어 금속 내에 전기장이 형성되어 있을 때 전하의 움직임을 생각해 보자. 전류의 방향은 전기장을 걸었을 때 양전하가 흐르는 방향을 말한다. 그런데 음전하는 전기장의 반대 방향으로 움직이므로 음전하가 흐르는 방향의 반대 방향으로 전류가 흐른다고 할 수 있다. 전기장은 전하들이 움직일 수 있도록 전압의 기울기를 준다.

그림 9.11은 금속에 전압을 걸었을 때 전압의 기울기를 마치 핀 볼처럼 시각화하여 그린 것이다. 금속인 구리 전선을 생각해보자. 원래 구리 원자 Cu는 전기적으로 중성인 상태이다. 이러한 구리 원자들이 구리 금속을 형성하면 구리 원자는 Cu^{2+}인 양전하를 띤 상태로 존재하면서 이 구리 원자들이 서로 결합하면서 규칙적인 구조를 형성한다. 구리에서 구리 원자는 전자 2개를 전도띠(conduction band)에 내놓는다.

357

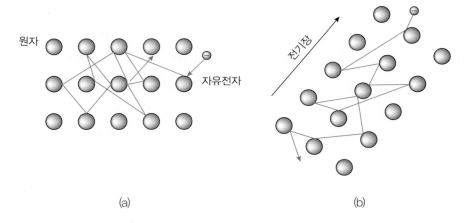

그림 9.11 | 전압은 전하에게 밀어주는 힘을 준다. 그림은 전기장이 전자에게 기울기는 주는 것에 비유할 수 있다. (a) 전압이 영이면 전기장이 없으므로 자유전자는 움직이면서 양전하를 띤 원자와 무작위로 충돌하지만, 평균적으로 제자리에 머문다. (b) 전압을 걸었을 때 전자의 운동을 핀볼에서 공이 움직이는 것으로 해석한 그림으로 전자는 공이고 금속의 양성자는 고정된 핀이고 볼을 튕겨 낸다.

각 구리 원자가 내놓은 전자들은 금속의 모든 구리 원자에 속하는 **공유결합**(valence bond)을 한다. 사람에 비유하면 각 어른(양전하의 구리 원자)이 자식 2명(자유전자)을 사회에 내놓고 이렇게 내놓은 자식은 내 자식이지만 사회 전체의 자식이 된다. 즉 모든 사람은 자식을 내놓고 내놓은 자식들을 사회 전체가 공유함으로써 사회(구리 금속)가 단단하게 결합한다. 공유한 자식들은 어른들 사이를 자유롭게 돌아다닐 수 있지만 고정된 위치에 있는 어른들은 움직일 때 걸림돌이 되어 자식들이 무작위 방향으로 튕긴다. 구리이온이 + 전기를 띠고 자유전자가 − 전기를 띠기 때문에 부딪히면 결합한다고 생각하면 안된다. 사회에 내놓은 자식이 다시 집으로 돌아오면 부모는 달가워할까? 그림 9.11에서 구리 원자를 일정한 사각 격자처럼 배열된 것으로 시각화하였다. 실제 구리 전선의 구리 원자들이 이런 구조를 하지 않는다. 다른 형태의 격자구조를 하고 있다. 전선에 전압이 걸리지 않으면 전기장이 없으므로 자유전자는 밀어주는 알짜 힘을 받지 않는다. 구리 내의 자유전자는 온도에 의한 열적 에너지에 의해서 아무 방향으로나 멋대로 움직인다. 구리 내에는 자유전자가 아보가드로 수만큼 많다. 전압이 걸리지 않으면 자유전자들은 서로 제멋대로 충돌하면서 움직이므로 전선에서 왼쪽으로 움직이는 자유전자의 개수와 오른쪽으로 움직이는 자유전자의 개수가 평균적으로 같다. 따라서 전압이 걸리지 않은 전선에서 전류는 흐르지 않는다. 전원에 연결되지 않는 구리 전선을 손으로 만져도 감전되지 않는다. 이제 그림 9.11(b)와 같이 전압이 걸린 구리 전선을 생각해보자. 전기장을 걸면 전자에 기울기를 주는 것과 같다. 전자는 원자와 멋대로 충돌하지만, 전기장의 반대 방향으로 흘러내려 간다. 자유전자는 음전하를 띠고 있으므로 $\vec{F} = -e\vec{E}$인 전기력을 받는다. 즉 자유전자는 전기장의 반대 방향으로 전기력을 받는다. 자유전자들이 원자와 원자 사이를 움직일 때 자유전자들을 전기장의 반대 방향으로 가속한다. 이러한 전기력을 그림 9.11(b)에서 전위가 전자에 기울기를 준 것에 비유하였다. 전압은 전하를 밀어주는 요인이고, 전류는 전선의 한 단면을 지나가는 단위 시간당 전하의 흐름율이다. 전하가 흐를 때 자유전자들이 금속 원자들과 충돌하여 움직임에 방해를 받는다.

$$전압(전위차) = 전하를 밀어주는 요인$$
$$전류 = 전하의 흐름률$$
$$저항 = 전하의 흐름을 방해하는 요인$$

금속 내에서 전자가 이동할 때, 전자는 금속의 이온들과 충돌함으로써 이동에 방해를 받게 되는데 이를 **전기저항**(electric resistance)이라 한다. 옴(Georg Simon Ohm, 1789~1854, 독일 물리학자)은 1827년에 출판한 《The Galvanic Circuit Investigated Mathematically》에서 "회로에 걸어 준 기전력(electromotive force)은 전류의 세기와 저항의 곱과 같다"라고 주장하였다. 옴은 이 사실을 자신의 회로 실험에서 관찰하였다. 이 발견이 바로 **옴의 법칙**(Ohm's law)이다. 전기저항의 저항값을 R, 저항에 걸린 전압을 V, 저항에 흐르는 전류를 I라 하면 옴의 법칙은 $V = RI$이다.

금속에서의 저항

$$전류 = \frac{전압}{저항} \rightarrow 옴의 법칙(Ohm's law)$$

저항의 단위는 옴(1 Ω = 1 V/A)이다. 이 식을 다시 써보면,

$$\text{전하 흐름의 시간 변화율} = \frac{\text{미는 크기}}{\text{방해의 크기}}$$

$$\text{효과} = \frac{\text{원인}}{\text{방해}}$$

옴의 법칙에서 저항은 전류 흐름을 방해하는 양이다. 전압은 전하 운반자를 흐르게 하는 원인이며 전하 운반자 흐름이 전류의 크기로 나타난다. 옴의 법칙은 모든 물질에 적용되는 일반적인 법칙이 아니다. 그림 9.12와 같이 전류-전압 곡선을 그렸을 때 직선이 되는 물질을 옴성 물질이라 하고 전류와 전압이 비례한다. 그림 9.12(b)는 대표적인 반도체 소자인 다이오드의 전류와 전압 곡선을 나타낸 것이다. 전류가 전압에 대해서 비선형적으로 증가하고 있다. 저항은 일반적으로 전류-전압 곡선의 기울기의 역수이다. 옴의 법칙을 따르는 물질은 금속이고 전류-전압 그래프에서 기울기가 일정하다. 다이오드와 같이 비선형적인 전기 소자의 저항은 걸어 주는 전압의 위치에 따라서 기울기가 달라진다. 그림 9.12(b)에서 전압 2 V인 지점에

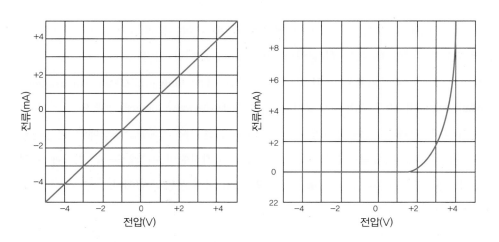

그림 9.12 | 물질의 전류–전압 특성. (a) 옴의 법칙을 따르는 금속의 전류와 전압은 직선 함수를 따른다. (b) 반도체 다이오드의 전류 전압 곡선은 비선형 함수를 따른다.

자료 : Halliday & Resnick.

서 곡선의 기울기와 4 V인 지점에서 곡선의 기울기가 다르다. 전류 I와 전압 V가 비선형 함수를 따르면 함수의 기울기 $\dfrac{1}{R} = \dfrac{dI}{dV}$를 저항으로 정의할 수 있다. 이때 저항이 상숫값이 아니라 전압마다 저항이 달라진다.

국제우주정거장(ISS, International Space Station)이나 야간에 높은 고도로 비행하는 비행기에서 보면 지구의 대도시는 그야말로 엄청난 빛을 내고 있다. 인류가 빛을 인위적으로 사용한 것은 불을 발견한 이후부터이다. 인류가 인공적인 빛을 발명하여 사용하기 전까지는 천연의 빛을 사용하였다. 촛불, 등잔불, 등유를 사용한 램프 등은 자연적으로 빛을 발한다. 전구, 형광등, LED(Light Emitting Diode)은 전기를 사용한 인공적인 빛이다. 백열전구는 영국의 화학자인 험프리 데이비가 1808년에 데이비램프(Davy Lamp)라 불리는 최초의 아크등(arc lamp)을 발명하면서 발전하였다. 데이비가 살던 당시에 석탄 광산에서 메탄(methane)가스 폭발사고가 자주 일어나 많은 사람이 죽었다. 당시 광산에서 사용하던 램프는 기름이나 가스램프였는데 메탄 농도가 높은 석탄 광산에서 램프 불은 폭발사고를 일으켰다. 광산에서 폭발을 방지할 수 있는 안전 램프(safety lamp)가 절실히 필요했다. 데이비는 석탄(charcoal)에서 얻은 두 탄소막대 사이에 작은 틈새를 만들고 강한 전압을 걸면 아크가 발생하면서 불꽃이 발생한다는 것을 알았다. 아크는 전극 틈새 사이에서 이동하는 전자의 흐름이고 이 전자들은 주변의 가스를 이온화시키면서 빛이 발생한다. 그림 9.13은 아치 모양으로 발생한 아크 불꽃의 모양과 데이비가 발명한 아크램프의 원리를 나타낸다. 전지를 직렬로 연결하여 강한 전압을 만들고 두 전극에 강한 전압을 걸면 아크가 발생하면서 빛이 난다. 인류가 전기를 이용하여 최초로 인공적인 빛을 발생시킨 것이며, 전기로 빛을 얻는 방법을 알게 되었다.

데이비램프는 너무 밝아서 너무 오래 노출되었을 때 시력이 나빠지는 단점이 있었다. 아크등은 백색광에 가까운 빛을 냈기 때문에 19세기 초에 런던의 가로등으로 많이 사용되었다. 1878년에 영국의 과학자인 조지프 윌슨 스완경(Sir Joseph

그림 9.13 | 아크 불꽃과 데이비램프의 원리. 두 전극 사이에 강한 전압을 걸면 아크 불꽃이 일어난다. 전기 흐름이 주변의 가스를 이온화시키면서 빛이 난다.

Wilson Swan, 1828~1914, 영국 물리학자, 화학자)은 진공의 유리구 안에 탄소 필라멘트를 사용하여 백열전구를 발명하였다. 우리가 알고 있는 실용적인 백열전구는 1879년에 에디슨이 발명하였다. 에디슨 역시 탄소 필라멘트를 사용하였으며 전등을 켜는데 필요한 발전기, 하나의 전등이 끊어져도 다른 전등이 계속 켜질 수 있는 병렬회로 등을 개발하였다. 1878년에 에디슨은 에디슨 전기조명회사(Edison Electric Light Company)를 설립하였다. 이 회사는 나중에 제너럴 일렉트릭(GE, General Electric)으로 발전한다. 백열전구는 뉴욕시에서 가로등으로 사용되기 시작하였다. 여러 과학자에 의해서 필라멘트가 개선되어 텅스텐 필라멘트가 발명되었다. 텅스텐은 끓는점이 높아서 잘 끊어지지 않고 오래 사용할 수 있었다.

예제 9.4 자동차 전조등

자동차 전조등을 켠 채로 시동을 걸면 전조등 불빛은 왜 희미해지는가?

풀이

일반 전지와 같이 자동차 배터리에도 내부저항이 있다. 배터리 내부로 전류가 흐르게 되면 내부저항을 지나면서 전압이 떨어지고 전기 에너지가 열로 변환되어 전지가 뜨거워진다. 이때 배터리 양 끝의 전위차(전압)는 줄어들면서 전류가 약해진다. 한편 자동차 시동 모터를 작동시키는 데 필요한 많은 전류를 배터리가 공급하면 배터리 양 끝의 전압이 급격히 떨어진다. 전조등은 바로 배터리 양 끝에 걸쳐 있어서 전압이 떨어지면서 불빛이 희미해진다.

예제 9.5 백열전구

백열전구는 켤 때 전구가 잘 나간다. 그 이유는 무엇인가?

풀이

전구를 켤 때 전구가 나가는 것은 두 가지 요인이 복합적으로 작용한다. 첫째, 전구를 켜면 텅스텐 필라멘트가 뜨거워지고 텅스텐 원자의 일부가 필라멘트 표면에서 증발한다. 필라멘트는 꼬인 코일이므로 코일과 코일 사이에 작은 공간이 있다. 필라멘트의 굵기는 균일하지 않기 때문에 어떤 부분은 다른 부분에 비해서 더 뜨거워진다. 더 뜨거운 부분에서 필라멘트 증발이 더 많아서 전구를 어느 정도 사용하면 어떤 부분이 다른 부분보다 더 가늘어진다. 도선의 저항은 도선의 단면적에 반비례하므로 가는 부분의 저항이 커지면서 단위 길이 당 전위차가 커지고, 결국 그 부분의 온도가 더 올라가게 된다. 온도가 더 올라가면 더 증발이 커지는 악순환을 겪게 된다. 둘째 이유는 다른 금속과 같이 온도가 높아지면 텅스텐의 전기저항이 커진다. 불을 켜지 않은 전구의 저항은 켜져 있는 전구보다 저항이 작다. 전구를 켜는 순간에는 필라멘트의 저항이 작아서 전류가 급격히 증가하여 최댓값에 도달한다. 그 후 필라멘트의 온도가 증가하면서 저항이 커지므로 전류의 크기가 줄어든다. 따라서 전구를 켜는 순간 전기방전이 일어나기 쉽다. 전기방전이 일어날 때 코일에 가해지는 역학적 변형력은 상당히 강하다. 만약 텅스텐 원자의 증발로 필라멘트가 매우 가늘어졌다면 강한 역학적 변형력에 의해서 필라멘트가 끊어질 것이다. 이때 끊어진 필라멘트 양 끝에는 큰 전위차가 생기므로 피뢰침과 같이 큰 전기장이 형성된다. 끊어진 필라멘트 양 끝 사이에 작은 번개가 일어나면서 섬광이 발생한다.

◉질문 금속의 온도가 높아지면 왜 저항이 커질까?

📝 예제 9.6 늦게 귀지는 형광등

옛날 형광등은 스위치를 켠 후 시간이 조금 지나야 불이 들어오는데 그 이유는 무엇인가?

풀이

구형 형광등은 스위치를 켠 후에 조금 시간이 지나야 불이 들어온다. 요즘은 전기적 장치를 향상해서 불이 빨리 들어오는 형광등이 대부분이다. 심지어 LED 등은 형광을 사용하지도 않는다. 형광등은 그림 9.14와 같이 전구 속 기체를 통해서 전류가 흘러야 불이 켜진다. 형광등 스위치를 켜면 기체를 이온화시키기 위해서 높은 전압이 필요하다. 불이 즉시 들어오는 전구에는 높은 전압을 만드는 장치가 있다. 즉시 불이 들어오는 형광등에도 사실은 자동 가열장치가 장착되어 있어 2~3초 안에 전극에서 전자가 튀어나오게 된다. 구형 형광등에는 이런 장치가 없다. 대신에 스위치를 눌러서 전극을 가열하여 전자가 튀어나오게 해야 한다. 스위치를 누른 후 수초가 지나야 충분히 많은 전자가 방출되어 큰 전류가 흐르게 된다.

그림 9.14 | 충전된 이미터 전극 ①에서 열전자 ②가 방출된다. 수은과 아르곤 가스를 봉입한 관 속에서는 수은 포화증기가 충전되어 전리된 수은 원자 ③과 열전자의 충돌로 자외선 ④를 발생한다. 자외선은 형광물질 ⑤에 의해 가시광선으로 변화된다.

형광등의 작동 원리는 그림 9.14에 나타내었다. 보통 형광등 내부에는 수은과 아르곤 가스가 봉입되어 있다. 요즘은 수은에 노출되면 위험하여서 다른 가스를 사용한다. 열전자와 수은 원자가 충돌하면 수은원자로부터 자외선이 방출된다. 형광등 램프의 안쪽 유리에는 형광물질이 발라져 있다. 발생한 자외선은 형광물질에서 가시광선이 나오게 한다.

📝 예제 9.7 저전압

저전압은 안전한가?

풀이

저전압도 고전압 못지않게 위험하다. 사람은 50 V의 전압에도 치명적인 충격을 받을 수 있다. 위험 요소는 전압이 아니라 전류다. 전류가 인체에서 어떤 경로를 따라 흐르는가에 따라 위험성이 달라진다. 만약 감전되어 한쪽 팔의 손끝으로 전류가 흐르면 약간 찌릿한 정도의 전기충격을 느낀다. 그러나 같은 양의 전류가 한 손에서 다른 손으로 흐르면 전류가 심장을 지나가게 되므로 매우 치명적일 수 있다. 표 9.2는 전류의 크기에 따른 인체의 반응을 나타낸 것이다. 전류가 20 mA에 도달하면 근육마비와 호흡곤란이 온다. 전류가 75 mA 이상이 되면 호흡을 할 수 없는 상태가 된다. 전류가 100 mA 이상이 되면 심실세동(ventricular fibrillation)이 일어난다. 심실세동은 심장의 박동이 제대로 이루어지지 않는 상태를 말한다. 심장은 스스로 박동을 일으키는 심장박동기(pacemaker) 세포가 있는데 강한 전류는 그 기능을 교란한다. 전류가 200 mA 이상에 달하면 심장마비가 일어나며 몸에 치명적인 화상을

표 9.2 | 감전이 되었을 때 전류와 신체의 반응

전류	신체의 반응
1 mA	찌릿함
10 mA	고통을 느낌
20 mA	근육마비와 호흡곤란이 발생
75 mA	호흡 불가능
100 mA	심실세동 증세가 발생함
200 mA	심장마비와 치명적인 화상이 발생

일으킨다. 일상생활에서 높은 전압뿐만 아니라 전류도 조심해야 하는 이유가 여기에 있다.

9.3 전기 회로와 전력

일반적으로 전기 회로는 전원(건전지, 전원 공급장치), 부하(저항, 각종 전기 장치), 연결 케이블로 구성되어 있다. 에너지의 측면에서 보면 전원에서 공급된 에너지가 각종 부하에서 다른 에너지로 전환된다. 우리가 사용하는 모든 전기 장치가 동작하려면 전기 회로(electric circuit)를 형성해야 한다.

"전기 회로에 전류가 흐르기 위해서는 닫힌회로를 형성하여야 한다."

그림 9.15에 가장 간단한 전기 회로를 나타내었다. 왼쪽은 회로에 전압을 걸어 주는 건전지와 같은 기전력(electric motive force)을 나타낸다. 건전지의 양 끝은 항상 일정한 전위차를 유지한다. 그림의 오른쪽은 부하(load)인 저항인데 지그재그 모양으로 표현하였다. 전기저항이 R일 때 이 회로에 흐르는 전류는 $i = V/R$이다. 꼬마전구, 토스터, 냉장고, 세탁기 등은 가정에서 흔히 사용하는 전기 부하 장치들이다.

부하를 연결하는 방식에는 직렬연결과 병렬연결이 있다. 그림 9.16(a)와 같이 저

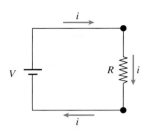

그림 9.15 | 가장 간단한 전기 회로 표현. 건전지의 전압은 V 이고 전구와 같은 부하의 전기 저항은 R이다. 닫힌 전기 회로를 형성하면 회로에 전류가 흐른다.

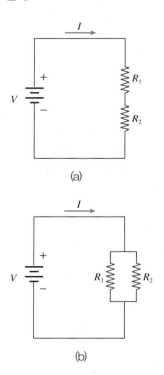

(a)

(b)

그림 9.16 | 두 전기저항의 직렬연결과 병렬연결. 직렬연결에서 각 저항에 흐르는 전류는 같다. 반면 병렬연결에서 두 저항에 걸리는 전압이 서로 같다.

항을 꼬리에 꼬리를 물도록 연결한 방식을 **직렬연결**(serial connection)이라 한다. 저항 R_1과 저항 R_2를 직렬연결하면 회로에 단일 루프가 형성됨으로 각 저항에 흐르는 전류는 같다. 직렬 연결한 회로의 총 저항은 각 저항값을 더한 값이다. 더한 저항값을 **등가저항**(equivalent resistance)이라 한다. 두 개의 저항을 한 개의 저항으로 치환하여 생각한 저항값이다.

$$R_{등가} = R_1 + R_2$$

그림 9.16(b)는 **병렬연결**(parallel connection)을 나타낸 것이다. 저항을 병렬로 연결하면 전류 I가 병렬연결에서 나누어져 흘러간다. 두 개의 저항 R_1과 저항 R_2이 병렬로 연결되어 있으면 각 저항에 걸린 전압은 같다. 그림 9.16(b)에서 두 저항에 걸린 전압은 건전지의 전압과 같다. 병렬연결의 등가저항은

$$\frac{1}{R_{등가}} = \frac{1}{R_1} + \frac{1}{R_2}$$

이다.

크리스마스트리의 전구들은 직렬과 병렬연결이 혼합되어 있는 경우가 많다. 크리스마스트리의 전구가 늘어나면 전체 저항이 커져서 흐르는 전류가 줄어든다. 전류가 줄어들면 각 저항에 걸리는 전압이 줄어들기 때문에 각 전구의 밝기는 줄어든다. 반면 전구를 병렬연결하면 각 전구에 걸리는 전압은 서로 같아서 전구의 밝기는 변하지 않는다. 전구를 직렬로만 연결하면 전구 하나가 끊어지면 전체 회로가 끊어져 전류가 흐르지 않기 때문에 트리의 불이 들어오지 않을 것이다. 이것을 극복하는 방법은 직렬로 연결된 전

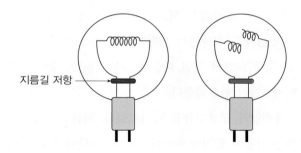

그림 9.17 | 크리스마스트리 전구. 검정색 바는 저항이 높은 물질이다. 필라멘트의 저항이 낮아서 전류는 필라멘트에 흘러 불이 들어온다. 오른쪽과 같이 필라멘트가 끊어지면 지름길 저항에 강한 전압이 걸려서 금속이 녹으면서 전류가 흐를 수 있 도록 연결되어 회로 끊어짐을 방지한다.

구 연결선을 병렬로 연결하는 것이다. 또 다른 방법은 크리스마스 전구 자체를 개선 하는 것이다. 그림 9.17은 **지름길 저항**(shunt resistance)이 장착된 크리스마스트리 전구 를 나타낸 것이다. 필라멘트가 끊어지지 않은 정상적인 상태에서 지름길 저항은 매 우 크기 때문에 전류는 필라멘트 쪽으로 흐른다. 따라서 전구는 정상적으로 빛을 내게 된다. 만약 필라멘트가 어떤 이유에서 끊어지게 되면 지름길 저항 양단에 강 한 전압이 걸리게 된다. 지름길 저항의 금속이 녹으면서 연결선을 형성한다. 금속이 연결되면 저항이 줄어들어 보통 전선과 같은 역할을 한다. 따라서 전체 회로는 끊 어지지 않고 닫힌회로를 유지하기 때문에 크리스마스트리의 불은 계속 들어온다.

직류와 교류 전쟁

19세기 말에 미국에서 전기가 상업적으로 사용되기 시작할 때 **직류**(DC, direct current)를 사용할 것인지 **교류**(AC, alternating current)를 사용할 것인지에 대한 경쟁이 있었다. 직류 사용을 주장한 토머스 에디슨(Thomas Edison, 1847~1931, 미국의 발명가, 사업가)과 교류 사용을 주장한 니콜라 테슬라(Nikola Tesla, 1856~1943, 세르비아 출신 미국인, 물리학자, 발명가) 사이의 경쟁을 "전류전쟁(war of currents)"이라 한다. 표 9.3 은 직류 편에 선 에디슨과 교류 편에 선 테슬라의 업적과 주요한 사업 내용을 정리 한 것이다. 세르비아에서 미국에 이민 온 테슬라는 잠깐 에디슨과 함께 일을 한다. 토머스 에디슨은 전구, 축음기, 영화 촬영 카메라 등을 발명하였고 테슬라보다 먼저 경력을 쌓았지만, 나중에 두 사람은 서로 극심한 경쟁을 한다. 에디슨은 자신이 개발한 직류 전력 시스템을 고집하면서 교류의 위험성을 부각하면서 교류의 발전을 막으려고 하였지만 결국 교류의 장점 때문에 교류 발전이 승리하였다. 20세기 초에 교류 발전과 전송 시스템이 일반화한다.

그림 9.18에 직류전압과 교류전압을 나타내었다. 직류는 전압이 시간에 따라 변함이 없지만, 교류는 전압이 일정한 주기를 가지고 시간에 따라서 진동한다. 건전지의 전압은 1.5 V로 전압이 일정한 직류전압이다. 반면 일상생활에서 사용하는 가정용 전기는 220 V의 교류이다. 우리나라의 교류는 진동수가 60 Hz이다. 직류와 교류는 서로 장단점을 가지고 있다. 직류는 송전할 때 안정성이 높고, 유도장해가 낮으며, 전압이 다른 두 전력 계통을 서로 연결하기 쉽고, 피복의 절연등급을 낮출 수 있다. 직류의 단점은 영점이 없어 전류차단이 어렵고, 전압변환이 어렵다. 인버터 등 변환장치의 신뢰성 확보가 어렵고, 전력변환 장치에서 발생하는 고조파 제거 설비가 필요하다. 교류의 장점은 전압 변환(승압, 감압)이 쉽고, 고효율 전송이 가능하며, 회전하는 자기장을 쉽게 얻을 수 있어 전동기에 유용하고, 발전기 구조가 간단하다. 교류의 단점은 안정성이 낮고, 통신에 유도장해를 일으키며, 주파수가 다른 전력 계통을 연결할 수 없다. 현재 발전소에서 가정으로 송전할 때 송전선에서 손실을 줄이기 위해서 765 kV(76.5만 볼트)로 승압하여 송전한다. 높은 전압은 변압기를 사용하여 220 V로 감압하여 가정에서 사용한다. 최근에는 반도체 기술의 발전으로 초고압 직류송전(HVDC, High Voltage Direct Current)에 관한 연구와 수요가 증가하고 있다. HVDC는 발전소에서 발전한 교류를 직류로 전환한 후 고전압으로 송전한 후

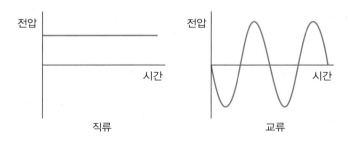

그림 9.18 | 직류전압과 교류전압. 직류는 시간에 따라 전압의 변화가 없이 일정하다. 반면 교류는 시간에 따라서 변한다.

수신부에서 다시 교류로 변환하여 사용하는 방식을 말한다. HVDC의 장점은 전선의 절연계급이 낮고, 철탑의 높이를 낮출 수 있으며, 전선의 소요량을 줄일 수 있어

표 9.3 | 직류와 교류의 경쟁. 에디슨과 테슬라의 업적과 경쟁 관계

내용	직류(DC)	교류(AC)
경쟁자	토머스 에디슨(Thomas Edison, 1847~1931), GE	니콜라 테슬라(Nikola Tesla, 1856~1943), 조지 웨스팅하우스
주요 업적	• 1874 - Multiplex Telegraph System 발명 • 1877 - 축음기(phonograph) 발명 • 1879 - 전구발명(Light Bulb) • 1886 - Bell Telephone Microphone 개선(Carbon telephone transmitter) • 1891 - Motion picture camera 발명	• 1887 - AC polyphase induction motor 발명 • 1888 - AC dynamo-electric machine(AC electric generator) 발명
회사 및 사업	• 1878 - Edison Electric Light Company 설립 • 1880 - Edison Illuminating Company 설립. 증기선 Columbia호에 전구 설치. 첫 상업적 성공. • 1882 - Manhattan 59가구에 110 V DC 공급 • 1892 - Edison Electric Company와 Thomson-Houston 합병하여 GE(General Electric) 설립 • 에디슨의 DC 송전은 송전 거리가 짧고, 에너지 손실이 컸음. 타운이나 도시에서 발전소가 위치해야 하면 크고 무거운 구리 전선이 필요했음.	• 1880 - 사업가 조지 웨스팅하우스는 Westinghouse Electric & Manufacturing Company 설립. 교류의 가능성을 알아봄 • 1884 - Tesla 미국에 이민, Edison Machine Works에서 일함 • 1885 - Tesla Electric Light & Manufacturing 설립 • 1888 - 웨스팅하우스 테슬라의 AC 모터와 변압기 기술을 현금 60,000$에 사들임 • 1891 - WH, Ames 수력발전 플랜트 완성 3.5 km 떨어진 광산에 송전 • 1893 - 웨스팅하우스가 World Columbia EXPO 전력공급자로 선정됨 • 1893 - 웨스팅하우스가 Niagara Falls 수력발전 프로젝트 수주 • 1893 - WH가 Chicago World Fair의 전력 공급. AC의 승리
특허공유	1897 - 웨스팅하우스와 GE는 테슬라 특허를 공동사용 합의	

경제성이 높다. 또한 송전 가능한 길이가 길고 건설비가 저렴하다. HVDC의 단점은 고전압의 AC/DC 변환기가 고가이며 변환기에서 고조파가 발생한다. 고조파를 방지하기 위해서 필터를 설치해야 한다. 전력 반도체 기술이 발전하면서 HVDC에 대한 경제성이 차츰 높아질 것이다.

직류와 교류의 전쟁에서 교류는 결국 승리를 거두었다. 에디슨의 직류송전은 마을이나 도시 등의 단거리에서만 이루어졌으며 송전 과정에서 손실이 컸다. 반면 교류는 변압기를 사용하여 승압과 감압이 쉬웠으며 먼 거리까지 쉽게 송전할 수 있었다. 에디슨이 집요하게 공격했던 위험성은 전선을 잘 절연함으로써 해결할 수 있었다. 1893년 시카고 엑스포의 전력 공급은 웨스팅하우스가 수주함으로써 교류가 승리했다. 웨스팅하우스와 제너럴 일렉트릭은 교류 관련 특허를 공유함으로써 20세기 교류전기 시대를 활짝 열었다.

✒ 예제 9.8 전깃줄에 앉은 새

전깃줄에 앉은 새는 왜 감전되지 않을까?

풀이

전깃줄이 피복으로 쌓여 있어서 전류가 흐르는 구리 선에 발이 직접 닿지 않기 때문이다. 전선은 땅에 대해서 일정한 전압이 걸려 있는데 새는 땅과 전선에 동시에 닿지 않고, 한 줄 위에 앉아 있는 것도 또 다른 이유이다. 이것은 마치 건전지의 한쪽 단자만 연결하여 전류를 흐르게 하려는 것과 같다. 큰 전류가 흐르는 전선 위에 새가 두 다리를 넓게 벌리고 앉아 있으면 새의 몸을 통해서 상당한 전류가 흘러서 치명적이다. 이때 새의 다리 사이에 높은 전위차가 형성된다. 그런데 새는 전선과 병렬로 연결되어 있다. 새가 앉는 전선은 저항이 작은 구리 선이므로 전류 대부분은 저항이 작은 구리 선으로 흐르고, 새의 몸을 통해서 흐르는 전류는 거의 없다. 사람이 전깃줄에 매달려 있어도 마찬가지 이유로 감전되지 않는다. 만약 땅, 사람, 전깃줄이 동시에 연결되면 닫힌회로가 형성되면서 큰 전류가 흐르게 되므로 감전된다.

어떤 이유로 고전압의 전선을 만져야 하는 일이 있을 수 있다. 전선을 손바닥으로 잡으면 매우 위험하다. 손에 전류가 흐르면 전류가 손의 신경을 수축시켜서 손

그림 9.19 | 전선에 앉은 새는 감전되지 않는다. 전선과 새의 양 다리는 병렬로 연결되며 전류 대부분은 저항이 작은 전선으로 흐르기 때문이다.

을 움켜쥐게 만든다. 손바닥으로 전산을 잡았을 때 손은 저절로 전선을 강하게 쥐게 되고 감전된 상태에서 자신의 의지로는 손을 펼 수 없다. 따라서 위험한 전선은 손바닥으로 쥐는 것을 피해야 한다. 어쩔 수 없이 전선을 만져보아야 할 일이 있다면 전선을 손등에 살짝 대볼 수 있다. 감전되더라도 손바닥으로 전선을 감싸는 일이 일어나지 않으므로 위험을 줄일 수 있다.

9.4 전기 문명

컴퓨터, TV, 냉장고, 전구 등 많은 전기 기구들은 전기 에너지를 소모한다. 어떤 전기 장치에 걸린 전위차(전압)가 V이고, 흐르는 전류가 I일 때 전기적 일률인 전력(Power) P는

$$P = IV \ (\text{전력} = \text{전류} \times \text{전압})$$

이다. 전기저항이 R인 전기 소자에 걸린 전압이 V이고, 전류가 I이면 저항에서 소모되는 전력은 다음 식과 같다.

"저항에서 전력은 저항의 크기에 비례하고 전류의 제곱에 비례한다."

$$P = IV = I(IR) = I^2R$$

이 식을 전압과 저항으로 표현하면 다음과 같다.

$$P = IV = \left(\frac{V}{R}\right)V = \frac{V^2}{R}$$

저항이 R인 전선에 V인 전압이 걸리면 발생하는 전력은 전압의 제곱에 비례하고 저항에 반비례한다. 전력의 단위는 W(Watt, 와트)를 사용한다.

📝 예제 9.9 고압송전

발전소에서 가정으로 전력을 공급할 때 수십만 볼트의 고전압으로 송전한다. 고전압은 극히 위험한데 왜 고전압으로 송전을 할까?

풀이

저항을 지나는 전력은 $P = IV = I(IR) = I^2R$이다. 저전압으로 전기 에너지를 송전한다면, 전류의 세기가 커야 한다. 전류가 커지면 전선의 저항에서 열이 많이 발생하므로 전선 온도가 올라가서 에너지 소모가 많이 생긴다. 이처럼 저항에 따라 온도가 올라가는 현상을 **줄 가열**(Joule heating)이라 한다. 즉, 전기 에너지를 사용자에게 보내는 단계에 많은 에너지를 잃어버리게 된다. 전송 중의 에너지 손실을 줄이려면 고압(고전압)으로 송전을 하면 송전 손실을 줄일 수 있다. 전력은 $P = IV = V^2/R$이므로 고전압에서도 에너지 손실이 크지 않을까? 그렇지 않다. 송전에서 고압은 "전송선 사이의 전압(발전소와 변전소 사이)"이다. 위 식의 분모에서 저항은 송전선의 저항이고, 분자의 전압은 송전선 양 끝 사이에 걸리는 전압이다. 발전소에서 변전소 사이의 전압의 차이는 되도록 작게 유지한다. 따라서 식 $V = IR$에서 도선 사이의 전압이 작으므로 도선에 흐르는 전류가 작다. 전류가 줄어들면 에너지 손실이 줄어들게 된다. 따라서 발전소에서 변전소까지는 고전압으로 송전해야 한다. 물론 가정에서 사용하는 전압은 110 V 또는 220 V이므로 변압기를 사용하여 사용 단계에서

그림 9.20 | 발전소의 전경. 발전소에서 고압으로 전력을 송전하고 수신부에서 감압하여 사용함으로써 송전 과정에서 전력손실을 줄인다.

고전압을 저전압으로 줄여주어야 한다.

🖋 예제 9.10 할로겐등

자동차에 주로 쓰이는 할로겐등은 어떻게 작동하는가?

풀이

보통 전구가 끊어지는 이유는 필라멘트에서 텅스텐 원자가 증발하여 필라멘트가 가늘어지고, 증발한 원자가 전구의 벽에 달라붙기 때문이다. 할로겐등은 이 과정이 서서히 일어나도록 만든 전구이다. 주로 요오드와 브롬인 할로겐 가스는 전구 내벽에 붙은 텅스텐을 필라멘트로 되돌려 보내는 역할을 한다. 전구 내벽 표면의 온도가 250°C 이상이 되면, 텅스텐 원자와 요오드가 결합하여 WI_2가 되어 내벽에서 떨어져 나와 전구 속을 떠돈다. 이들이 고온의 필라멘트와 접촉하면 분리되어 텅스텐 원자는 필라멘트에 달라붙고 요오드는 떨어져 나간다. 전구 표면의 온도가 매우 높아서 할로겐등은 1,600°C 이상에서 녹는 결정으로 만든다. 전구 내벽의 온도를 높이기 위해서 필라멘트와 전구 내벽 사이의 공간을 최대한으로 줄여야 하므로 할로겐 등의 크기는 1~2 cm로 작다. 그러나 결정이 잘 부서지므로 결정의 전구를 보호하고, 사람 손이 닿아서 기름이 끼는 것을 방지하기 위해서 할로겐등은 포물선 모양의 반사경을 함께 달아 시판한다.

9.5 번개와 프랙털 응집체

먹구름이 몰려오고 강한 비가 오기 전에 천둥이 치고 강력한 번개가 번쩍인다. 요즘도 번개가 치면 두려움이 생기는데 우리의 조상들은 천둥 번개가 칠 때 아주 큰 두려움에 휩싸였을 것이다. 그리스 로마신화에서 번개는 최고의 신인 제우스(zeus)가 관장하며 북구 유럽의 신화에선 토르(Thor)가 번개를 소유하고 있다. 번개는 대기 중에서 전하가 구름과 땅 또는 구름과 구름 사이에서 방전될 때 발생한다. 높은 전압을 가한 부도체에서 **유전체 파괴**(dielectric breakdown)가 발생할 때 나뭇가지 모양의 번개 모습을 최초로 기록한 사람은 1777년에 리히텐베르크(G. C. Lichtenberg, 1742~1799, 독일의 물리학자)이다. 유전체에서 발생한 번개치는 모습의 그림을 **리히텐베르크 형상**(Lichtenberg figure)이라 한다. 그림 9.21은 두 전극 사이에 강한 전압을 걸어서 유전체에 번개가 친 모습을 관찰한 리히텐베르크 형상이다. 번개의 모습이 마치 나무가 자라듯이 퍼져나가며 그 구조는 프랙털 구조이다.

그림 9.22는 실제 번개 치는 모습을 나타낸 것이다. 대기 중에서 번개치는 모습은 유전체 파괴 현상과 흡사한 구조로 되어 있다. 공기에서 번개의 모습은 리히텐베르크의 형상처럼 뚜렷한 나뭇가지 모습을 보기 어렵다. 그 이유는 번개가 칠 때 번

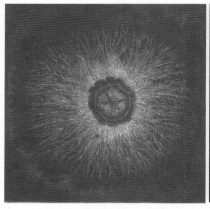 

(a) 리히텐베르크 형상　　　　　(b) 분기형 번개 방전 – 블루볼 화구 플라스마

그림 9.21 | 리히텐베르크의 유전체 파괴 그림. 유전체의 하단과 상단 사이에 놓여있는 전극에 강한 전압을 걸면 유전체에 번개가 친 모습을 한다.

그림 9.22 | 번개 치는 모습. 구름에서 지상으로 강한 전류가 일시에 흐르면서 번쩍하는 가시광선과 플라즈마 충격파에 의한 천둥이 발생한다.

개가 지나가는 경로를 따라서 공기의 전하가 양전하와 음전하로 분리된 **플라즈마** (plasma) 상태가 되면서 발생하는 가시광선 영역의 전자기파와 충격파가 형성되기 때문이다. 미세한 가지에서 생기는 빛은 사방으로 흩어져서 관찰하기 어렵기 때문이다. 또한 가장 큰 전류가 흐르는 뼈대 경로에서 강한 빛이 방출되기 때문에 강한 전류가 흐르는 번개 뼈대만 강하게 보이기 때문이기도 하다.

번개는 여름날 적운 또는 적란운이 형성될 때 흔히 볼 수 있다. 적란운은 여름철에 소나기를 내리게 하는 대표적인 구름의 형태이다. 여러분도 본 적이 있을 것이다. 검은 먹장구름에서 번개가 치면서 위로 상승하는 거대한 구름 덩어리가 적란운이다. 구름에서 번개가 발생하는 이유는 구름이 전기적으로 대전되어 있기 때문이다. 그림 9.23은 구름에 형성된 전하 분포를 나타낸 것이다. 따뜻한 공기가 상승하면 기온이 낮아진다. 적란운의 중심부에서 공기는 빠르게 상승하며 기온은 영하 15도에서 25도 사이의 값을 갖는다. 상승기류를 따라 상승하는 얼음 입자와 과냉각 물방울은 구름에 형성된 싸락눈(graupel) 군과 충돌하면서 양전하로 대전된다. 양전하로 대전된 얼음 입자는 계속 상승하여 구름의 상층부를 형성하고, 상대적으로 크고 무거운 싸락눈 입자는 음전하를 띠면서 아래로 낙하한다. 구름의 중간부는 강한 음전하를 띠게 된다. 구름의 하단은 강우와 따뜻한 공기의 영향으로 약한 양전하를 띤다. 구름의 중간 하단은 전체적으로 강한 음전기를 띤다. 구름 중 하단의 음

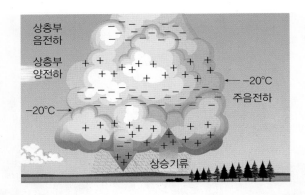

그림 9.23 | 구름에서 전하의 분리. 구름의 최상층부 음전하를 띠고 바로 아래 상층부는 양전하를 띤다. 구름의 중간 부분에 주된 음전하(주음전하)가 형성되고 구름의 하단은 약한 양전하를 띤다. 구름은 전체적으로 음전하를 띠기 때문에 지상은 양전하를 띤다.

전기 때문에 구름이 드리운 지상은 상대적으로 양전하를 띠게 되어 구름과 지구 사이에 강한 전기장이 형성된다. 구름과 지면 사이의 거리는 대개 5 km 정도이며 구름과 지상 사이의 전기장이 문턱전압을 넘어서면 번개가 발생한다. 번개가 칠 때 전위차는 1억 볼트에서 10억 볼트 사이의 값을 가지며 흐르는 전류는 5 kA~200 kA 사이의 값을 갖는다. 번개칠 때 막대한 전기 에너지가 방출된다.

유한 확산 응집체와 유전체 파괴 프랙탈

번개와 유전체 파괴 모습에 대한 이해는 1980년대 초에 프랙탈 구조를 연구하면서 극적으로 진전되었다. 1981년 위튼(T. A. Wittne, Jr.)과 샌더(L. A. Sander)는 〈피지컬 리뷰 레터스(Physical Review Letters, 미국물리학회에서 발행하는 물리 분야 최고 학술지)〉 저널에 유한 확산 응집체(diffusion-limited aggregation, DLA)에 대한 시뮬레이션 논문을 발표한다. 놀랍게도 이 응집체는 나무 모양으로 성장하고 그 기하학적 구조가 프랙털 구조임이 밝혀졌다. DLA를 컴퓨터에서 성장시키는 알고리즘은 다음과 같다. 그림 9.24와 같이 원점에 씨앗(seed)을 놓는다. 씨앗에 붙은 입자들이 성장하여 클러스터(cluster)를 형성한다. 클러스터의 가장 끝 반지름을 R_m이라 하자. 씨앗을 중심으로 클러스터 반지름의 5배인 큰 원을 그린다. 투입되는 입자는 이 큰 원의 원주 위에서 생성되어 투입된다. 투입된 입자는 막걷기(random walk)를 하여 움직

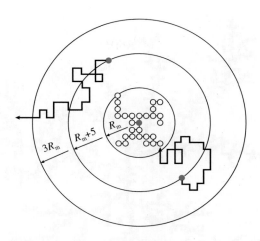

그림 9.24 │ 유한 확산 응집체는 씨앗으로부터 성장한다. 입자는 클러스터 최대 크기의 5배 먼 거리에서 하나씩 투입되며, 투입되는 초기 위치는 무작위로 선정한다. 투입된 입자는 멋대로 걸어서 클러스터의 이웃에 도달하면 응집체에 붙는다. 멋대로 걷기가 응집체에서 너무 멀어지면 이 멋대로 걷기는 버리고 다시 시작한다. 투입된 입자가 응집체에 붙거나 계에서 완전히 벗어나면 새로운 입자를 투입한다.

인다. 만약 시작한 원주에서 멀어지면 이 입자는 시스템에서 벗어난 것으로 간주하여 버린다. 투입한 입자가 멋대로 걸어 클러스터 쪽으로 다가와서 기존 클러스터의 이웃에 도달하면 투입된 입자는 클러스터에 붙어서 응집한다. 투입한 입자가 클러스터에 붙거나 계에서 벗어나면 새로운 입자를 큰 원주 둘레에서 다시 생성하여 계에 투입한다. 클러스터는 성장하므로 입자가 투입되는 큰 원주의 반지름은 계속해서 커진다. 이러한 과정을 계속 되풀이하면 응집체가 점점 성장하여 나뭇가지가 성장하듯이 가지치기를 한 모습이 된다.

　그림 9.25는 앞에서 설명한 성장 기법으로 성장시킨 유한 확산 응집체의 모습을 나타낸다. 위튼과 샌더는 이 알고리즘을 이용하여 최초로 컴퓨터 시뮬레이션으로 DLA를 구현하였다. 처음 생성한 응집체는 입자가 3,600개가 붙은 DLA였으며 그 구조는 고리(loop)가 없는 나무(tree) 구조처럼 생겼다(Witten and Sanders, 1981). 번개나 유전체 파괴 그림과는 좀 달라 보이지만 비슷한 구조임을 알 수 있다. 위튼과 샌더는 이 구조를 더 분석하여 이 구조가 프랙탈 구조임을 발견하였다(Hasley, 2000).

　DLA 구조의 중요성은 성장이 비평형적(noequilibrium)이고 비가역적(irreversible)

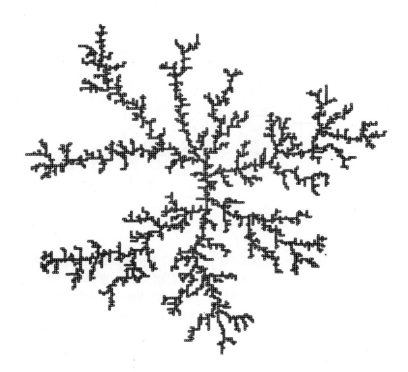

그림 9.25 | 위튼과 샌더가 컴퓨터 시뮬레이션으로 구현한 유한 확산 응집체의 구조. 이 구조는 2차원 격자 위에서 3,600개의 입자를 가진 응집체이며 나무 모양으로 성장한 프랙탈 구조이다.

자료: T. A. Witten Jr, L. M. Sander, Phys. Rev. Lett. **47**, 1400(1981).

으로 일어난다는 점이다. 투입된 입자는 무작위적(random)으로 움직이다가 응집체를 만나면 영구히 응집체에 붙고 응집체는 비평형적으로 계속 성장한다. 입자가 응집체에 붙으며 다음 입자가 투입되어 응집체가 계속 성장하는 비평형 계이다. 투입된 입자는 응집체에 붙은 다음 떨어져 나가지 않고 고정됨으로 응집체의 성장은 비가역적으로 일어난다. 여러분이 나이를 들면서 성장하는 과정이 비가역적이듯 DLA 성장 역시 비가역적으로 일어난다.

DLA 구조가 가지치기 모양(ramified pattern)의 프랙탈 구조를 가지는 이유는 다양하게 연구되었지만, 앞에서 논의한 무작위성과 비평형적 성장 과정 때문이다. 특히 입자가 투입되어 응집체에 붙는 시간 스케일 τ_r와 응집체가 성장하는 시간 스케일 τ_g가 완전히 달라서 서로 분리되는 것이 중요한 요소이다. 응집체 측면에서 보면 성장 속도는 매우 느리게 일어난다. 성장 속도보다 투입된 입자가 응집체에 붙는 시간은 상대적으로 짧다고 할 수 있다. 이러한 시간 스케일의 분리는 여러 개의 입자가 동시에 응집체에 붙는 확률을 극히 낮게 만든다. 컴퓨터 시뮬레이션 과정에서 멋대로 걷기(random walk)가 많은 시간을 잡아먹지만, 입자가 응집체에 붙을 때마다 하나씩 입자를 투입하는 것은 이러한 두 개의 시간 스케일을 분리할 수 있게 해준다.

1980년대에 많은 과학자가 DLA 구조를 열광적으로 연구한 이유는 두 가지이다. 이 구조가 프랙탈 구조를 가졌다는 것과 DLA 구조와 비슷한 구조의 응집체들이 다양하게 발견되었기 때문이다. 무작위 과정으로 형성된 프랙탈 구조는 공간적인 혼돈(spatial chaos)이기 때문에 큰 관심을 끌었다. DLA는 무작위적(random), 비평형적(nonequilibrium), 비가역적(irreversible)으로 물질이 성장하여 프랙탈 응집체(fractal aggregates)를 형성하는 가지치기 구조를 대표하는 모형이다. 이러한 가지치기 구조의 내부와 외부를 구별하기 힘든 특징을 가지고 있다. DLA는 번개 모양, 유전체 파괴(dielectric breakdown)가 일어날 때의 모양, 금속재료 등에서 나타나는 크랙 전파(crack propagation), 생물학에서의 박테리아 무리(bacteria colony)의 성장, 나뭇가지 성장 등에서 볼 수 있다.

유전체는 구성 물질들이 전기적으로 분극되어 있지만, 전기적으로 부도체이다. 그림 9.26과 같이 중심의 원판 전극과 중심에서 멀리 떨어진 곳에 동심원 원 전극

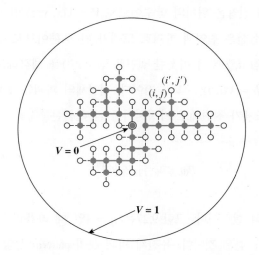

그림 9.26 | 원형 전극과 점 전극 사이에서 절연체 파괴가 일어나면서 가지치기 과정으로 프랙탈 구조가 성장하는 모습. 원점의 점 전극의 전압은 0 V고 원형 전극의 전압은 1 V다. 원점 전극에 연결된 실선은 절연체 파괴로 도체가 된 부분이므로 전압이 0이다.

사이에 유전체 물질이 놓여있는 경우를 생각해보자. 두 전극 사이에 강한 전압을 걸면 유전체 사이에서 번개가 치는 것을 볼 수 있다. 전극 사이에 강한 전압이 걸리면 부도체인 유전체의 절연 파괴(dielectric breakdown)가 발생한다. 강한 전압 때문에 유전체 일부에 도체 채널이 형성한다. 도체 채널의 구조는 그림과 같이 번개치는 모습으로 발전한다. 절연체 파괴 구조는 마치 DLA 구조와 흡사한 프랙탈 구조를 하고 있다. 번개치는 모습은 왜 가지치기 과정으로 나무와 흡사한 모양을 성장할까? 절연체 파괴가 가지치기 과정의 프랙탈 구조가 되는 이유를 생각해보자. 원점 전극과 멀리 떨어져 있는 원형 전극 사이에서 형성된 전압을 구해본다. 유전체 파괴가 일어나는 방전은 전위차가 가장 큰 곳에서 발생한다. 절연체 내에는 알짜 전하들이 없으므로 절연체 내에서 전압은 라플라스 방정식(Laplace's equation)

$$\nabla^2 V = 0$$

을 따른다. 여기서 V는 유전체 내부에서 전압을 나타낸다. 이 식에서 2차원인 경우 라플라시안(Laplacian) $\nabla^2 = \partial^2/\partial x^2 + \partial^2/\partial y^3$은 편미분을 나타낸다.

삼차원 공간에서 직각좌표계를 (x, y, z)라고 하면 $\nabla^2 V = \dfrac{\partial^2 V}{\partial^2 x} + \dfrac{\partial^2 V}{\partial^2 y} + \dfrac{\partial^2 V}{\partial^2 z}$이고 공간의 한 지점에서 전압은 위치의 함수이므로 $V = V(x, y, z)$이다. 그림 9.26에서 원점 전극에 연결된 실선은 절연체 파괴로 도체가 된 부분이므로 전압이 0이다. 그림에서 도체인 검은 점 (i, j)에서 이웃한 절연체 점 (i', j')을 생각해보자. 두 지점 사이의 전위의 차이는 $\phi = V(i, j) - V(i', j')$이다. 절연체의 파괴는 전위의 차이가 큰 곳에서 일어나므로 도체가 절연체로 가지치기를 할 확률은

$$P_{((i, j) \to (i', j'))} \propto |\phi|^\eta$$

이고, $\eta > 0$인 양의 실수이다. 그림 9.27은 $\eta = 1$일 때 라플라스 방정식을 풀어서 절연체 파괴 문양을 얻은 것이다. 유전체 파괴 문양(pattern)이 앞에서 소개한 DLA 구조와 매우 흡사하다(Niemeyer, et al. 1984).

절연체 파괴 문양의 형성은 반도체 소자를 만들 때 큰 문제가 될 수 있다. 핸드

그림 9.27 | 점 전극과 원 전극 사이에서 절연체 파괴가 일어날 때 가지치기 과정으로 형성된 유전체 파괴 문양. 이 모습은 라플라스 방정식을 풀고, $\eta = 1$일 때 유전체 파괴 송이를 성장시킨 것이다. 프랙탈 차원은 약 1.75차원이다.

폰에 들어가는 CPU나 메모리 반도체 칩은 내부에 많은 도선과 절연체 막을 가지고 있다. 삼성반도체나 하이닉스반도체에서 생산하는 메모리 반도체에서 전류가 흐르는 도체 선의 선폭은 10나노 이하로 줄어들고 있다. 이렇게 얇은 도선 사이에 전기적 방전을 막기 위해서 절연체로 차단을 하고 있는데 메모리 반도체의 크기가 매우 작아지고 있어서 차단 절연체에 매우 강한 전압이 걸린다. 이것은 대기 중에 전하를 잔뜩 머금은 비구름과 지면 사이에서 번개가 치기 직전의 모습과 매우 흡사한 상황이 된다. 반도체 도선 사이에 번개가 치면 메모리칩이 타버린 것과 같아서 메모리가 망가지게 된다. 반도체 공정에서는 번개가 발생하지 않도록 유전체의 재질, 전선의 모양, 유전체의 두께 등을 조절해야 한다. 그림 9.28은 나노 크기의 도체 전극 사이에 놓인 유전체에서 유전체 파괴 현상이 일어나는 모습을 컴퓨터 시뮬레이션한 모습을 나타낸다. 강한 전압이 걸리기 전에 유전체 내에 저항이 작은 부분이 무작위로 분포해 있다. 이러한 저항이 작은 지점들이 유전체 파괴의 씨앗 역할을 하며, 두 도체 전극 사이의 전압을 올리면 어느 순간에 위쪽 전극과 아래쪽 전

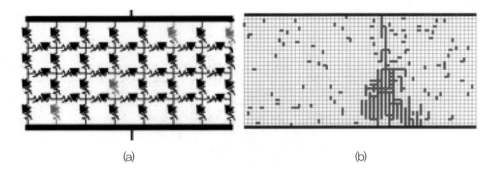

그림 9.28 | 나노 크기의 두 도체 전극 사이에 놓인 유전체의 파괴가 일어나는 모습. (a) 유전체를 가 변저항으로 모형화한 모습. (b) 컴퓨터 계산으로 유전체 파괴가 일어난 결과. 진한 부분은 저항이 작은 부분(도체)을 나타내고 처음에 저항이 작은 부분이 무작위로 분포한 상태에서 유전체 파괴 시뮬레이션 모습을 나타낸 것이다.

극 사이에서 번개가 친다. 유전체 파괴가 일어나면서 전류가 흐르는 도체회로가 형성된다. 이렇게 되면 반도체가 망가진다(Lee, et al. 2012).

9.6 복잡계 네트워크와 대정전

네트워크는 노드(node 또는 vertex)와 두 노드를 연결하는 연결선(link, edge)으로 표현할 수 있다. 바둑판의 규칙적인 연결에서 두 개의 선이 교차하는 곳이 노드이고 바둑판은 사각 격자를 형성한다. 규칙적인 격자구조는 과학자들에 의해서 많이 연구되었으나 불규칙하거나 규칙이 낮은 시스템에 관한 연구는 미진하다. 1998년 왓츠와 스트로가츠는 좁은세상망(small-world network)을 생성하는 간단한 알고리즘과 좁은세상망의 특징을 나타내는 결집계수(clustering coefficient)와 임의의 두 노드를 연결하는 최단 거리인 최단연결거리(shortest path length)를 제안하였다[Watts & Strogatz 1988]. 결집계수는 내 친구들이 서로 친구일 확률을 뜻한다. 좁은세상망은 결집계수는 높고 최단연결 거리는 짧은 구조이다. 네트워크에서 도수(degree) k는 각 노드에 연결된 링크의 수를 뜻한다. 무한히 넓은 바둑판의 경우 도수분포는 $p(k) = \delta(k-4)$이다. 여기서 δ는 크로네커 델타함수이다. 바둑판은 모든 노드의 연결선이

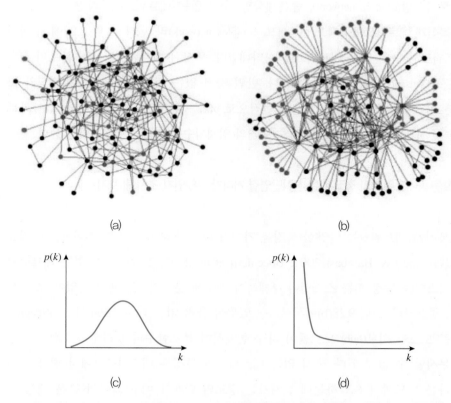

그림 9.29 | 복잡계 네트워크와 분포함수. (a) 무작위 네트워크, (b) 축척 없는 네트워크, (c) 무작위 네트워크는 도수분포가 푸아송 분포를 따르고, (d) 축척 없는 네트워크는 도수분포가 멱함수 법칙을 따른다.

네 개다.

1999년 알버트(R. Albert)와 바라바시(Barabasi)는 도수분포가 멱함수 법칙(power law)을 따르는 축척 없는 네트워크(scale-free) 구조를 발견하였으며 축척 없는 네트워크의 생성구조로써 '선호 붙임(preferential attachment)' 알고리즘을 제안하였다 [Barabasi & Albert 1999]. 알버트, 바라바시, 정하웅은 인터넷의 WWW의 홈페이지 연결 구조가 축척 없는 네트워크임을 처음 발견하였다[Albert et al. 1999]. 우리나라 통계물리학자인 정하웅이 발견에 참여하였다. 정하웅은 바라바시 연구실에서 박사후과정을 하고 있었다.

무작위망(random network), 좁은세상망, 축척 없는 네트워크 등 다양한 네트워크를 **복잡계 네트워크**(콤플렉스 네트워크, complex network)라 한다. 그림 2.29에 무작위 네트워크와 축척 없는 네트워크를 나타내었다. 무작위 네트워크는 도수분포가 **푸아송 분포**(Poisson distribution)를 따른다. 반면 축척 없는 네트워크는 **멱함수 법칙**의 도수분포를 따른다. 멱함수 법칙은 일반적으로 $p(k) \sim k^{-\gamma}$로 표현된다. 자연계, 사회계, 기술적 시스템에서 발견되는 멱함수 법칙의 임계지수들은 대개 $\gamma \geq 2$를 갖는다

● **질문** 네트워크의 결집계수와 최단연결 거리가 무엇인지 조사해 보자.

복잡계 네트워크는 다양한 특징을 가지며 다양한 분야의 리뷰 페이퍼들이 발표되었다[Albert & Barabasi 2002, Boccaletti et al. 2002, 2014]. 축척 없는 네트워크는 시스템을 특징 짓는 스케일이 부재하기 때문에 분포의 규모에 상관없이 모든 사건이 중요하다. 그림 9.28(b)에서 볼 수 있듯이 축척 없는 네트워크에서 도수(degree)가 큰 노드인 허브(hub) 노드들이 다수 존재하며 분포함수의 꼬리에 분포한 사건들을 무시할 수 없게 된다. 축척 없는 네트워크의 특징은 네트워크상에서 한 노드에서 다른 노드까지 도달하는데 걸쳐가는 경로의 단계가 매우 짧아서 좁은 세상 특징을 가지고 있다는 것이다. 축척 없는 네트워크는 외부에서 네트워크를 공격할 때 연결성을 유지하는 **견고성**(robustness)이 크다. 네트워크에서 각 노드를 공격하여 노드를 망가뜨리는 외부 공격이 무작위적으로 가해지더라도 네트워크의 전체적인 연결성은 그대로 유지된다. 특히 고장이 난 노드의 수가 많더라도 네트워크는 전체적인 연결을 견고하게 유지한다. 인터넷에서 일부의 홈페이지가 바이러스 공격을 받아 기능이 멈추어도 사용자들은 여전히 다른 인터넷 홈페이지들을 방문할 수 있다. 한편 축척 없는 네트워크는 허브 노드와 같은 도수가 큰 노드를 선별적으로 공격하는 **목표공격**(target attack)에는 취약하다. 축척 없는 네트워크에서 허브 노드가 지워지면 전체적인 네트워크 구조가 크게 망가지면서 전체 네트워크에 연결되지 못하는 파편화된 **송이**(cluster) 네트워크로 쪼개진다. 다양한 시스템에서 복잡계 네트워크 구조를 얻게 되면 시스템의 연결성과 시스템 전체의 특성을 쉽게 이해할 가능성이 커진다. 특히 도수가 높은 노드들과 관련된 현상들은 네트워크에서 극한사건과

연관시킬 수 있다.

● **질문**　축척 없는 네트워크의 생성 원리 중 하나인 선호 붙임 성장모형을 조사해 보자.

　　19세기 말과 20세기 초에 전기기술이 확립된 후에 인류는 수력발전, 화력발전, 핵발전 등을 이용하여 대규모 전기를 생산하고 있다. 각 발전소에서 생산된 전기는 **송전선**(power grid)으로 전송된다. 송전은 고압으로 송전되며 도시 인근에 설치된 변전소에서 더 낮은 전압으로 낮추어져 가정으로 송전되며 가정에서 사용하는 전압은 보통 220 V이다. 오늘날 우리가 사용하는 많은 기기는 전기를 동력으로 동작한다. 한시라도 전기가 공급되지 않으면 많은 장치가 동작을 멈출 것이다. 발전소는 대개 대도시에서 멀리 떨어져 있어서 송전선의 구조도 매우 복잡하다. 인천광역시 영흥도에 설치된 영흥화력발전소는 석탄화력발전소로 수도권 전력의 약 30%를 공급하고 있으며 대도시 근교에 있는 예외적인 대규모 화력 발전소다. 인천광역시가 서울과 경기도의 순간 전력의 안정성을 담보하고 있다.

　　우리는 간혹 지역적 정전을 경험하기도 하지만 어떤 경우에는 **대정전**(black out 또는 power outage)이 일어나기도 한다(APS, 2020). 장시간의 대정전은 도시 기능을 마

그림 9.30 | 눈 폭풍으로 눈의 무게를 견디지 못하고 넘어진 나뭇가지가 전력선을 넘어뜨려 대규모 정전의 원인이 된다.

비시킬 뿐만 아니라 폭동이나 약탈과 같은 사회적인 문제를 야기하기도 한다. 2003년 8월 14일 오후 4시 10분(미국 동부 시간)에 미국 북동부, 중서부, 캐나다 온타리오주에 대정전이 일어났다. 이 정전은 이틀 동안 계속되었으며 뉴욕시를 포함한 미국 동부 전역에 극심한 혼란을 초래하였다(Wiki, Power Outage).

2011년 일본 도호쿠 지방 해변에서 70 km 떨어진 해상에서 진도 9.1의 대지진이 발생했다. 이 지진은 최고 높이 9.3 m의 해일을 발생시켰고, 이 해일은 도호쿠 동북지방의 해안에 막대한 피해를 줬다. 해안에 있는 후쿠시마 제1 원전이 침수되어 원전을 냉각시키는 전력 계통이 멈춘다. 이 사고로 후쿠시마 제1 원전의 1호기, 2호기, 3호기의 원전이 멈추고 노심이 녹아내렸다. 노심을 냉각할 냉각수 공급이 중단된 후 원전에서 발생한 수소가스는 수소가스 폭발을 일으켜 원전의 덮개를 날려버리고 대규모 방사성 물질 누출이 일어났다. 전기를 생산하는 원전이 자신을 냉각하는 전력망이 고장 나자 폭발한 것이다. 이렇게 전기는 서로 복잡하게 서로 상호작용하는 대표적인 **복잡계**(complex systems)의 특징을 가지고 있다.

전력망은 매우 복잡하게 연결되어 있으며 그 구조는 복잡계 네트워크이다. 전력망은 나라의 경제가 성장하면서 에너지 공급원으로써 도시, 산업시설, 사회 인프라 시설과 동반 성장하고 있다. 미국의 경우 평균적으로 13일마다 정전이 일어나며, 지난 30년 동안 그 값은 변하지 않았다. 물론 정전의 규모는 매우 다양한 크기를 가지

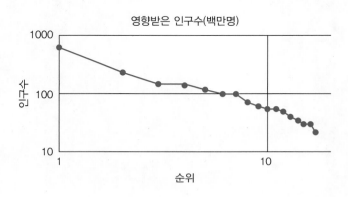

그림 9.31 | 전기 문명이 형성된 후 정전에 영향받은 인구의 수를 순위로 하여 영향받은 인구수를 로그-로그 함수로 그린 그림. 지프의 법칙처럼 멱함수 법칙을 따르면 멱함수 법칙 지수가 −1에 가깝다.

고 있지만, 정전의 규모에 대한 분포함수는 두터운 멱함수 법칙 꼬리를 보인다. 큰 규모의 정전은 작은 규모보다 훨씬 더 낮은 빈도로 일어나지만, 정규분포보다는 더 큰 확률로 일어난다. 큰 규모의 정전은 매우 큰 경제적, 사회적 피해를 일으킨다. 그림 9.31은 전세계에서 일어난 대정전에 영향을 받은 인구수에 따른 순위를 나타낸 그래프이다. 영향받은 인구수-순위 그래프는 유명한 지프의 법칙(Zipf's law)을 따른다.

$$\text{영향받은 인구수} \propto \text{순위}^{-1}$$

가장 많이 영향을 받은 대정전은 2012년에 인도 대정전으로 약 6억 2천만 명이 영향을 받았다. 많은 나라가 정전을 예방하기 위해서 다각적으로 노력하고 있지만, 대정전은 가끔 일어나며 발생 빈도는 멱함수 법칙을 따른다. 왜 그럴까?

발전소, 변전소, 전력망의 위치는 경제성, 입지성, 안정성 등에 의해서 결정되는 스스로 조직화한 시스템이다. 전력을 많이 필요로 하는 도시들이 형성되고 그 수요에 따라서 전력망이 형성된다. 전력망은 도시 구조, 산업단지의 형성 등과 밀접한 관계를 갖는다(Carreras, et al. 2016). 그림 9.32는 발전소에서 발전한 전력이 도시까지 전송되는 그림을 나타낸 것이다. 발전소에서 초고압으로 생산된 전력은 고압선을 따라서 수요지 근처의 변전소까지 송전된다. 앞에서 지적하였듯이 송전선에서 전력 손실을 줄이기 위해서 발전소와 변전소 사이의 전위차를 작게 송전해야 해서 고압으로 송전한다. 마을 주변이나 산에 고압선이 지나가는 것을 흔히 볼 수 있다.

전력선의 고장은 자연적, 기술적, 환경적 요인에 의해서 발생하거나 전력선에 걸리는 수요가 폭증하여 전력선이 감당할 수 없는 부하(load)가 걸려서 작동이 중지되는 등의 요인에 의해서 발생한다. 전력선의 고장은 한 곳의 고장이 이웃한 전력선에 연쇄적으로 파급되는 캐스케이드 고장(cascade failure)을 일으킨다(Dobson et al. 2007, Arianos et al. 2009). 그림 9.33은 유럽의 전력망을 나타낸 것이다. 전력망이 각 나라의 큰 도시들을 연결하여야 해서 지형적인 영향을 크게 받는다. 유럽대륙에 형성된 전력망의 모습은 앞에서 살펴본 복잡계 네트워크 구조를 하고 있다. 유럽 전체 전력망을 디자인한 어떤 의도가 없음에도 불구하고 전력망의 자연스러운 형성은 자기 조직화한 구조를 띠게 되었으며 그 네트워크 구조가 복잡계적인 성질을 갖도록 진

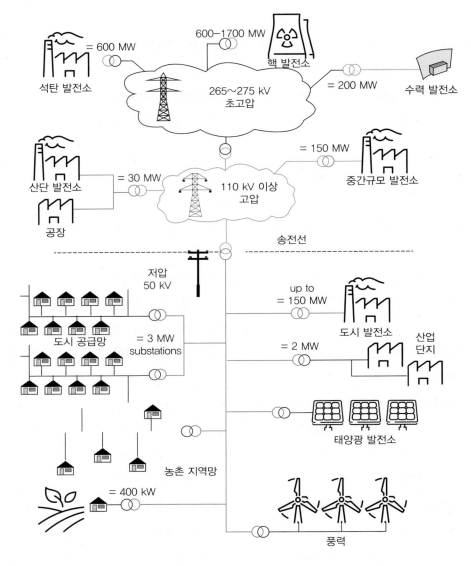

그림 9.32 | 송전 모형도. 발전소에서 초고압으로 생성된 전력은 고압선으로 변전소까지 고압으로 송전된다. 변전소에서 전압을 낮추어 수요지인 가정, 공장, 농업, 상업시설에 공급된다.

화하였다.

전력망은 대도시의 형성과 밀접한 관계를 맺고 있다. 대부분 자연적 도시가 형성된 후에 인구가 증가하면서 동시에 전력망이 형성되는 경우가 많다. 도시의 구조와 전력망은 서로 의존적이다. 우리 사회가 디지털 사회에 진입함으로써 정전은 커

그림 9.33 | 유럽의 전력망 그림. 전력망의 구조는 지형에 영향을 받지만, 네트워크의 구조는 복잡계적 성질을 갖는다.

다란 사회적 문제를 일으킬 수 있다. 정전이 발생하면 가정, 사업장, 상업시설, 공공시설에서 사용하는 전기를 동력으로 이용하는 장치는 멈출 것이다. 보조 발전기나 충전 시설을 갖추지 못한 곳은 정전에 직접적인 영향을 받는다. 인터넷망과 전력망의 구조는 서로 밀접한 관계를 맺고 있다. 2003년에 이탈리아의 남부 전역에 대규모 정전이 발생하였다(Buldyrev et al. 2010). 정전이 대규모로 파급된 이유는 전력망과 전력의 부하를 제어하는 인터넷망이 서로 연결되어 있어서 더 큰 정전이 발생했다는 것이 밝혀졌다. 전력망을 제어할 때 인터넷망을 이용하였는데 정전으로 전력이 끊기자 그 인터넷망에 의존하던 발전기가 멈추었다. 이러한 과정이 파급되자 이탈리아 남부 지역 전체에 정전이 일어났다. 오늘날의 전력망은 다양한 인프라 시설들과 연결되어 있다. 스마트 그리드(smart grid)를 설계할 때 분산형 그리드를 설계하여 대규모 정전이 파급되지 않도록 하는 것도 중요하다.

정전의 규모가 멱함수 법칙을 따르는 사실을 설명하기 위한 다양한 모형들이 제안되고 있지만, 아직 확실한 이론은 존재하지 않는다. 전력망의 한 곳이 고장나면 그 전력망이 담당하던 부하가 이웃한 전력망으로 분배된다. 부하를 추가로 받은 전력망이 부하를 수용할 수 있는 용량 내에 있으면 전력망은 정상적으로 동작한다. 그러나 받은 부하가 한계 용량을 넘어서면 전력망을 보호하기 위해서 자동으로 정전이 일어난다. 그러면 부하가 인접한 다른 전력망에 이전되고 연쇄적으로 정전이 발생할 수 있다. 이러한 정전이 **캐스케이드 정전**(cascading failure)이다. 캐스케이드 정전은 부하를 담당할 수 없어 전력망이 연쇄적으로 망가지는 사태 현상을 말한다. 정전의 규모가 작으면 파급되는 정전 사태의 규모가 작지만, 어떤 경우는 정전 규모가 시스템 전체에 파급되는 대규모 정전이 일어난다. 이런 방식으로 일어나는 정전은 **자기조직화 임계성**(self-organized criticality)을 보여 정전의 규모가 멱함수 법칙을 따르게 된다. 하지만 최근의 연구에 의하면 도시의 규모가 정전 규모의 구조를 결정한다는 연구도 있다. 멱함수 법칙을 따르는 도시인구 구조는 멱함수 법칙의 정전 분포를 발생시키지만 멱함수 법칙이 아닌 도시인구 구조를 가정하면 정전 분포가 멱함수 법칙을 따르지 않는다는 사실이 발견되었다(Nesti et al. 2020). 그러나 이 연구는 도시 전체를 하나의 노도로 취급하고 있어서 현실적인 전력망을 구현하지 못한다는 비판을 받고 있다. 전력망의 네트워크 구조와 도시의 상호작용을 더 잘 이해하게 되면 대규모 정전을 예방하는 기술도 나타날 것이다.

제10장

뇌과학과
인공지능

인간에게 뇌는 무엇일까? 인간은 뇌가 있어서 자기자신이 어떤 존재인지 자문할 수 있는 존재이다. 뇌는 동물이 가지고 있는 독특한 생물학적인 체계이다. 인간의 뇌는 매우 중요한 기관이기 때문에 해골로 보호를 받고 있으며 열 손실을 방지하기 위해서 머리에 머리카락이 나 있다. 어른 뇌의 무게는 약 1.2~1.4 kg이고 전체 몸무게의 약 2%를 차지한다. 성인 남성 뇌의 부피는 약 1,360 cm³이고 성인 여성 뇌의 부피는 약 1,130 cm³ 정도이다. 인체에서 뇌는 휴식상태에서 인체가 소모하는 전체 에너지의 약 19%를 소모한다. 무게와 부피는 전체 몸에서 작은 부분을 차지하지만 많은 에너지를 소모하며 인체의 모든 기능을 관장하는 매우 중요한 기관이다.

고대 그리스인들은 정신이 뇌에서 생겨난다고 생각했지만, 실증적 증거를 갖지 못했다. 로마 시대에는 원숭이의 뇌를 해부하기도 했지만, 중세에 들어서면서 뇌에 관한 연구는 거의 없었다. 중세에서 벗어나기 시작한 르네상스 시대에 인체 해부가 광범위하게 시행되었으며 뇌 해부도가 만들어졌다. 그러나 인간의 인지 작용이나 정신적인 활동이 뇌에서 발현한다는 생각은 갖지 못했다. 17세기에 합리론을 주장한 데카르트는 뇌가 동물의 모든 운동을 지배한다고 주장하였지만, 실증적인 증거를 제시하지는 못했다. 1780년에 이탈리아의 갈바니는 그 유명한 '개구리 뒷다리 실험'을 통해서 생체전기 현상을 처음으로 발견하였다. 갈바니는 전기가 개구리의 근육에서 생긴다고 주장하였지만, 볼타는 실험에서 사용한 두 금속 전극으로부터 전기가 생긴다고 생각하였다. 볼타는 자신의 생각을 확장하여 1799년에 아연과 구리 사이에 소금물 거즈를 삽입하고 연속적으로 적층한 형태의 '볼타 더미(Voltaic pile)'라 불린 최초의 전지(battery)를 발명하였다. 볼타전지의 발명 이후 전기와 자기 현상에 관한 과학적 연구는 급속히 확대되어 19세기에 전자기학을 완성할 수 있는 밑거름이 되었다. 1875년에 리차드 카톤(Richard Caton, 1842~1926)은 살아있는 토끼와 원숭이의 뇌의 표면에서 전기펄스를 관찰함으로써 뇌의 전기 활동을 처음 관찰하였다. 1874년에 골지(Camilo Golgi, 1843~1926)는 은 염색법의 일종인 골지염색법(Golgi method)을 발견함으로써 신경세포를 현미경으로 관찰할 수 있게 되었다. 골지는 다양한 뇌 부위의 신경세포 모양을 관찰하였다. 1888년 산티아고 라몬 이 카할(Satiago Ramón y Cajal, 1852~1934)은 골지염색법을 이용하여 뇌의 다양한 세포들을 관찰하였다. 신경세포가 연속적이지 않고 세포들 사이에 틈새가 있음을 발견하였다. 골지와 카할은 1906년에 노벨 생리의학상을 수상하였다. 신경세포를 발견한 후에 뇌의 구조에 관한 연구가 활발해졌다. 그 후에 뇌가 인지 작용과 신체의 활동을 조절하는 기관임이 밝혀졌다.

뇌의 구조는 두뇌의 대부분을 차지하는 대뇌, 대뇌와 아래 머리의 뒷부분에 있는 소뇌, 대뇌의 밑에 있고 소뇌 앞쪽에 있는 뇌간으로 구분할 수 있다. 심장박동으로 순환하는 혈액의 20~25%는 뇌에 전달되며 혈액은 뇌의 동맥, 정맥, 모세혈관에 공급된다. 뇌는 뇌–혈관 장벽(blood-brain barrier)에 의해서 보호를 받고 있다. 뇌 조직에 뇌혈관 문이 있어서 색소, 약물, 독물, 세균 등의 침입을 막아 뇌를 보호한다. 뇌혈관 장벽은 물, 산소, 이산화탄소, 포도당, 필수아미노산, 전해질 등은 통과시키지만 그 외의 물질은 막는다. 지용성 물질인 알코올, 니코틴, 마취제 등은 쉽게 통과하므로 뇌에 영향을 미친다.

뇌의 주름진 표면인 피질은 다양한 뇌 기능을 관장하며 시각, 청각, 후각 등의 감각을 인지하며, 생각하기, 계획 짜기, 문제해결 등의 인지 작용을 담당한다. 뇌는 기억을 저장하고 재생할 수 있으며 수의운동(의지에 따라 행해지는 운동)을 조절한다. 뇌는 좌뇌와 우뇌로 나뉘며 좌뇌는 몸의 우측을 조절하고 우뇌는 몸의 좌측을 관장한다. 좌뇌는 대부분 언어기능을 담당한다. 뇌는 약 1,000억 개의 신경세포로 구성되어 있으며 약 100조 개의 연결부위인 시냅스로 구성되어 있다. 신경세포는 시냅스에서 신경전달물질(neurotransmitter)을 분비함으로써 신호를 전달한다.

10.1 뇌의 구조와 기능

최근에 뇌에 관한 관심이 높아지고 있으며 뇌과학 연구가 전 세계적으로 큰 붐을 일으키고 있다. 특히 인공지능(artificial intelligence)의 발전은 뇌를 구성하고 있는 신경세포의 동작 방식을 이해함으로써 가능해졌다. 뇌의 세부적인 구조는 뇌를 어떤 수준에서 바라볼 것인가에 따라서 다양하게 얘기할 수 있다. 그림 10.1은 뇌의 주요 부위를 크게 나누는 부분과 명칭을 나타낸다. 뇌는 크게 나누면 대뇌(cerebrum), 소뇌(cerebellum), 뇌간(brain stem, 뇌줄기)으로 나눈다. 대뇌는 전두엽(이마엽, frontal lobe),

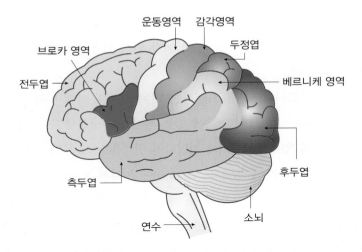

그림 10.1 │ 뇌의 주요 부위와 명칭. 뇌는 크게 대뇌, 소뇌, 뇌간으로 구성되어 있다. 대뇌는 전두엽, 두정엽, 후두엽, 측두엽으로 구분된다.

두정엽(마루엽, parietal lobe), 후두엽(뒤통수엽, occipital lobe), 측두엽(관자엽, temporal lobe)으로 구성되어 있다. 브로카 영역(Broca area)이 전두엽에 있으며, 운동영역(motor strip), 감각영역(sensory strip)은 전두엽과 두정엽 사이에서 띠 모양으로 분포해 있다. 베르니케 영역(Wernicke area)은 두정엽과 측두엽에 걸쳐 있다. 소뇌는 대뇌 아래 머리 뒤쪽에 위치한다. 뇌간은 뇌교(pons)와 연수(medulla)를 포함한다.

대뇌는 뇌에서 부피가 가장 크며 좌뇌(left hemisphere)와 우뇌(right hemisphere)로 구성되어 있다. 대뇌는 접촉 감각(touch), 시각(vision), 청각(hearing), 말하기(speech), 추론(reasoning), 감정(emotion), 학습(learning), 세심한 운동 조절(movement) 등의 고차원 기능을 담당한다. 소뇌는 근육의 움직임(muscle movement), 자세 유지(posture), 균형(balance) 기능을 담당한다. 뇌간은 대뇌, 소뇌와 척수(spinal cord)를 연결하는 중계기 역할을 한다. 뇌간은 중뇌(midbrain), 뇌교와 연수, 척수로 구성되어 있으며, 대뇌와 소뇌의 정보를 척수에 중계하는 중계기(relay center)이다. 뇌간은 인체의 자율 기능을 관장한다. 호흡, 심장박동, 체온유지, 수면주기, 소화, 재채기(sneezing), 기침(coughing), 구토, 삼키는 작용을 관장한다.

좌뇌와 우뇌 사이에는 뇌량(corpus callosum)이라 부르는 연결섬유 다발로 연결되어 있다. 좌뇌와 우뇌는 인체를 엑스자(X) 모양으로 조절한다. 예를 들어 좌뇌에 마비가 오면, 우측 팔이나 다리에 마비가 온다. 좌뇌와 우뇌는 공통적인 기능을 하기도 하지만 대부분 각기 다른 기능을 담당하기도 한다. 좌뇌는 말하기, 이해력, 산술, 쓰기의 기능을 담당하며, 우뇌는 창의성, 공간지각력, 예술성, 음악적 재능을 담당한다. 좌뇌는 손놀림과 언어를 관장하는데 92% 정도 관여하는 것으로 알려져 있다.

그림 10.1과 같이 대뇌는 여러 개의 엽(lobe)으로 구분된다. 4개의 주된 엽은 전두엽, 두정엽, 후두엽, 측두엽이다. 각 부위는 특별한 기능을 담당하지만 홀로 기능하기보다는 다양한 엽들이 얽혀서 기능한다. 4개 엽의 주요한 기능은 표 10.1에 요약하였다.

언어와 말하기 기능은 주로 좌뇌가 담당한다. 우뇌는 시각 정보 해석과 공간정보 처리(spatial processing) 기능을 담당한다. 전체 인구의 약 1/3은 왼손잡이인데, 왼손잡이인 사람의 언어기능은 우뇌에 위치한다. 그림 10.1의 왼쪽 전두엽에 브로카 영역이 위치한다. 브로카 영역이 손상되면, 혀를 움직이기 어렵고 발성을 하는데 필요한 안면 근육을 움직이기 어렵다. 그렇지만 여전히 읽을 수는 있으며 말을 이해할

표 10.1 | 대뇌의 주요 기능 요약. 각 영역은 고유한 기능을 담당하지만 여러 기능이 서로 연결되어 있다.

대뇌 부위	기능
전두엽	• 개성(personality), 행동(behavior), 감정(emotions) • 판단(judgment), 계획(planning), 문제해결 능력(problem solving) • 언어(speech): 말하기와 쓰기(브로카 영역) • 인체 움직임(운동영역) • 지능(intelligence), 집중도(concentration), 자각(self awareness)
두정엽	• 언어해석, 단어인지 • 촉감, 고통, 온도(감각영역) • 시각 해석, 청각, 감각과 기억 • 공간인지, 시각인지
후두엽	• 시각 해석(색깔, 빛, 움직임)
측두엽	• 언어 이해(베르니케 영역) • 기억 해석 • 청각 해석 • 배열(sequencing)과 조직화(organization)

수는 있다. 단지 말하기와 쓰기에 어려움을 갖는다. 브로카 실어증(Broca's aphasia)은 글자나 단어는 떠오르지만, 줄에 맞추어 글을 쓸 수 없다. 브로카 실어증에 걸린 사람은 상대방의 이야기는 다 알아들을 수 있다. 예를 들어 "오른쪽 팔을 들어 보세요"하면 알아듣고 팔을 든다. 하지만 "이름을 말해보세요"하면 언어능력의 장애 때문에 말하지 못한다. 베르니케 영역은 그림 10.1과 같이 좌 측두엽에 위치해 있다. 이 영역이 손상되면 베르니케 실어증(Wernicke's aphasia)을 겪게 된다. 이 실어증은 말하는 데는 전혀 지장이 없지만, 상대방의 말을 이해하지 못한다. 환자가 말을 이해하지 못하므로 대화를 할 수 없다. 환자는 의미 없는 긴 문장이나 불필요한 단어들을 말하고 심지어 새로운 단어를 만들어내기도 한다. 발성은 할 수 있지만, 말의 의미를 이해하지 못하며 자신이 잘못 말하는 것을 모른다.

대뇌피질(cerebral cortex)은 대뇌의 바깥층을 감싸고 있는 2~4 mm의 회백질(gray matter)을 말한다. 대뇌피질은 신경세포들의 집합이고 안쪽 부분에 비해서 어두워서 회백질이라 한다. 회백질의 두께는 2~4 mm 정도이고 신경세포의 핵이 있는 신경세포체(soma), 수상돌기, 무수축삭돌기(unmyelinated axon), 신경(아)교세포(glia cell), 시냅스, 모세혈관 등이 분포한다. 대뇌피질은 신경세포체와 모세혈관의 집합체이다. 대뇌피질은 제한된 공간에 많은 신경세포가 분포하기 때문에 주름져 있다. 그림 10.2는 대뇌피질의 주름진 모양과 명칭을 나타낸다. 주름이 밖으로 돌출한 부분을 이랑(gyrus, 뇌회전)이라 부르고 움푹 들어간 곳을 고랑(sulcus)이라 부른다. 회백질의 아래쪽은 더 밝은색을 띠기 때문에 백질(white matter)이라 부른다. 백질은 회백질 아래에 분포하며 대뇌의 깊은 곳까지 분포한다. 백질은 유수축삭돌기(myelinated axon)로 이루어져 있어서 흰색으로 보인다. 백질은 신경 신호를 뇌의 다른 곳으로 전달하는 기능과 다양한 뇌 작용에 관여하는 것으로 알려져 있으며 신경다발들이 먼 곳까지 연결되어 있다. 성인 남성의 경우 유수축삭돌기의 총길이는 약 176,000 km에 이르며 나이가 들수록

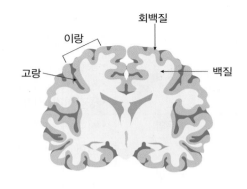

그림 10.2 | 대뇌피질의 주름진 표면.

396

그 길이는 줄어든다. 회백질인 대뇌피질은 신피질(neocortex)과 이종피질(allocortex)로 이루어져 있는데 90% 이상이 신피질로 구성되어 있다. 신피질은 6층(six layers)의 층 구조로 되어 있으며 이종피질은 더 적은 층으로 구성되어 있다. 이종피질인 해마는 3개의 층으로 구성되어 있다. 뇌의 활동과 대뇌피질의 주름은 서로 상관관계가 있는 것으로 추정되고 있다. 대뇌피질의 주름과 팽창은 인간의 고등 사고와 연관되어 있다고 추정된다.

　백질의 신경관들은 대뇌의 여러 부위 사이를 연결할 뿐만 아니라 다른 영역들을 연결한다. 뇌이랑(뇌회, gyrus)의 정보는 다른 이랑으로 전달되고, 한 뇌의 엽에서 발생한 신호는 다른 엽으로 전달된다. 좌뇌와 우뇌 사이의 신호 역시 신경다발로 전달된다. 뇌의 여러 영역과 뇌의 심부(deep structures)에 있는 다양한 구조 사이에서 신호전달이 일어난다. 그림 10.3은 뇌심부의 여러 구조를 나타낸 것이다. 시상하부(hypothalamus)는 자율신경계(autonomic system)를 조절한다. 배고픔, 목마름, 잠자기, 성적 욕구를 조절하며 신체의 온도, 혈압, 호르몬 분비 등의 항상성을 조절하며 감정(emotion) 조절에 관여한다. 뇌하수체(pituitary gland)는 시상하부와 연결되어 있으며 'master gland'라고도 불린다. 뇌하수체는 신체의 다른 내분비샘(endocrine gland)을 조절하며 성적성숙을 조절하는 호르몬을 분비하며, 뼈의 발육, 근육의 성장을

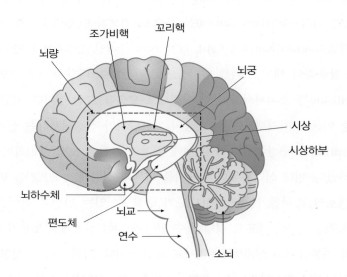

그림 10.3 | 뇌 내부의 구조와 명칭이 표시되어 있다. 점선 영역은 변연계를 나타낸다.

조절하며 스트레스에 반응한다. 송과체(솔방울샘, pineal gland)는 생체 시간과 24시간 주기 리듬(circadian rhythm)을 조절하고 멜라토닌(melatonin) 분비를 조절하며 성적성숙에도 일부 이바지한다. 시상(thalamus)은 대뇌피질에서 들어오고 나가는 거의 모든 정보를 전송하는 중개소(relay station) 역할을 한다. 또한 고통, 주의력(attention), 경계(alertness), 기억에 관여한다.

그림 10.3에서 점선 영역은 변연계(limbic system)를 나타내며 감정, 학습, 기억을 관장하는 중추계이다. 변연계는 대상회전 부위(cingulate gyrus), 시상하부(hypothalamus), 편도체(amygdala), 해마(hippocampus) 등으로 구성된다. 변연계 부위 중 편도체는 감정반응에 관여하며 해마는 기억을 관장하는 기관이다.

10.2 신경세포

신경세포를 처음 관찰한 사람은 골지와 카할이다. 신경세포의 발견은 현미경의 발명과 세포 염색법이 발전하면서 가능하게 되었다. 신경세포를 현미경으로 관찰할 수 있게 하는 은 염색(silver straining) 방법을 골지염색법(Golgi's method)이라 부른다. 1873년에 골지(Camilio Golgi, 1843~1926, 이탈리아의 생물학자, 병리학자)는 그림 10.4(a)와 같이 토끼 뇌의 해마(hippocampus)를 은으로 염색하여 현미경으로 관찰하였다. 1888년에 카할(Santiago Ramon y Cajal, 1852~1934, 스페인, 신경과학자, 병리학자)은 골지염색법을 활용하여 새의 소뇌를 현미경으로 관찰하여 다양한 신경세포를 발견하였다. 그림 10.4(b)는 소뇌에서 관찰한 신경세포 모습을 그린 것이다. 카할은 신경세포의 케이블 이론을 지지했으며 뇌 기능의 기본단위가 신경세포라는 신경세포 독트린(neuron doctrine)을 주장하였다. 1906년에 골지와 카할은 노벨 생리의학상을 공동으로 수상하였다. 현대 신경생물학은 케이블 이론과 신경세포 독트린을 받아들이고 있다. 신경세포의 축삭돌기는 전기전도도가 변할 수 있는 전선과 같이 묘사할 수 있으며 뇌의 기능은 신경세포로 설명할 수 있다는 것이 신경세포 독트린이다.

신경계의 기본단위는 신경세포(신경세포, neuron)이다. 그림 10.5는 신경세포의 구조와 명칭을 나타낸 것이다(Marder 1998). 신경세포도 세포이므로 세포체(cell body)를

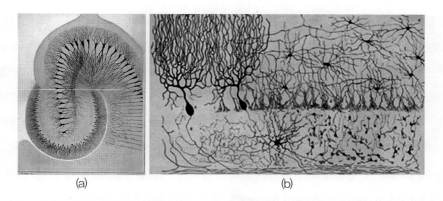

그림 10.4 | 신경세포를 최초로 관찰한 그림. (a) 1885년에 카밀리오 골지는 토끼 뇌의 해마를 현미경으로 관찰한 후 남긴 그림. (b) 1888년 산티아고 이 카할이 쇠뇌에서 관찰한 다양한 신경세포 그림이다.

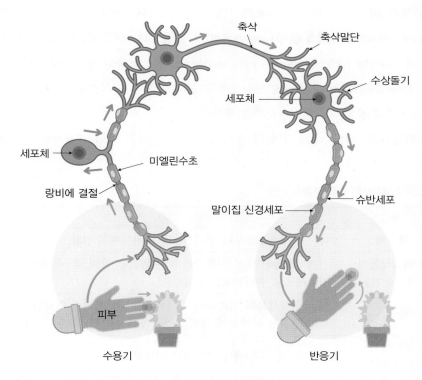

그림 10.5 | 신경세포의 구조와 명칭. 수상돌기에서 수집한 전기신호를 세포체가 합해서 전압이 문턱 크기를 넘으면 전기펄스를 발생시키고 전기신호는 축삭을 따라서 다른 신경세포로 전달된다.

가지고 있다. 세포체는 세포의 기능을 조절하며 **수상돌기**(dendrite)에서 수집한 전기 신호를 합쳐주는 역할을 한다. 세포체에서 수집한 전압이 **문턱전압**(threshold voltage) 또는 **임계전압** 이상이 되면 세포체는 자발적으로 펄스 형태의 전기신호를 **축삭돌기**(axon)로 방출한다. 축삭은 전선과 같은 역할을 한다. 세포체에서 발생한 전기신호는 축삭을 따라서 다른 신경세포, 근육, 분비샘 등에 전달된다. 축삭돌기는 전선의 피복처럼 보통 **슈반세포**(Schwann cell)가 둘러 싸고 있다. 슈반세포의 **미엘린수초**(myelin sheath)는 절연체 역할을 한다. 축삭돌기가 미엘린수초로 쌓여 있는 신경세포를 **말이집 신경세포**(myelinated neuron)라 한다. 미엘린수초는 축삭돌기를 절연해 줄 뿐만 아니라 신경 신호의 전파속도를 높이는 역할을 한다. 미엘린수초가 쌓여 있지 않은 신경세포를 **민말이집 신경세포**(unmyelinated neuron)라 한다.

수상돌기와 축삭돌기의 말단에는 **시냅스**(synapse)라 부르는 연결부위가 있다. 축삭을 따라 이동한 전기신호가 시냅스에 도달하면 시냅스에서 **신경전달물질**(neurotransmitter)을 **시냅스 틈새**(synapse cleft)에 방출한다. 신경전달물질은 확산과정으로 퍼져나가며 **시냅스전 막**(presynaptic membrane)에서 방출된 신경전달물질은 **시냅스후 막**(postsynaptic membrane)에 도달하여 자물쇠-자물통 방식으로 결합한 후 수신 신경세포의 수상돌기에 전기신호를 발생시킨다.

그림 10.6은 대뇌, 해마, 편도체 등에서 흔히 발견되는 뇌의 대표적인 신경세포

표 10.2 | 신경세포의 주요 부위와 기능

명칭	기능
세포체	다른 신경세포로부터 전기신호를 수신하여 수집함.
축삭(축삭돌기, 축색돌기)	전기신호를 전달하는 전선과 같은 역할을 함. 근육, 분비샘, 다른 신경세포로 전기신호를 전달함.
시냅스	다른 신경세포와 접촉하여 전기신호를 수신하거나 전달함. 신경 화학 물질을 분비하여 신호를 전달하고 수신함.
수상돌기 (가지돌기)	전기신호를 수집하여 세포체에 전달함.
랑비에 결절 (랑비에 마디)	축삭에서 줄어진 전기신호를 증폭함.
미엘린수초	축삭을 둘러싼 절연체(전선의 피복) 역할을 함.

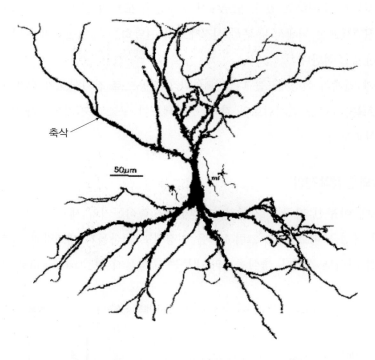

그림 10.6 | 카할이 처음 관찰한 피라미드 신경세포.

인 **피라미드 신경세포**(pyramidal neuron)를 나타낸 것이다. 피라미드 신경세포의 **세포체**(cell body, soma)의 평균적인 크기는 약 20 μm이다. 피라미드 신경세포의 폭은 수십 μm이고 길이는 수백 μm이다. 피라미드 신경세포는 **전전두엽**(prefrontal cortex)에서 인지 작용과 관련되어 있을 것으로 추정하고 있다. 피라미드 신경세포는 카할이 최초로 발견한 신경세포 중의 하나이다.

　신경세포는 **흥분성 신경세포**(excitatory neuron)와 **억제성 신경세포**(inhibitory neuron)의 2가지 종류가 존재한다. 흥분성 신경세포는 전기신호가 전달되면 전기신호를 자발적으로 발생시키는 신경세포이다. 반면 억제성 신경세포은 전달된 전기신호를 억제하는 방향으로 동작한다. 억제성 신경세포은 뇌피질의 2층에서 6층 사이에서 분포한다. 낮은 층에서 억제성 신경세포의 비율은 약 25% 정도를 차지하며 깊은 층에서 억제성 신경세포의 비율은 약 50%에 달한다. 뇌에서 억제성 신경세포는 왜 필요할까? 억제성 신경세포의 역할은 무분별한 전기신호 발화를 억제하고 조절하는 데 필요할 것으로 추정하고 있다. 도로에서 신호등이 도로의 차량 흐름을 제어하듯이 억제성 신경세포는 뇌에서 흥분성 신경세포가 전달하는 전기신호의 폭발적인 폭주를 방지하고 조절한다.

동물과 인체의 신경세포는 다양한 화학적 작용으로 전기신호가 발생하지만, 전기가 흐르는 과정은 전기회로와 같다. 신경세포의 구조와 전기신호가 만들어지는 과정을 살펴보자.

신경섬유와 안정막 전위

신경세포에 아무런 자극이 가해지지 않더라도 축삭돌기의 세포막 내부와 외부는 전기적인 극성을 띠고 있다. 그림 10.7은 신경세포 축삭돌기 세포막의 내부와 외부의 전위를 나타낸 것이다. 축삭돌기의 내부는 축삭돌기 형질(axoplasm)로 채워져 있

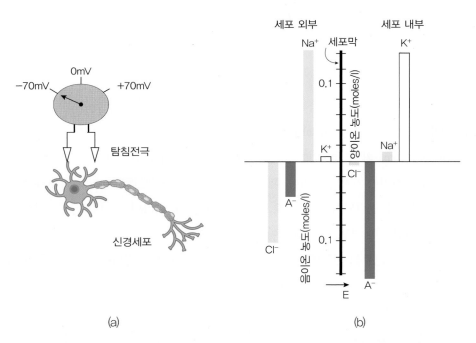

그림 10.7 | 신경세포의 안정막 전위. (a) 신경세포막의 내부와 외부 사이의 전위차는 미세한 전극으로 측정한다. 세포 내부는 외부보다 약 −70 mV 전위가 낮다. (b) 세포 내부는 음이온 농도가 높고 세포 외부는 양이온 농도가 높다. 신경세포에 자극이 가해지지 않은 안정상태에서 안정막 전위는 약 −70 mV이다.

자료: Cameron et al(1989).

는 튜브 형태로 되어 있고, 축삭돌기 내부와 외부에는 그림 10.7과 같이 전해질이 분포해 있다. 신경세포에 자극이 가해지지 않고 안정한 상태에서 축삭돌기 세포막의 내부는 외부보다 약 −70 mV 낮다. 이를 **안정막 전위**(resting potential)라 한다. 신경세포의 안정막 전위는 세포막 내부와 외부에 분포한 이온의 농도에 따라 결정된다. 세포막 내부는 외부보다 **포타슘 이온**(K^+)의 농도가 높다. 반면 **소디움 이온**(Na^+)의 농도는 낮다. 세포 내부의 전위가 낮은 이유는 단백질 이온(A^-)의 이온 농도가 더 많아서 전체적으로 내부는 음전기를 띤다.

축삭돌기 세포막의 외부는 소디움 이온(Na^+)의 농도가 높고 포타슘 이온(K^+)의 농도는 낮다. 반면 음이온인 염소 이온(Cl^-)의 농도는 높다. 세포막 외부는 양이온과 음이온이 균형을 이루어 거의 0 mV이다. 그림 10.8은 안정막 전위를 나타낸 것이다. 신경세포가 외부 자극으로부터 받은 전위와 이웃한 신경세포로부터 받은 전

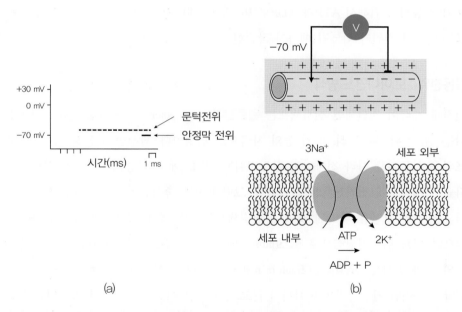

(a)　　　　　　　　　　　　(b)

그림 10.8 | 신경세포의 안정막 전위. (a) 세포 내부는 약 −70 mV이다. 이를 안정막 전위라 한다. 신경세포가 자극을 받아 전위가 문턱전위를 넘어서면 신경세포는 발화하여 펄스 형태의 전기신호를 방출한다. (b) 안정막 전위는 소디움-포타슘 펌프(나트륨-칼륨 펌프)에 의해서 유지된다. 세포막의 전위가 교란되면, 소디움-포타슘 펌프가 한 번 작동할 때 3개의 소디움 이온과 2개의 포타슘 이온이 서로 반대로 이동한다. 이때 ATP가 ADP가 되면서 에너지를 소모한다.
자료: Marder(1998).

위의 합이 약 +20 mV 증가하여 문턱전위(threshold potential)인 −50 mV를 넘으면 신경세포는 자발적으로 발화(firing)하여 활동전위를 내보낸다.

안정막 전위는 세포막에 있는 소디움-포타슘 펌프(Na-K pump, 나트륨-칼륨 펌프)의 작용으로 유지된다. 안정막 상태에서 세포 내부는 포타슘 이온(K$^+$) 농도가 높고, 세포막의 외부는 소디움 이온(Na$^+$)의 농도가 높다. 안정막 전위 상태에서 세포막의 내부는 음전기를 띠고 있으며 세포막의 외부는 상대적으로 양전기를 띠고 있다. 세포막의 전위가 교란되면 소디움-포타슘 펌프가 작동한다. 축삭돌기에 활동전위가 발생하면 전기펄스가 지나가는 곳은 일시적으로 전기 분극이 역전된다. 전기펄스가 지나가는 지점은 일시적으로 세포막의 외부가 음전기를 띠고 내부는 양전기를 띤다. 이러한 전기적 교란이 생기면 그림 10.8 (b)와 같은 소디움-포타슘 펌프가 동작하여 이온의 수송이 일어난다. 이 펌프가 한 번 작동할 때 세포 내부에서 소디움 이온 3개를 밖으로 보내고 동시에 포타슘 이온 2개를 세포 내부로 수송한다. 이 펌프가 작동하기 위해서 ATP가 ADP로 변하면서 에너지를 얻는다. 소디움-포타슘 펌프는 안정막 전위가 회복될 때까지 작동한다.

활동전위 – 모 아니면 도 방식

신경에 자극이 전달되면 신경세포는 활동전위(action potential)를 발생시킨다. 활동전위는 열, 추위, 빛, 소리, 향기 등의 자극으로 발생한다. 발생한 활동전위는 신경세포의 축삭돌기를 따라 전파하며 활동전위는 시냅스에서 신경전달 물질을 분비하여 다음 신경세포에 전기신호를 전달한다. 그림 10.9는 축삭돌기에서 형성된 활동전위의 전형적인 모양을 나타낸 것이다. 신경세포의 세포체가 문턱전압 이상의 자극을 받으면 세포체는 자발적으로 펄스(pulse) 형태의 전기신호를 발화한다. 이런 신경세포의 발화 방식을 "모 아니면 도(all or nothing)"라 한다. 신경세포에 쌓인 전압이 문턱전압 이하이면 활동전위를 발화하지 않고, 문턱전압 이상이 되어야만 활동전위를 발화한다.

"신경세포는 '모 아니면 도' 방식"으로 활동전위를 발생한다.

안정막 전위보다 20 mV 이상의 전기 자극이 전달되면 신경세포는 발화한다. 문턱전압은 약 −55∼−50 mV이고 신경세포의 전위가 이 전위를 넘으면 스스로 발화한다. 안정막 전위를 유지하던 축삭돌기의 전위는 펄스가 진행하면서 변한다. 먼저 **소디움 채널**(Na channel or Na gate, 나트륨 채널)이 열리면서 안정막 전위는 **탈분극**(depolarization)한다. 세포막의 외부의 소디움 이온이 소디움 채널을 통해서 세포 내부로 유입된다. 소디움 채널이 열리면서 국부적으로 세포막의 내부가 양전하를 띤다. 발화 펄스의 최댓값은 +30∼+40 mV에 달한다. 펄스가 최댓값에 도달하면 소디움 채널은 닫히고, **포타슘 채널**(K channel or K gate, 칼륨 채널)이 열린다. 포타슘 채널은 세포막 내부의 포타슘 이온을 세포막 외부로 이동시킴으로써 세포막의 전위를 **재분극**(repolarization)한다. 전위의 정점은 줄어들면서 다시 안정막 전위 이하로 줄어든다. 재분극하면서 전위는 안정막 전위보다 더 낮은 전위로 떨어졌다가 최종적으로 안정막 전위로 다가간다. 이를 **휴지기**(refractory period)라 한다. 생성된 전기신호는 축삭돌기를 따라서 이동하여 축삭돌기 끝에 있는 시냅스에 도달한다. 시냅스에

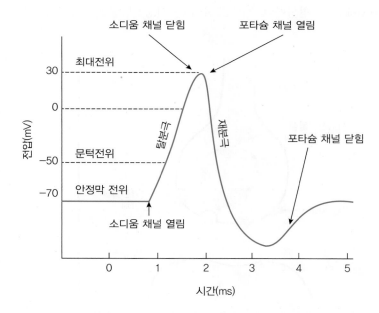

그림 10.9 | 신경세포의 축삭돌기에서 발생한 활동전위 펄스의 모양. 안정막 전위 −70 mV에서 막의 이온이 탈분극하여 약 +30 mV의 펄스가 형성된다. 탈분극할 때 소디움 채널이 열렸다. 닫히고 재분극할 때 포타슘 채널이 열리고 닫힌다.

자료 : Marder(1998).

도달한 전기신호는 시냅스에서 신경전달물질을 방출하도록 시냅스를 자극한다. 뇌피질에 있는 신경세포에서 발생하는 전기신호의 펄스폭은 대개 수 ms 정도이고 신호의 전달 속도는 1~100 m/s이다. 사람의 말이집 신경세포의 축삭돌기(지름 약 10 μm)에서 신경 신호의 전달 속도는 약 10 m/s 정도이다. 오징어 민말이집 신경세포의 축삭돌기(지름 약 1 mm)에서 펄스의 전달 속도는 약 20~50 m/s이다. 신경세포가 아닌 근육세포와 심장 근육에서도 신경세포의 펄스 모양과 비슷한 전기신호가 발생하는데 근육세포에서 펄스폭은 수 ms이고 심장 근육에서 펄스폭은 150~300 ms 정도이다.

활동전위를 전달해주는 신경세포를 시냅스전 신경세포(presynaptic neuron)라 한다. 축삭돌기를 따라 전파된 활동전위가 축삭돌기 말단에 있는 시냅스(synapse)에 도달하면 그림 10.10과 같이 신경전달물질이 시냅스 틈새(synaptic cleft)로 방출되도록 유도한다. 활동전위는 시냅스전 막의 칼슘 채널(Calcium channel)을 열어서 칼슘 이온(Ca^{2+})이 시냅스 내로 유입된다. 칼슘 이온의 유입은 시냅스 내에서 시냅스 소포(synaptic vesicle)를 형성한다. 시냅스 소포는 신경전달물질을 함유한 공 모양의 소

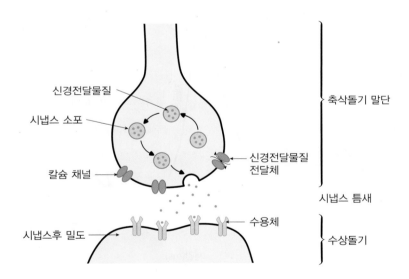

그림 10.10 | 시냅스에서 신경전달물질의 전달 과정. 시냅스 소포에 신경전달물질이 들어 있다. 활동전위가 시냅스에 도달하면 시냅스 소포가 시냅스전 막과 융합하면서 신경전달물질이 시냅스 틈새로 분출한다. 신경전달물질은 확산하여 다음 신경세포의 시냅스후 막에 붙어 있는 수용체에 자물쇠-자물통과 같은 형식으로 결합하여 시냅스후 신경세포에 전기신호를 발생시킨다.

포이다. 시냅스 소포는 **시냅스전 막**(presynaptic membrane)에 융합하여 시냅스 틈새로 신경전달물질을 분비한다. 시냅스 틈새로 분비된 신경전달물질은 농도 차이 때문에 시냅스 틈새에서 **확산**(diffusion)으로 **시냅스후 막**(postsynaptic membrane)에 도달한다. 시냅스후 막에 위치한 **수용체**(receptor)와 결합한다. 신경전달물질과 수용체는 자물쇠-자물통과 같은 방식으로 결합하여 **시냅스후 신경세포**(postsynaptic neuron)에 전기적 자극을 발생시킨다.

10.3 뇌파

신경세포로 얽혀있는 뇌의 전기자기적 특성 때문에 뇌는 외부로 전기장과 자기장을 방출한다. 전류가 흐르는 도선이 주위에 전기장과 자기장을 형성하듯이 뇌는 외부에 거시적 전기자기적 신호를 방출한다. 뇌의 전자기적 특성은 **뇌피질**(cortex of brain) 신경세포의 전기적 활동의 결과이다. 1924년에 **한스 베르거**(Hans Berger, 1873~1941, 독일의 정신과 의사)는 사람을 대상으로 처음 **뇌전도**(EEG, electroencephalogram)를 얻는 데 성공했고 1929년 그 결과를 논문으로 발표하였다. 그림 10.11은 베르거가 사람의 뇌에서 처음으로 측정한 뇌전도인 알파파를 나타낸 것이다. 당시에 이 파를 **베르거파**(Berger wave)라 불렀다.

뇌전도는 그림 10.12와 같이 뇌에 여러 개의 전극을 부착한 후 두 전극 사이의 전위차(전압)를 측정하여 얻는다. 뇌전도를 측정할 때 전극은 **염화은 원반전극**(chloride silver electrode)을 사용한다. 전극은 아무렇게나 붙이는 것이 아니라 그림 10.12와 같은 **국제 표준 10-20시스템**(International 10-20 system)을 사용한다. 기준전극(reference electrode)은 양쪽 귀에 부착한다. 일상적인 검사에서 뇌전도는 8-16채널을

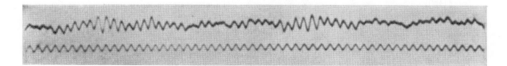

그림 10.11 | 한스 베르거가 처음 사람의 뇌에서 측정한 알파파이다.

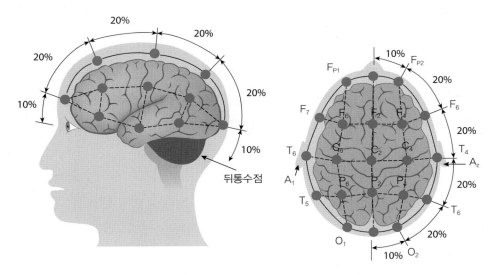

그림 10.12 │ 뇌전도 기록을 위한 전극의 부착 위치. 국제 표준 10–20시스템이다.

자료: Cameron et al 1989.

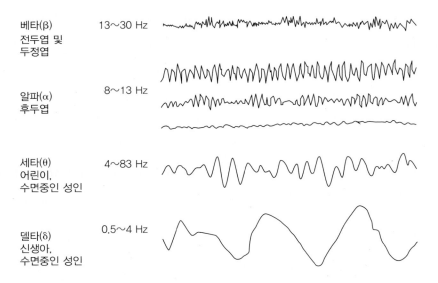

베타(β)
전두엽 및
두정엽   13~30 Hz

알파(α)
후두엽   8~13 Hz

세타(θ)
어린이,
수면중인 성인   4~83 Hz

델타(δ)
신생아,
수면중인 성인   0.5~4 Hz

그림 10.13 │ 전형적인 뇌파의 모습. 정상적인 뇌파의 모양에서 벗어나면 뇌 질환을 의심할 수 있다.

자료: Cameron et al(1989).

표 10.3 | 정상인의 뇌파 이름, 뇌파의 진동수 범위와 활동 상태

뇌파	진동수 폭	활동
델타(δ), 느림	0.5~3.5 Hz	신생아, 수면중인 성인
세타(θ), 약간 느림	4~7 Hz	어린이, 수면중인 성인
알파(α)	8~13 Hz	휴식상태, 후두엽에서 발생
베타(β), 빠름	13 Hz 이상	전두엽, 두정엽에서 발생

동시에 기록한다.

그림 10.13은 정상인의 뇌파는 전형적인 모습을 나타낸다. 정상 뇌파는 **알파파**, **베타파**(beta wave), **세타파**(theta wave), **델타파**(delta wave)로 나뉜다. 표 10.3은 뇌파의 이름, 뇌파의 진동수 범위와 뇌의 활동 상태를 나타낸다.

뇌파를 진동수에 따라서 분류하며 진동수 0.5~3.5 Hz의 느린 뇌파를 델타파(delta wave)라 하며 신생아의 뇌나 수면 중인 성인의 뇌에서 관찰된다. 세타파는 4~7 Hz의 약간 느린 뇌파로 어린이의 뇌, 수면 중인 성인의 뇌에서 관찰된다. 알파파는 주파수 8~13 Hz의 빠른 뇌파를 말하면 휴식상태에서 뇌의 후두엽에서 발생한다. 베타파는 13 Hz 이상의 매우 빠른 뇌파를 말하며 뇌의 전두엽과 두정엽 부분에서 발생한다.

뇌파를 측정하였을 때 정상적인 뇌파에서 벗어나면 뇌 질환을 의심해 볼 수 있다. **뇌전증**(epilepsy, 간질)은 신경세포가 이상을 일으켜 일시적으로 과도하게 흥분하여 전기신호를 발생시켜 뇌가 정상적인 기능을 발휘하지 못하여 의식소실, 발작, 행동 변화 등이 일어나는 것을 말한다. 뇌 기능의 일시적 마비 증상이 만성적, 반복적으로 일어난다. 뇌전증은 다양한 요인에 의해서 발생할 수 있는데 임신 중의 영양 상태, 출산할 때 합병증, 두부 외상, 독성물질에 의한 영향, 뇌 감염증, 뇌종양, 뇌졸중, 뇌의 퇴행성 변화 등에 의해서 발생할 수 있다. 뇌전증의 정확한 발생 방식은 아직 과학적으로 규명되지 못하였다.

뇌전증의 가장 흔한 증상은 경련 발작이며 발작을 일으키는 뇌의 위치에 따라서 증상이 다르게 나타난다. 예를 들어 팔을 조절하는 뇌 영역에 발작이 일어나면 한쪽 팔을 떠는 증상이 일어난다. 측두엽에 뇌전증이 일어나면 멍해지면서 일시적

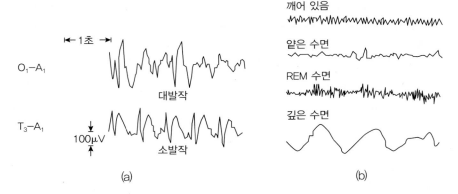

그림 10.14 | 발작이 일어났을 때의 뇌파와 수면 중에 관찰되는 뇌파. (a) 뇌전증이 일어날 때 대발작과 소발작의 뇌파, (b) 수면 중에 관찰되는 뇌파로 REM 수면 중에는 다양한 크기의 뇌파가 관찰된다.
자료: Cameron et al(1989).

으로 의식을 상실하고 입맛을 다시는 증상이 나타날 수 있다. 양쪽 뇌 전체에 뇌전증이 일어나면 거품을 물고 온몸이 뻣뻣해지면서 대발작이 일어난다. 그림 10.14(a)는 **대발작**(grand mal seizure)과 **소발작**(petit mal seizure)이 일어날 때 측정한 뇌파의 모양을 나타낸 것이다. 뇌파의 모양이 크고 불규칙한 모양을 하고 있다. 대발작일 경우 뇌파는 뇌의 모든 부위에서 빠르고 높은 전압의 스파이크가 발생한다. 반면 소발작일 때 초당 3개 정도의 둥근 파형이 발생한다. 발작이 심하지 않은 뇌전증은 대발작의 전조 증상일 수 있는데 뇌파에 잘 나타나지 않는 때도 있다. 뇌전증의 원인을 파악하기 위해서 최근에는 뇌자기 공명 영상, 뇌파 검사, 양전자 단층촬영법 등을 이용한다.

　수면 상태의 뇌파는 활동 상태의 뇌파와 매우 다른 모습을 하고 있다. 세타파와 델타파는 수면 중에 발생하는 대표적인 뇌파의 파형이다. 그림 10.14(b)에 다양한 수면 상태에서 관찰한 뇌파의 파형을 나타내었다. 수면 상태의 싸이클은 각성상태(awake) → NREM(비렘수면) → REM → NREM → REM → … 과정이 약 5회 반복된다. REM(rapid eye movement) 수면 상태에서 안구의 운동이 활발하며 꿈을 꾼다. REM 수면은 약 15~20분간 지속된다. 수면파의 싸이클과 REM 수면의 역할과 기능에 대해서는 과학적으로 규명되지는 않았으나 낮에 했던 활동 중에서 선택적 기억 강화 기능을 할 것으로 짐작하고 있다. 인간은 지구의 자전주기에 따라 하루의

1/3 정도 잠을 자기 때문에 잠자는 동안 뇌의 휴식 및 기억력 강화 등 잠이 다양한 역할을 할 것이다.

10.4 신경아교세포

뇌에는 신경세포 이외에 세포에 영양분과 혈액을 전달하는 혈관과 신경세포보다 더 다양한 기능을 하는 신경아교세포(glia cell)가 광범위하게 분포한다. 신경아교세포의 명칭인 'glia'는 그리스말 'glue'에서 유래했으며 '접착제'란 뜻을 가지고 있다. 신경아교세포는 1856년에 루돌프 피르호(1821~1902, 독일, 병리학자, 병리학의 아버지라 불림. 세포병리학 창시자)가 처음 발견하였다. 포유류에서 신경아교세포는 뇌 전체의 약 33%~66%를 차지한다. 과거에 신경아교세포가 뇌에서 조직을 지탱하는 역할 정도만 할 그것으로 생각했지만, 최근의 연구에 의하면 매우 다양한 역할을 하는 것이 발견되고 있으며 그 기능에 대해서 아직도 이해하지 못하는 것이 많다. 신경아교세포는 여러 가지 종류가 있는데 크게 미세아교세포(microglia)와 큰아교세포(macroglia)로 분류할 수 있다. 큰아교세포는 별아교세포(astrocyte or astroglia)와 희소돌기아교세포(oligodendrocyte cell)로 분류된다. 뇌에서 신경아교세포 대 신경세포의 비율은 약 1:1이고 뇌에서 신경아교세포는 약 850억 개 정도이다. 대뇌피질에서 신경아교세포 대 신경세포의 비율은 약 3.72:1이고 대뇌에서 신경아교세포는 약 608.4억 개, 신경세포는 163.4억 개 정도이다. 소뇌에서 신경아교세포 대 신경세포의 비율은 0.23:1이고 신경아교세포는 약 160.4억 개, 신경세포는 690.3억 개 정도이다. 대뇌의 회색질에서 그 비율은 1.48:1이고 백색질은 3.76:1이다. 뇌에서 신경아교세포의 종류에 따른 비율도 부위에 따라 매우 다르지만, 별아교세포는 약 19~40%, 희소돌기아교세포는 14~75%, 미세아교세포는 10% 이하이다.

　신경아교세포는 다양한 기능을 하지만 그중에서 대표적인 4대 기능은 다음과 같다.

　① 지지(support) 기능 : 신경세포를 감싸고 위치를 고정함
　② 항상성(homeostasis) 기능 : 신경세포에 영양분과 산소를 공급

③ 절연형성(forming myelin) 기능 : 축삭돌기를 절연(insulation)하여 다른 신경세
포로 전류의 누출을 막음

④ 보호(protection) 기능 : 병원체를 면역 작용으로 파괴하며 죽은 신경세포를 제
거함

주요한 4가지 기능 외에 신경전달물질 조절에 관여하며 스냅스 연결에 관여한다.

표 10.5 | 신경아교세포의 종류와 주요 기능

신경아교세포	분포 위치	구조와 주요 기능
별아교세포	CNS	• 별 모양의 세포로 신경세포, 혈관, 다른 신경아교세포에 연결되어 있음 • 신경세포의 동작 환경을 유지해줌 • 시냅스 주변의 신경전달물질 수준을 유지함 • 포타슘과 같은 중요한 이온 농도를 조절함 • 물질대사를 지원
희소돌기아교세포	CNS	• 신경세포의 축삭을 지탱함 • 축삭을 절연하는 지방 물질인 말이집(myelin)을 생성 • 말이집은 축삭에서 신경 신호를 빠르게 함 • 대뇌에서 축삭을 감싼 말이집이 염색한 현미경에서 흰색으로 보이기 때문에 백색질(white matter)이라 함
미세아교세포	CNS	• 뇌의 면역세포 • 상처와 질병에 대항하여 뇌를 보호함 • 독성물질을 제거하고 죽은 세포를 제거함 • 뇌 내부에서 멀리까지 이동 가능
뇌실막세포	CNS, PNS	• 척수와 뇌의 경계 막을 형성 • 뇌척수액(cerebrospinal fluid, CSF)을 생성
부채살아교세포	CNS	• 신경세포, 별아교세포, 희소돌기아교세포를 생성하는 전구세포(progenitor cells)
슈반세포	PNS	• PNS 신경세포의 축삭을 감싸며 절연함
위성세포	PNS	• PNS의 감각세포, 교감신경, 부교감신경절의 신경세포를 감싸며 화학적 환경을 조절함
장아교세포	PNS	• 소화계(digestive system)에 형성된 신경아교세포

CNS(중추신경계, central neural system)와 PNS(주변 신경계, peripheral neural system).

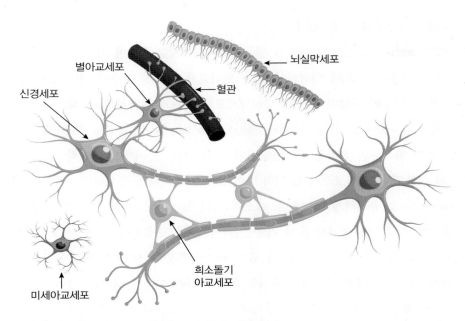

신경세포

별아교세포

혈관

뇌실막세포

미세아교세포

희소돌기
아교세포

그림 10.15 | 뇌의 내부에서 신경세포와 신경아교세포의 모습.

신경아교세포는 뇌와 같은 중추신경계(CNS)와 주변 신경계(PNS)에 모두 분포하지만 분포하는 신경아교세포의 종류가 다르다. 표 10.5는 신경아교세포의 종류와 기능을 요약한 것이다.

신경아교세포는 신경세포 사이에서 그물구조를 이루며 이를 지탱해준다. 신경아교세포는 신경모세포와 갈라진 아교모세포가 다시 여러 형태로 분화, 성장한 것이다. 뇌실이나 척수 중심관의 벽을 덮고 원주상 또는 입방형이며, 초기에는 유리면에 섬모가 있다. 대형 세포인 별뇌실막세포는 아교세포라고 하며, 신경세포나 신경섬유 사이에 산재한다. 그 외에 희소돌기아교세포도 포함된다.

그림 10.15는 뇌 내부에서 신경세포와 신경아교세포를 나타낸 것이다. 뇌막은 뇌실막세포로 분리되어 있으며 신경세포는 별아교세포, 희소돌기아교세포, 미세아교세포 등과 연결되어 있다. 표 10.5에 나타내었듯이 각 아교세포는 고유한 기능과 특징을 갖는다. 특히 미세아교세포는 박테리아와 같은 병원체를 사멸시키는 작용을 하며 죽은 박테리아 파편이나 비정상적인 세포의 파편(debris)을 포식작용(phagocytosis)으로 제거한다. 미세아교세포는 이동성이 있으며 비정상적인 곳으로 이동하여 면역

작용이나 독성물질을 제거한다.

별아교세포는 별 모양의 세포로 많은 가지를 가지고 있으며 가지들은 신경세포와 다른 신경아교세포에 연결되어 있다. 별아교세포는 별 모양이 아닌 것도 있으며 모양과 기능이 다양하다. 어떤 별아교세포는 혈관과 접하지 않은 때도 있다. 별아교세포는 아교세포 섬유 생성 단백질(glial fibrillary acidic protein, GFAP)을 함유하고 있어 염색하면 현미경으로 관찰된다. 별아교세포는 뇌에서 다양한 기능을 한다. 뇌 내부의 환경을 조절하며, 뇌의 마이크로 구조 뼈대를 형성하며, 뇌의 항상성(homeostasis)을 유지하게 시켜준다. 세포에 에너지를 분배하며, 신경세포의 성장을 조절하며, 시냅스의 생성과 유지 기능을 하며, 뇌를 보호한다. 별아교세포는 세포외부의 포타슘 이온(K^+)의 항상성을 유지해주며, 흥분성 신경전달물질인 글루탐산염(glutamate)이 과대해지면 이를 제거하며, 부족하면 이를 공급한다. 별아교세포는 뇌혈관의 혈액 흐름을 조절하며 신경세포의 대사를 돕는다.

희소돌기아교세포와 슈반세포의 주요 기능은 축삭을 감싸면서 절연체 역할을 하는 말이집(myelin)을 형성하는 것이다. 말이집은 신경세포의 축삭을 절연해 줄 뿐만 아니라 신경 신호의 전달 속도를 높인다. 말이집 신경세포의 신경 신호전달 속도는 ~200 m/s에 달한다. 4백만 년 전에 척추동물은 말이집을 형성하도록 진화하였으며 신경세포 시스템을 발전시켰다. 뇌의 백색질은 희소돌기아교세포로 말이집을 형성하고 있다.

미세아교세포는 뇌의 방어와 면역체계를 담당한다. 뇌에 침입하는 다양한 병원체에 대항한다. 안정상태(resting state)에서 미세아교세포는 많은 가지를 가지고 있으며 가지를 사방으로 뻗고 있으며 자신만의 영역을 차지하고 있다. 한 미세아교세포는 약 15~30 μm의 영역을 차지하며 다른 미세아교세포와 영역 겹침이 작다. 미세아교세포는 안정상태에서 자신의 영역을 일정한 속력으로 움직이는데 이동속도는 약 1.5 μm/min이며 뇌에서 가장 빨리 움직이는 세포이다. 미세아교세포는 돌기(proturusion)를 연속적으로 뻗었다가 수축하며 돌기의 수축과 이완 속력은 2~3 μm/min에 달한다. 미세아교세포는 자신의 영역을 일정한 속도로 무작위적인 방향으로 탐사하며 자신의 전 영역을 탐사하는 데 수 시간이 걸린다. 신경세포의 손상이 발생하면 미세아교세포들이 손상된 지점에 모여들고 한 시간 내에 손상 부위를 모두 감싼다. 상처 유도 유동성(injury-induced mobility)은 푸린 수용체(purinergic receptor)에 의해서 활성화한다.

뇌가 공격을 받으면 가지를 치고 있던 안정상태의 미세아교세포는 서서히 모양을 변형하여 아메바(ameboid) 형태가 된다. 이러한 변형을 '미세아교세포 활성화(microglial activation)'라 하며 여러 단계를 거쳐서 변형된다. 변형의 첫 단계에서 미세아교세포는 더 두꺼워지고 크기를 키우며 다양한 효소와 수용체의 변형, 면역 관여 분자들을 생산한다. 일부 미세아교세포는 자가 증식상태가 되어 상처 부위에서 미세아교세포의 수를 늘린다. 미세아교세포는 아메바 운동 방식으로 운동하여 상처 부위에 모여든다. 뇌의 세포가 죽거나 상처가 낫지 않으면 미세아교세포는 포식세포(phagocyte)가 되어 파편들을 포식작용으로 제거한다.

신경아교세포들은 신경세포와 다양한 방식으로 결합하여 신경 신호전달에도 일정 부분 관여할 것으로 여겨지고 있지만, 아직도 많은 부분이 모르는 상태로 남아 있다. 뇌의 50% 이상을 차지하고 있는 신경아교세포가 신경 활동에 관여하지 않는다면 자연의 경제성을 위반하고 있는 것이 아닐까?

10.5 휴먼 커넥톰

인간의 두뇌는 약 10^{10}개의 신경세포와 약 10^{14}개의 시냅스로 구성되어 있으며 신경세포와 신경아교세포들이 매우 복잡하게 연결된 구조이다. 뇌는 구성단위인 신경세포의 합보다 더 많은 기능과 특성을 가지는 복잡계이다. 2005년 인디애나 대학교의 올라프 스폰즈(Olaf Sporns, 1963~)는 뇌의 기능적 연결망을 커넥톰(Connectome)이라 명명하였다. 뇌 자체의 해부학적인 신경세포 연결에 관한 연구는 아직도 진행 중이며 완성되지 않았다. 그러나 기능적 핵자기공명장치(fMRI)의 성능이 개선되면서 뇌의 활동을 연결하는 방법이 개발되고 있다. 기존에 뇌의 기능적 연결은 뇌전도(EEG, electroencephalogram), 뇌자도(MEG, magnetoencephalogram) 등을 이용하여 측정하였다. 뇌전도의 경우 뇌파를 측정하는 전극을 뇌에 부착한 후 기준 전극과 뇌에 부착한 전극 사이에서 발생하는 전기신호를 측정한다. 요즘은 전기신호를 측정

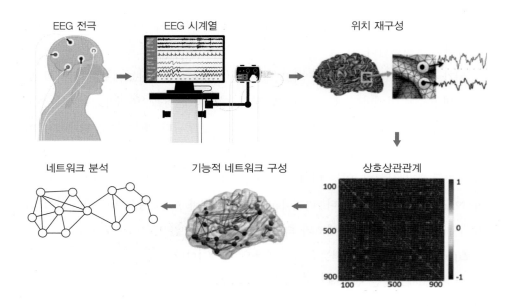

그림 10.16 | 뇌에 부착한 전극에서 뇌전도 시계열을 측정하여 기능적 네트워크를 구성하는 과정.

하는 기술이 발전하여 전극이 장착된 헤드셋을 머리에 쓰고 많은 전극에서 뇌파를 동시에 측정한다. 뇌파를 측정하여 기능적 네트워크를 구성하는 방법은 그림 10.16 과 같다. 뇌에 부착한 전극으로부터 뇌파 시계열을 얻는다. 뇌파에 잡음이 많이 끼어 있으면 데이터 전처리 과정을 거쳐서 잡음을 줄인다. 뇌파를 측정한 부위를 컴퓨터 그래픽에서 어떤 위치에 해당할지 뇌 그림에 위치를 재구성한다. 각 부위의 뇌파 사이의 **상호상관관계**(cross-correlation function)를 계산한다. 각 전극에서 구한 뇌파의 상호상관관계 값은 행렬에 나타내어 **인접행렬**(adjacency matrix)을 생성한다. 전극의 개수가 N개이면 $N \times N$ 행렬이 만들어지고 각 행렬 성분에는 상호상관관계 값이 기록된다. 이렇게 생성한 인접행렬은 모든 전극 사이에 연결선이 형성된 **완전 연결망** (fully-connected network)이 된다. 완전 연결에서 강하게 결합한 뇌 부위의 관계를 추출하기 위해서 적절한 **문턱값**(threshold)을 정하여 문턱값보다 큰 행렬 성분만 남기고 문턱값보다 작은 행렬값은 모두 영으로 놓는다. 이렇게 완전 연결망을 듬성듬성한 연결망(sparse network)으로 재구성한 네트워크를 **문턱 연결망**(threshold network)이라 한다. 뇌의 전극 부착 위치를 노드(연결점)로 하고 두 노드 사이의 상호상관관계 값

그림 10.17 | 기능적 핵자기공명 이미지에서 혈액 흐름을 계산하여 뇌의 연결선을 얻어낸 커넥톰.

은 가중치로 갖는 **기능적 네트워크**(functional network)를 추출한다. 네트워크 추출이 끝나면 네트워크의 특징을 분석한다. 이러한 일련의 과정은 기능적 핵자기공명 측정에도 비슷하게 적용할 수 있다.

그림 10.17은 기능적 핵자기공명영상(functional magnetic resonance imaging, fMRI)를 이용하여 뇌의 활동 상태를 연결선으로 나타낸 것이다. 기능적 핵자기공명에서 측정 해상도에 해당하는 **복셀**(voxel)의 크기는 보통 1 mm × 1 mm × 1 mm 정도이다. fMRI는 뇌의 혈관에서 산소의 농도에 따라 신호의 세기가 달라서 혈액 흐름을 측정할 수 있다. 혈액이 많이 공급되고 있는 곳이 뇌에서 활동성이 큰 곳을 나타낸다고 할 수 있다. fMRI에서 그림과 같은 연결을 구현하기 위해서 혈액 흐름의 확**산 텐서 이미지**(diffusion tensor image, DTI)를 계산하여 혈액의 흐름방향을 계산해내고 한 복셀에서 옆의 복셀로 혈액의 흐름이 있으면 연결선을 계속해서 연결한다. 이렇게 구현한 뇌 활동의 연결선 구조가 그림 10.17의 커넥톰이다.

뇌파나 fMRI를 이용하여 뇌의 활동을 이해함으로써 인간의 인지 작용과 뇌의 활동 사이의 관계를 알 수 있다. 뇌파나 fMRI는 전극이나 복셀의 측정 부위 아래에 수많은 신경세포 집단이 존재하며 신경세포 뭉치에서 발생하는 신호를 측정하는 것이다. 뇌의 연결선을 알아내기 위한 유명한 프로젝트로 휴먼 커넥톰 프로젝트(Human Connectome Procject), Brain Initiative 등이 수행되었다. 많은 나라가 뇌의 구조, 기능, 인간의 인지 작용 등을 이해하기 위해서 노력하고 있다.

10.6 뇌-컴퓨터 인터페이스

뇌-컴퓨터 인터페이스(brain-computer interface, BCI)는 뇌와 외부장치(컴퓨터, 기계 등)를 연결하여 어떤 기능을 수행하는 것을 말한다. 인터페이스는 두 시스템 사이에서 정보를 전달하는 물리적 체제와 소프트웨어를 말한다. 가까운 시대에 여러분이 헤드밴드(head band)를 쓰고 공부를 하면 선생님이 누가 집중을 하지 않는지 즉각 알 수 있게 될 것이다. 캐나다의 한 벤처회사는 헤드밴드를 쓴 운전자가 졸음운전을 하면 뇌파 신호를 분석하여 즉각 경고 신호를 주는 장치를 개발하고 있다. 좀 더 먼 미래에 여러분은 생각만 하면 생각한 자료가 발표화면에 나타나므로 따로 파워포인트 자료를 만들 필요가 없을지도 모른다. 경영자들은 뇌파 헤드밴드를 쓰고 작업하는 고용자들이 일에 얼마나 집중하는지 뇌파 신호 분석으로 알 수 있게 될 것이며 월말에 축적한 뇌파 자료를 바탕으로 성과급을 지급하는 시대가 올 수도 있다.

지금까지 뇌-컴퓨터 연결은 신체가 마비되거나 신체적 손상이 있는 사람들을 보조하기 위한 장치를 개발하기 위한 연구가 많았다. 최근에는 뇌파를 측정하는 기술과 웨어러블 장치가 발달하면서 다양한 분야에 응용하려는 연구가 활발하다. 뇌파를 측정하는 방법에는 그림 10.18과 같이 **침습적 BCI**(Invasive BCI)와 **비침습적 BCI**(Non-Invasive BCI)로 나눌 수 있다. 침습형은 그림 10.18과 같이 마이크로, 나노 전극을 직접 뇌에 삽입하여 전기신호를 읽어내는 장치이다. 대뇌의 피질 부착형 뇌파 측정 전극을 이용한 **피질 뇌파**(ECoG, electrocoticography) 또는 iEEG(intracranial electroencephalography)는 대뇌 표면에 부착하기 때문에 부작용이 적다. 하지만 전극을 부착할 때 뇌를 절개하고 전극을 삽입해야 하므로 침습형이다.

비침습형 BCI는 뇌전도(EEG), 뇌자도(magnetoencephalography, MEG), 자기공명영상(magnetic resonance image, MRI), 기능적 자기공명영상(functional MRI, f-MRI) 등이 사용된다. 뇌전도는 두피에 전극을

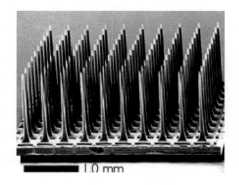

그림 10.18 | 침습적 뇌-컴퓨터 인터페이스. 뇌에 꽂는 침습 전극이다.

표 10.6 | 뇌-컴퓨터 인터페이스 기술 방식. 뇌파 측정 부위에 따라 침습형과 비침습형이 있음

뇌파 측정 부위	특징
침습형 방식	• 마이크로 또는 나노 칩을 대뇌 두피에 시술하여 뇌파 측정 • 측정의 감도가 좋고 정확성이 높지만, 외과적 수술, 이물질이 뇌 내에 삽입되어 부작용 가능성이 있음
비침습형 방식	• 전극 부착, 헬멧, 헤드셋 등으로 뇌파 측정 • 뇌파 신호검출이 간편하지만 잡음이 섞이기 쉬움 • 정확한 측정에 어려움이 있음

부착하거나 전기 헤드셋을 쓰고 뇌파를 측정함으로 매우 편리하다. 요즘은 소음을 줄이면서 감도가 높은 뇌파 검출 헤드셋이 개발됨으로써 뇌파로부터 뇌의 활동성을 측정하기 쉬워졌다.

뇌-컴퓨터 인터페이스는 그림 10.19와 같이 **뇌파 획득**(signal acquisition) 단계, **신호 전처리**(signal preprocessing) 단계, **특성 추출**(feature translation) 단계, **기기 출력**(device output) 단계로 나눌 수 있다. 신호검출은 뇌의 전기적, 자기적 활동을 뇌전도, 뇌자도 등을 이용하여 아날로그 신호를 검출하는 단계로 EEG, ECoG 등의 신호는 **원시신호**(raw signal)로써 시간에 따라 변하는 **시계열 신호**(time series signal)를 얻게 된다. 원시신호는 전기적 잡음이 섞여 있어서 잡음을 제거하는 필터를 거치는 신호 전처리가 필요하다. 이때 원시 시계열 신호를 0과 1로 표현되는 디지털 신호로 변화하거나, 분석 가능한 데이터로 변환한다. 특성 추출 단계에서 신호의 특징적인 패턴을 찾는다. 예를 들어 사람이 사과를 보고 있을 때 뇌파의 특징적인 패턴을 찾는다. 보통 한 번의 뇌파로는 특징을 확정하기 어려우므로 뇌파를 여러 번 측정하거나 여러 사람의 뇌파를 분석하여 공통적인 패턴을 찾는 경우가 많다. 뇌파만의 특징을 검출하기 위해서 눈깜박임, 근육 활동의 영향, 심장박동 등에 의한 영향 등을 제거해 주어야 한다. 처리된 신호는 특성 추출 알고리즘에 입력하여 뇌파에서 특정한 특성들을 강화하여 처리해 준다. 추출된 특성은 외부 기기들에 입력되어 특정한 행위를 하도록 한다. 스크린의 특정 문자를 선택, 커서를 움직임, 로봇팔에 특정한 명령을 수행하도록 하거나, 음성으로 출력되도록 한다. 최근에는 기계학습과 딥러닝을 이용하여 특성을 추출함으로써 효율을 향상하게 시키고 있다.

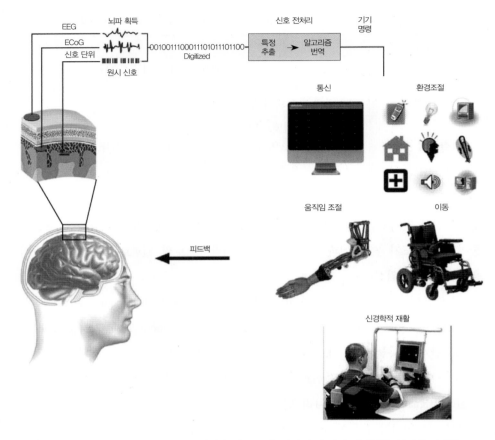

그림 10.17 | 기능적 핵자기공명 이미지에서 혈액 흐름을 계산하여 뇌의 연결선을 얻어낸 커넥톰.

측정한 뇌파는 전극이 부착된 부위에서 발생하는 전기신호를 추출하기 때문에 전극 아래의 퍼져 있는 많은 수의 신경세포에서 발생하는 합성 신호를 검출한다. 측정한 뇌파의 주파수는 대개 1~50 Hz 사이이고 측정 전압의 진폭은 10~200 µV이다. 측정한 뇌파 시계열의 분석 방법은 다양하다. 대표적인 분석 방법은 ① 시간 분석: 평균, 표준편차, 자기 상관함수, 상호상관 함수 등을 계산, ② 주파수 분석: 파워 스펙트럼 분석, ③ 시간-주파수 분석: 단시간 푸리에 변환(short-time fourier transform, STFT), 웨이블릿 변환(Wavelet transformation), 위그너 분포 분석 등 ④ 비선형 동역학분석: 상관 차원, 프랙탈 차원, 리아프노프 지수, 바이스펙트럼, 리커런스 플롯, 엔트로피 분석 등 ⑤ 통계모델: AR(autoregressive) 모델 등, ⑥ 시공간 분

석: PCA(principal component analysis), ICA(independent component analysis) 등이 있다. PCA와 ICA는 측정된 뇌파를 전극의 수와 같은 개수의 서로 다른 성분으로 분리한다. PCA는 분리한 성분이 서로 직교(orthogonal)하도록 하고, ICA 분리한 성분이 서로 독립적이어야 한다.

뇌파를 인간에게 유용한 형태로 사용하기 위해서 다음 세 가지 조건이 필요하다. 첫째는 사용자 편의성이다. 뇌파 측정 장치가 한정된 조건에서만 동작하거나 사용하기 불편하면 범용적 장치가 되기 어렵다. 둘째는 신호처리의 신속성이다. 일상생활에서 사용하려면 실시간으로 행동할 수 있도록 신호를 신속히 처리해서 행동으로 옮길 수 있는 결과를 주어야 한다. 셋째는 신호처리의 정확성이 담보되어야 한다. 뇌파를 분석한 결과를 행동이나 결정하는 데 이용하기 때문에 분석이 정확하지 않으면 의도하지 않은 결과가 나타날 수 있다. 사물인터넷이 발전하면서 신호처리와 디바이스로의 출력이 더욱 쉬워지고 있다.

10.7 인공지능

인공지능은 컴퓨터의 탄생과 함께 발전하였다. 컴퓨팅이란 하드웨어, 소프트웨어, 데이터의 3요소가 결합하여 기능을 발휘하는 것을 말한다. 현대적 컴퓨터는 1947년 미국의 벨연구소에서 바딘(J. Bardeen), 브래튼(W. H. Brattain), 쇼클리(W. Shockley) 등이 최초의 고체 소자인 트랜지스터(transistor)를 발명하면서 급속히 발전하였다. 현재 사용하고 있는 컴퓨터는 중앙처리 장치(core processing unit, CPU), 저장장치(memory), 입출력 장치(input-output device)가 유기적으로 결합하여 정보를 처리한다. 이러한 컴퓨터 구조를 폰노이만 아키텍처(von Neumann architecture)라 한다. 헝가리 출신의 천재 물리학자, 수학자인 폰노이만이 현재 컴퓨터 구조의 원형(prototype)을 제안하였다. 컴퓨터는 초기에 계산 기계의 역할만 수행하였지만, 그 후에 기계를 제어하고 복잡한 계산을 하는 데 사용함으로써 그 활용도가 증가하였다. 오늘날은 인터넷과 WWW(world wide web)의 발달로 연결 사회가 되었다. 핸드폰, 통신기술이 발전하면서 사회관계망 서비스(social network service, SNS)가 일반화되었으며 우리 사회는 초

연결 사회가 되어가고 있다. 연결이 극대화한 사회에서 데이터의 급속한 축적이 일어난다. 우리가 네이버, 다음, 구글, 페이스북, 인스타그램에 접속하여 서비스를 사용하는 순간 그 사용정보와 소비자가 제공하는 비정형의 데이터가 각 회사의 데이터 센터에 축적된다. 이러한 거대한 비정형의 데이터는 클라우드 컴퓨터에 저장되며 이러한 데이터를 분석할 수 있는 소프트웨어 알고리즘의 중요성이 날로 커지고 있다. 최근에는 머신러닝, 딥러닝을 활용한 인공지능 기술이 데이터와 결합하여 많은 문제를 쉽게 해결할 수 있는 길이 열리고 있다. 인공지능(artificial intelligence)이란 "인간의 개입 없이 자율적으로 주어진 임무를 수행할 수 있는 컴퓨팅 프로그램"을 의미한다. 인공지능 기술이 급속하게 발전한 이유는 데이터 스토리지 발전, 인터넷 속도 빨라짐, 통신기술의 발전, 사물인터넷의 발전 등으로 많은 데이터가 축적되고 있기 때문이다. 무엇보다 사람들이 일상생활에서 스스로 많은 데이터를 생산하고 소비하고 있기 때문이다. 인터넷과 핸드폰이 일상생활의 일부가 되어 타인과의 연결이 끊어진 사회는 상상할 수 없게 되었다.

그림 10.20은 인류가 축적한 데이터양의 변화를 나타낸 것이다. 과거에는 데이터의 양이 적었지만, 지금은 전체 데이터양이 수십 제타바이트(ZB)에 달한다. 1 ZB는 10^{21} 바이트에 해당한다. 영어 문자 1글자를 컴퓨터에 저장할 때 2바이트(B, Byte)를 사용하므로 제타바이트(ZB)의 크기를 상상할 수 있다. 인류가 생산하고 있는 데이터의 양은 기하급수적으로 증가하고 있다. 데이터 증가량의 대부분은 소셜 네트워크 등에서 사람들이 일상적으로 생산하는 비정형 데이터이다. 데이터가 다양화하고 데이터양이 증가함에 따라 각국 정부와 글로벌 기업들은 인공지능의 가능성을 인

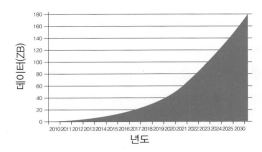

접두사	기호	크기
요타(yotta)	Y	10^{24}
제타(zetta)	Z	10^{21}
엑사(exa)	E	10^{18}
페타(peta)	P	10^{15}
테라(tera)	T	10^{12}
기가(giga)	G	10^{9}
메가(mega)	M	10^{6}

그림 10.20 | 인공지능의 발전은 데이터의 급속한 축적에 의존한다. 인류가 생산한 데이터의 양은 수십 ZB에 달한다. 제타(Z)는 10^{21}을 뜻한다.

식하고 많은 투자를 하고 있다. 미국, 중국이 인공지능 분야에서 선두를 달리고 있다. 인공지능과 로봇기술에 대한 투자가 급격히 늘어나고 있으나 일부 전문가는 인공지능 기술에 대한 환상을 경고하고 있다.

최근에 머신러닝, 딥러닝 기술을 포함한 인공지능에 대한 발전이 급격히 이루어지고 있다. 국가와 기업이 막대한 자본을 투자하여 인공지능 기술을 상용화하기 위해서 노력하고 있다. 1950년대 이후 인공지능에 관한 연구와 관심은 부침을 계속하였다. 두 번의 인공지능 붐과 두 번의 인공지능 암흑기를 거치고 이제 세 번째 인공지능 붐을 맞이하고 있다. 우리나라가 인공지능에 관한 관심을 크게 가지기 시작한 것은 2016년 3월에 열린 알파 고와 이세돌의 바둑 대결 때문이다. 당시에 바둑은 컴퓨터가 인간을 이길 수 없는 영역으로 여겨졌다. 왜 그랬을까? 그 이유는 바둑판에서 생길 수 있는 경우의 수가 많기 때문이다. 바둑판은 19 × 19개의 바둑알을 놓을 점이 있다. 각 점에는 검은돌, 흰돌, 비어 있음의 3가지가 가능하다. 따라서 바둑판에서 생길 수 있는 경우의 수는 대략 $3^{19 \times 19} \sim 10^{172}$이다. 이 경우의 수는 우주에 존재하는 입자의 수보다 많은 어마어마한 가짓수이다. 사람은 바둑판을 보고 특정한 곳을 먼저 선점하고 그동안에 축적한 경험과 수련을 통해서 고수가 될 수 있다. 한 점에서 시작해서 앞의 몇 수까지를 다양하게 그려볼 수 있느냐에 따라서 승패가 결정된다.

인공지능은 사람처럼 계산하지 않는다. 물론 인공지능이 뇌 신경세포의 기능 일부를 사용하여 학습하기 때문에 사람의 생각하는 방식을 일부 닮았다고 할 수도 있다. 이세돌과 알파고의 대국에서 이세돌은 1승 4패를 기록함으로써 많은 사람에게 충격을 주었다. 세계 최고의 바둑 고수가 인공지능 컴퓨터 프로그램에 패한 것이다. 이세돌 9단은 이 경기에 참여할 때 알파 고의 수준을 알지 못하고 참여하였다. 구글 딥마인드에서 시합을 제안할 때 5판을 모두 둘 때 대국료로 15만 달러에 승리 수당으로 1승 당 2만 달러를 제시했고 전승할 때 1백 만 달러를 제시했다. 이세돌 9단은 대국료와 1승 수당을 합해서 17만 달러를 벌었다. 그런데 이 대국은 구글 딥마인드의 치밀한 계획에 의해서 성사되었다.

혹자는 당시 서울에 포시즌호텔이 개관하면서 호텔을 홍보하기 위해서 이 대국을 주선했다고 하지만 필자는 구글의 전략으로 생각한다. 그 이유는 구글은 이세돌

9단의 실력과 알파 고의 수준을 이미 알고 있었으며 그들은 이 시합에서 잃을 것이 없었다. 구글 딥마인드가 영어로 고(go)인 바둑으로 자신들의 인공지능 기술을 홍보하여 거액의 투자를 유치하려 하였고 실제 그들은 그들의 목표 이상의 투자를 받았다. 몇천만 달러 이상을 유치했을 것이다. 이것을 생각하면 이세돌 9단의 대국료는 그야말로 새 발의 피였다. 구글 딥마인드는 왜 하필 바둑을 두는 인공지능을 개발했을까? 그 이유는 인공지능 입장에서 바둑은 일종의 **장난감 모형**(toy model)이기 때문이다. 물리학에서 장난감 모형은 그 문제를 풀었을 경우 대박이 나지만 풀지 못해도 큰 문제가 생기지 않는 모형을 뜻한다. 바둑은 이기고 지는 방법이 명확하고, 그동안 바둑 고수들이 두었던 기보가 잘 기록되어 있고 쉽게 그 기록을 구할 수 있다. 또 바둑 시합에서 지더라도 큰 문제가 생기지 않는다. 사람은 자존심이 좀 상할 뿐이지만 구글의 처지에서는 자신의 인공지능 기술을 널리 홍보하고 큰 투자금을 유치할 수 있어서 그야말로 구글의 장난감 모형이었다. 아무튼 이 세기의 대국 때문에 우리나라는 인공지능에 사활을 거는 투자를 감행하고 있다. 바둑에서 자신의 안위가 전부 걸린 사활 문제로 판을 가져가는 것은 매우 위험한데 한 나라의 투자 여력을 너무 한곳에 집중함으로써 위험성이 가중되는 것은 아닌지 심히 우려되는 상황이다.

사실 알파고는 4개의 버전이 있다. 표 10.6은 알파 고 버전을 나타낸 것이다. 알파 고의 베타버전은 '알파 고 팡'으로 구글 딥마인드의 개발자로 참여했던 팡 후이 2단과 대결했기 때문에 '알파 고 팡'이라고 불린다. 이세돌 9단과 바둑을 둔 알파

표 10.6 | 알파고의 버전들. 이세돌 9단의 1승인 알파고 대결에서 인간의 유일한 1승이다.

알파 고 버전	대국자	승패	비고
알파 고 팡	판 후이 2단	5 : 0	판 후이 2단은 유럽바둑 챔피언으로 알파 고 개발자 팀의 일원
알파 고 리	이세돌 9단	4 : 1	이세돌 9단은 당시 세계 랭킹 2위
알파 고 마스터	커제 9단	3 : 0	커제 9단은 당시 세계 랭킹 1위
알파 고 제로	온라인 대국	60 : 0	익명으로 대국
알파 고 제로	알파 고 리	100 : 0	알파 고 제로는 기보 학습 없이 바둑을 터득함
	알파 고 마스터	89 : 11	

고는 '알파 고 리'라고 부르며 이세돌 9단이 제4국에서 신의 묘수라고 부르는 한 수를 둠으로써 유일한 1승을 하게 되고 이 1승이 알파 고 대결에서 인간이 이룩한 유일한 1승이 되었다. 향상된 버전인 '알파 고 마스터'는 인간 대국자들에 모두 승리했으며 당시 세계 랭킹 1위였던 커제 9단을 3대 0으로 이겼다. 마지막 버전인 '알파 고 제로'는 기보를 학습하지 않고 스스로 바둑 규칙을 터득한 바둑을 두는 인공지능이고 인간 대국자와는 대국하지 않고 알파 고 리와 알파 고 마스터와 대국을 하였다. 알파 고 마스터와의 대국은 89:11로 월등한 실력을 발휘하였다. 알파 고는 이 네 개의 버전을 끝으로 더 이상 바둑을 두지 않았다. 알파 고는 자신들의 목적을 달성했기 때문에 더 이상 바둑을 개발할 필요가 없었다. 현재는 대한민국의 바두기, 중국의 골락시(星陣), 절예(Fine Art), 봉황, 일본의 딥젠고 등의 인공지능 바둑 프로그램들이 경쟁하고 있다.

인공지능 기술은 발전과 쇠락을 거듭하였다. 그림 10.21은 인공지능 발전의 역사를 간략히 나타낸 것이다. 1949년 헤브(Donald Olding Hebb, 1904~1985, 신경심리학자)는 신경세포의 학습 모형인 '**헤비안 학습**(Hebbian Learning)'을 발표하였다. 이 이론은 신경세포 모형에서 전기신호가 많이 흐르는 액손은 전기전도도가 좋아져서 강화되고 쓰이지 않는 액손은 약화하여 연결이 끊어진다. 헤비안 러닝(Hebbian learning)에서 두 신경세포 사이 연결선의 가중치는 $w_{ij} = x_i x_j$이고 x_i는 신경세포 i의 입력신호이다. 연결된 두 신경세포가 동시에 발화하면 연결선의 가중치가 그 입력신호의 곱

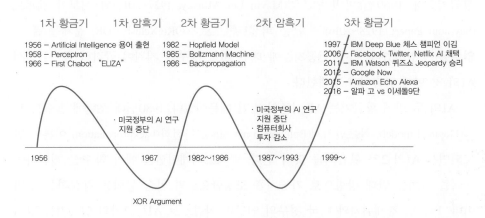

그림 10.21 | 인공지능 발전의 역사. 1956년 AI라는 용어가 탄생한 이후 황금기와 암흑기를 반복하였다. 지금은 3차 황금기를 구가하는 중이다.

에 비례해서 커진다.

1950년에 앨런 튜링(Alan Turing, 1912~1954)은 '계산기계와 지능(Computing Machinary and Intelligence)'이란 논문에서 기계의 지능을 테스트하는 방법으로 "튜링 테스트(Turing test)"를 제안하였다. 인공지능이란 용어는 1956년 다트머스 학회(dartmouth conference)에 참가한 존 매카시(John McCarthy, 1927~2011)는 "인공지능(artificial intelligence)"이라는 용어를 처음 사용하였다. 1957년에 프랭크 로젠블랫(Frank Rosenblatt, 1928~1971)은 선형분류기의 일종이며 순방향 신경망(feedforward network)인 "퍼셉트론(perceptron)"을 개발하여 인공학습의 시대를 열었다. 단일층 퍼셉트론은 입력층과 출력층의 신경세포이 완전히 연결된 연결망이다. 입력층의 입력 벡터는 x이고 출력은 다음과 같이 결정된다.

$$f(x) = \begin{cases} 1, & \text{만약 } w \cdot x + b > 0 \\ 0, & \text{그 외에} \end{cases}$$

출력값은 연결선의 가중치 행렬과 입력 x의 스칼라 곱에 바이어스(bias) b를 더해서 결정한다. 출력은 0과 1의 이진값이다.

1966년에 조셉 와이젠바움(Joseph Weizenbaum, 1923~2008)은 최초의 챗봇(chatbot)인 '엘리자(ELIZA)'를 만들었다. 1957년부터 1960년대 중반까지가 AI의 첫 번째 황금기였다. 1969년 마빈 민스키(Mavin Lee Minsky, 1927~2016)와 시모어 페퍼트(Seymour Papert, 1928~2016)는 단층 퍼셉트론으로 XOR(eXclusive OR) 문제를 풀 수 없음을 증명하였다. 이후 인공지능에 대한 미국 정부의 지원이 급격히 줄어들면서 AI의 첫 번째 암흑기가 도래한다.

AI의 두 번째 황금기는 AI 이론의 발전 때문이었다. 1980년대 초반에 홉필드 모형(Hopfield model), 볼츠만기계(Boltzmann machine), 역전파(backpropagation) 이론이 발표되면서 AI의 2차 황금기를 맞이 한다. 백프로퍼게이션은 에러 함수를 계산하여 에러를 줄이는 반대 방향으로 가중치를 조정함으로써 학습 능력을 향상하는 방법이다. 1987년 경제위기와 미국 정부의 연구비 삭감으로 AI는 2차의 암흑기를 맞이하였다. 1997년 IBM의 딥블루(Deep Blue)가 세계 체스 챔피언을 이김으로써 AI는

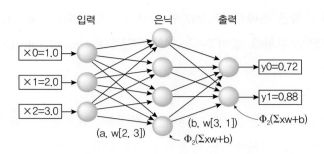

그림 10.22 | 세 개의 층으로 구성된 인공신경망. 입력층, 은닉층, 출력층으로 구성되어 있다.

새로운 관심을 끌었다. 2011년에 IBM 왓슨(Watson)은 대표적인 퀴즈 쇼인 제퍼디 (Jeopardy)에서 인간 챔피언과의 대결에서 이김으로써 기술력을 과시했다. 2006년 이후 페이스북, 트위터, 넷플릭스, 구글 등이 AI에 투자하기 시작하였다. 현재는 다양한 분야에서 AI에 대한 투자가 이루어지고 있어서 세 번째 AI 붐이 일고 있다. 그림 10.22는 입력층(input layer), 은닉층(hidden layer), 출력층(output layer)을 가진 인공지능 신경망 구조를 나타낸다. 많은 입력 데이터를 입력층에 입력하여 신경망 구조를 학습한 다음 전혀 새로운 데이터를 입력하면 신경 신호는 학습된 신경망의 구조에 따라 결과를 내놓는다. 널리 사용되고 있는 CNN(convolutional neural network)은 문자 인식, 사진 인식과 같은 곳에 널리 사용된다. 딥러닝은 많은 은닉층을 사용한다.

AI는 신경망을 학습시켜야 해서 빅데이터가 필수적이다. 빅데이터를 많이 축적하고 있고 사용규제가 적은 미국과 데이터 생산에 규제가 거의 없는 중국이 AI 기술을 선도하고 있다. 미국은 법에 명시된 규제 이외의 것은 무엇이든 해볼 수 있는 "네거티브 규제" 방식을 택하고 있어서 첨단기술에 대한 투자와 진입이 쉽다. 반면 우리나라는 법에 명시되어 있는 것만을 할 수 있는 "포지티브 규제"를 하고 있어서 첨단기술에 진입하기 쉽지 않다. 기술은 기하급수적으로 발전하는데 법은 거북이처럼 천천히 입법되고 있는 것이 현실이다.

ICT 기술에 종사하는 사람들과 일단의 미래학자들은 인공지능이 극도로 발달하여 인공지능이 인간을 넘어서는 시대를 얘기하고 있다. 발명가이며 미래학자인 레이 커즈와일(Ray Kurzweil, 1948~)은 인공지능이 인간을 넘어서는 시점을 싱귤레리티(singularity)라 하고, 싱귤레리티가 도래하는 시점을 2045년으로 예측하였다.

과연 이러한 주장은 올바른 것일까? 인공지능은 약인공지능(weak AI)과 강인공지능 (strong AI)으로 분류한다. 강인공지능은 범용 인공지능(general artificial intelligence)이 라고도 한다.

> "약인공지능은 특정한 영역의 일 처리에서 인간을 능가하지만,
> 자신이 어떤 일을 하는지 인식할 수 없다."

인공지능은 알고리즘, 규칙, 데이터를 입력해 주어야 일을 처리할 수 있다. 현재 사용하고 있는 인공지능 기술은 약인공지능에 가깝다. 인공지능 기술인 시리(Siri)는 사람의 질문에 답을 하지만 자신이 내놓은 답의 의미를 알지 못한다. 단지 알고리즘에 따라 질문에 맞는 패턴을 출력할 뿐이다.

> "강인공지능은 인간이 할 수 있는 모든 일을 인간보다 더 잘하며
> 인간이 할 수 없는 일도 할 수 있는 인공지능을 의미하며
> 그 자신이 무엇을 하고 있는지도 아는 인공지능이다."

인간이 자기자신을 인지할 수 있듯이 강인공지능 또한 자신을 인지할 수 있다. 영화 터미네이터에서 주인공을 추적하는 인공지능 로봇이 강인공지능을 가졌다고 할 수 있다. 미래에 인간들이 개발한 인공지능이 강인공지능으로 발전한다면 우리는 그 사실을 알 수 있을까? 불행하게도 싱귤레리티가 일어나서 강인공지능이 지구상에 출현한다면 그 인공지능은 가장 똑똑한 인간보다 더 똑똑하므로 자신이 강인공지능이 되었다는 사실을 절대로 인간에게 말하지 않을 것이다. 영화 매트릭스에서 강인공지능인 스카이넷이 자신이 인간을 능가했음을 굳이 인간에게 알리지 않은 것과 같다.

기계가 지능을 가질 수 있는가에 관한 질문은 튜링이 1950년에 '튜링 테스트(Turing test)'를 제안한 후부터이다. 튜링 테스트는 이미테이션 게임(imitation game)이라고도 한다. 튜링 테스트는 다음과 같다. 질문자 한 명과 응답자 둘을 준비한다. 이 중에서 한 명은 인간이고 다른 하나는 기계 또는 컴퓨터이다. 질문자는 어느 쪽

이 컴퓨터인지 모른다. 질문은 키보드와 같은 입출력 기계로 이루어진다. 질문자는 두 명과 대화를 하여 어느 쪽이 컴퓨터인지 판정할 수 없다면 컴퓨터가 '지능'을 가진 것으로 판정한다. 즉, 컴퓨터가 인간과 같은 수준으로 대화할 수 있다면 지능을 가졌다고 판정하는 것이 튜링 테스트이다. 그런데 존 설(John Searl)은 튜링 테스만으로는 기계가 지능을 가졌다고 판정할 수 없다고 주장하면서 그 논증 방법으로 '중국인 방(The Chinese Room)' 사고 실험을 제안하였다. 어느 방에 중국어를 전혀 모르는 사람을 넣고 중국어로 된 질문 목록과 그 질문에 대한 답이 중국어로 적힌 목록과 필기도구를 준다. 중국인 심사관이 그 방에 중국어 질문을 써넣으면 그 방 안에 있는 사람이나 기계는 중국어를 전혀 할 줄 몰라도 목록에 따라 질문에 대한 답을 중국어로 써서 심사관에게 제출할 수 있다. 이 경우 방 안의 사람은 중국어를 이해하지 못하지만, 질문에 답할 수 있다. 만약 방 안의 사람을 컴퓨터로 대체한다면 컴퓨터 또한 인간처럼 답할 수 있다. 이처럼 튜링 테스트만으로는 기계의 지능을 판정할 수 없다는 것이다. 인공지능 시리가 영어로 된 문장을 중국어로 정확히 번역했더라도 시리가 지능을 가진 것은 아니다. 그렇다면 기계가 지능을 가졌다는 것을 어떻게 판정할 수 있을까? 이에 대한 논의는 아직도 활발하게 연구되고 있는 분야이다. 심지어 인간의 지능이 무엇인지도 우리는 아직도 정확히 이해하지 못하고 있다.

앞에서 강인공지능이 지구상에서 발생하면 어떻게 될까 걱정하는 사람이 있을 것이다. 저자는 개인적으로 강인공지능이 지구상에 나타나기는 매우 어려울 것으로 생각한다. 만약 나타난다면 몇백년 또는 몇천년 후의 일일 것이다. 그 이유를 생각해보자. 현재의 인공지능 기술은 인간의 뇌를 구성하고 있는 기본 세포인 신경세포의 일부 기능을 흉내 낸 것이다. 신경세포와 신경세포를 연결하는 연결선인 축삭돌기는 많이 사용할수록 그 연결 세기가 강해지고 사용하지 않으면 연결 세기가 약해진다. 현재의 인공신경망은 바로 연결선의 세기를 많은 데이터로 학습시킨 후 어떤 판단을 하고 싶은 데이터를 입력하여 판정 결과를 얻은 방식이다.

현재의 인공지능 기술이 약인공지능 쪽으로 발전할 것이지만 강인공지능으로 발전할 수 없는 이유를 생각해 보자. 먼저 인공지능에 대한 세 가지 패러독스(paradox)를 소개한다. 카네기멜론 대학교 로봇연구소의 한스 모라벡(Hans Peter Moravec, 1948~)은 다음과 같은 역설을 제시하였다. '모라벡의 역설(Moravec's paradox)'은 다음과 같다.

모라벡의 역설: "인간에게 쉬운 일은 기계에게 어렵다."

인간이나 동물이 자연스럽게 물건을 들어 올리는 동작을 기계가 구현하기 어렵다. 아마도 인공지능 기술이 인간의 뇌의 동작 방식을 더 배워야 할 것이다. 두 번째 역설은 헝가리 출신의 물리학자 마이클 폴라니(Michael Polanyi, 1891~1976, 칼 폴라니의 동생)가 제시하였다. '폴라니의 역설(Polani's paradox)'은 다음과 같다.

폴라니의 역설: "인간은 말로 표현하는 것보다 더 많이 알고 있다."

인공지능이나 기계에게 어떤 일을 시키기 위해서는 모든 것을 언어(컴퓨터 언어와 데이터)로 표현해 주어야 그것을 처리하여 결과를 얻을 수 있다. 그런데 인간은 사실 말로 표현하는 것보다 더 많은 것을 알지만 인간의 언어로 그 세심한 것을 표현할 수 없다. 어린아이가 부모의 기분을 말을 하지 않아도 너무 잘 파악한다. 학생이 첫 강의 시간에 교수를 처음 대면했을 때 교수의 몇 마디만 들어 보아도 수업방식이나 수업의 재미있고 재미없음을 금방 파악할 수 있다. 이러한 것들을 인공지능에게 어떻게 알려줄 수 있을까? 마지막 패러독스는 저자(이재우)의 역설로 '리의 역설(Lee's Paradox)'이라 한다.

리의 역설: "현재의 인공지능은 거울에 비친 인간의 이미지일 뿐이다.
이미지가 실물을 넘어설 수 없다."

현재의 인공지능 기술은 인간 뇌 기능의 극히 일부를 이용하여 학습에 이용한 것이다. 뇌의 기능을 거울에 비춰서 거울 이미지의 일부를 이해한 결과라 할 수 있다. 이미지는 결코 실물을 넘어설 수 없다. 인공지능이 강인공지능으로 발전하려면 인간 뇌의 모든 기능과 동작 원리를 이해한 후에나 가능할 것이다. 그때는 이미지가 아니라 인공지능 자체가 실물이 될 것이다.

많은 사람은 인공지능이 인류의 문제를 해결해 줄 수 있을 것이라는 환상을 가

표 10.7 | 컴퓨터와 뇌의 비교

	컴퓨터	뇌
기본단위	반도체 소자(NAND gate)	신경세포(신경세포)
소자의 수	$10^5 \sim 10^8$개	$10^{10} \sim 10^{11}$개
동작 속도	나노초	10^{-3}초
신호 모양	전기펄스	신경세포의 활동전위
기억용량	10^{10}B (계속 증가 중)	$10^{10} \sim 10^{20}$ (정확히 모름)
에너지 소모	300 W (컴퓨터 1대)	20 W (성인의 뇌)
기압방식	선형주소 방식	연상 및 내용 주소
아키텍처	직렬처리	병렬처리
확장성	클러스터, 네트워크 컴퓨팅으로 확장 가능	두 사람의 뇌를 연결할 수 없음. 다만 집단지성은 가능

지고 있다. 사실 약인공지능은 그 기술이 해결할 수 있는 문제들에서만 영향을 줄 것이다. 반면 어떤 사람들은 강인공지능이 나타나서 인류를 파멸로 이끌지 않을까 하고 두려워한다. 강인공지능에 대한 두려움을 피력한 과학자로 스티븐 호킹과 일론 머스크가 대표적이다. 그런데 강인공지능은 현재의 기술로 실현하기 어렵다. 그 이유가 무엇일까?

표 10.7은 인간의 뇌와 현재의 컴퓨터를 비교한 것이다. 뇌와 컴퓨터의 근본적인 차이점은 정보처리에 있어서 병렬처리(parallel process)와 단계처리(serial process)에 있다. 인간의 뇌는 정보를 처리하는 영역과 기억하는 영역이 분리되어 있지 않으며 두 기능을 동시에 수행한다. 반면 폰노이만 아키텍처를 취하고 있는 현재의 컴퓨터 는 중앙처리장치와 메모리가 정확히 분리되어 있다. 또 다른 큰 차이점은 뇌가 정보 를 처리할 때 소모하는 에너지는 매우 작다. 성인이 휴식상태에 소모하는 에너지인 기초대사율은 100 W 정도이고 뇌는 전체 기초대사율의 약 20%를 소모하기 때문 에 뇌는 약 20 W의 에너지를 쓴다. 물론 머리를 더 많이 사용하는 고등 사고를 하 면 소모 에너지는 조금 더 증가할 것이다. 반면 여러분이 켜 놓은 개인용 컴퓨터는 약 300 W의 에너지를 소모한다. 좋은 성능을 내는 인공지능 계산은 많은 CPU(core processing unit) 또는 GPU(graphics processing unit)를 사용하기 때문에 에너지 소모가

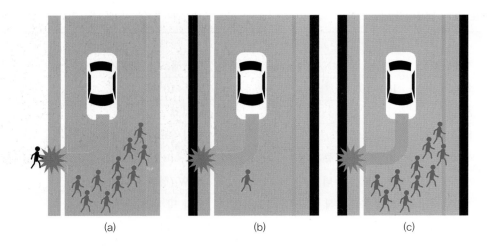

그림 10.23 | 인공지능을 장착한 자율주행 자동차가 직면한 트롤리 문제. 인공지능 자동차는 이러한 상황에서 어떤 선택을 할까?

많다. 이세돌 9단과 대결한 알파 고 리는 1,202개의 CPU를 사용했으니 소모한 전기 에너지가 어마어마하다. 인공지능 기술이 더욱 발전할수록 사람들은 인공지능 기술을 더 많이 활용할 것이기 때문에 전체적인 에너지 소모는 비례해서 늘어날 것이다. 사람 개개인은 1개의 뇌를 가지고 있고 두 사람의 뇌를 물리적으로 연결할 수 없다. 반면 컴퓨터는 통신선을 이용하여 병렬로 연결할 수 있어서 확장성이 크다.

인공지능 기술이 발전하면 인간들이 고민해 보아야 할 새로운 문제들이 나타나고 있다. 특히 윤리적, 법적인 문제들이 많이 나타나고 있다. 대표적인 문제 중의 하나가 널리 알려진 **트롤리 문제**(Trolley problem)이다. 그림 10.23의 세 상황은 각기 다른 트롤리 문제를 나타낸 것이다. 그림 10.23(a)의 첫 번째 상황은 인공지능을 탑재한 자율주행차 앞에 갑자기 많은 사람이 나타났고 자동차는 사고를 피할 수 없다. 차를 우측으로 꺾으면 보행자 한 명과 충돌할 것이고, 직진하면 많은 사람과 충돌한다. 그림 10.23(b)의 두 번째와 그림 10.23(c)의 세 번째 상황은 자율주행 자동차가 브레이크를 밟아도 길을 건너는 보행자와 충돌할 수밖에 없다. 충돌을 피하려면 벽과 충돌해야 한다. 이 경우 자율주행 자동차에 타고 있는 운전자가 크게 다치거나 죽을 수 있다. 이러한 상황에서 인공지능은 어떤 선택을 할까? 인간 운전자가 이러한 트롤리 문제에서 사고를 냈다면 사람의 능력으로 피할 수 없는 상황이라고 하여 윤리적인 문제를 제기하지 않을 것이다. 하지만 프로그램이 판단하는 인공지능이 탑재한 기계인 자율주행 자동차가 이러한 사고를 내면 많은 사람이 윤리적인 문제를 제기할 것이다. 이것은 사람이 가지고 있는 심리적 요인 중에서 프로그램 반감(program aversion)에 기인하는 측면과 완벽한 컴퓨터 프로그램을 요구하는 사회의 특성을 반영한 것이다. 사실 트롤리 문제에서 완벽한 답은 없다. 사람들을 대상을 설문조사를 해보면 대답은 한쪽으로 치우치는 것을 볼 수 있다. 인공지능이 발전하는 시대에는 인간과 기계의 상호작용 측면에서 다양한 윤리적, 사회적, 철학적, 법적 논의가 더욱 필요하다.

10.8 신경 철학

신경과학(neuroscience)은 신경세포, 신경아교세포, 혈관, 뇌척수액(cerebrospinal fluid, CSF)으로 구성된 뇌에서 발현하는 인간의 고등 인지 작용을 이해하고자 하는 학문이다. 인간의 뇌는 우주에서 "자기자신이 누구인지 스스로 질문하는 유일한 기관이다." 페트리샤 처칠랜드(Patricia S. Churchland)와 그의 남편 폴 처칠랜드(Paul M. Churchland)는 신경과학을 기반으로 신경 철학(neuro philosophy)을 창시하였다. 신경 철학은 신경과학에 기반을 두고 철학의 다양한 문제들을 탐구하는 철학의 한 분야이다. 신경 철학은 신경세포들로 얽힌 뇌가 사물을 인지하는 방식, 사물에 대한 개념, 형이상학적 개념들을 어떻게 표상(representation)하는지 이해함으로써 좀 더 과학적인 입장에서 철학적 문제들을 다루고 있다.

인간의 인지 작용이 뇌에서 발생한다는 것을 알게 된 것은 얼마되지 않았다. 앞에서 신경세포가 발견되고 뇌의 기능이 알려지기 시작하면서 인간의 모든 활동은 뇌가 제어하며 인지 작용 역시 뇌에서 비롯된다는 것을 알게 되었다. 뇌의 인지 작용을 알지 못하던 시대에 정신 활동과 육체를 분리해서 생각하는 이원론이 나타났으며 철학자들도 이원론적 이분법을 주장하기도 하였다. 하지만 과학이 발전하면서 인간의 모든 인지 작용은 뇌에서 기원하며 인간이 사망함으로써 뇌의 기능이 멈추면 모든 인지 작용 역시 멈추게 된다. 앞에서도 살펴보았듯이 뇌의 여러 부위는 인간의 인지 작용에서 다른 기능들을 담당한다는 사실을 알게 되었다. 뇌의 기능을 종합적으로 이해하기 위해서는 **전일적 관점**(holism)이 필요하다. 그림 10.24는 신경세포, 신경망, 뇌 전체의 스케일에 따라서 나타나는 기능들을 연결해 놓은 것이다. 현대과학의 **환원주의**(reductionism)는 모든 구성인자를 이해하면 그 시스템을 이해할 수 있다고 생각한다. 신경세포 독트린에 따르면 뇌의 인지 작용의 기본단위는 신경세포이다. 그러나 오늘날의 과학은 뇌의 구성인자가 신경세포, 신경아교세포, 혈관, 뇌의 주변 환경 등으로 구성되어 있음을 알게 되었다. 뇌의 인지 작용은 신경세포의 기능에 크게 의존하기 때문에 신경세포 하나의 모든 기능을 이해한다면 뇌 전체의 기능을 이해할 수 있을 것으로 생각할 수 있다. 환원주의적 입장에서 신경세포 하나를 정확히 이해하고 신경세포들 사이의 상호작용을 이해하게 되면 원리적으로

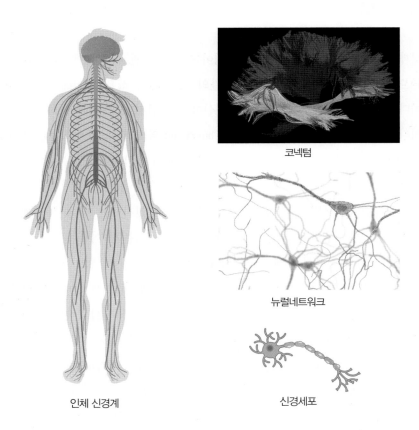

코넥텀

뉴럴네트워크

인체 신경계 신경세포

그림 10.24 | 축척에 따른 뇌의 모습. 인체 신경계 > 코넥텀 > 뉴럴네트워크 > 신경세포 순으로 크기가 작다.

뇌의 전체 기능을 이해할 수 있을 것이다. 그러나 현실은 그렇지 않다. 복잡계 과학의 관점에 따르면 신경세포들이 연결되어 거대한 신경망을 형성한다. 뇌 전체의 기능을 이해하기 위해서는 뇌를 구성하는 기본단위의 기능을 정확히 이해하고, 그들 사이의 전일적인 상호작용을 이해해야 한다. 구성단위 기능의 단순한 합을 넘어서는 이머징(emerging) 현상을 이해해야 한다. 뇌의 기능은 신경세포 기능의 대수적인 합이 아니라 그보다 더 다양한 현상을 나타낸다.

신경 철학은 생물학, 신경과학, 생물 철학, 물리학, 복잡계 과학 등을 기반으로 인간 뇌의 발현 현상과 그에 수반되는 철학적 문제들을 탐구한다. 신경 철학은 인간의 인지 작용에 대한 근본적인 질문을 던진다. 우리가 그린 원은 아무리 완벽하게 그렸더라도 완벽하지는 않다(박제윤). 수학 시간에 칠판에 그려진 조금 비뚤어진 원을 보고 우리의 뇌는 사실 완벽하게 둥근 원을 생각한다. 이것은 뇌의 인지 작용에 의한 표상이다. 우리는 어떻게 비뚤어진 원을 보고 완벽한 원을 상상할 수 있을까? 사실 이것은 인간의 인지 작용에 대한 근본적인 의문을 던지고 있다. 뇌의 추상화 능력은 고유한 것일까 아니면 경험적인 학습의 결과일까? 우리는 아직 그에 대한 해답을 알지 못한다. 신경 철학은 바로 이러한 지점에 질문을 던지고 그에 대한 답을 과학적, 철학적으로 탐색하는 학문이라 할 수 있다. 따라서 신경 철학은 과학적 이해를 기반으로 한다. 과학을 모르고는 신경 철학을 할 수 없다.

생활과 과학

11장

자기 현상과
초전도 현상

자석은 일상생활에서 매우 친숙하다. 네오디뮴 자석(neodymium magnet)은 냉장고나 금속판에 종이를 고정할 때 자주 사용한다. 자성은 기원전부터 그 존재가 알려져 있었고, 18세기까지 자기 현상과 전기 현상은 별개의 현상으로 생각하였다. 그러나 자기 현상이 사실은 전기 현상과 밀접한 관계가 있음이 밝혀졌다. 자석의 근본적인 원인은 사실 현대 물리학의 양자역학적인 개념을 사용하여야 이해할 수 있다. 그러나 자석과 자기 현상에 대한 현상적 이해는 양자역학의 도움 없이도 가능하다. 물질의 자기적 성질과 초전도체가 가지는 반자성을 살펴보고 자기부상의 원리를 살펴보자.

11.1 자석과 자기장

자기(magnetism)란 용어는 천연 자석을 다량 함유한 자철광(lodestone)이 발견된 튀르키예의 마그네시아(magnesia)에서 유래하였다. 자석의 성질을 이용한 나침반(compass)은 11세기 중국 송나라에서 처음 사용되었다. 자성을 띤 작은 바늘을 물 위에 띄웠을 때 바늘이 북극을 향하는 현상을 이용하였다. 주로 군사적인 목적으로 사용하였으며, 그 후에 건식 나침반으로 발전하였다. 서양에서 자석에 관한 본격적인 연구는 1600년 윌리엄 길버트(William Gilbert, 1544~1604, 영국의 물리학자)가 《자석, 자성체와 거대 자석인 지구에 대하여(On the Magnet and Magnetic Bodies, and on the Great Magnet the Earth)》 책을 출판하면서부터이다. 길버트는 이 책에서 자석에 대한 다양한 실험을 수행했으며 특히 지구가 커다란 자석이라고 주장하였다. 길버트는 '전기학(electricity)'이란 용어를 처음 사용하였다. 전기학과 자기학은 서로 독립적으로 발전하였으며, 두 현상이 서로 별개의 현상이라고 생각했다. 1820년에 외르스테드(Hans Christian Ørstead, 1777~1851, 덴마크 물리학자)가 전류가 흐르는 전선 주위에 자기장이 형성됨을 발견하고서야 전기 현상(전류=전하의 흐름)이 자기 현상과 관련이 있음을 알게 되었다. 그 후에 전기와 자기 현상에 관한 다양한 연구를 통해서 전기학과 자기학이 통합되어 전자기학(Electromagnetism)으로 통합되었다.

자석은 N극과 S극이라 부르는 2개의 극을 가지고 있다. 자기 현상에서 2개의 극

그림 11.1 | 자석을 깨뜨려 조각을 내면 조각은 여전히 N극과 S극을 가지고 있다. N극이나 S극이 홀로 존재하는 자기홀극은 얻을 수 없다.

이 존재하는 것은 전기 현상에서 양전하와 음전하가 있는 것과 비슷하다.

> 자석의 성질: "같은 극끼리는 서로 밀어내고, 다른 극끼리는 서로 끌어당긴다."

자석은 항상 N극과 S극이 서로 붙어 다닌다. 전기 현상에서는 홀로 존재하는 양전하(+) 또는 음전하(−)가 존재하지만, 자기 현상에서는 홀로 존재하는 N극이나 S극이 없다. 홀로 존재하는 N극 또는 S극을 **자기홀극**(magnetic monopole)이라 한다.

자성은 N극과 S극이 항상 붙어 있는 **자기쌍극자**(magnetic dipole)가 기본 단위처럼 보인다.

> "자석은 항상 N극과 S극이 붙어 다닌다."

전기 현상에서 전하가 주변에 전기장을 만들듯이 자석은 주변에 **자기장**(magnetic field)을 형성한다. 자석은 이 자기장을 매개로 하여 상호작용한다.

자석이 만드는 자기장은 "전류가 흐르는 전선"에 의해서 형성된다. 전기 현상이 자기 현상과 관련이 있음은 1820년에 외르스테드가 우연한 실험에서 발견하였

그림 11.2 | 자석 주변에 쇳가루를 뿌렸을 때 형성된 자기력선의 모양. 쇳가루가 배열된 선의 접선 방향이 자기장의 방향이다. 이 자기장을 매개로 자석은 상호작용한다. N극과 S극의 자기력선이 서로 수렴하여 잡아당기는 것처럼 보이며, 같은 극은 서로 자기력선을 밀어내어 척력을 작용하는 것처럼 보인다.

다. 1801년 외르스테드는 박사학위를 받은 후 관례대로 유럽의 여러 나라를 여행하면서 많은 과학자와 교류하였다. 여행 중에 외르스테드는 요한 리터(Johann Ritter)라는 과학자를 만났는데 그는 전기학과 자기학이 서로 관련이 있다고 믿고 있었고 영향을 받게 된다. 1803년 코펜하겐에 돌아온 외르스테드는 대학에서 자리를 잡을 수 없어서 대중을 위한 강연을 개인적으로 열었다. 그의 강연은 큰 인기를 끌었으며, 결국 1806년에 코펜하겐대학교에서 자리를 얻었다. 그 당시 코펜하겐대학교는 물리학과 화학 프로그램을 확장하고 있었다. 코펜하겐대학교에서 외르스테드는 전기 현상에 관한 연구를 진척시켰다. 1820년 4월 21일 강연 도중에 전류가 흐르는 전선 주변에 놓여 있는 나침반의 바늘이 북극을 가리키지 않고 다른 방향을 가리킴을 발견하였다. 그 당시는 회로에 전류를 흐르게 하기 위해 갈바니 전지(Galvanic battery)를 사용하였다. 직선 전선 옆에 나침반을 놓고 전선의 한쪽 끝을 전지의 끝에 연결하는 순간 나침반이 살짝 움직였다. 나침반이 살짝 움직였기 때문에 당시 강연을 구경하던 청중들은 그 사실을 눈치채지 못했지만, 외르스테드 깜짝 놀랐다. 외르스테드는 추가적인 연구를 통해서 전류가 흐르는 전선은 전선을 휘어 감는 방향으로 자기장을 형성함을 발견하였다. 1820년 7월 21일 외르스테드는 그의 발견을 팜플렛 형태로 만들어 여러 물리학자와 화학자들에게 돌렸다. 그 당시 그가 사용한 볼타전지는 20개의 구리판을 사용했으며 약 10~20 V 정도를 낼 수 있었다. 외르스테

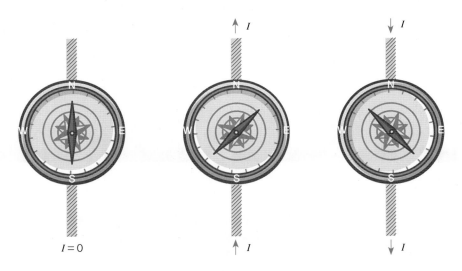

그림 11.3 | 외르스테드의 전기 현상 연구. 전류가 흐르는 전선은 자기장을 형성한다.

드는 여러 가지 형태의 전선으로 실험을 계속했지만 똑같은 현상을 발견하였다. 그림 11.3은 전류가 흐르지 않는 상태에서 나침반의 방향을 북쪽에 맞춘 다음 전류를 흘려준 것을 나타낸다. 전선에 북쪽으로 전류를 흘려주면 나침반의 바늘이 오른쪽을 향한다. 외르스테드는 그림 11.3과 같이 전류를 반대로 흘려주면 나침반이 반대 방향으로 움직임을 발견하였다. 전선과 나침반 사이에 나무나 유리를 놓아도 같은 현상이 발생함을 발견하였다.

"전류가 흐르는 전선은 자기장을 형성한다."

외르스테드의 발견은 즉각 센세이션을 일으켰다. 그를 유명하게 만들었으며 많은 과학자가 전기학과 자기학의 연관성에 관심을 끌게 하였다.

앙드레 암페어(Andre Ampere, 1775~1836, 프랑스 물리학자)는 전선에 흐르는 전류와 자기장을 연결하는 수학적인 관계식인 암페어 법칙을 발표하였다. 그 후에 마이클 패러데이는 암페어의 발견과 정반대로 변하는 자기장이 전류를 유도한다는 패러데이의 유도 법칙을 발견하였다. 맥스웰은 패러데이 법칙을 더욱 정교하게 표현하여 전기장과 자기장을 통합하는 맥스웰 방정식을 발견한다.

사실 자기장의 존재만으로 자석과 전류가 흐르는 전선은 구별할 수가 없다. 즉, 안을 볼 수 없는 상자 안에 자석 또는 전류가 흐르는 전선을 놓았을 때 상자 밖에서 그 자기장이 자석에 의한 것인지 전류가 흐르는 전선에 의한 것인지 알 수 없다.

전류는 전하가 움직이기 때문에 형성된다. 따라서 자기장은 "움직이는 전하에 의해서 형성된다"라고 할 수 있다. 사실 자기장은 전하들의 상대적인 운동으로 발생한다.

"자기장은 전하의 상대적 운동에 의해서 생긴다."

전기장과 자기장은 사실 전하가 드러내는 두 가지 측면이다. 즉, 전기장과 자기장의 원천은 전하와 전하 사이의 상대적인 운동으로 생긴다. 따라서 전기장과 자기장은 서로 다른 현상이 아니며 하나로 통합된 현상으로 볼 수 있다. 전기장은 자기장을 유도할 수 있고, 자기장은 전기장을 유도할 수 있다. 전기와 자기장은 하나의 통합

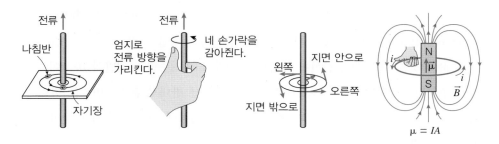

그림 11.4 | 위쪽으로 흐르는 전류가 형성한 자기장. 자기장은 전선을 반시계 방향으로 감싸면서 형성된다. 자기장의 방향은 오른손의 엄지를 전류 방향에 맞춘 후 네 손가락을 감아줄 때 네 손가락의 방향이 접선 방향이다.

된 이론으로 다룰 수 있는데 이것을 전자기학(electromagnetism)이라 한다.

　직선 전선에 형성된 자기장은 그림 11.4와 같이 오른손 법칙으로 알 수 있다. 오른손의 엄지를 전류의 방향에 맞춘 후 네 손가락으로 전선을 감아쥔다. 네 손가락이 감아쥔 방향의 자기력선의 방향이고 자기장의 방향은 전선을 둘러싼 동심원의 접선 방향이다. 전류가 흐르는 원형 고리의 자기쌍극자모멘트의 크기는 전류에 비례하고 원형 고리의 단면적에 비례한다. 전선이나 자석이 만든 자기장의 세기는 자기쌍기극자 모멘트(magnetic dipole moment)의 크기에 비례한다.

📎 예제 11.1　지자기장

지구 자기장은 왜 생길까?

풀이

지구 자기장에 대한 정확한 이해는 아직도 없다. 지구의 내부 구조는 그림 11.5와 같이 고체 내핵, 액체 외핵, 맨틀, 지각으로 구성되어 있다. 지자기장에 대한 가장 유력한 설은 지구 핵의 액체 부분이 전하를 띠고 있으며 이 액체가 순환함으로써 거대한 내핵 전류가 형성

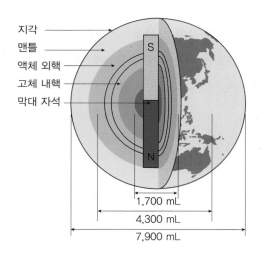

그림 11.5 | 지구의 내부 구조와 지구 자석.

되고 이 전류에 의해서 자기장이 생긴다는 설이다. 그러나 이것은 가장 유력한 설일 뿐 명쾌히 검증되지 않았다.

🖋 예제 11.2 나침반

나침반이 지구의 지리적 북극을 가리키는가?

풀이

그렇지 않다. 나침반의 북극(N)이 지구의 북쪽을 향하고 있는 것은 일상 경험으로 안다. 그런데 자석은 같은 극끼리는 서로 반발하고, 다른 극끼리는 끌어당긴다. 자석의 북극이 가리키는 것은 지구의 지리적 북극 가까이에 있는 지구 자기의 남극(S)이라는 사실을 알 수 있다. 그림 11.6과 같이 실제로 지구 자기의 남극이 지구의 북쪽에 있고 지구 자기의 북극이 지구의 남쪽에 있다. 그림과 같이 지구를 가상적인 막대자석으로 생각할 때 막대자석 남극의 위치는 지구의 지리적 북극(북극점)과 일치하지 않는

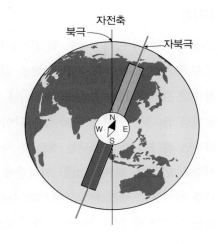

그림 11.6 | 지구의 자전축과 자북극이 어긋난 각도를 자기편각이라 한다. 현재 자북극은 캐나다 허드슨만에 위치한다.

다. 현재 자기적 남극은 지리적 북극(지구의 회전축이 지표면과 만나는 점)으로부터 약 1,300 km 떨어진 캐나다의 허드슨만에 있다. 자북극(north magnetic pole)은 [83.21°N, 118.32°W]에 위치하며, 자남극(south magnetic pole)은 [64.53°S, 137.86°E]에 위치한다. 지리적 극과 자기적 극이 일치하지 않기 때문에 나침반이 지리적 북극을 정확히 가리키지 않는다.

지리적 북극과 나침반 바늘의 방향이 어긋난 정도를 자기편각(magnetic declination)이라 부른다. 이 자기편각은 위치에 따라 다르다. 미국의 중부에서 자기편각은 거의 0°이다. 즉, 나침반이 실제로 북쪽을 가리킨다. 그러나 해안 쪽으로 옮겨가면 자기편각이 12°~15°로 커진다.

11.2 물질의 자성

어떤 물질은 강한 자성을 띤다. 자석은 어떤 금속은 끌어당기지만, 어떤 금속은 끌어당기지 않는다. 왜 그런 일이 발생할까? 물질을 자성에 따라 분류하면 강자성(ferromagnetism), 상자성(paramagnetism), 반자성(diamagnetism)으로 나눌 수 있다.

강자성

물질에 강한 외부 자기장을 걸었다가 외부 자기장을 제거한 후에도 물질이 자성을 계속 유지하는 성질을 가진 물질을 **강자성체**(ferromagnetic material)라 한다. 못이나 철사를 강한 자석 옆에 놓으면 못이나 철사가 자석이 되는 것을 볼 수 있다. 철사를 종이로 싼 다음 전선을 종이 위에 감아 전자석을 만든 다음 전선에 강한 전류를 흘려주면 철사가 자석이 되는 것을 볼 수 있다. 전자석에서 전류가 흐르는 전선은 자기장을 만든다. 전류가 만든 자기장에 놓여 있던 철사는 걸어둔 전류를 제거하고 외부 자기장을 제거하여도 자석의 성질을 갖는 것이다. 강자성체에서 물질을 구성하는 이웃한 원자들 사이의 자기적 상호작용은 원자가 가지고 있는 작은 자석(원자 또는 분자를 작은 자석으로 생각할 수 있음)이 같은 방향으로 나란히 정렬하려는 성질 때문에 발생한다. 강자성을 나타내는 물질은 철(Fe), 코발트(Co), 니켈(Ni) 등이 있다. 원소를 섞어 만든 합금이 강자성을 나타내기도 한다. 알루미늄-니켈-코발트 합금(Al-Ni-Co Alloy)은 대표적인 강자성 합금이다. 일상생활에서 흔히 사용하는 네오디뮴(Nd, Neodimum, 원자번호 60) 자석도 희토류 금속이다. 네오디뮴 자석은 상온에서 강한 자성을 띠기 때문에 많이 사용한다. 네오디뮴 자석은 사실 세 가지 원소의 합금이다. 철(Fe), 네오디뮴(Nd), 붕소(B)을 14:2:1의 비율로 섞어서 합금을 만들면 자성을 띠는데 이를 네오디뮴 자석이라 부른다. 이러한 강자성을 나타내는 물질들은 주로 지구에 조금 존재하는 희토류(rare earth) 원소들이다. 표 11.1은 원소의 주기율표와 희토류 원소들을 나타낸 것이다. 희토류 원소들이 강자성을 갖는 이유는 원소의 최외각 전자들의 배열 구조 때문이다.

첨단 과학기술에 많이 사용되는 희토류(rare earth elements)는 최근에 많은 관심을 끌고 있다. 희토류는 중국에서 많이 생산되는데 정치적 상황에 따라서 희토

표 11.1 | 주기율표와 희토류 원소. 란타넘족과 악티늄족은 따로 표시하였다. 희토류 원소는 Sc(스칸듐), Y(이트륨), La(란타넘) 및 란타넘족의 원소를 말한다. 주기율표에서 하얀색 바탕은 금속원소를 색영 바탕은 비금속 원소를 나타낸다. 원소 이름이 검은색은 금속, 색영은 기체, 회색은 액체로 존재한다.

IA (1)	IIA (2)	IIIB (3)	IVB (4)	VB (5)	VIB (6)	VIIB (7)	VIIIB (8)	VIIIB (9)	VIIIB (10)	IB (11)	IIB (12)	IIIA (13)	IVA (14)	VA (15)	VIA (16)	VIIA (17)	VIIIA (18)
1 **H** Hydrogen 1.008																	2 **He** Helium 4.0026
3 **Li** Lithium 6.94	4 **Be** Beryllium 9.0122											5 **B** Boron 10.81	6 **C** Carbon 12.011	7 **N** Nitrogen 14.007	8 **O** Oxygen 15.999	9 **F** Fluorine 18.998	10 **Ne** Neon 20.180
11 **Na** Sodium 22.98976928	12 **Mg** Magnesium 24.305											13 **Al** Aluminium 26.982	14 **Si** Silicon 28.085	15 **P** Phosphorus 30.974	16 **S** Sulfur 32.06	17 **Cl** Chlorine 35.45	18 **Ar** Argon 39.948
19 **K** Potassium 39.0983	20 **Ca** Calcium 40.078	21 **Sc** Scandium 44.955908	22 **Ti** Titanium 47.867	23 **V** Vanadium 50.9415	24 **Cr** Chromium 51.9961	25 **Mn** Manganese 54.938044	26 **Fe** Iron 55.845	27 **Co** Cobalt 58.933	28 **Ni** Nickel 58.693	29 **Cu** Copper 63.546	30 **Zn** Zinc 65.38	31 **Ga** Gallium 69.723	32 **Ge** Germanium 72.630	33 **As** Arsenic 74.922	34 **Se** Selenium 78.971	35 **Br** Bromine 79.904	36 **Kr** Krypton 83.798
37 **Rb** Rubidium 85.4678	38 **Sr** Strontium 87.62	39 **Y** Yttrium 88.90584	40 **Zr** Zirconium 91.224	41 **Nb** Niobium 92.90637	42 **Mo** Molybdenum 95.95	43 **Tc** Technetium (98)	44 **Ru** Ruthenium 101.07	45 **Rh** Rhodium 102.91	46 **Pd** Palladium 106.42	47 **Ag** Silver 107.87	48 **Cd** Cadmium 112.41	49 **In** Indium 114.82	50 **Sn** Tin 118.71	51 **Sb** Antimony 121.76	52 **Te** Tellurium 127.60	53 **I** Iodine 126.90	54 **Xe** Xenon 131.29
55 **Cs** Caesium 132.90545196	56 **Ba** Barium 137.327	57 **La** Lanthanum 138.91	72 **Hf** Hafnium 178.49	73 **Ta** Tantalum 180.94788	74 **W** Tungsten 183.84	75 **Re** Rhenium 186.21	76 **Os** Osmium 190.23	77 **Ir** Iridium 192.22	78 **Pt** Platinum 195.08	79 **Au** Gold 196.97	80 **Hg** Mercury 200.59	81 **Tl** Thallium 204.38	82 **Pb** Lead 207.2	83 **Bi** Bismuth 208.98	84 **Po** Polonium (209)	85 **At** Astatine (210)	86 **Rn** Radon (222)
87 **Fr** Francium (223)	88 **Ra** Radium (226)	89 **Ac** Actinium (227)															

란타넘족 원소

57 **La** Lanthanum 138.91	58 **Ce** Cerium 140.12	59 **Pr** Praseodymium 140.91	60 **Nd** Neodymium 144.24	61 **Pm** Promethium (145)	62 **Sm** Samarium 150.36	63 **Eu** Europium 151.96	64 **Gd** Gadolinium 157.25	65 **Tb** Terbium 158.93	66 **Dy** Dysprosium 162.50	67 **Ho** Holmium 164.93	68 **Er** Erbium 167.26	69 **Tm** Thulium 168.93	70 **Yb** Ytterbium 173.05	71 **Lu** Lutetium 174.97

악티늄족 원소

89 **Ac** Actinium (227)	90 **Th** Thorium 232.04	91 **Pa** Protactinium 231.04	92 **U** Uranium 238.03	93 **Np** Neptunium (237)	94 **Pu** Plutonium (244)	95 **Am** Americium (243)	96 **Cm** Curium (247)	97 **Bk** Berkelium (247)	98 **Cf** Californium (251)	99 **Es** Einsteinium (252)	100 **Fm** Fermium (257)	101 **Md** Mendelevium (258)	102 **No** Nobelium (259)	103 **Lr** Lawrencium (266)

류 수출을 조절함으로써 세계 경제가 영향을 받는다. 주기율표에서 희토류 금속은 Sc(스칸듐, Scandium, 원자번호 21), Y(이트륨, Yttrium, 원자번호 39), 란타넘족(Lanthanoid series, 원자번호 57~71)에 속하는 총 17개의 원소를 말한다. 악티늄족(Actinoid series, 원자번호 89~103)에 속하는 15개 원소는 따로 분류한다. 희토류와 같은 철보다 무거운 원소들은 태양과 같은 항성의 핵융합에 의해서 형성되지 않으며 초신성(supernova)과 같은 거대한 항성의 붕괴과정에서 형성된다. 태양계가 형성될 때 태양계가 성간물질에서 흡수한 물질이다. 일부의 희토류는 운석이 지구에 충돌하면서 지각에 축적되었다.

희토류는 자기적 성질을 가질 뿐만 아니라 다양한 물성 때문에 산업에 많이 사용된다. 첨단 디지털기기인 휴대폰, 디스플레이, 레이저 등에서 핵심적인 역할을 한다. 희토류는 소량으로 첨가되어도 독특한 물성을 나타내기 때문에 '광물계의 비타민'이라 불린다.

"못이 자석에 붙는 이유는 **자기구역**(magnetic domain)을 갖기 때문이다."

철은 **강자성**(ferromagnetism) 물질이다. 강자성 물질이란 특정한 온도(임계온도) 이하가 되면 스스로 강한 자성을 띠는 물질을 말한다. 물질은 원자나 분자들의 모임이다. 각각의 원자나 분자들은 작은 자석처럼 행동한다. 이러한 원자 자석 또는 분자 자석은 물질 내부에서 상호작용하면서 다양한 자기적 성질을 나타낸다. 강자성 물질은 원자 자석들의 자기 쌍극자들이 대부분 같은 방향으로 정렬하고 있으므로 물질의 자기적 성질이 커져서 강자성이 된다. 철이 강자성이 되는 온도인 **큐리온도**(Curie temperature)는 1,000 K로 상온보다 훨씬 높아서 철은 상온에서 강한 자석이 되어야 한다. 큐리온도 이하에서 철은 강자성 상태이고 큐리온도보다 높은 상태에서는 상자성을 띤다. 그런데 큐리온도보다 낮은 온도인 상온에서 보통 쇳덩어리는 자성을 띠지 않는다. 그 이유는 무엇일까?

그 이유는 그림 11.7과 같은 철 내부에 **자기구역**(magnetic domain)이 형성되기 때문이다. 보통 상태에서 철 내부는 많은 자기구역으로 나뉘어 있고, 각각의 자기구역은 하나의 작은 자석으로 생각할 수 있다. 그러나 자기구역의 자기장 방향이 제멋대로 이어서 철의 전체적인 자기장은 0이다. 따라서 철은 강자성 물질이지만 상온에서 강한 자석이 되지 못한다. 철을 담금질하여 망치로 두드리거나 철을 강한 자석 주위에 놓아두면 외부 자기장과 같은 방향의 자기구역이 확장하고, 다른 방향을 향하는 자기구역은 축소된다. 자기구역의 변화가 생기면 외부 자기장을 제거하여도 이 자기구역이 원래 상태로 잘 되돌아가지 않기 때문에 강한 자석 옆에 놓였던 못은 자석을 치워도 자성을 띠게 된

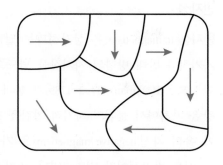

그림 11.7 │ 강자성(영구자석)인 철이 상온에서 자성을 띠지 않는 이유는 자기구역을 형성하고 있기 때문이다. 각 자기구역의 자기장 방향은 무질서하여 철 덩어리의 총자기장은 거의 영이다.

다. 자석에서 자기구역의 정렬 때문에 자석 하나를 반으로 쪼개면 두 개의 작은 역시 자석이 된다.

상자성

대부분 물질은 원자 자석들 사이의 자기적 상호작용이 매우 약해서 강자성과 같은 거시적인 자기 현상을 드러내지 못한다. 그러나 이 물질을 강한 외부 자기장에 놓으면 외부 자기장과 같은 방향은 약한 자기장을 만드는데 이를 **상자성**(paramagnetism)이라 한다. 원자 자석들은 약하게 상호작용하지만 이웃한 원자 자석의 자기쌍극자 방향이 서로 같은 방향을 향할 때 에너지가 낮아 이 상태를 선호한다. 그러나 원자들이 많이 모여 있는 물질세계는 거시적 세계이고, 이때 온도는 중요한 요소가 된다. 온도는 같은 방향으로 정렬하려는 원자 자석의 방향을 무질서하게 한다. 질서 상태를 무너뜨리는 온도의 영향이 크면 물질은 자성을 띠지 못하게 된다. 대부분의 상자성 물질은 이러한 자기적 성질을 갖고 있다. 그러나 외부에서 강한 외부 자기장을 가하면 원자 자석이 외부 자기장 방향에 따라 정렬하는 원자 자석이 많아진다. 따라서 상자성 물질은 외부 자기장에 놓이면 물질 스스로 외부 자기장과 같은 방향의 약한 자석이 된다. 그러나 외부 자기장을 제거하면 약한 자성은 사라진다.

반자성

반자성(diamagnetism)은 상자성과는 달리 외부에서 자기장을 가해주면 물질이 외부 자기장과 반대 방향의 자기장을 만드는 물질을 말한다. 반자성은 1778년에 브루그만스(S, J. Brugmans, 1732~1789)가 물과 수은 표면에 자성 물질을 띄우고 외부 자기장을 가하면서 물질의 자기적 성질을 조사하면서 발견하였다. 비스무스(Bi, Bismuth)가 음의 자성(negative magnetism)을 가짐을 발견하였다. 1845년에 마이클 패러데이는 이를 반자성이라 명명하였다. 반자성은 원자의 전자궤도 구조와 뒤에서 설명할 자기 유도현상과 연관되어 있다. 원자의 전자궤도는 마치 전류가 흐르는 원형의 닫힌회로로 생각할 수 있다. 이러한 닫힌회로에 자기적 변화가 생기면 자기 유도현상에 의해서 이 변화에 반대하는 자기장이 형성되는데 이것이 반자성의 원인이다. 렌츠의 법칙(Lenz's law)에 의해서 유도 자기장이 반대로 형성되는 것과 관계된다. 많은 물질은 반자성을 띠는데 제논(Xe), 크립톤(Kr), 알곤(Ar), 네온(Ne), 수은(He), 은(Au), 비스무쓰(Bi), 안티몬(Ab), 수소, 물, 탄소 등이 반자성이다. 뒤에서 논의할 초전도 현상은 강한 반자성을 띤다.

11.3 핵자기공명과 자기장

요즘 병원에서 핵자기공명(Nuclear magnetic resonance, NMR) 또는 핵자기 단층촬영(Magnetic resonance image, MRI)으로 질병을 진단하는 것이 흔하다. MRI 촬영을 할 때 강한 자석이 필요한데 그 이유가 무엇일까? MRI는 핵자기공명 현상을 이용한 진단 장치이다. 핵자기공명은 물질에 강한 자기장을 걸고, 외부에서 특정 주파수의 전자기파를 가했을 때 핵자가 걸어준 전자기파를 흡수하거나 방출하는 현상을 말한다.

핵자기공명 현상을 이해하기 위해서는 원자의 구조와 핵자 구조를 알아야 한다. 원자는 양전하를 띠고 있는 원자핵과 원자 궤도를 돌고 있는 전자로 구성되어 있다. 원자의 구조는 마치 태양계의 구조를 약 0.1 nm 정도로 축소해 놓은 것과 비슷하다. 핵자기공명 현상은 원자핵의 에너지띠 구조와 자기적 성질과 관계되어 있기 때문이다. 원자핵은 양성자(proton)와 중성자(neutron)로 구성되어 있다. 원자핵에서 양성자와 중성자를 핵자(nucleon)라 한다. 원자번호가 그 원소의 양성자 수와 같으며 원소의 원자번호가 작을 때는 중성자 수는 양성자 수와 비슷하다. 양성자는 양전하를 띠고 있고 원자핵의 크기가 수 페르미 미터(1 fm = 10^{-15} m)이기 때문에 양성자 사이의 거리가 매우 가까워 아주 강한 전기적 반발력을 받는다. 같은 양전하를 띠고 있는 양성자가 서로 가까이 있어서 강한 전기적 반발력이 작용한다. 핵자들이 핵으로 묶이는 이유는 핵자 사이에 작용하는 핵력인 강력(strong force)이 전기적 반발력을 이길 수 있을 만큼 핵자를 강하게 붙들고 있기 때문이다. 핵이 부서지면 물질을 형성할 수 없을 것이고 우리의 존재도 불가능한데 강력 덕분에 우리가 존재할 수 있다. "강력"이 고마울 뿐이다. 원소의 원자번호가 커지면 양성자의 수가 많아서 전기적 반발력도 폭발적으로 증가한다. 따라서 핵이 깨지지 않고 그 구조를 유지하기 위해서 전하를 띠지 않고 강력을 작용하는 중성자의 수가 더 많아야 한다. 즉, 원자번호가 큰 원소들은 양성자 수보다 더 많은 중성자를 핵에 포함하고 있다.

양성자, 중성자, 전자와 같은 소립자의 세계에서 입자는 페르미온(fermion)과 보손(boson)으로 나눌 수 있다. 소립자들은 스핀(spin)이란 고유한 양을 갖고 있다. 스핀은 일종의 각운동량이며 작은 자석에 비유할 수 있다. 스핀이 반정수(half-integer) S = 1/2, 3/2, 5/2, …인 입자들을 페르미온이라 한다. 양성자와 중성자는 스핀이 S = 1/2인 소립자이다. 한편 스핀이 정수(integer)인 입자를 보손이라 한다. 스핀을 갖은 핵자는 자기쌍극자 모멘트를 가지며 자성의 크기를 결정한다.

물질을 구성하는 원소의 핵자들은 스핀이 1/2 또는 $S > 1/2$인 핵자를 가지고 있다. 핵자의 자기쌍극자 모멘트는 $\mu = \gamma \hbar S$이다. 여기서 γ는 자기회전비(gyromagnetic ratio), S는 스핀 양자수이고 플랑크 상수의 변형인 하바는 $\hbar = h/2\pi$이다. 플랑크 상수 $h = 6.626 \times 10^{-34}$ J·s이고 각운동량의 단위를 가지고 있다. 플랑크 상수에 관한 내용은 양자역학을 다루는 마지막 장에서 살펴볼 것이다. 앞에서 살펴보았듯이 자석도 자기쌍극자 모멘트를 가지고 있다. 따라서 핵자가 자기쌍극자 모멘트를 가지고 있어서 핵자들은 작은 자석이라 할 수 있다. 물질을 강한 자석 사이에 놓으면 매우 특이한 현상이 발생한다. 그 현상은 눈으로는 볼 수 없고 원자나 핵자에서 일어나는 현상이다. 핵자 중에서 스핀이 S = 1/2인 페르미온은 두 가지 상태를 가질 수

449

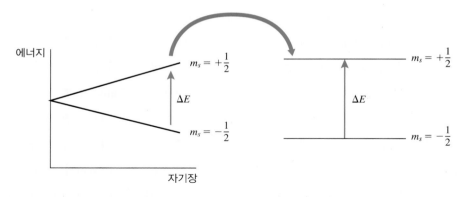

그림 11.8 | 자기장 내에서 스핀이 1/2인 핵자의 에너지 상태 변화. 자기장이 없을 때 중첩상태에 있던 스핀은 자기장을 걸면 업스핀과 다운스핀이 다른 에너지 상태에 놓이며 이를 제이만효과라 한다. 자기장이 강해지면 두 상태의 에너지 차이가 벌어진다.

있는데 업스핀(up spin)은 스핀 양자수가 $m_s = +1/2$ 상태이고 다운스핀(down spin)은 스핀 양자수가 $m_s = -1/2$인 상태이다. 이 두 상태는 외부에서 자기장이 걸리지 않으면 에너지적으로 동등한 상태로 중첩상태(degenerate state)에 있다. 그림 11.8과 같이 외부에서 강한 자기장을 가하면 중첩되어 있던 에너지 상태는 분리되어 다른 에너지 상태를 갖게 된다. 이 현상은 1896년에 피터 제이만(Pieter Zeemann, 1865~1943, 네델란드의 물리학자)이 처음 관찰하였다. 제이만은 1890년에 네델란드의 레이던대학 (University of Leiden)에서 수은에서 초전도 현상을 연구한 온네스(Kamerlingh Onnes)의 지도를 받았으며, 1890년 로렌츠(Hendrik Lorentz)의 조수로 일한다. 1893년에 분광학에 관한 연구로 박사학위를 받는다. 제이만은 분자에 강한 자기장을 가했을 때 분자에서 나오는 빛의 스펙트럼이 여러 개로 분리되는 현상을 발견하였다. 이 현상은 분자에서 에너지적으로 중첩되어 있던 궤도 각운동량이 강한 자기장하에서 에너지 상태가 분리되는 현상으로 핵자에서 스핀 각운동량인 분리되는 것과 같은 현상이다.

로렌츠는 제이만효과(Zeeman effect)를 전자기학 복사이론으로 설명하였으며 1902년 제이만과 로렌츠는 노벨 물리학상을 공동 수상한다. 제이만효과는 양자역학을 이용하여 간단히 설명할 수 있다. 그림 11.9는 자기장을 걸지 않았을 때 분자의 스펙트럼선이 제이만효과에 의해서 스펙트럼선이 분리된 것을 나타낸다. 제이만은 자기장을 걸었을 때 원자와 분자에서 스프펙트럼선의 분리를 관측한 것이다.

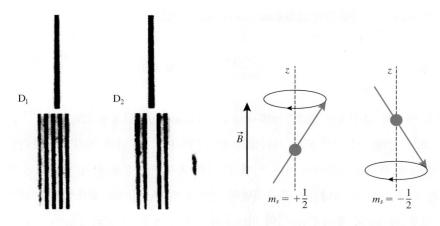

그림 11.9 | 제이만이 강한 자기장을 걸었을 때 분자의 스펙트럼이 분리되는 현상을 관찰한 사진.

자료: 한국물리학회

그림 11.10 | 자기장 내에서 자기 모멘트의 운동 상태.

스핀 양자수가 1/2인 핵자에 외부 자기장을 걸면 자기쌍극자 모멘트는 공간적으로 그림 11.10과 같은 2가지 상태를 가질 수 있다. 업(up) 상태는 외부 자기장 방향과 같은 방향 성분을 갖는 상태를 말하며 다운(down) 상태는 외부 자기장 방향과 반대 방향 성분을 갖는 상태를 말한다.

원자핵의 자기 쌍극자모멘트는 외부 자기장과 완전히 평행한 것이 아니라 어떤 각도를 이루면서 외부 자기장 축에 대해서 세차운동을 한다. 이 세차운동의 각진동수 ω_o를 라머주파수(Larmor frequency)라 하며 자기장에 비례한다. 즉, $\omega_o = \gamma B$이고 γ는 자기회전비(gyromagnetic ratio)이다. 자기 쌍극자가 업인 상태와 다운인 상태의 에너지 차이 ΔE는

$$\Delta E = E(\text{up}) - E(\text{down}) = \hbar\omega = \hbar\gamma B$$

이다.

전체 시스템이 온도 T인 상태에서 평형을 이루고 있으며 각 에너지 상태에 있을 확률은 볼츠만 인자에 비례한다. 자기쌍극자가 업인 상태의 수 $n(\text{up})$와 다운인 상태

의 수 $n(\text{down})$은 볼츠만의 법칙(Boltzmann's law)에 의해서

$$\frac{n(\text{up})}{n(\text{down})} = \exp(\Delta E/kT)$$

이다. 여기서 상수 k는 볼츠만 상수(Boltzmann constant)이고 $k = 1.38 \times 10^{-23}$ J·s이다. 초기 상태에서 강한 외부 자기장을 걸어주면 위 식에 따라 자기장과 나란한 스핀 상태로 핵자가 분포하게 된다. 이때 또 다른 외부 자기장을 걸어주면, 스핀 업 상태가 다운 상태로 에너지를 흡수하면서 전이가 일어난다(또는 반대도 가능하다). 특히 외부 자기장의 주파수가 핵의 라머주파수와 같아질 때 공명현상(resonance)처럼 스핀 업이 다운으로 급격하게 변하는, 즉 에너지 흡수가 급격하게 일어나는 핵자기공명 현상이 나타난다(초기 조건에 따라서 흡수 또는 방출이 급격하게 일어난다). 자기회전비가 원자마다 다른 값을 갖기 때문에 이 특정 주파수($\omega = \gamma B$)는 원자마다 변하게 된다(동위원소 경우에도 다른 값을 갖는다). 동위원소란 원자번호는 같으나 질량수가 다른 원소들을 말한다. 즉, 중성자 수만 다른 원소들을 말한다.

자기공명 현상은 폴란드 출신 이지도어 아이작 라비(Isidor Isaac Rabi)에 의해 1938년에 처음으로 관측되고 정립되었다. 이때 라비와 동료들은 이 현상을 통해 중수소가 하나의 양성자와 중성자로 구성되어 있다는 것을 좀 더 정밀하게 입증하였다. 이후 1946년에 이러한 자기공명 관측 기술은 펠릭스 블로흐(Felix Bloch)와 에드워드 밀스 퍼셀(Edward Mills Purcell)에 의해 액체나 고체 상태에서도 관측할 수 있도록 기술이 발전된다(그전에 1941년 소련의 자보이스키가 먼저 관측하였다고 하나 다시 그 관측을 재현하지 못하여 인정받지 못하였다). 퍼셀은 특히 제2차 세계대전 중 레이더 개발을 하게 되면서 그 기술을 토대로 액체나 고체에서 핵자기공명 현상을 관측할 수 있게 된다. 이를 통해 핵자기공명현상으로 분자의 구조나 합성 비율을 측정하거나 화학 및 생화학 분야 등에 쓰일 뿐 아니라 현대의학에서 핵자기공명현상을 기초한 MRI 발전에 크게 공헌하게 된다.

이처럼 핵자기공명 현상에 관한 기술이나 분광학이 발전하게 되면서, 의학 분야에 있어 앞서 언급한 MRI(magnetic resonance imaging)는 현대의학에 핵심기술로 자리 잡았다. MRI는 뇌나 몸속에 건강이나 질병에 관한 생리학적 과정을 찍어 낼 수

있는 중요한 장치이다. 초기에 MRI는 NMRI(nuclear magnetic resonance imaging)라고 불리지만 nuclear의 부정적 의미로 인해 두 문자 N을 빼고 MRI로 부른다. 그리고 화학, 생화학에 있어서 화합물의 구조 분석 등 결정학 분야에 크게 쓰이고 있으며 화학결합에 관한 연구, 물질에 순도를 결정하는 방법으로도 쓰이고 있다. RNA, DNA 그리고 단백질 연구에 있어 시료를 파괴하지 않고 분석하는 방법이다. 자기장을 측정하거나 양자컴퓨터 등 현재 다양한 분야에 응용되어 쓰이고 있다. 이러한 핵자기공명 분석에 있어 동위원소들에 대한 핵자기공명 데이터가 분석에 중요한 기초 데이터로 사용된다.

11.4 전자기유도 현상

1831년에 영국의 마이클 패러데이(Michael Faraday, 1791~1867)는 닫힌회로 주변에서 자석을 움직이면 회로에 전류가 흐른다는 사실을 발견하였다. 이 발견으로 인류는 전기 문명으로 진입하는 문을 열게 되었다. 패러데이를 전자기학의 아버지라 부른다. 패러데이는 입에 풀칠하기조차 어려운 몹시 가난한 집안에서 태어나서 과학자의 꿈을 키운 끝에 위대한 물리학자가 된 입지전적인 인물이다. 필자도 1970년대 말에 가정이 어려워서 정규학교에 다니지 못하고 상계동의 야학을 다니면서 공부했는데 그때 패러데이의 전기를 읽고서 물리학자가 되어야겠다는 꿈을 키웠다. 결국 나는 검정고시를 보고 중학교를 졸업 자격을 얻은 후에 정규학교에 진학할 수 있었다. 나를 물리학의 세계로 이끌어준 멘토라고 할 수 있다. 마이클 패러데이는 정규교육을 받지 못했으며 어려서부터 서점에서 제본공으로 일하면서 제본소에 맡겨지는 많은 책을 읽으면서 독학을 하였다. 패러데이의 인생을 바꾼 결정적인 사건은 우연히 화학자 험프리 데이비(Humphry Davy, 1778~1829)의 대중 과학 강연 입장권을 얻어 강연을 본 것이었다. 당시 데이비는 유명한 화학자였고 대중 강연으로 큰 인기를 끌고 있었다. 패러데이는 이 강연을 보고 큰 감명을 받았으며 강연내용을 꼼꼼히 기록한 다음, 강의 내용을 정리하여 소책자로 제본하여 험프리에게 보내면서 험프리의 연구를 도우면서 과학을 공부하고 싶다는 내용의 편지를 보냈다. 강연 직후

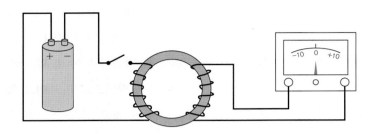

그림 11.11 | 패러데이 전자기유도 법칙 발견 개념도. 연철심에 한쪽 구리선은 배터리에 연결되어 있고 물리적으로 떨어져 있는 구리선은 검류계에 연결되어 있다. 패러데이는 스위치를 닫을 때와 열 때 검류계에 유도전류가 발생함을 발견하였다.

에 험프리는 실험실 폭발사고로 시력에 심한 손상을 입어 자신의 실험을 기록할 조수가 필요했으며 1813년 패러데이를 조수로 채용하였다. 데이비의 실험실에서 패러데이의 능력은 날로 향상되었으며 1815년 영국왕립협회의 실험 장비와 광물학 물품을 관리하는 조수로 채용되었으며 영국왕립협회 꼭대기의 숙소를 사용할 수 있게 되었다. 패러데이는 데이비의 조수로 일하면서 화학 분야에서 다양한 경험을 쌓았으며 1824년에 영국왕립협회의 회원이 되었으며 1825년에 영국 왕립연구소 주임이 되었으며 같은 해에 런던 가스공장의 찌꺼기를 분석하여 새로운 화학물질인 벤젠을 발견하였다. 1820년 외르스테드의 전류 실험에 자극을 받아 전자기학에 관심을 가지게 되었으며 1822년 연구 노트에 "자기는 전기로 변한다"라고 썼다. 1831년에 그림 11.11과 같이 연철로 만든 원형 고리의 철심에 두 개의 구리 선을 감고 한쪽은 배터리에 연결하고 다른 쪽 구리선은 검류계에 연결하였다. 두 구리선은 물리적으로 떨어져 있었지만, 배터리에 연결된 구리 선의 스위치를 연결하거나 끊을 때 검류계에 전류가 유도됨을 발견하였다. 이것이 그 유명한 패러데이의 전자기유도 실험이다. 감은 구리 선에서 형성된 자기장의 변화가 전기로 변하는 현상으로 발전기와 모터의 동작 원리이다.

그림 11.11에서 오른쪽의 회로에는 건전지나 전력 공급 장치가 없는데도 불구하고 왼쪽 고리에 흐르는 전류의 변화가 생길 때 오른쪽 코일에 전류가 흐르는데 이러한 전류를 유도전류(induced current)라 한다. 유도전류는 회로에 형성된 유도 기전력(induced electromotive force) 때문에 발생한다. 패러데이의 유도전류는 그림 11.12와

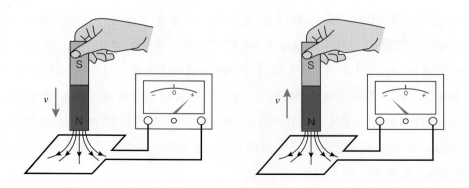

그림 11.12 | 고립된 폐회로에 자석을 가까이 가져갈 때와 멀리 떨어뜨릴 때 검류계의 바늘이 움직인다. 폐회로에서 자기 선속이 변하면 유도전류가 발생한다.

같이 고립된 폐회로에 자석을 가까이 가져갈 때나 멀리 떨어뜨릴 때도 발생한다.

패러데이의 유도 법칙을 요약하면 다음과 같다.

> 유도 현상에 대한 패러데이 법칙: "어떤 폐회로에서 유도 기전력은
> 그 회로를 통과하는 자기 선속의 시간변화율의 음수와 같다."

자기 선속(magnetic flux)은 폐회로를 지나가는 자기장과 폐회로의 면적에 비례하고, 자기장의 방향과 면적에 수직인 방향 사이의 각도에 의존한다. 폐회로의 면적과 이 회로를 지나가는 자기장의 곱(스칼라 곱)을 자기 선속이라 한다. 패러데이 법칙은 "폐회로에 유도되는 유도 기전력(전압)은 지나는 자기 선속의 시간 변화와 같다"로 표현할 수 있다.

> 자기 선속 = 폐회로의 면적과 이 회로를 지나가는 자기장의 곱(스칼라 곱)

패러데이는 정규교육을 받지 못했기 때문에 그 당시에 알려져 있던 수학을 잘 몰랐지만, 그는 독창적인 개념을 바탕으로 자연현상을 직관적으로 이해하였다. 그의 직관적인 물리 이론은 후에 많은 물리학자에게 영향을 주었다. 패러데이가 전자기현상을 이해할 때 도입한 개념이 **장**(field)의 개념이다. 패러데이는 전하나 자석

이 그 주변에 전기장 또는 자기장을 형성하고 그 장을 통해서 상호작용한다고 생각하였다. 그림 11.12에서 자석의 N극에서 자기장이 밖으로 뻗어나가고 있으며 자석을 폐회로에 가까이 가져가면 더 강한 자기장이 폐회로를 지나가게 되어 자기 선속이 증가한다. 이러한 자기 선속의 증가는 전자기유도 현상을 유발한다. 장의 개념을 도입함으로써 뉴턴이 중력이 작용할 때 힘이 즉각적으로 전달된다는 원격작용설(action at a distance)을 극복할 수 있게 되었으며 전하나 자석들 사이의 상호작용을 시각적으로 이해할 수 있도록 한다.

전자기 유도: "변하는 자기장은 전기장을 만든다." (자연의 보수주의)

렌츠의 법칙(Lenz's law): "유도전류의 방향은 항상 폐회로를 지나가는 자기 선속의 증가를 줄이는 방향(자연의 보수주의)으로 흐르게 된다. 이렇게 유도전류의 방향을 전하는 것을 **렌츠의 법칙**이라 한다."

패러데이의 전자기 유도법칙은 고립된 폐회로에 흐르는 유도전류의 방향에 대해서 말해주지 않는다. 패러데이는 분명 폐회로에서 자석을 멀리할 때와 가까이할 때 유도전류의 방향이 반대임을 인지하고 있었다. 폐회로에서 유도전류의 방향을 명확히 한 과학자는 하인리히 렌츠(Heinrich Lenz, 독일, 1804~1865)이다. 1834년에 렌츠는 자기 선속이 변하는 폐회로에서 유도전류의 방향은 변하는 자기 선속의 변화를 줄이는 방향으로 형성되는 것을 발견하였으며 이를 **렌츠의 법칙**이라 한다. 이 현상은 대표적인 자연의 보수주의(conservatism)로 알려져 있다. 즉, 자기 선속의 변화를 방해하는 방향으로 유도전류가 흐르는데 이는 마치 변화를 싫어하는 것처럼 느껴진다. 보수주의는 변화를 싫어하고 시스템의 안정성을 추구하는 것에 비유할 수 있다. 그림 11.12에서 실선 자기장은 자석의 자기장이고 자석의 자기장과 반대 방향으로 유도 자기장이 형성되도록 폐회로에 유도전류가 흐르게 된다. 렌츠는 자석이 폐회로에 접근하여 자기 선속이 증가하면 유도전류는 반시계 방향으로 흐르면서 유도 자기장을 자석의 자기장과 반대 방향으로 형성하여 다가오는 자석을 밀어내려 한다는 것을 발견하였다. 반대로 자선을 떨어뜨리면 폐회로의 자기 선속이 감소함으로 변화에 반대하여 폐회로의 유도전류는 시계방향으로 흐르면서 떨어지는 자석을 잡아당기는 방향으로 유도 자기장이 형성된다. 이것이 변화에 반대하는 자연의 보수주의이다. 유도현상은 금속탐지기, 전자기타, 도로에 매설된 자동차 감지 코일인 인덕션 루프(induction loop), 변압기, 발전기, 모터 등에 광범위하게 응용된다. 수력, 화력, 원자력 등 다른 에너지를 전기에너지로 변환할 수 있는 장치는 발전기인데 오늘날과 같은 고도의 전기 문명을 이룩하는데 필수적인 원리가 전자기유도 현상이다.

예제 11.3 금속탐지

공항의 금속탐지기는 어떻게 작동하는가?

풀이

공항의 출입문에는 코일이 숨겨져 있다. 금속을 가진 사람이 이 코일 속으로 통과하면 자기 유도 현상 때문에 회로에 흐르는 전류가 변하게 되고 이를 감지하여 삑 소리를 내게 한다.

그림 11.13 | 공항에서 사용하는 금속탐지기 문.

예제 11.4 전자기타

전자기타는 어떻게 작동하는가?

풀이

그림 11.14와 같이 전자기타 줄 밑에는 코일을 감은 작은 영구자석이 있다. 기타 줄을 튕기면 금속의 기타 줄이 진동하면서 자석의 자기장이 주기적으로 변하면서 코

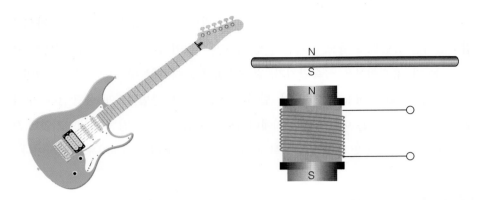

그림 11.14 | 전기기타는 금속 재질의 기타 줄이 진동할 때 영구자석에 감긴 코일에 유도전류가 생성된다. 이 유도전류를 증폭하여 소리로 전환한다.

일에 유도전류를 발생한다. 이 전류를 증폭하여 소리로 변환한다. 전자기타에는 소리를 증폭하는 증폭기 회로가 내장되어 있어서 큰 소리를 낼 수 있다. 전자기타는 금속 줄의 진동으로 발생하는 소리를 크게 증폭할 수 있어서 록과 같은 금속성 소리를 선호하는 음악에 많이 쓰인다.

📎 예제 11.5 발전기

발전기의 원리는 무엇인가?

풀이

교류 발전기의 간단한 모양은 그림 11.15와 같다. 폐회로를 영구자석 사이에서 돌려주면 +극과 −극이 반복되는 **교류**(alternating current)가 발생한다. 발전기 역시 전자기 유도 현상을 이용한 장치이다. 열역학 제2법칙에서 살펴본 것과 같이 공짜점심이 없듯이 전기를 발전하기 위해서는 폐회를 돌려주기 위해서 외부에서 일해야 한다. 발전소에서 이러한 일은 화석연료를 태워서 물을 끓인 다음 증기로 터빈을 돌려서 회전력을 얻는다. 수력발전소에서는 물의 낙하나 흐름을 이용하여 터빈을 돌려 회전력을 얻는다.

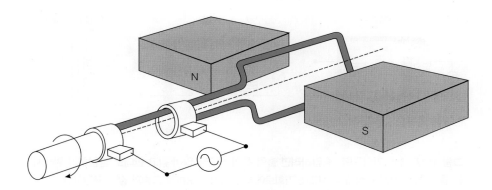

그림 11.15 | 교류 발전기의 모형도. 영구자석 사이에 놓인 폐회로를 외부에서 돌려주면 폐회로에 유도전류가 흐르게 된다. 발전하기 위해서는 항상 외부에서 에너지를 공급해야 한다.

변압기의 원리

발전소에서 발전한 전기를 고압으로 전송해야만 송전선에서 에너지 손실을 줄일 수 있다. 그림 11.16은 발전소에서 생산된 전기를 가정까지 송전하는 개념도이다. 그런데 고압은 매우 위험하여서 가정이나 공장에서 사용할 때 저전압으로 낮추어야 한다. 전압을 줄이는 감압이나 전압을 높이는 승압은 모두 변압기를 통해서 이루어진다. 변압기는 전자기 유도현상을 이용한 장치이다.

변압기(transformer)란 전위차(전압)를 높이거나 낮추는 장치를 말한다. 변압기의 기본 구조는 그림 11.17과 같이 사각형 철심에 전선을 양쪽에 감은 것인데, 입력부와 출력부의 감은 전선의 수에 따라 승압과 감압이 된다.

변압기의 입력단의 전압을 V_1, 감은 전선의 수를 N_1, 출력단의 전압을 V_2, 전선

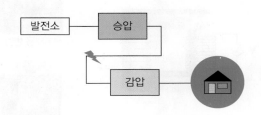

그림 11.16 | 발전소에서 생산한 전기는 고압으로 승압한 후에 송전선으로 송전한다. 고압은 위험하여 가정에서 사용하기 위해서 변전소에서 감압한 후에 가정에 송전한다. 우리가 사용하는 교류는 220V이다.

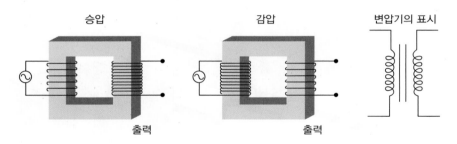

그림 11.17 | 변압기의 구조. 승압하려면 출력 쪽의 전선을 많이 감고 반대로 감압하기 위해서는 출력 쪽의 전선을 적게 감는다. 전기회로에서 변압기는 오른쪽 그림과 같이 표현한다.

의 감은 수를 N_2라 하자. 출력단의 전압은 다음과 같이 주어진다.

$$출력전압(V_2) = 입력전압(V_1) \frac{N_2}{N_1}$$

이 식에서 볼 수 있듯이 출력전압을 높이기(승압) 위해서는 출력단의 감은 수를 크게 하면 된다. 반대로 출력단의 전압을 낮추기(감압) 위해서는 출력단의 감은 수를 적게 한다. 앞에서 살펴보았듯이 송전선에 발생하는 전력손실은 송전선 전류의 제곱에 비례하기 때문에 송전선의 전류를 줄여 주어야 한다. 발전소 변압기 단의 전선과 가정 근처 변전소 사이의 전위차를 $\triangle V = V_{발전소} - V_{변전소}$라 하자. 송전선의 저항을 R이라 하면 흐르는 전류는 $i = \triangle V/R$이다. 전선은 구리 선을 사용하기 때문에 구리 선의 저항을 줄이는 것은 한계가 있다. 따라서 송전선에 흐르는 전류를 줄

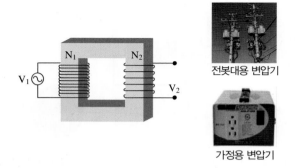

전봇대용 변압기

가정용 변압기

그림 11.18 | 변압기의 구조, 전봇대와 가정용 변압기. 왼쪽 그림에서 V_1은 입력단의 전압이고 V_2는 출력단의 전압이다. 출력단의 전압은 입력단과 출력단에 감은 전선의 비율에 따라서 조절할 수 있다.

여 주기 위해서는 송전선 양단 사이의 전위차를 작게 해 주어야 한다. 변전소까지 오는 송전선은 매우 높은 고압이 걸려 있다. 그렇지만 발전소와 변전소 사이의 전위차인 $\triangle V$는 작다. 지구 자체는 전압이 0 V이므로 사람이 고압선을 만지고 땅과 연결되는 회로가 구성되면 엄청난 전류가 땅으로 흘러가기 때문에 감전 사고가 일어난다. 가끔 고압선에 걸린 연을 나무막대기로 걷어 내려다 감전 사고가 일어나기도 하는데 매우 위험한 일이다.

11.5 자기부상과 초전도 현상

자기부상열차(magnetic levitation train)는 같은 극끼리 밀어내는 자석의 힘을 이용해서 차체를 띄운다. 자기부상열차의 추진력은 지상에 설치된 코일과 차체에 설치된 코일 사이의 인력으로부터 얻는다. 자기부상열차는 열차가 공중에 떠서 움직이기 때문에 노면을 달리는 열차에 비해서 마찰력을 대폭 줄일 수 있다. 인천국제공항에서 운행 중인 자기부상열차, 일본의 신칸센, 중국의 고속철도인 CRH(China Railway High-speed)는 대표적인 상업용 자기부상열차다. 이러한 원리는 어떤 과학 현상을 이용한 것일까?

초전도 현상

물질의 전기저항이 임계온도(critical temperature) 이하에서 영이 되는 현상을 초전도 상전이 (superconducting phase transition)이라 한다. 물질이 초전도 임계상태 이하에 있는 상태를 초전도 상태(superconducting state)라 하고, 이런 초전도 전이를 나타내는 물질을 초전도체 (superconductor)라 한다. 초전도체는 전기저항이 영이 될 뿐만 아니라 자기적으로 반자성 성질을 띤다. 그림 11.19는 초전도체인 수

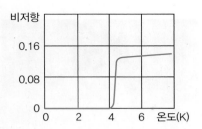

그림 11.19 | 초전도체인 수은의 전기저항을 온도의 함수로 그린 그림. 수은은 4 K 근처의 매우 낮은 온도에서 초전도 상태로 전이한다.

461

은(Hg)의 전기저항과 온도와의 관계를 나타낸 그래프이다.

초전도체에 전류를 흘려주면 전기저항이 없으므로 줄열에 의한 에너지 소모가 없어 매우 효율적으로 송전할 수 있다. 그러나 불행히도 아직 초전도 현상을 나타내는 물질의 온도는 124 K ($-148°C$)로 매우 낮다. 2020년에 Snider 등은 2백6십만 기압에서 H_2S와 CH_4 혼합물이 $15°C$에서 초전도 현상이 됨을 발견하였다. 이 물질은 아주 높은 압력에서 초전도 현상이 일어나므로 현실적인 이용 가치는 없지만, 상온에서 초전도 현상을 발견한 최초의 사례라고 할 수 있다. 초전도 현상은 물리학의 양자역학을 사용해야 이해할 수 있다. 124 K 근처에서 초전도 현상을 가지는 물질이 어떤 원리로 초전도 현상을 나타내는지 아직 물리적 이론이 없는 상태이다.

마이쓰너 효과: "초전도 상태에 있는 물체를 자석 위에 놓으면,
그 물체가 공중에 떠 있게 된다."

그림 11.20의 왼쪽 그림과 같이 액체 질소(온도 77 K = $-196°C$)에 초전도체를 넣었다가 자석 위에 올려놓으면 초전도체가 반자성을 띠기 때문에 밑의 자석과 초전도체가 서로 밀어내어 초전도체 물질이 공중에 뜨게 된다.

초전도 현상이 발견된 후에 많은 물질이 초전도 현상을 나타냄을 발견하였다. 대표적인 초전도 물질은 표 11.2와 같다. 초전도 현상을 처음 관측한 과학자는 네덜

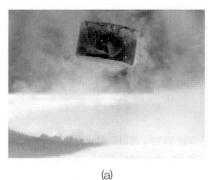 

(a) (b)

그림 11.20 | 초전도체의 마이쓰너 효과(a)와 자기부상열차(b)이다.
자료: (b) Markus Mainka.

표 11.2 | 초전도 물질, 임계온도, 초전도 현상 발견 연도 및 발견 과학자

초전도 물질	임계온도(K)	임계온도(℃)	발견 연도	비고
수은(Hg)	4.15	−269	1911	최초의 발견(Onnes)
주석(Sn)	3.69	−265	1913	
납(Pb)	7.26	−268	1913	
탄탈륨(Ta)	4.38	−263	1928	
니오븀(Nb)	9.2	−271	1930	
알루미늄(Al)	1.19	−268	1933	
바나듐(Va)	4.3	−273	1934	
Nb_3Sn	18	−255	1954	
BCS 이론			1957	바딘, 쿠퍼, 쉬리퍼가 세운 저온 초전도체 이론
LBCO형 초전도체 $(La_{2-x}Ba_xCuO_4)$	30	−243	1986	최초의 고온 초전도체
액체 질소 온도	77	−196		
YBCO형 초전도체 $(YBa_2Cu_3O_7)$	92	−181	1987	액체 질소보다 높은 온도의 초전도체
MgB_2	39	−234	2001	새로운 물질의 초전도체
LaH_{10} (170 Pa)	250	−23	2019	초고압에서 초전도체
H_2S+CH_4(267 GPa)	287	14	2020	초고압, 상온에서 초전도체

란드 라이덴대학교의 온네스(Heike Kamerlingh Onnes, 1853~1926, 네덜란드, 물리학자)이다. 온네스는 줄-톰슨효과를 이용한 열역학적 순환과정을 이용하여 물질은 냉각시키는 연구를 하였다. 줄-톰슨효과는 기체를 단열팽창시키면 온도가 낮아지는 현상으로 낮아진 기체를 계속 순환시켜서 반복적으로 단열팽창을 시키면 온도가 계속 내려가서 결국 기체가 액화되는 현상으로 많은 기체를 액화시키는 데 사용하는 원리이다. 온네스는 저온학(cryogenics) 실험실을 설치하여 1908년에 세계 최초로 –269℃ (4.2 K)에서 헬륨을 액화시키는 데 성공하였으며 압력을 더 낮추어 1.4 K까지 냉각할 수 있었다. 절대온도인 켈빈 온도와 섭씨온도 사이의 관계는 다음과 같다.

$$T \ (℃) \ = \ T \ (K) \ - \ 273.15$$

물이 어는 온도인 0℃는 273.15 K이다. 온네스는 낮은 온도에서 물질의 전기전도 성질을 조사하였다. 20세기 초에 켈빈과 같은 과학자들은 낮은 온도에서 전자의 운동이 멈추어서 물질의 전기저항이 무한대가 될 것으로 예측하였다. 물리학자들은 누군가의 주장을 꼭 검증하고 싶어 한다. 온네스는 자신의 냉각장치를 이용하여 수은, 납, 주석 등을 저온으로 꽁꽁 얼린 다음 전기저항을 측정하였다. 1911년 4월 8일에 온네스는 액체 헬륨에 담근 수은의 전기저항을 측정하였는데 그림 11.19와 같이 4.2 K (−269℃)에서 전기저항이 영이 되는 것을 발견하였다. 온네스는 전기저항이 영이 되는 이 기이한 현상을 '초전도 상태'라 불렀고 나중에 '초전도체'라 명명하였다. 온네스는 주석과 납도 초전도 현상을 보임을 발견하였다. 온네스는 이 업적으로 1913년에 노벨 물리학상을 수상하였다. 초전도 현상을 발견하고 2년 후에 노벨물리학상을 수상한 것이다.

온네스가 초전도 현상을 발견한 후에 발견된 많은 초전도체는 상온에서 금속인 물질이었고 약 30 K (−243℃) 이하의 낮은 온도에서 초전도 현상을 나타내었다. 이렇게 낮은 온도에서 초전도 현상을 보이는 물질들을 저온 초전도체(low temperature superconductor)라 한다. 사실 일반인의 처지에서는 극저온 초전도체라고 해야 할 듯하지만, 물리학자들이 쉽게 온도를 낮출 수 있는 영역에 있어서 저온 초전도체라고 명명하였다. 초전도 현상은 발견 후 50년 동안 그 원리를 이해하지 못하고 있었다. 1957년에 바딘(John Bardeen), 쿠퍼(Leon N. Cooper), 쉬리퍼(John R. Shrieffer)는 저온 초전도 현상을 이론적으로 설명하는 BCS 이론을 내놓았다. 1986년 전까지 물리학자들은 BCS 이론에 따라서 초전도체는 온도 30 K(−243℃) 이하에서만 일어날 것으로 생각하였다.

1986년 아이비엠 취리히 연구센터(IBM Zurich Research Center)에 근무하던 독일 물리학자 베드노르츠(J. B. Bednorz)와 스위스 물리학자 뮬러(K. A. Muller)는 란타늄-바리움-동 산화물(lanthanum barium copper oxide, LBCO) 물질이 35.1 K (−238℃)에서 초전도체가 됨을 발견하였다. 베드노르츠와 뮬러는 고온 초전도체를 발견한 공로로 1987년 노벨물리학상을 수상하였다. 고온 초전도 현상을 발견한 1년 후에 노벨물리학상을 수여한 것은 매우 이례적인 일이었으며 고온초전도체의 중요성을 알 수 있다. 1987년에 애쉬번(J. Ashburn, the University of Alabama in Huntsville), 추 (C.-W. Chu, the University of Houston), 우(M.-K. Wu), 토롱(C. J. Torng)은 란타늄을 이 트륨(yttrium)으로 치환하여 93 K(−182℃)에서 초전도 현상을 일으키는 이트륨-바 륨-동산화물(YBCO)을 발견하였다. 1기압에서 액체 질소 온도는 77 K(−196℃)인데 YBCO 물질은 액체 질소보다 더 높은 온도에서 초전도 현상이 발생하였다. 액체 질소는 값싸고 쉽게 구할 수 있어서 고온초전도체 연구에 새로운 장을 열어 주었다. 그림 11.21과 같은 YBCO 구조의 초전도를 액체 질소를 부어 얼리면 초전도체가 되 어 자기부상 현상을 보여준다. 그림 11.21은 YBCO 초전도체인 $YBa_2Cu_3O_7$ 세라믹 의 격자구조를 나타낸 것이다. 초전도체를 상온에서 만들 수 있다면 전기를 전송할 때 손실이 일어나지 않기 때문에 송전 과정에서 잃은 에너지를 없앨 수 있다. 1986 년 고온 초전도체가 발견되고 나서 많은 과학자가 상온에서 초전도체를 만들려고 노력해 왔다. 그림 11.22는 인류가 지금까지 개발한 고온 초전도체의 발전 과정을 나타낸 것이다.

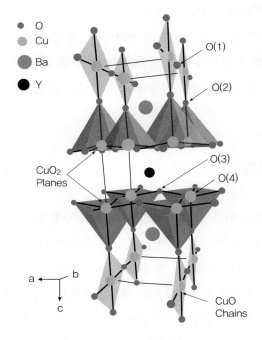

그림 11.21 | YBCO 고온 초전도체의 격자구조.

465

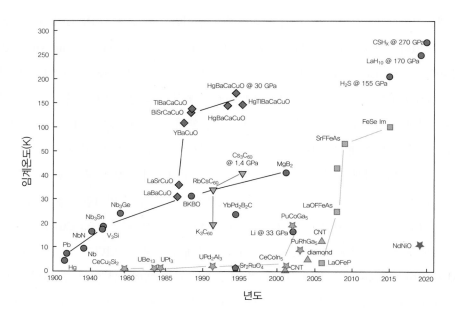

그림 11.22 | 초전도 현상이 발견된 물질과 상전이 온도의 변화 과정.
자료: https://commons.wikimedia.org/wiki/File:Timeline_of_Superconductivity_from_1900_to_2015.svg

2020년에 267GPa에서 H_2S + CH_4 혼합물이 287 K (14℃)에서 초전도체가 된다는 것이 발견되었다. 1기압이 약 10^5 Pa이므로 엄청난 압력을 가했을 때 초전도 현상이 일어나므로 실용성이 없고 실험실에만 가능한 현상이다. 상온 1기압에서 초전도체가 되는 물질을 개발하면 인류에게 큰 공헌을 할 것이다.

11.6 자기부상열차의 원리

초전도체는 임계온도 이하에서 초전도체가 되면서 강한 반자성을 가지기 때문에 자석 위에 초전도체를 올려놓으면 반자성 현상 때문에 자기부상이 일어난다. 초전도 현상을 이용한 자기부상은 마이쓰너 효과를 이용한 것이다. 그런데 초전도체가 아닌 상태에서도 자기부상을 일으킬 수 있다. 그 원리를 은반지 띄우기 현상으로 설명해보자.

그림 11.23과 같이 전자기 유도현상을 이용하여 금속 반지를 공중 부양시킬 수 있다. 반지 아래에는 교류가 걸린 전자석이 놓여 있다. 교류는 +극과 −극이 주기적

으로 바뀌는 전원이다. 교류가 걸린 강한 전자석 위에 금속 반지를 살며시 올려놓으면 반지는 무게 때문에 아래로 낙하할 것이다. 반지는 닫힌 고리 회로를 형성하고 반지가 아래로 떨어지면 자기 선속이 증가하므로 반지에 유도전류가 형성되고 이 유도전류에 의해서 반지에 형성된 자기장은 전자석과 반대 극성을 띠게 된다. 따라서 전자석과 반지의 자석은 서로 자기적 반발력을 작용한다. 전자석의 전류 극성이 바뀌어도 비슷한 유도현상이 발생하기 때문에 반지는 지속적으로 반발력을 받게 된다. 이렇게 작용하는 자기적 반발력이 반지의 무게보다 크면 반지는 뜬 상태를 유지한다. 즉, 자

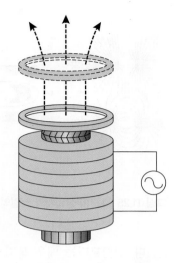

그림 11.23 | 전자기 유도현상을 이용한 반지 띄우기.

기부상 상태에 있게 된다. 반지는 초전도체가 아니라 금속 도체이므로 유도전류가 흐를 때 전기저항에 의한 줄열이 발생한다. 반지가 자기부상하는 동안에 계속 열이 발생하여 반지는 뜨거워진다.

전기역학적 자기부상

자기부상열차가 앞으로 추진하는 추진력은 그림 11.24와 같이 선형모터에 의해서

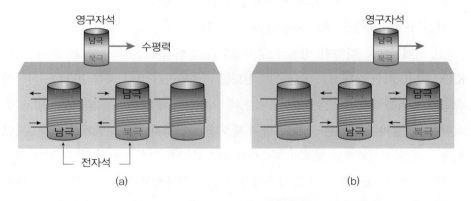

그림 11.24 | 자기부상열차가 추진력을 얻는 원리. 물체의 앞쪽에 형성된 전자석의 극은 서로 반대이므로 물체를 앞으로 잡아당기는 (a) 추진력을 주며, 반대로 제동하고 싶으면 전자석의 극을 같게 하여 제동력을 가한다.

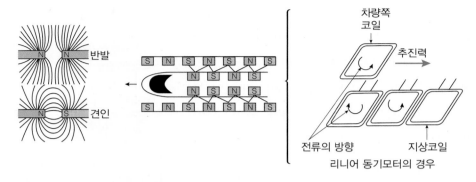

그림 11.25 | 자기부상열차와 레일의 구조.

얻는다. 선형모터는 매우 복잡한 구조로 되어 있다. 기차를 앞으로 밀기 위해서 철로와 기차의 전자석 사이의 인력이나 척력을 사용해야 한다. 그림 11.24와 같이 선형모터는 적절하게 전자석이 켜지고 꺼지는 방식에 의해 작동한다. 움직이는 영구자석은 항상 앞을 향하는 수평력을 받는다. 그림 11.24(a)에서 왼쪽에 있는 전자석 쌍이 켜지고, 그림 11.24(b)에서 오른쪽에 있는 전자석 쌍이 켜진다. 가운데 전자석은 교류의 극을 바꾸어 전류의 방향을 바꾸어준다. 그림 11.24의 전자석을 반대로 작동시키면 기차를 제동할 수 있다.

자기부상열차는 여러 가지 방식이 있지만, 대표적인 방식이 그림 11.25와 같다. 추진력은 지상에 있는 코일과 기차에 장착된 코일 사이의 인력(두 코일이 항상 다른 극을 띠기 때문에 추진력을 얻게 됨)으로부터 얻는다. 계속 추진력을 얻기 위해서 차량 쪽의 코일의 극성을 계속 바꾸어주어야 한다.

전 세계적으로 다양한 방식의 고속철도가 건설되어 운영 중이다. 우리나라의 KTX 고속열차를 운영하고 있다. 고속철도는 기존의 철도보다 빠른 200 km 이상의 속도로 달리는 철도를 말한다. 고속철도의 방식은 철차륜 방식과 자기부상열차 방식이 있다. 철차륜 방식은 기존의 바퀴 방식을 채택하지만, 고속열차가 달리 수 있도록 철로를 직선화하고 철로의 이음매를 최소화하여 고속으로 달릴 수 있는 고속철도를 말한다. 동력은 전기를 사용하기 때문에 친환경적이다. 이체, 떼제베, 아베, KTX는 대표적인 철차륜 방식의 고속철도이고 일본의 신칸센은 자기부상열차 방식을 택하고 있다. 표 11.2는 대표적인 고속철도의 종류를 요약한 것이다.

표 11.2 | 대표적인 고속철도

고속철도	최초 개발국	운영국	방식
이체 (ICE, Inter City Express)	독일	독일 이체, 스페인 AVE 103, 러시아 벨라로 RUS, 중국 CRH3	철차륜 방식
떼제베 (TGV, Train A Grande Vitesse)	프랑스 GEC 알스톰사	프랑스 TGV, Eurostar, 스페인 AVE 100, 대한민국 KTX	철차륜 방식
신칸센	일본	일본 신칸센, 대만 THSR, 중국 CRH2	자기부상

 생활과 과학

12장

전자기파와
빛

태양은 우리 지구에 한없는 은혜를 베풀고 있다. 태양계가 형성된 후에 태양에서 생성된 에너지는 우주로 방사되어 태양계 전체에 영향을 주고 있다. 옛날 선조들이 태양을 경외하고 찬양한 것이 태양의 본질이 무엇인지 몰라서 그랬다고 하더라도 태양은 끊임없이 지구에 선물을 주고 있다. 태양에서 오는 에너지 때문에 지구는 바람, 구름, 식물, 동물, 사회를 유지할 수 있다. 과학이 발전하면서 태양의 본질을 알게 되었더라도 우리는 여전히 태양을 경외할 수밖에 없다. 태양은 거대한 가스 덩어리이지만 스스로 핵융합하여 에너지를 발생하는 불덩어리이다. 이 불덩어리는 막대한 양의 전자기파(electromagnetic wave)를 방출한다. 전자기파 이외에 많은 입자와 우주선(cosmic ray)을 방출하지만 지구의 자기장은 생명체에 해로운 우주선을 차단한다. 가시광선에 투명한 지구의 대기는 지상으로 어마어마한 양의 빛을 흩뿌린다. 인류가 전자기파의 본성을 정확하게 이해한 것은 1865년 맥스웰(James Clerk Maxwell, 1831~1879)이 그 유명한 맥스웰 방정식(Maxwell's equation)을 발표한 후일 것이다. 이렇게 따지면 인류가 빛의 본성을 이해한 것이 불과 150여 년 전이다. 인류가 불을 이용하기 전에는 태양 빛, 달빛, 별, 번개, 용암에서 나는 빛, 산불이나 들불, 도깨비불 등에서 오는 빛이 인류가 볼 수 있는 자연적인 빛이었다. 고대 인류가 처음으로 나무나 마른 풀을 태워서 불을 피울 수 있게 되면서 비로소 인류는 인위적으로 불을 피우고 불을 제어할 수 있게 되었다. 빛은 지구의 생명 진화에 커다란 영향을 미쳤다.

12.1 전자기파

전자기파는 진동하는 파동이기 때문에 파동의 특징을 가지고 있다. 마지막 장에서 빛의 입자성에 대해서 논의하겠지만 여기서는 파동적인 특성을 중점으로 살펴본다. 전자기파가 파동이기 때문에 진동수와 파장을 갖는다. 전자기파의 진동수는 0~10^{23} Hz 사이에 놓인다. 원리적으로 10^{23} Hz보다 큰 진동수를 가진 전자기파도 가능하지만, 아직 측정되거나 인위적으로 생성한 적이 없다.

"진공에서 전자기파의 속력은 광속(빛의 속력)과 같다."

진공에서 광속은 299,792,458 m/s이고 전자기파는 파장 또는 진동수로 분류할 수 있다. 진공에서 광속을 c, 진동수를 f, 파장의 길이 λ로 표현하면

$$c = f\lambda$$

이다. 뒤에서 보겠지만 전자기파가 매질 속에서 진행하면 속력이 줄어든다. 사람의 눈은 전자기 스펙트럼 중 극히 일부인 빨강색(진동수 430 THz 영역)에서 보라색(진동수 750 THz 영역) 사이의 전자기파를 감지한다.

그림 12.1에서 전자기파를 파장 또는 진동수로 나타내면 매우 다양한 영역을 볼 수 있다. 우리가 눈으로 볼 수 있는 가시광선(visible light)은 빛의 파장 길이 380~750 nm 사이이다. 파장의 길이가 짧을수록 보라색 영역에 가깝고 파장의 길이가 길수록 빨간색 영역에 가깝다. 지구상의 많은 생명체가 가시광선을 보게 된 것은 지구가 물의 행성이기 때문이다. 물은 가시광선 영역을 열어두고 있어서 가시광선 영역의 빛을 잘 통과시킨다. 눈을 가진 여러 동물은 적외선과 자외선 영역의 빛을 인지할 수

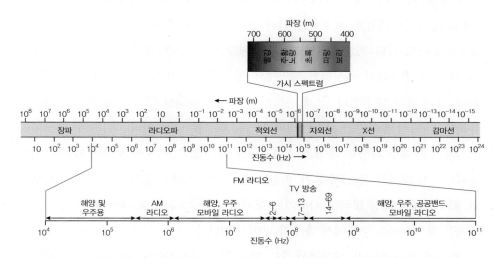

그림 12.1 | 전자기파의 분류. 전자기파를 파장과 진동수로 분류하였다. 가시광선은 전자기파 스펙트럼의 극히 일부의 창이다.

있는 경우도 더러 있다. 그러나 눈의 광화
학반응에서 사용하는 고분자 물질 때문
에 마이크로파와 같은 라디오파를 인지
하는 동물들은 없다. 1665~1667년 사이
에 아이작 뉴턴(Issac Newton, 1643~1727,
영국, 물리학자)은 백색광(white light, 햇빛)
을 프리즘에 통과시키면 무지개색으로
분리됨을 발견하였다. 태양에서 오는 자

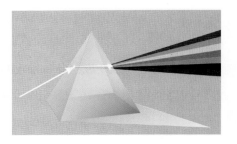

그림 12.2 │ 프리즘을 통과한 백색광은 무지
개색으로 분리됨.

연광은 사실 여러 색깔이 빛이 섞여 있어서 백색으로 보인다. 백색광의 빛을 프리즘
에 통과시키면 유리를 지날 때 빛의 속도가 파장에 따라 달라지기 때문에 색분리
현상이 발생한다. 빛이 다양한 색깔의 빛으로 분리되는 현상을 **빛 띠**(light spectrum)
라 한다.

태양에서 오는 햇빛 중에서 파장이 380~750 nm의 전자기파를 **가시광선**이라 한
다. 즉, 인간의 눈으로 인지할 수 있는 전자기파가 바로 가시광선이다. 태양 빛이 지
구에 도달하였을 때 스펙트럼 분포를 살펴보면 그림 12.3과 같이 가시광선 영역의
빛이 가장 강하다. 태양 표면의 온도는 약 5,800 K이고, 방출하는 빛은 파장에 따
라서 방출하는 빛의 세기가 다르다. 그림 12.3에서 가로축은 빛의 파장 길이를 나노
미터(nm)로 나타내었고, 세로축은 단위 면적 당, 단위 파장 당 태양 빛의 세기를 킬
로와트(kW)로 나타내었다. 태양표면 온도에 가까운 5,800 K일 때 스펙트럼을 보면
스펙트럼의 최댓값이 가시광선 영역에서 형성된다. 태양 빛은 가시광선을 단위 시
간당 가장 많이 방출한다. 물체 온도가 낮아지면 **적외선** 영역의 에너지를 많이 방
출하고, 온도가 높아지면 **자외선** 영역의 빛을 더 많이 방출한다. 태양에서 방출되는
전자기파는 매우 다양한 파장의 전자기파가 섞여 있다. 지구에 도달한 빛은 대기를
통과하면서 대기의 산소, 수증기, 이산화탄소 등의 다양한 분자들에 의해서 흡수된
다. 해수면에서 태양 빛의 복사세기는 대기권 밖의 복사세기와 확연히 다르다. 특히
적외선(IR, infrared) 부분에서 흡수가 많이 일어난다.

지상의 많은 식물은 태양에서 오는 빛을 가장 효율적으로 사용하도록 진화하였
는데, 가시광선 영역의 빛을 이용하여 광합성하는 것이 가장 효과적일 것이다. 햇빛

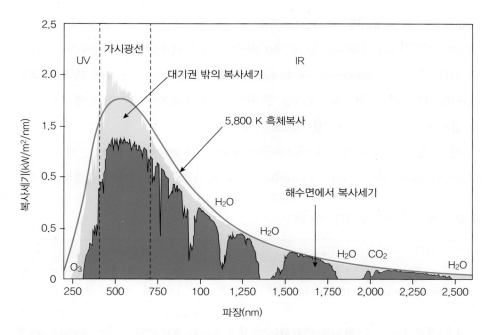

그림 12.3 | 태양으로부터 오는 빛의 복사세기, 5800 K 흑체의 복사세기, 해수면에서 복사세기. 가시광선 영역의 복사가 가장 크며, 대기에서 물, 산소, 이산화탄소의 빛 흡수 때문에 해수면에서 복사세기는 매우 불규칙하다.

중에서 자외선은 식물이나 동물에게 암을 일으키는 등 해로운 영향을 주는데 대기 중의 오존(O_3)층에서 대부분 차단된다. 전자기파는 주파수 영역에 따라서 다양한 특징을 갖는다. 라디오파(radio wave)는 주파수가 3 KHz~300 GHz인 영역을 말하며 대역에 따라 다양한 이름이 존재한다. 라디오파 대역을 일상생활에서 흔히 들어본 영역이다. AM, FM 라디오, VHF(Very High Frequency, 초단파), UHF(Ultra High Frequency, 극초단파) 영역의 TV 방송, 전자레인지에서 사용하는 마이크로파 등은 친숙한 전자기파이다. 각 전자기파는 파장의 길이에 따라서 직진성, 회절성이 달라서 다양한 용도로 사용되며 세계적으로 라디오파 대역을 나누어서 사용하도록 하고 있다.

낮은 주파수 대역에는 초저주파(ultra low frequency, ULF)는 주파수 300 Hz~3 kHz, 파장 100 km~1,000 km 사이의 라디오파로 지구를 관통할 수 있어서 광산에서 사용된다. 슈퍼 저주파(super low frequency, SLF)는 주파수 30 Hz~300 Hz, 파장

1,000 km~10,000 km의 라디오파로 우리가 일상적으로 사용하는 교류 AC 전력 그리드에서 발생한다. 우리나라는 AC 60 Hz의 전기를 사용함으로 진동수가 이 대역에 속한다. 극저주파(extremely low frequency, ELF)는 주파수 3~30 Hz, 파장 10,000 km~100,000 km 범위의 라디오파를 말한다. 이 파는 번개에서 자연 발생하며 물속을 쉽게 투과하므로 잠수함 통신용으로 사용한다.

아주 높은 주파수 대역의 극고주파(extremely high frequency, EHF)는 주파수 30 GHz~300 GHz, 파장 1 mm~1 cm이다. 이 영역은 전파 망원경에서 측정하는 대역

표 12.1 | 라디오파의 명칭, 대역, 활용범위

명칭	대역(주파수, 파장)	활용범위
VLF (very low frequency)	3 kHz~30 kHz, 10 km~100 km	휘슬러는 번개에 의해서 생성되는 매우 낮은 주파수의 전자기파임.
LF (장파, low frequency)	30 kHz~300 kHz, 1 km~10 km	SWave(stereo wave), 킬로미터 밴드라고 하며 장거리 통신, AM 라디오 방송, Radio Clock에 이용함. Aircraft Beacon, 잠수함 간 교신, 아마추어 라디오, 기상방송, LFID 등에 이용됨.
MF (중파, medium frequency)	300 kHz~3 MHz, 100 m~1 km	AM(amplitude modulation) 라디오 방송 및 일부 FM(frequency modulation) 라디오 방송에 이용됨. 아시아에서 531 kHz~1,602 kHz 밴드에 9 kHz 간격으로 120개 방송 채널이 가능함. 약 2,000 km까지 전파하며 대기의 이온층에서 반사됨. 건물, 언덕에 방해를 받지 않고 먼 거리까지 전파되어 지상파(groundwave)라 불림.
HF (단파, high frequency)	3 MHz~30 MHz, 10 m~100 m	Short wave라고도 하며 단파 방송에 쓰임.
VHF(초단파, very high frequency)	30 MHz~300 MHz, 1 m~10 m	직진성이 강하므로 FM, TV 방송, 육상, 해상, 항공 단거리 통신에 이용함. 약 50 km까지 전파됨.
UHF (극초단파, ultra high frequency)	300 MHz~3 GHz, 10 cm~1 m	다중통신, TV 방송, 인공위성을 이용한 기상 정보 및 위성방송용으로 쓰임. 전자레인지에서 음식 조리에도 쓰임.
SHF (super high frequency	3 GHz~30 GHz, 1 cm~10 cm	센티미터 밴드로 알려져 있음. 금속에서 반사가 잘되기 때문에 레이더에 쓰이며 위성통신, 마이크로파 동시에 사용됨.

자료: https://en.wikipedia.org/wiki/High_frequency

을 포함하고 있다. 근거리 통신이나 공항과 같은 곳에서 밀리미터파는 스캐너를 이용한 보안 검색에 쓰인다. 극히 높은 라디오파로 테라헤르츠파(Terahertz wave) 또는 서브밀리미터 방사선(tremendously high frequency, THF)은 주파수 0.3 THz~30 THz, 파장 10 μm~1 mm이다. 천문학에서 서브밀리미터 대역을 측정하는 망원경에 사용된다. 표 12.1에 라디오파의 명칭, 대역, 활용범위를 요약하였다.

1865년 맥스웰은 전자기파를 예견하고 광속을 이론적으로 계산하였다. 헤르츠(Heinrich Rudolf Hertz, 1857~1894, 독일의 물리학자)는 1887년에 발표한 논문 "부도체에서 전기적 교란으로 생성된 전자기 효과(On Electromagnetic Effects Produced by Electrical Disturbances in Insulators)"에서 최초로 50 MHz의 라디오파(radio wave)를 생성하고 수신하는 데 성공하였으며 이 파를 헤르츠파(Hertz wave)라 불렀다. 헤르츠의 실험은 맥스웰의 전자기파를 실증적으로 검증한 것일 뿐만 아니라 마이크로파 영역에서 전자기파를 인위적으로 생성하는 방법을 발견한 것이었다. 헤르츠파를 알게 된 이탈리아의 굴리엘모 마르코니(Guglielmo Marconi, 1874~1937, 이탈리아 물리학자, 발명가, 사업가)는 헤르츠파를 무선통신에 이용할 수 있음을 깨달았다. 헤르츠의 실험에서 전자기파를 검출한 거리는 1 m 정도였다. 1895년에 마르코니는 모노폴 안테나(monopole antenna)와 안테나의 높이를 높임으로써 약 3.2 km까지 무선을 보내는 데 성공하였다. 1896년에 마르코니는 라디오파 통신 특허를 취득하였다. 1901년에 27세의 마르코니는 영국 콘웰주 폴듀에서 대서양 건너편의 캐나다 뉴펀들랜드주의 세인트존스까지 무선으로 모스부호(Mors' code)를 송신하는 데 성공하였다. 마르코니의 무선통신은 인류에게 정보 혁명을 가져다준 문을 열었다고 할 수 있다. 마르코니는 1909년 무선통신에 대한 발견으로 노벨물리학상을 수상하였다. 그림 12.4는 마이크로파 송수신 장치의 개념도를 그린 것이다.

가시광선 영역을 벗어나면 가시광선보다 주파수가 낮은 적외선(IR,

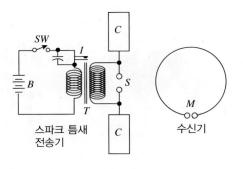

그림 12.4 | 마이크로파 송수신 장치. 스위치를 닫으면 S에서 스파크가 발생하면서 마이크로파가 생성되고 수신기 M에서 스파크가 발생함으로써 마이크로파 수신을 확인할 수 있다.

infrared wave)과 주파수가 높은 자외선(UV, ultraviolet wave) 영역이 있다. 1800년에 윌리엄 허셸(Frederick William Herschel, 1738~1822, 영국 천문학자)이 프리즘을 통과시킨 빨강 빛의 바깥에 눈에 보이지 않는 빛이 있음을 발견하였다. 이 빛은 열을 전달하며 온도계 온도를 높인다는 것을 발견하였는데 이 영역이 바로 적외선이다. 한편 1801년 리터(Johann Wilhelm Ritter, 1776~1810. 독일, 물리학자, 화학자)가 프리즘을 통과시킨 보라 빛의 바깥에 눈에 보이지 않는 또 다른 빛이 있음을 발견하였다. 이 빛은 보라 빛보다 염화은(silver chloride)을 더 빨리 검게 만들었다. 리터가 발견한 영역이 바로 자외선이다.

🖋 예제 12.1 AM 방송과 FM 방송

AM 방송과 FM 방송을 청취할 수 있는 거리가 크게 다른 이유는 무엇인가?

풀이

AM 방송은 먼 거리에서도 청취할 수 있다. 라디오파가 지표면 56 km 상공에 형성된 이온층에서 반사되기 때문이다. 태양복사가 없는 밤에는 이온층의 아랫부분이 사라지므로 라디오파는 더 높은 이온층에서 반사한다. 따라서 밤에는 낮보다 더 먼 곳에서도 AM 방송이 잘 들린다. 그러나 AM 방송 신호보다 진동수가 높은 FM 신호는

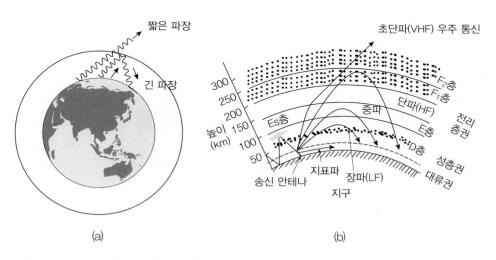

(a)　　　　　　　　　　　　(b)

그림 12.5 | 이온층에서 AM파는 반사되고 FM파는 투과한다. 밤에 높은 고도에서 형성된 이온층은 AM 방송을 먼 거리에서 청취할 수 있게 한다.

이온층을 그냥 통과하므로 먼 곳까지 전파할 수 없다. 따라서 FM 방송이나 TV 방송을 청취하기 위해서 방송신호를 직접 보낼 수 있는 중계 안테나가 있어야 한다. 방송에서 사용하는 전자기파는 주파수에 따라서 다른 이름으로 부르는데 중파는 300 kHz~3,000 kHz, AM 파는 535 kHz~1,605 kHz를 나타내고 FM파는 88 MHz~108 MHz 사이를 말한다. 초단파인 VHF는 30 MHz~300 MHz 대역을 뜻한다.

📝 예제 12.2 푸른 하늘

하늘이 푸른 이유는 무엇인가?

풀이

하늘이 푸른 이유는 **레일리**(The Lord Rayleigh, 1842~1919) **산란** 때문이다. 이러한 산란은 빛의 파장보다 크기가 훨씬 작은 입자들에 빛이 입사할 때 나타난다. 물질은 전기를 띤 입자들로 이루어져 있으며, 빛이 물질을 만나면 변화하는 전자기장은 물질 속의 전자들을 뒤흔든다. 빛이 산란하는 것은 빛이 이러한 과정을 거쳐 여러 방향으로 흩어지는 현상을 말한다.

"산란한 빛의 양은 진동수의 네 제곱에 비례한다."

따라서 자외선 영역의 빛이 빨강 영역의 빛보다 더 많이 산란한다. 태양광이 미세한 공기 분자에 입사하면 자외선, 파랑, 초록, 노랑, 주황, 빨강의 순서로 산란한다. 태양 빛이 지구의 대기를 가로질러 갈 때 산란이 가장 큰 파랑 빛을 가장 많이 보게 되므로 하늘이 푸르게 보인다. 석양이 질 때 태양에 의한 저녁노을이 붉게 물드는 이유도 마찬가지 이유 때문이다. 석양 무렵 태양 빛은 지구 대기층을 통과해온다. 이때 푸른 빛은 도중에 대부분 산란하여 흩어지고 붉은 빛은 지상에 도달한다.

뢴트겐(Wilhelm Conrad Röntgen, 1845~1923)은 1895년까지 48편의 논문을 발표했지만 그다지 주목을 받지 못했다. 하지만 그의 49번째 논문이 그에게 명성을 안겨주었다. 1985년 11월 8일에 뢴트겐은 그림 12.6과 같은 히토르프 튜브를 두꺼운 종

이로 막고 실험실 전체를 암흑 상
태로 하였다. 튜브에서 멀리 떨어
진 곳에 바륨-백금-시안화(barium
platinum cynide) 물질을 바른 스크
린이 놓여 있었다. 뢴트겐이 히토
르프 튜브를 동작시키자 놀랍게도
멀리 떨어진 그 스크린에서 형광
이 나타나는 것을 보고 깜짝 놀랐
다. 튜브의 전원을 켰을 때만 형광

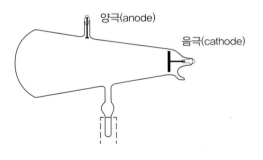

그림 12.6 | 뢴트겐이 엑스선을 발견할 때 사용하였
던 히토르프 튜브(Hittorf tube). 튜브는 진공상태이고
양극과 음극에 강한 전압을 걸면 음극선이 발생한다.

이 나타났고, 끄면 형광이 사라졌다. 튜브를 두꺼운 검은 종이로 막았기 때문에 음
극선은 스크린에 도달할 수 없었다. 뢴트겐은 스크린을 반대로 뒤집어 백금시안화
바륨(barium platinum cynide) 물질이 반대로 있게 했을 때도 스크린에서 형광이 발
하는 것을 발견하였다. 스크린을 튜브에서 더 멀리 떨어뜨려도 여전히 형광이 발생
하였다. 심지어 튜브와 스크린 사이에 여러 가지 물체를 놓아도 형광은 사라지지

않았다. 뢴트겐은 새로운 선(ray)을 발견하였다. 뢴
트겐은 이 새로운 선에 대해서 확신이 들 때까지
반복 실험을 했다. 마침내 사진 건판으로 이 선을
찍고 나서 새로운 선에 대한 확신을 얻었다. 1895
년 12월 28일에 뢴트겐은 그의 49번째 논문을
위츠부르크(Wurzburg)의 물리의학학회(Physical-
Medical Society) 학술지에 제출하였고, 1896년 1월
에 논문이 출판되었다. 뢴트겐은 1896년 1월 1일
에 자신이 발견한 내용을 담은 논문과 그림 12.7
과 같은 손을 찍은 사진을 동봉한 편지를 그 당시
유명한 과학자들에게 발송하였다. 뢴트겐의 발견
은 바로 다른 과학자들에 의해서 재현되었고 뢴
트겐은 일약 유명한 과학자가 되었다. 뢴트겐이 발
견한 새로운 선이 바로 X-선(X-ray)이며 이를 뢴

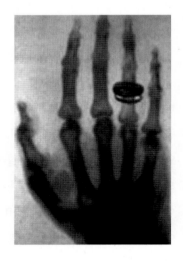

그림 12.7 | 뢴트겐이 자신의 아내
손을 엑스선으로 촬영한 사진. 손
뼈 사진은 X-선에 의심의 눈길을
보냈던 사람들에게 X-선을 믿게
하는 데 결정적인 역할을 하였다.

트겐선이라고도 부른다. 엑스선은 물질을 잘 투과하기 때문에 인체의 내부 기관을 찍어 의학 진단에 사용하는 엑스선 촬영에 널리 쓰이게 되었다. 엑스선은 1차 세계 대전이 일어났을 때 전쟁에서 골절을 진단하는데 널리 쓰이게 되었다.

감마선의 발견은 방사능 붕괴의 발견과 함께 이루어졌다. 1895년 뢴트겐이 엑스선을 발견한 것에 자극을 받아 앙리 베크렐은 형광과 인광에 관한 연구에 박차를 가했다. 앙리 베크렐 집안은 3대에 걸쳐서 물리학을 연구해 왔으며 그의 아버지는 인광과 형광에 관한 연구를 광범위하게 했으며 우라늄에서 형광을 측정하기도 했다. 베크렐의 실험실에는 그 당시 아주 희귀한 물질인 우라늄염을 확보하고 있었다. 베크렐은 음극선관이 아닌 형광물질에서 X-선이 방출될 수 있는지 실험하였다. 검은 종이로 사진 건판을 두껍게 싼 다음 그 위에 여러 가지 물질을 올려놓고 사진 건판이 감광되지는 살펴보았다. 그런데 우라늄염인 우라늄황화칼륨(uranyl potassium sulfate)은 햇빛을 받지 않았음에도 불구하고 사진 건판을 검게 만들었다. 그림 12.8(a)는 베크렐이 최초로 방사선 붕괴를 관찰한 사진 건판이다. 베크렐이 관찰한 실루엣은 우라늄에서 나온 어떤 선에 의해서 감광된 것이었다. 베크렐은 이 발견을 1896년 2월 24일에 프랑스 아카데미에 보고하였다. 뢴트겐이 엑스선을 발견하고 2달이 채 되지 않아서 엑스선과는 전혀 다른 새로운 선을 발견한 것이다. 엑스선이 발견된 직후에 많은 과학자는 엑스선 연구에 열광하였기 때문에 베크렐의 연구는 크게 주목을 받지 못했으며 베크렐도 방사선 붕괴를 더 연구하지 않았다. 베

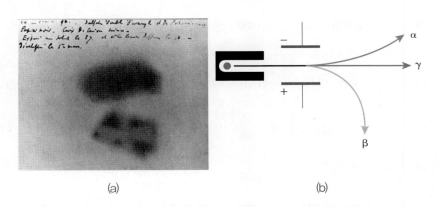

(a) (b)

그림 12.8 | (a) 베크렐이 최초로 발견한 방사성 붕괴 사진, (b) 방사능 붕괴 물질에서 나오는 방사선은 알파선, 감마선, 베타선으로 이루어져 있다. 감마선은 전기를 띠지 않는다.

크렐의 연구를 이어간 사람은 큐리 부부였다. 피에르 큐리와 결혼한 마리 큐리는 박사학위 연구를 시작하고 있었다. 마리는 박사학위 주제로 어떤 것을 택할지 남편인 피에르에게 조언을 구했고 피에르는 베크렐의 방사능 붕괴 현상을 연구해 볼 것을 권유하였다. 화학 분석에 재능을 가지고 있던 큐리 부부는 끈질긴 연구와 혁신적인 아이디어로 1898년에 우라늄과는 다른 방사성 물질인 폴로늄(Po, Polonium)과 라듐(Ra, Radium)을 발견하였다. 마리 큐리가 새로운 발견한 방사성 물질 이름을 폴로늄이라고 명명한 것은 새로 독립한 자신의 조국 폴란드(Poland)를 기리기 위한 것이었다. 방사능(radioactivity)이란 용어를 처음 사용한 과학자가 바로 마리 큐리이다.

큐리의 연구 때문에 많은 과학자가 방사능 붕괴 물질에 관해서 연구하기 시작하였다. 1900년 빌라드(Paul Villard, 1860~1934, 프랑스 물리학자)는 그림 12.8(b)와 같이 라듐(Ra)에서 방출되는 전기적으로 중성인 선(ray)을 발견하였다. 방사능 붕괴에서 나온 선을 전기장이 걸려있는 금속판 사이를 지나가게 하면 양전하를 띤 알파선(헬륨의 원자핵)은 음극판 쪽으로 끌리므로 위로 휜다. 음전기를 띠고 있는 베타선(전자)은 양극판 쪽으로 끌리므로 아래로 휜다. 반면 감마선은 전하를 띠고 있지 않

표 12.2 | 대표적인 전자기파의 발견자와 영역

전자기파	발견자	년도	발견한 방식과 특징
가시광선	아이작 뉴턴	1665~1667	프리즘을 통과한 백색광의 색 분리.
적외선	윌리엄 허셸	1800	프리즘을 통과한 빨강 빛의 바깥에 눈에 보이지 않는 빛이 있으며 온도계의 온도를 높임.
자외선	요한 리터	1801	프리즘을 통과한 보라 빛의 바깥에 눈에 보이지 않는 빛이 있으며 염화은을 보라 빛보다 더 빨리 검게 만듦.
전자기파 예견	제임스 맥스웰	1865	맥스웰 방정식으로부터 전자기파를 예견하고 빛의 속도에 대한 식을 구함.
인위적 전자기파 발진	하인리히 헤르츠	1887	인류 최초로 50MHz의 라디오파를 인위적으로 생성함.
X-선	빌헬름 뢴트겐	1895	음극관의 음극에서 엑스선을 최초 발견.
감마선	라울 빌라드	1900	라듐에서 전기적으로 중성인 선을 발견.

기 때문에 똑바로 직진한다. 오른쪽의 사진 건판을 감광해보면 직진하여 나온 감마선이 있는 곳이 감광되는 것을 볼 수 있다. 1903년 러더포드(Enerst Rutherford, 1871~1837, 뉴질랜드 출신 영국인, 물리학자)는 이 선을 감마선(gamma ray)이라 불렀다. 감마선은 아주 높은 에너지의 전자기파에 속한다. 러더포드는 1899년에 알파선을 발견하였고 1900년에 양전기를 띤 선을 알파선, 음전기를 띤 선을 베타선으로 명명하였다. 감마선은 전하를 띠고 있지 않기 때문에 높은 에너지의 전자기파임을 곧 알게 되었다. 1907년 러더포드는 알파선이 헬륨의 원자핵(He^{2+})임을 발견하였다. 헬륨의 원자핵은 양전기를 띠고 있는 양성자 2개와 전하가 없는 중성자 2개로 이루어져 있다. 후에 러더포드는 알파선을 이용하여 원자의 구조를 밝히는 실험을 하였다. 그는 얇은 금 박막에 알파선을 쪼였을 때 산란한 알파선이 직진 방향에서 아주 큰 다른 방향으로 튕겨 나가는 것을 발견하고 원자의 구조와 크기가 아주 작은 태양계의 축소판과 같다는 원자모형을 제시하였다.

12.2 맥스웰 방정식과 전자기파

맥스웰은 전자기학에 대한 20개의 맥스웰 방정식(Maxwell's equation)을 발견하고 고전전자기학(classical electromagnetism)을 완성하였다. 1865년에 출판한 "전자기장의 동력학 이론(A Dynamical Theory of the Electromagnetic Field)" 논문에서 빛의 속도로 전파하는 전자기파(electromagnetic wave)를 이론적으로 예견하였다. 올리버 헤비사이드(Oliver Heaviside, 1850~1925, 영국 물리학자, 수학자)는 계단함수(step function)인 헤비사이드 함수(Heaviside function)로 잘 알려져 있다. 1884년에 헤비사이드는 20개의 맥스웰 방정식을 벡터 표현을 이용하여 그림 12.9와 같이 4개의 간결한 형태의 맥스웰 방정식으로 줄였다. 이 표현이 오늘날 우리가 사용하고 있는 맥스웰 방정식의 형식이다. 맥스웰은 맥스웰 방정식으로부터 진공에서 전파하는 전자기파의 속력을 예측하였다.

　　맥스웰 방정식은 전기장 E과 자기장 B가 서로 연결된 형태의 벡터 미분방정식이다. 벡터 미분 연산자(vector differential operator)를 사용하여 맥스웰 방정식으로부터

맥스웰 방정식	진공에서 전자기파 파동 방정식

$$\nabla \cdot \mathbf{E} = 0$$

$$\nabla \times \mathbf{E} = 0 = -\frac{\partial \mathbf{B}}{\partial t}$$

$$\nabla \cdot \mathbf{B} = 0$$

$$\nabla \times \mathbf{B} = \mu_0 \epsilon_0 \frac{\partial \mathbf{E}}{\partial t}$$

$$\nabla^2 \mathbf{E} = \mu_0 \epsilon_0 \frac{\partial^2 \mathbf{E}}{\partial t^2}$$

$$\nabla^2 \mathbf{B} = \mu_0 \epsilon_0 \frac{\partial^2 \mathbf{B}}{\partial t^2}$$

$$\nabla^2 = \frac{\partial^2}{\partial x^2} + \frac{\partial^2}{\partial y^2} + \frac{\partial^2}{\partial z^2}$$

그림 12.9 | 맥스웰 방정식과 진공에서 전자기파의 파동 방정식. 여기서 상수는 진공의 유전율(dielectric permittivity) ϵ_0과 진공의 투자율(magnetic permeability) μ_0이다.

전자기파 파동 방정식을 유도할 수 있다. 전자기파는 전기장과 자기장이 수직을 이루면서 진동하여 전파하는 횡파(transverse wave)이다. 빛 역시 전자기파의 한 종류이고 빛의 진행 방향은 $\vec{E} \times \vec{B}$ (벡터 곱)의 방향으로 전기장과 자기장에 각각 수직인 방향이다. 그림 12.10에 진공에서 전파하는 빛의 파동을 나타내었다. 진동하는 전기장과 자기장이 서로를 유도하면서 광속으로 전파한다. 그림 12.9에 나타낸 전자기파의 파동 방정식이 바로 빛의 전파를 묘사하는 식으로써 자연에서 가장 아름다운 방정식 중의 하나이다. 물리학자들은 "맥스웰이 있으니 빛이 있었다"라고 맥스웰을 칭송한다. 맥스웰로부터 빛의 본성을 진정으로 이해하게 된 것이다.

전자기파(빛)는 진공, 공기, 투명한 매질을 통과할 수 있다. 전자기파는 역학적 파동이 아니므로 진행하는데 전파하는데 매질이 필요 없다. 그림 12.10과 같이 진동하는 전자기파는 시간에 따라서 변하는 전기장과 자기장이 서로 유도하면서 전파하기 때문에 매질이 없는 진공에서도 자유롭게 전파한다. 전자기파는 파의 진행 방향과 전기장 또는 자기장은 서로 수직하게 진동하기 때문에 전자기파는 횡파이다. 그림 12.2와 같이 전자기파가 매질 내로 전파하면 속력이 줄어들어서 굴절 현상이 발생한다. 맥스웰 방정식으로부터 구한 진공에서 광속은

$$c = f\lambda = \frac{1}{\sqrt{\epsilon_0 \mu_0}}$$

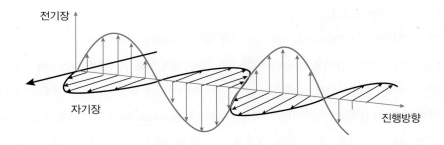

그림 12.10 | 진공에서 전자기파의 진행 모습. 시간에 따라 변하는 전기장과 자기장이 각각 서로를 유도하면서 전기장과 자기장에 수직인 방향으로 전파한다. 진공에서 전자기파의 전파속도는 광속이고 진공에서 유전율과 투자율의 곱의 제곱근에 반비례한다.

이다. 진공에서 빛의 속도는 진공의 **유전율**(dielectric permittivity) $\epsilon_0 = 4\pi \times 10^{-7}$ H/m $= 1.256637062 \times 10^{-6}$ N/A^{2}과 진공의 **투자율**(magnetic permeability) $\mu_0 = 8.854187812 \times 10^{-12}$ F/m 곱의 제곱근의 역수이다. 맥스웰은 전자기파의 파동 방정식에서 전자기파의 전파 속도식을 처음으로 유도하였다. 맥스웰이 전자기파를 발견하기 전에 빛의 성질과 광속을 측정하려는 노력이 많이 있었다.

17세기 이후에 많은 과학자가 빛의 속도를 측정하려고 노력하였다. 17세기의 과학자들(갈릴레오, 뉴턴, 하위헌스)은 빛의 속도가 유한할 것으로 생각하였다. 빛의 속도를 대략이나마 처음 측정한 사람은 **뢰머**(O. C. Romer, 1644~1710, 덴마크)이다. 그는 목성을 도는 달에 의한 월식 사이의 간격이 반년마다 변하는 것을 발견하고, 그 차이가 지구로부터 목성까지의 거리가 변하기 때문일 것으로 생각하여 빛의 속도를 계산하였다. 그가 측정에서 구한 광속은 212,000 km/s였으며 이 값은 현재 알려진 광속 299,792 km/s와는 많은 차이를 보이지만 광속의 대략적인 크기와 광속이 유한하다는 사실을 알게 해 주었다.

천체의 운동을 이용하지 않고 지상에서 광속을 처음으로 측정한 과학자는 **피조**(A. H. Fizeau, 1819~1896)이다. 1849년 빨리 회전하는 톱니바퀴를 사용하여 광속을 측정하였다. 톱니바퀴의 틈새를 지나간 빛이 8,633 m 떨어진 지점에 설치한 반사거울에서 반사되어 되돌아오는 데 걸리는 시간과 톱니바퀴의 열린 이빨이 회전하면서 빛을 가리지 않을 시간 사이의 관계를 이용하여 피조는 빛의 속도를 측정하였다. 그가 측정한 빛의 속도는 315,000 km/s였다. 이 값은 현재 알려진 광속에 비해서 5.2% 오차를 보였다.

마이켈슨(Albert A. Michelson, 1852~1931)과 몰리(Edward E. Morley, 1838~1923)가 간섭계를 이용하여 빛의 간섭을 이용하여 광속을 아주 정밀하게 측정하였다. 1886년에 마이켈슨은 빛이 전파하는데 에테르(ether)라 부르는 매질이 필요한지를 검증하기 위해서 마이켈슨 간섭계를 만들었다. 마이켈슨—몰리(Michelson-Morley)의 실험으로 알려진 실험에서 간섭계를 지구 자전 방향으로 놓았을 때나 자전 방향에 수직하게 놓았을 때 간섭무늬의 변화가 없었다. 이 결과는 빛이 진행할 때 매질이 필요 없음을 증명한 것이며 빛의 속도는 항상 광속으로 일정하다는 아인슈타인의 광속 불변의 가정을 증명한 것이다. 마이켈슨은 8면체 회전 거울을 이용하여 빛의 속도를 측정한 마이켈슨 광속측정 장치로 광속을 매우 정밀하게 측정하였으며, 그 값은 오늘날 알려진 값과 비슷하였다.

빛은 여러 가지 방법으로 생성할 수 있다. 우리는 일상생활에서 인위적으로 생성되는 빛을 매일 보기 때문에 빛이 어떻게 생성되는지 생각해보지 않는 경우가 많다. 빛이 너무 친숙하여서 당연히 우리 옆에 있는 것으로 생각한다. 빛을 생성하는 방법은 아래에 열거한 세 가지 방법으로 생성할 수 있다. 첫 번째 방법은 전하를 띤 입자가 가속하거나 감속할 때 생성된다. 두 번째 방법은 원자, 분자, 고체 등의 물질에서 전자가 에너지 준위를 변화할 때 방생한다. 분자에서 낮은 에너지 준위에 있던 전자가 도약하여 높은 에너지 준위로 올라가면 불안정한 상태가 된다. 결국 높은 에너지 준위의 전자는 다시 낮은 에너지 준위 상태로 자연스럽게 전이하면서 두 에너지 준위의 차이에 비례하는 진동수의 빛을 내놓게 된다. 한편 음전하를 띠고 있는 전자(electron)와 양전하를 띠고 있는 전자의 반입자인 양전자(positron)가 서로 충돌하면 두 입자가 소멸하면서 감마선이 생성된다. 감마선은 높은 에너지의 전자기파이다.

① 빛(전자기파)은 전하를 띤 입자가 가속할 때 생성된다.
② 빛은 원자, 분자, 고체의 에너지 준위에서 전자가 전이할 때 발생한다.
③ 입자와 반입자가 충돌하면 전자기파가 발생한다. 전자와 양전자가 충돌하면 감마선이 발생한다.

그림 12.11 | 태양 빛의 가시광선 영역에서 빛 띠(spectrum). 연속적인 색깔의 빛 띠에 특정한 규칙으로 검은색 흡수선을 볼 수 있다. 검은색 흡수선에 해당하는 빛이 관찰되지 않는데 이는 수소 원자의 원자구조에 의한 것임을 양자역학이 발전하면 밝혀졌다.

모든 생명의 어머니라 할 수 있는 태양은 지구에 따듯한 빛을 비추어 뭇 생명이 태동할 수 있게 하였다. 과거 우리의 조상들은 태양의 본성을 알지 못했기 때문에 태양을 경외하고 마치 신처럼 생각하였다. 오늘날 우리는 태양의 본성을 알고 있다. 태양은 대부분이 수소로 이며 태양의 원소들이 핵융합하면서 불타고 있는 거대한 가스 덩어리이다. 이런 물리적인 표현은 정말 멋대가리가 없지만, 과학적 사실이다. 그림 12.11은 태양에서 오는 가시광선 영역 빛의 빛 띠(spectrum, 스펙트럼)를 나타낸 것이다. 빨강 빛부터 보라 빛까지 가시광선 빛이 연속해서 나타난다. 그런데 자세히 보면 빛 띠 중간마다 규칙적으로 검은색 선이 존재하는 것을 볼 수 있다. 이 검은색 선을 **흡수선**(absorption line)이라 한다. 이 흡수선은 19세기 말과 20세기 초에 양자역학이 발전하면 수소 원자의 원자구조에 의해서 생긴다는 것을 알게 되었다. 이 부분은 마지막 장에서 살펴볼 것이다. 태양에서 나오는 빛이 왜 이렇게 연속적으로 보일까?

연속적인 빛 띠를 가진 전자기파를 얻는 가장 손쉬운 방법은 전하를 띤 입자를 가속하는 것이다. 여기서 가속은 속도가 점점 증가거나 감소하는 것을 모두 포함한다. 물리학의 **입자가속기**와 같은 장치에서는 전하를 띤 입자의 속력을 점점 빠르게 하는데 이때 엑스선과 같은 전자기파가 발생한다. 반면 빠르게 움직이는 대전 입자를 금속과 같은 물질에 갑자기 충돌시키면 입자가 멈추면서 급정거를 하게 되는데 이때 전자기파가 발생한다. 병원에서 엑스선 사진을 찍을 때 엑스선을 발생시키는 원리가 빠르게 움직이는 전자를 금속에 충돌시켜 멈추게 하는 것이다. 이렇게 전자가 금속에 충돌하면 연속적인 빛 띠의 엑스선이 발생한다.

일상생활에서 전자기파를 발생시키는 방법은 여러 가지가 있는데 흔히 사용하는 전자기파 발생 방법을 열거해 보면 다음과 같다. 물론 이외에도 다양한 방법이 있다.

라디오 방송국의 전파

공진회로(resonance circuit)에서 전자를 진동하면 전자기파가 발생한다. 전자가 진동하면 계속해서 가속하기 때문에 전자의 진동수에 해당하는 전자기파가 발생하는데 라디오파 영역의 전자기파는 주로 공진회로를 사용하여 발생시킨다.

적외선

난로, 인체 등에서 발생하는 전자기파로 물질 내부에서 서로 묶인 채로 진동하는 분자들의 전자가 가속할 때 발생한다. 가속도가 크면 진동수가 큰 전자기파가 발생한다.

전자의 궤도 전이에 의한 빛

원자, 분자, 고체의 전자 궤도에서 전자가 한 궤도에서 다른 궤도로 전이하면서 빛이 발생한다. 이러한 방식으로 발생하는 빛은 양자역학적으로 설명해야 한다. 고전적 물리에 비유하면 전자가 궤도 전이를 하는 것은 전자가 가속운동을 하는 것과 같다.

📝 예제 12.3 X-선 발생 원리

X-선은 어떻게 생성할 수 있을까?

풀이

X-선을 발생시키는 대표적인 방법은 그림 12.12와 같이 가속된 전자를 금속(텅스텐, 몰리브덴) 표적에 충돌시켰을 때 전자가 감속되면서 발생하는 방법이다. 이때 발생하는 X-선은 연속 진동수를 가지는 연속 스펙트럼을 가지며, 이렇게 X-선을 발생시키는 방법을 브렘슈트랄룽(Bremsstrahlung, 제동방사 X-선, 급정거하여 얻은 빛이라는 뜻임)이라 한다. 그림 12.12의 하단 그림은 진공관의 음극(cathode)에서 발생한 전자가 양극(anode) 쪽으로 가속하다가 텅스텐 금속 표적에 충돌하여 급정거하면서 큰 가속도가 발생한다. 음극과 양극 사이에는 강한 전압이 걸려 있기 때문에 음극을 떠난

전자는 양극에 도달할 때까지 가속하여 표적에 충돌하기 직전에 큰 속력을 갖는다. 전자는 진공관에서 움직여야 한다. 만약 공기가 유리관에 차 있으면 전자가 진행할 때 똑바로 가지 못하고 공기 분자들과 엄청나게 많이 충돌하기 때문에 양극에 도달하는 전자가 거의 없을 것이다. 이런 이유로 X-선 발생장치는 진공관으로 만들어져 있다. 전자가 표적에 충돌하면 전자는 운동 에너지를 잃게 된다. 전자가 잃은 운동 에너지에 대응하는 전자기파가 X-선이다.

그림 12.12는 입사한 전자가 표적을 지나면서 운동 에너지를 잃는 과정을 그린 것이다. 전자는 잃은 에너지에 해당하는 X-선을 방출한다. 그림 12.12의 상단은 음전하를 띤 전자가 양전하를 띠고 있는 텅스텐 핵 근처를 지날 때 직접적인 충돌을 하지 않고 전기적인 인력에 의해서 전자의 궤도가 휘어지면서 가속이 일어난다. 이렇게 전자가 가속하면 X-선이 발생한다. 그림 12.13은 몰리브덴 금속 표적에 전자를 충돌시켰을 때 발생한 X-선의 파장-세기 곡선을 나타낸 것이다. 두 개의 뾰족한 봉우리를 제외한 연속 스펙트럼을 볼 수 있는데 이 연속 스펙트럼은 전자의 브렘슈트랄룽에 의해서 발생한 X-선이다. 두 개의 뾰족한 봉우리는 전자가 몰리브덴 원자의

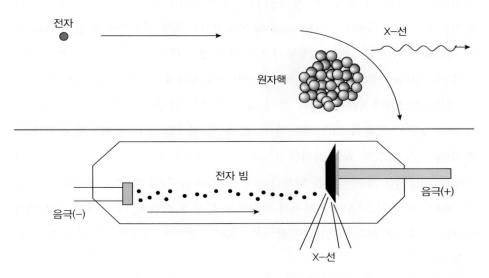

그림 12.12 | 금속 표적에 충돌한 전자가 감속하면서 X-선을 발생하는 모습. 위쪽 그림은 전자(−전하를 띰) 텅스텐 원자핵(+전하를 띰) 근처에서 전기적 인력에 의해 끌리면서 궤도를 바꾸고 가속하면서 엑스선을 발생시키는 모습이다. 아래 그림은 음극에서 발생한 열전자가 양극으로 끌려가다가 표적 금속에 충돌하면서 급감속하면서 X-선을 발생시킨다.

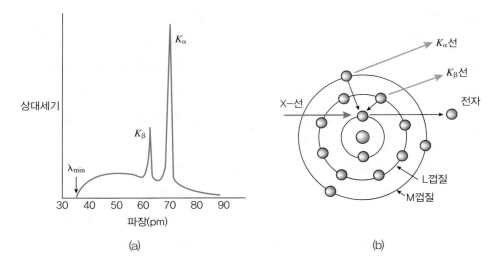

(a)

(b)

그림 12.13 | X–선 발생 세기 분포와 특성 엑스선 발생 원리. (a) 몰리브덴(Mb)에 전자를 충돌시켰을 때 발생하는 X–선 스펙트럼의 상대적 세기 대 파장 곡선, (b) 특성 X–선이 발생하는 원리이다.

내각 전자를 때려서 튕겨 나가게 한 다음, 그 빈자리로 외각 전자들이 전이하면서 발생한 X–선으로 **특성 X–선**(characteristic X-ray)이다. 보통 병원에서 X-선 촬영을 할 때 사용하는 X-선은 브렘슈트랄룽에 의해서 발생한 것을 사용한다. 엑스선은 파장 의 길이가 10 nm~10 pm, 진동수 30 PHz~30 EHz 영역에 속하는 전자기파이다.

그림 12.13(b)에 나타낸 것과 같이 특성 X-선은 진공관의 전자가 금속 원자의 내각 전자와 충돌하여 내각 궤도가 비게 될 때 발생한다. 내각 궤도에 전자가 비 면 위쪽 전자 궤도에 있는 전자들이 내각 전자 궤도로 전이하면서 두 에너지 준위 차이에 해당하는 전자기파를 발생하는데 그 파장이 특성 X-선에 해당한다. 그림 12.13(a)에서 몰리브덴(Mb) 원자에서 발생하는 특성 X-선인 K_α와 K_β에서 강한 세기 의 피크를 볼 수 있다. X-선 단층촬영은 브렘슈트랄룽에 의해서 발생하는 연속 X-선을 사용한다.

●**질문** X-선을 이용한 단층촬영(computed tomography, CT)은 어떤 원리를 사용하는가?

📝 예제 12.4 감마나이프

감마나이프(gamma-knife)란 무엇인가?

풀이

1951년에 스웨덴 의사 **렉셀**(Lars Leksell, 1907~1986)은 방사선을 조사하여 뇌를 절개하지 않고 뇌 질병을 치료하는 방법을 제안하였다. 1968년 렉셀과 스웨덴 물리학자 **라르손**(Borje Larsson, 1931~1998)은 ^{60}Co를 사용한 최초의 **감마나이프**를 제작하여 치료에 사용하였다. 방사선 동위원소인 원자 번호 27번의 ^{60}Co는 반감기가 5.27년이고, β^-붕괴(전자방출) 후에 에너지 1.17 MeV와 1.33 MeV인 감마선을 방출한다. 이 붕괴에서 코발트 원자는 니켈원자로 변한다.

$$^{60}\text{Co} \longrightarrow ^{60}\text{Ni} + \gamma$$

이 감마선은 뇌에서 투과 깊이가 충분하여 치료에 이용하기 좋다. 현대식 감마나이프는 그림 12.14와 같이 방사선을 내는 코발트 발생원 201개를 반구형 위에 배치하고, 뇌 내부의 표적(암)에 조사하여 정상 조직은 죽이지 않으면서 암을 죽일 수

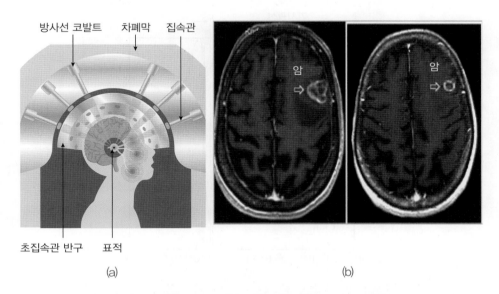

그림 12.14 | (a) 감마나이프의 원리, (b) 감마나이프를 이용한 종양 치료 전과 후의 모습이다. 우측의 암 조직이 감마선을 쪼인 후에 현저히 줄어들었다.

있도록 고안되어 있다. 그림 12.14(a)는 대표적인 감마나이프 장치이며, 그림 12.14(b)
는 감마나이프를 이용하여 치료를 받은 후 종양(tumor)이 줄어든 모습을 볼 수 있다.

12.3 물과 빛

깨끗한 물은 빛을 잘 투과시키므로 깊은 물 속까지 볼 수 있다. 그림 12.15는 파장
에 따른 빛의 투과성을 나타낸 그래프이다. 그래프는 라디오파로부터 감마선까지의
전자기파가 물을 얼마나 잘 통과하는지를 나타낸 것이다. 가시광선에서 조금 벗어
난 적외선이나 자외선은 가시광선보다 투과하기 어렵다. 투과할 수 있는 정도의 차
이는 사실 수십만 배에 이른다. 물이 가시광선(파장 350~700 nm)을 잘 투과하는 것
은 물의 분자구조와 물이 액체로 존재할 때 여러 물 분자의 협동적인 상호작용에
의한 것이다. 인간의 눈이 가시광선을 볼 수 있도록 진화한 것은 지구가 물로 이루
어진 행성이기 때문이다.

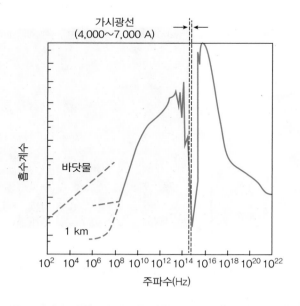

그림 12.15 | 전자기파의 주파수에 따른 물의 흡수계수. 흡수계수
가 크면 빛이 투과하지 못하고 흡수된다.

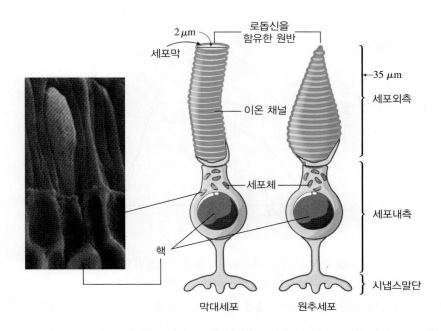

그림 12.16 | 눈의 망막에 분포해 있는 원추세포와 막대세포.

물이 풍부한 지구 표면에서 많은 생명체가 물의 특징을 활용하는 쪽으로 진화하였다. 생명체의 눈이 가시광선을 잘 볼 수 있도록 진화한 것도 이 때문이다. 그림 12.16은 눈의 망막에 분포된 원추세포와 막대세포(간상세포)를 나타낸 것이다. 막대세포는 지름 약 2 μm 원반이 적층된 구조를 하고 있으며 원반의 적층 길이는 약 23 μm이다. 광감지세포인 원추세포와 막대세포는 로돕신(rhodopsin) 고분자의 광화학 작용으로 빛을 감지한다. 로돕신은 옵신(opsin) 단백질과 비타민 A 유도체인 레티넨 (retinal, retinene) 색소 분자로 구성되어 있다. 원추세포는 색깔을 구분하며 파장의 길이가 약 550 nm인 노랑-초록 영역에서 민감도가 가장 크다. 원추세포는 눈 망막의 황반에 밀집해서 분포하고 있으면 황반의 지름은 약 5.5 mm 정도이고 황반의 중심 부분인 중심와(fovea centralis)의 지름은 약 1.5 mm이고 원추세포의 밀집도가 가장 크다.

그림 12.17에서 세로축은 빛의 민감도를 로그를 취해서 나타낸 것이다. 원추세포의 민감도가 가장 큰 곳이 550 nm 근처이다. 원통 막대 모양으로 생긴 막대세포는 명암을 구별한다. 야간에는 명암으로 앞을 식별할 수 있어서 야간시력에 결정적인 영향을 준다. 막대세포는 빛의 파장 길이가 약 510 nm인 초록에서 민감도가 가장

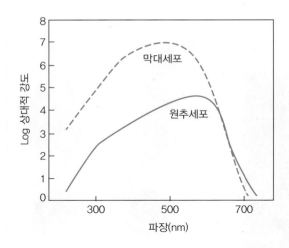

그림 12.17 | 파장에 따른 망막의 빛 감지 세포의 민감도.

크다. 눈의 민감도가 빛 파장의 길이 500 nm 근처에서 가장 민감한 것은 물이 이 영역에서 가장 많은 빛을 투과하기 때문이다. 눈은 진화과정에서 500 nm 근처의 빛이 물을 가장 쉽게 투과한다는 사실을 알게 되었다. 식물은 대개 초록색을 띠고 있는데 식물 잎이 초록인 이유는 식물 잎이 초록색은 흡수하지 않고 반사하기 때문이다. 우연히도 식물의 초록 빛은 우리의 눈이 가장 민감한 빛이다.

눈의 시각세포들은 빛에 아주 민감하게 반응한다. 눈에 들어온 빛의 강도가 1천 배 감소하면 순간적으로 어두움을 느끼지만, 얼마 후에 시력이 회복된다. 이를 암순응(dark adaptation)이라 한다. 암순응이 일어나는 이유는 막대세포와 원추세포가 빛에 반응한 후 광민감성 화학물질의 공급을 늘리는 데 일정한 시간이 필요하기 때문이다. 그림 12.18은 암순응에 걸리는 시간대 빛의 상대적 강도를 나타낸 암순응 곡선을 나타낸 것이다. 원추세포는 어두움에 빠르게 순응하며 약 5분 후에 최대 민감도에 도달한다. 빛의 상대적 세기가 10배 이상 감소해도 원추세포는 빛을 감지한다. 막대세포는 원추세포의 순응이 끝난 후에 순응하며 약 15분 후에 대부분 순응하지만 30분에서 60분까지 계속 순응한다. 아주 어두운 곳에서 시력은 대부분 막대세포가 담당하며 막대세포는 1만 배 이상 빛의 세기가 줄어들어도 30분 후에는 빛을 감지하게 된다. 눈이 빛을 감지하는 최소 빛의 세기 또는 최소 광자의 수를 시각역치(threshold)라 한다. 90개의 광자가 눈에 들어오면 실제로 10개 이하만이 광수용

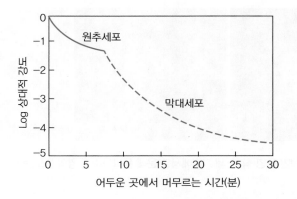

그림 12.18 | 어두운 곳에 머무는 시간에 따른 원추세포와 막대세포가 빛의 상대적 강도에 적응하는 시간을 나타내는 암순응 곡선.

체에 흡수된다. 눈에 들어온 빛의 3%는 각막의 표면에서 흡수되고 약 50%는 각막, 수정체, 방수, 유리체 등에서 흡수된다.

눈으로 들어온 영상은 망막의 **시신경세포**에서 감지된 다음 시각신경으로 전송되어 후두엽의 **시각피질**로 전달된다. 뇌의 시각피질은 눈에서 들어온 정보를 처리하여 시각 영상으로 인식한다. 뇌가 사물을 인식할 때 다양한 착시를 일으키는데 이는 뇌의 영상처리 방식 때문에 발생한다. **마하 띠**는 음영 착시의 일종으로 그림 12.19와

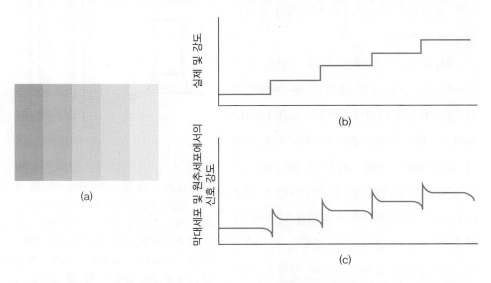

그림 12.19 | (a) 밝고 어두움이 일어나는 경계에서 마하 띠 착시. (b) 실제 빛의 세기 변화는 계단모양으로 일어난다. (c) 시각신경 세포에서 발생하는 신호의 세기는 음영의 경계에서 크게 변한다.

그림 12.20 │ 대표적인 음영 착시. 세 그림에서 가운데 동그라미 음영의 농도는 모두 같다.

같이 밝은 띠 근처의 경계는 더 어둡게 보이고 어두운 띠 근처는 더 밝게 보이는 현상 때문에 발생한다. 그림 12.19(a)에서 밝기의 변화는 왼쪽에서 오른쪽으로 가면서 밝기가 밝아진다. 명암의 밝기는 그림 12.19(b)와 같이 계단 형식으로 일정하게 명암이 밝아진다. 그러나 눈의 막대세포에서 발생하는 신호의 세기 변화는 그림 12.19(c)와 같다. 밝기가 변하는 경계에서 펄스 모양의 신호 세기의 변화가 발생한다.

대표적인 **음영** 착시는 그림 12.20에서 볼 수 있다. 그림에서 3개의 동그라미 음영의 밝기는 모두 같다. 다만 동그라미가 놓여 있는 배경의 밝기는 오른쪽으로 갈수록 밝아진다. 이 세 그림을 동시에 보면 왼쪽과 오른쪽의 동그라미가 도드라져 보이는 것을 볼 수 있다.

착시의 또 다른 예는 폭과 직선을 인식할 때 발생한다. 그림 12.21은 폭–높이 착시와 **직선** 착시를 나타낸 것이다. 그림 12.21(a)에서 바닥쪽 곡면의 길이와 세운 기둥 모양의 곡면 길이는 서로 같다. 하지만 세운 기둥 모양의 곡면 길이가 더 길어 보인다. 그림 12.21(b)는 대표적인 직선 착시를 나타낸 것이다. 두 그림에서 직선은 평행한 직선이지만 직선 주변의 갈매기 모양의 방향은 직선을 굽어 보이게 한다. 우리 눈은 사물을 전

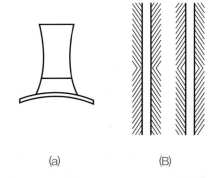

(a)　　　　　(B)

그림 12.21 │ (a) 폭–높이 착시. 아래쪽 바닥의 곡면 길이와 세운 기둥의 곡면 길이는 같다. 세운 기둥의 곡면 길이가 훨씬 길게 느껴지는 착시가 일어난다. (b) 직선 착시. 주위의 갈매기 모양의 방향에 따라서 직선이 굽어 보인다. 실제 두 직선은 평행한 직선이다.

체적으로 파악하기 때문에 주변 상황에 따라서 사물을 인식하게 된다. 따라서 정밀한 작업을 필요로 할 때 착시에 주의해야 한다. 보이는 것이 모두 진실은 아니다.

색과 보색

컬러 프린터의 잉크 묶음은 4개의 색으로 되어 있다. 잉크의 색은 노란색(yellow), 자홍색(magenta), 청록색(cyan), 검은색(black)으로 되어 있다. 텔레비전이나 컴퓨터 모니터의 색소는 RGB(red, green, blue)로 되어 있다. 빛의 삼원색과 잉크의 기본색이 서로 다르다. 보색(complemenatay color)은 인쇄나 미술에서 색상의 대비를 말한다. 색상환(color wheel)에서 서로 마주보고 있는 색이 서로 보색관계에 있다. 보색을 이용하면 다양한 효과를 연출할 수 있다. 마트에서 붉은색의 고기를 강조하기 위해서 고기 주변에 초록색 인조 풀을 배치하는 것은 보색관계를 이용한 것이다.

🖋 예제 12.5 컬러 잉크의 4가지 색

색은 삼원색을 합성하면 모든 색을 표현할 수 있다. 그런데 컬러 프린터는 4가지 색의 토너를 사용한다. 그 이유는 무엇인가?

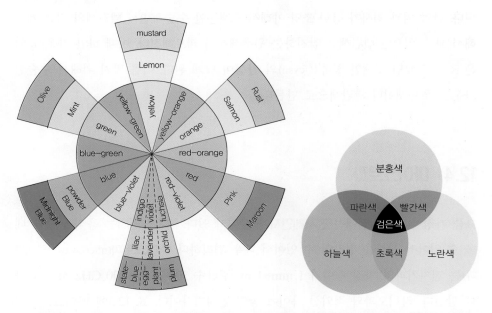

그림 12.22 | 색상환(color wheel). 색의 보색관계를 나타내면 빨간색의 보색은 초록색이다.

그림 12.23 | 칼라 인쇄의 삼원색을 겹쳤을 때 표현되는 색깔.

497

풀이

컬러 프린터 잉크나 토너 패키지는 4색 묶음으로 되어 있다. 잉크의 색은 청록색, 자홍색, 노란색, 검은색으로 되어 있다. 삼원색을 섞으면 모든 색을 표현할 수 있어야 한다. 특히 삼원색을 완전히 겹쳐서 인쇄하면 검은색이 나와야 한다. 그런데 잉크의 색소는 완벽하게 순수하지 않기 때문에 3색을 겹쳐서 인쇄하면 검은색이 아니라 갈색(brown)이 된다. 따라서 검은색을 완벽히 재현하기 위해서 4번째 잉크는 검은색이 되어야 한다. 물론 경제적인 면에서 삼원색을 겹쳐서 인쇄하면 컬러 잉크의 소모가 많고 경제적이지 못하다. 또 흑백 인쇄를 많이 하기 때문에 검정 잉크는 경제적인 측면에서도 꼭 필요하다.

예제 12.6 수술 가운의 색

왜 수술실 가운은 파란색이나 초록색인가?

풀이

진한 빛깔을 오랫동안 보고 있으면 망막의 세포 중 색깔을 감지하는 원추(원뿔)세포가 피로해진다. 이런 상태로 하얀 표면을 보면 강렬한 보색의 잔상(보색잔상)이 남게 된다. 만약 외과 의사가 강한 조명 아래서 오랫동안 수술하면서 빨간색의 피를 계속해서 보고 있으면 빨간색을 감지하는 원추세포가 피로해진다. 이때 하얀 가운을 입은 조수를 보면 보색인 청록색(cyan)의 잔상이 남게 된다. 이를 막기 위해서 수술실 가운을 초록색이나 파란색으로 만든다.

12.4 마이크로파

요즘 가정이나 편의점에는 전자레인지가 갖춰져 있다. 전자레인지는 음식을 쉽게 데울 수 있어서 시간을 절약할 수 있어서 매우 편리하다. 마이크로파(microwave, 극초단파)는 전자기파의 파장 길이가 1 mm~1 m, 주파수 300 MHz~300 GHz 사이의 파를 말한다. 라디오파와 적외선 사이에 놓인 전자기파이다. 표 12.3에 마이크로파의 제원을 요약하였다.

498

표 12.3 | 전자기파의 명칭과 대역 및 광자 에너지

전자기파 명칭	파장(nm)	주파수(Hz)	광자 에너지(eV)
라디오파	1 m~100 km	3 kHz~300 MHz	12.4 feV~1.24 μeV
마이크로파	1 mm~1 m	300 MHz~300 GHz	1.24 μeV~1.24 meV
적외선	750 nm~1 mm	300 GHz~400 THz	1.24 meV~1.7 eV
가시광선	390 nm~750 nm	400 THz~770 THz	1.7 eV~3.2 eV
자외선	10 nm~400 nm	750 THz~30 PHz	3 eV~124 eV
엑스선	0.01 nm~10 nm	30 PHz~30 EHz	124 eV~124 keV
감마선	< 0.02 nm	> 15 EHz	> 62.1 keV

마이크로파를 발생시키는 마그네트론 (magnetron)은 1921년에 제너럴일렉트릭 (GE)의 연구원 앨버트 왈러스 헐(Albert Wallace Hull, 1880~1966)이 처음 발명하였다. 실용적인 마그네트론은 1940에 영국 버밍햄대학교의 존 랜달(John Landall, 1905~1984)과 해리 부트(Harry Boot, 1917~1983)가 개발한 공동 마그네트론(자전관, cavity magnetron)을 발명하면서 널리 쓰이게 되었다. 그림 12.24와 같이 양극

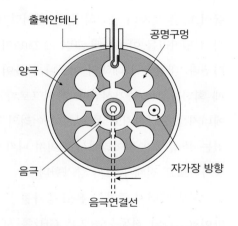

그림 12.24 | 공동 마그네트론(자전관) 구조.

은 구멍이 뚫린 형태를 하고 있고 회전하는 중심의 음극에서 열전자가 방출된다. 방출된 열전자는 단면에 수직하게 걸린 자기장에 의해서 원운동을 하면서 양극으로 운동하면서 마이크로파가 방출된다.

음식물은 대부분 물 분자(H_2O)를 포함하고 있으며, 물 분자의 구조는 그림 12.25와 같다. 그림 12.25(a)의 그림과 같이 물 분자의 전자 분포는 비대칭적이어서 전기쌍극자 모멘트(electric dipole moment)를 가지고 있다. 즉, 수소와 산소 분자가 공유하는 전자는 평균적으로 수소 분자보다는 산소 분자 쪽에 가깝게 있다. 따라서 산소 분자는 평균적으로 음전하 상태이고, 수소 원자는 양전하 상태이다. 이처럼 양

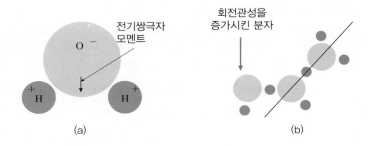

그림 12.25 | (a) 물 분자의 구조와 (b) 물 분자 집단의 회전.

전하와 음전하가 서로 분리되어 가까이 있는 상태를 **전기쌍극자**라 하고 전기쌍극자
는 '전기쌍극자 모멘트'를 갖는다. 이처럼 전하가 분리되어 있으면 한 분자의 양전하
끝이 다른 분자의 음전하 끝을 끌어당겨서 결합한다. 대개 2개~5개의 분자가 결합
하여 덩어리를 이루는데 그림 12.25(b)의 그림은 3개의 물 분자가 결합한 모양을 나
타낸다. 대칭축에 대해서 어긋나게 붙어 있는 물 분자는 물 분자 덩어리가 회전할
때 회전관성을 증가시킨다. 마이크로파는 물 분자 덩어리가 회전축으로 회전하는
에너지를 증가시키고 물 분자 덩어리의 평균 에너지 증가는 대칭축에 벗어나 붙어
있는 물 분자가 덩어리에서 떨어져 나가게 한다. 결국 물 분자의 평균운동 에너지가
증가하므로 전체 온도가 증가한다.

내부 에너지 증가는 온도 증가를 뜻하므로 온도가 상승하여 음식이 익게 된다.
마이크로파의 진동수는 2.45 GHz를 사용하는데, 이것은 마이크로파가 음식 속으
로 침투하는 깊이를 고려하여 결정한 것이다.

📎 예제 12.7 전자레인지 구멍

왜 마이크로파는 전자레인지 창틀의 구멍을 통해서 새지 않는가?

풀이

빛의 파동을 이용하여 물체를 볼 때 파장보다 작은 물체는 식별할 수 없다. 가시광
선의 파장보다 훨씬 작은 원자를 가시광선을 이용하여 직접 볼 수 없다. 마이크로
파의 파장은 대략 12 cm이므로 이보다 크기가 훨씬 작은 전자레인지 창틀의 구멍
으로 새지 않는다. 그러나 가시광선의 파장은 마이크로파보다 훨씬 작아서 가시광

그림 12.26 | 전자레인지 창틀의 구멍 지름은 약 12 cm이므로 마이크로파가 새어 나올 수 없다.

선은 작은 구멍을 통과할 수 있다.

12.5 방사선의 이용

뢴트겐이 발견한 X-선은 의학 진단용으로 사용되었을 뿐만 아니라 원자의 세계를 볼 수 있는 방법을 제공하였다. 1912년에 **막스 폰 라우에**(Max von Laue, 1879~1960, 독일 물리학자)는 고체의 결정에 X-선을 비추면 그 결정구조에 해당하는 회절 무늬가 생기는 것을 관찰하였다. 이후 X-선은 물질의 결정구조를 분석하는 데 널리 이용되었다. 라우에의 발견은 **결정학**을 발전시키는데 커다란 기여를 하였다. 라우에는 나치에 반대하였다. 1912년에 **브래그**(Sir William Lawrence Bragg, 1980~1971, 호주태생의 영국 물리학자)는 결정 평면에서 반사한 X-선의 간섭을 이용하여 두 결정면의 격자 거리를 측정하는 **브래그 법칙**(Bragg' law)을 발견하였다. 이 법칙은 **브래그 회절**(Bragg's diffraction)이라고도 부른다. 브래그는 1915년에 이 업적으로 노벨물리학상을 수상하였으며 X-선 결정학의 발전에 큰 공헌을 하였다. 1953년 왓슨과 크릭은 DNA 결정구조의 X-선 회절 무늬로부터 DNA 이중 나선구조를 발견하였다. 이렇듯 X-선은 의학뿐만 아니라 물리학에서 커다란 기여를 하였으며 지금도 널리 사용되고 있다.

X-선을 의학적으로 이용할 수 있다는 것은 X-선 발견 초기부터 많은 과학자에 의해서 탐구되었다. 미국의 그루브(Emile Heman Grubbe)은 X-선을 암 치료에 사용할 수 있음을 제안하였다. 오늘날 평생 암에 걸릴 확률은 4명 중에서 1명꼴이

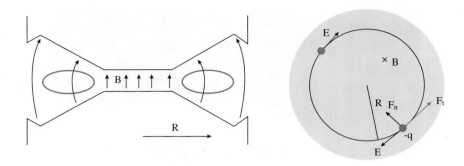

그림 12.27 | 베타트론의 단면과 자기장에 수직한 평면에서 전자의 가속.

다. 1940년 이전까지 치료에 사용한 방사선 에너지는 진단용 방사선의 에너지와 거의 같았다. X-선을 치료용을 사용하기 위해서는 진단용보다 더 높은 에너지가 필요한데 1940년 후반에 높은 에너지의 방사선을 생성할 수 있는 기술이 발견되었다. 1940년에 도널드 커스트(Donald William Kerst, 1911~1993, 미국, 물리학자)는 전자 가속기(electron accelerator)인 베타트론(Betatron)을 발명하였다. 이 장치는 전자를 45 MeV의 에너지로 가속하여, 매우 투과성이 좋은 높은 강도의 X-선을 생성하였다. 전자의 운동 에너지를 나타내는 eV(electron Volt)는 전자 하나가 1 V의 전압에서 정지상태에서 가속하여 얻은 운동에너지로 1 eV = 1.6×10^{-19} J이다. 질량이 9.1×10^{-31} kg인 전자가 1 V의 전압에 의해서 정지상태에서 가속하면 속력이 약 2백만 km/hr에 달한다. 투과성이 좋은 강한 X-선을 이용하여 1948년에 이 장치는 암 치료에 사용되었다.

X-선 피폭량

의학적으로 사용하는 X-선은 인체에 가장 적은 영향을 주면서, 좋은 해상도의 사진을 찍어야 한다. X-선 피폭량(radiation exposure)의 단위는 뢴트겐을 사용한다. 이 단위는 공기에서 X-선이 만드는 전하량(electric charge)을 기준으로 삼는다. 1 kg의 건조한 공기에 2.58×10^{-4} C의 전하량이 생성되었을 때, 이것을 1뢴트겐(R, Roentgen)이라 한다.

$$1 \text{ R} = 2.58 \times 10^{-4} \text{ C/kg}$$

1 C의 전하량은 얼마 정도 될까? 전자 하나의 전하량은 -1.6×10^{-19} C이다. 따라서 약 6×10^{18}개의 전자가 모여 있으면 총 전하량이 -1 C 정도된다. 표 12.4는 대표적인 방사선량의 단위를 요약한 것이다.

인체에 방사선이 노출되었을 때 선량(dose) 또는 흡수선량(absorbed dose)은 1975년까지 rad 단위를 사용하였다.

$$1 \text{ rad} = 100 \text{ ergs/g} = 10 \text{ mJ/kg}$$

rad 단위는 모든 형태의 방사선에 사용할 수 있는 단위이다. 반면, 뢴트겐(R)은 X-선

표 12.4 | 대표적인 방사선량의 단위

방사선량	정의	관계
조사선량 (exposure)	감마선이나 X-선이 공기에서 이동하면서 생성한 이온 또는 전자의 에너지의 양이다. 공기의 단위 질량 당 생성된 총 전하량을 C/kg으로 표시한다.	$1 \text{ R} = 2.58 \times 10^{-4} \text{ C/kg}$
흡수선량 (absorbed dose)	방사선이 매질에 흡수된 에너지양으로 단위는 그레이(Gray, Gy)를 사용하고, 매질 1 kg에 1 J이 흡수되면 1 Gy가 된다.	1 Gy = 100 rad 1 rad = 10 mJ/kg
등가선량 (equivalent dose)	인체에 미치는 방사선의 영향을 나타내는 것으로 방사선의 종류와 에너지에 따라 인체에 미치는 방사선 영향이 각각 다르므로 흡수선량에 방사선가중치를 고려하게 된다. 등가선량의 표준단위는 시버트(Sievert, Sv)를 사용한다.	= 흡수선량(Gy) × 방사선 가중치(광자 = 1)
유효선량 (effective dose)	인체에 미치는 방사선 영향을 나타내는 것으로 신체의 조직 및 장기에 따라 방사선 영향이 각각 다르므로 등가선량에 조직가중치를 고려하게 된다. 단위는 등가선량과 같다.	= 등가선량(Gv) × 조직 가중치(전신 = 1)

503

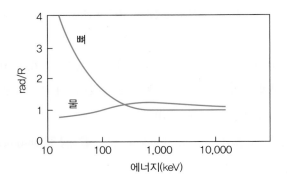

그림 12.28 | 방사선의 에너지에 따른 rads/R 비율 곡선. 물보다는 뼈가 받는 선량이 크다. 따라서 인체의 조직은 부위에 따라서 방사선 흡수량이 다르다.

과 감마선에만 사용하는 단위이다. 연한 조직(soft tissue)에 1 R의 X-선 또는 감마선을 쪼여주면 선량은 거의 1 rad와 같다. 그러나 뼈에 1 R의 X-선을 쪼이면 조사량은 4 rad와 같다. 즉, 신체 조직에 따라서 노출 효과가 달라진다. 그림 12.28은 조직이 흡수하는 에너지가 광자의 에너지와 조직의 구성에 따라서 달라짐을 나타낸다. 높은 에너지에서 rad와 뢴트겐의 비(rad/R)는 거의 같지만 낮은 에너지에서 rad/R은 거의 4가 된다. 1975년에 국제방사선 표준국에서는 방사선 선량을 그레이(Gray, Gy)로 통일하였다. 매질 1 kg에 1 J의 방사선 에너지가 흡수되면 1 Gy가 된다.

$$1 \text{ Gy} = 1 \text{ J/kg} = 100 \text{ rads}$$

방사선은 왜 해로운가?

X-선, 감마선 등의 방사선을 의학적으로 이용하고 있지만, 방사선에 과다하게 노출되면 매우 위험하다. 방사선에 과다 노출되면 세포가 죽게 된다. 방사선은 세포에 돌연변이를 일으킬 수 있으며 정상세포가 암으로 발전할 수 있도록 한다. 방사선은 어떻게 세포를 죽일까? 방사선이 세포를 얼마나 죽이는지 알아보기 위해서 배양접시에 세포를 바른 다음 살아있는 세포의 수를 모두 센다. 그림 12.29는 배양접시에 세포를 올려놓고 세 가지 방사선을 쪼였을 때 생존한 세포의 비율을 나타낸다. 에너지 4 MeV 알파선을 쪼였을 때 세포의 생존율은 급격히 떨어진다. 양전하를 띠고

있는 알파선은 쉽게 세포를 죽이며 상대적으로 에너지가 낮은 엑스선을 쪼였을 때 세포의 생존율은 높다.

방사선이 생존율 곡선에 주는 영향은 방사선의 선형에너지전달(Linear Energy Transfer, LET)에 크게 의존한다. 그림 12.29에서 알파선의 LET는 약 160 keV/μm이다. 즉 세포층 1 μm 당 160 keV의 에너지를 세포에 전달한다. 중성자의 LET는 약 12 keV/μm이고, 250 kVp X-선의 LET는 약 2 keV/μm이다(Hobbie 1997, p439). 알파선과 중성자를 고-LET(High LET) 방사선이라고 하고 X-선을 저-LET(Low LET) 방사선이라 한다. 고-LET 방사선은 입자가 지나가는 궤도 주변에 많은 이온을 생성하여 세포와 DNA에 직접적인 손상을 일으킨다. 한편 저-LET 방사선은 물 분자를 이온화시킨다. 이로 인해 생성된 과산화수소 유리기(Hydrogen peroxide free radical)들이 생체고분자를 손상한다. 화학적 반응 단계는 다음과 같다.

$$H_2O \;\rightarrow\; H_2O^+ + e^-$$
$$H_2O^+ + H_2O \;\rightarrow\; H_3O^+ + OH$$

과산화수소 유리기인 H_3O^+는 화학 반응성이 매우 크기 때문에 생체고분자들의 결합을 방해하여 세포에 영향을 준다. 세포 내에서 정상적인 생체고분자들이 생성되

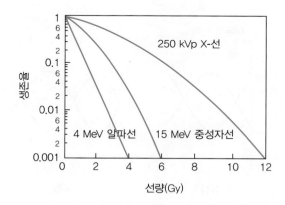

그림 12.29 | 배양접시에 세포를 올려놓고 방사선을 쪼였을 때 세포의 생존율 곡선. 쪼여준 방사선은 각각 4 MeV 알파선, 15 MeV 중성자선, 250 kVp의 X-선을 쪼여주었다. 양전하를 띠고 있는 알파선은 에너지가 낮아도 세포를 쉽게 죽인다.

지 않으면 인체의 세포들은 정상적인 생명 활동을 유지할 수 없으므로 세포들이 죽거나 변형되어 인체에 직접적인 영향을 준다.

방사선은 세포핵의 염색체에 직접적인 영향을 주어 돌연변이를 일으키거나 세포를 죽게 한다. 세포 하나에 1 Gy의 방사선을 쪼이면 세포핵 1개당 약 2×10^5 이온이 생성되며 약 2,000개는 세포의 DNA에서 생성된다. 생성된 이온들은 그림 12.30과 같이 DNA 이중나선을 끊을 수 있다. DNA 이중나선 중에서 한 가닥(single strand)을 끊는 것을 A-유형이라 하고 이온들이 DNA 이중나선의 두 가닥을 동시에 끊는 것을 B-유형이라 한다. 방사선 1 Gy는 DNA 손상의 A-유형 약 1,000개와 B-유형 약 40개를 발생시킨다. 방사선에 의해서 A-유형의 손상이 일어날 확률은 방사선의 선량(dose)에 비례한다. 방사선 선량 D에 피폭되었을 때 A-유형 손상을 입을 확률은 선량 D에 비례하고 B-유형 손상을 입을 확률은 D^2에 비례한다. 손상된 총 세포의 수는 $m = \alpha D + \alpha D^2$이고 α와 β는 상수이다. 방사선량이 D일 때 세포가 손상을 입지 않은 확률은 푸아송 분포를 따른다. 즉 생존확률은

$$P_{생존} = e^{-m} = e^{-\alpha D - \beta D^2}$$

이다. 이 식을 방사선에 피폭되었을 때 세포 생존에 대한 **선형–제곱 모형**(linear-quadratic model)이라 한다. 방사선 피폭량이 증가할수록 세포의 생존확률은 지수함

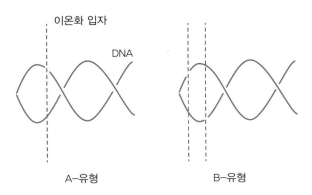

그림 12.30 | 방사선이 만든 이온들이 DNA 이중나선을 끊는 두 가지 유형. DNA 손상의 A–유형은 DNA 이중나선의 한 가닥이 이온에 의해서 끊기며, 유형 B는 이중나선의 두 가닥이 동시에 끊기는 것을 말한다.

수적으로 급격히 감소한다. 일상생활에서 우리는 자연 방사선량을 받게 되는데 이는 세포를 죽일 만큼은 강하지 않다. 다만 방사선을 많이 쪼이면 세포의 돌연변이 확률을 높이고 돌연변이는 암으로 발전할 수 있어서 되도록 방사선을 쪼이지 않는 것이 좋다. 병원에서 피폭되는 방사선도 불필요한 경우 피폭되지 않도록 조심하는 것이 좋다.

 생활과 과학

13장

빛과 이미지

태양에서 발생한 빛은 진공의 공간을 똑바로 달려서 지구에 도달한다. 지구는 적당한 중력 때문에 공기 분자들을 붙잡아 두어 대기를 형성하고 있어서, 빛은 지구의 대기에서 첫 번째 난관을 맞는다. 태양 빛의 약 30%는 대기에서 바로 반사되어 우주로 나가고 약 70%의 빛이 대기를 투과한다. 대기를 통과한 빛은 우리에게 하늘빛을 선사하고 지면에 도달한 빛은 뭇 생명의 원천이 된다. 식물의 광합성은 빛을 이용하여 에너지를 축적하고 동물은 그 에너지를 섭취하여 지구생태계에서 에너지 순환이 일어난다. 빛이 없는 지구는 아마 죽음의 행성이 될 것이다. 빛은 물질들과 다양한 상호작용을 한다.

무더운 여름날 갑작스러운 소나기는 우리를 당황케 한다. 소나기는 갑자기 오는 경우가 많아서 우산을 준비할 시간이 없다. 소나기가 지나가고 나서 하늘에 뜬 무지개를 본 일이 있을 것이다. 도시 지역에서는 무지개를 보기 어렵지만, 교외 지역으로 나가면 가끔 무지개를 볼 수 있다. 어렸을 때 무지개가 뜨면 동네 아이들은 무지개를 잡으려고 무지개를 향해서 돌진했다. 그러나 누구도 무지개를 잡을 수 없었다. 무지개를 향해서 달려가면 무지개는 또 저만치 멀리 가 있기 때문이다. 왜 그럴까?

빛은 직진하는 성질이 있지만, 빛이 다른 매질로 입사하면 경로가 꺾인다. 이것은 빛이 진행할 때 최단 거리로 진행하려는 자연의 경제성 때문이다. 투명한 두 매질의 경계면을 지날 때 빛의 반사, 굴절, 전반사 현상과 이를 이용한 광섬유의 원리를 알아보자.

13.1 빛과 반사

청동기 시대와 철기 시대에는 다뉴세문경(多鈕細紋鏡, 잔무늬 거울)이라 부르는 청동 거울을 사용하였다. 다뉴(多鈕)는 고리가 많다는 뜻이고 뉴(鈕)는 옛 말의 음이다. 세(細)는 세밀하다는 뜻이며 문(紋)은 문양을 뜻한다. 즉, 고리가 있으며 세밀한 문양이 그려진 거울이란 뜻이다. 당시에는 오늘날처럼 빛을 잘 반사하는 물질을 알지 못했기 때문에 구리와 주석을 섞은 청동거울을 만들었다. 그림 13.1은 충남 논산시에서 출토된 국보 제141호인 아름다운 다뉴세문경이다. 아름답고 세밀한 문양이 그

그림 13.1 | 우리나라 청동기 시대에 사용한 잔무늬 거울. 이 거울은 국보 제141호로 충남 논산에서 출토되었으며 고리 구멍, 기하학인 세밀한 문양이 새겨져 있는 독특한 모습을 하고 있다.

려진 것은 중국이나 일본에는 없는 형식의 거울이고 북방계 청동 문화의 특징이다. 청동거울을 잘 연마하면 얼굴을 비춰볼 수 있을 정도의 거울이 된다. 당시의 청동거울은 샤먼인 제사장이 제사 의식을 향할 때 사용하였을 것이다. 삼국시대에는 귀족들이 주로 사용했을 것으로 추정하고 있다.

유리는 기원전 15세기쯤부터 사용된 것으로 추정된다. 신라미추왕릉(경주 황남동)에서 출토된 상감 유리구슬은 신라 시대에 유리가 전해 내려왔음을 보여준다. 유리는 이산화규소(SiO_2)를 포함하고 있는 규사(모래)나 석영에 탄산소다, 석회암 등을 섞어서 만든다. 유리는 결정구조가 아닌 비정질(amorphous structure) 구조를 하고 있으며 투명하여 빛을 투과시킨다. 빛이 투명한 두 매질의 경계면을 지나면 여러 가지 현상이 일어난다. 그 중 대표적인 현상이 반사와 굴절이다. 먼저 빛의 반사에 대해서 살펴보자. 빛이 경계면에서 반사할 때 **반사의 법칙**을 따른다. 반사의 법칙은 다음과 같다.

"입사각과 반사각은 서로 같다."

그림 13.2는 빛이 두 매질의 경계면을 지날 때 입사각, 반사각, 굴절각을 표시한 것이다. 입사각, 반사각, 굴절각은 두 경계면의 수직선(법선)에 대한 빛살까지의 각도

로 정의한다. 레이저와 같이 빛이 퍼지지 않는 빛살(ray)을 평평한 유리면에 입사시키면 면에서 입사한 빛은 대부분 유리 내로 굴절하여 들어가고 일부는 유리면에서 반사한다. 빛이 반사할 때 빛은 반사의 법칙을 따르기 때문에 다른 곳으로 가지 않고 정확히 입사각과 같은 반사각을 가지면서 빛이 들어온 같은 매질 내로 반사된다.

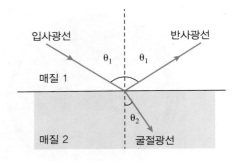

그림 13.2 | 빛의 반사와 굴절. 유리에 입사한 빛의 입사각과 반사각은 서로 같고, 굴절각은 스넬의 법칙을 따른다.

거울반사

경계면이 평평하여 반사의 법칙이 명백히 성립하는 반사를 거울반사라 한다. 대표적인 예는 평평한 거울에서 반사이다.

확산반사

경계면이 평평하지 않을 때 일어나는 반사를 확산반사라 한다. 종이 위에서 일어나는 반사는 대표적인 확산반사이다. 어두운 곳에서 종이 위에 손전등을 비춰보면 빛이 모든 방향으로 반사되는 것을 볼 수 있다. 이 경우에도 경계면의 미시적인 영역에서 반사의 법칙이 성립한다. 미시적인 반사면이 매우 불규칙하게 배열하여 있어서 빛이 사방으로 흩어진다.

🎙 예제 13.1 전신거울

전신거울은 크기가 얼마나 되어야 할까?

풀이

몸 전체를 거울에 비추려면 거울의 크기는 얼마나 되어야 할까? 보통 전신거울의 크기는 몸 전체의 크기보다 작다. 그림 13.3에서 보듯이 사람의 눈에 들어오는 빛은 거울에서 반사된 빛이다. 전신을 보려면 머리끝에서 반사된 빛과 발끝에서 반사된 빛을 동시에 볼 수 있어야 한다. 따라서 사람 키의 반 정도가 되는 거울은 전신을

그림 13.3 | 전신거울. 전신을 비추는 최소 크기의 거울은 키의 절반 크기 거울이다.

비추어 준다.

📝 예제 13.2 호수에 비친 달빛

호수나 바다 위에 달이 뜨면 달빛이 수면 위에 길게 뻗쳐서 다가오는 것처럼 보인다. 그 이유는 무엇인가?

풀이

호수에 물결이 없이 평평하면 달의 그림 자만 보인다. 그러나 그림 13.4와 같이 수 면의 일렁이는 물결 때문에 반짝이는 달 빛이 생겨난다. 수평선 저 너머까지 일렁 이는 수많은 수면파의 볼록한 마루에서 여러 각도로 반사되는 달빛이 눈에 들어 오게 되므로 길게 뻗쳐서 반짝이는 달빛 이 생긴다.

그림 13.4 | 달빛에 비쳐 일렁이는 물결의 모습.

빛의 속도는 매질 속에서 느려지고, 빛은 진공에서 가장 빠르다. 진공에서 빛의 속도보다 빠른 것은 어떤 것도 없다. 유리, 물과 같은 투명한 매질에서 빛이 느려진 속도의 비율을 굴절률로 나타낼 수 있다.

513

"빛의 속도는 진공에서 가장 빠르고 물질 내부에서 느려진다."

굴절률은 진공에서 빛의 속도와 물질 내에서 빛의 속도의 비로 정의한다.

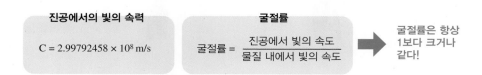

진공에서의 빛의 속력

$C = 2.99792458 \times 10^8$ m/s

굴절률

$$\text{굴절률} = \frac{\text{진공에서 빛의 속도}}{\text{물질 내에서 빛의 속도}}$$

➡ 굴절률은 항상 1보다 크거나 같다!

13.2 빛의 경제성과 굴절

물질은 빛의 속도에 영향을 주어 속도를 감소시킨다. 매질 내에서 빛의 속도는 진공에서 빛의 속도를 굴절률로 나눈 값이 된다. 이제 굴절률이 다른 두 매질의 경계를 빛이 지나가면 어떤 일이 일어날까? 이 질문은 바로 뉴턴이 프리즘을 가지고 했던 실험에 관한 질문이었다. 빛이 굴절률이 다른 매질을 지나가면 "최소 시간 경로의 원리"인 페르마의 원리(Fermat's principle)을 따른다.

"빛은 두 매질을 지나갈 때 최소 시간 경로로 지나간다."

이를 빛의 최소 시간의 원리(빛의 경제성)라 한다. 이 원리를 이용하여 빛의 굴절 현상을 설명할 수 있다.

✎ 예제 13.3 백사장의 인명구조 요원

해변에 있는 인명구조 요원이 물에 빠진 사람을 구조해야 한다. 어떤 경로를 택하는 것이 최소의 시간이 걸리는 경로일까?

풀이

해변의 점 L에 있는 인명구조 요원이 점 P의 물에 빠진 사람을 구조해야 한다. 어떤 경로를 택하는 것이 최소의 시간이 걸리는 경로일까? (단, 육지에서 사람의 속력이 물에서보다 더 크다) 그림 13.5와 같이 구조원의 속력이 육지에서 더 빨라서 LaP를 택하는 것보다 LcP를 택하는 것이 더 빠를 것이다. 그러나 시간을 최소로 하는 경로는 b와 c 사이의 어떤 점으로 직선으로 뛰어간 다음 물속에서 수영하는 것이다. 그 어떤 점의 위치는 육지와 물에서 사람의 속력에 의해서 결정된다. 점 L에서 비춘 빛이 점 P를 지나간다면 빛이 택하는 경로는 인명구조 요원의 최소 시간 경로와 흡사하게 해석할 수 있다.

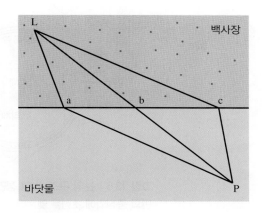

그림 13.5 | 백사장의 L에서 출발한 사람이 물에 빠진 P 점의 사람을 가장 빨리 구조하려면 어떤 경로로 가야 할까? 백사장에서 구조원의 속력은 바닷물에서보다 빠르다.

굴절의 법칙

빛의 속도가 매질마다 다르고, 빛은 최소 시간의 원리를 따르기 때문에 빛이 매질의 경계면을 지나갈 때 굴절하게 된다. 그림 13.2와 같이 빛이 광학적으로 밀한 물질로 (굴절률이 큰) 들어가면 법선에 가까워지는 방향으로 휘고, 소한 물질로 (굴절률이 작은) 들어가면 법선에서 멀어지는 쪽으로 휜다. 이 법칙은 스넬(W. Snell)이 발견하였으며 **굴절의 법칙** 또는 **스넬의 법칙**이라 한다.

$$굴절의 \ 법칙(스넬의 \ 법칙) \rightarrow n_1\sin\theta_1 = n_2\sin\theta_2$$

여기서 n_1은 입사 매질의 굴절률이고, n_2는 굴절 매질의 굴절률이다. 각 θ_1은 빛의 입사각이고, θ_2는 빛이 굴절각이다(그림 13.2 참조). 굴절의 법칙은 예제 13.3에서 인명구조 요원의 경로를 입사각과 반사각으로 표시하면 구할 수 있다.

눈의 구조와 굴절률

우리의 눈은 매우 정교한 광학적 구조로 되어 있다. 그림 13.6은 우리 눈의 구조를 나타낸 것이다. 눈의 전면에 있는 **각막**(cornea), **동공**(pupil), **홍채**(iris, 조리개), **수정체**(lens, 렌즈), **유리체**(vitreous humor)가 눈에 들어오는 빛의 초점을 잡는 데 이바지한다. 시신경이 있는 부분은 눈으로 들어온 빛을 감지하는 곳이고 눈의 앞쪽은 빛을

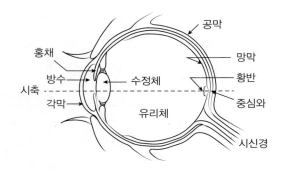

그림 13.6 | 눈의 구조. 눈의 정면으로 들어온 빛은 황반의 중심와에 초점을 맺는다.

모아서 눈 내부를 보내는 역할을 한다. 공기에서 진행하던 빛은 제일 먼저 각막으로 들어온다. 각막은 눈 앞부분의 맑고 투명한 융기부로 초점 잡는데 약 2/3의 역할을 하며 나머지 부분이 약 1/3의 초점을 잡는다. 정밀한 초점을 수정체(렌즈)에 붙어 있는 근육에 의해서 렌즈의 곡률 변화로 초점을 잡는다. 멀리 있던 물체를 눈 가까이 가져오면 수정체의 모양이 변하면서 초점을 잡게 된다. 눈에 들어온 빛은 망막에 분포한 시신경에 의해서 빛이 감지한다. 빛은 시신경에 분포한 색소 분자에 의해서 빛 에너지를 전기 에너지로 전환하여 시신경을 통해서 뇌에 전달한다.

각막은 눈의 검은자 위에 위치하며 두께는 평균 0.5 mm 정도이고 혈관이 분포되어 있지 않기 때문에 투명하다. 산소는 공기로부터 얻는다. 각막의 굴절률은 표 13.1과 같이 약 1.34 정도이다. 각막이 물속에 있을 때는 물의 굴절률이 각막의 굴절률과 비슷하므로 초점을 잡는 능력이 대부분 상실된다. 따라서 잠수부는 마스크 안에 공기를 불어 넣음으로써 초점을 회복할 수 있다.

눈동자를 보면 검은자(pupil, 동공), 홍채, 흰자를 볼 수 있다. 홍채의 색깔은 인

표 13.1 | 눈의 주요 부위의 굴절률. 굴절률은 조금씩 변한다.

눈의 부위	굴절률	눈의 부위	굴절률
각막	1.34	수정체의 중간	1.41
방수	1.33	유리체액	1.34
수정체의 표면	1.34	공기	1.00

종에 따라서 다른 색을 가지고 있다. 홍채는 괄약근 근육(섬모체)에 연결되어 있어서 동공의 크기를 조절할 수 있다. 동공의 크기를 조절함으로써 눈에 들어오는 빛의 양을 조절할 수 있다. 동공이 검게 보이는 이유는 각막을 지난 빛이 눈 안으로 들어간 후에 반사되어 나오는 빛이 없으므로 밖에서 보면 검게 보인다. 각막과 수정체 사이의 공간인 **전방**(anterier cavity)은 **방수**(aqueous humor)가 채워져 있다. 방수는 투명한 액체이고 **섬모체**(ciliary body)에서 생성되어 공급되고, **섬유주**(trabecular meshwork)로 배출된다. 따라서 방수의 양은 일정하게 유지된다. 방수의 정상 안압은 10~21 mmHg이다.

　　방수는 수정체와 접하고 있으며 수정체 뒷면은 **유리체**(초자체액)와 접하고 있다. 성인의 수정체는 지름이 약 9 mm이고, 두께는 약 5 mm이다. 수정체는 볼록렌즈 형태이고 투명한 조직이며 망막에 상을 맺게 한다. 수정체는 빛 굴절의 약 1/3 정도를 담당한다. 수정체가 불투명해지는 안과 질환을 백내장이라 한다. 수정체는 섬모체 소대(zonule, suspensory ligaments)라는 섬유조직에 의해서 섬모체에 연결되어 있다. 섬유조직은 수정체를 이완시켜서 모양을 변하게 하여 초점을 조절할 수 있다. 유리체는 안구 대부분을 차지고 투명하며 혈관이 없는 젤리 같은 조직이다. 성분의 99%가 물이고 1%는 콜라젠과 히알루론산으로 구성되어 탄력과 점성을 유지한다. 유리체는 안구를 둥근 모양으로 유지해주며 망막에 상이 맺히도록 한다. 유리체는 안구에 가해지는 외부 충격으로부터 눈을 보호하는 역할을 한다.

📝 예제 13.4 곁눈질로 별 보기

별을 똑바로 바라보지 말고 약간 옆으로 비스듬히(곁눈질로) 바라보면 희미한 별빛을 보기가 더 쉽다. 왜 그런가?

풀이

물체를 똑바로 바라보면 그림 13.6과 같이 망막의 중심와에 영상이 맺힌다. 빛을 감지하는데 망막의 황반에는 많은 시신경세포들이 밀집해 있으며 그중에서 중심와는 더 많은 시신경이 밀집해 있다. 망막은 밝은 빛에 민감하게 반응하면서 색깔을 감지하는 원추세포와 명암을 구별하는 막대세포로 구성되어 있다. 눈은 눈알의 정면부터 각막, 방수, 홍채, 수정체, 유리체, 망막, 시신경으로 구성되어 있다. 눈알은 바깥

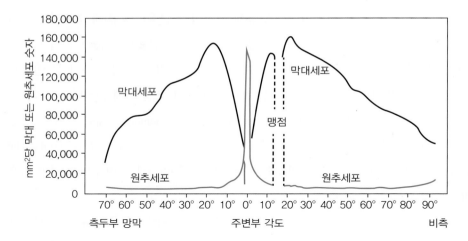

그림 13.7 | 시축을 중심으로 망막에 분포한 막대세포와 원추세포의 분포 모습

쪽 막인 공막으로 쌓여 있다. 시축은 각막, 수정체의 중심을 통과하여 황반에 도달하는 축을 시축이라 한다.

그림 13.6과 같이 시축으로 똑바로 들어온 빛은 황반의 중심와에 초점을 맺는다. 그림 13.7과 같이 중심와의 중심 쪽으로 올수록 원추세포의 밀도가 높다. 따라서 별을 똑바로 바라보면 희미한 별빛을 보기 어렵다. 그런데 시축에서 약 20도 떨어진 지점에 막대세포가 가장 많이 분포한다. 그래서 별을 약간 옆으로 곁눈질하여 바라보면 이곳에 영상을 맺게 되므로 희미한 별빛을 더 확실하게 볼 수 있다.

예제 13.5 명시야와 암시야

밝은 곳에서 어두운 곳으로 가면 눈이 금방 보이지 않는 이유는 무엇인가?

풀이

그림 13.8과 같이 동공은 빛 강도의 변화에 즉각적으로 반응하지 않고 완전히 열리는데 300초(5분), 최대로 닫히는 데 약 5초가 소요된다. 동공의 크기는 빛 세기에 따라서 변하는데 정상적일 때 동공의 지름은 약 4 mm이고, 밝을 때 동공의 지름은 약 3 mm로 작아진다. 어두운 곳에서는 동공을 열어서 더 많은 빛을 수용해야 하므로 어두운 곳에서 동공의 지름은 약 8 mm 정도이다.

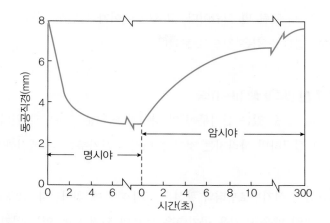

그림 13.8 | 눈의 명시야와 암시야. 눈의 반응 시간은 밝은 곳으로 갈 때와 어두운 곳으로 갈 때 다르다.

예제 13.6 별이 반짝이는 이유

맑은 밤하늘에 떠 있는 별을 보면 별이 반짝이는데 그 이유는 무엇일까?

풀이

맑은 밤하늘에 하늘을 쳐다보면 별(항성)은 반짝이고, 행성(태양계 행성)은 반짝이지 않는다. 그 이유가 무엇일까? 이것은 별이 아주 멀리 떨어져 있어서 점광원(point light source)처럼 행동하고 지구 대기층이 요동치기 때문이다. 대기층의 요동은 공기의 굴절률이 변화를 일으킨다. 따라서 눈에 들어오는 빛의 방향이 다양해진다. 따라서 별은 반짝거린다. 특히 겨울철에는 북쪽의 고기압이 우리나라로 확장하므로 대기의 오염물질이 줄어들어 더 선명하게 반짝이는 별을 볼 수 있다. 그림 13.9는 밤하

그림 13.9 | 고흐의 별 그림. 고흐가 그린 별(왼쪽, 중간)과 밤하늘에서 반짝이는 별(오른쪽)이다.

늘의 별과 고흐가 그린 별 그림이다. 고흐는 나이가 들면서 시력이 나빠지고 빛이 번져 보이는 안질환을 겪은 것으로 보인다.

📌 예제 13.7 신기루가 생기는 이유

무더운 날 흔히 볼 수 있는 신기루 중의 하나가 뜨거운 고속도로 위의 검은 물웅덩이가 생겼다가 접근하면 사라지는 것이다. 이러한 신기루는 왜 생길까?

풀이

그림 13.10과 같이 신기루로부터의 광선은 굴절 때문에 휘어진다. 고속도로 위 30 cm 정도로 낮게 깔린 매우 뜨거운 공기층은 도로의 훨씬 위에 있는 차가운 공기와 비교해서 밀도가 낮고, 그 속을 통과하는 빛의 속도를 약간 더 빠르게 한다. 이러한 속력의 변화는 굴절률의 연속적인 변화를 유발하여 빛을 휘게 한다.

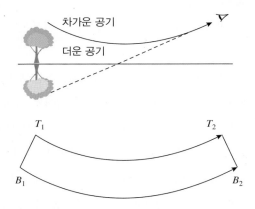

그림 13.10 | 사막에서 신기루가 생기는 이유. 더워진 공기가 팽창하면서 공기의 밀도 차이를 발생시키고 이에 따라 공기의 굴절률이 달라진다.

📌 예제 13.8 광구가 생기는 이유

우주인이 달 위를 걸을 때 또는 물을 뿌려놓은 잔디 위에 비친 머리 그림자 주위에 밝은 빛을 볼 수 있다. 그 이유는 무엇인가?

풀이

그림 13.11과 같이 이러한 현상을 광구(heiligenschein)라 한다. 이러한 현상은 잔디에 이슬이 맺혀 있는 아침이나, 물을 뿌린 직후 젖은 잔디 위에 그림자가 생겼을 때 쉽

게 관찰할 수 있다. 이러한 현상은 태양 빛이 물방울에 들어간 다음 굴절과 반사 과정을 거쳐서 입사 경로와 반대 방향으로 되돌아가는 역반사가 일어나기 때문이다. 이러한 현상은 도로 표지판이나 자동차 번호판에 응용하는데, 도로 표지판이나 자동차 번호판에 작은 유리알이 칠해져 있어서 자동차 불빛을 역반사한다.

그림 13.11 | 광구의 예.

달 표면의 토양에는 작은 유리알 모양의 물질이 존재하며, 이 물질이 이슬과 같은 역할을 하여 달 위에 비친 그림자에 광구가 생기게 한다.

예제 13.9 젖은 모래

해변의 젖은 모래는 왜 색깔이 진한가?

풀이

모래 표면에서 나오는 빛은 모래로 들어온 빛이 모래 입자에 의해서 여러 번 산란하여 나오는 빛이다. 빛은 모든 방향으로 산란하지만, 산란 각도에 따른 빛의 분포는 입자의 크기에 따라 달라진다. 입자의 크기가 클수록 빛의 진행 방향으로

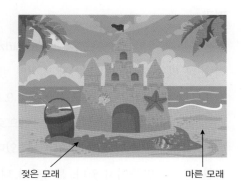

젖은 모래   마른 모래

그림 13.12 | 해변의 젖은 모래는 마른 모래보다 더 어둡게 보인다. 그 이유가 무엇일까?

즉, 산란각이 작은 방향으로 빛이 더 많이 산란한다. 여기서 입자의 크기는 빛의 파장에 비해서 크다는 뜻이다. 마른 모래일 경우 빛의 파장은 공기 중에서 빛의 파장을 뜻하며, 젖은 모래면 모래를 둘러싸는 물속을 진행하는 빛의 파장을 뜻한다.

공기보다 물속에서 빛의 파장은 더 짧으므로 빛의 입장에서는 젖은 모래가 마른 모래보다 상대적으로 더 작게 보인다. 따라서 젖은 모래에서 산란하는 빛이 진행 방향에 대해서 더 많이 산란한다. 결국 하늘에서 쏟아지는 빛이 젖은 모래 속에서 진행 방향으로 더 많이 산란하면, 다른 모래 입자들과 다시 산란하므로 모래에 의해서 빛이 흡수될 가능성이 커진다. 마른 모래면 산란각이 커서 비교적 빛의 흡수

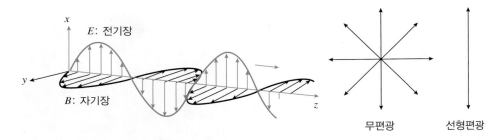

그림 13.13 | 전자기파의 진행 모습과 편광. 무편광은 왼쪽 그림과 같이 +z 방향으로 진행하는 전자기파 모습을 +z축으로 360도 회전시키면서 존재할 수 있는 전자기파들이 섞여 있다고 할 수 있다. 맨 오른쪽 그림은 선형편광 빛이다. 무편광 빛의 화살표는 전기장의 진동 방향을 나타낸다.

가 적다. 따라서 젖은 모래가 더 어둡게(진하게) 보인다.

편광

빛은 전자기파의 일종이므로 편광(polarization)이 발생한다. 그림 13.13과 같이 파동의 전파 방향과 수직인 전기장 벡터의 방향은 무수히 많다. 편광판(polarizer)은 특정한 방향의 전기장 방향 성분을 선택적으로 투과시킨다.

편광되지 않은 빛은 다양한 방법으로 편광시킬 수 있다. 산란, 반사, 편광필터 등을 이용하면 편광된 빛을 얻을 수 있다. 보통 편광필터는 길쭉한 분자들을 잡아당긴 물질로 만들어져 있다. 분자들과 나란한 방향으로 편광된 빛은 편광물질의 분자들의 전기쌍극자 진동을 유발한다. 흡수된 빛은 분자로부터 방사상으로 모든 방향으로 재복사된다. 또한 일부의 에너지는 편광물질의 내부 에너지로 전환된다. 따라서 길쭉한 분자와 나란한 방향으로 편광된 빛의 양은 상당히 감소한다. 반대로 분자들과 수직인 방향으로 편광된 빛은 분자 내에서 분자들의 진동을 유발하지 못하므로 그냥 통과한다. 이것이 편광의 원리이다. 그림 13.14와 같이 두 개의 편광판을 수직하게 놓으면 빛이 통과할 수 없다.

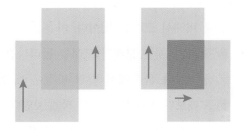

그림 13.14 | 편광판의 원리. 편광 방향이 같은 두 편광판은 빛을 잘 통과하지만, 서로 수직인 두 편광판은 빛을 차단한다.

📑 예제 13.10 편광 선글라스

편광 선글라스는 어떻게 눈부심을 줄이는가?

풀이

편광 선글라스를 쓰면 눈부심을 크게 줄일 수 있다. 보통 편광 선글라스의 안경알은 수직한 편광 방향을 가지고 있다. 따라서 수직 방향은 빛은 잘 통과하지만, 수평 방향의 빛은 차단한다. 그런데 지표면에서 반사된 빛은 부분적으로 지표면에 수평인 방향으로 편광된다. 그림 13.15와 같이 편광 선글라스는 지면에서 반사되어 오는 빛을 대부분 차단한다. 따라서 지표면에서 반사되어 오는 빛에 의해 눈부심을 방지할 수 있다. 특히 운전할 때 도로에서 반사되는 빛의 눈부심을 차단해 줌으로 편리하다.

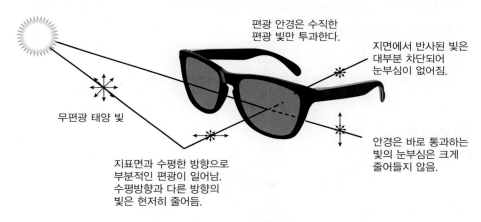

그림 13.15 | 지면에서 반사되는 빛의 편광과 편광 선글라스의 원리.

13.3 전반사와 광섬유

굴절률이 작은 매질에서 굴절률이 큰 매질로 빛이 입사할 때는 반사와 굴절이 동시에 일어난다. 그런데 반대로 굴절률이 큰 물질에서 굴절률이 작은 물질로 빛이 입사하면 어떤 일이 일어날까? 그림 13.16은 굴절률이 큰 유리에서 공기로 빛이 입사할 때 입사 각도를 변화시켜 빛의 굴절 현상을 나타낸 것이다. 빛의 입사각이 임계각 (그림 13.16의 θ_i)이 되면 굴절된 빛이 경계면과 평행하게 진행한다.

임계각보다 큰 각도로 빛이 입사되면 더 굴절은 일어나지 않고 입사된 빛이 전

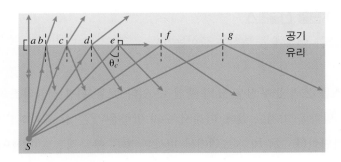

그림 13.16 | 전반사. 굴절률이 큰 물질에서 작은 물질로 빛이 진행하면 임계각에서 전반사가 일어난다. 입사각이 임계각보다 크면 굴절은 일어나지 않고 반사만 일어난다.

부 반사하는 내부 전반사(internal total reflection)가 일어난다. 전반사 일어나는 임계각은 굴절의 법칙에서 구한다.

$$n_1\sin\theta_c = n_2\sin90 = n_2$$

이므로 임계각은

$$\sin\theta_c = \frac{n_2}{n_1}$$

이다.

광섬유

전반사를 이용한 대표적인 장치가 광섬유이다. 광섬유는 초고속 정보통신 서비스를 가능하게 하였다. 광섬유는 그림 13.17과 같이 중심부를 코어(core)라 부르고, 굴절률이 크고 코어를 둘러싼 부분을 클래딩(cladding)이라 부른다. 클래딩은 코어보다 굴절률이 작다. 이러한 광섬유에 임계각보다 큰 각도로 레이저 빛을 비추면 빛을 전반사한다. 이 빛에 정보를 실어 보내면 정보를 빛의 속도로 보내게 된다.

　광섬유가 개발되기 전에 유선 통신은 동축 케이블을 이용하였다. 동축 케이블의 구조는 그림 13.18과 같다. 동축 케이블은 구리로 만들어져 있다. 구리는 금속이고

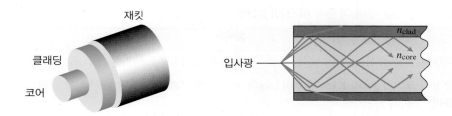

그림 13.17 | 광케이블의 구조와 빛의 진행 모습. 광섬유는 외피인 재킷에 쌓여 있으며 내부 광섬유는 클래딩과 코어로 구성되어 있다. 코어의 굴절률이 클래딩보다 크기 때문에 임계각보다 큰 각도로 입사한 빛은 전반사하면서 광섬유를 진행한다.

쉽게 채굴할 수 있어서 널리 쓰이고 있다. 광섬유 케이블(optical-fiber cable)과 동축 케이블(coaxial cable)의 장단점을 비교하면 표 13.2와 같다. 광섬유는 전선이 가늘고 원료의 가격이 저렴하고 가볍고 전기적 교란이 없고 신호의 손실이 적고 송신율이 높다. 그러나 일정 간격으로 광증폭기를 설치해야 하고 광섬유를 연결하는 데 어려움이 있으며 충격에 약하다. 동축 케이블은 전선이 굵고 비싼 구리를 사용해야 하고 4 km마다 증폭기를 설치해야 한다. 전선을 피복으로 감싸야 하고 주변의 전기적 영향을 받으며 신호의 손실 가능성이 있다. 구리선은 금속이므로 충격에 강하다.

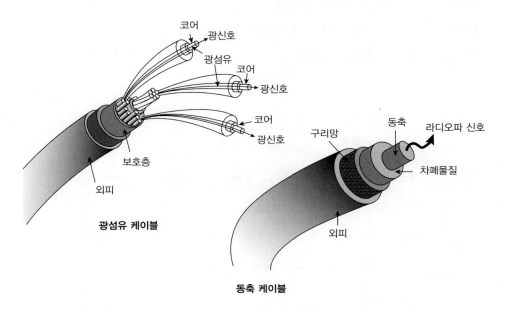

그림 13.18 | 광섬유 케이블과 동축 케이블의 모습. 광섬유는 광섬유가 여러 다발로 묶여 있다.

표 13.2 | 광섬유 케이블과 동축 케이블의 장단점 비교

광섬유 케이블	동축 케이블
대단히 높은 송신율	높은 송신율
전선의 크기가 작고, 1 km 당 0.012 kg의 유리 사용.	전선의 크기가 크고, 1 km 당 30 kg의 구리 사용.
유리 가격이 저렴.	구리가 비싸다.
매 100 km마다 광증폭기 설치.	매 4 km마다 증폭기 설치.
전기적 교란이 없음.	다른 전기 케이블의 영향을 받음.
신호의 손실이 적음.	신호의 손실 가능성이 있음.
광섬유를 연결하기 어려움.	케이블 연결이 쉬움.
충격에 약함.	충격에 강함.

광통신의 원리

광통신은 그림 13.19와 같이 송신부(transmit station), 전송부(transmission link), 수신부(receive st ate)로 이루어져 있다. 송신부에서 전기신호를 변조(modulator)하여 레이저 빛에 실어서 광섬유를 통해서 전송한다. 광섬유 중간에 광증폭기(optical amplifier)를 설치하여 줄어든 신호를 증폭한다. 수신부에서 신호를 증폭하고 신호를 복원하여 음성, 문자, 또는 화면에 표시한다.

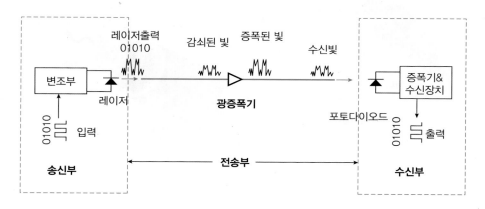

그림 13.19 | 광통신의 개념도.

13.4 무지개의 원리

뉴턴은 그림 13.20과 같이 프리즘을 통과한 햇빛이 무지개색으로 분리됨을 발견하였다. 이러한 현상은 빛이 굴절률이 큰 유리를 통과할 때 빛의 파장에 따라서 굴절률이 다르기 때문이다. 굴절률이 클수록 빛은 유리의 경계면에서 더 큰 각도로 굴절한다. 빛의 파장이 짧아지면 (진동수가 커지면) 굴절률이 증가한다.

백색광이 매질의 경계면에 입사하면 그림 13.20과 같이 파랑 빛이 빨강 빛보다 훨씬 많이 굴절한다. 이러한 현상을 색분산(chromatic dispersion)이라 한다. Chromatic이란 말은 색(color)을 뜻하고, dispersion(분산)은 색이 분리되는 것을 뜻한다. 그림 13.21은 파장의 길에 따른 굴절률의 크기를 변화를 나타낸 것이다. 빛의 파장이 커지면 굴절률이 작아진다. 태양광을 보통 백색광(white light)이

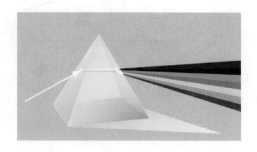

그림 13.20 │ 백색광이 프리즘을 지나면 색분산에 의해서 무지개색으로 분리된다.

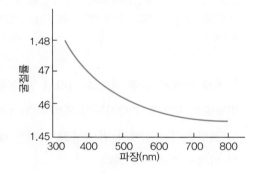

그림 13.21 │ 가시광선 영역에서 빛의 파장에 따른 굴절률의 변화. 파장이 짧은 보라 빛으로 갈수록 굴절률이 증가한다.

라 하는데 가시광선의 파장이 섞여 있고 이 빛이 유리와 같은 투명한 매질을 투과할 때 색분산에 의해서 굴절되는 정도가 달라진다.

무지개

여름에 지역적으로 소나기가 내리면 공기에 물방울이 급속히 형성되고 아름다운 무지개를 볼 수 있다. 무지개는 공기 중에 떠 있는 많은 물방울에 태양 빛이 지날 때 형성된다. 무지개는 물방울에 햇빛이 비칠 때 물방울 표면에서 굴절과 물방울 뒷면에서 반사 때문에 생긴다. 그림 13.22(a)는 공 모양의 물방울에 수평으로 입사하

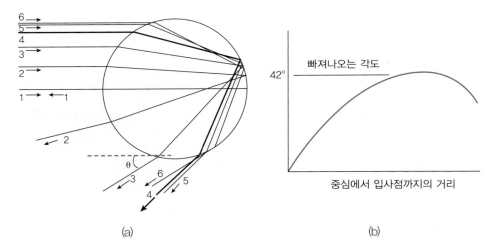

그림 13.22 | 구형 물방울에 입사한 빛의 진행 과정과 물방울의 중심에서 입사 지점까지의 거리에 따라 물방울을 빠져나오는 빛의 각도 그림. 수평 방향으로 입사한 빛과 빠져나오는 빛살 사이의 각도를 θ로 표시했다.

는 6개 빛살의 진행 경로를 나타낸 것이다. 1번 빛살은 빗방울의 중심으로 들어와 빗방울의 뒷면에서 반사되어 똑바로 되돌아 나온다. 그림에서 빛살 번호가 높을수록 물방울의 중심에서 먼 곳으로 입사한 빛이며, 입사한 빛은 굴절법칙과 반사법칙에 의해서 경로가 변한다.

빛살 중 가장 진하게 표시한 4번 빛살을 **데카르트 빛살**(Descartes ray)이라 부르며, 물방울에서 빠져나오는 각도가 가장 큰 빛살이다. 빛살의 위치가 4번보다 위로 올라가면 빛살 5, 6과 같이 다시 작은 각도로 빠져나온다. 그림 13.22(b)는 물방울을 빠져나온 빛살의 각도와 빛살의 입사 위치 사이의 관계를 나타낸 그래프이다. 데카르트 빛살일 때 빨강 빛이 빠져나오는 각도는 42°이다. 물방울의 중심에서 위쪽으로 올라가면서 보면 4번으로 다가가면서 빠져나온 각도가 증가하고, 4번에서 빠져나온 각도가 가장 크고, 4번 위쪽으로 갈수록 갈수록 빠져나오는 각도가 다시 줄어든다.

한편 물방울의 굴절률은 빛의 진동수에 따라 달라지므로 빠져나온 각도에 따라 빛의 색깔이 달라진다. 마치 물방울이 프리즘과 같은 역할을 한다. 그림 13.23은 데카르트 빛살이 물방울에서 나오면서 색분산이 일어나는 것을 보여준다. 빨강 빛은 42°, 보라 빛은 40°의 각도로 빠져나온다.

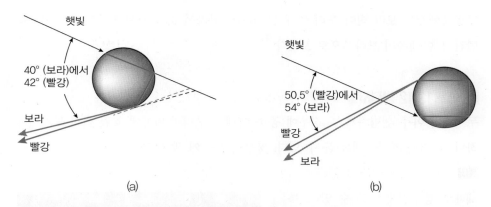

(a)   (b)

그림 13.23 | 백색광이 물방울에서 굴절과 반사되어 반대 방향으로 나오는 모습. (a) 빛이 2번의 굴절과 1번의 반사 후에 물방울에서 나오고, (b) 빛이 2번의 굴절과 2번의 반사 후에 물방울에서 나온다.

지상에서 형성되는 무지개는 반원처럼 형성된다. 왜 무지개는 반원으로 보일까? 무지개는 관측자의 눈을 꼭짓점으로 하는 원뿔의 한 단면에 생긴 반원 모양이다. 이때 원뿔 안의 모든 빗방울이 무지개를 만든다. 이 무지개 중에서 우리 눈에 들어온 빛에 의한 무지개만 눈으로 볼 뿐이다.

✏ 예제 13.11 무지개색의 순서

물방울 하나에서 빠져나오는 빛은 빨강이 보라보다 아래쪽에 있다. 그런데 실제 무지개는 보라가 아래에 있고 빨강이 위쪽에 있다. 왜 그런가?

풀이

실제 무지개의 색깔은 그림 13.24에서 보듯이 우리 눈에 들어오는 빛에 의해서 만들어진다. 두 개의 물방울을 생각해 보면 위쪽의 물방울서 나온 빛은 빨강 빛이 눈에 들어오지만, 아래쪽의

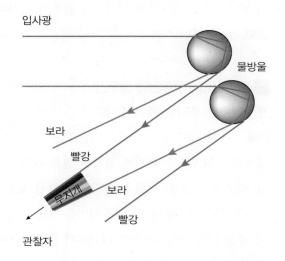

그림 13.24 | 관찰자가 보는 무지개색의 순서. 무지개의 아래쪽이 보라 빛이고 위쪽이 빨강 빛이다.

물방울에서는 보라 빛이 우리 눈에 들어온다. 따라서 눈에 보이는 무지개는 위쪽이 빨간색, 아래쪽이 보라색으로 보인다.

🖊 예제 13.12 쌍무지개

무지개가 아주 선명하게 뜬 경우에 종종 아래쪽 무지개 위쪽에 흐린 색의 무지개가 하나 더 있는 쌍무지개를 볼 수 있다. 쌍무지개는 왜 생길까?

풀이

때때로 쌍무지개를 볼 수 있다. 특이한 것은 위쪽 무지개의 색깔은 아래쪽 무지개 색깔 순서가 바뀌어 있다. 물방울에 입사한 빛이 물방울 내부에서 두 번 반사하기 때문이다. 빛이 물방울 내에서 여러 번 반사하면 에너지 손실이 증가하므로 두 번째 무지개는 흐릿하게

그림 13.25 | 쌍무지개. 아래쪽 무지개와 위쪽 무지개의 색 순서는 반대이다.

보인다. 이때 빨간색 데카르트 빛살은 두 번 반사하여 물방울을 빠져나올 때 각도가 50.5°이므로 첫 번째 무지개의 위쪽에 생긴다. 그림 13.25에 쌍무지개를 나타내었다.

🖊 예제 13.13 햇무리와 달무리

햇무리와 달무리는 왜 생기나?

풀이

햇무리와 달무리는 대기에 형성된 얼음 결정의 굴절 때문에 발생한다. 얼음 결정은 다양한 모양을 갖지만, 그림 13.26과 같이 육각기둥 모양의 결정이 가장 많다. 얼음 결정의 옆면에서 빛이 입사할 때 빛의 굴절을 살펴보자.

그림 13.27과 같은 육각형 얼음 결정에 빛이 입

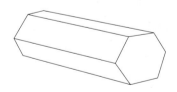

그림 13.26 | 육각기둥 모양의 얼음 결정. 햇무리와 달무리는 대기에 형성된 육각기둥 모양의 얼음 결정에 의해서 형성된다.

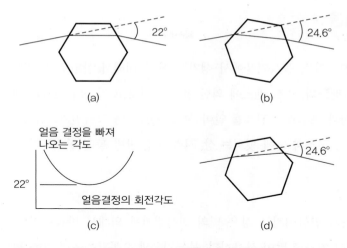

그림 13.27 | 육각기둥 모양 얼음 결정에 입사 빛의 진행 과정.

사할 때 (a)는 굴절각이 가장 작은 경우를 나타낸다. (b)는 (a)에서 입사하는 빛은 그대로 두고 얼음 결정을 시계방향으로 10도 돌린 경우인데, 빛의 굴절각은 24.6도로 증가한다. (c)는 (a)에서 입사하는 빛은 그대로 두고 얼음 결정을 반시계 방향으로 10도 돌린 경우인데, 빛의 굴절각은 24.6이다. 그림 13.27(d)는 (a)에서 얼음의 회전각도에 따른 굴절각을 나타낸 것인데 (a)인 상태로 입사하는 빛이 가장 작은 각도로 굴절한다. 최소각으로 굴절한 빛은 얼음 결정을 지날 때 경로가 가장 짧고, 에너지 손실이 가장 작다. 따라서 얼음 결정에서 22도로 굴절되어 나오는 빛이 가장 밝다. 태양 주위의 어디에서나 얼음 결정에 의한 굴절이 가능하므로, 태양을 바라보는 각도가 22도인 둥근 띠가 형성된다. 이것이 햇무리고, 달 주위에 생긴 둥근 띠가 달무리이다.

그림 13.28 | 달이 떠 있는 밤에 달무리를 관찰할 수 있다.

13.5 거울

평면거울, 오목거울, 볼록거울에서 생기는 상에 대해서 살펴보자. 또한, 얇은 볼록 렌즈와 오목렌즈의 구조, 렌즈에 의한 상을 알아보고 거울의 초점과 렌즈의 초점이 무엇인지, 상과 초점과의 관계를 알아본다. 인체의 눈은 사진기와 같은 원리를 가지고 있다. 눈의 구조와 눈에 맺히는 상, 시력 교정 방법 등을 살펴본다.

평면거울

거울에 의해서 만들어지는 상은 빛의 반사법칙에 의해서 만들어진다. 평면거울은 일상생활에서 거울로 많이 사용한다. 볼록거울과 오목거울은 특별한 용도로 사용한다. 평면거울에서 물체의 상은 그림 13.29와 같이 거울에서 반사된 빛을 볼 때 생긴다. 이때 생기는 상은 허상(Virtual image)이다. 우리 눈은 눈으로 들어오는 빛을 감지할 뿐이고 반사된 빛의 연장선에 상이 있는 것처럼 느끼게 된다. 이것이 허상이다.

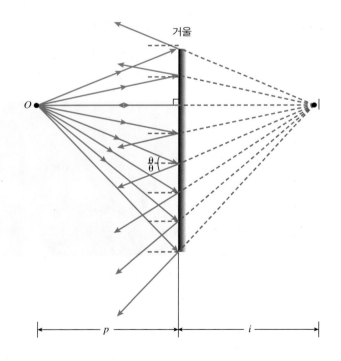

그림 13.29 | 평면거울에 상이 형성되는 원리.

거울에서 물체까지의 거리와 거울에서 상까지의 거리는 서로 같다. 거울에서 물체와 상까지의 거리를 나타낼 때 거울과 상까지의 거리를 음수로 나타낸다.

물체에서 거울까지의 거리는 양(+)의 수로 나타내고 거리가 p이면

$$p = -i$$

이다.

구면거울

볼록거울(convex mirror)과 오목거울(concave mirror)을 구면거울(spherical mirror)이라 한다. 구면거울의 광학적 특성은 거울의 초점에 의해서 결정된다.

"거울의 초점거리는 거울의 기하학적인 모양에 의해서 결정된다."

보통 구면거울은 반지름 r인 구의 일부분을 거울로 만든 것으로 생각할 수 있다. 유리를 구표면의 일부로 만든 다음 유리의 뒷면에 빛을 반사하는 물질을 코팅해 놓았다. 구면거울의 곡률 반지름(구면거울을 반지름 r인 구의 한 부분이라 하고 생각한다) r과 초점거리 f는

$$f = \frac{r}{2}$$

이다. 곡률중심과 거울의 중심을 지나는 축을 광축(central axis)이라 한다. 구면거울의 초점은 광축에 평행하게 빛이 입사했을 때 그림 13.30과 같이 빛이 수렴하는 (오목거울인 경우) 점이다. 초점거리가 거울 반지름의 $r/2$의 위치에 생기는 원인은 구면거울에서 반사의 법칙이 성립하기 때문이다. 곡률중심은 구의 중심에 있다. 구의 중심에서 거울의 한 지점까지 연결한 선은 구의 반지름이며 그 선은 구의 면에 수직이다. 광축에 평행하게 입사한 빛은 반사의 법칙에 따라서 입사각과 반사각이 같다. 그림을 그려보면 반사된 빛은 초점을 지나게 되고 $f = r/2$임을 알 수 있다.

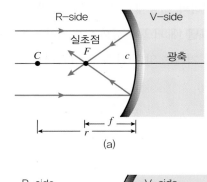

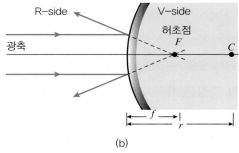

그림 13.30 | 구면거울의 곡률중심과 초점.

구면거울에서 빛살 추적

거울의 상은 반사의 법칙에 의해서 결정된다. 그림 13.31은 거울 앞에 놓여 있는 물체의 상이 어떻게 생기는지 알아내는 방법을 그려놓았다. 이와 같은 방법을 **빛살 추적**(ray tracing)이라 한다. 광축에 평행하게 입사한 빛은 반사 후에 초점을 지난다. 빛살 추적법은 다음과 같다.

① 거울의 초점을 행해 입사한 빛은 반사 후에 평행하게 나간다.
② 곡률중심을 행해 입사한 빛은 되돌아 나간다.
③ 광축과 거울이 만나는 점을 행해 입사한 빛은 같은 각도로 반사해 나간다.

위와 같은 규칙을 따라 빛을 추적해 보면 물체의 상이 어디에 생기는지 알 수 있다.

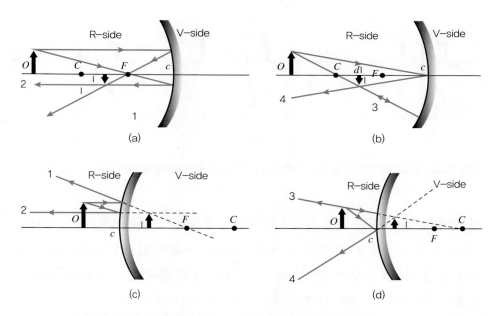

그림 13.31 | 빛살 추적법을 이용하여 구면거울에서 형성된 상의 위치를 쉽게 찾을 수 있다.

구면거울의 상

빛살 추적법을 사용하면 구면거울에서 형성된 상의 위치를 알 수 있다.

> "오목거울의 상은 실상(빛이 직접 지나가면서 만든 상)이다.
> 볼록거울의 상은 허상(반사한 빛의 연장선이 모이는 곳이 상의 위치)이다."

구면거울에서 물체, 상, 곡률중심 사이에는 다음과 같은 식이 성립한다. 이를 **상의 공식**(image formula)이라 한다.

$$\frac{1}{p} + \frac{1}{i} = \frac{1}{f}$$

여기서 p는 광축에서 거울과 물체 사이의 거리이다. 거울에 형성된 상의 거리 i는 거울과 상까지의 거리를 의미한다. 초점거리는 f이다. 상의 공식에서 상의 위치는 거울의 앞과 거울 내부에 형성될 수 있으므로 거리를 잴 때 규약이 필요하다. 거울에

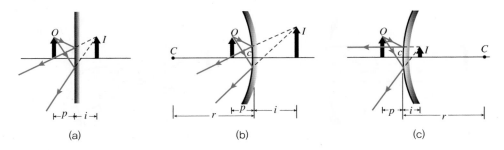

그림 13.32 | 초점거리 안쪽에 물체가 위치할 때 평면거울과 구면거울에 형성된 상의 위치와 배율.

서 실제 빛이 지나가는 쪽은 물체가 놓여 있는 공간으로 그림에서 R-side로 표시했다. 물체, 상, 초점이 빛이 지나가는 쪽인 R-side(real side)에 있으면 거리를 +값으로 잰다. 반면 거울의 내부는 빛이 실제로 지나가는 곳이 아니므로 V-side(virtual side)라 한다. 상, 초점이 거울의 내부에 있으면 거리는 −값으로 계산한다.

그림 13.32와 같이 거울이 형성한 상은 크기가 실제 물체의 크기와 다르다. 거울의 배율 m은 아래 식과 같이 물체의 높이와 상 높이의 비로 정의한다. 배율이 1보다 크면 확대, 1보다 작으면 축소된 상이다.

$$m = \frac{h'}{h} = -\frac{i}{p}$$

여기서 h는 물체의 수직 길이이고 h'은 상의 수직 길이이다. 배율이 양수이면 물체와 같은 방향으로 서 있는 **정립상**이고, 음수이면 물체에 대해서 거꾸로 서 있는 도립상을 의미한다. 그림 13.32는 평면거울과 구면거울에서 물체가 초점거리보다 거울에 가깝게 위치할 때 상의 위치와 배율을 나타낸 그림이다. 평면거울의 배율은 항상 1이다. 반면 오목거울은 물체가 초점거리 안쪽으로 들어가면 배율이 1보다 큰 정립 허상이 형성된다. 반면 볼록거울은 배율이 1보다 작은 정립 허상이 형성된다.

🔖 예제 13.14 숟가락에 생긴 상

숟가락에 비친 당신의 모습이 앞쪽에서(오목한 쪽) 바라보면 거꾸로 보이고, 뒤쪽에서(볼록한 쪽) 바라보면 똑바로 선 채 보인다. 왜 그럴까?

풀이

숟가락의 앞쪽은 오목거울이다. 오목한 부분의 곡률이 아주 크기 때문에(반지름이 작은 원의 일부분과 같다. 곡률은 이 원의 반지름의 역수) 초점거리가 짧다. 따라서 그림 13.33과 같이 보통 거리에서 오목한 쪽을 보면 물체가 초점보다 더 멀리 있어서 상은 거꾸로 생긴다. 숟가락의 뒤쪽은 볼록거울이다. 따라서 오목거울과 반대로 상은 정립상이다.

그림 13.33 | 오목한 숟가락의 앞면에 형성된 상은 도립상이다.

🖊 예제 13.15 자동차의 사이드미러

자동차의 사이드미러에 '사물이 거울에 보이는 것보다 가까이 있음'이라고 쓰여 있는 이유는 무엇 때문인가?

풀이

자동차의 사이드미러와 백미러는 평면거울이 아니라 볼록거울로 만들어져 있다. 볼록거울에 비친 물체의 상은 평면거울의 상보다 더 작게 보인다. 인간의 뇌는 눈-두뇌의 인지과정에서 물체까지의 거리와 물체의 크기에 대한 판단력을 가지고 있다. 사이드미러에 보이는 자동차가 더 작게 보이면 두뇌는 자동차가 멀리 떨어져 있을 것으로 판단한다. 따라서 실제로 보이는 차는 가까이 있지만, 인지 작용 때문에 뒤따르는 차가 멀리 있는 것으로 판단하므로 차선 변경할 때 위험성이 따르게 된다.

13.6 렌즈

렌즈는 일상생활에서 많이 사용한다. 눈이 나쁜 사람은 눈의 시력을 교정하기 위해서 렌즈를 사용한다. 핸드폰에 들어가는 카메라에는 다양한 종류의 렌즈가 여러 개 들어가 있다. 이렇게 렌즈는 우리 주변에 널리 쓰이고 있다. 렌즈의 발명으로 망원경과 현미경을 만들 수 있게 하였기 때문에, 우리에게 새로운 세계를 볼 수 있는 창을 열어 주었다. 망원경의 발명으로 행성과 별을 관찰함으로써 천체의 운동을 이해하는 데 큰 도움을 주었으며 인류의 세계관을 바꾸는 데도 도움을 주었다. 현미경의 발전은 눈으로 볼 수 없는 생명체의 세계를 볼 수 있는 창을 열어 주었다. 마이크로의 세계를 볼 수 있게 됨으로써 인류는 질병과의 투쟁에서 어느 정도 성과를 낼 수 있게 되었다.

　　기본 렌즈는 볼록렌즈와 오목렌즈이다. 볼록렌즈는 빛을 모으는 수렴렌즈이고, 오목렌즈는 빛을 발산하는 발산렌즈이다. 렌즈가 형성하는 상(image)은 빛살 추적법으로 알 수 있다.

얇은 렌즈

렌즈란 두 개의 구면이 접합한 구조를 말한다. 렌즈는 볼록렌즈(convex lens)와 오목렌즈(concave lens)로 구분할 수 있다. 렌즈의 초점은 거울과는 달리 조금 복잡한 식인 렌즈 제작자의 공식(Lens maker's formula)에 의해서 결정된다. 렌즈를 구성하고 있는 물질(유리, 플라스틱)의 굴절률을 n이라 한다.

$$\text{렌즈 제작자의 공식:} \quad \frac{1}{f} = (n-1)\left(\frac{1}{r_1} - \frac{1}{r_2}\right)$$

여기서 r_1은 그림 13.34와 같이 빛이 처음 만나는 면의 곡률 반지름이고, r_2는 빛이 두 번째 만나는 면의 곡률 반지름이다. 곡률 반지름은 빛이 들어오는 면이 볼록이면 양(+)이고, 오목이면 음(−)이다. 렌즈에서 빛은 렌즈를 통과하기 때문에 빛이 렌즈를 통과한 쪽이 R-side(R-side에 놓인 초점, 곡률중심, 상까지의 거리는 +임)이고, 빛이 입사하는 쪽이 V-side이다. 얇은 렌즈에서 물체, 상, 초점 사이의 관계는 다음과 같은 상의 공식을 따른다.

$$\text{렌즈 상의 공식:} \quad \frac{1}{p} + \frac{1}{i} = \frac{1}{f}$$

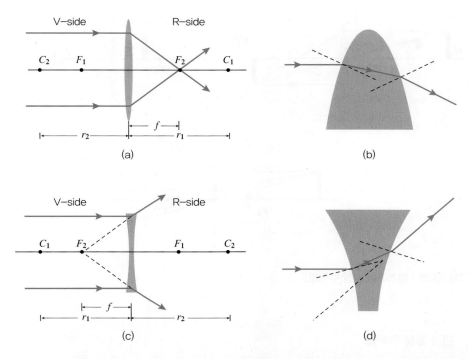

그림 13.34 | 렌즈의 곡률중심, 초점, 평행 광의 진행. 빛이 입사하는 렌즈의 면에서 굴절법칙에 따라서 빛이 진행한다.

여기서 p는 렌즈와 물체까지의 거리이고 i는 렌즈와 상까지의 거리이다. 초점거리는 f로 나타내었다. 이 식에서 물체는 V-side에 있지만, 물체와 거울 사이의 거리는 항상 양(+)로 계산한다. 얇은 렌즈인 경우 앞쪽과 뒤쪽의 두 구면이 같은 모양이라고 생각한다. 따라서 두 구면의 곡률 반지름과 초점거리는 모두 같다. 렌즈의 배율도 거울과 비슷하게 정의한다.

렌즈의상

렌즈에 의한 상의 공식에서 상의 위치를 찾을 수 있지만, 거울과 같이 간단한 빛살 추적법으로 상의 위치를 찾을 수 있다. 그림 13.35는 렌즈에서 빛살 추적법에 의해서 상을 찾는 과정을 나타낸 것이다.

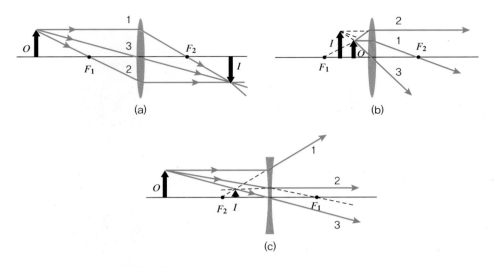

그림 13.35 | 렌즈에서 빛살 추적법.

렌즈 빛살 추적법:

① 광축에 평행하게 입사한 빛은 초점 F_2를 지난다.

② 초점 F_1을 지나는 빛은 렌즈를 지난 후 광축에 평행하게 나아간다.

③ 렌즈의 중심을 행해 입사한 빛을 그대로 지나간다.

위와 같은 빛살 추적법을 통해서 렌즈에 생기는 상의 위치를 알 수 있다. 그림 13.35(a)는 렌즈를 통과한 빛이 상을 만들기 때문에 실상이다. 반면 그림 13.35(b)와 (c)는 렌즈를 통과한 빛의 연장선이 만나서 상을 만들기 때문에 허상이다. 볼록렌즈는 물체가 초점 바깥에 있으면 실상이 생기지만, 물체가 초점 안쪽으로 들어오면 허상이 생긴다. 반면 오목렌즈는 항상 허상이 생긴다. 렌즈의 배율은 렌즈에서 물체까지의 거리 p와 렌즈와 상까지의 거리 i의 비에 의해서 결정된다. 렌즈의 배율은

$$m = -\frac{i}{p}$$

이다. 배율이 양수이면 정립상이고 음수이면 도립상이다.

🖊 예제 13.16 물속의 확대경

확대경이 물속에 있다면 배율은 어떻게 될까?

풀이

물속에서 확대경의 배율은 감소한다. 실제로 확대경을 물속에 넣고 실험해보자. 렌즈에서 빛이 휘는 이유는 유리 속에서 빛의 속도가 느려지기 때문이다. 유리 속에서 광속이 공기에서 광속보다 느려서 광선이 휜다. 두 매질에서 속력 변화가 빛을 굴절시키지만, 물속에서 광속은 이미 감속되어 있다. 감속된 빛이 유리에 입사하면 빛은 더욱 느려지지만, 속력의 변화는 그다지 크지 않다. 따라서 물속에서 굴절은 적어지고, 렌즈의 확대 효과는 줄어든다.

그림 13.36 | 물속에서 확대경은 배율이 줄어든다.

🖊 예제 13.17 렌즈의 상 추정

그림 13.37의 (a)와 (b) 중 어느 것이 맞을까?

풀이

광원이 렌즈에서 멀리 떨어진 곳에서 오목렌즈와 볼록렌즈의 매우 가까운 곳으로 이동하고 있다. 광원이 렌즈에 가까이 올수록 광선의 휘는 모습이 변한다. (a)와 (b) 중 어느 것이 맞을까? (a)는 맞고, (b)는 틀렸다. 오목렌즈는 광원의 위치와 상관없이 항상 빛을 발산한다. 반면 볼록렌즈는 수렴렌즈이다. 광원이 오목렌즈 가까이 오면 빛을 더 많이 발산한다. (b)의 그림을 올바르게 수정해보자.

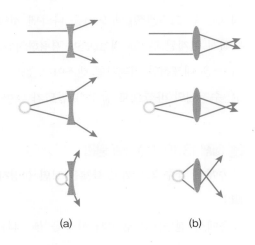

그림 13.37 | 그림 중 옳은 것은 어떤 것일까?

🏀 예제 13.18 렌즈의 곡면

모든 렌즈는 곡면을 이룰까?

풀이

항상 그렇지 않다. 기울기형 렌즈 (gradient index lens)는 렌즈의 광축으로부터 더 먼 곳으로 입사하는 빛을 더 큰 굴절각으로 굴절시켜서 초점에 맞추는 렌즈이다. 보통 렌즈는 구 일부이므로 축으로부터 더 먼 곳에서 입사한 빛은 렌즈의 표면의 수직선(법선)에 대해서 더 큰 각도로 빛이 입사

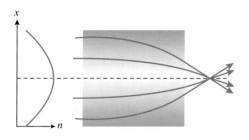

그림 13.38 │ 그린렌즈의 원리. 렌즈의 위치에 따라서 굴절률이 연속적으로 변하는 렌즈이다.

한다. 그러나 기울기형 렌즈는 표면을 구 일부처럼 생각할 수 없다. 기울기형 렌즈는 곡률이 다른 렌즈들을 붙여놓은 것과 같다.

기울기형 렌즈를 만드는 두 번째 방법은 다음과 같다. 렌즈의 표면을 평평하게 유지한 채 광축으로부터 멀어짐에 따라 물질의 굴절률이 커지도록 설계한다. 그러면 렌즈의 축으로부터 더 먼 곳으로 입사하는 빛이 더 큰 각으로 굴절하여 초점에 모이게 된다. 복사기 대부분은 이런 기울기형 렌즈를 사용한다. 그림 13.38은 기울기형 렌즈인 그린렌즈(grin lens)를 나타낸 것인데 광축으로부터 굴절률이 연속적으로 변하게 설계된 렌즈로써 표면이 평평하지만, 볼록렌즈처럼 빛을 수렴시킨다. 생물체의 눈은 대표적인 기울기형 렌즈이다. 눈의 수정체는 중심부의 굴절률은 약 1.406이고, 수정체의 바깥으로 갈수록 밀도가 낮아지면서 굴절률이 1.386까지 작아진다.

🏀 예제 13.19 잠수경의 원리

물속에서 잠수경을 끼고 물체를 보면 선명하게 볼 수 있는 이유는 무엇인가?

풀이

물속에서 맨눈으로 물속의 사물을 볼 때와 잠수경을 착용하고 물체를 볼 때 선명도에 큰 차이가 있다는 것을 경험할 수 있다. 그 이유는 무엇일까? 그 이유는 바로 초점을 맞추는 눈의 기능이 공기와 각막 사이의 경계면이 담당하기 때문이다. 공기

와 각막 사이에서 빛의 굴절 현상이
일어난다. 수정체는 물체를 보는 미세
한 조정을 담당한다. 눈은 각막이 공
기와 접촉해 있을 때 상을 똑바로 볼
수 있도록 설계되어 있다. 만약 잠수
경 안으로 물이 들어오면 초점 맞추
는 기능을 거의 상실하게 되어 물체가
물속에서 희미하게 보인다. 이때 초점
기능을 회복하려면 잠수경 속으로 공
기를 불어 넣으면 된다.

그림 13.39 | 물속에서 잠수경을 착용하면 물속
에서 사물을 선명하게 볼 수 있다.

눈의 원리

눈의 망막에 맺힌 상은 그림 13.40과
같이 사진기와 비슷하게 거꾸로 상(도
립상)이다. 그러나 뇌가 인식할 때는
정립상으로 인식한다.

카메라의 볼록렌즈는 사진기에서
카메라 필름이나 CCD 칩에 거꾸로
상을 맺는다. 카메라의 렌즈는 눈의
각막과 수정체에 대응하고 카메라 필
름은 눈의 망막에 대응한다. 눈은 넓
은 시야각을 갖는다. 사람보다 더 넓

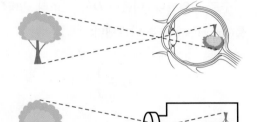

그림 13.40 | 눈과 카메라의 볼록렌즈는 상을 거
꾸로 맺는다. 망막에 맺힌 상은 뇌가 인식하는 과
정에서 정상적으로 처리된다.

은 시야각을 갖는 동물들도 있다. 우리가 눈을 깜박이면 각막에 내인성 렌즈 청결
제와 윤활유를 공급하여 눈이 정상으로 동작할 수 있게 한다. 각막에 긁힘이 발생
하면 내인성 긁힘 제거제(scratch remover)가 있어서 쉽게 긁힘을 제거한다. 안구의 모
양은 눈의 안압을 유지해주는 자기 압력 조절시스템에 의해서 모양이 유지된다. 눈
은 20 cm 정도의 가까운 물체를 본 후에 바로 먼 곳을 보았을 때 초점을 빠르게 맞
추는 자동 자동초점 시스템을 가지고 있다. 정상적인 눈의 근육이 이완 상에 있으

면 초점은 매우 길다. 눈은 빛의 양에 따라서 홍채를 조절하는 자동 구경 조절 능력을 갖추고 있다. 아주 밝은 대낮과 아주 어두운 밤에 빛의 세기는 약 100억분의 1의 범위에서 변하는데 눈은 이러한 넓은 빛의 세기 범위에서 잘 동작한다. 눈은 뼈로 둘러싸여 보호되며 외부의 충격을 완화하는 지방 안착물이 있어 어느 정도의 충격에 견딜 수 있다.

현대인의 눈은 다양한 상황에 놓이기 때문에 시력이 나빠지기 쉽다. 핸드폰이나 텔레비전의 근거리 영상을 오래 시청하게 되면 시력이 나빠지기도 한다.

디옵터

콘택트렌즈나 안경의 렌즈에는 디옵터(diopter)라는 단위가 표시되어 있다. 디옵터는 렌즈의 초점거리를 미터(meter)로 나타낸 다음 초점거리의 역수로 정의한다. 디옵터 D는 렌즈의 광학적 능률(optical power)을 나타낸다.

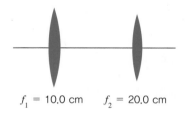

f_1 = 10.0 cm f_2 = 20.0 cm

그림 13.41 | 디옵터 10 D인 렌즈와 디옵터 5 D인 두 볼록렌즈를 일렬로 배열하였을 때 전체 디옵터는 10 D + 5 D = 15 D이다.

$$D = \frac{1}{f}$$

볼록렌즈의 디옵터는 양수(+)이고, 오목렌즈의 디옵터는 음수(−)이다. 초점거리가 0.1 m인 볼록렌즈의 디옵터는 10 D이고, 초점거리가 −0.5 m인 오목렌즈의 디옵터는 −2 D이다. 디옵터를 사용하는 이점은 렌즈 제작자 공식이 초점거리, 상까지의 거리 및 물체까지의 거리의 역수로 표현되어 있기 때문이다. 또한 얇은 렌즈인 경우 두 개의 렌즈를 일렬로 조합하였을 때, 두 렌즈의 알짜 디옵터는 단순히 두 렌즈의 디옵터를 더하면 된다.

망막의 역할

망막은 빛을 감지하여 전기신호로 바꾸어 뇌에 전달한다. 망막은 카메라의 필름과 같은 역할을 한다. 전기적 신호는 빛에 민감한 화합물에 의해서 발생하며, 재사용이 가능하므로 카메라의 필름과 같이 교체할 필요가 없다.

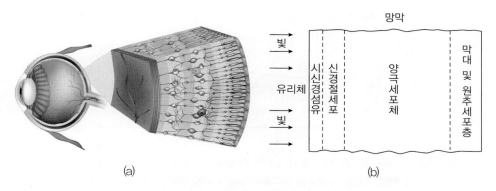

그림 13.42 | 눈의 망막과 망막의 해부학적 구조. 망막은 빛은 막대세포와 원추세포에서 감지되어 양극세포(bipolar cell)에 전달되고, 신경절세포층(ganglionic cell layer)에서 신호를 모은 다음 시신경(optic cell)을 통해 뇌에 전달된다.

  망막의 가장 안쪽에는 **막대세포**와 **원추세포**가 분포되어 있다. 막대세포는 원기둥 모양을 하고 있으며 원추세포는 원추기둥 모양으로 생겼다. 눈에 들어온 빛은 시각세포인 막대세포와 원추세포에 분포해 있는 **광수용체**(light receptor)에서 흡수되어 전기신호(활동전위)로 변환된다. 빛이 광수용체에 흡수되면 광화학적 반응을 일으켜 활동전위가 발생한다. 빛이 이러한 반응을 유발하려면 최소한의 에너지를 가지고 있어야 한다. 적외선은 충분한 에너지를 가지지 못하므로 눈으로 볼 수 없다. 자외선은 충분한 에너지를 가지고 있지만, 망막에 도달하기 전에 모두 눈에 흡수된다. 가시광선은 충분한 에너지를 가지고 있으며, 흡수되지 않고 망막에 도달하므로 가시광선 영역(빨강~보라)의 빛을 볼 수 있다.

  망막은 안구의 뒷부분 절반을 덮고 있다. 이렇게 넓은 범위는 넓은 각도의 시력을 제공한다. 그러나 시각세포 대부분은 **황반**(macula lutea)이라 부르는 작은 영역에 국한되어 있다. 정밀한 시력은 **중심와**(fovea centralis)라 부르는 노란색 점(약 0.3mm 지름, 황반)의 매우 좁은 영역에서 일어난다. 망막에 맺히는 이미지는 매우 작다.

  그림 13.43과 같이 실제 물체는 망막에 도립상(거꾸로 상)을 형성한다. 망막에 맺힌 상의 크기는 그림 13.43에서 닮은꼴 삼각형의 두 변의 길이 비를 이용해서 구할 수 있다. O는 물체의 크기이고, I는 이미지(영상)의 크기이며, P는 물체까지의 거리이고, Q는 이미지까지의 거리이며, 보통 0.02 m이다.

  그림 13.43에서 두 삼각형의 비례를 고려하여 망막에 맺히는 상의 크기를 하면

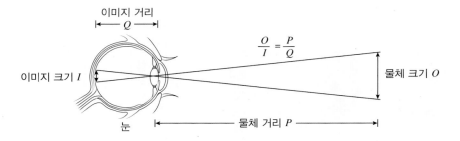

그림 13.43 | 눈의 렌즈에 비친 물체의 상은 망막에 거꾸로 맺히지만 뇌는 상을 정립상으로 인식한다. 망막에 맺힌 상의 크기를 삼각형의 닮음을 이용하여 구한다.

다음 식을 따른다.

$$\frac{O}{I} = \frac{P}{Q} \Rightarrow I = \frac{OQ}{P}$$

눈의 수정체는 근육에 의해서 조절되기 때문에 눈 가까이 있는 물체를 볼 때 수정체의 두께가 두꺼워 진다. 눈에 가장 가까이 있는 물체를 볼 수 있는 최근접 초점거리(nearest focus distance)는 나이에 따라 약 8~40 cm까지 변한다. 정상적인 성인일 때 약 20 cm 앞에 놓인 물체에 초점을 맞출 수 있다.

시력과 교정

눈의 초점은 수정체, 굴절률이 다른 눈의 부분들, 수정체의 두께를 조절하는 섬모체 근육 등에 의해서 조절된다. 그림 13.44는 **섬모체**(ciliary muscle)에 의해서 수정체의 모양이 조절되는 그림이다. 섬모체가 이완되어 인대가 늘어나면 수정체가 얇은 렌즈 모양이므로 곡률 반지름이 커지면서 초점거리가 길어진다. 따라서 먼 곳을 볼 수 있다. 반면 섬모체가 수축하면 인대가 느슨해지므로 수정체는 두꺼워져 두꺼운 렌즈가 된다. 따라서 눈은 초점거리가 짧아지고 가까운 곳을 볼 수 있다. 노안이 생기면 섬모체 근육의 기능이 좋지 않기 때문에 가까이 있는 물체를 보기 어렵다.

　정상인의 눈은 가까운 물체나 먼 물체를 명확히 볼 수 있다. 다양한 요인에 의해서 눈의 시력이 변한다. 표 13.3은 시력과 교정 렌즈를 나타낸 것이다. 원시(farsightedness)는 그림 13.45와 같이 먼 곳은 잘 보이지만 가까운 곳은 잘 보이지 않

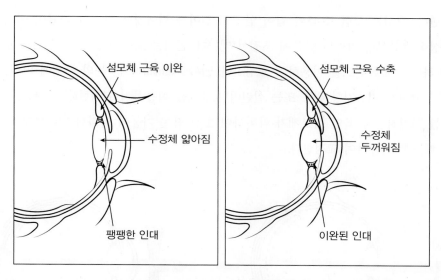

그림 13.44 | 섬모체 근육의 수축과 이완에 따라서 수정체의 모양이 얇아지거나 두꺼워진다. 이에 따라 먼 곳의 물체나 가까운 곳의 물체에 초점을 맞출 수 있다.

는 시력을 뜻한다. 원시는 안구의 길이가 짧아지고 각막의 곡률이 작아져 망막의 뒤쪽에 초점이 형성된다. 원시인 눈은 오목렌즈를 이용하여 교정한다. 정상적인 눈보다 망막이 뒤쪽으로 처져 있어서 오목렌즈를 이용하여 초점을 좀 더 길게 해준다. 근시(nearsightedness)는 가까운 곳은 잘 보이지만 먼 곳은 잘 보이지 않는 시력을

표 13.3 | 시력 이상의 원인과 시력 교정에 필요한 렌즈

이상 유무	안구의 변화	특징	교정
정상 (normal vision)	안구의 변화 없음	모든 거리가 잘 보임.	
근시(myopia, near-sightedness)	안구 길어짐, 각막의 곡률 커짐	근거리 잘 보임. 초점이 망막 앞에 맺힘.	오목렌즈 (negative lens)
원시(hyperopia, far-sightedness)	안구 짧아짐 각막의 곡률 감소	먼 거리 잘 보임. 초점이 망막 뒤에 맺힘.	볼록렌즈 (positive lens)
난시 (astigmatism)	각막의 곡률이 불규칙	모든 거리가 잘 보이지 않음. 초점이 분명하지 않음.	실린더형 렌즈 (cylindrical lens)
노안 (presbyopia)	조절 능력 감소	먼 거리 잘 보임. 수정체를 조절하는 근육이 퇴화함.	다초점 렌즈 (bifocal lens), 돋보기 렌즈

뜻한다. 근시는 그림 13.45와 같이 안구의 길이가 길어지고 각막의 곡률이 커져서 정상적인 눈보다 망막의 앞쪽에 초점이 맺는다. 근시는 초점을 좀 더 뒤쪽으로 보내야 하므로 볼록렌즈를 이용하여 교정한다. 난시(astigmatism)는 눈의 부위에 따라 곡률이 달라서 기울기형 렌즈 또는 실린더형 렌즈를 이용하여 교정한다. 노안은 수정체를 조절하는 근육인 섬모체가 약화하여 초점 잡는 기능이 약화한 것이므로 다초점 렌즈를 이용하여 교정한다.

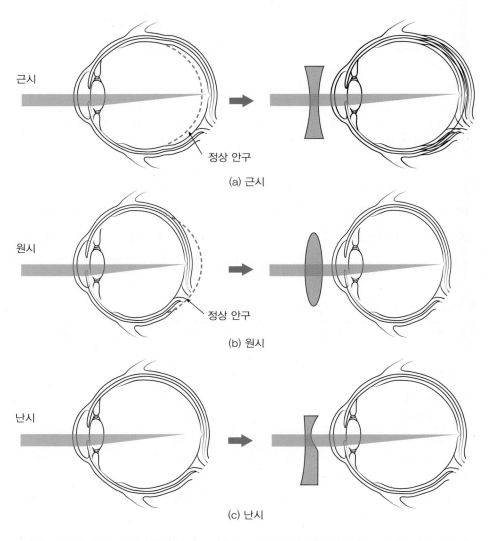

그림 13.45 | 원시, 근시, 난시와 교정 렌즈. 원시는 오목렌즈, 근시는 볼록렌즈, 난시는 실린더형 렌즈나 다초점 렌즈로 교정한다.

14장

양자 세계

우리가 누리고 있는 현대 문명의 많은 부분에 **양자역학**이 스며 있다. 전등, 레이저, 반도체, 금속, 핸드폰 등 무수히 많은 곳에 양자역학적 원리가 숨어 있으며 단지 우리가 그 존재를 모르고 지나칠 따름이다. 양자역학은 원자, 분자, 응집체, 생명현상, 별 등을 설명할 때 필수적인 과학이다. 17~19세기에 고전역학과 전자기학이 확립됨으로 거시적인 물체의 운동과 전하를 띠고 있는 물체의 동작 방식을 이해할 수 있게 되었다. 뉴턴의 고전역학은 18~19세기에 더욱 정교하게 발전하였고 고도의 수학적인 형식을 갖추었다. 전자기학은 맥스웰의 방정식이 발견됨으로써 전하가 드러내는 전기 및 자기 현상을 통합적으로 이해할 수 있게 되었다. 맥스웰은 전자기파에 대한 파동방정식을 유도하였고 전자기파가 진행하는데 매질이 필요 없으며 진공상태에서 광속으로 전파함을 보였다. 열기관이 발전하면서 열 현상에 대한 열역학이 발전하였으며 다체계를 이해하는 근거를 마련하였다. 맥스웰, 볼츠만, 깁스는 다체계의 상태를 확률적으로 묘사하는 통계역학을 제시하여 다체계를 좀 더 체계적으로 이해하는 방법들을 제시하였다.

19세기 말에 고전역학, 전자기학, 열역학 등으로 설명할 수 없는 현상들이 발견되기 시작하였으며 새로운 학문의 탄생을 기다리고 있었다. 19세기 말과 20세기 초는 다수의 물리학자가 양자역학의 발전에 기여하였다. 양자역학이 태동한 역사적 배경을 살펴보고 양자역학의 기초적인 지식을 살펴본다. 몇 가지 양자역학 예제를 통해서 양자역학이 우리 생활에 어떻게 사용되고 있는지 살펴본다.

14.1 양자의 발견

19세기 말에 많은 물리학자들은 물리학이 완성되었다고 생각했다. 역학과 전자기학으로 자연현상을 다 설명할 수 있고 근본적인 자연법칙은 더 없을 것으로 생각하였다. 막스 플랑크가 고등학교를 졸업할 무렵에 뮌헨대학교(Munchen University) 물리학과의 한 교수를 찾아가 물리학을 공부하고 싶다고 얘기했을 때 뮌헨대학교의 물리학과는 곧 폐쇄될 것이기 때문에 다른 학문을 공부하는 것이 좋겠다는 대답을 들었다. 물리학이 완성되어 더 이상 연구할 것이 없으므로 물리학과를 폐쇄한다는 것이었다. 막스 플랑크는 이에 개의치 않고 물리학을 공부하여 후에 흑체 복사 스펙트럼을 설명하는 공식을 발견하여 양자역학이 태동하는데 결정적인 기여를 하였다.

빛에 대한 성질은 오랫동안 연구되었다. 뉴턴은 백색광인 햇빛을 프리즘에 통과시키면 무지개색으로 분해되는 것을 발견하였으며 빛은 알갱이로 이루어졌을 것이라는 **입자설**을 주장하였다. 17~19세기에 걸쳐서 빛의 파동적인 성질이 발견되었다. 빛의 파동적인 성질은 간섭과 회전 현상을 나타내었다. 19세기 말에 빛의 성질을 탐색하는 **분광학**이 발전하면서 물질이 내는 빛의 본성에 좀 더 접근하였다. 특히 태양에서 오는 빛의 스펙트럼에 대한 구조는 아주 상세하게 연구되었다. 태양 빛을 프리즘에 통과시키면 무지개색으로 분해된다. 그런데 분해된 무지개색의 빛을 확대해서 보면 연속적인 빛 띠에 그림 14.1과 같이 검은색 선이 있는 것을 볼 수 있다. 검은색 선에 해당하는 빛은 태양에서 나오지 않는다는 뜻이다. 1868년에 스웨덴의 옹스트롬(A. J. Angstrom, 1814~1874)은 태양 빛에서 1,000개의 검은색 선을 담고 있는 **스펙트럼 지도**를 발표하였다. 왜 특정한 위치의 파장에 해당하는 흡수 스펙트럼이 존재할까?

흡수 스펙트럼과 반대로 기체를 뜨겁게 하면 기체는 특정한 파장의 빛을 방출한다. 기체마다 자신의 고유한 빛을 방출한다. 소금을 알코올램프에 태우면 특정한 색깔의 빛이 나오는 것을 볼 수 있다. 그림 14.1(b)는 태양 빛의 흡수 스펙트럼과 수

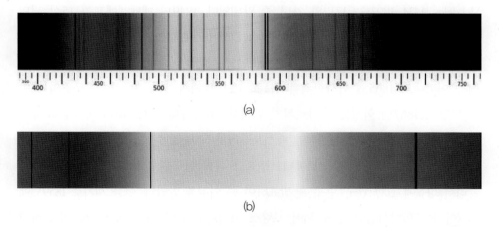

(a)

(b)

그림 14.1 | 흡수 스펙트럼과 기체의 방출 스펙트럼. (a) 옹스트롬이 측정한 태양 빛의 흡수 스펙트럼과 (b) 태양 빛의 흡수 스펙트럼과 수소 기체의 방출 스펙트럼을 비교하였다. 흡수 스펙트럼 위치에 정확히 수소 기체의 방출 스펙트럼이 위치한다.

소 기체의 방출 스펙트럼을 같이 나타낸 것이다. 태양 빛의 흡수 스펙트럼이 있는 위치에 정확히 수소 기체의 방출 스펙트럼이 위치한다. 수소 기체는 방출하는 빛의 스펙트럼에 해당하는 빛을 흡수하기도 하므로 태양의 흡수 스펙트럼은 태양에 다양한 원소의 기체 원자 또는 분자들이 존재함을 의미한다. 그러나 19세기 말 20세기 초에 과학자들은 원자의 존재를 믿지 않았다. 1909년에 러더퍼드가 알파선 산란실험을 수행하여 원자의 구조를 처음으로 알아냈다. 1911년에 러더퍼드는 유명한 원자에 대한 행성 모형을 제시하였으며 그제서야 많은 과학자가 원자의 실체를 믿기 시작하였다.

양자역학 발전에 기여한 중요한 실험 및 발견을 표 14.1에 나타내었다. 19세기 말과 20세기 초는 물리학의 신르네상스 시대라고 할 수 있다. 20세기 초까지 많은 과학자가 원자의 존재를 믿지 않았지만, 물질을 구성하는 원소에 대한 발견이 이루어졌다. 특히 화학 반응을 정량적으로 탐구하게 되면서 19세기에는 많은 원소와 분자들이 발견되었지만, 여전히 과학자들은 원자의 존재를 믿지 않았다. 물질은 구성 원소들이 마치 유체처럼 섞여 있는 것으로 생각하였다. 원자의 존재를 확실하게 믿게 된 것은 1911년 러더퍼드가 그의 알파입자 산란실험을 바탕으로 원자의 구조를 축소된 태양계와 같은 원자 모형을 제안한 후라고 할 수 있다.

1834년 오지인 시베리아 서쪽 노볼스크에서 태어난 **드미트리 멘델레예프**(Dmitri Mendelev, 1834~1907)는 17명의 자녀 중 막내였다. 1849년 멘델레예프가 15살 되던 해에 아버지가 사망하자 그의 어머니는 멘델레예프에게 고등교육을 해야겠다는 일념으로 재산을 정리한 후 상트페테르부르크로 상경하였다. 멘델레예프는 가난과 결핵을 이겨내고 1865년 박사학위를 취득하고 상트페테르부르크 기술연구소의 교수가 되었다. 1867년 학생들을 가르치기 위해서《화학 원론(Principles of Chemistry)》을 집필하였는데 이 교재가 세계적인 베스트셀러가 되어 경제적인 안정을 찾았다.

멘텔레예프는 1859년에 상트페테르부르크 대학 연구원으로 재직하면서 "액체의 물리적 성질에 관한 연구" 논문을 발표하여 큰 인정을 받았다. 이를 계기로 1859년에 러시아의 유학장학금을 받게 되어 프랑스 파리와 독일의 하이델베르크를 방문하였다. 멘델레예프는 유명한 과학자들을 방문하여 토론하거나 그들이 개최한 세미나 또는 강의를 들었다. 1860년 파리를 방문하던 멘델레예프는 **아우구스트 케쿨레**(Friedrich

표 14.1 | 19세기 말과 20세기 초에 물리학 분야의 주요한 발견

년도	과학자	발견내용
1869	드미트리 멘델레예프	원소의 주기율표 발견
1895	빌헬름 뢴트겐	X-선 발견
1896	앙리 베크렐	방사선 붕괴 발견
1897	J. J. 톰슨	전자 발견
1898	마리 퀴리	라듐 발견
1900	막스 플랑크	흑체 복사 공식 발견
1905	로버트 밀리컨	전하의 전하량 측정
1905	알베르트 아인슈타인	광전효과 설명 논문 발표 브라운 운동 설명 논문 발표 특수상대성 이론 발표
1909	어니스트 러더퍼드 한스 가이거 어니스트 마스덴	가이거-마스덴 실험에서 큰 각도로 산란하는 알파입자 관찰
1911	어니스트 러더퍼드	러더퍼드 원자 모형 발표
1913	닐스 보어	보어의 수소 원자 모형 발표
1917	어니스트 러더퍼드	양성자의 발견
1925	베르너 하이젠베르크	양자역학의 행렬역학 발견
1926	에르빈 슈뢰딩거	양자역학의 슈뢰딩거 파동방정식 발견
1926	폴 디랙	브라와 켓 기호를 이용한 양자역학 확립
1928		디랙 방정식 발견
1927	베르너 하이젠베르크	양자역학의 불확정성 원리 발견
1932	제임스 채드윅	중성자 발견

August Kekule, 1829~1869) 등이 주도한 국제회의인 **카를스루에 회의**(Karlsruhe congress, 1860년 9월 3일~5일, 독일 카를스루에에서 열린 화학자 대회)에 참여할 기회를 얻었다. 이 회의는 당시에 화학자들 사이에 논쟁이 되었던 원자량, 당량, 화학식의 합리적 명명법 등을 논의하기 위한 첫 국제회의였다. 이 국제회의 히어로는 이탈리아의 화학자 **스타니슬라오 칸니차로**(Stanislao Cannizzaro, 1826~1910)였다. 칸니차로

는 자신이 이탈리아 왕립 제노아대학에 제출한《화학 철학 과정의 요약(Sketch of a course of chemical philosophy)》에서 새로운 원자 표기법을 제시했다. 당시에는 원자량과 당량(5 원자량/원자가)이 혼재하여 쓰였는데 당시 C = 6, O = 8로 표기되던 원자량을 H = 1, C = 12, O = 16으로 표시할 것을 제안하였고 이렇게 표시하면 수소의 화학식이 H_2가 됨을 제시했다. 1860년까지 58개의 원소가 알려져 있었는데 당시 원자량에 대해서 과학자들이 일반적으로 사용하는 원자량과 표기법이 없었다. 이 회의에 참석했던 **마이어**(Julius Lothar Meyer, 1830~1895, 화학자)는 칸니차로의 주장을 듣고서 "내 눈에서 눈곱이 떨어져 나가고, 의심이 사라졌다. 가장 평화로운 확신이 생겼다"라고 말하였다. 카를스루에 회의에 참석했던 멘델레예프는 칸니차로의 원자량을 기반으로 원소들의 특성을 체계적으로 분류할 생각을 하게 되었다. 1869년에 멘델레예프는 "원소의 원자 무게의 특징 사이의 관계(The Dependence between the Properties of the Atomic Weights of the Elements)"라는 논문을 러시아 화학회지에 발표하였으며 이 논문에 최초의 원소의 "**주기율표**(periodic table)"가 담겨 있었다. 그의 주기율표에서 수직축은 원소의 원자량 증가를 나타내고 수평축은 비슷한 화학적 특성을 가지는 원소들을 배열하였다. 그의 주기율표에는 빈 곳이 많았는데 아직 발견되지 않은 원소를 뜻했다. 처음에 당대의 과학자들은 주기율표를 싸늘하게 대했다. 그러나 주기율표의 빈자리에 해당하는 원소들이 속속 발견됨으로써 멘델레예프의 주기율표는 지지를 받게 되었다. 멘델레예프의 주기율표는 원소들의 화학적 특징이 원자량이 증가하지만 주기적인 특징을 가진다는 놀라운 발견이었다. 이러한 현상을 과학자들이 설명할 수 있어야 했다.

1895년 **빌헬름 뢴트겐**(Wilhelm Conrad Rontgen, 1845~1923)은 뷔르츠부르크 대학에 재직하면서 음극선관에서 우연히 X-선을 발견하였다. 19세기 말에 첨단 실험실에는 강한 전압을 걸 수 있는 볼타전지와 변압기 역할을 하는 구리코일인 **룸코르프 코일**(Ruhmkorff coil)을 가지고 있었다. 볼타전지의 크기와 룸코르프 코일의 감은 수가 그 연구실의 위상을 대변했다. 뢴트겐은 크지는 않았지만, 이 두 가지를 모두 갖추고 있었다. 당시 많은 과학자는 음극선관을 가지고 연구를 하고 있었는데 **히토르프**(John Wilhelm Hittorf)가 만든 **히토르프관**, 크룩스(William Crookes)가 만든 **크룩스관**, 레나르트(Philipp von Lenard)가 만든 **레나르트관**이 인기가 있었다. 음극선관은 진

554

공을 뺀 유리관에 양극과 음극을 설치한 다음 강한 전압을 걸면 음극선이 음극에서 양극으로 이동하는데 음극선을 눈으로 볼 수 있었다. 뢴트겐은 레나르트관에 강한 전압을 걸어서 음극선이 나오게 하였다. 음극선을 밖으로 내보내기 위해서 만든 알루미늄 창을 보호하기 위해서 검정 마분지로 음극선관을 덮고 방은 완전히 어둡게 하였다. 그가 음극선을 동작시키자 음극선관에서 상당한 거리 떨어져 있던 바륨을 칠한 형광판에서 저절로 형광(fluorescence)이 생겨 빛이 나는 것을 발견하였다. 뢴트겐은 레나르트관보다 유리벽이 더 두꺼운 히토르프관과 크룩스관에서도 똑같은 형광이 일어나는 것을 발견하였다. 이 발견은 1895년 11월 8일에 일어났으며 음극과 형광판 사이에 여러 가지 물질을 놓아도 바륨을 바른 판(정확히는 바륨-시안화백금산염, barium platinocyanide)에서 형광이 나는 것을 막을 수 없었다. 뢴트겐은 이 선의 정체가 무엇인지 몰랐기 때문에 X-선이란 이름을 붙였다. 1895년 12월 22일에 아내 손의 X-선 사진을 찍었다. 뢴트겐은 1895년 12월 28일에 "새로운 종류의 광선에 관하여(On a new kind of rays)"란 제목의 논문을 뷔르츠부르크 물리학-의학협회에 제출하였다. 1896년 1월 1일에 그의 논문이 배포되자 큰 소동이 일어났다. 뢴트겐은 초고를 볼츠만, 바르부르크, 코라우슈, 켈빈경, 스토크스, 푸앵카레 등에게 보냈다. 뢴트겐의 논문을 읽은 과학자들은 바로 연구실로 뛰어 들어가서 실험을 해보았는데 모두 X-선을 볼 수 있었다. X-선을 믿지 않은 사람들은 뢴트겐이 공개한 손뼈 사진을 보고 새로운 선을 믿게 되었다. X-선의 발견은 20세기에 들어서면서 미시세계를 엿볼 수 있는 새로운 도구로 자리 잡게 되며 양자역학 발전에 혁혁한 공헌한다.

X-선의 발견은 새로운 선(ray)을 찾으려는 열풍을 불러왔다. 프랑스 낭시대학교 교수이며 프랑스 아카데미 회원인 블론슬롯(Prosper-Rene Blondlot)은 1903년에 전기 스파크에서 N-선(N-ray)을 발견하였다고 주장하였다. 그의 명성에 힘입어 많은 과학자가 N-선에 대한 300여 편의 논문을 발표하였지만, 후에 N-선은 자외선의 일종임이 밝혀졌으며 X-선과 같은 새로운 선이 아니었다.

삼대에 걸쳐서 물리학과 교수를 이어오고 있던 베크렐 가는 인광과 형광에 관한 연구를 계속해왔다. 앙리 베크렐(Henri Becquerel, 1852~1908)은 앙토완 세자르 베크렐, 에드몽 베크렐에 이어 3대째 파리 자연사 박물관 교수를 세습하고 있었다. 앙리 베크렐의 아들 장 베크렐도 교수가 되므로 4대에 걸쳐서 교수를 배출한다. 푸앵카레로부터 X-선에 대해서 얘기를 들은 베크렐은 X-선이 형광이나 인광과 관계있을 것으로 생각하였다. 그래서 인광이나 형광을 내는 물질에서 X-선이 나올 것으로 생각했다. 베크렐의 아버지는 앙리에게 '우라닐 염화포타슘인 우라늄염'을 남겨주었다. 이 물질은 인광 물질이라고 여겨졌다. 인광 물질에 햇볕을 쬐고 나서 어두움 속에 놓아두면 빛이 상당히 오랫동안 방출되는 물질이다. 보통 도깨비 불이라고 부르는 현상은 인광현상으로 생긴다. 죽은 사람의 뼈에 들어있는 인광 물질이 햇빛에 노출되면 밤에 인광을 방출한다. 베크렐은 사진건판을 두꺼운 검은 종이로 싼 다음 우라늄염과 함께 햇빛에 놓아둔 후에 사진건판을 인화해 보았다. 사진건판에 인광 물질의 그림자가 나타났다. 베크렐은 두꺼운 종이를 투과하는 어떤 선이 인광 물질에서 나와서 사진건판을 검게 만들었다고 생각하였다. 마치 인광 물질에서 X-선이 나오는 것처럼 보였다. 베크렐은 더 확신이 필요했기 때문에 추가적인 실험을 해보기로 했다. 실험하려고 했던 1896년 2월 26일과 27일의 파리 날씨는 흐려서 햇빛이 나지 않았다. 그래서 그는 실험을 포기하고 우라늄염과 두꺼운 검은색 종이로 꽁꽁 싼 사진건판을 서랍 속에 넣어 두었다. 며칠 동안 해가 나지 않았기 때문에 베크렐은 3월 1일 사진건판을 꺼내서 현상해 보았다. 베크렐은 사진건판에 그림자가 없을 것으로 추정하고 사진건판을 인화했다. 그런데 베크렐의 생각과는 반대로 이번에는 더 선명한 그림자가 나타났다. 베크렐은 어둠 속에서 그 작용이 일어난 것을 알게 되었다. 이 현상은 인광현상과 아무런 관계가 없었다. 베크렐은 자신의 발견을 프랑스 과학원에 보고했다. 마침내 베크렐은 방사선을 발견하였다. 그러나 베크렐의 광선은 X-선만큼 관심을 끌지 못했다. 모든 사람은 X-선에 관해서만 얘기했다. 1896년 3월 9일에 베크렐은 우라늄에서 나오는 선이 검은 종이로 감싼 사진건판에 그림자를 남길 뿐만 아니라 주변의 기체를 전리시켜서 도체로 만든다는 것을 발견했다. 베크렐의 방사선 발견은 앞으로 다가올 양자 시대에 미시세계를 탐험할 필수적인 도구가 된다. X-선과 방사선이 발견되지 않았다면 양자역학의 발전은 한참 후로 연기되었을 것이다. 필요하고 적당한 시기에 물리학자들은 두 개의 도구를 가지고 원자 세계와 핵의 세계를 탐험할 수 있게 되었다.

러더퍼드는 1871년 뉴질랜드 남섬의 넬슨에서 태어났다. 러더퍼드는 어려서부터 물리학 책을 읽었으며 물리학을 좋아했다. 뉴질랜드의 넬슨대학교와 캔터베리대학교를 졸업한 러더퍼드는 2년간 연구를 하면서 새로운 형태의 라디오 수신기를 발명하기도 했다. 러더퍼드는 1894년 23세에 '1851년 런던 박람회 장학금' 시험을 치렀다. 이 장학금은 빅토리아 여왕의 남편인 컨소트공이 박람회에서 남은 비용을 대영제국 국민에게 장학금으로 주도록 만든 기금이었다. 이 시험에서 러더퍼드는 2등을 했지만 1등을 한 학생이 장학금 수혜를 포기하는 바람에 러더퍼드가 장학금을 받게 되었다. 러더퍼드가 감자밭에서 감자를 캐고 있을 때 전보로 장학금 수혜 소식을 들었다. 러더퍼드는 "이 감자는 내 일생에서 마지막으로 캐는 감자다"라고 소리쳤다고 한다. 러더퍼드는 영국으로 건너가는 길에 호주의 아델레이드(Adelaide)에 들러서 그 당시에 제국의 물리학자로 명성을 날리던 **헨리 브래그**(William Henry Bragg, 1862~1942)를 만났다. 브래그는 러더퍼드보다 약간 나이가 많았지만 벌써 교수였다. 헨리 브래그는 아들인 **로렌스 브래그**(William Laurence Bragg, 1890~1971)와 함께 X-선을 이용한 브래그 산란실험으로 부자가 1915년 노벨 물리학상을 받는다. 아들 브래그는 나중에 러더퍼드 후임으로 캐번디시 연구소의 소장이 되며 마지막 절에서 살펴볼 왓슨과 크릭이 DNA 이중나선 구조를 발견할 때 이들을 후원한다.

1895년 9월에 러더퍼드는 영국 케임브리지에 도착하여 **캐번디시 연구소**에서 **톰슨**(Sir Joseph John Thomson)과 함께 연구를 시작하였다. 당시 톰슨은 젊은 나이에 캐번디시 연구소의 소장이 되었고, 실험 커리큘럼을 혁신적으로 바꾸었으며 외국인 학생들에게 문호를 개방하였다. 톰슨이 캐번디시 연구소의 소장이 된 것은 아주 운이 좋은 경우였다. 그는 1884년 12월 22일에 케임브리지대학교 캐번디시 연구소 교수가 되었다. 캐번디시 연구소는 데번셔 7대 공작(7th Duke of Devonshire)인 **윌리엄 캐번디시**(William Cavendish)가 1871년에 세운 유명한 물리연구소이다. 이 연구소는 윌리엄 캐번디시의 친척인 물리학자 **헨리 캐번디시**(Henry Cavendish, 1731~1810)에게 헌정되었다. 헨리 캐번디시는 물리학에서 '**캐번디시의 실험**(Cavendish Experiment)'으로 유명하였고 그는 고정된 큰 공 옆에서 작은 공이 중력에 의해서 끌릴 때 매단 줄의 비틀림을 측정하여 **중력 상수**(Gravitational constant, G)를 처음 측정하였다. 캐번디시 교수직은 제임스 맥스웰, 레일리로 이어지고 있었다. 레일리 경이 은퇴하면서 3대 소장을 공모하였다. 후보는 오즈번 레이놀즈(Osborne Reynolds), 리차드 글래제브룩

(Richard Glazebrook), 톰슨이었다. 나머지 두 명의 후보는 톰슨보다 나이도 더 많고 실험 경험도 풍부한 물리학자였다. 톰슨은 한번 지원해보자는 심정으로 지원을 했는데 뜻밖에 톰슨이 선임되었다. 이 선임은 새로운 물리학을 이끌어가는 데 결정적인 역할을 한다. 톰슨은 1897년에 음극선관에서 전자의 편향을 이용하여 전자의 전하량과 질량의 비를 측정함으로써 음극선관의 음극에서 나오는 것이 전자임을 입증하였고 이 업적으로 1906년 노벨 물리학상을 수상한다. 톰슨은 양자역학이 시작되던 시점에 엄청난 재능을 가진 선생님이었고 그의 제자, 공동연구자들은 노벨 물리학상을 다수 수상한다. 그의 6명의 조수였던 찰스 바클라(Charles Glover Barkla), 닐스 보어(Niels Bohr), 막스 보른(Max Born), 헨리 브래그(W. H. Bragg), 오언 리처드슨(Owen Williamss Richardson), 찰스 윌슨(Charles Thomson Rees Wilson)은 노벨 물리학상을 받았고 연구 학생이던 러더퍼드, 프랜스 애스턴(Francis William Aton)은 노벨 화학상을 받는다. 그의 아들 조지 톰슨(George Paget Thomson)은 1937년에 전자의 파동성을 입증함으로써 노벨 물리학상을 받는다.

러더퍼드는 베크렐의 방사성 붕괴 소식을 접하고 방사선의 특성을 조사하였다. 1898년에 방사선이 물질을 투과하는 성질을 조사하면서 물질에 쉽게 흡수되는 α-선과 물질을 잘 투과하는 β-선을 발견하였다(Trenn 1976). 러더퍼드가 캐번디시 연구소에서 α-선을 접하게 된 것은 인류가 원자의 구조를 이해하는데 결정적인 기여를 하게 된다.

양자역학의 태동은 전자기학과 통계물리학이 복합된 문제에서 태동했다. 19세기 말에 맥스웰과 볼츠만에 의해서 기체 분자들이 들어 있는 통에서 기체분자들의 속력 분포가 맥스웰-볼츠만 분포(Maxwell-Boltzmann velocity distribution)를 따른다는 것을 발견하였다. 기체의 상태는 확률함수로 나타낼 수 있었다. 그런데 19세기 말의 물리학자들을 괴롭히는 문제가 하나 있었는데 바로 흑체 복사(black body radiation) 문제였다. 흑체(black body)는 들어오는 모든 전자기파를 흡수하는 물체를 말한다. 뚜껑을 열 수 있는 뜨거운 용광로는 흑체에 가깝다. 흑체 벽에 작은 구멍을 내면 흑체는 구멍으로 모든 파장의 전자기파를 방출한다.

> **흑체(black body):** 모든 파장의 빛을 흡수하며 또 방출하는 물체. 온도를 가진 물체는 주위에 전자기파 형태로 에너지를 방출한다.

단위 면적당 방출하는 전자기파 일률(power)을 방출일률(emissive power) 또는 방출률(emissivity)이라 한다. 물체의 표면에 도달한 전자기파를 흡수하는 능력을 흡수율(absorption power)이라 하며, 흑체의 흡수율은 1이다. 즉, 흑체의 표면은 들어오는 모든 전자기파를 흡수한다. 흑체가 전자기파를 내보내는 것을 복사(radiation)라 한다. 흑체에 구멍을 내면 구멍을 통해서 복사를 관찰할 수 있다. 흑체가 전자기파를 밖으로 방출할 때는 전자기파의 파장에 따라서 내보내는 양이 다르다. 물체를 뜨겁게 하면 물체에서 빛이 나온다. 온도가 상대적으로 낮을 때는 빨강 빛이 많이 나오지만, 물체 온도를 더 높이면 파랑 빛이 더 많이 나오는 것을 볼 수 있다. 물체의 복사는 주어진 진동수에 따라서 방출하는 에너지 세기가 다르다. 전자기파의 진동수가 연속적으로 변하므로 단위 진동수당 방출하는 에너지를 구해서 복사 에너지를 구할 수 있다. 1792년에 다윈의 선조인 웨지우드(T. Wedgewood)는 물체의 종류가 다르더라도 온도가 같으면 같은 색깔의 빛을 낸다는 것을 관찰하였다. 1859년에 키르히호프(Gustav R. Kirchhoff, 1824~1887)는 물체의 방출률과 흡수계수의 비는 온도와 빛의 진동수에만 의존함을 증명하였다. 흑체의 흡수계수는 1이기 때문에 흑체의 방출률은 온도와 진동수에만 의존한다.

19세기 말에 많은 과학자들이 흑체의 방출률을 열역학으로 설명하려고 노력하였다. 1879년에 조제프 슈테판(Josef Stefan, 1835~1893)은 흑체의 총방출률이 온도의 4제곱에 비례한다는 것을 실험적으로 발견하였고 그의 제자 볼츠만(Ludwig E. Boltzmann, 1844~1906)은 1884년에 열역학과 전자기학을 이용하여 이를 증명하였다. 이를 슈테판-볼츠만의 법칙(Stefan-Boltzmann's law)이라 한다. 그림 14.2는 흑체의 복사 에너지를 파장의 함수로 나타낸 것이다. 세로축의 단위는 흑체의 단위 면적 당, 단위 파장 당 방출하는 에너지 복사율을 kW 단위로 나타내었다. 가로축은 파장을 nm 단위로 나타내었다. 그림 14.2에서 그래프가 둘러싼 면적이 총방출률로 온도의 4제곱에 비례한다. 흑체의 온도가 올라가면 그래프가 둘러싼 면적이 증가할 뿐만

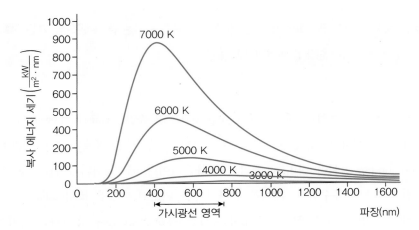

그림 14.2 | 파장에 따른 흑체의 복사 에너지 세기. 흑체의 온도가 증가하면 복사 곡선의 면적이 넓어지고 최댓값의 위치가 낮은 파장으로 이동한다.

아니라 흑체 복사 곡선 최댓값의 위치가 낮은 파장 쪽으로 이동한다. 태양의 표면 온도인 6,000 K에서 가시광선 영역의 빛이 상대적으로 많이 방출됨을 알 수 있다.

1889년에 베를린 대학교 물리학과의 교수가 된 **막스 플랑크**(Max Planck, 1858~1947)는 1897년부터 **흑체 복사**에 관해서 연구하기 시작했다. 흑체 문제는 원자 모형과 무관한 문제여서 논란에 휩싸일 일이 없었다. 플랑크가 흑체 문제를 연구하기 전에 여러 물리학자가 많은 연구 결과들을 축적하고 있었다. 1893년에 **빈**(Wien)은 열역학을 이용하여 흑체 복사에 대한 방출률을 구했다. 빈의 법칙은 빈의 **변위 법칙**(Wien's displacement law)이라고 부르며 그림 14.3과 같이 빛의 파장이 작을 때 흑체 복사 곡선을 잘 설명하지만, 파장이 길어지면 실험 결과에서 급격히 벗어난다. 따라서 빈의 법칙은 파장이 작은 영역에서 맞는 근사식이라고 할 수 있다. 빈의 법칙을 주파수(파장은 주파수에 반비례) 형식으로 표현하면

$$u(\nu,\, T) = A\nu^3 e^{-\beta\nu/T}$$

이고, 여기서 A와 β는 당시에 알려지지 않은 상수였다. 이 법칙을 파장 식으로 표현하면

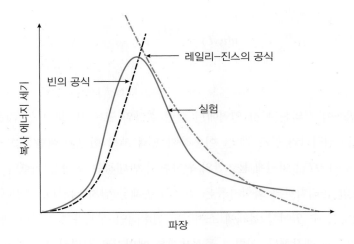

그림 14.3 | 흑체 복사 스펙트럼 곡선. 파장이 짧은 영역은 빈의 공식으로 근사할 수 있고, 파장이 긴 영역은 레일리–진스의 공식으로 근사할 수 있다. 그러나 두 공식은 실험적 결과를 맞히지 못한다.

$$u(\lambda, T) = \frac{2hc^2}{\lambda^5} e^{-hc/\lambda kT}$$

이다. 빛의 파장과 진동수의 곱은 광속과 같다. 즉, $\nu\lambda = c$이다. 진동수에 대한 빈의 법칙에서 사실 상수 $\beta = h$이고 h는 **플랑크 상수**(Planck constant)라 부르는 기본상수이다. 상수 β가 h와 같다는 사실은 1900년에 플랑크가 처음 증명하였다.

1900년에 **레일리경**(The Lord Rayleigh, 1842~1919)은 흑체의 전자기파를 육면체에 갇힌 파동이며 육면체 내에서 정상파를 형성한다고 생각하였다. 또 온도 T인 흑체의 평균 에너지는 **에너지 등분배정리**에 의해서 $<U> = kT$일 것으로 생각하였다. **진스**(James Jeans, 1877~1946)는 레일리 계산을 수정하여 1905년에 흑체 복사에 대한 레일리-진스의 법칙을 유도하였다. 육면체에 갇힌 전자기파의 에너지 밀도를 고려하면 흑체의 에너지 밀도를 파장에 대해서 나타내면 **레일리–진스의 법칙**(Rayleih-Jeans' law)은

$$u(\lambda, T) = \frac{2ckT}{\lambda^4}$$

이고, 진동수에 대한 표현은

$$u(\nu,\ T) = \frac{8\pi kT}{c^3}\ \nu^2$$

이다.

빈의 법칙이 적외선 복사 영역에서 실험 결과와 크게 벗어난다는 것을 알고 있던 플랑크는 열역학과 통계역학을 이용하여 흑체 복사 현상을 설명하려고 노력하였다. 플랑크는 1897년 이전에 볼츠만의 원자론에 반대하는 입장을 취했다. 19세기 말에 대부분의 물리학자와 화학자들은 원자의 존재를 믿지 않았다. 물질세계는 열역학으로 설명할 수 있어서 물체에 스며있는 연속적인 실체라고 생각한 에너지로 설명할 수 있다고 생각했다. 이렇게 물질세계를 에너지로 설명하려는 과학자들을 에너지론자라 한다. 당시에 유명한 과학자들 대부분은 에너지론을 믿었으며 클라우지우스, 헬름홀츠, 마흐, 플랑크, 오스트발트(19세기 말의 유명한 화학자) 등이 에너지론자였다. 막스 플랑크는 흑체 복사를 연구하면서 볼츠만의 원자론과 기체 운동론이 필요하다는 사실을 받아들였다. 특히 열역학 제2법칙은 볼츠만이 주장한 것과 같이 확률적 기원을 가짐을 받아들였다. 1897년 플랭크가 볼츠만의 원자론과 다체계의 물리적 상태를 확률적으로 표현할 수 있다는 사실을 받아들인 것은 과히 '플랭크의 회심'이라 할 수 있다. 플랑크가 볼츠만의 통계역학을 받아들이자 흑체 복사에 대한 이론은 일사천리로 풀렸다.

플랑크는 빈의 법칙을 이용하여 흑체의 평균 에너지에 대한 엔트로피 변화량에 대해 식을 유추하였다. 플랑크가 흑체 복사의 에너지 밀도 식을 유도할 때 흑체 속의 광자기체의 에너지를 구할 때 작은 에너지 미시상태들의 밀도를 생각해야 함을 인식하였다. 이러한 사실은 볼츠만이 이상기체의 상태를 미시적으로 기술할 때 원자들의 작은 에너지 미시상태 밀도를 고려해야 한다는 사실을 모방한 것이었다. 플랑크는 작은 진동수와 높은 진동수에서 모두 맞는 평균 에너지에 대한 엔트로피의 이차미분 식을 유도하였고 이를 이용하여 흑체의 평균 에너지 식을 새롭게 유도하여 마침내 플랑크의 흑체 복사 공식을 유도하였다. 사실 플랑크는 빈의 법칙과 레일리-진스의 두 식을 부드럽게 연결하는 내삽 공식(interpolation formula)을 발견한 것이다. 이 내삽 공식에서 자연스럽게 복사 공식이 자연스럽게 유도되었다. 이 결과는 1900년에 발표되었으며 파장에 대한 **플랑크의 흑체 복사 공식**(Planck's black body radiation formula)은

$$u(\lambda, T) = \frac{2hc^2}{\lambda^5} \frac{1}{e^{-hc/\lambda kT}-1}$$

이고 진동수에 대한 흑체 복사 공식은

$$u(\nu, T) = \frac{8\pi h}{c^3} \frac{\nu^3}{e^{h\nu/kT}-1}$$

이다. 이 결과는 새로운 과학을 연 혁신적인 결과였다. 20세기가 시작되는 시점에 그 당시 가장 난제였던 흑체 복사 공식을 발견한 것이다(이재우, 통계열역학).

플랑크의 흑체 복사 공식을 설명하기 위해서 흑체 내에서 전자기파의 에너지가 $E = nh\nu$ ($n = 1, 2, 3, \cdots$)와 같이 불연속적인 값을 가져야 한다. 플랑크는 이렇게 불연속적인 에너지를 갖는 전자기파를 **양자**(quantum)라 불렀다. 자연에 존재하는 빛의 에너지가 불연속적으로 양자화된 것을 처음으로 발견한 것이다. 플랑크의 흑체 복사 공식은 당시의 과학자들에게 큰 관심을 끌지 못했다. 많은 과학자가 빈의 법칙과 레일리-진스의 법칙을 기이한 방법으로 연결하여 이상한 식을 유도했다고 생각했다. 플랑크 자신도 자신이 발견한 양자의 중요성을 크게 인식하지 못했다. 양자에 대한 중요성을 인식하는데 좀 더 시간이 필요했다. 1905년에 아인슈타인이 광전효과를 설명하면서 플랑크의 양자를 **광양자**(photon)라고 부르면서 플랑크의 양자가 관심을 끌기 시작했다(E. Segre, From X-rays to quarks, p65).

그림 14.4 | 흑체 복사 공식을 발견한 막스 플랑크(1858~1947).

전자의 발견

19세기 말에 전자기학이 완성되면서 자연에 존재하는 전하의 존재를 알았지만, 전하의 기본 단위에 대해서는 알지 못했다. 19세기 말에 진공 기술과 유리세공 기술이 발전하면서 다양한 종류의 음극선관이 만들어졌다. 음극선관은 1858년 독일의 물리학자 율리우스 플뤼커(Julius Plucker, 1801~1868)가 진공관에서 방전이 일어날 때 그림 14.5와 같이 음극선 근처

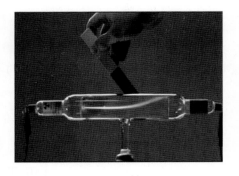

그림 14.5 | 음극선 근처에 자석을 놓으면 음극선이 자석 방향으로 휜다. 음극선은 전자의 흐름이다.

에 자석을 대면 음극선이 휘는 것을 발견하였다. 그는 1869년에 음극 근처의 유리에 인광을 바른 유리판에서 밝은 초록색 인광이 발생하는 것을 관찰했다. 1869년에 플뤼커의 제자인 요한 히토르프(Johann W. Hittorf, 1824~1914)는 진공을 뽑는 수은펌프를 발명하여 더 좋은 진공을 얻을 수 있었다. 그는 음극의 정면에 물체를 놓으면 검은 그림자가 생기는 것을 관찰함으로써 음극선이 음극에서 나온다는 것을 발견하였다. 사실 음극선(cathode rays)이란 용어는 1876년에 골드슈타인(E. Goldstein, 1859~1930)이 명명하였다. 1879년에 윌리엄 크룩스(William Crookes, 1832~1919)는 더 좋은 진공 기술을 이용하여 만든 크룩스관(Crookes tube)이라 불리는 음극선관을 만들었다. 현대식 음극선관은 그림 14.5와 같이 공기를 빼낸 진공관 속에 음극(cathode)과 양극(andoe)이 배치되어 있다. 음극과 양극 사이에 강한 전압을 걸면 음극의 금속에서 음극선이 방출된다. 1895년에 프랑스의 과학자 페랭(Jean Baptiste Perrin, 1870~1942)은 음극선이 음전하를 띠고 있음을 발견하였다.

음극선이 전자라는 것은 1897년에 캐번디시 연구소의 톰슨(J. J. Thomson, 1856~1940)에 의해서 발견되었다. 톰슨은 음극선의 물질이 원자 내부에서 나왔으며 원자를 구성하는 기본 물질일 것으로 생각했다. 사실 이 물질이 전자(electron)이다. 톰슨은 그림 14.6의 형광판 옆에 설치된 양(+)과 음(−) 극판 사이에 약한 전압을 걸어서 음극선에서 나오는 전자를 휘게 만들어 포물선 운동을 하게 하였다. 형광판에서 음극선이 충돌하는 지점의 높이를 측정하여 음극선에서 나오는 입자의

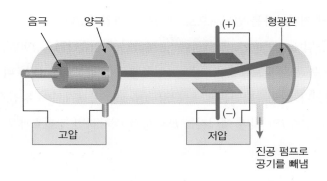

그림 14.6 | 톰슨이 사용한 음극선관의 구조. 음극선을 전기장으로 휘게 할 수 있다.

전하량/질량(e/m)을 측정하였고, 진공관의 음극을 구성하는 물질에 무관함을 발견하였다. 전자의 질량과 원자의 수소 원자의 질량을 비교하여 전자의 질량이 수소 원자 질량의 1/1,836배 작다는 것을 발견하였다. 전자라는 이름은 1891년에 **스토니** (Johstone Stoney, 1826~1911)가 제안한 이름이다. 그는 '전기학에서 기본 단위의 양'을 전자라고 제안하였다. 소립자를 제외하고 원자 세계에서 전자는 가장 작은 단위의 음전하이다.

14.2 양자역학의 역사

1900년에 플랑크가 흑체의 복사 법칙을 발표하였지만, 양자의 존재에 대해서 과학자들은 확신이 없었다. 1873년에 영국의 전기공학자 **스미스** (Willoughby Smith, 1824~1891)는 셀레늄에서 **광전도**(photoconductivity)를 발견하였다. 1887년에 독일의 **헤르츠** (Heinrich Hertz, 1857~1894)는 **광전효과**

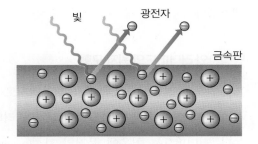

그림 14.7 | 광전효과. 금속에 자외선에 가까운 빛을 비춰주면 금속에서 전자들이 발생한다.

를 관찰하였고 전자기파를 수신한 코일의 전극 사이에서 스파크가 발생하는 것을

565

관찰함으로써 전자기파를 인위적으로 생성하고 관찰하였다.

    대학을 졸업하고 스위스 특허국에 근무하던 아인슈타인은 1905년에 광전효과를 설명하는 논문을 발표하였다. 그는 특허국에서 근무하면서 틈이 나는 대로 물리학을 연구하였다. 아인슈타인은 빛을 광양자(photon)로 생각하여 광전효과를 설명하였다. 즉, 진동수가 f인 빛의 에너지는 $E = hf$로 생각하면 광전효과를 잘 설명할 수 있었다.

> **광전효과:** 어떤 금속은 특정 진동수 이상의 빛을 비춰주면 금속에서 전자가 튀어 나온다. 이러한 현상을 광전효과(photoelectric effect)라 한다.

    빛이 파동이라는 생각에 젖어있던 분위기에서 빛을 입자인 광양자로 생각한 것은 과히 혁신적이었다. 빛을 입자로 생각하자 광전효과는 마치 두 개의 당구공이 충돌하는 것과 같은 식으로 묘사할 수 있었다. 아인슈타인은 광전효과의 모든 현상을 광양자로 깨끗하게 설명할 수 있었다. 이 공로로 아인슈타인은 1921년 노벨 물리학상을 수상하였다. 비록 아인슈타인이 양자역학의 확률적 해석을 믿으려 하지 않았지만 아인슈타인은 양자역학이 발전하는데 크게 기여하였다. 아인슈타인은 특수상대성이론과 일반상대성이론으로 더 유명하지만, 노벨상은 광양자에 대한 설명에 대한 공적으로 수여되었다. 그 당시에 상대성이론은 너무 추상적이고 수학적이라고 생각했다.

양성자와 러더퍼드의 원자 모형

1895년에 뉴질랜드에서 영국 케임브리지로 건너온 러더퍼드는 캐번디시 연구소에서 톰슨의 연구 학생으로 일하게 되었다. 러더퍼드는 곧 뛰어난 학생으로 인정을 받는다. 러더퍼드는 처음에 물질의 자성(magnetism)에 관해서 연구하였다. 그는 전파를 무선으로 수신하는 장치를 발명하였는데 무선통신을 발명한 마르코니의 업적과 비슷한 것이었다. 뢴트겐의 X-선이 큰 흥미를 끌자 톰슨과 러더퍼드는 X-선이 유도하는 물질의 이온화 현상을 연구하였다. 1897년에 러더퍼드는 연구를 확대하여 우라늄이 물질을 이온화시키는 연구로 확장하였다. 1898년에 러더퍼드는 우라늄에서 두 종류의 방사선 알파선과 베타선이 나오는 것을 발견하였다. 두 선은 물질에 흡수되는 성질이 아주 달랐다. 비슷한 시기에 큐리 부부는 라듐과 폴로늄을 발견한다. 러더퍼드는 베타선이 음극선에서 나오는 전자와 같다는 것을 알아냈다. 후에 프랑스의 빌라드 (P. V. Villard)는 감마선을 발견하였

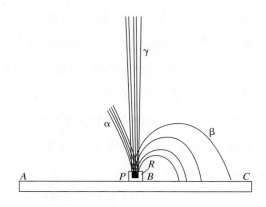

그림 14.8 | 세 종류의 방사선. 우라늄에서 방출하는 방사선에 자기장을 수직하게 걸면 알파선과 베타선은 서로 반대로 휜다. 반면 감마선은 똑바로 나온다.

다. 그림 14.8은 방사선에 자기장을 걸었을 때 나오는 방사선이 분리되는 것을 나타낸다. 알파선(헬륨의 원자핵, +전기를 띰)과 베타선(전자, -전기를 띰)은 서로 반대 방향으로 휘고, 전하가 없는 감마선(광자)은 수직하게 방출된다.

1898년에 캐나다 몬트리올에 위치한 맥길대학교(McGill University)에 교수직 공석이 생겼다. 러더퍼드는 즉흥적으로 이 자리에 지원했다. 당시 유럽 이외의 영국 식민지의 대학은 수준이 낮았기 때문에 러더퍼드의 결정은 이례적이었다. 톰슨이 러더퍼드를 극찬하는 추천서 덕분에 러더퍼드는 맥길대학교 물리학과 교수에 임명되었으며 월급은 연 500파운드였는데 이 금액은 당시 연봉으로 대단히 높은 금액이었다. 당시 물리학과 학과장이던 존 콕스(John Cox)는 러더퍼드가 일하는 것을 몇 주본 후에 "내가 당신의 수업을 맞을 테니 당신은 하고 싶은 실험이나 하시오"라고 하였다. 이 때문에 러더퍼드는 실험에 전념할 수 있었고 주변에서 같이 일할 연구자들을 찾았다. 러더퍼드는 방사선 물질을 확보하여 오언스(R. B. Owens)와 함께 방사선 물질이 공기에 전류를 흐르게 하는 성질을 조사했다. 러더퍼드는 방사선 물질이 방사선 기체를 방출하는 것이 아닌지 의심했다. 비슷한 시기에 큐리 부부는 방사선 물질 옆에 놓인 물질은 '유도 방사능'을 띠게 된다는 것을 발견하였다. 러더퍼드는 방사선 물질은 방사선뿐만 아니라 '방사선 기체'를 방출한다는 것을 발견하였다. 러더퍼드의 방사선 기체의 발견은 당시에 알려진 '화학의 기초'를 흔드는 대발견이었다.

러더퍼드는 긴 관을 이용하여 방사선 기체를 흘러가게 하면서 흘러가는 기체의 양과 속도를 측정하였는데 이 과정에서 방사선 기체의 반감기(half-life time)를 측정할 수 있었다. 마침 맥길대학교의 설립자인 윌리엄 맥도날드 경(Sir William MacDonald)이 물리학과에 공기 액화장치를 기부했다. 러더퍼드는 액체 공기 방사선 기체를 냉각시켜서 기체를 액화시키고 다시 기화시켜서 기화 온도를 측정하였다. 그는 이 과정에서 우라늄이나 토륨과 같은 방사선 물질이 붕괴하면서 "기체"가 나온다는 사실을 증명하였다.

러더퍼드는 알파선의 본성에 관해서도 탐구했다. 1903년에 러더퍼드는 방사선에 자기장을 가해서 알파선이 구부러지는 정도를 이용하여 알파선의 비전하(= 전하량/질량)를 측정하여 알파선이 헬륨 이온이라는 것을 증명하였다.

1900년에 화학자들 사이에서 방사선 물질의 방사선 활동성에 관한 관심이 커지고 있었다. 이때 러더퍼드는 맥길대학교 화학과 교수인 프레데릭 소디(Frederic Soddy, 1877~1956)를 만나서 협력 연구를 하게 된다. 소디는 1898년에 영국의 옥스퍼드대학교의 학위를 받은 후 1900년부터 맥길대학교 화학과의 교수로 일하고 있었다. 1900년부터 1903년까지 러더퍼드와 소디의 협력 연구를 통해서 핵변환(nucleic transmutation) 현상을 발견한다. 러더퍼드는 광산에서 캐낸 우라늄 광석이 일정한 비율로 방사선 붕괴함을 알고 있었다. 우라늄(U)은 붕괴하여 방사선 물질인 UX(^{234}Th)를 생성한다. UX 역시 붕괴하여 다른 물질로 변환한다. 당시에 붕괴한 물질의 실체를 정확히 몰랐기 때문에 UX로 표시했다. 러더퍼드는 우라늄 광석에서 우라늄과 UX를 완전히 분리하여 방사선 활성도를 조사해 보는 아이디어를 냈다. 이러한 물질의 분리에 화학자가 필요했는데 소디가 바로 적임자였다. 우라늄과 방사선 활성물질인 UX를 분리해 낸 다음 각각의 방사선 붕괴를 조사한다. UX는 붕괴하여 계속 감소할 것이지만, 순수한 U는 UX에서 생겨날 것이기 때문에 순수한 우라늄의 방사선 붕괴는 증가할 것이다. 그림 14.9는 러더퍼드와 소디가 했던 실험을 나타낸 것이다. 당시 그들은 UX를 라듐(Ra, radium)이라고 생각했지만 사실 토륨이었다. 두 물질을 분리하여 방사선 활동성을 조사하면 그림 14.9와 같이 UX의 방사선 활동성은 감소하고 순수한 우라늄 정제물에 UX가 생성되므로 방사선 활동성은 증가한다. 따라서 UX의 방사선 활동성은 감소하고 U의 방사선 활동성은 증가

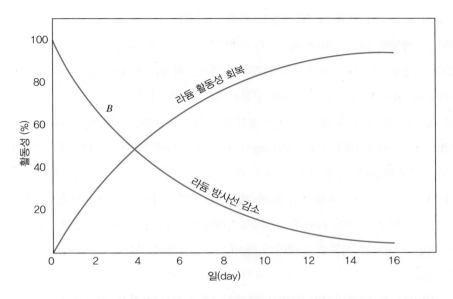

그림 14.9 | 우라늄의 핵변환을 증명한 러더퍼드와 소디의 방사선 활동성 그림. 광석에서 정제한 순수한 우라늄 U(A 곡선)와 방사성 물질 UX(B 곡선)의 방사선 활동성 그림이다. UX는 붕괴하여 계속 줄어들고 반대로 U의 방사선 활동성은 계속 증가한다.

한다. 이 발견은 과히 획기적이었다. 1902년에 러더퍼드와 소디는 "방사선의 원인과 본질"이라는 논문에서 방사선 원소는 다른 원소를 변환된다는 핵변환 이론을 발표한다. U가 변화하여 다른 원소인 UX가 된 것이므로 일종의 연금술이 실현된 것이다. 당시 화학자들은 연금술을 믿지 않았기 때문에 이 발견을 화학자들이 믿지 않으려 했지만, 실험 결과는 너무나 확고했다. 다른 과학자들이 재현 실험을 해본 결과 러더퍼드와 소디의 발견이 사실임을 인정하게 된다. 1903년에 소디는 옥스퍼드대학교로 옮겨가고 1907년에 러더퍼드는 맨체스터대학교(University of Manchester)로 이직한다. 방사선과 핵변환에 대한 공적으로 러더퍼드는 1908년에 노벨화학상을 받았다. 1921년에 소디 역시 노벨화학상을 수상한다.

1907년 맨체스터대학교의 교수가 되어 캐나다에서 영국으로 돌아온다. 러더퍼드가 맨체스터대학교로 올 수 있었던 이유는 분광학자였던 **아서 슈스터**(Arthur Schuster, 1851~1934)가 은퇴하면서 물리학과의 공석이 생겼기 때문이다. 슈스터는 러더퍼드가 자신의 후임이 되도록 큰 노력을 했으며 훌륭한 연구시설과 재정적 지원을 남겨주었다. 슈스터의 독일인 조교였던 **한스 가이거**(Hans Geiger, 1882~1945)는 러더퍼드의 지도를 받게 되었다. 러더퍼드와 가이거는 친밀한 관계를 유지했으며 가이거는 방사능을 재는 가이거 계수기를 후에 발명한다. 러더퍼드는 맨체스터에서 방사선을 이용한 실험을 계속하기를 원했는데 맨체스터에는 20 mg 정도의 라듐밖에 없었다. 이 정도의 양으로는 방사선 실험을 할 수 없었다. 당시 우라늄은 오스트리아의 요하킴스탈(현재의 체코)에서만 생산되고 있었다. 비엔나 학술원은 런던 유니버시티 칼리지의 람제이 경에게 350 mg의 라듐을 빌려주었는데 러더퍼드와 람제이 사이의 불화 때문에 이 물질을 사용할 수 없었다. 결국 러더퍼드는 개인적으로 비엔나 학술에 요청하여 라듐 350 mg을 빌릴 수 있었다. 1차 세계대전 동안에 영국 정부는 적국의 대여물인 라듐을 압류하려 하였지만, 러더퍼드는 합법적인 절차에 따라 정당한 대가를 지불하고 대여한 것이라고 주장하여 라듐을 계속 연구에 사용할 수 있었다.

러더퍼드는 알파입자가 물질을 통과할 때 생기는 현상을 연구해 보고자 했다. 뉴질랜드에서 러더퍼드 그룹에 합류한 학생이었던 어니스트 마스덴(Ernest Marsden, 1889~1970)과 한스 가이거는 러더퍼드 그룹에서 그림 14.10과 같은 알파입자 산란실험 장치를 이용하여 실험하고 있었다. 이 실험을 가이거-마스덴 실험(Geiger-Marsden Experiment)이라 부른다. 1909년 마스덴은 이 실험 장치에서 우연히 큰 각도로 휘는 알파입자를 발견하였다. 사실 이러한 큰 각도의 산란은 예상하지 못한 결과였다. 마스덴이 러더퍼드에게 이 실험 관찰 사실을 전했을 때 러더퍼드는 깜짝 놀랐다. 그 당시에 물질의 구조에 대한 모형은 소위 톰슨 모형인 빵-건포도 모형(plum-pudding model)이 널리 알려져 있었다. 물질 내부는 음전하들이 균일하게 퍼져 있고 빵에 건포도가 박힌 것처럼 양전하를 띤 양성자가 제멋대로 여기저기 분포되어 있다고 생각했다. 이런 모형에서 물질은 전기적으로 중성인 상태를 띠고 있어서 양전하를 띠고 있는 알파입자가 박막을 통과할 때 휘지 않고 똑바로 진행해야 했다. 러더퍼드는 "종이에 총알을 쐈을 때 총알이 종이에서 뒤로 튕겨 나오는 것"에 이 실험 결과를 비유하였다. 러더퍼드는 큰 각도로 휘는 마스덴의 알파입자 산란실험을 설명하기 위해서 몇 년간 씨름한 한 후에 1911년에 마침내 그 해답을 찾았다.

1911년 러더퍼드는 양전하와 질량이 원자핵(nucleus)에 집중되고 전자들이 그 주변에서 회전 운동하는 원자 모형을 발표하였다. 러더퍼드의 원자 모형은 중심에 양

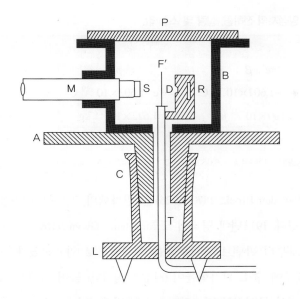

그림 14.10 │ 가이거–마스덴 알파입자 산란실험 장치. 방사선 물질인 R에서 방출된 알파입자는 F의 금 박막에서 산란한 후 스크린 S에서 부딪혀 섬광을 발생시킨다. 이 섬광은 현미경 M을 사용하여 관찰한다.

자료: E. Segre, "Freom X–rays to Quarks" (W. H. Freeman and Company, San Francisco, 1976)

전하가 있고 그 주변에 가벼운 전자가 원운동하는 태양계의 축소판과 같은 구조였다. 사실 원자가 태양계의 축소판이라는 이론은 일본의 물리학자 나가오카(H. Nagaoka)가 제안한 적이 있지만, 이론적인 모형이고 러더퍼드 모형처럼 정밀하지 못했다. 러더퍼드는 이러한 구조에 알파입자가 충돌할 때 큰 각도로 산란할 수 있음을 이론적으로 계산하였다. 이 계산 결과는 1911년 4월 〈물리학 회보(Philosophical Magazine)〉에 실렸다. 이 논문은 원자의 존재와 원자의 구조를 설명한 최초의 논문이다. 이러한 원자구조에도 불구하고 원자핵을 이루고 있는 양전하가 무엇인지에 대해서 알지 못했다. 러더퍼드의 원자 모형이 발표되고 나서 많은 과학자가 비로소 원자의 진정한 존재를 믿게 되었으며 원자는 대부분의 질량이 모여 있는 작은 크기의 원자핵과 전자로 구성되어 있다는 것을 알게 되었다.

1886년에 유겐 골드슈타인(Eugen Goldstein, 1850~1930)은 양극선(canal ray 또는 anode ray)을 발견하였다. 양극에서 나오는 양극선은 양의 전하를 띠고 있었으며 전자와 다른 전하-질량비를 가지고 있었다. 1911년에 독일의 아마추어 물리학자 반덴

표 14.2 | 전자와 양성자의 전하량, 질량 및 스핀 값.

	전자	양성자	중성자
표시	e^-, β^-	p	n
전하량	$-e=-1.602\times10^{-19}$ C	$+e=1.602\times10^{-19}$ C	0
질량	9.109×10^{-31} kg	1.672×10^{-27} kg	1.674×10^{-27} kg
스핀	$-\hbar/2\hbar$	$\hbar/2$	$\hbar/2$

플랑크 상수는 각운동량을 나타내며 $h = 6.66207 \times 10^{-34}$ m^{2}kg/s이고 $\hbar = h/2\pi$이다.

브룩(Antonius Van den Broek, 1870~1926)은 원자핵의 전하는 주기율표의 원소수와 같다고 주장하였다. 1913년에 영국의 모즐리(Henry Gwyn Jeffreys Moseley)는 X-선 스펙트럼 실험으로부터 판덴브룩의 주장을 실험적으로 입증하였다. 1917년에 러더퍼드는 원자핵 내부에 수소 원자핵들이 (사실 양성자임) 들어 있다는 것을 실험적으로 증명하였다. 이것이 공식적인 양성자(proton)의 발견이다.

러더퍼드는 원자핵이 중성의 입자를 포함할 것이라고 확신했지만 원자핵과 원자구조를 설명하는 데 많은 어려움을 가졌다. 첫 번째 문제는 원자핵을 구성하는 양성자는 표 14.2에서 볼 수 있듯이 양(+)전하를 띠며, 러더퍼드 원자 모형에 의하면 매우 좁은 영역에 몰려 있어야 했다. 그런데 같은 전하를 띤 입자들은 쿨롱 반발력 때문에 서로 강하게 밀친다. 따라서 좁은 공간에 양전하를 띤 양성자가 모여 있기 어렵다. 이것은 핵을 구성하는 핵자(nucleon)들 사이에 전기력과는 다른 핵자를 붙잡아 두는 강력한 인력이 작용해야 함을 의미한다. 사실 이 힘이 강력(strong force)이며 이 힘의 존재는 후에 발견되었다. 또 양성자 사이의 반발력을 줄이는 또 다른 방법은 양성자 사이에 전하를 띠지 않은 핵자들이 들어 있어서 전기적 반발력은 줄이면서 반대로 핵자의 인력을 증가시키는 방법이다. 그 역할을 하는 입자가 중성자(neutron)임이 나중에 발견된다. 중성자의 질량은 양성자와 거의 같고 전하량이 영인 입자이다. 1932년 1월에 프레데릭 졸리오(Fredreic Joliot, 1900~1958)와 이렌 큐리(Irene Curie, 1897~1956, 마리 큐리의 딸) 부부는 베릴리움(Be) 표적에 폴로늄(Po)에서 나오는 알파입자를 쪼일 때 방출되는 입자들이 파라핀층을 지나면서 나타내는 궤적을 조사하였다. 그들은 그림 14.11과 같이 파라핀에 표시된 궤적에서 갑자기 양성자가 직선으로 지나가는 궤적을 관찰하였다. 졸리오와 마리는 파라핀에 흔적을 남기지 않는 전기를 띠지 않은 중성자가 양성자를 쳐낸 것이었지만 그들은 중성자의 존재를 인지하지 못했다. 전하를 띠지 않은 중성자가 양성자를 당구공 쳐내듯이 충돌하여 튕겨낸 것이다. 양성자는 전하를 띠고 있으므로 파라핀층에 궤적을 남겼다. 그들은 감마선이 (전자기파이므로 궤적을 남기지 않음) 양성자를 튕겨냈다고 생각하였다. 그러나 감마선은 질량이 작아 전자를 튕겨낼 수는 있지만, 전자보다 1,836배 더 무거운 양성자를 튕겨낼 수는 없었다. 졸리오와 이렌은 양성자가 튕겨 나가는 이유를 설명하지 못했지

그림 14.11 | 졸리오와 이렌 큐리가 관찰한 중성자가 양성자와 충돌하여 만든 흔적 사진. 이들은 이러한 현상이 중성자에 의한 것임을 몰랐다.

만 그들의 관찰 결과를 저널에 발표하였다. 두 사람은 이것을 포함해서 방사선 연구 업적으로 후에 노벨화학상을 공동 수상한다.

졸리오와 이렌의 결과는 즉각 러더퍼드가 소장으로 있던 캐번디시 연구소에 알려졌다. 중성자의 존재는 1920년에 러더퍼드가 그러한 입자가 있어야 한다고 주장하였고, 캐번디시 연구소에서 연구하던 채드윅은 그러한 입자를 발견할 준비가 되어 있었다. 1932년에 채드윅(Sir James Chadwick, 1891~1974)은 졸리오와 이렌의 실험을 반복하였고 같은 현상을 관찰하고 양성자를 튕겨낸 것이 양성자와 비슷한 질량을 가지고 있으면서 전하가 없는 중성자(neutron)라는 결과를 1932년 2월에 발표하였다. 졸리오와 이렌이 미지의 현상을 관찰한 후에 한 달이 조금 지나서 그 현상이 중성자에 의한 것임을 입증하였다. 이 발견으로 핵은 양전하를 띠고 있는 양성자와 전하가 없는 중성자로 구성되어 있음을 알게 되었다. 채드윅은 1935년에 노벨물리학상을 받았다.

플랑크의 양자와 아인슈타인의 광전효과 해석으로 불연속적인 양자의 존재를 알게 된 후 양자역학 발전의 큰 진전은 보어로부터 시작되었다. 수소 원자의 흡수 스펙트럼(빛 띠)을 설명하기 위해서 보어는 보어 원자 모형을 제안하였다. 보어의 원자 모형이 현대 양자역학 이론에 의하면 틀린 이론이지만 원자의 세계에 대한 물

리, 화학적 설명을 가능하게 한 획기적인 이론이었다. 1913년에 닐스 보어(Niels Bohr, 1885~1962)는 수소 원자의 각운동량(angular momentum)이 양자화되어 있다고 가정하면, 양성자를 중심으로 원운동하고 있는 전자가 가져야 하는 에너지가 양자화됨을 발견하였다. 보어의 이론은 수소 원자의 스펙트럼을 잘 설명할 수 있었다.

아인슈타인의 광전효과는 파동이라고 생각했던 빛이 입자의 성질도 가지고 있음을 보여주었다. 한편 입자라고 생각했던 전자는 보어의 원자 모형을 설명할 때 파동의 성질을 가지고 있음을 나타낸다. 수소 원자에서 각운동량이 양자화된다는 가정은 전자를 파동으로 생각하면 전자의 파동이 원둘레에서 정상파를 이루어야 한다는 것과 같다. 질량을 가지고 있는 입자가 파동의 성질을 가질 수 있다는 것을 일반화한 과학자가 드 브로이(Louis de Broglie, 1892~1987)이다. 그는 1924년에 운동량을 가지고 있는 입자가 가지는 파장의 길이가 입자의 운동량에 반비례한다는 드 브로이의 물질파(matter wave)를 주장하였다. 즉, 질량을 가지고 있는 입자는 '드 브로이 파장'을 갖는 파동으로 생각할 수 있다는 것이다. 이것은 입자-파동의 개념으로 작은 입자들은 입자와 파동의 성질을 동전의 양면처럼 가지고 있으며 때에 따라 그 특성을 드러낸다는 것이다.

드 브로이의 물질파는 1929년 데이비슨(Clinton Joseph Davisson, 1881~1958)과 거머(Lester Germer, 1896~1971)가 니켈에 전자를 충돌시켜서 니켈 표면에서 전자(입자)들이 튕겨 나가면서 만든 회절무늬가 X-선(파동)의 회절무늬와 흡사한 모양임을 발견함으로써 실험적으로 입증되었다. 이 실험을 데이비슨-거머 실험이라 한다. 즉, 전자들이 니켈 결정의 원자들과 마치 파동인 것처럼 상호작용한다는 결론을 내렸다. 드 브로이의 물질파가 실험적으로 규명됨으로써 드 브로이는 1929년에 노벨물리학상을 수상하였다. 데이비슨은 물질파를 실험적으로 규명한 공로로 1937년에 노벨물리학상을 수상하였다.

1922년에 좀머펠트(Sommerfeld)의 학생이던 하이젠베르크(W. Heisenberg, 1901~1976)는 괴팅겐에서 보어의 강의를 듣고 원자의 구조를 설명하는 방법을 생각하였다. 하이젠베르크는 관찰할 수 없는 보어의 원자 궤도에 의문을 품었으며 한 상태에서 다른 상태로 전이하는 확률과 같은 관찰할 수 있는 양으로 원자를 설명하는 방법을 생각하였다. 그는 전자 궤도와 같이 추상적인 개념을 폐기하고 스펙트럼에서 나타나는 진동수처럼 측정 가능한 양을 방정식에 포함했다. 그의 이론은 초기 상태와 나중 상태를 첨자로 표현하는 식이었다. 사실 하이젠베르크의 표현은 행렬식이었는데 그 당시 그는 행렬에 대한 수학을 알지 못했다. 하이젠베르크는 자신을 지도하고 있던 막스 보른(Max Born, 1882~1970)에게 자기 생각을 얘기하였다. 베르너 하이젠베르크, 막스 보른, 파스큐얼 요르단(Pascual Jordan, 1902~1980)은 하이젠베르크의 생각을 행렬식으로 표현할 수 있도록 도왔다. 그들의 표현은 고전역학에서 좌표 q와 그에 대응하는 선운동량 p를 사용하는 것과 같았으며 이들을 행렬로 나타내었다. 그런데 놀랍게도 두 행렬의 순서를 바꾸어서 곱한 교환규칙(commutation rule)이 성립하지 않음을 발견하였다. 행렬식의 성분으로 나타내면 다음과 같다.

$$\sum_k [p_{ik} q_{kj} - q_{ik} p_{kj}] = \frac{h}{2\pi i} \delta_{ij}$$

보통 고전 교환 연산은 이 값이 영이 된다. 하이젠베르크는 전혀 새로운 수학적 관계를 따른 역학 체계를 발견한 것이다. 그는 이 새롭고 이상한 역학 체계를 행렬역학(Martizenmechanik, matrix mechanics)이라 명명하였다. 하이젠베르크는 이 발견을 1925년에 발표하였으며 이러한 역학 체계로 보어의 원자구조를 잘 설명할 수 있었다. 하이젠베르크가 행렬역학을 발견한 것은 24살 때의 일이며 이것이 양자역학의 이론적 체계를 세운 첫 발견이었다. 새로운 양자역학은 더 젊은 물리학자들의 신선한 생각이 필요했던 것 같다. 1927년에 하이젠베르크는 위치와 운동량의 교환(조환) 불가능성이 두 가지 양을 동시에 정확하게 측정할 수 없다는 불확정성 원리(uncertainty principle)와 동등함을 발견하였다. 하이젠베르크는 운동량과 위치의 곱은 일정한 상수($h/2\pi$)보다 작을 수 없다고 주장했다. 이것이 유명한 '불확정성 원리'이다. 양자역학의 발견과 불확정성 원리의 발견으로 하이젠베르크는 1932년에 양자역학을 발견한 공로로 노벨물리학상을 수상하였다.

1902년에 태어난 폴 디랙(Paul A. M. Dirac)은 케임브리지대학교에서 학생일 때 보어의 원자 모형을 접했다. 1925년 하이젠베르크가 케임브리지대학교를 방문했을 때 디랙은 하이젠베르크의 논문을 처음 받아 보았다. 하이젠베르크의 교환 불가능성을 처음 보고 디랙은 고전역학에서 푸아송 괄호(Poisson bracket)를 떠올렸다. 이를 바탕으로 디랙은 고전역학의 방정식을 양자화하면 해밀턴 형식으로 표현할 수 있음을 발견하였다. 그의 새로운 역학 체계는 하이젠베르크의 행렬역학, 슈뢰딩거의 연산자 역학과 동등한 것이었다. 1932년에 디랙은 18세기에 뉴턴이 맡았던 케임브리지대학교 수학과의 루카스 교수(Lucasian Professor)가 되었다. 1930년에 디랙이 출판한 《양자역학의 원리(The Principle of Quantum Mechanics)》는 양자역학을 간결하게 표현하였고 심오한 내용을 담고 있는 것으로 유명하다.

그림 14.12 | 베르너 하이젠베르크. 그는 24살에 양자역학을 묘사하는 행렬역학을 발견하였다.

에르빈 슈뢰딩거

오스트리아 비엔나 태생인 에르빈 슈뢰딩거(Erwin Schrodinger, 1887~1961)는 프리드리히 하젠노엘(Fridrich Hasenoehrl, 1874~1915)의 제자이고, 하젠노엘은 볼츠만(Ludwig E. Boltzmann, 1844~1906)에게서 배웠다. 1차 세계대전 후에 여러 대학을 전전하던 슈뢰딩거는 취리히대학교(University of Zurich)에 정착하였다. 여기서 드 브로이의 물질파 개념을 접하고 감명을 받았다. 그는 물질파를 묘사하는 파동방정식을 끄집어내는 데 집중하였다. 처음에 상대론적 파동방정식을 유도하려고 하였으나 그 당시에 입자의 스핀이 알려지지 않았기 때문에 상대론적인 접근은 실패하였다. 그러다 1926년 1월에 그는 비상대론적인 파동방정식을 끄집어내는 데 성공하였다. 그는 과학 연보(Annelen der physik)에 결과를 발표하였는데 유명한 슈뢰딩거 방정식이 실려 있었다. 시간 의존성 슈뢰딩거 파동방정식(time dependent Schrodinger's wave equation)은

$$-\frac{\hbar}{i} \frac{\partial \Psi(x, y, z, t)}{\partial t} = -\frac{\hbar^2}{2m} \nabla^2 \Psi(x, y, z, t) + U(x, y, z)\Psi(x, y, z, t)$$

이다. 파동방정식이 시간과 공간의 곱으로 표시되면 $\Psi(x, y, z, t) = e^{-iEt/h} \psi(x, y, z)$일 때 시간 비의존성 슈뢰딩거 파동방정식(time independent Schrodinger's wave function)은

$$\nabla^2 \psi(x, y, z) + \frac{8\pi^2 m}{h^2} [E - U(x, y, z)] \psi(x, y, z) = 0$$

으로 표현되었는데, 이 방정식은 당시의 물리학자들이 잘 알고 있는 수학적 형식을 취하고 있었다. 전자기파나 음파의 파동방정식도 비슷한 형식을 취하고 있었다. 슈 뢰딩거 방정식에서 **라플라스 미분 연산자** $\bigtriangledown^2$은

$$\bigtriangledown^2 = \frac{\partial^2}{\partial x^2} + \frac{\partial^2}{\partial y^2} + \frac{\partial^2}{\partial z^2}$$

을 뜻하고, $U(x, y, z)$ 입자의 위치 에너지를 뜻한다. E는 **고윳값**(eigenvalue)이라 부르며 입자의 총에너지를 의미한다. 슈뢰딩거는 $\Psi(x, y, z)$를 **장스칼라**(field scalar)라고 불렀지만, 지금은 슈뢰딩거 **파동함수**(wave function)라 부른다.

당시에 파동방정식의 의미에 대해서 알지 못했으며 다양한 주장이 있었지만 1926년에 **막스 보른**이 $|\Psi(x, y, z)|^2$이 입자를 발견할 확률이라고 주장하였다. 현재는 보른의 주장을 정설로 받아들이고 있다. 이로써 양자역학의 **확률적 해석**이 탄생한 것이다. 이러한 확률적 해석을 '**코펜하겐 해석**'이라 한다. 보어, 보른 등 코펜하겐의 보어 연구소를 중심으로 연구했던 일단의 물리학자들이 확률적 해석을 선호하였다. 아인슈타인은 양자역학의 이러한 확률적 해석을 평생 받아들이지 않았다. 아인슈타인은 확률적 해석에 대해서 보어와 긴 세월 동안 논쟁을 벌였다. 아인슈타인이 친한 친구 보른에게 쓴 편지에서 "신은 주사위 놀이를 하지 않는다"라는 양자역학의 확률적 해석을 받아들일 수 없다는 완곡한 표현이었다. 미국의 물리학자 **칼 에커트**(Carl Eckart)는 하이젠베르크의 이론과 슈뢰딩거의 파동방정식이 수학적으로 동등한 다른 표현임을 증명하였다. 이로써 양자역학을 설명하는 두 개의 체계가 확립되었는데 양자역학에 대한 **하이젠베르크의 묘사**(Heisenberg picture)와 **슈뢰딩거 묘사**(Schrodinger picture)이다. 현실적으로 슈뢰딩거의 파동방정식은 쉽게 다룰 수 있으며 파동함수를 구하면 원자, 분자, 고체에서 전자의 상태를 알 수 있어서 널리 사용되고 있다. 1933년 슈뢰딩거는 양자역학의 파동방정식 발견으로 폴 디랙과 함께 노벨물리학상을 수상하였다. 양자역학을 발견한 하이젠베르크가 1932년에 노벨물리학상을 수상한 데 이어서, 1933년에 슈뢰딩거와 디랙은 역시 양자역학을 발견한 업적으로 노벨물리학상을 수상하였다. 막 양자역학이 태동하던 시기에 중요한 발견을 한 과학자들은 그에 상응하는 보상을 받았다. 반면 하이젠베르크를 지도했던 보른

은 1954년에 노벨물리학상을 수상하였다.

슈뢰딩거 고양이

양자역학이 발전하면서 양자역학에 대한 해석에 대해서 많은 논란이 있었다. 보어가 주도했던 코펜하겐 해석(Copenhagen's interpretation)이 현재는 주된 패러다임으로 받아들여지고 있다. 코펜하겐 해석에 따르면 원자, 분자, 물체가 양자 상태에 있으면 그러한 양자 상태는 바닥 상태(basis states)의 중첩(superposition) 상태로 존재한다. 양자 상태에 있는 실체는 우리가 측정할 때 붕괴하여 어떤 특정한 상태로 측정된다. 양자역학 해석에 대한 어려움의 한 예로 그림 14.13과 같은 슈뢰딩거 고양이 문제이다. 이 문제는 1935년에 슈뢰딩거가 제안했는데, 슈뢰딩거 고양이(Schrodinger's cat) 문제는 요즘 양자역학을 얘기할 때 자주 등장하는 얘깃거리이다. 슈뢰딩거 고양이는 일종의 사고실험(thought experiment)으로써 양자 상태에 있는 방사선 원자, 독약 병, 고양이가 갇혀있는 가상의 방을 생각한다. 방사선 원자가 방사선을 내놓으면 독약 병이 깨져 고양이는 죽게 된다. 방사선 원자는 방사성 붕괴(decay)하거나 붕괴하지 않은 상태에 있을 것이다. 그런데 우리는 방사선이 언제 붕괴할지 알지 못한다. 코펜하겐 해석에 따르면 방사선 원자는 붕괴 상태(고양이 죽은 상태, Dead)와 붕괴하지 않

그림 14.13 | 슈뢰딩거의 고양이 사고실험. 방사선 물질이 붕괴하며 망치를 동작시켜서 독약 병이 깨진다. 방사성 물질의 붕괴는 확률적으로 일어나므로 측정이 이루어지기 전에 고양이는 |살아있는 상태〉와 |죽은 상태〉의 중첩 상태에 있다.

은 상태(고양이 살이 있는 상태, Alive)의 중첩 상태에 있게 된다. 즉 고양이의 상태는

$$\psi(A, D) = \alpha \,|\, A > + \,\beta \,|\, D>$$

로 표현할 수 있다. 측정하기 전에 고양이는 살아있는 상태와 죽은 상태의 중첩 상태에 있다. 여기서 $|A>$와 $|D>$는 **힐베르트 공간**(Hilbert Space)에서 두 **기저 상태**(basis state)이고 살아있는 상태와 죽은 상태를 수학적으로 표현한 상태이다. 슈뢰딩거 고양이 문제에서 측정이 이루어지기 전에는 고양이가 어떤 상태에 있는지 확정할 수 있다. 고양이는 살아 있는 상태와 죽은 상태의 중첩으로 묘사되기 때문이다.

14.3 물질파와 이중성

그림 14.14와 같이 광전효과는 금속에 **광전문턱 진동수**(photoelectric threshold frequency) 이상의 빛을 비추면 금속에서 전자가 튀어나오는 현상이다. 1887년에 독일의 물리학자 헤르츠(Heinrich Rudolf Hertz, 1957~1894)는 전압을 건 두 금속 전극 사이에 자외선을 비추면 전극의 전압이 변하면서 스파크가 발생하는 현상을 발견하였다. 1902년 독일의 **필립 레너드**(Philipp Lenard,

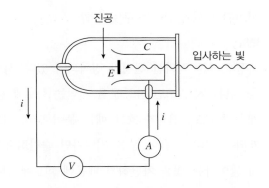

그림 14.14 | 현대적인 광전효과 측정 장치. 광전효과를 나타내는 금속은 양극(E)이고 이곳에 자외선을 비춘다. 양극(E)에서 튀어나온 전자는 음극(C)으로 움직여 회로에 전류가 흐른다.

1862~1947, 2차 세계대전 당시 열렬한 나치 협력자)는 금속에 빛을 비추었을 때 전기를 띤 입자가 방출되는 현상을 발견하였다. 빛과 전기현상이 직접 연관되므로 **광전**(photoelectric)이란 말을 붙였다.

금속에 비추어주는 빛의 진동수가 크면 클수록 튀어나오는 전자의 운동에너

지가 커진다. 광전효과는 1905년 아인슈타인이 설명하였는데 입사하는 빛(광자, photon)의 에너지가 hf이면 튀어나오는 전자의 운동에너지 K는 $K = hf - W$임을 예측하였다. 여기서 W는 **일함수**(work function)라 부르며 금속에서 전자 하나를 떼어내는데 필요한 최소 에너지에 해당한다. 일함수는 금속의 종류에 따라 다르다.

광전효과 장치의 금속에 광전문턱 진동수 이상의 빛을 비추어주면 양극에서 전자가 튀어나온다. 이 전자가 음극에 도달하게 하려면 전체 관은 진공을 유지해야 한다. 금속판에서 나온 전자는 음극으로 움직이고 폐회로에서 **광전류**(photoelectric current)가 흐른다. 회로에 건전지와 같은 기전력 장치가 없지만, 회로에 **광전압**(photoelectric voltage)이 형성되어 전류가 흐른다. 빛 에너지가 전기 에너지로 바뀌어 회로에 전력이 생긴다.

✏️ 예제 14.1 자동문

자동문은 사람이 접근하면 사람의 접근을 감지하여 문을 자동으로 연다. 자동문에 설치된 센서의 원리는 무엇인가?

풀이

자동문에는 적외선 센서가 장착되어 있다. 사람이 문을 지나가지 않으면 자동문을 여닫는 회로에 광전류가 계속 흐르고, 전류가 흐를 때는 문이 닫혀 있도록 설계되어 있다. 사람이 문을 지나가면 순간적으로 센서에 들어가는 빛을 차단하기 때문에 회로에 전류가 흐르지 않는다. 이처럼 회로에 전류가 흐르지 않으면 문을 열도록 회로를 꾸며놓았다.

그림 14.15 | 빛이 파동과 입자의 성질을 가지고 있으면 질량을 가진 물질도 파동의 성질을 가질 것이다. 드 브로이는 이에 착안하여 물질파를 생각해냈다.

고전 전자기학에서 빛은 전자기파의 일종이므로 파동이다. 그런데 흑체 복사, 광전효과 등에서 빛은 마치 입자(알갱이)처럼 행동하였다. 드 브로이는 입자의 **파동-입자 이중성**(wave-particle duality) 개념에 착안했다. 전자가 파동의 성질을 가질 것이라는 논문은 1924년에 "양자이론 연구"란 제목의 그의 박사학위 논문에서 처음 소개되었다. 그의 생각은 매우 획기적이었으며 1927년에 데비스(Davisson)과 거머(Germer)가 니켈 격자 표면에서 전자가 회절무늬를 형성한다는 사실을 발견함으로써 입증되었다.

빛은 파동의 대표적인 현상인 간섭현상, 회절현상을 나타내기 때문에 파동이라는 생각이 확고하게 자리 잡고 있었다. 그러나 19세기 말과 20세기 초에 광전효과와 플랑크의 흑체 복사 스펙트럼 설명 등에서 입자적 성질이 있음이 나타났다. 입자는 당구공이 서로 충돌할 때 서로 속도를 교환하는 것처럼 충돌 현상이 일어났을 때 **선운동량**(= 질량×속도)이 변한다. 1905년 아인슈타인이 착안한 광전효과 이론도 빛을 광자인 입자로 생각하여 입자인 전자와 충돌한다고 생각한 것이었다. 드 브로이가 착안한 개념은 파동이라고 생각한 빛이 입자적 성질을 가지고 있으며, 전자와 같은 입자도 당연히 파동적 성질을 가질 것이라는 생각이었다. 러더퍼드, 보어, 아인슈타인 등 당시의 주류에 있던 물리학자들도 이러한 생각을 하지 못했는데 갓 물리학에 관심을 가지기 시작한 드 브로이가 새로운 생각을 해낸 것이었다.

파동의 가장 큰 특징은 표 14.2에서 보는 것과 같이 파장이 있는 것이다. 드 브로이는 물질을 파동으로 생각하면 파장의 길이는 다음과 같다고 제안하였다. 이 식이 바로 입자의 **물질파**(matter wave) 파장의 길이와 입자의 선운동량을 직접 연결하는 식이다.

$$\lambda = \frac{h}{p}$$

빛의 파동적 성질에서 빛의 파장과 진동수의 곱은 광속이다. 즉, $\lambda f = c$이다. 한편 아인슈타인의 특수상대성이론에 따르면 빛은 정지 질량이 없다. 따라서 빛의 에너지는 $E = pc$이다. 그런데 플랑크의 흑체 복사와 아인슈타인의 광전효과

표 14.2 | 빛의 파동적 성질과 입자적 성질. 드 브로이 물질파에 의해서 질량을 가진 물질(입자)은 파동적 성질을 가져야 한다.

	파동의 성질	입자의 성질
빛	간섭, 회절, 파장	충돌, 운동량, 광전효과
물질	간섭, 회절, 전자현미경	운동량, 충돌

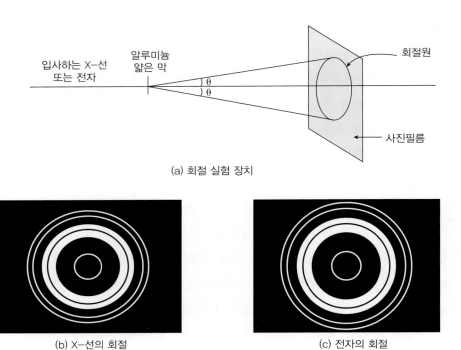

(a) 회절 실험 장치

입사하는 X-선 또는 전자

알루미늄 얇은 막

회절원

사진필름

θ

(b) X-선의 회절

(c) 전자의 회절

그림 14.16 | (a) X-선(파동)의 회절무늬와 전자의 회절 실험 장치. (b) 전자기파의 일종인 X-선을 얇은 알루미늄 박막에 쪼이면 회절이 일어나 사진건판에 회절무늬가 생긴다. 데이비슨과 거머는 니켈 금속 격자 박막에 전자를 쪼여서 (c)와 같은 전자의 회절무늬를 관찰하였다. 입자인 전자 파동의 성질을 드러내고 있다.

에서 빛을 광양자라고 하면 $E = hf$이다. 빛의 에너지에 대해 두 식을 결합하면 $E = pc = hf = hc/\lambda$이므로 빛의 파장은 $\lambda = h/p$임을 알 수 있다. 이 식은 빛의 파동적 성질과 입자적 성질을 결합한 식이다. 드 브로이는 빛에 대해서 유도한 식이 질량을 가진 입자가 파동적 성질을 가질 때 똑같이 적용될 것으로 생각했다.

드 브로이의 물질파는 미국의 데이비슨(C.J.Davidson)과 영국의 톰슨(Geoge Paget Thomson, 1892~1975)이 그림 14.16과 같이 얇은 금속 박막에 전자빔을 쏘아서 회절 무늬(회절은 파동의 대표적인 성질)를 관찰함으로써 입증되었다. 물질파를 입증한 조오지 톰슨은 요제프 톰슨의 아들이다. 데이비슨과 톰슨은 물질파를 실험적으로 입증한 공로로 1937년에 노벨물리학상을 공동 수상하였다.

📝 예제 14.2 전자현미경

첨단 재료들의 미시적인 구조는 전자현미경을 이용하여 측정한다. 전자현미경의 원리는 무엇인가?

풀이

가시광선은 파장의 길이가 300 nm에서 700 nm 정도의 길이를 가지고 있다. 광학현미경으로 작은 물체를 식별할 때, 분해능은 빛의 파장 길이보다 작게 할 수 없다. 따라서 광학현미경으로 볼 수 있는 작은 물체는 기껏해야 300 nm 정도이다. 광학현미경은 최고 2,000배의 배율을 갖는다. 크기 300 nm보다 작은 물체를 보려면 더 짧은 파장을 가지는 전자기파를 사용해야 한다. 예를 들면 X-선과 같은 전자기파를 사용하면 된다. 그런데 X-선은 맨눈으로 볼 수 없고 물질을 잘 투과하기 때문에 작은 물체를 보는 데 사용하기 어렵다. 전자현미경은 대표적인 입자의 파동성을 이용한 장치이다. 드 브로이의 물질파에 따르면 전자도 파동의 성질을 갖는다. 그런데 전자의 질량이 매우 작아서 가시광선보다 작은 파장의 물질파를 형성한다.

균일한 운동량을 가지는 전자빔을 관찰하려는 물체에 쪼여주면 전자의 파동성에 의해서 물질의 구조를 볼 수 있다. 광학현미경이 빛을 이용하여 물체를 보듯이 전자현미경은 전자의 파동성을 이용하여 물체를 관찰하는 것이다. 광학현미경은 빛을 모으기 위해서 광학 렌즈를 사용하지만, 전자현미경은 전자(음전하를 띰)를 모으기 위해서 **자석 렌즈**를 사용하는 것이 차이점이다. 전자현미경은 배율이 수십만 배에 달하며 전자의 물질파 파장은 전자빔에서 전자의 속도에 의해서 결정된다. 전자의 속도가 빨라지면 물질파의 파장이 더 짧아지기 때문에 더 해상도가 좋을 것이다.

14.4 보어 모형

러더퍼드가 1911년에 원자핵을 발견하고 전자들이 원자핵 주위를 마치 태양계의 행성과 같은 구조로 돌고 있을 것이라는 모형을 제안하였다. 예를 들어 수소 원자는 양성자 주위를 전자 하나가 원 궤도를 그리면서 돈다고 생각할 수 있다는 것이다. 그러나 이러한 원자 모형의 문제점은 전자가 전하를 띠고 있어서 원 운동할 때 가속한다는 것이다. 가속하는 전하는 외부로 전자기파를 방출해야 하므로 원 운동하는 전자는 계속 에너지를 잃게 되고 결국 전자의 속도가 줄어들 것이므로 원 운동하던 전자는 결국 원자핵에 끌려가서 원자구조를 지탱할 수 없게 된다. 러더퍼드의 원자 모형이 나오고 나서 당시의 물리학자들은 이러한 문제에 직면하였다. 전자가 원자핵으로 끌려가지 않고 원자의 구조가 지탱되는 원리가 있어야 했다.

또한 당시에 잘 알려져 있던 태양의 흡수 스펙트럼과 수소 원자의 방출 스펙트럼으로부터 관찰한 스펙트럼의 구조를 설명해야 했다. 수소의 흡수 스펙트럼은 그림 14.17과 같은 복잡한 구조로 되어 있다. 가시광선 영역에서 관찰되는 흡수선을 발머계열(Balmer series)이라 한다. 이 스펙트럼은 1884년 요한 야코프 발머(Johann Jakob Balmer, 1825~1898)가 발견하였으며 가시광선 영역에서 410 nm, 434 nm, 486 nm, 656 nm의 빛에 해당한다. 보어 모형에서 주양자수 $n = 2$로 전이하면서 발생하는 빛이다. 한편 파장이 짧은 자외선에서 관찰되는 수소 원자의 흡수선을 라이만계열(Lyman series)이라 하고, 파장이 긴 적외선 영역의 흡수선을 파선계열(Paschen series)이라 한다.

수소 원자에서 발생하는 빛은 후에 뤼드베리(Johannees R. Rydberg, 1854~1919, 스웨덴의 물리학자)가 뤼드베리 공식(Rydberg's formular)으로 일반화하였다. 발생하는 전자기파 파장의 길이는

$$\frac{1}{\lambda} = R_H \left(\frac{1}{n^2} - \frac{1}{m^2} \right), \; m > n$$

이고 뤼드베리 상수 $R_H = 1.09737 \times 10^7 \text{m}^{-1}$이고 m, n은 정수이다.

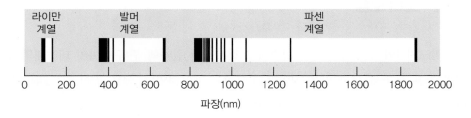

그림 14.17 | 수소의 흡수 스펙트럼. 가시광선 영역이 발머계열이다.

수소 원자의 구조를 확립하기 위해서 원자핵 주위를 도는 전자와 뤼드베리 공식을 따르는 방출 빛의 스펙트럼을 설명할 수 있어야 한다. 보어는 러더퍼드의 원자모형을 받아들이면서 수소 원자가 내는 빛의 스펙트럼을 설명할 수 있는 모형을 제안하였다. 보어는 다음과 같은 양자화 가정을 하면 수소 원자를 설명할 수 있다는 보어 모형을 제안하였다.

   (i) 수소 원자는 양성자 하나의 원자핵과 전자 하나로 구성되어 있으며 전자는 양성자 주위를 원 운동한다. 수소 원자의 구조는 마치 태양과 행성이 하나 있는 태양계와 비슷한 구조로 되어 있다.

  (ii) 양성자 주변을 공전하는 전자의 각운동량은 플랑크 상수의 정수배만 가질 수 있다. 이를 **각운동량 양자화** 조건이라 한다.

$$L = pr = n \frac{h}{2\pi} \ (n = 1, 2, 3, \cdots)$$

여기서 L은 전자의 각운동량이고, r은 양성자로부터 전자까지의 직선거리이고, p는 전자의 선운동량이다. h는 플랑크 상수이다.

(iii) 수소 원자에서 전자가 에너지를 흡수하면 궤도를 바꾸며, 높은 에너지의 들뜬 전자는 다시 낮은 에너지 궤도(핵에 더 가까이 있는 궤도)로 **전이**(transition)한다. 이때 방출하는 빛의 에너지는 두 전이 궤도 사이의 에너지 차이와 같다. 이를 **에너지 전이 가정**이라 하며

$$E_m - E_n = hf$$

이다. 여기서 f는 방출되는 전자기파의 진동수이다.

보어는 양자화 가정을 이용하여 수소 원자에서 관찰된 전자기파의 방출 스펙트럼을 설명할 수 있다. 각운동량의 양자화 가정에서 원 운동하는 입자의 선운동량과 각운동량은 $L = pr$인 관계를 가진다. 양성자 주위를 회전하는 전자를 물질파로 생

각하면 파장의 길이는 $\lambda = h/p$이므로 각운동량은 $L = pr = hr/\lambda$이다. 물질파가 원 둘레에서 파동으로 존재하면 정상파를 이루어야 하므로 원의 둘레 길이는 물질파 파장의 정수배이어야 한다. 즉, $2\pi r = n\lambda$이다.

$$n\lambda = 2\pi r$$

따라서 각운동량은 $L = nh/2\pi$의 양자화 조건을 얻게 된다. 수소 원자에서 전자는 전기력 F에 묶여서 원 운동함으로

$$F = \frac{1}{4\pi\epsilon_o}\frac{e^2}{r^2} = m\frac{v^2}{r}$$

인 관계를 갖는다. 따라서 $mv^2 = e^2/4\pi\epsilon_o r$이다. 첫 번째 양자화 조건을 사용하면

$$r_n = \frac{h^2\epsilon_o}{\pi me^2}n^2 = (0.53 \times 10^{-10}\ \text{m})n^2$$

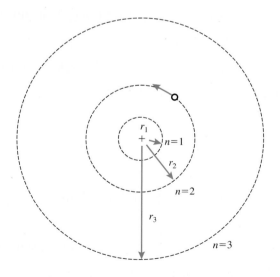

그림 14.18 | 보어 모형에서 에너지의 양자화와 궤도의 반지름. 주양자수가 커지면 에너지는 증가하고 반지름은 커진다.

이다. 수소 원자에서 전자의 역학 에너지는 $E = K + U = \dfrac{1}{2}mv^2 - \dfrac{1}{4\pi\epsilon_o}\dfrac{e^2}{r}$이다. 이 식들을 정리하고 각운동량의 양자화 조건을 이용하면 전자의 에너지는

$$E_n = -\frac{me^4}{8\epsilon_o^2 h^2}\frac{1}{n^2}$$

임을 얻는다. 여기서 주양자수 n은 $n = 1, 2, 3, \cdots$이고, 전자의 에너지가 양자화된다.

보어의 두 번째 양자화 조건에서

$$hf = E_n - E_m = -13.6\text{eV}\left(\frac{1}{n^2} - \frac{1}{m^2}\right), (n < m)$$

가 된다. 보어의 양자화 조건에서 뤼드베리 상수를 구하면

$$R_H = \frac{me^4}{8\epsilon_o h^3 c}$$

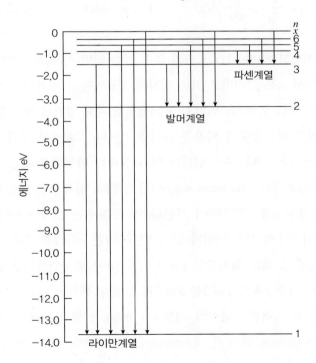

그림 14.19 | 보어 모형에서 구한 수소 원자의 전이 스펙트럼 구조.

587

이다. 여기서 c는 진공에서 광속이다.

수소 원자의 에너지가 가장 낮은 상태인 $n = 1$인 에너지 준위를 바닥 상태(ground state)라 하고, $n \geq 2$인 에너지 준위를 들뜬 상태(excited state)라 한다. $n = 1$, $m \geq 2$인 전이가 라이만계열이고, $n = 2$, $m \geq 3$인 전이로 발생하는 빛 띠가 발머계열, $n = 3$, $m \geq 4$인 전이에서 발생하는 빛 띠가 파센계열이다. 한편 $n = 4$을 브래킷계열, $n = 5$은 푼트계열, $n = 6$은 험프리계열이라 한다.

14.5 양자역학

원자, 분자, 물질세계는 이제 슈뢰딩거의 파동방정식으로 묘사할 수 있다. 3차원 공간에서 슈뢰딩거 파동방정식은 다음과 같다.

$$-\frac{\hbar^2}{2m}\left[\frac{\partial^2}{\partial x^2} + \frac{\partial^2}{\partial y^2} + \frac{\partial^2}{\partial z^2}\right]\psi(x, y, z) + V(x, y, z))\psi(x, y, z) = E\psi(x, y, z)$$

주어진 계에서 퍼텐셜 에너지 $V(x, y, z)$의 함수 꼴을 알면 이 파동방정식의 해를 구할 수 있다. 여기서 m은 고려하고 있는 입자의 질량이다. 코펜하겐 해석에 따라서 파동함수의 제곱 $|\Psi(x, y, z)|^2$은 위치 (x, y, z)에서 입자를 발견할 확률과 같다. 그림 14.20은 수소 원자 파동함수의 제곱을 나타낸 것이다. 그림에서 색깔이 진할수록 확률이 높은 것을 나타낸다. 수소 원자의 양자 상태는 파동함수 ψ_{nlm_l}로 나타난다. 여기서 첨자 (nlm_l)은 양자수(quantum number)라 부른다. 양자수는 파동함수의 모양을 규정한다. 양자수 n을 주양자수라 부른다. 이 양자수는 보어 모형의 에너지 표현에서 나왔던 양자수와 같은 의미가 있다. 양자수 l은 궤도 양자수라 하며 전자의 각운동량을 규정한다. 궤도 양자수는 $l = 0, 1, \cdots, n-1$의 불연속적인 값을 가지며 $l = 0$을 s궤도, $l = 1$을 p궤도, $l = 2$를 d궤도라고 한다. 문자 s, p, d, f는 분광학자들이 사용하던 기호를 채택한 결과이다. 궤도 s는 sharp을 뜻하고 궤도 p는 principal 뜻하며 궤도 d는 diffuse, 궤도 f는 fundamental을 뜻한다. 자기 양자수 m_l의 값은 $m_l = -l, -l+1, \cdots, l-1, l$인 값을 갖는다. 주어진 l에 대해서 $(2l + 1)$개의 상태가

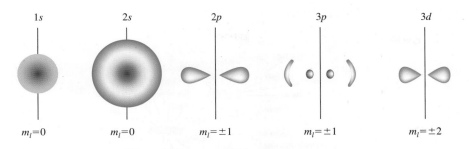

그림 14.20 | 수소 원자에서 전자를 발견할 확률을 나타내는 확률밀도함수.

가능하다.

🖊 예제 14.3

수소 원자가 $2p$ 상태에 있을 때 파동함수의 확률밀도함수는 그림 14.21은 다음과 같다. 확률밀도함수가 이러한 구조로 되어 있다는 것은 무슨 말인가?

풀이

그림 14.21은 수소 원자가 $2p$ 상태, 즉 주양자수 $n = 2$이고, 궤도 양자수 $l = 1$ (p 상태)이고, 자기 양자수 $m_l = \pm 1$인 상태를 나타낸다. 수소 원자의 파동함수는 $\psi_{nlm_l}(x, y, z)$로 나타내고 n은 주양자수, l은 궤도 양자수, m_l은 자기 양자수를 나타낸다. 즉 파동함수는 $\psi_{21\pm1}(x, y, z)$인 상태를 나타낸다. 확률밀도함수는 전자를 발견할 확률이기 때문에 확률밀도함수의 크기가 클수록 전자를 발견할 확률이 높다. 양성자 주변에서 전자의 위치를 확정적으로 말할 수 없고 오로지 확률적으로만 얘기할 수 있다.

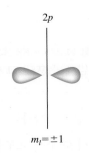

그림 14.21 | 수소 원자가 $2p$ 상태에 있고 자기 양자수가 $m_l = \pm1$인 상태에 있을 때 파동함수의 확률밀도함수

그림 14.22는 슈뢰딩거의 파동방정식이 발견될 때를 전후하여 양자역학의 발전에 큰 기여를 했던 과학자들을 표현한 것이다. 노벨상을 수상했던 과학자 위주로 표현하였다. 양자역학이 발견되던 20세기 초에 물리학 분야의 큰 축은 영국과 유럽

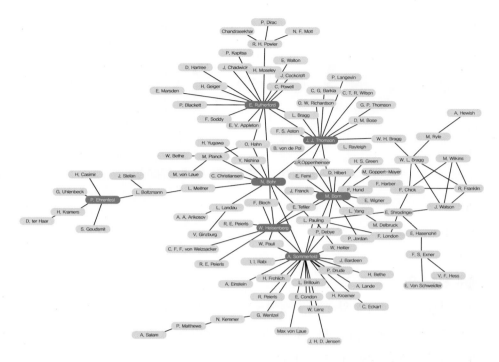

그림 14.22 │ 양자역학이 발전하던 20세기 초반에 노벨상 수상자 네트워크. 몇 명의 과학자는 노벨상을 받지 못했지만, 그 제자나 스승이 노벨상을 수상하였다. 어떤 과학자가 노벨상을 받지 못했을까?

대륙의 과학자들이었다. 레일리 경(Sir Rayleigh)으로부터 케임브리지에 소재한 캐번디시 연구소 교수를 이어받은 조제프 톰슨(J. J. Thomson), 톰슨을 이어받은 러더퍼드 경은 영국을 대표하는 연구그룹이다. 톰슨, 러더퍼드의 제자와 공동연구자 중에서 많은 노벨상 수상자가 배출되었다. 대륙의 독일, 프랑스, 오스트리아, 네델란드, 러시아 등의 과학자들도 양자역학의 발전에 크게 기여하였다. 막스 플랑크는 베를린대학교(University of Berlin)와 카이저 빌헬름 연구소에서 활동했으며 플랑크의 양자를 발견한 후에 많은 과학자와 교류하였다. 20세기 초에 가장 활발한 연구자 중의 한 명인 닐스 보어는 네델란드의 코펜하겐에서 보어 연구소를 중심으로 활동했다. 보어연구소는 맥주회사 칼스버그(Carlesberg)와 록펠러 재단이 후원하였다. 보어는 이 연구소에 당대의 많은 과학자를 초청하여 공동연구함으로써 양자역학 발전에 지대한 공헌을 하였다. 라이너스 폴링은 보어를 잘 알지 못했지만, 그가 유럽을 방문할 때 무작정 코펜하겐을 방문하였다. 보어는 약속하지 않았더라도 면담을 요청하는 과학자들을 만나주었는데 폴링의 양자화학에 관한 생각을 들은 보어는 그 자리에서 칼스버그 장학금을 주선하여 폴링이 코펜하겐에 체류하도록 하였다고 한다.

아널드 조머펠트는 1906년에 뮌헨대학교(University of Munich)에 이론 물리연구소를 설립하여 수많은 물리학자와 교류하였으면 많은 제자를 배출하였다. 비록 자신은 노벨 물리학상을 받지 못했지만 여러 제자가 노벨상을 수상하였다. 그의 제자들인 베르너 하이젠베르크, 볼프강 파울리, 피터 디바이, 한스 베테는 노벨 물리학상 수상하였다. 막스 보른은 괴팅겐대학에서 박사학위를 하는 동안 펠릭스 클라인(Felix Klein), 다비드 힐베르트(David Hilbert), 헤르만 민코우스키(Herrmann Minkowski)에게서 배웠다. 보른은 괴팅겐대학(University of Gottingen)에서 연구하였으며 나치를 피해서 영국으로 탈출할 때까지 많은 과학자와 함께 연구하면서 양자역학의 발전에 기여하였다. 보른과 파스쿠알 요르단은 하이젠베르크가 행렬역학을 확립할 때 수학적인 기반을 확립하는 데 결정적인 역할을 하였다. 슈뢰딩거 방정식이 발견되고 파동함수에 대한 의미를 잘 모를 때 보른은 파동함수의 제곱이 입자를 발견할 확률이라는 양자역학의 코펜하겐 해석을 확립하는 데 크게 기여하였다.

하이젠베르크는 1927년 라이프치히대학(University of Leipzig)의 교수로 취임한다. 라이프치히는 베를린과 뮌헨의 사이에 있었기 때문에 많은 연구자와 교류할 수 있는 유리한 위치에 있었다. 당시 피터 디바이(Peter Debye)가 좋은 물리학 실험실을 운영하고 있었다. 하이젠베르크는 보어와 지속적으로 교류하였으며 라이프치히 서클(Leipzig circle)을 형성하여 양자역학 발전에 지속적으로 기여하였다. 펠릭스 블로흐(Felix Bloch, 1905~1983), 에드워드 텔러(Edward Teller, 1908~2003), 프리드리히 훈트(Friedrich Hermann Hund, 1896~1997), 카를 프리드리히 폰 바이츠제커, 철학자 그레테 헤르만 등이 학생과 공동연구자들이었다.

독일의 물리학은 1933년 나치가 집권하면서 망가지기 시작한다. 나치의 탄압이 점점 조여 오면서 많은 유능한 유대계 과학자들이 영국, 미국 등으로 피신하였고 나치즘에 반대하는 독일계 과학자들도 독일을 등지게 되었다. 나치 치하에서 막스 플랑크와 베르너 하이젠베르크는 나치 이후의 물리학 재건을 생각하고 독일에 남아 있었다. 2차 세계대전 이후 물리학의 중심은 미국으로 이동하였다. 1930년대 이전에 미국은 거의 물리학의 불모지였으나 2차 세계대전 전후에 미국으로 넘어온 많은 과학자가 미국의 여러 대학에 자리를 잡으면서 물리학의 거의 모든 분야에서 첨단을 걷게 되었다. 미국은 맨해튼 프로젝트를 진행하면서 물리학자들의 유용성을 알아보았으며 전후의 경제 황금기에 물리학을 위시한 기초과학 분야에 막대한 연구비를 지원하였다. 이것이 오늘날 미국이 첨단 과학기술을 선도할 수 있는 밑거름이었다.

📎 예제 14.4 레이저의 원리를 설명하여라.

풀이

레이저는 우리 주변에서 널리 쓰이고 있다. 레이저 포인터, 홀로그램을 이용한 공연에서 레이저를 사용하고 있다. 물론 레이저는 공업용 레이저, 과학 기술용으로 사용하는 레이저 등으로 많이 쓰인다. 요즈음은 광섬유에서 레이저를 이용한 광통신용으로 널리 쓰인다. **레이저**(laser, light amplification by stimulated emission of radiation)는 증폭된 빛이란 뜻을 가지고 있다.

레이저의 특징은 한 가지 파장의 빛인 **단색광**이고, 매우 좋은 **방향성**(직진성)을 가지고 있다. 보통 빛을 하늘에 비춰보면 빛이 금방 방향성을 잃어서 멀리 가지 못하는 것을 볼 수 있다. 빛이 부채꼴 모양으로 퍼지면서 세기가 금방 줄어든다. 그러나 레이저는 멀리까지 흩어지지 않고 직진한다. 레이저는 에너지 밀도가 매우 크기 때문에 큰 에너지를 전달할 수 있다. 따라서 절단, 의학 수술용으로 레이저를 사용할 수 있다.

그림 14.23과 같이 바닥 상태, 들뜬 상태, 준안정 상태를 가지고 있는 분자를 생각해보자. **준안정 상태**(metastable state)는 완벽하게 안정하지는 않지만, 어느 정도 안정하기 때문에 준안정 상태에 머문 전자는 오랫동안 준안정 상태에 머물 수 있다. 레이저 발진을 일으키려면 계의 분자들을 높은 에너지의 상태로 보내야만 한다. 레이저 발진이 일어나려면 준안정 상태에 머무는 분자가 바닥 상태에 머무는 분자보다 많아야 한다. 이처럼 분자를 높은 에너지 상태로 올려놓는 과정을 **광학적 펌핑**(optical pumping)이라 한다. 보통 광학적 펌핑은 레이저 발진 매질에 램프로 빛을 비추거나, 전기적 방전 방법을 사용한다.

준안정 상태에 있는 분자 수가 바닥 상태에 있는 분자 수보다 많아진 상태를 밀

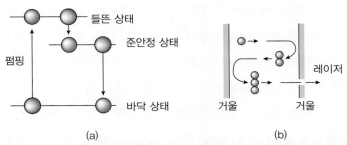

그림 14.23 | (a) 레이저 발진을 일으키는 물질은 세 개의 에너지 준위와 준안정 상태의 에너지 준위를 가져야 한다. 바닥 상태에서 들뜬 상태로 들뜬 분자들은 준안정 상태로 전이하여 상당히 긴 시간 동안 준안정 상태에 머문다. (b) 준안정 상태와 바닥 상태 사이의 에너지를 갖는 빛이 준안정 상태에 있는 분자를 지나가면 유도방출이 일어나서 광자가 2개로 늘어난다. 거울 사이에서 이런 빛을 가두어 두고 증폭시킨 다음 반투명한 거울로 빛을 빼면 레이저 빛을 얻는다.

도반전(population inversion)이 일어났다고 한다. 밀도반전된 상태에서 준안정 상태의 분자가 바닥 상태로 되돌아오면서 그 에너지 차이에 해당하는 광자(빛)를 내놓는다. 이 광자는 준안정 상태에 있는 다른 분자들과 부딪쳐 다른 준안정 상태에 있는 분자가 바닥 상태로 전이하도록 유도한다. 이런 과정을 유도방출(stimulated emission)이라 한다. 유도방출 때문에 준안정 상태에 있던 분자들이 같은 종류의 빛을 한꺼번에 한 방향으로 내놓게 되고 그림 14.23(b)의 양쪽 거울 사이를 빛이 왕복하면서 계속 유도방출을 일으키면서 빛은 크게 증폭된다. 그림 14.23(b)에서 보듯이 오른쪽 거울은 완벽하게 반사는 거울이 아니기 때문에 증폭된 빛은 오른쪽 거울을 통해서 빠져나온다. 유도방출 과정에서 "두 번째 광자는 첫 번째 광자와 같은 진동수, 같은 방향, 같은 위상(phase), 같은 편극 방향을 가진다." 같은 위상의 파동은 결이 잘 일치하며, 결이 맞은 파동들은 서로 보강간섭을 일으켜서 증폭된다. 이렇게 증폭된 빛이 바로 레이저 빛이다.

14.6 양자화학과 양자 생명

양자역학이 확립되고 물리학의 다양한 분야, 화학, 생명과학, 전자공학 등 다양한 분야에서 양자역학을 이용한다. 화학에서 양자역학과 통계역학을 결합하여 가스의 열용량, 엔트로피, 자유에너지 등을 계산할 수 있다. 분자들이 나타내는 스펙트럼 구조도 양자역학을 이용하여 설명할 수 있다. 분자들이 가지는 분자구조, 분극, 화학 반응에서 상태 전이 등을 이론적으로 계산하고 실험 결과와 비교할 수 있었다. 분자 사이의 힘을 고려하여 분자결합, 고체의 결합 등을 설명하였다. 생체고분자의 안정성, 반응률, 화학 반응 방식, 핵자기공명 스펙트럼 역시 양자역학을 이용하여 설명할 수 있다. 분석화학자들은 다양한 스펙트럼 분석 방법을 사용하여 화학 물질의 분광학적 특징을 파악한다. 라만 산란(Raman scattering), 적외선 산란(Infrared scattering) 등은 분석화학 실험실에서 일상적으로 사용하는 장치이며 이 결과의 분석은 양자역학을 기반으로 한다. 현대 화학에서 양자역학은 물질의 성질을 이해하는데 필요한 기본적인 도구라 할 수 있다.

양자역학이 막 확립할 즈음에 양자역학을 화학에 응용한 예를 공유결합(valence bond)에서 찾을 수 있다. 1926년 슈뢰딩거 방정식이 발견되었고, 슈뢰딩거는 스위스의 취리히대학교에 있었다. 볼츠만으로부터 배우고, 조머펠트의 지도를 받았던 하이틀러(Walter Heinrich Heitler, 1904~1981)는 취리히에서 슈뢰딩거와 함께 연구하고 있었다. 슈뢰딩거 방정식이 발견되고 나서 수소 원자(H)에 대한 슈뢰딩거 방정식의 해는 쉽게 구했다. 1927년 하이틀러는 수소 분자(H_2)에 대한 슈뢰딩거 방정식을 풀려고 하였다. 그는 연구실 동료였던 프리츠 런던(Fritz London, 1900~1954)에게 도움을 청했다. 이들은 수소 분자 문제를 풀면서 양자역학적 교환상호작용(exchange interaction)으로 수소 분자가 결합하는 공유결합(valence bond)을 발견하였다. 이 발견이 양자화학의 문을 여는 발견이라 할 수 있다. 수소 원자 하나의 파동방정식은 그림 14.20과 같이 표현된다. 두 수소 원자가 가까워져서 수소 분자가 되면 각 원자의 전자구름이 겹치게 되면서 양자역학적인 효과가 나타난다. 그림 14.24는 수소 분자에서 볼 수 있는 s−bond와 π−bond를 나타낸 것이다. 이렇게 각 원자의 전자구름을 공유하면서 분자가 형성된다. 하이틀러와 런던의 논문은 1927년에 독일 물리학 학술지(Zeitschrift fur Physik)에 출판되었다.

하이틀러와 런던의 논문은 라이너스 폴링(Linus Pauling, 1901~1994)에게 즉각적인 영감을 주었다. 폴링은 X-선 결정학(X-ray crystallography)을 이용하여 결정의 구조를

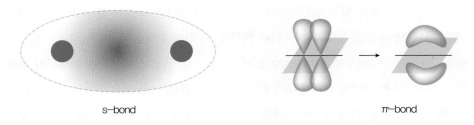

s—bond   π—bond

그림 14.24 | 수소 분자(H_2)에 공유결합. 두 수소 원자의 전자구름이 서로 겹치면서 s—bond와 π—bond를 형성할 수 있다.

연구하고 있었다. 폴링은 1931년에 〈미국화학회지(Journal of the American Chemical Society)〉에 "화학결합의 본질(The Nature of the Chemical Bond)"이라는 논문을 출판하였다. 공유결합을 이용하여 분자의 결합이론을 밝힌 최초의 논문이며 양자화학에 불을 댕긴 논문이다. 이 논문이 미국화학회지에 투고되자 당시 학술지 편집자인 **아서 베케트 램**은 다음과 같이 회고했다.

"난처했다. (중략) (나는) 생각했다. 이 논문을 어떤 심사위원에게 보내야 할까? 화학에 대한 해박한 지식뿐만 아니라 (중략) 양자역학에 대해서도 완벽한 이해를 한 학자여야 했다. 그런 학자를 생각해 낼 수 없었다. 그래, 지난 경험에 비추어보면 이 저자는 자신의 논문에 대해 잘 알고 있을 거야. 그래 그대로 밀고 나가 이 논문을 실어주어야겠어."

이 논문은 단 7주 만에 게재되었다. 당시에 양자역학을 화학에 적용한 과학자들이 거의 없었다. 폴링은 양자화학의 선구자라 할 수 있다. 폴링은 후에 단백질의 α-구조를 발견하였으며 노벨화학상을 받았다. 원자폭탄이 투하된 이후에 원자폭탄에 반대하는 반핵운동에 참여하였으며 **러셀—아인슈타인 선언서**(Russel-Einstein manifesto, 1955년 7월 9일)에 사인하기도 하였다. 그는 1962년에 노벨평화상을 수상하였다. 노벨화학상과 노벨평화상 수상한 유일한 과학자가 되었다.

단백질, DNA, 효소와 같은 생체고분자들은 더 큰 덩치의 분자들이지만 그 결합 방식은 여전히 양자역학으로 이해해야 한다. 자연에 존재하는 수많은 단백질의 꼬인 구조를 밝히는 것은 실험적인 방법과 컴퓨터 시뮬레이션 방법을 활용하여 규명하고 있다. 생체고분자들의 구조를 컴퓨터로 계산할 때 양자역학을 사용해야 하는 것은 당연한 일이다. 거대한 생체고분자, 무기물질, 물 등으로 구성된 생명체를 이해하기 위해서는 생명체에 양자역학을 적용해야 하며 이를 "양자생명(Quantum Life)"이라 할 수 있다. 결국 우리 몸은 양자역학의 지배를 받는 살아 있는 물질 덩어리라 할 수 있다.

양자역학이 생명과학에 성공적으로 적용된 예는 많이 있지만, 왓슨과 크릭이 DNA의 나선 구조를 발견할 때 양자역학 개념은 크게 기여하였다. 1951년부터 1953년 사이에 DNA의 구조를 밝히려는 경쟁이 첨예하였다. DNA 구조에 관한 연구는 영국의 킹스컬리지(King's College) 랜들 연구실(Randall Lab)의 모리스 윌킨스(Maurice Wilkins, 1916~2004)와 로절린드 프랭클린(Rosalind Franklin, 1920~1958)이 주도하고 있었다. X-선 결정학에 정통했던 프랭클린이 랜들 연구실에 영입되면서 DNA의 결정 구조에 대한 의문이 쉽게 풀릴 줄 알았다. 그러나 연구실의 지도교수였던 랜들(John Randall, 1905~1984)은 윌킨스와 프랭클린 업무를 확실하게 분장해 주지 않았다. 윌킨스는 프랭클린을 조수로 생각했지만, X-선 결정학 분야에서 "황금의 손"으로 불릴 만큼 실험 기술이 좋았던 여성 과학자 프랭클린은 랜들이 자신에게 독립적인 연구를 하도록 허용했다고 생각했다. 이러한 관계는 두 사람이 연구하는 동안 불화를 일으키게 하였으며 프랭클린은 윌킨스에게 DNA 연구에서 손을 떼라고 요청하기도 하였다.

1952년 5월에 프랭클린은 그림 14.25와 같은 길고 가는 물을 많이 함유한 B-형 DNA의 단결정에서 프랭클린의 51번 X선 회절 사진을 얻었다. 그림 14.26에 프랭클린의 X-선 회절 사진을 나타냈다. 이

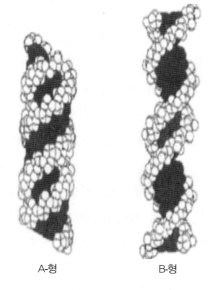

A-형   B-형

그림 14.25 | DNA의 두 가지 형태. 수분을 많이 함유하면 B-형처럼 길고 가는 구조를 가진다. 프랭클린은 B-형 DNA 단결정에서 그녀의 가장 유명한 X-선 사진은 51번 X-선 사진을 얻었다.

사진은 DNA가 이중나선 구조라는 정보를 담고 있는 결정적인 사진이었다. 이 X-선 회절 사진은 뢴트겐이 X-선을 발견하고 아내 손의 뼈 X-선 사진 이후 가장 획기적인 X-선 사진으로 평가받고 있다. DNA 구조에서 X-선 회절무늬가 형성되는 것은 당연히 양자역학의 원리를 따르기 때문이다. 분자의 배열이 주기적이면 X-선이 분자들의 주기적인 배열 모습에 따라서 독특한 회절무늬를 발생시킨다. 회절무늬를 보고 거꾸로 단결정의 구조를 유추할 수 있다. 프랭클린은 DNA 구조가 나선 구조일 것으로 생각했지만 이중나선 구조임을 알지 못했으며 이 51번 사진을 크게 중요하게 생각하지 않았다.

1951년에 왓슨(James Watson, 1928~)은 인디애나대학교 루리아 연구실에서 동물학박사를 취득한 후에 영국 케임브리지에 있는 캐번디시 연구소(Cavendish Institute)에서 박사후 연구원이 되었다. 런던의 킹스컬리지와 케임브리지의 캐번디시 연구소는 기차로 2시간 정도의 거리로 매우 가깝다. 왓슨은 1944년에 슈뢰딩거가 쓴《생명이란 무엇인가(What is life?)》를 읽고서 분자생물학을 연구하기로 하였고 캐번디시 연구소에서 단백질 결정학과 DNA의 구조에 관해서 연구하였다. 한편 프랜시스 크릭(Francis Crick, 1916~2004)은 런던대학교(Univerity of London)를 졸업하고 2차 세계대전 중에 영국 해군성에서 자기기뢰 연구를 수행하였다. 해군성 복무를 마치고 늦은 나이에 박사학위를 받기 위해서 1947년에 캐번디시 연구소 맥스 퍼르츠(Max Perutz, 1914~2002) 연구실에 들어갔다. 퍼르츠 연구실은 단백질 X-선 회절 실험을 하고 있었다. 크릭은 해군성에 들어가기 전에 X-선 회절 실험에 정통해 있었기 때문에 X-선 회절 실험 전문가로서 연구를 할 수 있었다. 1951년에 왓슨이 캐번디시 연구실에 오자 두 사람은 환상의 연구조합이 되었다. 활달한 성격의 왓슨은 저돌적으로 많은 사람을 만났으며 다양한 정보를 얻었고 생물학에 정통해 있었다. 반면 크릭

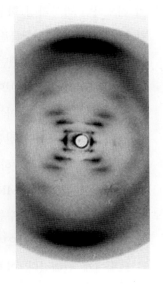

그림 14.26 | 1952년 5월에 프랭클린이 얻은 B형 DNA 단결정에서 얻은 X-선 회절 사진. 프랭클린은 DNA의 단위 세포(unit cell)가 면심단사결정(face-centered monoclinic crystal) 구조임을 알아냈다.

은 왓슨보다 조용한 편이었고 X-선 회절 실험에 정통해 있었으며 결정의 구조에 대한 많은 노하우를 가지고 있는 물리학자였다. 1951년 캐번디시 연구소의 소장은 브래그 경(Sir William Bragg, 1890~1971)이었으며 러더퍼드가 퇴임한 이후 쇠퇴해가는 연구소의 명성을 되찾기 위해서 연구의 방향을 "생물학 연구의 거점센터"가 되는 것을 목표로 삼았으며 특히 "단백질 X-선 결정학" 연구의 중심이 되고자 했다. X-선 단백질 결정학은 물리학, 화학, 생물학 분야의 연구자들이 협력해야만 좋은 결과를 얻을 수 있었다. 영국의 의학연구위원회(MRC, Medical Research Council)는 랜들의 연구실에 연구비를 지원하였으며 퍼르츠는 위원회의 위원이었다. 윌킨스와의 불화로 연구의 큰 진전을 얻지 못한 프랭클린은 1952년 6월에 버크벡대학의 교수가 되어 킹스컬리지를 떠나게 되었다. 프랭클린의 연구는 MRC의 연구비 지원을 받았기 때문에 모든 연구자료는 남겨두고 떠나야 했다. 프랭클린이 떠나자 프랭클린이 지도하던 박사과정 학생 고슬링(Raymond G. Gosling, 1926-2015)은 윌킨스의 지도를 받게 되었으며 프랭클린의 연구자료들은 고스란히 윌킨스에게 전해졌다. 1952년 어느 날 윌킨스를 방문했던 왓슨에게 윌킨스는 프랭클린의 51번 X-선 사진을 보여주었다. 왓슨은 즉각 그 X-선 사진의 중요성을 알아보았으며 DNA가 나선 구조임을 직감했다. 그러나 잠깐 본 사진만으로는 DNA가 이중나선일 것으로 생각하지 못했다. 프랭클린의 51번 X-선 사진이 들어있는 MRC 보고서가 작성되어 위원회에 전해졌다. 랜들 교수는 MRC의 위원인 퍼르츠에게 보고서 사본을 주었으며 이 보고서가 마침내 왓슨과 크릭에게 전해졌다. 이제 MRC 보고서에 담겨있는 프랭클린의 51번 사진을 마침내 크릭도 보게 되었다. X-선 결정학의 대가였던 크릭은 프랭클린의 51번 사진을 보고 결정구조가 단사결정(육면체 구조를 찌그러뜨린 구조)이면 DNA가 이중나선 구조임을 즉각적으로 알아냈다. DNA의 한 가닥은 위쪽으로 꼬이면 다른 가닥은 상보적으로 반대로 꼬이면서 아래쪽을 휘어 감긴 구조

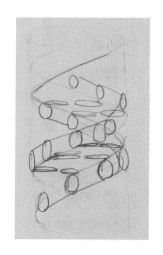

그림 14.27 | 프랜시스 크릭이 프랭클린의 51번 X–선 사진을 보고 알아낸 이중나선 구조 스케치.

자료: Wellcom Library. 런던. Wellcome Images.

598

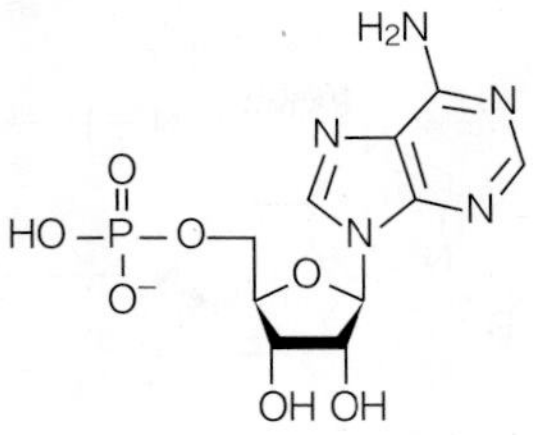

였다. 특히 51번 사진에서 X-모양의 회절무늬 위아래에 검은 띠가 있는 것을 보고 일정한 단위구조가 반복된 이중나선 모양임을 알아냈다. 그림 14.27은 크릭이 그 자리에서 스케치한 이중나선 구조를 보여준다. 크릭이 발견한 이중나선 구조는 DNA의 구조를 밝히는 첫 번째 유레카였다. 이제 희미하게 DNA의 구조가 보이기 시작했다.

그림 14.28 | 아데닌 염기. 인산이 데옥시리보스 당에 붙어 있는 데옥시리보핵산 (DNA) 분자의 구조이다.

그러나 완벽한 DNA의 구조를 알아내는 데는 시간이 좀 더 필요했다. 왓슨과 크릭은 DNA를 구성하고 있는 데옥시리보핵산(deoxyribo nucleic acid)의 정확한 구조를 알아내야 했다. 당시 여러 가지 실험을 통해서 DNA는 당(sugar)인 데옥시리보스($C_5H_{10}O_4$), 염기, 인산으로 구성되어 있다는 것은 알고 있었다. 그림 14.28은 현대적인 데옥시리보핵산의 분자구조를 나타낸 것이다.

1952년에 어윈 샤가프(Erwin Chagaff, 1905~2002)는 DNA 분자의 구성을 조사해

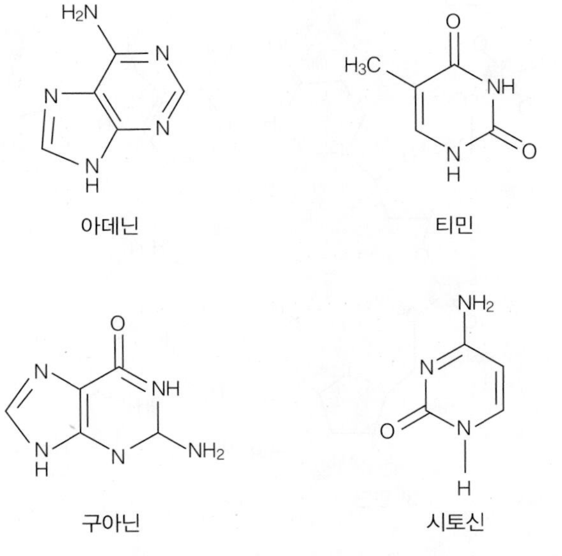

아데닌

티민

구아닌

시토신

그림 14.29 | DNA를 구성하는 염기인 아데닌(A), 티민, 구아닌, 시토신이다.

599

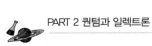

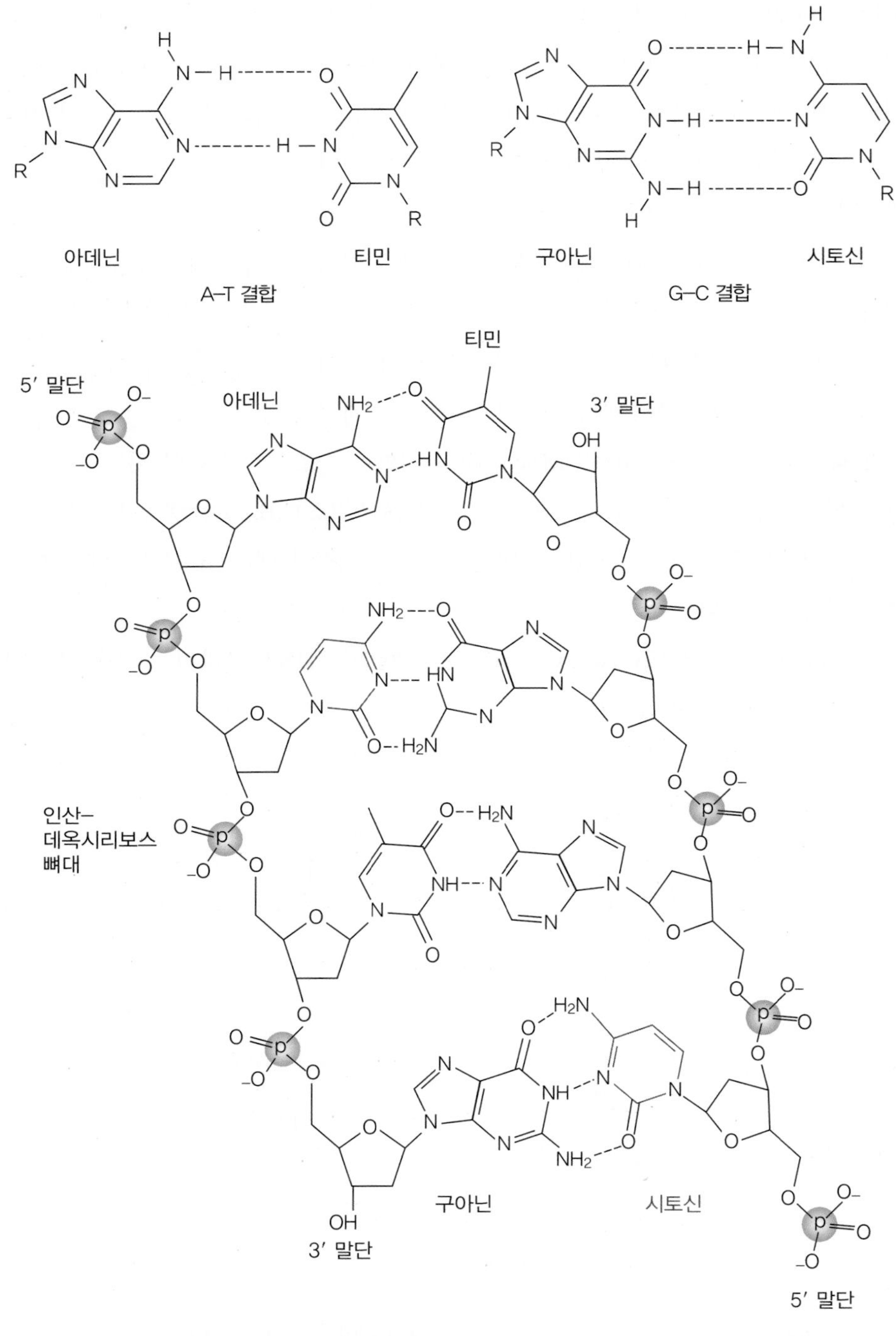
아데닌
티민
구아닌
시토신
A–T 결합
G–C 결합
5′ 말단
아데닌
티민
3′ 말단
인산–
데옥시리보스
뼈대
구아닌
시토신
3′ 말단
5′ 말단

그림 14.30 | A–T 쌍과 G–C 쌍은 수소결합으로 연결되어 있다.

서 아데닌(adenine)과 티민(thymine)의 비율은 같고, 구아닌(guanine)과 시토신(cytosine)의 비율이 같음을 발견하였다. 이를 샤가프의 비율이라 한다. 그림 14.29는 DNA를 구성하는 네 가지 염기를 나타낸 것이다. A-T, G-C는 서로 상보적 짝을 이루기 때문에 샤가프의 비율이 성립한다.

1952년 캐번디시 연구소 세미나에 참여했던 샤가프는 왓슨과 크릭이 DNA 나선 구조를 주장하자 그들을 "나선을 찾는 약장수", "능글맞은 세일즈맨"이라고 부르면서 나선 구조에 반대하였다. 샤가프의 평가에도 불구하고 왓슨과 크릭은 DNA 연구를 끈질기게 밀고 나갔다. 1952년까지 알려진 DNA의 화학적 구성은 염기, 당, 인산이 결합한 데오시리보핵산이 기본 구조임을 두 사람은 간파했다. 그림 14.30은 A-T 쌍, G-C 쌍이 서로 수소결합(hydrogen bond)으로 연결된 모습을 나타낸다. 수소결합은 N, O, F와 같은 전기음성도가 강한 2주기 원소가 수소를 포함한 분자 사이에 작용하는 정전기 인력이다. 수소결합은 이온결합이나 공유결합보다는 훨씬 약한 결합이다.

크릭의 분석으로 DNA가 이중나선 구조임을 알았지만, 염기와 인산의 위치가 어떻게 배치되어 결합하는지 알지 못했다. 왓슨과 크릭은 연구실 기술자들에게 철선과 나무 볼을 만들어 달라고 부탁하였다. 왓슨과 크릭은 이 철선과 볼을 이용하여 이중나선 구조를 이루면서 가능한 분자의 모습을 만들어 보았다. 1952년에 왓슨은 인산이 DNA 분자의 안쪽에 위치할 것이라는 잘못된 판단을 내린 적이 있었다. 그런 실수를 한 것은 왓슨이 프랭클린의 발표를 듣고서 기록하지 않았기 때문이다. 프랭클린은 킹스칼리지와 캐번디시 연구소 연구자들이 모인 세미나에서 DNA는 물을 좋아하는 목마른 분자이기 때문에 물을 좋아하는 인산이 분자의 바깥에 위치해야 한다고 발표하였다. 이 사실을 잊어버린 왓슨은 다른 세미나에서 인산이 안쪽에 있는 분자모형을 발표했다가 프랭클린에게 혹독한 비판을 받은 적이 있었다. 자 이제 인산은 DNA 분자의 바깥쪽에 염기는 안쪽에 위치해야 했다.

1953년 3월 중순에 왓슨과 크릭은 마침내 DNA 이중나선 구조의 정확한 모형을 알아냈다. 왓슨은 샤가프의 비율을 만족시키면서 DNA 이중나선 구조를 가지려면 염기가 DNA 나선 구조의 안쪽에 위치하고 두 개의 상보적인 염기가 서로 결합하여야 함을 모형 제작으로 알아냈다. 이것이 DNA 구조의 참모습을 발견한 두 번째 유레카였다. 왓슨과 크릭은 모형 제작을 통해서 DNA 나선에서 이웃한 염기층 사이의 거리가 0.34 nm임을 알아냈다. 나선이 한 번 꼬여서 다시 원래 상태로 되돌아오는 단위구조의 길이는 3.4 nm임을 발견하였다. 이 발견은 1953년 4월 8일 벨기에에서 열린 솔베이 학회(Solvay conference)에서 브래그 경에 의해서 발표되었다. 브래그는 자신이 그렸던 원대한 목표를 왓슨과 크릭을 통해서 완성하였다. 이로써 캐번디시 연구소는 분자생물학의 탄생지가 되었으며 생물물리학(biophysics) 연구의 중심지가 되었다. 왓슨과 크릭의 논문은 1953년 4월 25일자 〈Nature〉 지에 "Molecular structure of nucleic acids: A structure for Deoxyribose Nucleic Acid"란 제목으로 출판되었다. 논문의 저자 순서는 동전을 던져서 결정하였고, 왓슨이 이겼으므로 왓슨이 제1저자로 게재되었다. 이로써 인류는 생명체의 유전정보를 담고 있는 비밀의 방을 발견하게 되었다. 그림 14.31은 왓슨과 크릭이 철사, 공, 마분지를 이용하여 최초로 완성한 DNA 이중나선 구조이다. 이렇게 만들어진 처음 구조는 옥스퍼드대학교 화학과에서 캐번디시 연구소를 방문했던 시드니 브레너(Sydney Brenner, 1927~2019, 유전부호 발견한 업적으로 2002 노벨생리의학상 수상), 잭 더니츠(Jack Dunitz, 1923~2021, 화학자), 도로시 호지킨(Dorothy Hodgkin, 1910~1994, X-선 결정학으로 1964년 노벨화학상 수상),

레슬리 오겔(Leslie Orgel, 1927~2007, 생명의 기원 이론 제안), 베릴 M. 오턴(Beryl M. Oughton, ?~2013) 등이 처음 목격하였다.

1953년 4월 25일 〈Nature〉에는 왓슨과 크릭의 논문과 같이 윌킨스와 동료들의 논문, 프랭클린과 고슬링의 논문이 함께 실렸다. 이렇게 세 편의 논문을 함께 게재한 것은 브래그 경의 제안 때문이었다. 프랭클린은 암으로 1958년에 사망하기 때문에 1962년 노벨생리의학상은 크릭, 왓슨, 윌킨스가 수

그림 14.31 | DNA 이중나선 구조를 완성하고 포즈를 취하고 있는 왓슨(왼쪽)과 크릭(오른쪽). 그들은 철선, 공, 마분지를 이용하여 이 구조를 발견하였다.

Article | 25 April 1953
Molecular Structure of Nucleic Acids: A Structure for Deoxyribose Nucleic Acid

J. D. WATSON & F. H. C. CRICK

Collection: Physics: Looking Back...

Article | 25 April 1953
Molecular Structure of Nucleic Acids: Molecular Structure of Deoxypentose Nucleic Acids

M. H. F. WILKINS, A. R. STOKES & H. R. WILSON

Article | 25 April 1953
Molecular Configuration in Sodium Thymonucleate

ROSALIND E. FRANKLIN & R. G. GOSLING

그림 14.32 | 왓슨과 크릭의 DNA 발견 논문이 실린 1953년 4월 25일 〈Nature〉에는 브래그 경의 제안으로 윌킨스와 동료들의 논문, 프랭클린과 고슬링의 논문이 함께 실렸다.

상하였다.

　DNA 이중나선 구조의 발견은 물리학, 화학, 생물학의 기초연구자들이 서로 협력하고 경쟁하면서 매우 짧은 기간에 획기적인 결과를 얻은 사례이다. 프랭클린과 윌킨스의 반목은 DNA 이중나선 구조를 먼저 발견할 기회를 날렸으며 반대로 왓슨과 크릭은 서로 협력하고 서로 부족한 부분을 보완하면서 연구 결과를 끌어낸 표본적인 사례라고 할 수 있겠다. 연구에서 융합은 이런 식으로 이루어져야 한다. 그림 14.33은 프랜시스 크릭과 제임스 왓슨이 같이 연구했거나 큰 영향을 주었던 사람들의 네트워크를 나타낸다. 왓슨과 크릭은 양자역학을 발견한 에르빈 슈뢰딩거의《생명이란 무엇인가?》읽고 DNA 연구에 뛰어들었다. 크릭의 스승인 퍼루츠는 왓슨과 크릭이 노벨생리의학상을 받을 때 그는 노벨화학상(헤모글로빈의 구조를 발견한 업적)을 받았다. 스승과 제자가 같은 해에 노벨상을 받은 것이다. 왓슨의 스승인 루리아는 1969년에 바이러스 복제 기작과 유전적 구조를 발견한 공로로 막스 델브릭, 앨프레드 허시와 함께 노벨 생리의학상을 수상하였다. DNA 구조를 최초로 목격했던 시드니 브레너는 크릭과 공동연구를 하면서 DNA의 염기가 유전암호이며 DNA에서 정보를 전달해 주는 것이 RNA임을 발견하였다.

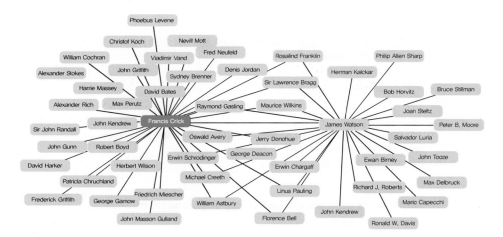

그림 14.33 | 크릭, 왓슨과 함께 연구했던 연구자 네트워크. 왓슨과 크릭 사이에 연결된 과학자들은 대부분 캐번디시 연구소에서 만났던 연구자들이다. 슈뢰딩거는 두 사람에게 영감을 주었기 때문에 표시하였다. 두 사람과 연결된 과학자 중에 많은 과학자가 노벨상을 받았다.

오늘날 화학, 생물학, 전자공학, 재료공학, 생명공학, 화학공학, 기계공학 등 거의 모든 분야에서 양자역학은 물질세계를 이해하는 기본적인 방법으로 많은 전공에서 가르치고 있다. 반도체, 나노과학, 양자컴퓨터, 신경망과 뇌 등의 기능을 이해할 때 양자역학은 필수적이며 과학자나 공학자가 아니어도 양자역학의 중요한 개념들은 세계를 이해하는 데 필수적이므로 일반인들도 관심을 가졌으면 한다.

14.7 양자 세계에 대한 오해

양자역학의 많은 원리가 첨단 과학기술에 적용되고 있다. 양자컴퓨터, 양자 정보 이론이 큰 관심을 끌면서 과학자가 아닌 대중들이 양자 세계에 많은 관심을 가지게 되었다. 그런데 많은 사람이 양자 세계에 대한 개념을 습득하면서 많은 오해와 오류를 가지는 경우가 많다. 그 대표적인 오해가 거시 세계에서 양자 상태가 잘 유지될 것이라는 생각이다. 원자, 분체, 고분자, 고체, 반도체, 생체고분자를 지배하는 양자역학의 원리를 거시계인 생물, 사람들 사이의 관계에 적용해 보려는 경우가 많다. 예를 들면 사람들 사이의 뇌는 양자 상태로 얽혀서 서로 텔레파시를 주고받거나 어떤 영감을 줄 수 있다는 식의 생각을 하는 경우가 많다. 이러한 오해는 양자역학을 매우 피상적으로 받아들였기 때문에 생기는 오해이다. 구리 선과 같은 전선을 생각해 보자. 구리 전선 자체는 어마어마한 수의 구리 원자를 포함하고 있다. 예를 들어 구리 선 1 kg을 생각해 보자. 구리의 원자번호는 29번이고 1 mol의 질량은 63.546 g이다. 화학 시간에 배운 분자량은 원소를 1 mol, 즉 6.023×10^{23}개의 원소를 모아 놓았을 때의 질량을 말한다. 따라서 구리 1 kg에 들어 있는 구리 원자의 수는 $(1{,}000 \text{ g})(6.023 \times 10^{23}\text{개})/(63.546 \text{ g}) \simeq 94.4 \times 10^{23}$개다. 이렇게 많은 구리 원자가 결합하여 금속을 형성하고 이 금속결합은 양자역학의 원리로 설명할 수 있다. 물론 원자의 숫자가 많아서 양자역학 원리를 적용하는 데 어려움이 있지만, 물리학자들은 현명한 방법을 동원하여 구리의 물리적, 화학적 성질을 설명할 수 있다. 이러한 구리 선에 전압을 걸면 구리 선에 갇힌 전자들이 구리 전선 내부를 움직여서 전기를 흐르게 한다. 구리 선에 흐르는 전류도 양자역학 원리의 지배를 받고 있다. 구리 선과 외피를 싸고 있는 피복 사이에 전자가 넘기 어려운 양자역학적인 퍼텐셜 장벽이 존재한다. 외피가 없는 구리 선이 공기 중에 놓여 있더라도 전기가 흐르는 구리 선에서 공기 중으로 전자가 튀어나오지 않는다. 사실 전자가 느끼는 양자역학적인 상태는 구리 선에 국한된다. 구리 선 바깥에 있는 전자는 구리 선 내부의 양자 상태에 거의 영향을 주지 않는다. 즉, 구리 선 내부의 양자 상태는 구리 선 외부와 거의 단절 상태에 있게 된다. 즉 구리 선의 양자적 상태는 구리 내부로 제한된다. 만약 구리 선의 양자 상태가 외부에까지 영향을 줄 수 있으면 구리 선 내부와 외부를 구분할 수 없으므로 우리는 내외부를 통합적으로 다루어야 할 것이다. 그런데 많은 현실 세계의 거시적 물질들은 이러한 양자적 제한 상태에 놓여 있다. 거시 물체의 모습을 벗어나 양자 상태의 유출이 거의 없으며 설사 양자 상태의 누출이 있더라도 공기 속에서 무질서하게 운동하고 있는 공기 분자에 의해서 거시 물체의 양자 상태는 붕괴하여 자신의 순수한 양자 상태를 드러낼 수 없다. 이러한 이유로 양자컴퓨터의 큐비트를 유지하는데, 극저온을 이용하거나 특별한 물질의 양자 상태를 사용하는 것이다. 순수한 양자 상태를 유지하고 그러한 양자 상태를 유지하기 위해서 온도를 극저온으로 낮추거나 극단적인 진공 상태를 유지해야 한다. 극한적인 상태를 유지해야 하기 위해서는 돈이 많이 들어간다.

양자 상태를 이용한 전기 문명의 꽃인 반도체를 생각해 보자. 컴퓨터나 핸드폰의 집적회로에 수천만 개에서 수억 개의 트랜지스터가 집적되어 있다. 트랜지스터에 전압을 걸어서 반도체 칩을 작동시키면 반도체의 동작은 양자역학적인 원리에 의해서 동작한다. 그런데 반도체가 양자역학적인 특성을 유지하면서 동작하는 범위는 반도체 칩의 내부로 제한된다. 반도체 칩 내부로 양자 상태가 갇히기 때문에 컴퓨터 프로그램에서 내린 명령어가 흐뜨러지지 않고 온전한 모습으로 동작할 수 있는 것이다. 만약 반도체 내부의 양자 상태가 지나가는 공기 분자의 작은 움직임에 의해서 깨진다면 내가 내린 더하기 명령어는 제대로 동작하지 않을 것이다. 이러한 양자 갇힘 현상 때문에 내부와 외부의 분리가 가능하고 세상의 많은 사물이 온전히 그 모습을 나타낼 수 있다.

내가 오늘 내 모습으로 형태를 갖추고 있는 것은 바로 양자적 갇힘(quantum boundedness) 때문이다. 사람의 모습이나 뇌의 동작 역시 양자적 갇힘 때문에 나의 유일성(identity)이 보장되는 것이다. 만약 나의 유일성이 보장되지 않고 내가 다른 사물과 양자적으로 얽힌다면 나의 유일성은 사라질 것이다. 많은 사람이 두 사람의 뇌가 양자적으로 얽혀서 텔레파시를 주고받을 수 있고 내가 생각한 것이 지구 반대편에 있는 다른 사람에게 전해질 수 있다고 생각한다. 이러한 생각은 두 사람의 뇌가 양자적으로 얽혀 있는 상태를 가정한 것이다. 그런데 앞에서도 얘기했듯이 내 뇌의 상태는 내 뇌 내부로 국한된다. 내 뇌의 바깥을 벗어나는 순간 뇌의 양자적 상태는 붕괴한다. 한 사람의 뇌와 다른 사람의 뇌가 양자적으로 얽힐 가능성이 거의 없다. 사람들은 뇌에서 발생하는 전자기적인 뇌파에 의해서 두 사람의 뇌가 동기화(synchronization)하여 텔레파시를 주고받을 수 있다고 주장하는 사람도 있다. 사람의 뇌에서 뇌파가 발생하는 것은 맞다. 그런데 뇌에서 발생하는 뇌파를 기록하려면 뇌파 측정기와 같은 장치를 머리에 쓰고 있어야 겨우 뇌파를 기록할 수 있다. 왜 그럴까? 뇌에서 발생하는 뇌파의 신호는 극히 약하고 뇌에서 조금만 벗어나도 그 뇌파의 정보를 잃어버리기 때문이다. 뇌파는 뇌를 구성하고 있는 신경세포, 혈관, 신경아교세포 등의 종합적인 전자기적 작용으로 발생하는 신호이다. 내가 사과를 생각하면 뇌의 특정한 부위들이 활성화하면서 독특한 뇌파 신호를 보인다. 텔레파시를 주장하는 사람들은 이러한 뇌파를 통해서 서로 다른 두 사람 사이에 교감이 생기고

정보를 주고받을 수 있다고 주장하는 것이다. 인간은 뇌파에 감응하기보다는 오감의 신호를 받아서 처리하도록 진화하였다. 뇌파는 머리를 맞대고 있는 두 뇌 사이에서도 전달되기 어려울 뿐만 아니라 뇌는 뇌파를 수신할 어떠한 생물학적 수신기도 가지고 있지 않다. 오히려 말하는 것을 듣거나, 눈으로 보거나, 촉각으로 느끼는 오감을 통해서 정보를 주고받고 인지할 수 있도록 진화하였다.

양자역학은 미시 시계를 탐험하면서 발전하였다. 물질 내부에 갇혀있는 양자 현상이 외부에서 거시적으로 나타나기는 쉽지 않다. 물질의 내부에서 양자 상태는 잘 유지되고 있지만, 물질의 외부에서 양자 상태는 붕괴하기에 십상이다. 양자 세계를 생각해 볼 때 주어진 물리법칙이 성립하는 경계와 제한점을 항상 생각해 보아야 한다.

참고문헌

국내

과학기술정책연구원(2013). 과학기술기반의 국가발전 미래연구 V. Xevents and Resilience under Korean Contex. 한국과학기술정책연구원. 정책연구 2013-07-02.

권민정 외(2018). 대학물리학. 교문사.

권민정 외(2022). 대학물리학. 북스힐.

김건호(2002). 생활 속의 물리학. 광림사.

김두환, 이재우(2014). 복잡계 과학과 위험이론. 한국과학기술정책연구원. 정책연구 2014-10.

김영태, 심경무, 이지우, 장영록, 차명식(2016). 생활 속의 물리. 교문사.

박제윤(2021). 철학하는 과학 과학하는 철학 4-뇌와 인공지능의 철학. 철학과 현실사.

소철환(2017). 국내 자연기술 복합재난 사례 및 위험관리 개선 시사점. Planning and Policy. 430. 13-20.

심재학(2000). 알기 쉬운 생활물리. 한승.

이기영(1999). 물리학과 우리생활. 인하대학교출판부.

이기영(2018). 어디서나 무엇이든 물리학. 창비.

이성호(2018). 물리학과 첨단기술. 한국물리학회. 2018년 3월호.

이종렬 외(2014). 재난관리론. 대영문화사.

정동근, 서덕준(1999). 생명과학을 위한 인체물리. 한승.

정지범 외(2009). 국가종합위기관리. 범문사.

정형채, 이재우(2012). 자연은 어떻게 움직이는가. 한승.

존 캐스티(2012). X-events. 반비.

최무영(2019). 최무영 교수의 물리학이야기. 북멘토.

최재경. 빅데이터 분석의 국내외 활용 현황과 시사점. KISTEP R&D Inl 14호.

화학교재연구회(2008). 생활 속에 숨겨진 화학의 이해. 사이플러스.

화학교재연구회(2015). 생활 속의 화학. 사이플러스.

2019 IPCC 보고서. 13장 Seal Level Change.

국외

A. R. Jameson, and A. B. Kostinski, Bull. Am.(2001). Meteo. Soc. 82, p1169.

Adam G. Riess et al.(2016). Determination of the Local Value of the Hubble Constant. arXiv:1604.01424v3.

Albert R and Barabasi A-L(2002). Statistical mechanics of complex networks. Rev. Mod. Phys. 74, 47-97.

Albert R, Jeong H, and Barabasi A-L(2000). Error and attack tolerance of complex networks. Nature. 406, 378-382.

B. A. Carreras, E. N. David, and D. Ian(2016). North American blackout time series statistics and implications for blackout risk. IEEE Transactions on Power Systems 31, no.6: 4406–4414.

B. B. Mandelbrot(1982). The Fractal Geometry of Nature. W. H. Freeman and Company.

B. Ferdowsi, G. P. Ortiz, M. Houssais, and D. J. Jerolmack(2017). River–bed armouring as a granular segregation phenomenon. Nature Communications, volume 8, Article number: 1363.

B. M. Leiner, V. G. Cerf, et al(1997). Brief history of the Internet. Internet Society.

B. Mandelbrot(1967). How Long Is the Coast of Britain? Statistical Self–Similarity and Fractional Dimension. Science, 156 (3775): 636–638.

B. Mandelbrot(1997). Fractals and Scaling in Finance: Discontinuity, Concentration, Risk. Selecta Volume E. Springer.

B. S. Chandrasekhar(1998). Why things are the way they are. Cambridge University Press.

Barabasi A–L and Albert R(1999). Emergence of scaling in random networks. Science, 286, 509–512.

Boccaletti S et al.(2006). Complex networks: Structure and dynamics. Phys. Rep. 424, 175–308.

Boccaletti S et al.(2014). The structure of multilayer networks. Phys. Rep. 544, 1–122.

Boris Salazar Trujillo(2016). Mandelbrot, Fama and the emergence of econophysics. Cuadernos de Economía, 35(69): 637.

Cirillo P and Taleb N N(2020). Tail risk of contagious diseases. Nature Physics, 16, 616–613.

Comfort L. K. and Haase T. W.(2006). Communication, coherence, and collective action: The impact of hurricane Katrina on communications infrastructure. Pub. Works Manag. Pol. 11, 1–16.

Dahl, Per F.(1997). Flash of the Cathode Rays: A History of J J Thomson's Electron. Institute of Physics, Bristol and Philadelphia, p.55. ISBN 9780750304535.

Davide Castelvecchi(2020). ROOM–TEMPERATURE SUPERCONDUCTOR PUZZLES PHYSICISTS. Nature 586, 349.

Dobson I et al.(2007). Complex systems analysis of series of blackouts: Cascading failure, critical points, and self–organization. Chaos 17, 026103.

E. Segre(1980). From X–rays to Quarks. W. H. Freedman and Company, San Francisco.

E. Segre(1984). From falling bodies to radio waves. W. H. Freeman and Company, New York.

E. Snider et al.(2020). Room–temperature superconductivity in a carbonaceous sulfur hydride. Nature 586, 373.

G. Gamow(1966). Thirty Years that shock physics. The story of quantum theory. Dover Science Books, New York.

Gonzalez–Reichel A S, et al.(2020). Introductions and early spread of SARS–CoV–2 in the New York City area. Science, 369, 297–301.

Hikichi H et al.(2017). Residential relocation and change in social capital: a natural experiment from the 2011 Great East Japan Earthquake and Tsunami. Sci. Adv. 3, e1700426.

Iijima, Sumio(1991). Helical microtubules of graphitic carbon. Nature, 354 (6348): 56–58.

J. Jardine(2000). Physics through applications. Oxford University Press.

J. K. Cameron, J. G. Skofronick(1978). Medical Physics. John Wiley & Sons, New York.

J. R. Cameron and J. G. Skofronick(1978). Medical Physics. John Wiley & Sons.

J. W. Watson, F. H. C. Crick(1953). Molecular structure of nucleic acids: A structure for deoxyribose nucleic acid. Nature 171, 737–738.

Jim Jardine(2000). Physics Through Applications. Oxford University Press.

K. S. Novoselova, K. Geimes, et al(2004). Electric Field Effect in Atomically Thin Carbon Films.

Science 306(5696), 666–669 DOI: 10.1126/science.1102896.

Kroto, H.W., Heath, J. R., Obrien, S. C., Curl, R. F., Smalley, R. E.(1985). C60: Buckminsterfullerene. Nature, 318 (6042): 162–163.

L. A. Bloomfield(2016). How things work: The physics of everyday life. John Wiley & Sons.

L. Niemeyer, L. Pietronero, and H. J. Wiesmann(1984). Fractal dimension of dielectric breakdown. Phys. Rev. Lett. 52, 1033.

Louis A. Bloomfield(1997). How Things Work: The Physics of Everyday Life. John Wiley & Sons.

M. D. Ediminston(1989). Does skating melt ice?. The Physics Teacher 27, 327.

Minsky, M. Papert, S.(1969). Perceptron: an introduction to computational geometry. The MIT Press, Cambridge.

Nikolaou R and Dimitriou L(2020). Identification of critical airports for controlling global infectious disease outbreaks: Stress–tests focusing in Europe. J. Air Tran. Manag. 85, 101819.

Nobi A and Lee J W(2017). Systemic risk and hierarchical transitions of financial networks. Chaos 27, 063107.

Nobi A, Lee T H, and Lee J W(2020). Structure of trade flow networks for world commodities. Physica A 556, 124761.

R. K. Hobbie(1997). Intermediate Physics for Medicine and Biology, 3rd ediiton. Springer, New York.

Reckhemmer A et al.(2016). A complex social–ecological disaster: environmentally induced forced migration. Disaster Health 3, 112–120.

Robert Hilborn(1994). Chaos And Nonlinear Dynamics. Oxford University Press.

S. Arianos, E. Bompard, A. Carbone, and F. Xue(2009). Power grid vulnerability: A complex network approach Chaos 19, 013119. https://doi.org/10.1063/1.3077229

S. B. Lee, et al.(2012). Avoiding fatal damage to the top electrodes when forming unipolar resistance swithcing in nano–thick material systems. J. Phys. D: Appl. Phys. 45, 255101.

S. B. Lee, et al.(2012). Forming mechanism of the bipolar resistance swithcing in double–layer memristive nanodevices. Nanotech. 23, 3152002.

S. S. Mader(1998). Human Biology. McGraw–Hill.

S. S. Marder(1998). Human biology, fifth edition. WCB McGraw–Hill, Boston.

S. V. Buldyrev, R. Parshani, G. Paul, H. E. Stanley, and S. Havlin(2010). Catastrophic cascade of failures in interdependent networks. Nature 464, 1025.

T. A. Witten Jr, L. M. Sander(1981). Phys. Rev. Lett. 47, 1400.

T. Nesti, F. Sloothaak, and B. Zwart.(2020). Emergence of scale–free blackout sizes in power grids. Phys. Rev. Lett. 125, 058301.

Trenn, Thaddeus J.(1976). Rutherford on the Alpha–Beta–Gamma Classification of Radioactive Rays. Isis. 67 (1): 61–75. doi:10.1086/351545.

W. H. Cropper(2001). Great Physicists. Oxford University Press.

Watts, D. J. and Strogatz S. H.(1998). Collective dynamics of 'small–world' networks. Nature 393, 440–442.

사이트

머니트데이, 2013.05.19. 여고생 딸 '임신' 엄마보다 마트가 먼저 안다? https://news.mt.co.kr/mtview.

php?no=2013050910338060817

한국물리학회. www.kps.or.kr

호라이즌. 2018년4월17일. 생명의 기원. https://horizon.kias.re.kr/archives/allarticles/transdisciplinary/생명의-기원

Adam Nathan. Linkedin. "5 Minute Big Data Case Study: Zara". https://www.linkedin.com/pulse/5-minute-big-data-case-study-zara-adam-nathan

APS News. July 31, 2020. "City Sizes May Affect Blackout Probabilities". Physics 13, 122. https://physics.aps.org/articles/v13/122

Brian Cox visits the world' biggest vacuum chamber—Human Universe: Episode 4 Preview—BBC Two. https://www.youtube.com/watch?v=E43-CfukEgs. "볼링 공과 깃털이 같이 떨어지는 실험"

Codata. Committee on Data of the International Council for Science. http://www.codata.org/

Fizeau experiment: https://en.wikipedia.org/wiki/Fizeau_experiment

Future@MarTech. "By 2030, Each Person Will Own 15 Connected Devices—Here's What That Means for Your Business and Content". https://www.martechadvisor.com/articles/iot/by-2030-each-person-will-own-15-connected-devices-heres-what-that-means-for-your-business-and-content/

H. Y. Lam, J. Din, and S. L. Jong(2015). Adv. Metero. p14.

High frequency: https://en.wikipedia.org/wiki/High_frequency

http://dx.doi.org/10.15446/cuad.econ.v35n69.44320, 2016.

http://sensechef.com/877

https://aapt.scitation.org/doi/abs/10.1119/1.2342780?journalCode=pte

https://app.emaze.com/@AWRQCLZQ#1

https://brainly.lat/tarea/9381938

https://en.wikipedia.org/wiki/Nanotechnology#/media/File:C60a.png

https://faculty.washington.edu/jkoll/images/pasted%20image%20150x239.jpg

https://ko.wikipedia.org/wiki/%EA%B7%B8%EB%9E%98%ED%95%80

https://phys.org/news/2017-11-brazil-nut-effect-rivers-resist.html

https://www.miniphysics.com/scanning-tunneling-microscope.html

https://www.nanoscience.com/techniques/scanning-tunneling-microscopy/

https://www.nasa.gov/feature/goddard/2016/size-matters-nasa-measures-raindrop-sizes-from-space-to-understand-storms.

https://www.newscientist.com/article/2279937-google-has-mapped-a-piece-of-human-brain-in-the-most-detail-ever/

https://www.psychologytoday.com/us/blog/the-athletes-way/201311/what-is-the-human-connectome-project-why-should-you-care

https://www.quora.com/How-does-an-atom-look-under-the-scanning-Tunnel-Microscope

https://www.researchgate.net/figure/Typical-atomic-resolution-STM-images-of-Si1-1-1-7-7-surface-The-bright-spots-mark_fig2_265604488

J. Prabhu(2021). History of transistor. Virtual Wire, 22 September 2021. https://www.officialvirtualwire.com/post/history-of-transistors

NASA's Hubble Finds Universe is Expanding Faster Than Expected. Astronomy Magazine, 2 Jun. 2016. http://astronomy.com/news/2016/06/nasas-hubble-finds-universe-is-expanding-fasterthan-expected

Ole Rømer: https://en.wikipedia.org/wiki/Ole_R%C3%B8mer

Statista. "Internet of Things (IoT) connected devices installed base worldwide from 2015 to 2025". https://www.statista.com/statistics/471264/iot-number-of-connected-devices-worldwide/

T. C. Halsey(2000). "Diffusion-Limited Aggregation: A Model for Pattern Formation". Physics Today, 53(11), 36. https://doi.org/10.1063/1.1333284

Wiki. "Power Outage" https://en.wikipedia.org/wiki/Power_outage

WWW (World Wide Web). http://info.cern.ch/hypertext/WWW/TheProject.html

찾아보기